软件开发视频大讲堂

Java Web 从入门到精通

（第3版）

明日科技　编著

清华大学出版社

北　京

内 容 简 介

《Java Web 从入门到精通（第 3 版）》从初学者角度出发，通过通俗易懂的语言、丰富多彩的实例，详细介绍了进行Java Web 应用程序开发需要掌握的各方面技术。全书共分 21 章，包括 Java Web 应用开发概述、HTML 与 CSS 网页开发基础、JavaScript 脚本语言、搭建开发环境、JSP 基本语法、JSP 内置对象、JavaBean 技术、Servlet 技术、过滤器和监听器、Java Web 的数据库操作、EL（表达式语言）、JSTL 标签、Ajax 技术、Struts2 基础、Struts2 高级技术、Hibernate 技术、Hibernate 高级应用、Spring 核心之 IoC、Spring 核心之 AOP、SSM 框架整合开发、九宫格记忆网等内容。本书所有知识都结合具体实例进行介绍，涉及的程序代码给出了详细的注释，可以使读者轻松领会 Java Web 应用程序开发的精髓，快速提高开发技能。另外，本书除了纸质内容之外，配套资源中还给出了海量开发资源库，主要内容如下：

- ☑ 语音视频讲解：总时长 19 小时，共 94 段
- ☑ 实例资源库：1010 个实例及源码详细分析
- ☑ 模块资源库：15 个经典模块开发过程完整展现
- ☑ 项目案例资源库：15 个企业项目开发过程完整展现
- ☑ 测试题库系统：596 道能力测试题目
- ☑ 面试资源库：369 个企业面试真题
- ☑ PPT 电子教案

本书可作为软件开发入门者的自学用书，也可作为高等院校相关专业的教学参考书，还可供开发人员查阅、参考。

图书在版编目（CIP）数据

Java Web 从入门到精通/明日科技编著. —3 版. —北京：清华大学出版社，2019(2024.8重印)
（软件开发视频大讲堂）
ISBN 978-7-302-52803-6

Ⅰ. ①J… Ⅱ. ①明… Ⅲ. ①JAVA 语言-程序设计 Ⅳ. ①TP312.8

中国版本图书馆 CIP 数据核字（2019）第 076991 号

责任编辑： 贾小红
封面设计： 刘 超
版式设计： 魏 远
责任校对： 马子杰
责任印制： 曹婉颖

出版发行： 清华大学出版社
网 址： https://www.tup.com.cn, https://www.wqxuetang.com
地 址： 北京清华大学学研大厦 A 座 **邮 编：** 100084
社 总 机： 010-83470000 **邮 购：** 010-62786544
投稿与读者服务： 010-62776969，c-service@tup.tsinghua.edu.cn
质量反馈： 010-62772015，zhiliang@tup.tsinghua.edu.cn
印 装 者： 三河市君旺印务有限公司
经 销： 全国新华书店
开 本： 203mm×260mm **印 张：** 35 **字 数：** 971 千字
版 次： 2012 年 9 月第 1 版 2019 年 7 月第 3 版 **印 次：** 2024 年 8 月第 9 次印刷
定 价： 99.80 元

产品编号：080601-02

如何使用本书开发资源库

《Java Web 从入门到精通（第 3 版）》一书的随书资源包中提供了“Java Web 开发资源库”系统，可帮助读者快速提升编程水平和解决实际问题的能力。本书和 Java Web 开发资源库配合学习流程如图 1 所示。

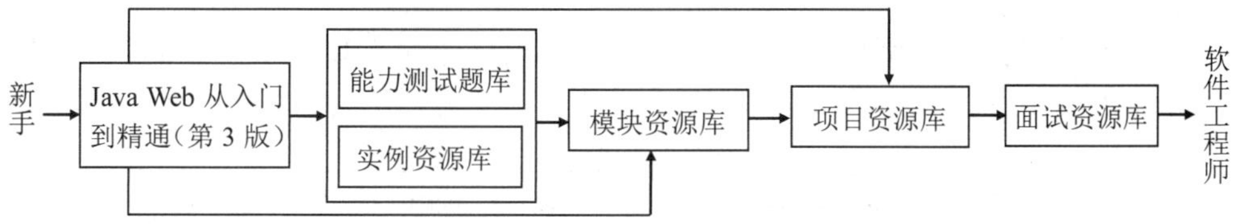

图 1　本书与开发资源库配合学习流程

打开资源包里的“Java Web 开发资源库”文件夹，运行“Java Web 开发资源库.exe”程序，即可进入“Java Web 开发资源库”系统，主界面如图 2 所示。

图 2　Java Web 开发资源库主界面

在学习本书某一章节时，可以配合实例资源库的相应章节，利用实例资源库提供的大量热点实例和关键实例巩固所学编程技能，提高编程兴趣和自信心；也可以配合能力测试题库的对应章节进行测试，检验学习成果，具体流程如图 3 所示。

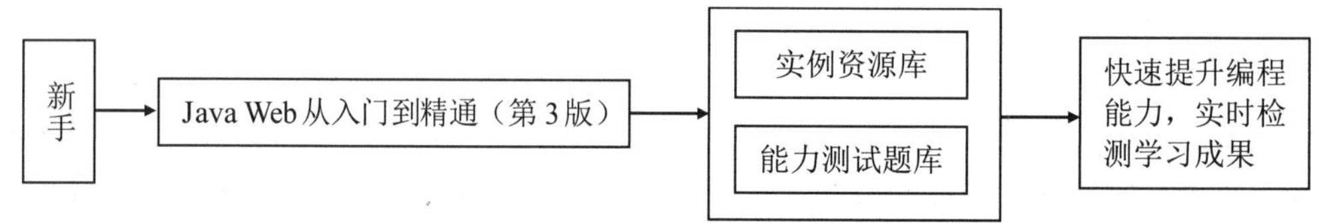

图 3　使用实例资源库和能力测试题库

对于数学逻辑能力和英语基础较为薄弱的读者，或者想了解个人数学逻辑思维能力和编程英语基础的用户，本书提供了数学及逻辑思维能力测试和编程英语能力测试供练习和测试，如图 4 所示。

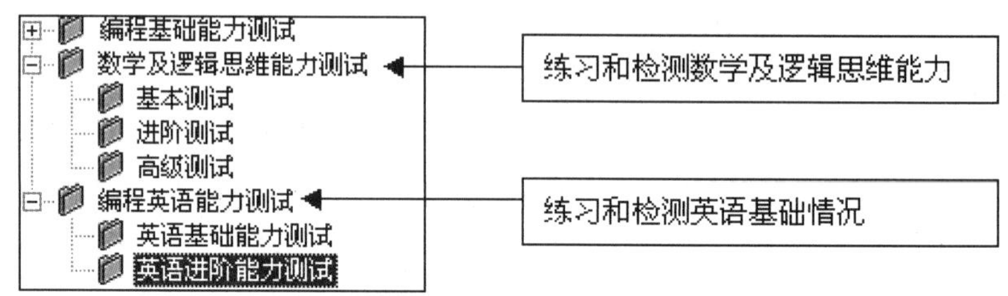

图 4　数学及逻辑思维能力测试和编程英语能力测试目录

本书学习完成后，读者可以配合模块资源库和项目资源库的 30 个模块和项目，全面提升个人综合编程技能和解决实际开发问题的能力，为成为 Java 软件开发工程师打下坚实基础。具体模块和项目目录如图 5 所示。

万事俱备，该到软件开发的主战场上接受洗礼了。面试资源库提供了大量国内外软件企业的常见面试真题，同时还提供了程序员职业规划、程序员面试技巧、企业面试真题汇编和虚拟面试系统等精彩内容，是程序员求职面试的绝佳指南。面试资源库的具体内容如图 6 所示。

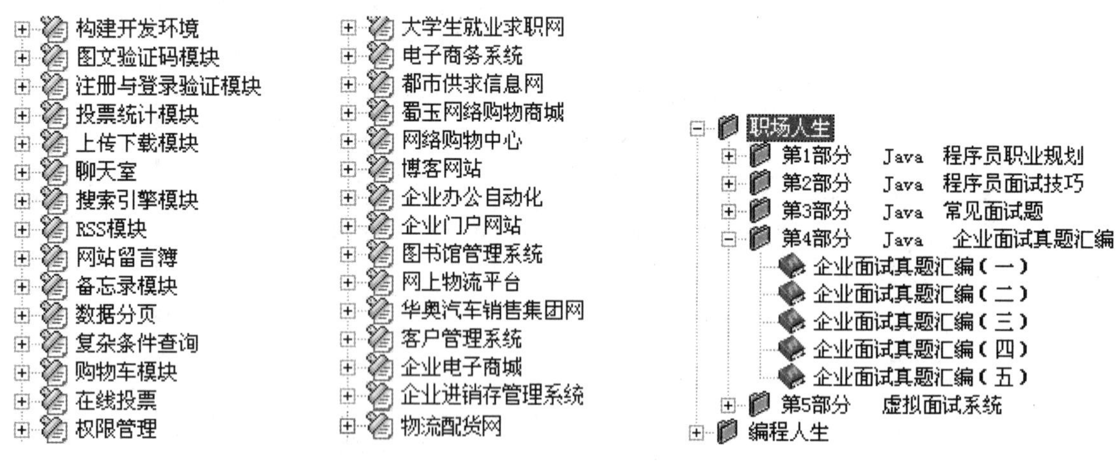

图 5　模块资源库和项目资源库目录　　图 6　面试资源库具体内容

前 言

Preface

丛书说明：“软件开发视频大讲堂”丛书（第 1 版）于 2008 年 8 月出版，因其编写细腻，易学实用，配备海量学习资源和全程视频等，在软件开发类图书市场上产生了很大反响，绝大部分品种在全国软件开发零售图书排行榜中名列前茅，2009 年多个品种被评为“全国优秀畅销书”。

“软件开发视频大讲堂”丛书（第 2 版）于 2010 年 8 月出版，第 3 版于 2012 年 8 月出版，第 4 版于 2016 年 10 月出版。十年锤炼，打造经典。丛书迄今累计重印 500 多次，销售 200 多万册。不仅深受广大程序员的喜爱，还被百余所高校选为计算机、软件等相关专业的教学参考用书。

“软件开发视频大讲堂”丛书（第 5 版）在继承前 4 版所有优点的基础上，进一步修正了疏漏，优化了图书内容，更新了开发环境和工具，并根据读者建议替换了部分学习视频。同时，提供了从“入门学习→实例应用→模块开发→项目开发→能力测试→面试”等各个阶段的海量开发资源库，使之更适合读者学习、训练、测试。为了方便教学，还提供了教学课件 PPT。

Java 是 Sun 公司推出的能够跨越多平台的、可移植性最高的一种面向对象的编程语言，也是目前最先进、特征最丰富、功能最强大的计算机语言之一。利用 Java 可以编写桌面应用程序、Web 应用程序、分布式系统应用程序、嵌入式系统应用程序等，从而使其成为应用范围最广泛的开发语言，特别是在 Web 程序开发方面。

目前，Java Web 开发领域的书籍有很多，但是能真正地把技术讲解透彻的图书并不是很多，尤其是结合项目的书籍就更少了。本书从初学者的角度，循序渐进地讲解使用 Java 语言和开源框架进行 Web 程序开发应该掌握的各项技术，包括 HTML、JSP 基础和流行框架等内容。

本书内容

本书提供了从入门到编程高手所必需的各类知识，共分 5 篇，大体结构如下图所示。

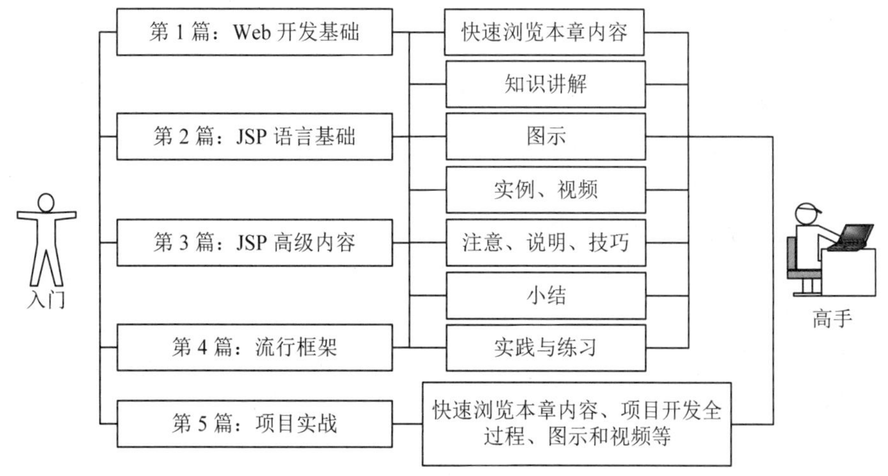

第 1 篇：Web 开发基础。本篇通过讲解 Java Web 应用开发概述、HTML 与 CSS 网页开发基础、JavaScript 脚本语言和搭建开发环境等内容，并结合大量的图示、实例、视频等，使读者快速掌握 Web 开发基础，为以后编程奠定坚实的基础。

第 2 篇：JSP 语言基础。本篇通过讲解 JSP 基本语法、JSP 内置对象、JavaBean 技术、Servlet 技术、过滤器和监听器等内容，并结合大量的图示、实例、视频等，使读者快速掌握 JSP 语言基础。学习完本篇，读者将对 JSP 程序开发有更深的了解。

第 3 篇：JSP 高级内容。本篇通过讲解 Java Web 的数据库操作、EL（表达式语言）、JSTL 标签和 Ajax 技术等内容，并结合大量的图示、实例、视频等，使读者快速掌握 JSP 高级内容。学习完本篇，读者能够掌握更深的 JSP 技术。

第 4 篇：流行框架。本篇通过讲解 Struts2 基础、Struts2 高级技术、Hibernate 技术、Hibernate 高级应用、Spring 核心之 IoC、Spring 核心之 AOP、SSM 框架整合开发等内容，并结合大量的图示、实例、视频等，使读者快速掌握 Java Web 常用框架及流行的 SSM 框架使用的使用。学习完本篇，读者可轻松完成 Java Web 程序开发。

第 5 篇：项目实战。本篇通过开发一个完整的项目——九宫格记忆网，引领读者运用软件工程的设计思想，进行 Web 项目的实践开发。书中按照“需求分析→系统设计→数据库设计→公共模块设计→主界面设计→用户模块设计→显示九宫格日记列表模块设计→写九宫格日记模块设计”的过程进行介绍，带领读者一步步亲身体验项目开发的全过程。

本书特点

☑ **由浅入深，循序渐进。**本书以初、中级程序员为对象，先从 Web 开发基础讲起，再讲解 JSP 语言基础、JSP 高级内容，然后介绍流行框架与 XML 技术，最后练习开发一个完整的项目。讲解过程中步骤详尽，版式新颖，在操作的内容图片上以❶❷❸……的编号+内容的方式进行标注，让读者在阅读时一目了然，从而快速掌握书中内容。

☑ **微课视频，讲解详尽。**为便于读者直观感受程序开发的全过程，书中大部分章节都配备了教学微视频，使用手机扫描正文小节标题一侧的二维码，即可观看学习，能快速引导初学者入门，感受编程的快乐和成就感，进一步增强学习的信心。

☑ **实例典型，轻松易学。**结合实例进行学习是最好的学习方式，本书通过“一个知识点、一个实例、一个结果、一段评析、一个综合应用”的模式，透彻详尽地讲述了实际开发中所需的各类知识。另外，为了便于读者阅读程序代码，快速学习编程技能，书中几乎每行代码都提供了注释。

☑ **精彩栏目，贴心提醒。**本书根据需要在各章使用了很多“注意”“说明”“技巧”等小栏目，让读者在学习的过程中可以更轻松地理解相关知识点及概念，更快地掌握个别技术的应用技巧。

☑ **应用实践，随时练习。**书中几乎每章都提供了“实践与练习”，读者能够通过对问题的解答重新回顾、熟悉所学的知识，为进一步学习做好充分的准备。

读者对象

- ☑ 初学编程的入门者
- ☑ 编程爱好者
- ☑ 大中专院校的老师和学生
- ☑ 相关培训机构的老师和学员
- ☑ 做毕业设计的学生
- ☑ 初、中级程序开发人员
- ☑ 程序测试及维护人员
- ☑ 参加实习的“菜鸟”程序员

读者服务

学习本书时，请先扫描封底的权限二维码（需要刮开涂层）获取学习权限，然后即可免费学习书中的所有线上线下资源。本书所附赠的各类学习资源，读者可登录清华大学出版社网站（www.tup.com.cn），在对应图书页面下获取其下载方式。也可扫描图书封底的“文泉云盘”二维码，获取其下载方式。

为了方便解决本书疑难问题，读者朋友可加我们的企业 QQ：4006751066（可容纳 10 万人），也可以登录 www.mingrisoft.com 留言，我们将竭诚为您服务。

致读者

本书由明日科技有限公司的 Java 程序开发团队编写，明日科技是一家专业从事软件开发、教育培训以及软件开发教育资源整合的高科技公司，其编写的教材既注重选取软件开发中的必需、常用内容，又注重内容的易学、方便以及相关知识的拓展，深受读者喜爱。其编写的教材多次荣获“全行业优秀畅销品种”“中国大学出版社优秀畅销书”等奖项，多个品种长期位居同类图书销售排行榜的前列。

在编写过程中，我们以科学、严谨的态度，精益求精，但错误、疏漏之处在所难免，敬请广大读者批评指正。

感谢您购买本书，希望本书能成为您编程路上的领航者。

“零门槛”编程，一切皆有可能。

祝读书快乐！

编　者

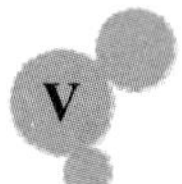

目　录

Contents

第 1 篇　Web 开发基础

第 2 篇 JSP 语言基础

第 3 篇　JSP 高级内容

第 4 篇　流 行 框 架

第5篇 项目实战

资源包“开发资源库”目录

第 1 大部分　实例资源库

（1010 个完整实例分析，资源包路径：开发资源库/实例资源库）

- 开发环境搭建
  - JDK 开发工具包
    - JDK 的下载
    - JDK 的安装
    - 设置 Java 环境变量
    - 使用命令行工具测试 JDK
    - 在命令行编译 Java 源码
  - Tomcat 服务器
    - 下载 Tomcat 服务器
    - 安装 Tomcat 服务器
    - 启动 Tomcat 测试
    - 通过 Eclipse 部署与发布 Web 应用
    - 修改 Tomcat 服务器的端口号
    - 配置 Tomcat 虚拟主机
    - 在 Tomcat 下如何手动部署 Web 应用
    - Tomcat 下如何制定主机访问
    - Tomcat 如何添加管理员
    - Tomcat 常用的优化技巧
  - Linux 系统配置 JDK 与 Tomcat 服务器
    - 在 Linux 系统下安装配置 JDK
    - 在 Linux 系统下安装配置 Tomcat
- Java 语言基础
  - 基本语法
    - 输出错误信息与调试信息
    - 从控制台接收输入字符
    - 重定向输出流实现程序日志
    - 自动类型转换与强制类型转换
  - 运算符
    - 加密可以这样简单（位运算）
    - 用三元运算符判断奇数和偶数
    - 更精确地使用浮点数
    - 不用乘法运算符实现 2×16
    - 实现两个变量的互换（不借助第 3 个变量）
  - 条件语句
    - 判断某一年是否为闰年
    - 验证登录信息的合法性
    - 为新员工分配部门
    - 用 Switch 语句根据消费金额计算折扣
    - 判断用户输入月份的季节
  - 循环控制
    - 使用 while 与自增运算符循环遍历数组
    - 使用 for 循环输出杨辉三角
    - 使用嵌套循环在控制台上输出九九乘法表
    - 用 while 循环计算 1+1/2!+1/3!+…+1/20!
    - for 循环输出空心的菱形
    - foreach 循环优于 for 循环
    - 终止循环体
    - 循环体的过滤器
    - 循环的极限
  - 常用排序
    - 冒泡排序法
    - 快速排序法
    - 选择排序法
    - 插入排序法
    - 归并排序法
  - 算法应用
    - 算法应用——百钱买百鸡
    - 算法应用——韩信点兵
    - 算法应用——斐波那契数列
    - 算法应用——水仙花数
    - 算法应用——素数
    - 算法应用——汉诺塔

- 通过过滤器控制页面输出内容
- 使用过滤器自动生成静态页面
- 文件上传过滤器
- 权限验证过滤器
- 过滤非法文字
- 编码过滤器解决中文问题
- 过滤器验证用户
- 过滤器分析流量
- 使用过滤器禁止浏览器缓存页面

监听器的应用

- 监听在线用户
- 监听器实现免登录

JSTL 标签库

JSTL Core 标签库

- 利用 JSTL 标签实现网站计数器
- 根据参数请求显示不同的页面
- 利用<c:forTokens>标签遍历字符串
- 利用 JSTL 选取随机数给予不同的提示信息
- 使用<c:forEach>遍历 List 集合的元素
- 利用 JSTL 标签导入用户注册协议

JSTL I18N 标签库

- 利用 JSTL 标签设置请求的字符编码
- 利用 JSTL 标签实现国际化
- 利用<fmt:setLocale>显示所有地区的数据格式
- 利用<fmt:timeZone>显示不同地区时间
- 利用<fmt:formatDate>标签对日期格式化

JavaScript 技术

- 通过正则表达式验证日期
- 验证输入的日期是否正确
- 检查表单元素的值是否为空
- 验证是否为数字
- 验证 E-mail 是否正确
- 验证电话号码是否正确
- 验证手机号码是否正确
- 验证字符串是否为汉字
- 验证身份证号码是否有效
- 验证车牌号码是否有效
- 验证网站地址是否有效

……

Ajax 技术

- 考试计时并自动提交试卷
- 自动保存草稿
- 检查用户名是否重复
- 验证用户登录
- 限时竞拍
- 带进度条的文件上传
- 仿 Google Suggest 自动完成
- 实现无刷新分页
- 实时弹出气泡提示窗口
- 实时显示最新商品及报价
- 实时显示聊天内容
- 实现快速浏览
- 动态多级联下拉列表
- Ajax 实现聊天室
- Ajax 刷新 DIV 内容
- Ajax 级联选择框
- 提交表单前进行 Ajax 验证
- 实现文本框自动补全功能
- 实时显示公告信息
- 创建工具提示

视图、存储过程和触发器的应用

- 创建视图
- 视图的应用
- 获取数据库中的全部用户视图
- 修改视图
- 删除视图
- 创建存储过程
- 应用存储过程实现登录身份验证
- 应用存储过程添加数据
- 应用存储过程实现数据分页
- 获取数据库中的全部存储过程
- 修改存储过程
- 删除存储过程
- 创建触发器
- 应用触发器自动插入回复记录
- 获取数据库中的触发器

文件管理

- 查看文件是否存在
- 重命名文件
- 复制文件夹
- 获取文件信息
- 获取驱动器信息

第 2 大部分　模块资源库

（15 个经典模块，资源包路径：开发资源库/模块资源库）

第 3 大部分　项目资源库

（15 个企业开发项目，资源包路径：开发资源库/项目资源库）

项目 9　图书馆管理系统

第 4 大部分　能力测试题库

（596 道能力测试题目，资源包路径：开发资源库/能力测试）

第 1 部分　Java Web 编程基础能力测试

……

第 2 部分　数学及逻辑思维能力测试

- 基本测试
- 进阶测试
- 高级测试

第 3 部分　面试能力测试

- 常规面试测试

第 4 部分　编程英语能力测试

- 英语基础能力测试
- 英语进阶能力测试

第 5 大部分　面试资源库

（369 项面试真题，资源包路径：开发资源库/编程人生）

第 1 部分　Java 程序员职业规划

- 你了解程序员吗
- 程序员自我定位

第 2 部分　Java 程序员面试技巧

- 面试的三种方式
- 如何应对企业面试
- 英语面试
- 电话面试
- 智力测试

第 3 部分　Java 常见面试题

- Java 语法面试真题
- 字符串与数组面试真题
- 面向对象试题
- Java 异常面试真题
- 多线程面试真题
- 集合类面试真题
- 数据库相关面试真题
- 网络与数据流面试真题
- 数据结构与算法面试真题
- 软件工程与设计模式面试真题

第 4 部分　Java 企业面试真题汇编

- 企业面试真题汇编（一）
- 企业面试真题汇编（二）
- 企业面试真题汇编（三）
- 企业面试真题汇编（四）

第 5 部分　Java 虚拟面试系统

……

Web 开发基础

本篇通过讲解 Java Web 应用开发概述、HTML 与 CSS 网页开发基础、JavaScript 脚本语言和搭建开发环境等内容，并结合大量的图示、实例、视频等，使读者快速掌握 Web 开发基础，为以后编程奠定坚实的基础。

第 1 章

Java Web 应用开发概述

（视频讲解：18 分钟）

随着网络技术的迅猛发展，国内外的信息化建设已经进入基于 Web 应用为核心的阶段。与此同时，Java 语言也在不断完善优化，使自己更适合开发 Web 应用。为此，越来越多的程序员或是编程爱好者走上了 Java Web 应用开发之路。

通过阅读本章，您可以：

- 了解 C/S 结构和 B/S 结构
- 理解 Web 应用程序的工作原理
- 了解 Web 应用的客户端应用技术
- 了解 Web 应用的服务器端应用技术
- 了解 Java Web 都有哪些成功案例
- 了解学习 Java Web 开发的常用网上资源

1.1　程序开发体系结构

随着网络技术的不断发展，单机的软件程序已难以满足网络计算的需要。为此，各种各样的网络程序开发体系结构应运而生。其中，运用最多的网络应用程序开发体系结构可以分为两种：一种是基于浏览器/服务器的 B/S 结构；另一种是基于客户端/服务器的 C/S 结构。下面进行详细介绍。

1.1.1　C/S 体系结构介绍

C/S 是 Client/Servser 的缩写，即客户端/服务器结构。在这种结构中，服务器通常采用高性能的 PC 机或工作站，并采用大型数据库系统（如 Oracle 或 SQL Server），客户端则需要安装专用的客户端软件，如图 1.1 所示。这种结构可以充分利用两端硬件环境的优势，将任务合理分配到客户端和服务器，从而降低了系统的通信开销。在 2000 年以前，C/S 结构是网络程序开发领域的主流。

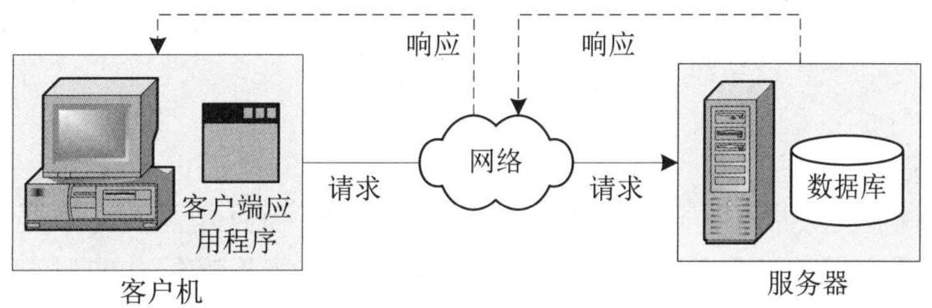

图 1.1　C/S 体系结构

1.1.2　B/S 体系结构介绍

B/S 是 Browser/Server 的缩写，即浏览器/服务器结构。在这种结构中，客户端不需要开发任何用户界面，而统一采用如 IE 和 Firefox 等浏览器，通过 Web 浏览器向 Web 服务器发送请求，由 Web 服务器进行处理，并将处理结果逐级传回客户端，如图 1.2 所示。这种结构利用不断成熟和普及的浏览器技术实现原来需要复杂专用软件才能实现的强大功能，从而节约了开发成本，是一种全新的软件体系结构。这种体系结构已经成为当今应用软件的首选体系结构。

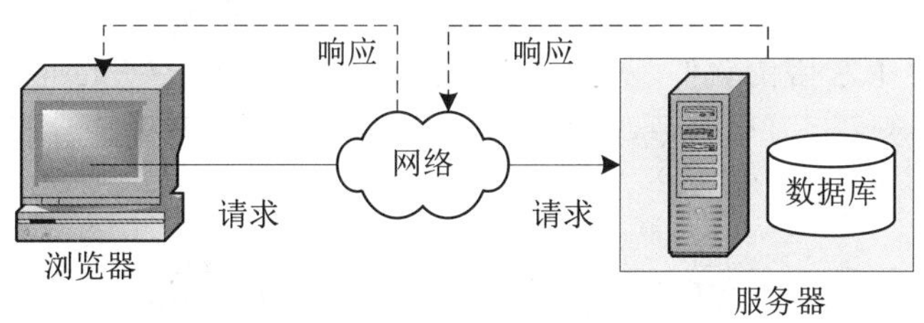

图 1.2　B/S 体系结构

说明

B/S 由美国微软公司研发，C/S 由美国 Borland 公司最早研发。

1.1.3 两种体系结构的比较

C/S 结构和 B/S 结构是当今世界网络程序开发体系结构的两大主流。目前，这两种结构都有自己的市场份额和客户群。但是，这两种体系结构又各有各的优点和缺点，下面将从以下 3 个方面进行比较说明。

1. 开发和维护成本方面

C/S 结构的开发和维护成本都比 B/S 高。采用 C/S 结构时，对于不同客户端要开发不同的程序，而且软件的安装、调试和升级均需要在所有的客户机上进行。例如，如果一个企业共有 10 个客户站点使用一套 C/S 结构的软件，则这 10 个客户站点都需要安装客户端程序。当这套软件进行了哪怕很微小的改动后，系统维护员都必须将客户端原有的软件卸载，再安装新的版本并进行配置，最可怕的是客户端的维护工作必须不折不扣地进行 10 次。若某个客户端忘记进行这样的更新，则该客户端将会因软件版本不一致而无法工作。而 B/S 结构的软件，则不必在客户端进行安装及维护。如果将前面企业的 C/S 结构的软件换成 B/S 结构，这样在软件升级后，系统维护员只需要将服务器的软件升级到最新版本，对于其他客户端，只要重新登录系统即可使用最新版本的软件。

2. 客户端负载

C/S 结构的客户端不仅负责与用户的交互，收集用户信息，而且还需要完成通过网络向服务器请求对数据库、电子表格或文档等信息的处理工作。由此可见，应用程序的功能越复杂，客户端程序也就越庞大，这也给软件的维护工作带来了很大的困难。而 B/S 结构的客户端把事务处理逻辑部分交给了服务器，由服务器进行处理，客户端只需要进行显示，这样，将使应用程序服务器的运行数据负荷较重，一旦发生服务器“崩溃”等问题，后果不堪设想。因此，许多单位都备有数据库存储服务器，以防万一。

3. 安全性

C/S 结构适用于专人使用的系统，可以通过严格的管理派发软件，达到保证系统安全的目的，这样的软件相对来说安全性比较高。而对于 B/S 结构的软件，由于使用的人数较多，且不固定，相对来说安全性就会低些。

由此可见，B/S 相对于 C/S 来说具有更多的优势，现今大量的应用程序开始转移到应用 B/S 结构，许多软件公司也争相开发 B/S 版的软件，也就是 Web 应用程序。随着 Internet 的发展，基于 HTTP 协议和 HTML 标准的 Web 应用呈几何数量级的增长，而这些 Web 应用又是由各种 Web 技术所开发。

视频讲解

1.2 Web 应用程序的工作原理

Web 应用程序大体上可以分为两种，即静态网站和动态网站。早期的 Web 应用主要是静态页面的浏览，即静态网站。这些网站使用 HTML 语言来编写，放在 Web 服务器上，用户使用浏览器通过 HTTP

协议请求服务器上的 Web 页面，服务器上的 Web 服务器将接收到的用户请求处理后，再发送给客户端浏览器，显示给用户。整个过程如图 1.3 所示。

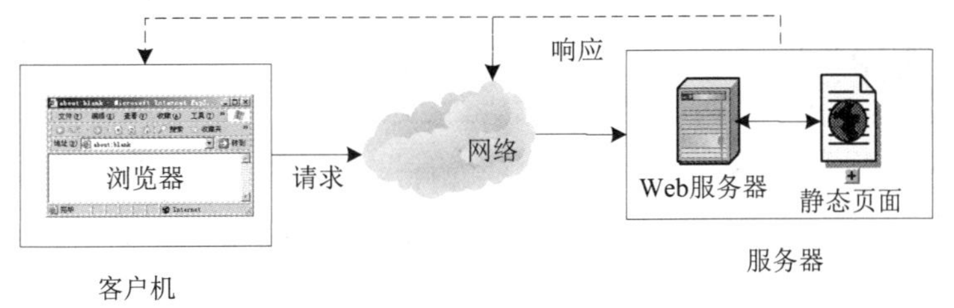

图 1.3　静态网站的工作流程

随着网络的发展，很多线下业务开始向网上发展，基于 Internet 的 Web 应用也变得越来越复杂，用户所访问的资源已不能只是局限于服务器上保存的静态网页，更多的内容需要根据用户的请求动态生成页面信息，即动态网站。这些网站通常使用 HTML 语言和动态脚本语言（如 JSP、ASP 或是 PHP 等）编写，并将编写后的程序部署到 Web 服务器上，由 Web 服务器对动态脚本代码进行处理，并转化为浏览器可以解析的 HTML 代码，返回给客户端浏览器，显示给用户。整个过程如图 1.4 所示。

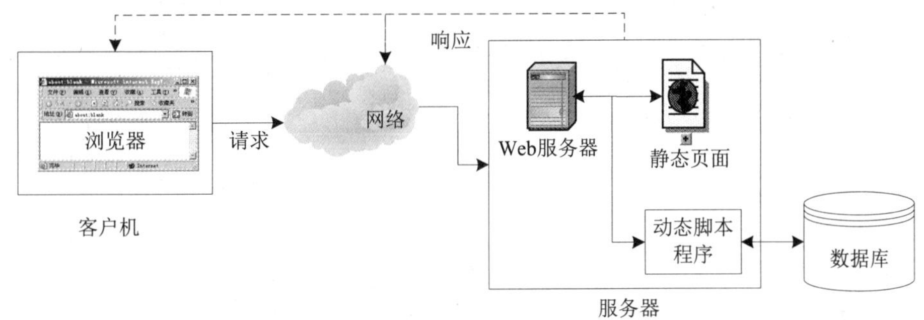

图 1.4　动态网站的工作流程

说明

初学者经常会错误地认为带有动画效果的网页就是动态网页，其实不然，动态网页是指具有交互性、内容可以自动更新，并且内容会根据访问的时间和访问者而改变。这里所说的交互性是指网页可以根据用户的要求动态改变或响应。

由此可见，静态网站类似于 10 年前研制的手机，这种手机只能使用出厂时设置的功能和铃声，用户自己并不能对其铃声进行添加和删除等；而动态网站则类似于现在研制的手机，用户在使用这些手机时，不再是只能使用机器中默认的铃声，而是可以根据自己的喜好任意设置。

1.3　Web 应用技术

视频讲解

在开发 Web 应用程序时，通常需要应用客户端和服务器两方面的技术。其中，客户端应用的技术

主要用于展现信息内容，而服务器端应用的技术，则主要用于进行业务逻辑的处理和与数据库的交互等。下面进行详细介绍。

1.3.1 客户端应用的技术

在进行 Web 应用开发时，离不开客户端技术的支持。目前，比较常用的客户端技术包括 HTML 语言、CSS、Flash 和客户端脚本技术。下面进行详细介绍。

☑ HTML 语言

HTML 语言是客户端技术的基础，主要用于显示网页信息，由浏览器解释执行，它不需要编译。HTML 语言简单易用，它在文件中加入标签，使其可以显示各种各样的字体、图形及闪烁效果，还增加了结构和标记，如头元素、文字、列表、表格、表单、框架、图像和多媒体等，并且提供了与 Internet 中其他文档的超链接。例如，在一个 HTML 页中，应用图像标记插入一个图片，可以使用如图 1.5 所示的代码，该 HTML 页运行后的效果如图 1.6 所示。

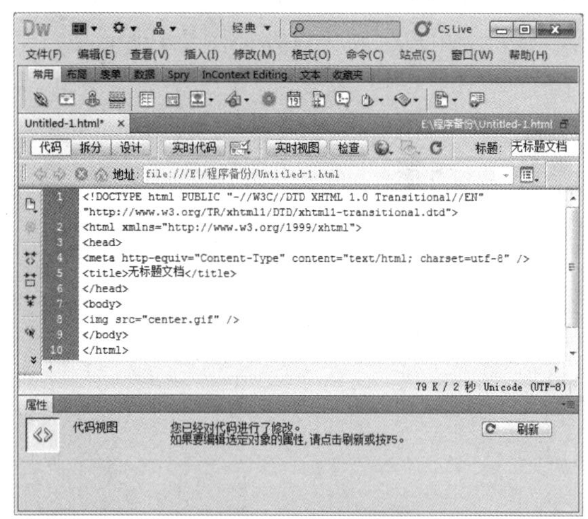

图 1.5 HTML 文件

图 1.6 运行效果

说明

HTML 语言不区分大小写，这一点与 Java 不同，例如图 1.5 中的 HTML 标记<body></body>也可以写为<BODY></BODY>。

☑ CSS

CSS 就是一种叫作样式表（Style Sheet）的技术，也有人称之为层叠样式表（Cascading Style Sheet）。在制作网页时采用 CSS 样式，可以有效地对页面的布局、字体、颜色、背景和其他效果实现更加精确的控制。只要对相应的代码做一些简单的修改，就可以改变整个页面的风格。CSS 大大提高了开发者对信息展现格式的控制能力，特别是在目前比较流行的 CSS+DIV 布局的网站中，CSS 的作用更是举足轻重。例如，在“心之语许愿墙”网站中，如果将程序中的 CSS 代码删除，将显示如图 1.7 所示的效果；而添加 CSS 代码后，将显示如图 1.8 所示的效果。

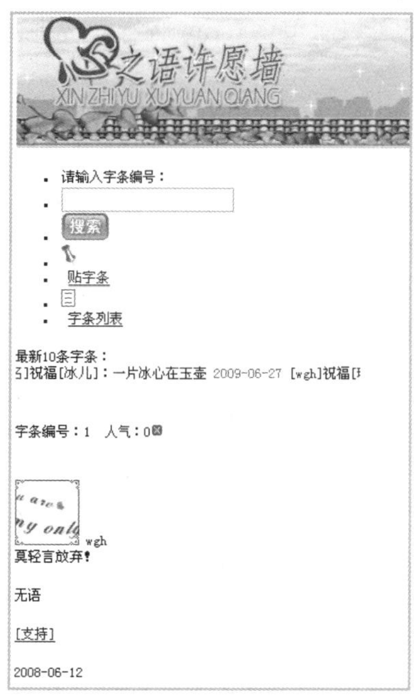

图 1.7　没有添加 CSS 样式的页面效果

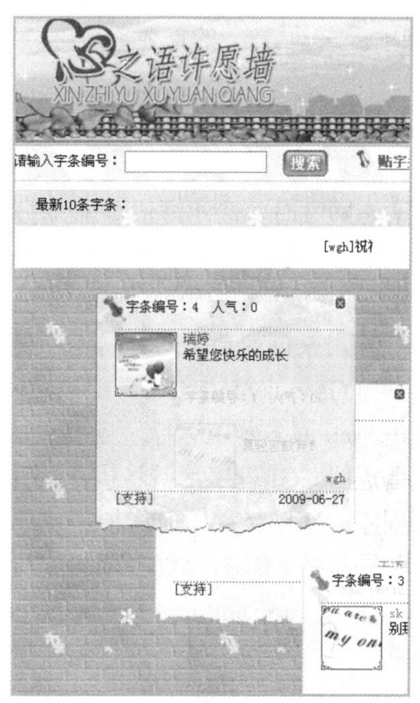

图 1.8　添加 CSS 样式的页面效果

技巧

在网页中使用 CSS 样式不仅可以美化页面，而且可以优化网页速度。因为 CSS 样式表文件只是简单的文本格式，不需要安装额外的第三方插件。另外，由于 CSS 提供了很多滤镜效果，从而避免使用大量的图片，这样将大大缩小文件的体积，提高下载速度。

☑　Flash

Flash 是一种交互式矢量动画制作技术，它可以包含动画、音频、视频以及应用程序，而且 Flash 文件比较小，非常适合在 Web 上应用。目前，很多 Web 开发者都将 Flash 技术引入网页中，使网页更具表现力。特别是应用 Flash 技术实现动态播放网站广告或新闻图片，并且加入随机的转场效果，如图 1.9 所示。

图 1.9　在网页中插入的 Flash 动画

☑　客户端脚本技术

客户端脚本技术是指嵌入 Web 页面中的程序代码，这些程序代码是一种解释性的语言，浏览器可以对客户端脚本进行解释。通过脚本语言可以以编程的方式实现对页面元素进行控制，从而增加页面的灵活性。常用的客户端脚本语言有 JavaScript 和 VBScript。目前，应用最为广泛的客户端脚本语言是

JavaScript 脚本，它是 Ajax 的重要组成部分。在本书的第 3 章将对 JavaScript 脚本语言进行详细介绍。

1.3.2 服务器端应用的技术

在开发动态网站时，离不开服务器端技术，目前，比较常用的服务器端技术主要有 CGI、ASP、PHP、ASP.NET 和 JSP。下面进行详细介绍。

☑ CGI

CGI 是最早用来创建动态网页的一种技术，它可以使浏览器与服务器之间产生互动关系。CGI 的全称是 Common Gateway Interface，即通用网关接口。它允许使用不同的语言来编写适合的 CGI 程序，该程序被放在 Web 服务器上运行。当客户端发出请求给服务器时，服务器根据用户请求建立一个新的进程来执行指定的 CGI 程序，并将执行结果以网页的形式传输到客户端的浏览器上显示。CGI 可以说是当前应用程序的基础技术，但这种技术编制方式比较困难而且效率低下，因为每次页面被请求时，都要求服务器重新将 CGI 程序编译成可执行的代码。在 CGI 中使用最为常见的语言为 C/C++、Java 和 Perl（Practical Extraction and Report Language，文件分析报告语言）。

☑ ASP

ASP（Active Server Page）是一种使用很广泛的开发动态网站的技术。它通过在页面代码中嵌入 VBScript 或 JavaScript 脚本语言，来生成动态的内容，在服务器端必须安装适当的解释器后，才可以通过调用此解释器来执行脚本程序，然后将执行结果与静态内容部分结合并传送到客户端浏览器上。对于一些复杂的操作，ASP 可以调用存在于后台的 COM 组件来完成，所以说 COM 组件无限地扩充了 ASP 的能力，正因如此依赖本地的 COM 组件，使得它主要用于 Windows NT 平台中，所以 Windows 本身存在的问题都会映射到它的身上。当然该技术也存在很多优点，体现在简单易学，并且 ASP 是与微软的 IIS 捆绑在一起，在安装 Windows 操作系统的同时安装上 IIS 即可运行 ASP 应用程序。

☑ PHP

PHP 来自于 Personal Home Page 一词，但现在的 PHP 已经不再表示名词的缩写，而是一种开发动态网页技术的名称。PHP 语法类似于 C，并且混合了 Perl、C++和 Java 的一些特性。它是一种开源的 Web 服务器脚本语言，与 ASP 一样可以在页面中加入脚本代码来生成动态内容。对于一些复杂的操作可以封装到函数或类中。在 PHP 中提供了许多已经定义好的函数，例如提供的标准的数据库接口，使得数据库连接方便，扩展性强。PHP 可以被多个平台支持，但被广泛应用于 UNIX/Linux 平台。由于 PHP 本身的代码对外开放，并且经过许多软件工程师的检测，因此到目前为止该技术具有公认的安全性能。

☑ ASP.NET

ASP.NET 是一种建立动态 Web 应用程序的技术。它是.NET 框架的一部分，可以使用任何.NET 兼容的语言来编写 ASP.NET 应用程序。使用 Visual Basic .NET、C#、J#、ASP.NET 页面（Web Forms）进行编译，可以提供比脚本语言更出色的性能表现。Web Forms 允许在网页基础上建立强大的窗体。当建立页面时，可以使用 ASP.NET 服务端控件来建立常用的 UI 元素，并对它们编程来完成一般的任务。这些控件允许开发者使用内建可重用的组件和自定义组件来快速建立 Web Forms，使代码简单化。

☑ JSP

Java Server Page 简称 JSP。JSP 是以 Java 为基础开发的，所以它沿用 Java 强大的 API 功能。JSP

页面中的 HTML 代码用来显示静态内容部分，嵌入页面中的 Java 代码与 JSP 标记用来生成动态的内容部分。JSP 允许程序员编写自己的标签库来完成应用程序的特定要求。JSP 可以被预编译，提高了程序的运行速度。另外，JSP 开发的应用程序经过一次编译后，便可随时随地运行。所以在绝大部分系统平台中，代码无须做修改即可在支持 JSP 的任何服务器中运行。

1.4　了解 Java Web 成功案例

Java 语言具有很多优点，例如面向对象、跨越平台、安全性高等，很多的大型企业级的应用，都采用 Java Web 进行开发。目前，Java Web 开发的项目已经有很多成功案例，它们被应用于实际生活中的各行各业，例如清华大学的本科招生网、金网在线网等，如图 1.10 和图 1.11 所示。

图 1.10　清华大学的本科招生网

图 1.11　金网在线网

还有一些涉及安全级别非常高或需要多平台运行的，银行类的项目应用较多，例如中国工商银行网站、中国光大银行网站、中国农业银行网站、中国建设银行网站、交通银行网站和中国邮政储蓄银行网站等，这些网站都应用了 Java Web 技术，其页面效果如图 1.12～图 1.17 所示。

图 1.12　中国工商银行网站

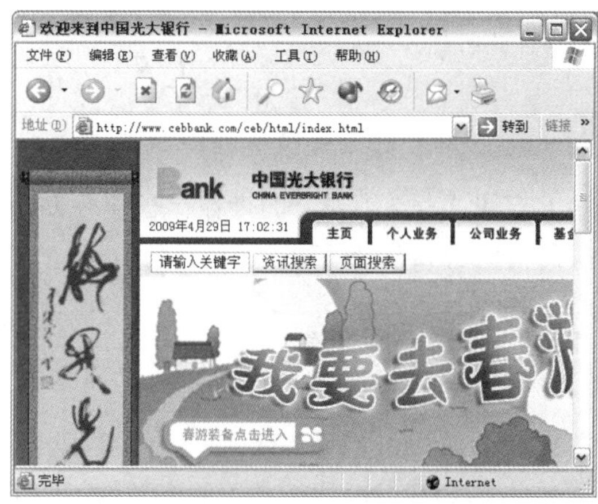

图 1.13　中国光大银行网站

图 1.14　中国农业银行网站

图 1.15　中国建设银行网站

图 1.16　交通银行网站

图 1.17　中国邮政储蓄银行网站

上述的这些案例，只是一部分代表，应用 Java Web 开发的项目还有很多，其成功案例数不胜数。

1.5　常用网上资源

为了方便读者学习，下面推荐一些学习 Java Web 应用开发的相关资源。使用这些资源，可以帮助读者找到精通 Java Web 应用开发的捷径。

1.5.1　常用资源下载网

在开发 Java Web 应用程序时，通常需要到相关资源的官方网站中下载一些资源。下面将给出在进行 Java Web 应用开发时比较常用的资源的下载网站。

☑ JDK 官方网站

http://java.sun.com

☑ Web 服务器 Tomcat 的官方网站

http://tomcat.apache.org

☑ IDE 工具 Eclipse 的官方网站

http://www.eclipse.org

☑ 开源数据库 MySQL 的官方网站

http://www.mysql.com

☑ JSTL 标准标签库的下载网站

http://java.sun.com/products/jsp/jstl

☑ Struts2 的官方网站

http://struts.apache.org

☑ Spring 的官方网站

http://www.springframework.org

☑ Hibernate 的官方网站

http://www.hibernate.org

☑ iBatis 的官方网站

http://ibatis.apache.org

1.5.2 技术社区

为了方便 Java Web 程序员间的交流、学习，网上提供了很多技术社区。通过登录相关的技术社区，读者可以很好地吸取他人的经验技巧，快速提高自己的编程水平。

☑ CSDN 社区中心

http://community.csdn.net

☑ 编程词典服务社区

http://www.mingrisoft.com

1.6 小　　结

本章首先介绍了网络程序开发的体系结构，并对两种体系结构进行了比较，接着说明 Web 应用开发所采用的体系结构。然后详细介绍了静态网站和动态网站的工作流程，并对 Web 应用技术进行了简要介绍，使读者对 Web 应用开发所需的技术有所了解。最后了解了 Java Web 网站的成功案例，及常用网上资源的 URL 地址。

第 2 章

HTML 与 CSS 网页开发基础

（视频讲解：1 小时 2 分钟）

HTML 是一种在互联网上常见的网页制作标注性语言，并不能算作一种程序设计语言，因为它相对于程序设计语言来说缺少了其所应有的特征。HTML 是通过浏览器的翻译，将网页中的内容呈现给用户。对于网站设计人员来说，只使用 HTML 是不够的，需要在页面中引入 CSS 样式。HTML 与 CSS 的关系是“内容”与“形式”的关系，由 HTML 来确定网页的内容，CSS 来实现页面的表现形式。HTML 与 CSS 的完美搭配使页面更加美观、大方，且容易维护。

通过阅读本章，您可以：

- 掌握 HTML 文档的基本结构
- 运用 HTML 的各种常用标记
- 了解 HTML5 新增的部分内容
- 使用 CSS 样式表控制页面
- 了解 CSS 3 的新特征

2.1　HTML 标记语言

相信所有读者都有在互联网获取信息的习惯。在浏览器的地址栏中输入一个网址，就会展示出相应的网页内容。在网页中包含有很多内容，如文字、图片、动画，以及声音和视频等。网页的最终目的是为访问者提供有价值的信息。提到网页设计不得不提到 HTML 标记语言，HTML 全称 Hypertext Markup Language，译为超文本标记语言。HTML 用于描述超文本中内容的显示方式。使用 HTML 可以实现在网页中定义一个标题、文本或者表格等。本节将详细介绍 HTML 标记语言。

2.1.1　创建第一个 HTML 文件

编写 HTML 文件可以通过两种方式：一种是手工编写 HTML 代码；另一种是借助一些开发软件。例如 Adobe 公司的 Dreamweaver 或者微软公司的 Expression Web 这样的网页制作软件。在 Windows 操作系统中，最简单的文本编辑软件就是记事本。

下面为大家介绍应用记事本编写第一个 HTML 文件。HTML 文件的创建方法非常简单，具体步骤如下：

（1）依次选择“开始”→“程序”→“附件”→“记事本”命令。

（2）在打开的记事本窗体中编写代码，如图 2.1 所示。

（3）编写完成之后，需要将其保存为 HTML 格式文件。具体步骤为：选择记事本菜单栏中的“文件”→“另存为”命令，弹出“另存为”对话框，首先在“保存类型”下拉列表框中选择“所有文件”选项，然后在“文件名”文本框中输入一个文件名。需要注意的是，文件名的后缀应该是.htm 或者.html，如图 2.2 所示。

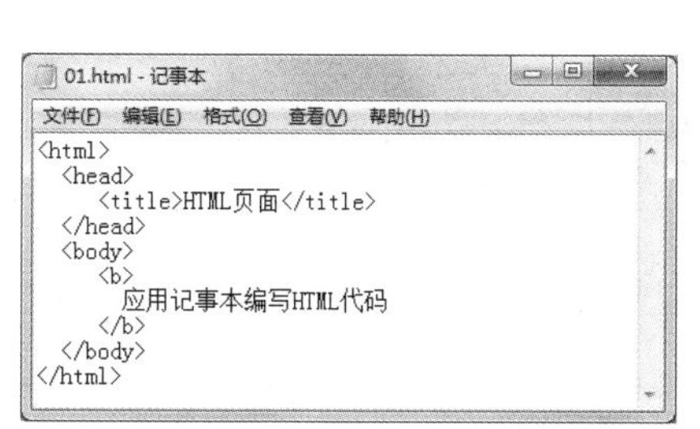

图 2.1　在记事本中输入 HTML 文件内容

图 2.2　保存 HTML 文件

说明

如果没有修改记事本的“保存类型”，那么记事本会自动将文件保存为.txt 文件，即普通的文本文件，而不是网页类型的文件。

（4）设置完成后，单击“保存”按钮，则成功保存了 HTML 文件。此时，双击该 HTML 文件，就会显示页面内容，效果如图 2.3 所示。

这样，就完成了第一个 HTML 文件的编写。尽管该文件内容非常简单，但是却体现了 HTML 文件的特点。

图 2.3　运行 HTML 文件

技巧

在浏览器的显示页面中右击，在弹出的快捷菜单中选择“查看源代码”命令，这时会自动打开记事本程序，里面显示的则为 HTML 源文件。

2.1.2　HTML 文档结构

HTML 文档由 4 个主要标记组成，这 4 个标记是<html>、<head>、<title>和<body>。在 2.1.1 节中为大家介绍的实例里，就包含了这 4 个标记，这 4 个标记构成了 HTML 页面最基本的元素。

1．<html>标记

<html>标记是 HTML 文件的开头。所有 HTML 文件都是以<html>标记开头，以</html>标记结束。HTML 页面的所有标记都要放置在<html>与</html>标记中，<html>标记并没有实质性的功能，但却是 HTML 文件不可缺少的内容。

说明

HTML 标记是不区分大小写的。

2．<head>标记

<head>标记是 HTML 文件的头标记，作用是放置 HTML 文件的信息。如定义 CSS 样式代码可放置在<head>与</head>标记中。

3．<title>标记

<title>标记为标题标记。可将网页的标题定义在<title>与</title>标记中。例如在 2.1.1 节中定义的网页的标题为“HTML 页面”，如图 2.4 所示。<title>标记被定义在<head>标记中。

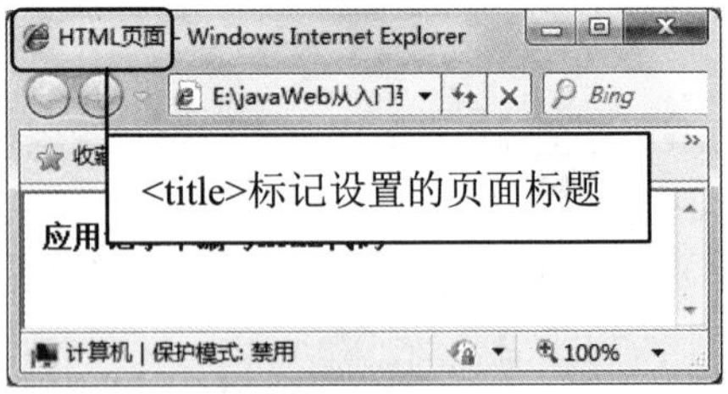

<title>标记设置的页面标题

图 2.4　<title>标记定义页面标题

4．<body>标记

<body>是 HTML 页面的主体标记。页面中的所有内容都定义在<body>标记中。<body>标记也是成对使用的，以<body>标记开头，以</body>标记结束。<body>标记本身也具有控制页面的一些特性，例如控制页面的背景图片和颜色等。

本节中介绍的是 HTML 页面最基本的结构。要深入学习 HTML 语言，创建更加完美的网页，必须学习 HTML 语言的其他标记。

2.1.3　HTML 常用标记

HTML 中提供了很多标记，可以用来设计页面中的文字、图片，定义超链接等。这些标记的使用可以使页面更加生动，下面介绍 HTML 中的常用标记。

1．换行标记

要让网页中的文字实现换行，在 HTML 文件中输入换行符（Enter 键）是没有用的，必须用一个标记告诉浏览器在哪里要实现换行操作。在 HTML 语言中，换行标记为
。

与前面为大家介绍的 HTML 标记不同，换行标记是一个单独标记，不是成对出现的。下面通过实例来介绍换行标记的使用。

【例 2.1】　创建 HTML 页面，实现在页面中输出一首古诗。（**实例位置：资源包\TM\sl\2\1**）

```
<html>
  <head>
      <title>应用换行标记实现页面文字换行</title>
  </head>
  <body>
      <b>
        黄鹤楼送孟浩然之广陵
      </b><br>
        故人西辞黄鹤楼，烟花三月下扬州。<br>
        孤帆远影碧空尽，唯见长江天际流。
  </body>
</html>
```

运行本实例，结果如图 2.5 所示。

图 2.5　在页面中输出古诗

2．段落标记

HTML 中的段落标记也是一个很重要的标记，段落标记以<p>标记开头，以</p>标记结束。段落标记在段前和段后各添加一个空行，而定义在段落标记中的内容，不受该标记的影响。

3．标题标记

在 Word 文档中，可以很轻松地实现不同级别的标题。如果要在 HTML 页面中创建不同级别的标题，可以使用 HTML 语言中的标题标记。在 HTML 标记中，设定了 6 个标题标记，分别为<h1>～<h6>，其中<h1>代表 1 级标题，<h2>代表 2 级标题……<h6>代表 6 级标题。数字越小，表示级别越高，文字的字体也就越大。

【例 2.2】 在 HTML 页面中定义文字，并通过标题标记和段落标记设置页面布局。（**实例位置：资源包\TM\sl\2\2**）

```
<html>
    <head>
     <title>设置标题标记</title>
    </head>
    <body>
     <h1>Java 开发的 3 个方向</h1>
     <h2>Java SE</h2>
     <p>主要用于桌面程序的开发。它是学习 Java EE 和 Java ME 的基础，也是本书的重点内容</p>
     <h2>Java EE</h2>
     <p>主要用于网页程序的开发。随着互联网的发展，越来越多的企业使用 Java 语言来开发自己的官方网站，其中不乏世界 500 强企业</p>
     <h2>Java ME</h2>
     <p>主要用于嵌入式系统程序的开发</p>
   </body>
</html>
```

运行本实例，结果如图 2.6 所示。

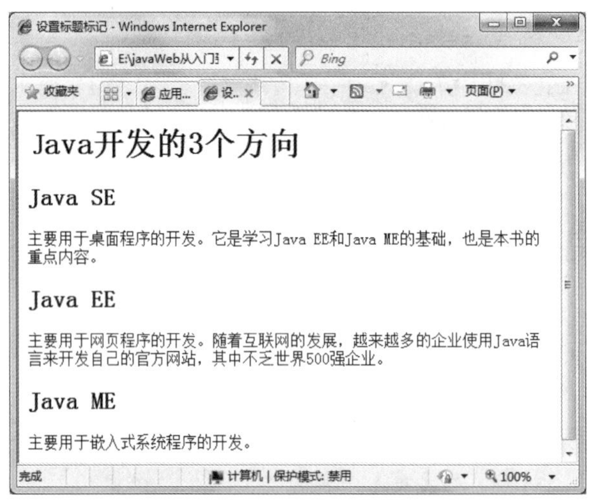

图 2.6　使用标题标记和段落标记设计页面

4．居中标记

HTML 页面中的内容有一定的布局方式，默认的布局方式是从左到右依次排序。如果想让页面中的内容在页面的居中位置显示，可以使用 HTML 中的<center>标记。<center>标记以<center>标记开头，以</center>标记结尾。标记中的内容为居中显示。

对例 2.2 中的代码进行修改，使用居中标记将页面内容居中。

【例 2.3】 使用居中标记对页面中的内容进行居中处理。（**实例位置：资源包\TM\sl\2\3**）

```
<html>
    <head>
```

```
        <title>设置标题标记</title>
    </head>
    <body>
        <center>
        <h1>Java 开发的 3 个方向</h1>
        <h2>Java SE</h2>
        <p>主要用于桌面程序的开发。它是学习 Java EE 和 Java ME 的基础，也是本书的重点内容</p>
        <h2>Java EE</h2>
        <p>主要用于网页程序的开发。随着互联网的发展，越来越多的企业使用 Java 语言来开发自己的官方网站，
其中不乏世界 500 强企业</p>
        <h2>Java ME</h2>
        <p>主要用于嵌入式系统程序的开发</p>
        </center>
    </body>
</html>
```

将页面中的内容进行居中后的效果如图 2.7 所示。

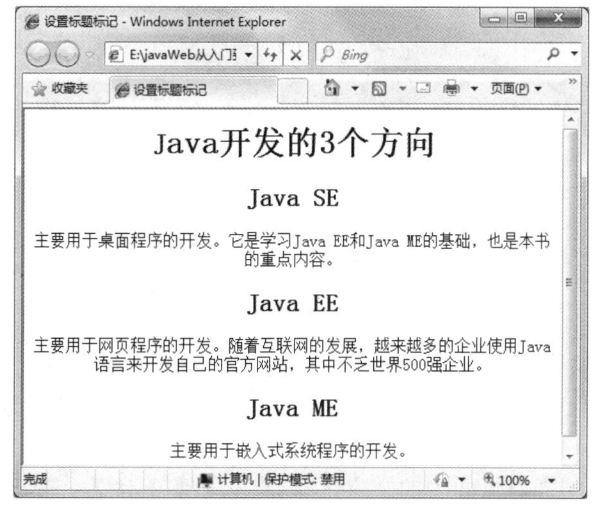

图 2.7　将页面中的内容进行居中处理

5. 文字列表标记

HTML 语言中提供了文字列表标记，文字列表标记可以将文字以列表的形式依次排列。通过这种形式可以更加方便网页的访问者使用。HTML 中的列表标记主要有无序列表和有序列表两种。

☑　无序列表

无序列表是在每个列表项的前面添加一个圆点符号。通过符号<ul>可以创建一组无序列表，其中每一个列表项以<li>表示。下面的实例为大家演示了无序列表的应用。

【例 2.4】　使用无序列表对页面中的文字进行排序。（**实例位置：资源包\TM\sl\2\4**）

```
<html>
    <head>
        <title>无序列表标记</title>
    </head>
```

```
    <body>
     编程词典有以下几个品种：
     <p>
     <ul>
       <li>Java 编程词典
       <li>VB 编程词典
       <li>VC 编程词典
       <li>.net 编程词典
       <li>C#编程词典
     </ul>
    </body>
</html>
```

本实例的运行结果如图 2.8 所示。

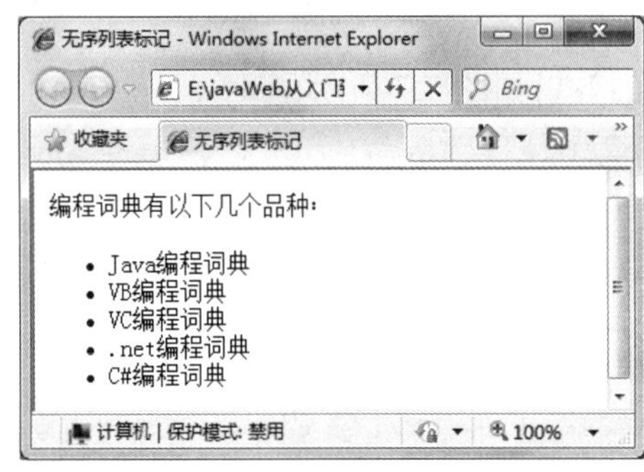

图 2.8 在页面中使用无序列表表

☑ 有序列表

有序列表和无序列表的区别是，使用有序列表标记可以将列表项进行排号。有序列表的标记为<ol>，每一个列表项前使用<li>。有序列表中的项是有一定顺序的。下面对例 2.4 进行修改，使用有序列表进行排序。

【例 2.5】 使用有序列表对页面中的文字进行排序。（**实例位置：资源包\TM\sl\2\5**）

```
<html>
    <head>
     <title>有序列表标记</title>
    </head>
    <body>
     编程词典有以下几个品种：
     <p>
     <ol>
       <li>Java 编程词典
       <li>VB 编程词典
       <li>VC 编程词典
       <li>.net 编程词典
       <li>C#编程词典
     </ol>
```

```
    </body>
</html>
```

运行本实例，结果如图 2.9 所示。

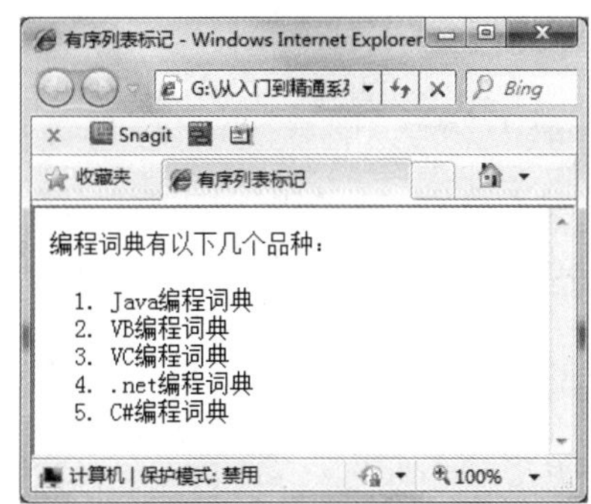

图 2.9　在页面中插入有序列的列表

2.1.4　表格标记

表格是网页中十分重要的组成元素。表格用来存储数据。表格包含标题、表头、行和单元格。在 HTML 语言中，表格标记使用符号<table>表示。定义表格仅使用<table>是不够的，还需要定义表格中的行、列、标题等内容。在 HTML 页面中定义表格，需要学会以下几个标记。

☑　表格标记<table>

<table>…</table>标记表示整个表格。<table>标记中有很多属性，例如 width 属性用来设置表格的宽度，border 属性用来设置表格的边框，align 属性用来设置表格的对齐方式，bgcolor 属性用来设置表格的背景色等。

☑　标题标记<caption>

标题标记以<caption>开头，以</caption>结束，标题标记也有一些属性，例如 align、valign 等。

☑　表头标记<th>

表头标记以<th>开头，以</th>结束，也可以通过 align、background、colspan、valign 等属性来设置表头。

☑　表格行标记<tr>

表格行标记以<tr>开头，以</tr>结束，一组<tr>标记表示表格中的一行。<tr>标记要嵌套在<table>标记中使用，该标记也具有 align、background 等属性。

☑　单元格标记<td>

单元格标记<td>又称为列标记，一个<tr>标记中可以嵌套若干个<td>标记。该标记也具有 align、background、valign 等属性。

【例 2.6】　在页面中定义学生成绩表。（**实例位置：资源包\TM\sl\2\6**）

```
<body>
<table width="318" height="167" border="1" align="center">
  <caption>学生考试成绩单</caption>
```

```
  <tr>
    <td align="center" valign="middle">姓名</td>
    <td align="center" valign="middle">语文</td>
    <td align="center" valign="middle">数学</td>
    <td align="center" valign="middle">英语</td>
  </tr>
  <tr>
    <td align="center" valign="middle">张三</td>
    <td align="center" valign="middle">89</td>
    <td align="center" valign="middle">92</td>
    <td align="center" valign="middle">87</td>
  </tr>
  <tr>
    <td align="center" valign="middle">李四</td>
    <td align="center" valign="middle">93</td>
    <td align="center" valign="middle">86</td>
    <td align="center" valign="middle">80</td>
  </tr>
  <tr>
    <td align="center" valign="middle">王五</td>
    <td align="center" valign="middle">85</td>
    <td align="center" valign="middle">86</td>
    <td align="center" valign="middle">90</td>
  </tr>
</table>
</body>
```

运行本实例，结果如图 2.10 所示。

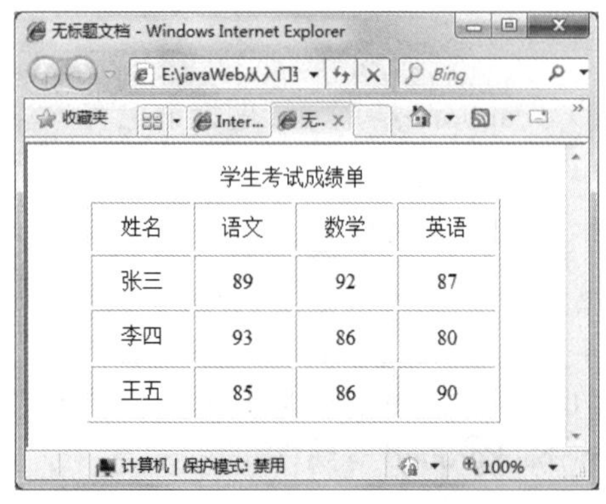

图 2.10　在页面中定义学生成绩表

说明

表格不仅可以用于显示数据，在实际开发中，还常常用来设计页面。在页面中创建一个表格，并设置没有边框，之后通过该表格将页面划分为几个区域，之后分别对几个区域进行设计，这是一种非常方便的设计页面的方式。

2.1.5　HTML 表单标记

对于经常上网的人来说，对网站中的登录等页面肯定不会感到陌生，在登录页面中，网站会提供给用户用户名文本框与密码文本框，以供访客输入信息。这里的用户名文本框与密码文本框就属于 HTML 中的表单元素。表单在 HTML 页面中起着非常重要的作用，是用户与网页交互信息的重要手段。

1. <form>…</form>表单标记

表单标记以<form>标记开头，以</form>标记结尾。在表单标记中可以定义处理表单数据程序的 URL 地址等信息。<form>标记的基本语法如下：

```
<form action = "url" method = "get'|"post" name = "name" onSubmit = "" target ="">
</form>
```

<form>标记的各属性说明如下。

☑ action 属性

该属性用来指定处理表单数据程序的 URL 地址。

☑ method 属性

该属性用来指定数据传送到服务器的方式。它有两种属性值，即 get 与 post。get 属性值表示将输入的数据追加在 action 指定的地址后面，并传送到服务器。当属性值为 post 时，会将输入的数据按照 HTTP 协议中的 post 传输方式传送到服务器。

☑ name 属性

该属性指定表单的名称，程序员可以自定义其值。

☑ onSubmit 属性

该属性用于指定当用户单击提交按钮时触发的事件。

☑ target 属性

该属性指定输入数据结果显示在哪个窗口中，其属性值可以设置为_blank、_self、_parent 和_top。其中，_blank 表示在新窗口中打开目标文件；_self 表示在同一个窗口中打开，该项一般不用设置；_parent 表示在上一级窗口中打开，一般使用框架页时经常使用；_top 表示在浏览器的整个窗口中打开，忽略任何框架。

下面的例子为创建表单，设置表单名称为 form，当用户提交表单时，提交至 action.html 页面进行处理。

【例 2.7】　定义表单元素，代码如下：

```
<form id="form1" name="form" method="post" action="action.html" target="_blank">
</form>
```

2. <input>表单输入标记

表单输入标记是使用最频繁的表单标记，通过这个标记可以向页面中添加单行文本、多行文本、按钮等。<input>标记的语法格式如下：

```
<input type="image" disabled="disabled" checked="checked" width="digit" height="digit" maxlength="digit"
readonly="" size="digit" src="uri" usemap="uri" alt="" name="checkbox" value="checkbox">
```

<input>标记的属性如表 2.1 所示。

表 2.1　<input>标记的属性

属　　性	描　　述
type	用于指定添加的是哪种类型的输入字段，共有 10 个可选值，如表 2.2 所示
disabled	用于指定输入字段不可用，即字段变成灰色。其属性值可以为空值，也可以指定为 disabled
checked	用于指定输入字段是否处于被选中状态，用于 type 属性值为 radio 和 checkbox 的情况下。其属性值可以为空值，也可以指定为 checked
width	用于指定输入字段的宽度，用于 type 属性值为 image 的情况下
height	用于指定输入字段的高度，用于 type 属性值为 image 的情况下
maxlength	用于指定输入字段可输入文字的个数，用于 type 属性值为 text 和 password 的情况下，默认没有字数限制
readonly	用于指定输入字段是否为只读。其属性值可以为空值，也可以指定为 readonly
size	用于指定输入字段的宽度，当 type 属性为 text 和 password 时，以文字个数为单位，当 type 属性为其他值时，以像素为单位
src	用于指定图片的来源，只有当 type 属性为 image 时有效
usemap	为图片设置热点地图，只有当 type 属性为 image 时有效。属性值为 URI，URI 格式为“#+<map>标记的 name 属性值”。例如，<map>标记的 name 属性值为 Map，该 URI 为#Map
alt	用于指定当图片无法显示时显示的文字，只有当 type 属性为 image 时有效
name	用于指定输入字段的名称
value	用于指定输入字段默认的数据值，当 type 属性为 checkbox 和 radio 时，不可省略此属性；为其他值时，可以省略。当 type 属性为 button、reset 和 submit 时，指定的是按钮上的显示文字；当 type 属性为 checkbox 和 radio 时，指定的是数据项选定时的值

type 属性是<input>标记中非常重要的内容，决定了输入数据的类型。该属性值的可选项如表 2.2 所示。

表 2.2　type 属性的属性值

可 选 值	描　　述	可 选 值	描　　述
text	文本框	submit	提交按钮
password	密码域	reset	重置按钮
file	文件域	button	普通按钮
radio	单选按钮	hidden	隐藏域
checkbox	复选框	image	图像域

【例 2.8】　在该文件中首先应用<form>标记添加一个表单，将表单的 action 属性设置为 register_deal.jsp，method 属性设置为 post，然后应用<input>标记添加获取用户名和 E-mail 的文本框、获取密码和确认密码的密码域、选择性别的单选按钮、选择爱好的复选框、提交按钮、重置按钮。关键代码如下：（**实例位置：资源包\TM\sl\2\7**）

```
<body><form action="" method="post" name="myform">
    用 户 名：<input name="username" type="text" id="UserName4" maxlength="20">
    密码：<input name="pwd1" type="password" id="PWD14" size="20" maxlength="20">
    确认密码：<input name="pwd2" type="password" id="PWD25" size="20" maxlength="20">
```

```
    性别：<input name="sex" type="radio" class="noborder" value="男" checked>
            男 
            <input name="sex" type="radio" class="noborder" value="女">
            女
    爱好：<input name="like" type="checkbox" id="like" value="体育">
          体育
          <input name="like" type="checkbox" id="like" value="旅游">
          旅游
          <input name="like" type="checkbox" id="like" value="听音乐">
          听音乐
          <input name="like" type="checkbox" id="like" value="看书">
          看书
     E-mail：<input name="email" type="text" id="PWD224" size="50">
          <input name="Submit" type="submit" class="btn_grey" value="确定保存">
          <input name="Reset" type="reset" class="btn_grey" id="Reset" value="重新填写">
        <input type="image" name="imageField" src="images/btn_bg.jpg">
</form>
```

在页面中添加表单元素后，即形成了网页的雏形。页面运行结果如图 2.11 所示。

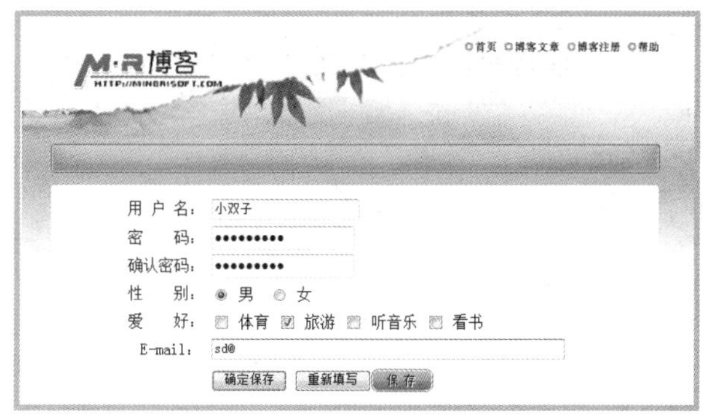

图 2.11　博客网站的注册页面

3．<select>…</select>下拉列表框标记

<select>标记可以在页面中创建下拉列表框，此时的下拉列表框是一个空的列表，要使用<option>标记向列表中添加内容。<select>标记的语法格式如下：

```
<select name="name" size="digit" multiple="multiple" disabled="disabled">
</select>
```

<select>标记的属性如表 2.3 所示。

表 2.3　<select>标记的属性

属　　性	描　　述
name	用于指定列表框的名称
size	用于指定列表框中显示的选项数量，超出该数量的选项可以通过拖动滚动条查看
disabled	用于指定当前列表框不可使用（变成灰色）
multiple	用于让多行列表框支持多选

【例 2.9】 在页面中应用<select>标记和<option>标记添加下拉列表框和多行下拉列表框。关键代码如下：

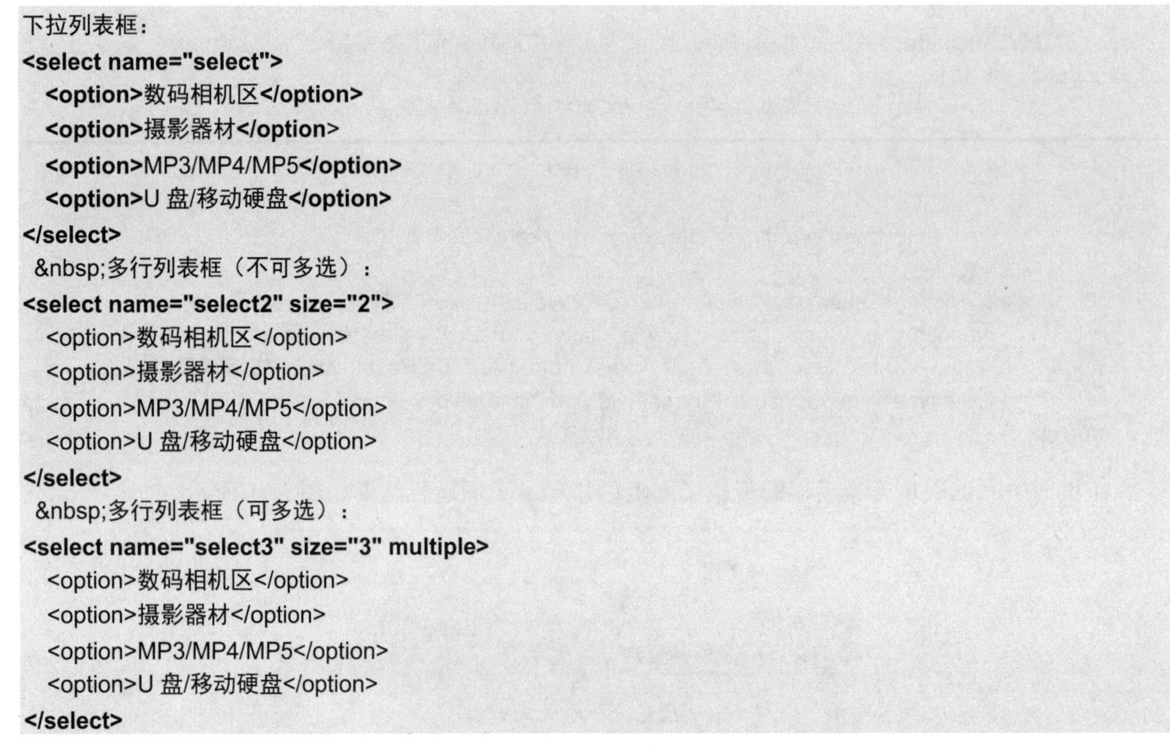

```
下拉列表框：
<select name="select">
  <option>数码相机区</option>
  <option>摄影器材</option>
  <option>MP3/MP4/MP5</option>
  <option>U 盘/移动硬盘</option>
</select>
  多行列表框（不可多选）：
<select name="select2" size="2">
  <option>数码相机区</option>
  <option>摄影器材</option>
  <option>MP3/MP4/MP5</option>
  <option>U 盘/移动硬盘</option>
</select>
  多行列表框（可多选）：
<select name="select3" size="3" multiple>
  <option>数码相机区</option>
  <option>摄影器材</option>
  <option>MP3/MP4/MP5</option>
  <option>U 盘/移动硬盘</option>
</select>
```

运行本程序，可发现在页面中添加了下拉列表框，如图 2.12 所示。

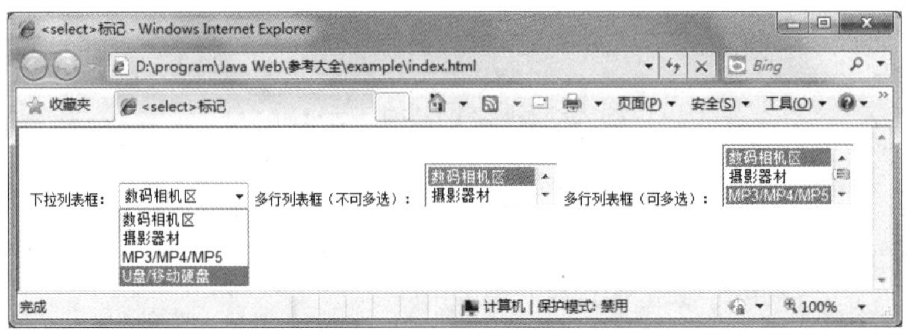

图 2.12 在页面中添加的下拉列表框

4．<textarea>多行文本标记

<textarea>为多行文本标记，与单行文本相比，多行文本可以输入更多的内容。通常情况下，<textarea>标记出现在<form>标记的标记内容中。<textarea>标记的语法格式如下：

```
<textarea cols="digit" rows="digit" name="name" disabled="disabled" readonly="readonly" wrap="value">默认值
</textarea>
```

<textarea>标记的属性如表 2.4 所示。

表 2.4　<textarea>标记的属性

属　　性	描　　述
name	用于指定多行文本框的名称，当表单提交后，在服务器端获取表单数据时应用
cols	用于指定多行文本框显示的列数（宽度）
rows	用于指定多行文本框显示的行数（高度）
disabled	用于指定当前多行文本框不可使用（变成灰色）
readonly	用于指定当前多行文本框为只读
wrap	用于设置多行文本中的文字是否自动换行，可选值如表 2.5 所示

表 2.5　wrap 属性的可选值

可　选　值	描　　述
hard	默认值，表示自动换行，如果文字超过 cols 属性所指的列数就自动换行，并且提交到服务器时换行符同时被提交
soft	表示自动换行，如果文字超过 cols 属性所指的列数就自动换行，但提交到服务器时换行符不被提交
off	表示不自动换行，如果想让文字换行，只能按下 Enter 键强制换行

【例 2.10】　在页面中创建表单对象，并在表单中添加一个多行文本框，文本框的名称为 content，6 行 30 列，文字换行方式为 hard。关键代码如下：

```
<form name="form1" method="post" action="">
    <textarea name="content" cols="30" rows="5" wrap="hard"></textarea>
</form>
```

运行本实例，在页面中的多行文本框中可输入任意内容，运行结果如图 2.13 所示。

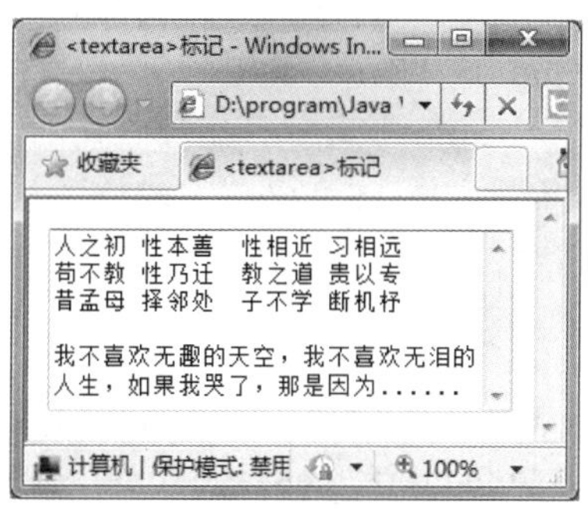

图 2.13　在页面的多行文本框中输入内容

2.1.6　超链接与图片标记

HTML 语言的标记有很多，本书由于篇幅有限，不能一一为大家介绍，只能介绍一些常用标记。除了上面介绍的常用标记外，还有两个标记需要向大家介绍，即超链接标记与图片标记。

1. 超链接标记

超链接标记是页面中非常重要的元素，在网站中实现从一个页面跳转到另一个页面，这个功能就是通过超链接标记来完成的。超链接标记的语法非常简单。其语法格式如下：

```
<a href = ""></a>
```

属性 href 用来设定链接到哪个页面中。

2. 图片标记

大家在浏览网页时通常会看到各式各样的漂亮图片，在页面中添加的图片是通过<img>标记来实现的。<img>标记的语法格式如下：

```
<img src="uri" width="value" height="value" border="value" alt="提示文字" >
```

<img>标记的属性如表 2.6 所示。

表 2.6　<img>标记的属性

属　　性	描　　述
src	用于指定图片的来源
width	用于指定图片的宽度
height	用于指定图片的高度
border	用于指定图片外边框的宽度，默认值为 0
alt	用于指定当图片无法显示时显示的文字

下面给出具体实例，为读者演示超链接和图片标记的使用。

【例 2.11】　在页面中添加表格，在表格中插入图片和超链接。（**实例位置：资源包\TM\sl\2\8**）

```
<table width="409" height="523" border="1" align="center">
  <tr>
    <td width="199" height="208">
     <img src="images/ASP.NET.jpg" />
    </td>
    <td width="194">
     <img src="images/C#.jpg"/>
    </td>
  </tr>
  <tr>
    <td height="35" align="center" valign="middle"><a href="message.html">查看详情</a></td>
    <td align="center" valign="middle"><a href="message.html">查看详情</a></td>
  </tr>
  <tr>
    <td height="227"><img src="images/Java .jpg"/></td>
    <td><img src="images/VB.jpg"/></td>
  </tr>
  <tr>
    <td height="35" align="center" valign="middle"><a href="message.html">查看详情</a></td>
    <td align="center" valign="middle"><a href="message.html">查看详情</a></td>
  </tr>
</table>
```

运行本实例，结果如图 2.14 所示。

页面中的“查看详情”为超链接，当用户单击该超链接后，将跳转至 message.html 页面，如图 2.15 所示。

图 2.14　在页面中添加图像和超链接

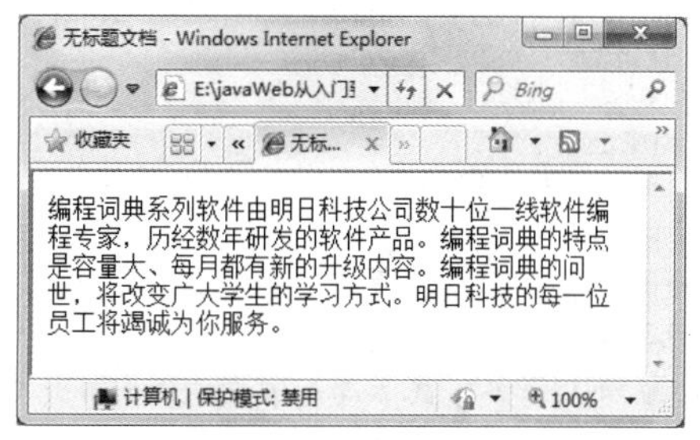

图 2.15　message.html 页面的运行结果

2.2　HTML5 新增内容

自从 2010 年 HTML5 正式推出，就以一种惊人的速度被迅速地推广，世界各知名浏览器厂商也对 HTML5 有很好的支持。例如，微软就对下一代 IE 9 做了标准上的改进，使其能够支持 HTML5。而且 HTML5 还有一个特点就是在老版本的浏览器上也可以正常运行。本节将为大家介绍与 HTML4 相比 HTML5 新增的元素与属性。

注意

HTML5 的出现代表着 Web 开发进入了一个新的时代，但是并不表示现在用 HTML4 开发的网站要重新创建。因为 HTML5 内部功能并不是革命性的，而是发展性的。这正是 HTML5 兼容性的体现。

2.2.1　新增的元素

在 HTML5 中，新增了以下元素。

☑　<section>元素

<section>元素表示页面中的一个区域，例如章节、页眉、页脚或页面中的其他部分。可以与 h1、h2、h3、h4 等元素结合起来使用，标示文档结构。

【例 2.12】 应用<section>标记在页面中定义一个区域。

```
<section>
    <h2>section 标记的使用</h2>
    <p>完成百分比：100%</p>
    <input type="button" value="请单击"/>
</section>
```

上面这段代码相当于在 HTML4 中使用<div>标记在页面中定义一个区域。

☑ <article>元素

<article>元素表示页面中的一块与上下文不相关的独立内容，例如博客中的一篇文章、一段用户评论等。除了内容部分，一个<article>元素通常有自己的标题、脚注等内容。

【例 2.13】 应用<article>元素在页面中定义一个区域。

```
<article>
    <header>
    <h1>苹果美容</h1>
    </header>
    <p>苹果素有"水果之王"的美称，它含有丰富的维生素 C，能让皮肤细嫩、柔滑而白皙。苹果面膜的做法很简单，将苹果去皮去核切块后放入搅拌机中搅成泥状，干性皮肤的女士在苹果泥中加入新鲜的牛奶或蜂蜜，油性皮肤的女士则可加入少量蛋清，搅拌均匀后涂在脸上，敷 10～15 分钟后洗净，你会发现肤色有明显变化哦。</p>
    <footer>
    <p>2011-9-27</p>
    </footer>
</article>
```

☑ <header>元素

<header>元素表示页面中一个内容区域或整个页面的标题。在例 2.13 中就为大家演示了<header>元素的应用。

☑ <footer>元素

<footer>元素表示整个页面或页面中一个内容区域块的脚注。例如日期、作者信息等，在例 2.13 中就为大家演示了<footer>元素的应用。

☑ <aside>元素

<aside>元素用来表示当前页面或文章的附属信息部分。可以包含与当前页面或主要内容相关的引用、侧边栏、广告、导航条等信息。

【例 2.14】 应用<aside>元素定义页面侧栏。（**实例位置：资源包\TM\sl\2\9**）

```
<aside>
    <nav>
    <h2>侧栏</h2>
        <ul>
            <li>
              <a href="#">明日图书</a> 2011-9-27
            </li>
            <li>
                  <a href="#">明日软件</a> 2011-9-27
            </li>
            <li>
                <a href="#">编程词典</a> 2011-9-27
```

```
            </li>
        </ul>
    </nav>
</aside>
```

页面运行结果如图 2.16 所示。

图 2.16　在页面中添加的侧栏

2.2.2　新增的 input 元素类型

HTML5 中新增了很多 input 元素类型，这些新增元素的添加可以使程序员更加方便地创建页面。HTML5 新增的 input 元素类型如下。

☑　email

将 input 元素的类型设置为 email，表示文本框必须输入 Email 地址。

☑　url

url 表示必须输入 URL 地址。

☑　number

number 表示必须输入数值的文本框。

☑　range

range 表示必须输入一定范围内数字值的文本框。

2.3　CSS 样式表

CSS 是 W3C 协会为弥补 HTML 在显示属性设定上的不足而制定的一套扩展样式标准，它的全称是 Cascading Style Sheet。CSS 标准中重新定义了 HTML 中原来的文字显示样式，增加了一些新概念，如类、层等，可以对文字重叠、定位等。在 CSS 还没有引入页面设计之前，传统的 HTML 语言要实现页面美化在设计上是十分麻烦的，例如要设计页面中文字的样式，如果使用传统的 HTML 语句来设计页面就不得不在每个需要设计的文字上都定义样式。CSS 的出现改变了这一传统模式。

2.3.1　CSS 规则

在 CSS 样式表中包括 3 部分内容：选择符、属性和属性值。语法格式如下：

```
选择符{属性:属性值;}
```

语法说明如下。

☑ 选择符：又称选择器，是 CSS 中很重要的概念，所有 HTML 语言中的标记都是通过不同的 CSS 选择器进行控制的。
☑ 属性：主要包括字体属性、文本属性、背景属性、布局属性、边界属性、列表项目属性、表格属性等内容。其中一些属性只有部分浏览器支持，因此使 CSS 属性的使用变得更加复杂。
☑ 属性值：为某属性的有效值。属性与属性值之间以“:”号分隔。当有多个属性时，使用“;”分隔。图 2.17 为大家标注了 CSS 语法中的选择器、属性与属性值。

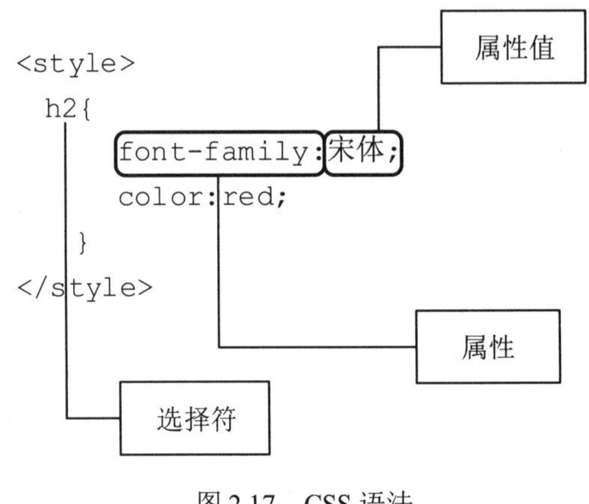

图 2.17　CSS 语法

2.3.2　CSS 选择器

CSS 选择器常用的是标记选择器、类别选择器、id 选择器等。使用选择器即可对不同的 HTML 标签进行控制，从而实现各种效果。下面对各种选择器进行详细介绍。

1. 标记选择器

HTML 页面是由很多标记组成的，例如图像标记<img>、超链接标记<a>、表格标记<table>等。而 CSS 标记选择器就是声明页面中哪些标记采用哪些 CSS 样式。例如 a 选择器，就是用于声明页面中所有<a>标记的样式风格。

【例 2.15】　定义 a 标记选择器，在该标记选择器中定义超链接的字体与颜色。

```
<style>
    a{
        font-size:9px;
        color:#F93;
    }
</style>
```

2. 类别选择器

使用标记选择器非常快捷，但是会有一定的局限性，如果声明标记选择器，那么页面中所有该标记内容会有相应的变化。假如页面中有 3 个<h2>标记，如果想要每个<h2>的显示效果都不一样，使用

标记选择器就无法实现了，这时就需要引入类别选择器。

类别选择器的名称由用户自己定义，并以“.”号开头，定义的属性与属性值也要遵循 CSS 规范。要应用类别选择器的 HTML 标记，只需使用 class 属性来声明即可。

【例 2.16】　使用类别选择器控制页面中字体的样式。（**实例位置：资源包\TM\sl\2\10**）

```
//以下为定义的 CSS 样式
<style>
    .one{                                                //定义类名为 one 的类别选择器
            font-family:宋体;                            //设置字体
            font-size:24px;                              //设置字体大小
            color:red;                                   //设置字体颜色
    }
     .two{
            font-family:宋体;
            font-size:16px;
            color:red;
    }
     .three{
            font-family:宋体;
            font-size:12px;
            color:red;
    }
</style>
</head>
<body>
    <h2 class="one"> 应用了选择器 one </h2>        //定义样式后页面会自动加载样式
    <p> 正文内容 1    </p>
    <h2 class="two">应用了选择器 two</h2>
    <p>正文内容 2 </p>
    <h2 class="three">应用了选择器 three </h2>
    <p>正文内容 3 </p>
</body>
```

在上面的代码中，页面中的第一个<h2>标记应用了 one 选择器，第二个<h2>标记应用了 two 选项器，第 3 个<h2>标记应用了 three 选择器。运行结果如图 2.18 所示。

图 2.18　类别选择器控制页面文字样式

说明

在 HTML 标记中，不仅可以应用一种类别选择器，也可以应用多种类别选择器，这样可使 HTML 标记同时加载多个类别选择器的样式。在多种类别选择器之间用空格进行分割即可，例如“<h2 class="size color">”。

3. id 选择器

id 选择器是通过 HTML 页面中的 id 属性来选择增添样式，与类别选择器基本相同。但需要注意的是，由于 HTML 页面中不能包含两个相同的 id 标记，因此定义的 id 选择器也就只能被使用一次。

命名 id 选择器要以“#”号开始，后加 HTML 标记中的 id 属性值。

【例 2.17】　使用 id 选择器控制页面中字体的样式。

```
<style>                                              //定义 id 选择器
  #frist{
          font-size:18px
     }
  #second{
        font-size:24px
     }
     #three{
        font-size:36px
     }
</style>
<body>
      <p id="frist">ID 选择器</p>                      //在页面中定义标记，则自动应用样式
     <p id="second">ID 选择器 2</p>
     <p id="three">ID 选择器 3</p>
</body>
```

运行本段代码，结果如图 2.19 所示。

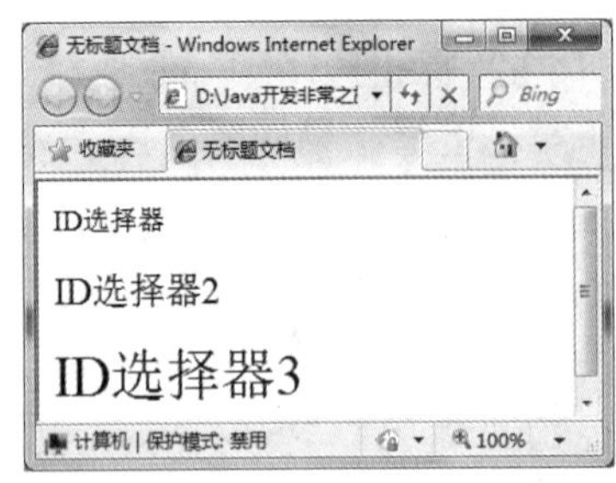

图 2.19　使用 id 选择器控制页面文字大小

2.3.3　在页面中包含 CSS

在对 CSS 有了一定的了解后，下面介绍如何实现在页面中包含 CSS 样式的几种方式，其中包括行内样式、内嵌式和链接式。

1．行内样式

行内样式是比较直接的一种样式，直接定义在 HTML 标记之内，通过 style 属性来实现。这种方式比较容易被初学者接受，但是灵活性不强。

【例 2.18】　通过行内定义样式的形式，实现控制页面文字的颜色和大小。（**实例位置：资源包\TM\sl\2\11**）

```
<table width="200" border="1" align="center">                    //在页面中定义表格
 <tr>
 <td><p style="color:#F00; font-size:36px;">行内样式一</p></td><!--在页面文字中定义 CSS 样式-->
 </tr>
 <tr>
  <td><p style="color:#F00; font-size:24px;">行内样式二</p></td>
 </tr>
 <tr>
  <td><p style="color:#F00; font-size:18px;">行内样式三</p></td>
 </tr>
 <tr>
  <td><p style="color:#F00; font-size:14px;">行内样式四</p></td>
 </tr>
</table>
```

运行本实例，结果如图 2.20 所示。

图 2.20　定义行内样式

2．内嵌式

内嵌式样式表就是在页面中使用<style></style>标记将 CSS 样式包含在页面中。本章中的例 2.16 就是使用这种内嵌样式表的模式。内嵌式样式表的形式没有行内标记表现的直接，但是能够使页面更加规整。

与行内样式相比，内嵌式样式表更加便于维护。但是每个网站都不可能由一个页面构成，而每个页面中相同的 HTML 标记又都要求有相同的样式，此时使用内嵌式样式表就显得比较笨重，而使用链接式样式表即可轻松解决这一问题。

3．链接式

链接外部 CSS 样式表是最常用的一种引用样式表的方式，将 CSS 样式定义在一个单独的文件中，然后在 HTML 页面中通过<link>标记引用，是一种最为有效的使用 CSS 样式的方式。

<link>标记的语法结构如下：

```
<link rel='stylesheet' href='path' type='text/css'>
```

参数说明：

☑ rel：定义外部文档和调用文档间的关系。

☑ href：CSS 文档的绝对或相对路径。

☑ type：指的是外部文件的 MIME 类型。

【例 2.19】 通过链接式样式表的形式在页面中引入 CSS 样式。（**实例位置：资源包\TM\sl\2\12**）

（1）创建名称为 css.css 的样式表，在该样式表中定义页面中<h1>、<h2>、<h3>和<p>标记的样式。代码如下：

```
h1,h2,h3{                                              //定义 CSS 样式
      color:#6CFw;
      font-family:"Trebuchet MS", Arial, Helvetica, sans-serif;
}
p{
      color:#F0Cs;                                     //定义颜色
      font-weight:200;
      font-size:24px;                                  //设置字体大小
}
```

（2）在页面中通过<link>标记将 CSS 样式表引入页面中，此时 CSS 样式表定义的内容将自动加载到页面中。代码如下：

```
<title>通过链接形式引入 CSS 样式</title>
<link href="css.css"/>                                 //在页面中引入 CSS 样式表
</head>
<body>
      <h2>页面文字一</h2>                               //在页面中添加文字
     <p>页面文字二</p>
</body>
```

运行程序，结果如图 2.21 所示。

图 2.21 通过链接形式引入 CSS 样式

2.4 CSS 3 的新特征

从 2010 年开始，HTML5 和 CSS 3 就一直是互联网技术中最受关注的两个话题。CSS 3 是 CSS 技术的一个升级版本，是由 Adobe Systems、Apple、Google、HP、IBM、Microsoft、Mozilla、Opera、Sun

Microsystems 等许多 Web 界的巨头联合组成的一个名为 CSS Working Group 的组织共同协商策划的。虽然目前很多细节还在讨论中，但还是不断地向前发展着。

2.4.1　模块与模块化结构

在 CSS 3 中，并没有采用总体结构，而是采用了分工协作的模块化结构。采用这种模块化结构，是为了避免产生浏览器对于某个模块支持不完全的情况。如果把整体分成几个模块，各浏览器可以选择支持哪个模块，不支持哪个模块。例如，普通电脑中的浏览器和手机上用的浏览器应该针对不同的模块进行支持。如果采用模块分工协作，不同设备上所用的浏览器都可以选用不同模块进行支持，方便了程序的开发。CSS 3 中的常用模块如表 2.7 所示。

表 2.7　CSS 3 中的模块

模 块 名 称	功 能 描 述
basic box model	定义各种与盒子相关的样式
Line	定义各种与直线相关的样式
Lists	定义各种与列表相关的样式
Text	定义各种与文字相关的样式
Color	定义各种与颜色相关的样式
Font	定义各种与字体相关的样式
Background and border	定义各种与背景和边框相关的样式
Paged Media	定义各种页眉、页脚、页数等页面元素数据的样式
Writing Modes	定义页面中文本数据的布局方式

2.4.2　一个简单的 CSS 3 实例

对 CSS 3 中模块的概念有了一定的了解之后，本节通过实例为大家介绍 CSS 3 与 CSS 2 在页面设计中的区别。

在 CSS 2 中如果要对页面中的文字添加彩色边框，可以通过 DIV 层来进行控制。

【例 2.20】　在 CSS 2 中使用 DIV 层对页面中的文字添加彩色边框。（**实例位置：资源包\TM\sl\2\13**）

```
<title>使用 CSS2 对页面中的文字添加彩色边框</title>
<style>
#boarder {
	margin:3px;
	width:180px;
	padding-left:14px;
	border-width:5px;
	border-color:blue;
	border-style:solid;
	height:104px;
}
```

```
</style>
</head>
<body>
<div id="boarder"> 文字一<br>
  文字二<br>
  文字三<br>
  文字四<br>
  文字五<br>
</div>
</body>
```

在 Firefox 浏览器中运行该实例，结果如图 2.22 所示。

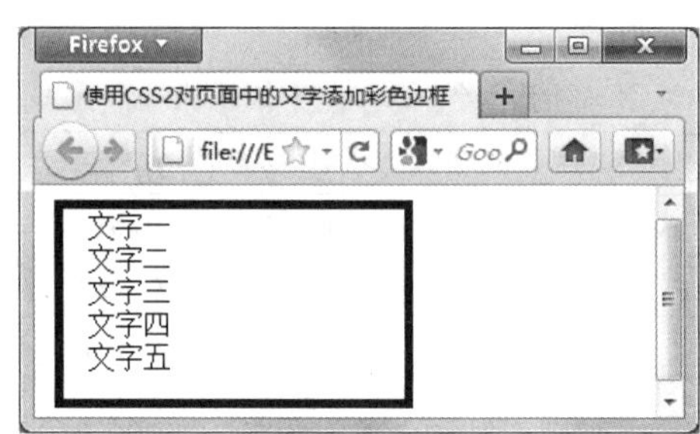

图 2.22　使用 CSS 2 对页面中的文字添加边框

在 CSS 3 中添加了一些新的样式，例如本实例中的边框，就可以通过 CSS 3 中的 border-radius 属性来实现。border-radius 属性指定好圆角的半径，即可绘制圆角边框。

【例 2.21】　在 CSS 3 中使用 border-radius 属性对页面中的文字添加边框。（**实例位置：资源包\TM\sl\2\14**）

```
<style>
#boarder {
      border:solid 5px blue;
      border-radius:20px;
      -moz-border-radius:20px;
      padding:20px;
      width:180px;
}
</style>
</head>
<body>
<div id="boarder"> 文字一<br>
  文字二<br>
  文字三<br>
  文字四<br>
  文字五<br>
</div>
</body>
```

说明

在使用 border-radius 属性时，如果使用 Firefox 浏览器，需要将样式代码书写成“-moz-border-radius”；如果使用 Safari 浏览器，需要将样式代码书写成“-webkit-border-radius”；如果使用 Opera 浏览器，需要将样式代码书写成“border-radius”；如果使用 Chrome 浏览器，需要将样式代码书写成“border-radius”或“-webkit-border-radius”的形式。

在 Firefox 浏览器中运行该实例，结果如图 2.23 所示。

图 2.23　使用 CSS 3 对页面中的文字添加边框

在上面的两个实例中，都是对页面中的文字添加了边框，但是如果在这两个实例中多添加几行文字，即可发现运行结果的变化，如图 2.24 和图 2.25 所示。

图 2.24　CSS 2 中文字超过边框高度

图 2.25　CSS 3 中边框自动延长

从图 2.24 和图 2.25 中的运行结果不难看出 CSS 2 与 CSS 3 的区别，对于界面设计者来说，这无疑是个好消息。在 CSS 3 中新增的各种各样的属性，可以摆脱 CSS 2 中存在的很多束缚，从而使整个网站的界面设计进入一个新的台阶。

2.5　小　　结

本章介绍了网页设计中不可缺少的内容，即 HTML 标记与 CSS 样式。HTML 是构成网页的灵魂，对于制作一般的网页，尤其是静态网页来说，HTML 完全可以胜任，但如果要制作更漂亮的网页，CSS 是不可缺少的。本章除了对 HTML 与 CSS 样式表的基础内容进行讲解外，还对 2010 年来较受关注的 HTML5 与 CSS 3 内容进行了简单的介绍，以此来带领广大读者进入 Web 学习之旅。

2.6 实践与练习

1．创建 HTML 页面，实现在页面中使用删除线样式标注商品特价。（**答案位置：资源包\TM\sl\2\15**）

2．创建 HTML 页面，并在其中添加表格，实现在浏览网站信息时鼠标经过表格的某个单元格，会显示相关的提示信息。（**答案位置：资源包\TM\sl\2\16**）

3．创建 HTML 页面，并在其中添加超链接，实现当鼠标经过超链接时，鼠标指针变为不同的形状。（**答案位置：资源包\TM\sl\2\17**）

第 3 章

JavaScript 脚本语言

（视频讲解：1 小时 49 分钟）

JavaScript 是 Web 页面中一种比较流行的脚本语言，它由客户端浏览器解释执行，可以应用在 JSP、PHP、ASP 等网站中。同时，随着 Ajax 进入 Web 开发的主流市场，JavaScript 已经被推到了舞台的中心，因此，熟练掌握并应用 JavaScript 对于网站开发人员来说非常重要。本章将详细介绍 JavaScript 的基本语法、常用对象及 DOM 技术。

通过阅读本章，您可以：

- 了解什么是 JavaScript 以及 JavaScript 的主要特点
- 掌握 JavaScript 语言基础
- 掌握 JavaScript 的流程控制语句
- 掌握 JavaScript 中函数的应用
- 掌握 JavaScript 常用对象的应用
- 掌握 DOM 技术

3.1 了解 JavaScript

3.1.1 什么是 JavaScript

JavaScript 是一种基于对象和事件驱动并具有安全性能的解释型脚本语言，在 Web 应用中得到了非常广泛的应用。它不需要进行编译，而是直接嵌入在 HTTP 页面中，把静态页面转变成支持用户交互并响应应用事件的动态页面。在 Java Web 程序中，经常应用 JavaScript 进行数据验证、控制浏览器以及生成时钟、日历和时间戳文档等。

3.1.2 JavaScript 的主要特点

JavaScript 适用于静态或动态网页，是一种被广泛使用的客户端脚本语言。它具有解释性、基于对象、事件驱动、安全性和跨平台等特点，下面进行详细介绍。

☑ 解释性

JavaScript 是一种脚本语言，采用小程序段的方式实现编程。和其他脚本语言一样，JavaScript 也是一种解释性语言，它提供了一个简易的开发过程。

☑ 基于对象

JavaScript 是一种基于对象的语言。它可以应用自己创建的对象，因此许多功能来自于脚本环境中对象的方法与脚本的相互作用。

☑ 事件驱动

JavaScript 可以以事件驱动的方式直接对客户端的输入做出响应，无须经过服务器端程序。

说明

事件驱动就是用户进行某种操作（如按下鼠标、选择菜单等），计算机随之做出相应的响应。这里的某种操作称之为事件，而计算机做出的响应称之为事件响应。

☑ 安全性

JavaScript 具有安全性。它不允许访问本地硬盘，不能将数据写入服务器，并且不允许对网络文档进行修改和删除，只能通过浏览器实现信息浏览或动态交互，从而有效地防止数据的丢失。

☑ 跨平台

JavaScript 依赖于浏览器本身，与操作系统无关，只要浏览器支持 JavaScript，JavaScript 的程序代码就可以正确执行。

3.2 JavaScript 语言基础

3.2.1 JavaScript 的语法

JavaScript 与 Java 在语法上有些相似，但也不尽相同。下面将结合 Java 语言对编写 JavaScript 代码

时需要注意的事项进行详细介绍。

☑　JavaScript 区分大小写

JavaScript 区分大小写，这一点与 Java 语言是相同的。例如，变量 username 与变量 userName 是两个不同的变量。

☑　每行结尾的分号可有可无

与 Java 语言不同，JavaScript 并不要求必须以分号（;）作为语句的结束标记。如果语句的结束处没有分号，JavaScript 会自动将该行代码的结尾作为语句的结尾。

【例 3.1】　每行末尾添加分号与不添加分号，实例代码如下：

```
alert("您好！欢迎访问我公司网站！")
alert("您好！欢迎访问我公司网站！");
```

说明

最好的代码编写习惯是在每行代码的结尾处加上分号，这样可以保证每行代码的准确性。

☑　变量是弱类型的

与 Java 语言不同，JavaScript 的变量是弱类型的。因此在定义变量时，只使用 var 运算符，就可以将变量初始化为任意的值。例如，通过以下代码可以将变量 username 初始化为 mrsoft，而将变量 age 初始化为 20。

【例 3.2】　在 JavaScript 中定义变量。

```
var username="mrsoft";                //将变量 username 初始化为 mrsoft
var age=20;                           //将变量 age 初始化为 20
```

☑　使用大括号标记代码块

与 Java 语言相同，JavaScript 也是使用一对大括号标记代码块，被封装在大括号内的语句将按顺序执行。

☑　注释

在 JavaScript 中，提供了两种注释，即单行注释和多行注释。下面进行详细介绍。

单行注释使用双斜线“//”开头，在“//”后面的文字为注释内容，在代码执行过程中不起任何作用。例如，在下面的代码中，“获取日期对象”为注释内容，在代码执行时不起任何作用。

【例 3.3】　在 JavaScript 代码中添加注释。

```
var now=new Date();                   //获取日期对象
```

多行注释以“/*”开头，以“*/”结尾，在“/*”和“*/”之间的内容为注释内容，在代码执行过程中不起任何作用。

例如，在下面的代码中，“功能……”“参数……”“时间……”“作者……”等为注释内容，在代码执行时不起任何作用。

【例 3.4】　在 JavaScript 代码中添加多行注释。

```
/*
 * 功能：获取系统日期函数
 * 参数：指定获取的系统日期显示的位置
 * 时间：2011-10-09
```

```
 * 作者：cdd
*/
function getClock(clock){
    ...                                          //此处省略了获取系统日期的代码
    clock.innerHTML="系统公告："+time            //显示系统日期
}
```

3.2.2 JavaScript 中的关键字

JavaScript 中的关键字是指在 JavaScript 中具有特定含义的、可以成为 JavaScript 语法中一部分的字符。与其他编程语言一样，JavaScript 中也有许多关键字，JavaScript 中的关键字如表 3.1 所示。

表 3.1 JavaScript 中的关键字

abstract	continue	finally	instanceof	private	this
boolean	default	float	int	public	throw
break	do	for	interface	return	typeof
byte	double	function	long	short	true
case	else	goto	native	static	var
catch	extends	implements	new	super	void
char	false	import	null	switch	while
class	final	in	package	synchronized	with

注意

JavaScript 中的关键字不能用作变量名、函数名以及循环标签。

3.2.3 JavaScript 的数据类型

JavaScript 的数据类型比较简单，主要有数值型、字符型、布尔型、转义字符、空值（null）和未定义值 6 种，下面分别进行介绍。

1. 数值型

JavaScript 的数值型数据又可以分为整型和浮点型两种，下面分别进行介绍。

☑ 整型

JavaScript 的整型数据可以是正整数、负整数和 0，并且可以采用十进制、八进制或十六进制来表示。

【例 3.5】 定义整型变量。

```
729                                              //表示十进制的 729
071                                              //表示八进制的 71
0x9405B                                          //表示十六进制的 9405B
```

说明

以 0 开头的数为八进制数，以 0x 开头的数为十六进制数。

☑　浮点型

浮点型数据由整数部分加小数部分组成，只能采用十进制，但是可以使用科学记数法或标准方法来表示。

【例 3.6】　定义浮点型变量。

```
3.1415926                    //采用标准方法表示
1.6E5                        //采用科学记数法表示，代表 1.6*10^5
```

2．字符型

字符型数据是使用单引号或双引号括起来的一个或多个字符。

☑　单引号括起来的一个或多个字符。

【例 3.7】　定义应用单引号括起来的字符型变量。

```
'a'
'保护环境从自我做起'
```

☑　双引号括起来的一个或多个字符。

【例 3.8】　定义双引号括起来的字符型变量。

```
"b"
"系统公告："
```

说明

JavaScript 与 Java 不同，它没有 char 数据类型，要表示单个字符，必须使用长度为 1 的字符串。

3．布尔型

布尔型数据只有两个值，即 true 或 false，主要用来说明或代表一种状态或标志。在 JavaScript 中，也可以使用整数 0 表示 false，使用非 0 的整数表示 true。

4．转义字符

以反斜杠开头的不可显示的特殊字符通常称为控制字符，也被称为转义字符。通过转义字符可以在字符串中添加不可显示的特殊字符，或者防止引号匹配混乱的问题。JavaScript 常用的转义字符如表 3.2 所示。

表 3.2　JavaScript 常用的转义字符

转 义 字 符	描　　述	转 义 字 符	描　　述
\b	退格	\n	换行
\f	换页	\t	Tab 符
\r	回车符	\'	单引号
\"	双引号	\\	反斜杠
\xnn	十六进制代码 nn 表示的字符	\unnnn	十六进制代码 nnnn 表示的 Unicode 字符
\0nnn	八进制代码 nnn 表示的字符		

【例 3.9】 在网页中弹出一个提示对话框，并应用转义字符“\r”将文字分为两行显示，代码如下：

```
alert("欢迎访问我公司网站！\r http://www.mingribook.com");
```

上面代码的执行结果如图 3.1 所示。

图 3.1 弹出提示对话框

说明

在“document.writeln();”语句中使用转义字符时，只有将其放在格式化文本块中才会起作用，所以输出的带转义字符的内容必须在<pre>和</pre>标记内。

5．空值

JavaScript 中有一个空值（null），用于定义空的或不存在的引用。如果试图引用一个没有定义的变量，则返回一个 null 值。

**注意**

空值不等于空的字符串（""）或 0。

6．未定义值

当使用了一个并未声明的变量，或者使用了一个已经声明但没有赋值的变量时，将返回未定义值（undefined）。

说明

JavaScript 中还有一种特殊类型的数字常量 NaN，即“非数字”。当在程序中由于某种原因发生计算错误后，将产生一个没有意义的数字，此时 JavaScript 返回的数字值就是 NaN。

3.2.4 变量的定义及使用

变量是指程序中一个已经命名的存储单元，其主要作用就是为数据操作提供存放信息的容器。在使用变量前，必须明确变量的命名规则、变量的声明方法以及变量的作用域。

1．变量的命名规则

JavaScript 变量的命名规则如下：

☑ 变量名由字母、数字或下画线组成，但必须以字母或下画线开头。
☑ 变量名中不能有空格、加号、减号或逗号等符号。
☑ 不能使用 JavaScript 中的关键字（见表 3.1）。
☑ JavaScript 的变量名是严格区分大小写的。例如，arr_week 与 arr_Week 代表两个不同的变量。

说明

虽然 JavaScript 的变量可以任意命名，但是在实际编程时，最好使用便于记忆且有意义的变量名，以便增加程序的可读性。

2．变量的声明

在 JavaScript 中，可以使用关键字 var 声明变量，其语法格式如下：

```
var variable;
```

参数说明：
variable：用于指定变量名，该变量名必须遵守变量的命名规则。
在声明变量时需要遵守以下规则：
☑ 可以使用一个关键字 var 同时声明多个变量。

【例 3.10】　同时定义多个变量，代码如下：

```
var now,year,month,date;
```

☑ 可以在声明变量的同时对其进行赋值，即初始化。

【例 3.11】　定义变量并进行赋值，代码如下：

```
var now="2009-05-12",year="2009", month="5",date="12";
```

☑ 如果只是声明了变量，但未对其赋值，则其默认值为 undefined。
☑ 当给一个尚未声明的变量赋值时，JavaScript 会自动用该变量名创建一个全局变量。在一个函数内部，通常创建的只是一个仅在函数内部起作用的局部变量，而不是一个全局变量。要创建一个全局变量，则必须使用 var 关键字进行变量声明。
☑ 由于 JavaScript 采用弱类型，所以在声明变量时不需要指定变量的类型，而变量的类型将根据变量的值来确定。

【例 3.12】　定义变量并进行赋值，代码如下：

```
var number=10                                                    //数值型
var info="欢迎访问我公司网站！\rhttp://www.mingribook.com";       //字符型
var flag=true                                                    //布尔型
```

3．变量的作用域

变量的作用域是指变量在程序中的有效范围。在 JavaScript 中，根据变量的作用域可以将变量分为全局变量和局部变量两种。全局变量是定义在所有函数之外，作用于整个脚本代码的变量；局部变量是定义在函数体内，只作用于函数体内的变量。

【例 3.13】 下面的代码将说明变量的有效范围。

```
<script language="javascript">
    var company="明日科技";                    //该变量在函数外声明，作用于整个脚本代码
    function send(){
        var url="www.mingribook.com";          //该变量在函数内声明，只作用于该函数体
        alert(company+url);
    }
</script>
```

3.2.5 运算符的应用

运算符是用来完成计算或者比较数据等一系列操作的符号。常用的 JavaScript 运算符按类型可分为赋值运算符、算术运算符、比较运算符、逻辑运算符、条件运算符和字符串运算符 6 种。

1．赋值运算符

JavaScript 中的赋值运算可以分为简单赋值运算和复合赋值运算。简单赋值运算是将赋值运算符（=）右边表达式的值保存到左边的变量中；而复合赋值运算混合了其他操作（算术运算操作、位操作等）和赋值操作。

【例 3.14】 下面的代码将说明变量的有效范围。

```
sum+=i;                                        //等同于 sum=sum+i;
```

JavaScript 中的赋值运算符如表 3.3 所示。

表 3.3 JavaScript 中的赋值运算符

运 算 符	描 述	示 例
=	将右边表达式的值赋给左边的变量	userName="mr"
+=	将运算符左边的变量加上右边表达式的值赋给左边的变量	a+=b //相当于 a=a+b
-=	将运算符左边的变量减去右边表达式的值赋给左边的变量	a-=b //相当于 a=a-b
*=	将运算符左边的变量乘以右边表达式的值赋给左边的变量	a*=b //相当于 a=a*b
/=	将运算符左边的变量除以右边表达式的值赋给左边的变量	a/=b //相当于 a=a/b
%=	将运算符左边的变量用右边表达式的值求模，并将结果赋给左边的变量	a%=b //相当于 a=a%b
&=	将运算符左边的变量与右边表达式的值进行逻辑与运算，并将结果赋给左边的变量	a&=b //相当于 a=a&b
|=	将运算符左边的变量与右边表达式的值进行逻辑或运算，并将结果赋给左边的变量	a|=b //相当于 a=a|b
^=	将运算符左边的变量与右边表达式的值进行异或运算，并将结果赋给左边的变量	a^=b //相当于 a=a^b

2．算术运算符

算术运算符用于在程序中进行加、减、乘、除等运算。在 JavaScript 中常用的算术运算符如表 3.4

所示。

表 3.4　JavaScript 中的算术运算符

运　算　符	描　　述	示　　例
+	加运算符	4+6　　　//返回值为 10
-	减运算符	7-2　　　//返回值为 5
*	乘运算符	7*3　　　//返回值为 21
/	除运算符	12/3　　　//返回值为 4
%	求模运算符	7%4　　　//返回值为 3
++	自增运算符。该运算符有两种情况：i++（在使用 i 之后，使 i 的值加 1）；++i（在使用 i 之前，先使 i 的值加 1）	i=1; j=i++　//j 的值为 1，i 的值为 2 i=1; j=++i　//j 的值为 2，i 的值为 2
--	自减运算符。该运算符有两种情况：i--（在使用 i 之后，使 i 的值减 1）；--i（在使用 i 之前，先使 i 的值减 1）	i=6; j=i--　//j 的值为 6，i 的值为 5 i=6; j=--i　//j 的值为 5，i 的值为 5

注意

执行除法运算时，0 不能作为除数。如果 0 作为除数，返回结果则为 Infinity。

【例 3.15】 编写 JavaScript 代码，应用算术运算符计算商品金额。（**实例位置：资源包\TM\sl\3\1**）

```
<script language="javascript">
    var price=992;                //定义商品单价
    var number=10;                //定义商品数量
    var sum=price*number;         //计算商品金额
    alert(sum);                   //显示商品金额
</script>
```

运行结果如图 3.2 所示。

图 3.2　显示商品金额

3．比较运算符

比较运算符的基本操作过程是：首先对操作数进行比较，这个操作数可以是数字也可以是字符串，然后返回一个布尔值 true 或 false。在 JavaScript 中常用的比较运算符如表 3.5 所示。

表 3.5　JavaScript 中的比较运算符

运　算　符	描　　述	示　　例
<	小于	1<6　　　//返回值为 true
>	大于	7>10　　　//返回值为 false

续表

运 算 符	描 述	示 例
<=	小于等于	10<=10 //返回值为 true
>=	大于等于	3>=6 //返回值为 false
==	等于。只根据表面值进行判断，不涉及数据类型	"17"==17 //返回值为 true
===	绝对等于。根据表面值和数据类型同时进行判断	"17"===17 //返回值为 false
!=	不等于。只根据表面值进行判断，不涉及数据类型	"17"!=17 //返回值为 false
!==	不绝对等于。根据表面值和数据类型同时进行判断	"17"!==17 //返回值为 true

4．逻辑运算符

逻辑运算符通常和比较运算符一起使用，用来表示复杂的比较运算，常用于 if、while 和 for 语句中，其返回结果为一个布尔值。JavaScript 中常用的逻辑运算符如表 3.6 所示。

表 3.6　JavaScript 中的逻辑运算符

运 算 符	描 述	示 例
!	逻辑非。否定条件，即!假=真，!真=假	!true //值为 false
&&	逻辑与。只有当两个操作数的值都为 true 时，值才为 true	true && false //值为 false
||	逻辑或。只要两个操作数其中之一为 true，值就为 true	true || false //值为 true

5．条件运算符

条件运算符是 JavaScript 支持的一种特殊的三目运算符，其语法格式如下：

```
操作数?结果 1:结果 2
```

如果“操作数”的值为 true，则整个表达式的结果为“结果 1”，否则为“结果 2”。

【例 3.16】　应用条件运算符计算两个数中的最大数，并赋值给另一个变量。代码如下：

```
var a=26;
var b=30;
var m=a>b?a:b                    //m 的值为 30
```

6．字符串运算符

字符串运算符是用于两个字符型数据之间的运算符，除了比较运算符外，还可以是+和+=运算符。其中，+运算符用于连接两个字符串，而+=运算符则连接两个字符串，并将结果赋给第一个字符串。

【例 3.17】　在网页中弹出一个提示对话框，显示进行字符串运算后变量 a 的值。代码如下：

```
var a="One"+"world";             //将两个字符串连接后的值赋值给变量 a
a+="One Dream"                   //连接两个字符串，并将结果赋给第一个字符串
alert(a);
```

上述代码的执行结果如图 3.3 所示。

图 3.3　弹出提示对话框

3.3　流程控制语句

流程控制语句对于任何一门编程语言都是至关重要的，JavaScript 也不例外。在 JavaScript 中提供了 if 条件判断语句、switch 多分支语句、for 循环语句、while 循环语句、do…while 循环语句、break 语句和 continue 语句 7 种流程控制语句。

3.3.1　if 条件语句

if 条件判断语句是最基本、最常用的流程控制语句，可以根据条件表达式的值执行相应的处理。if 语句的语法格式如下：

```
if(expression){
    statement 1
}else{
    statement 2
}
```

参数说明：

☑　expression：必选项。用于指定条件表达式，可以使用逻辑运算符。

☑　statement 1：用于指定要执行的语句序列。当 expression 的值为 true 时，执行该语句序列。

☑　statement 2：用于指定要执行的语句序列。当 expression 的值为 false 时，执行该语句序列。

if...else 条件判断语句的执行流程如图 3.4 所示。

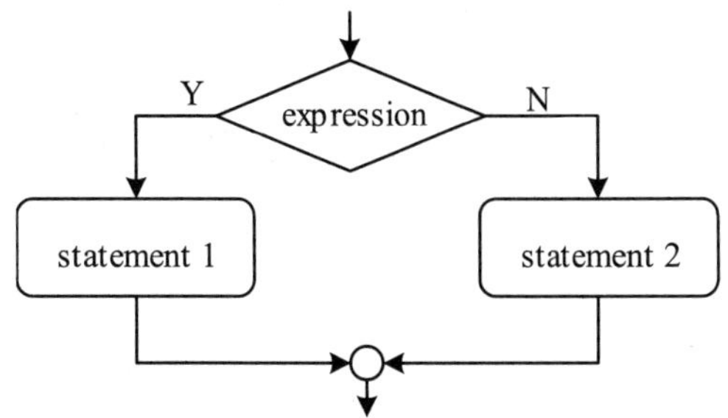

图 3.4　if...else 条件判断语句的执行流程

说明

上述 if 语句是典型的二路分支结构。其中 else 部分可以省略，而且 statement 1 为单一语句时，其两边的大括号也可以省略。

例如，下面的 3 段代码的执行结果是一样的，都可以计算 2 月份的天数。

代码段 1

```
//计算 2 月份的天数
var year=2009;
var month=0;
if((year%4==0 && year%100!=0)||year%400==0){     //判断指定年是否为闰年
    month=29;
}else{
    month=28;
}
```

代码段 2

```
//计算 2 月份的天数
var year=2009;
var month=0;
if((year%4==0 && year%100!=0)||year%400==0)     //判断指定年是否为闰年
    month=29;
else{
    month=28;
}
```

代码段 3

```
//计算 2 月份的天数
var year=2009;
var month=0;
if((year%4==0 && year%100!=0)||year%400==0){     //判断指定年是否为闰年
    month=29;
}else month=28;
```

if 语句是一种使用很灵活的语句，除了可以使用 if...else 语句的形式，还可以使用 if...else if 语句的形式。if...else if 语句的语法格式如下：

```
if(expression 1){
    statement 1
}else if(expression 2){
    statement 2
}
...
else if(expression n){
    statement n
}else{
    statement n+1
}
```

if...else if 语句的执行流程如图 3.5 所示。

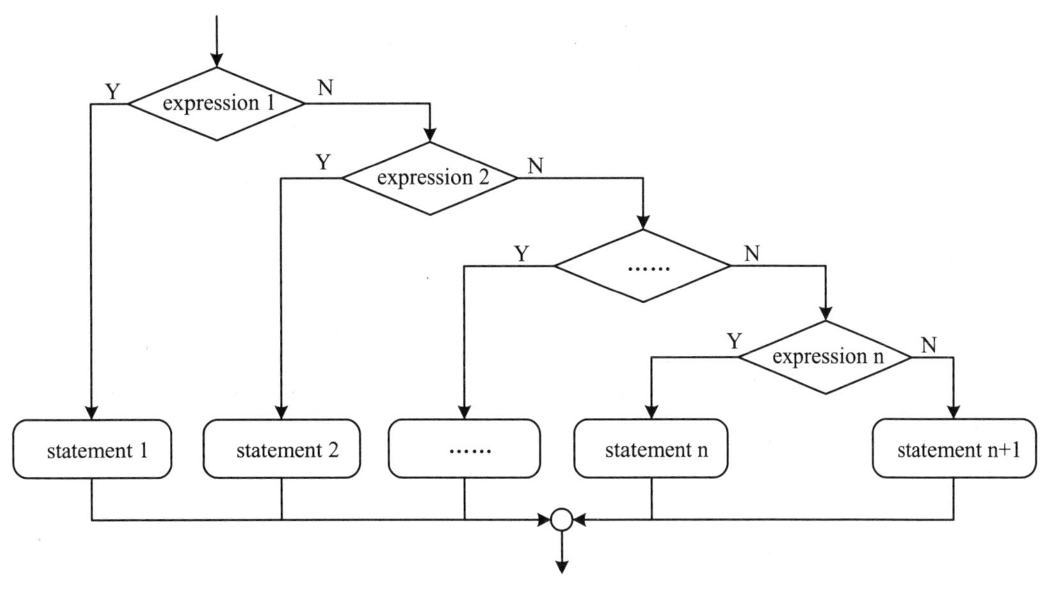

图 3.5　if...else if 语句的执行流程

【例 3.18】　应用 if 语句验证用户登录信息。（**实例位置：资源包\TM\sl\3\2**）

（1）在页面中添加用户登录表单及表单元素。具体代码如下：

```
<form name="form1" method="post" action="">
    用户名：<input name="user" type="text" id="user">
    密码：<input name="pwd" type="text" id="pwd">
    <input name="Button" type="button" class="btn_grey" value="登录">
    <input name="Submit2" type="reset" class="btn_grey" value="重置">
</form>
```

（2）编写自定义的 JavaScript 函数 check()，用于通过 if 语句验证登录信息是否为空。check()函数的具体代码如下：

```
<script language="javascript">
    function check(){
        if(form1.user.value==""){                    //判断用户名是否为空
            alert("请输入用户名！");form1.user.focus();return;
        }else if(form1.pwd.value==""){               //判断密码是否为空
            alert("请输入密码！");form1.pwd.focus();return;
        }else{
            form1.submit();                          //提交表单
        }
    }
</script>
```

（3）在“登录”按钮的 onclick 事件中调用 check()函数。具体代码如下：

```
<input name="Button" type="button" class="btn_grey" value="登录" onclick="check()">
```

运行程序，单击“登录”按钮，将显示如图 3.6 所示的提示对话框。

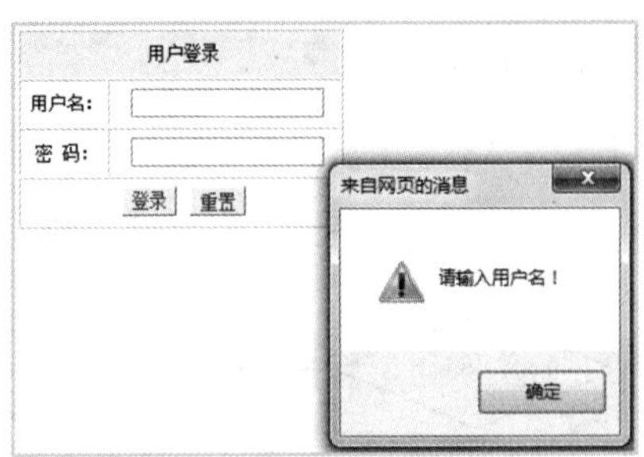

图 3.6　运行结果

说明

同 Java 语言一样，JavaScript 的 if 语句也可以嵌套使用。由于 JavaScript 的 if 语句的嵌套同 Java 语言的基本相同，在此不再赘述。

3.3.2　switch 多分支语句

switch 是典型的多路分支语句，其作用与嵌套使用 if 语句基本相同，但 switch 语句比 if 语句更具有可读性，而且 switch 语句允许在找不到一个匹配条件的情况下执行默认的一组语句。switch 语句的语法格式如下：

```
switch(expression){
    case judgement 1:
        statement 1;
        break;
    case judgement 2:
        statement 2;
        break;
...
    case judgement n:
        statement n;
        break;
    default:
        statement n+1;
        break;
}
```

参数说明：

☑ expression：任意的表达式或变量。

☑ judgement：任意的常数表达式。当 expression 的值与某个 judgement 的值相等时，就执行此 case 后的 statement 语句；如果 expression 的值与所有的 judgement 的值都不相等，则执行 default 后面的 statement 语句。

☑ break：用于结束 switch 语句，从而使 JavaScript 只执行匹配的分支。如果没有了 break 语句，则该 switch 语句的所有分支都将被执行，switch 语句也就失去了使用的意义。

switch 语句的执行流程如图 3.7 所示。

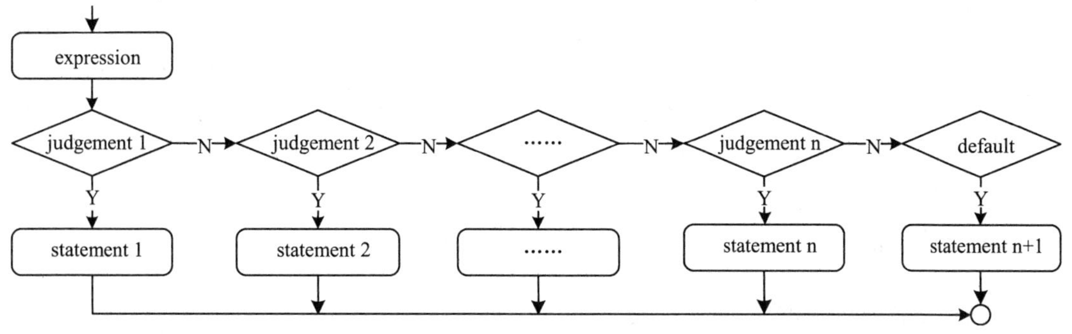

图 3.7　switch 语句的执行流程

【例 3.19】　应用 switch 语句输出今天是星期几。（**实例位置：资源包\TM\sl\3\3**）

```
<script language="javascript">
var now=new Date();                    //获取系统日期
var day=now.getDay();                  //获取星期
var week;
switch(day){
    case 1:
        week="星期一";
         break;
     case 2:
        week="星期二";
         break;
     case 3:
        week="星期三";
         break;
     case 4:
        week="星期四";
         break;
     case 5:
        week="星期五";
         break;
     case 6:
        week="星期六";
         break;
     default:
        week="星期日";
        break;
}
document.write("今天是"+week);        //输出中文的星期
</script>
```

程序的运行结果如图 3.8 所示。

今天是星期二

图 3.8　实例运行结果

技巧

在程序开发的过程中，使用 if 语句还是使用 switch 语句可以根据实际情况而定，尽量做到物尽其用，不要因为 switch 语句的效率高就一味地使用，也不要因为 if 语句常用就不应用 switch 语句。要根据实际情况，具体问题具体分析，使用最适合的条件语句。一般情况下对于判断条件较少的可以使用 if 条件语句，但是在实现一些多条件的判断中，就应该使用 switch 语句。

3.3.3 for 循环语句

for 循环语句也称为计次循环语句，一般用于循环次数已知的情况，在 JavaScript 中应用比较广泛。for 循环语句的语法格式如下：

```
for(initialize;test;increment){
    statement
}
```

参数说明：

☑ initialize：初始化语句，用来对循环变量进行初始化赋值。

☑ test：循环条件，一个包含比较运算符的表达式，用来限定循环变量的边限。如果循环变量超过了该边限，则停止该循环语句的执行。

☑ increment：用来指定循环变量的步幅。

☑ statement：用来指定循环体，在循环条件的结果为 true 时，重复执行。

说明

for 循环语句的执行过程是：先执行初始化语句，然后判断循环条件，如果循环条件的结果为 true，则执行一次循环体，否则直接退出循环，最后执行迭代语句，改变循环变量的值，至此完成一次循环；接下来将进行下一次循环，直到循环条件的结果为 false，才结束循环。

for 循环语句的执行流程如图 3.9 所示。

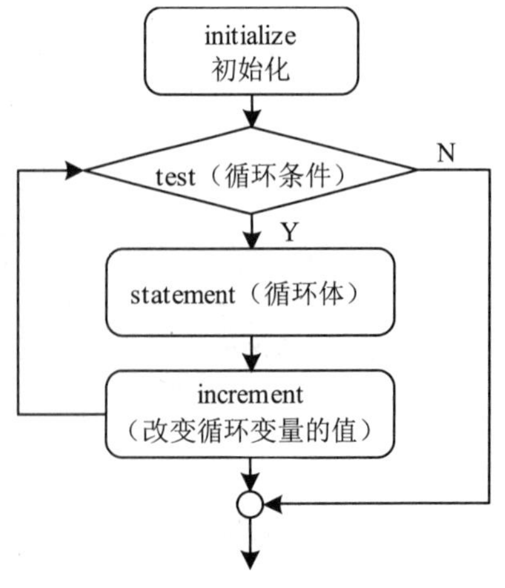

图 3.9　for 循环语句的执行流程

说明

在 for 语句中可以使用 break 语句来中止循环语句的执行，关于 break 语句的用法参见 3.3.6 节。

为了使读者更好地理解 for 语句，下面以一个具体的实例介绍 for 语句的应用。

【例 3.20】　计算 100 以内所有奇数的和。（**实例位置：资源包\TM\sl\3\4**）

```
<script language="javascript">
var sum=0;
for(i=1;i<100;i+=2){
      sum=sum+i;          for 循环语句
}
alert("100 以内所有奇数的和为："+sum);                //输出计算结果
</script>
```

程序运行结果如图 3.10 所示。

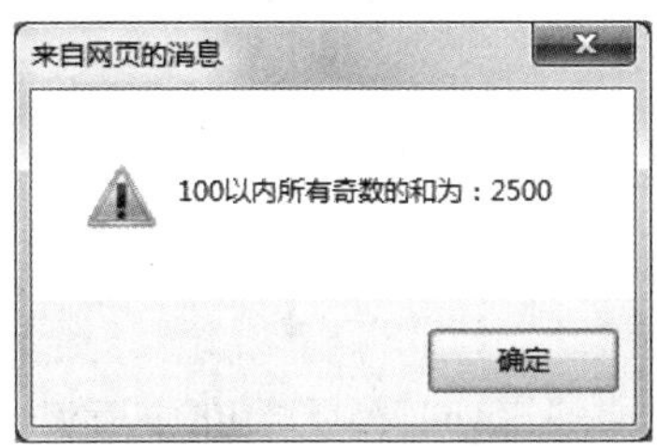

图 3.10　运行结果

说明

在使用 for 语句时，一定要保证循环可以正常结束，也就是必须保证循环条件的结果存在为 true 的情况，否则循环体将无休止地执行下去，从而形成死循环。例如，下面的循环语句就会造成死循环，原因是 i 永远大于等于 1。

```
for(i=1;i>=1;i++){
      alert(i);
}
```

3.3.4　while 循环语句

while 循环语句也称为前测试循环语句，它是利用一个条件来控制是否要继续重复执行这个语句。while 循环语句与 for 循环语句相比，无论是语法还是执行的流程，都较为简明易懂。while 循环语句的语法格式如下：

```
while(expression){
      statement
}
```

参数说明：

☑ expression：一个包含比较运算符的条件表达式，用来指定循环条件。

☑ statement：用来指定循环体，在循环条件的结果为 true 时，重复执行。

说明

while 循环语句之所以命名为前测试循环，是因为它要先判断此循环的条件是否成立，然后再进行重复执行的操作。也就是说，while 循环语句执行的过程是先判断条件表达式，如果条件表达式的值为 true，则执行循环体，并且在循环体执行完毕后，进入下一次循环，否则退出循环。

while 循环语句的执行流程如图 3.11 所示。

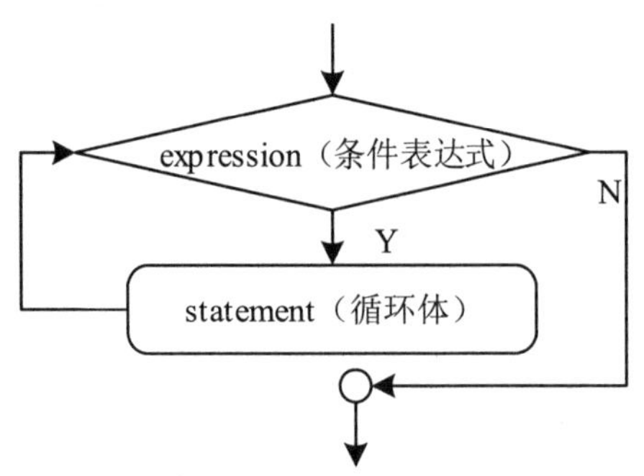

图 3.11　while 循环语句的执行流程

注意

在使用 while 语句时，也一定要保证循环可以正常结束，即必须保证条件表达式的值存在为 true 的情况，否则将形成死循环。例如，下面的循环语句就会造成死循环，原因是 i 永远都小于 100。

```
var i=1;
while(i<=100){
    alert(i);                                    //输出 i 的值
}
```

while 循环语句经常用于循环执行的次数不确定的情况下。

【例 3.21】　列举出累加和不大于 10 的所有自然数。（**实例位置：资源包\TM\sl\3\5**）

```
<script language="javascript">
    var i=1;                                    //由于是计算自然数，所以 i 的初始值设置为 1
    var sum=i;
    var result="";
    document.write("累加和不大于 10 的所有自然数为：<br>");
    while(sum<10){
        sum=sum+i;                              //累加 i 的值
        document.write(i+'<br>');               //输出符合条件的自然数
        i++;                                    //该语句一定不要少
    }
</script>
```

程序运行结果如图 3.12 所示。

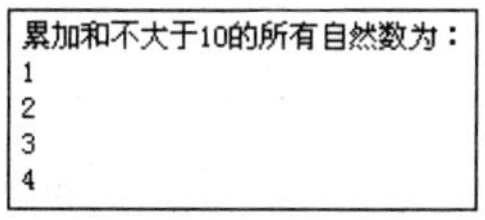

累加和不大于10的所有自然数为：
1
2
3
4

图 3.12　应用 while 循环语句累加和不大于 10 的所有自然数

3.3.5　do…while 循环语句

do…while 循环语句也称为后测试循环语句，它也是利用一个条件来控制是否要继续重复执行这个语句。与 while 循环所不同的是，它先执行一次循环语句，然后再去判断是否继续执行。do…while 循环语句的语法格式如下：

```
do{
    statement
} while(expression);
```

参数说明：

☑　statement：用来指定循环体，循环开始时首先被执行一次，然后在循环条件的结果为 true 时，重复执行。

☑　expression：一个包含比较运算符的条件表达式，用来指定循环条件。

说明

do…while 循环语句的执行过程是：先执行一次循环体，然后再判断条件表达式，如果条件表达式的值为 true，则继续执行，否则退出循环。也就是说，do…while 循环语句中的循环体至少被执行一次。

do…while 循环语句的执行流程如图 3.13 所示。

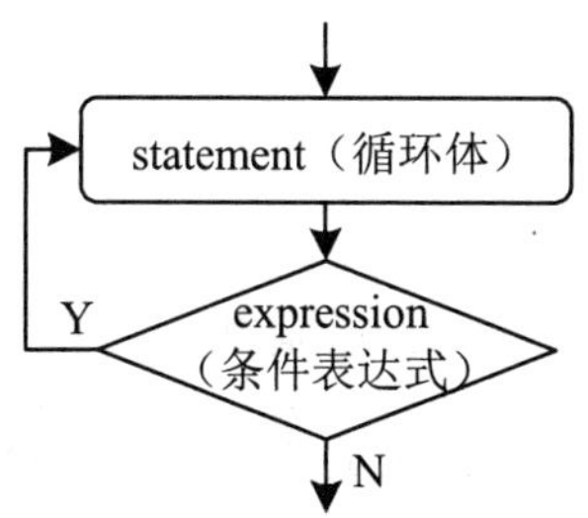

图 3.13　do…while 循环语句的执行流程

do…while 循环语句同 while 循环语句类似，也常用于循环执行的次数不确定的情况下。

【例 3.22】　应用 do…while 循环语句列举出累加和不大于 10 的所有自然数。（**实例位置：资源包\TM\sl\3\6**）

```
<script language="javascript">
    var sum=0;
```

```
    var i=1;                                    //由于是计算自然数，所以 1 的初始值设置为 1
    document.write("累加和不大于 10 的所有自然数为：<br>");
    do{
        sum=sum+i;                              //累加 i 的值
        document.write(i+'<br>');               //输出符合条件的自然数
        i++;                                    //该语句一定不要少
    }while(sum<10);
</script>
```

程序运行结果如图 3.14 所示。

累加和不大于10的所有自然数为：
1
2
3
4

图 3.14　累加和不大于 10 的所有自然数

3.3.6　break 与 continue 语句

break 与 continue 语句都可以用于跳出循环，但两者也存在一些区别。下面将详细地介绍这两个关键字的用法。

☑　break 语句

break 语句用于退出包含在最内层的循环或者退出一个 switch 语句。break 语句的语法格式如下：

```
break;
```

说明

break 语句通常用在 for、while、do…while 或 switch 语句中。

【例 3.23】　在 for 语句中通过 break 语句中断循环的代码如下：

```
var sum=0;
for(i=0;i<100;i++) {
    sum+=i;
    if(sum>10) break;                           //如果 sum>10 就会立即跳出循环
}
document.write("0 至"+i+"(包括"+i+")之间自然数的累加和为："+sum);
```

运行结果为："0 至 5（包括 5）之间自然数的累加和为：15"。

☑　continue 语句

continue 语句和 break 语句类似，所不同的是，continue 语句用于中止本次循环，并开始下一次循环。其语法格式如下：

```
continue;
```

说明

continue 语句只能应用在 while、for、do…while 和 switch 语句中。

【例 3.24】　在 for 语句中通过 continue 语句计算金额大于等于 1000 的数据的和的代码如下：

```
var total=0;
var sum=new Array(1000,1200,100,600,736,1107,1205);          //声明一个一维数组
for(i=0;i<sum.length;i++) {
    if(sum[i]<1000) continue;                                //不计算金额小于 1000 的数据
    total+=sum[i];
}
    document.write("累加和为："+total);                       //输出计算结果
```

运行结果为："累加和为：4512"。

说明

当使用 continue 语句中止本次循环后，如果循环条件的结果为 false，则退出循环，否则继续下一次循环。

3.4　函　　数

视频讲解

函数实质上就是可以作为一个逻辑单元对待的一组 JavaScript 代码。使用函数可以使代码更为简洁，提高重用性。在 JavaScript 中，大约 95%的代码都包含在函数中。由此可见，函数在 JavaScript 中是非常重要的。

3.4.1　函数的定义

函数是由关键字 function、函数名加一组参数以及置于大括号中需要执行的一段代码定义的。定义函数的基本语法如下：

```
function functionName([parameter 1, parameter 2,…]){
    statements;
    [return expression;]
}
```

参数说明：

☑ functionName：必选项，用于指定函数名。在同一个页面中，函数名必须是唯一的，并且区分大小写。

☑ parameter：可选项，用于指定参数列表。当使用多个参数时，参数间使用逗号进行分隔。一个函数最多可以有 255 个参数。

☑ statements：必选项，是函数体，用于实现函数功能的语句。

☑ expression：可选项，用于返回函数值。expression 为任意的表达式、变量或常量。

【例 3.25】　定义一个用于计算商品金额的函数 account()，该函数有两个参数，用于指定单价和

数量，返回值为计算后的金额。具体代码如下：

```
function account(price,number){
    var sum=price*number;                    //计算金额
    return sum;                              //返回计算后的金额
}
```

3.4.2 函数的调用

函数的调用比较简单，如果要调用不带参数的函数，使用函数名加上括号即可；如果要调用的函数带参数，则在括号中加上需要传递的参数；如果包含多个参数，各参数间用逗号分隔。

如果函数有返回值，则可以使用赋值语句将函数值赋给一个变量。

【例 3.26】 对例 3.25 中定义的函数 account()可以通过以下代码进行调用。

```
account(10.6,10);
```

说明

在 JavaScript 中，由于函数名区分大小写，在调用函数时也需要注意函数名的大小写。

【例 3.27】 定义一个 JavaScript 函数 checkRealName()，用于验证输入的字符串是否为汉字。（**实例位置：资源包\TM\sl\3\7**）

（1）在页面中添加用于输入真实姓名的表单及表单元素。具体代码如下：

```
<form name="form1" method="post" action="">
请输入真实姓名：<input name="realName" type="text" id="realName" size="40">
<br><br>
<input name="Button" type="button" class="btn_grey" value="检测">
</form>
```

（2）编写自定义的 JavaScript 函数 checkRealName()，用于验证输入的真实姓名是否正确，即判断输入的内容是否为两个或两个以上的汉字。checkRealName()函数的具体代码如下：

```
<script language="javascript">
    function checkRealName(){
        var str=form1.realName.value;                    //获取输入的真实姓名
        if(str==""){                                     //当真实姓名为空时
            alert("请输入真实姓名！");form1.realName.focus();return;
        }else{                                           //当真实姓名不为空时
            var objExp=/[\u4E00-\u9FA5]{2,}/;            //创建 RegExp 对象
            if(objExp.test(str)==true){                  //判断是否匹配
                alert("您输入的真实姓名正确！");
            }else{
                alert("您输入的真实姓名不正确！");
            }
        }
    }
</script>
```

说明

正确的真实姓名由两个以上的汉字组成，如果输入的不是汉字，或是只输入一个汉字，都将被认为是不正确的真实姓名。

（3）在“检测”按钮的 onclick 事件中调用 checkRealName()函数。具体代码如下：

```
<input name="Button" type="button" class="btn_grey" onclick="checkRealName()" value="检测">
```

运行程序，输入真实姓名“cdd”，单击“检测”按钮，将弹出如图 3.15 所示的对话框；输入真实姓名“绿草”，单击“检测”按钮，将弹出如图 3.16 所示的对话框。

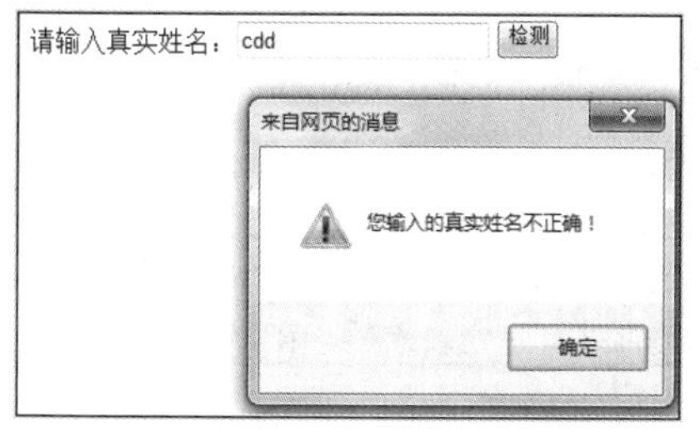

图 3.15　输入的真实姓名不正确

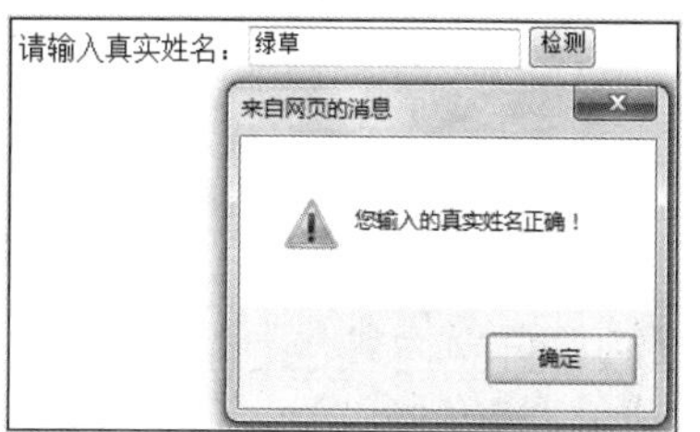

图 3.16　输入的真实姓名正确

3.5　事件处理

通过前面的学习，知道 JavaScript 可以以事件驱动的方式直接对客户端的输入做出响应，无须经过服务器端程序；也就是说，JavaScript 是事件驱动的。它可以使在图形界面环境下的一切操作变得简单化。下面将对事件及事件处理程序进行详细介绍。

3.5.1　什么是事件处理程序

JavaScript 与 Web 页面之间的交互是通过用户操作浏览器页面时触发相关事件来实现的。例如，在页面载入完毕时将触发 onload（载入）事件，当用户单击按钮时将触发按钮的 onclick 事件等。事件处理程序则是用于响应某个事件而执行的处理程序。事件处理程序可以是任意 JavaScript 语句，但通常使用特定的自定义函数（Function）来对事件进行处理。

3.5.2　JavaScript 常用事件

多数浏览器内部对象都拥有很多事件，下面将以表格的形式给出常用的事件及何时触发这些事件。JavaScript 的常用事件如表 3.7 所示。

表 3.7　JavaScript 的常用事件

事　件	何 时 触 发
onabort	对象载入被中断时触发
onblur	元素或窗口本身失去焦点时触发
onchange	改变<select>元素中的选项或其他表单元素失去焦点，并且在其获取焦点后内容发生过改变时触发
onclick	单击鼠标时触发。当光标的焦点在按钮上，并按下 Enter 键时，也会触发该事件
ondblclick	双击鼠标时触发
onerror	出现错误时触发
onfocus	任何元素或窗口本身获得焦点时触发
onkeydown	键盘上的按键（包括 Shift 或 Alt 等键）被按下时触发，如果一直按着某键，则会不断触发。当返回 false 时，取消默认动作
onkeypress	键盘上的按键被按下，并产生一个字符时发生。也就是说，当按下 Shift 或 Alt 等键时不触发。如果一直按下某键时，会不断触发。当返回 false 时，取消默认动作
onkeyup	释放键盘上的按键时触发
onload	页面完全载入后，在 Window 对象上触发；所有框架都载入后，在框架集上触发；<img>标记指定的图像完全载入后，在其上触发；或<object>标记指定的对象完全载入后，在其上触发
onmousedown	单击任何一个鼠标按键时触发
onmousemove	鼠标在某个元素上移动时持续触发
onmouseout	将鼠标从指定的元素上移开时触发
onmouseover	鼠标移到某个元素上时触发
onmouseup	释放任意一个鼠标按键时触发
onreset	单击重置按钮时，在<form>上触发
onresize	窗口或框架的大小发生改变时触发
onscroll	在任何带滚动条的元素或窗口上滚动时触发
onselect	选中文本时触发
onsubmit	单击提交按钮时，在<form>上触发
onunload	页面完全卸载后，在 Window 对象上触发；或者所有框架都卸载后，在框架集上触发

3.5.3　事件处理程序的调用

在使用事件处理程序对页面进行操作时，最主要的是如何通过对象的事件来指定事件处理程序。指定方式主要有以下两种。

1. 在 JavaScript 中

在 JavaScript 中调用事件处理程序，首先需要获得要处理对象的引用，然后将要执行的处理函数赋值给对应的事件。

【例 3.28】　在 JavaScript 中调用事件处理程序。

```
<input name="bt_save" type="button" value="保存">
  <script language="javascript">
     var b_save=document.getElementById("bt_save");
```

```
    b_save.onclick=function(){
        alert("单击了保存按钮");
    }
</script>
```

说明

在页面中加入上面的代码并运行，当单击“保存”按钮时，将弹出“单击了保存按钮”对话框。

注意

在上面的代码中，一定要将<input name="bt_save" type="button" value="保存">放在 JavaScript 代码的上方，否则将弹出“'b_save'为空或不是对象”的错误提示。在 JavaScript 中指定事件处理程序时，事件名称必须小写，才能正确响应事件。

2. 在 HTML 中

在 HTML 中分配事件处理程序，只需要在 HTML 标记中添加相应的事件，并在其中指定要执行的代码或是函数名即可。

【例 3.29】 在 HTML 中调用事件处理程序。

```
<input name="bt_save" type="button" value="保存" onclick="alert('单击了保存按钮');">
```

说明

在页面中加入上面的代码并运行，当单击“保存”按钮时，将弹出“单击了保存按钮”对话框。

3.6 常用对象

通过前面的学习，知道 JavaScript 是一种基于对象的语言，它可以应用自己创建的对象，因此许多功能来自于脚本环境中对象的方法与脚本的相互作用。下面将对 JavaScript 的常用对象进行详细介绍。

3.6.1 Window 对象

Window 对象即浏览器窗口对象，是一个全局对象，是所有对象的顶级对象，在 JavaScript 中起着举足轻重的作用。Window 对象提供了许多属性和方法，这些属性和方法被用来操作浏览器页面的内容。Window 对象同 Math 对象一样，也不需要使用 new 关键字创建对象实例，而是直接使用“对象名.成员”的格式来访问其属性或方法。下面将对 Window 对象的属性和方法进行介绍。

1. Window 对象的属性

Window 对象的常用属性如表 3.8 所示。

表 3.8 Window 对象的常用属性

属　性	描　述
document	对窗口或框架中含有文档的 Document 对象的只读引用
defaultStatus	一个可读写的字符，用于指定状态栏中的默认消息
frames	表示当前窗口中所有 Frame 对象的集合
location	用于代表窗口或框架的 Location 对象。如果将一个 URL 赋予该属性，则浏览器将加载并显示该 URL 指定的文档
length	窗口或框架包含的框架个数
history	对窗口或框架的 History 对象的只读引用
name	用于存放窗口对象的名称
status	一个可读写的字符，用于指定状态栏中的当前信息
top	表示最顶层的浏览器窗口
parent	表示包含当前窗口的父窗口
opener	表示打开当前窗口的父窗口
closed	一个只读的布尔值，表示当前窗口是否关闭。当浏览器窗口关闭时，表示该窗口的 Window 对象并不会消失，不过其 closed 属性被设置为 true
self	表示当前窗口
screen	对窗口或框架的 Screen 对象的只读引用，提供屏幕尺寸、颜色深度等信息
navigator	对窗口或框架的 Navigator 对象的只读引用，通过 Navigator 对象可以获得与浏览器相关的信息

2. Window 对象的方法

Window 对象的常用方法如表 3.9 所示。

表 3.9 Window 对象的常用方法

方　法	描　述
alert()	弹出一个警告对话框
confirm()	显示一个确认对话框，单击“确认”按钮时返回 true，否则返回 false
prompt()	弹出一个提示对话框，并要求输入一个简单的字符串
blur()	将键盘焦点从顶层浏览器窗口中移走。在多数平台上，这将使窗口移到最后面
close()	关闭窗口
focus()	将键盘焦点赋予顶层浏览器窗口。在多数平台上，这将使窗口移到最前面
open()	打开一个新窗口
scrollTo(x,y)	把窗口滚动到(x,y)坐标指定的位置
scrollBy(offsetx,offsety)	按照指定的位移量滚动窗口
setTimeout(timer)	在经过指定的时间后执行代码
clearTimeout()	取消对指定代码的延迟执行
moveTo(x,y)	将窗口移动到一个绝对位置
moveBy(offsetx,offsety)	将窗口移动到指定的位移量处
resizeTo(x,y)	设置窗口的大小
resizeBy(offsetx,offsety)	按照指定的位移量设置窗口的大小
print()	相当于浏览器工具栏中的“打印”按钮
setInterval()	周期性执行指定的代码
clearInterval()	停止周期性地执行代码

技巧

由于 Window 对象使用十分频繁，又是其他对象的父对象，所以在使用 Window 对象的属性和方法时，JavaScript 允许省略 Window 对象的名称。

例如，在使用 Window 对象的 alert()方法弹出一个提示对话框时，可以使用下面的语句：

```
window.alert("欢迎访问明日科技网站!");
```

也可以使用下面的语句：

```
alert("欢迎访问明日科技网站!");
```

由于 Window 对象的 open()方法和 close()方法在实际网站开发中经常用到，下面将对其进行详细的介绍。

（1）open()方法

open()方法用于打开一个新的浏览器窗口，并在该窗口中装载指定 URL 地址的网页。open()方法的语法格式如下：

```
windowVar=window.open(url,windowname[,location]);
```

参数说明：

☑ windowVar：当前打开窗口的句柄。如果 open()方法执行成功，则 windowVar 的值为一个 Window 对象的句柄，否则 windowVar 的值是一个空值。

☑ url：目标窗口的 URL。如果 URL 是一个空字符串，则浏览器将打开一个空白窗口，允许用 write()方法创建动态 HTML。

☑ windowname：用于指定新窗口的名称，该名称可以作为<a>标记和<form>的 target 属性的值。如果该参数指定了一个已经存在的窗口，那么 open()方法将不再创建一个新的窗口，而只是返回对指定窗口的引用。

☑ location：对窗口属性进行设置，其可选参数如表 3.10 所示。

表 3.10　对窗口属性进行设置的可选参数

参　　数	描　　述
width	窗口的宽度
height	窗口的高度
top	窗口顶部距离屏幕顶部的像素数
left	窗口左端距离屏幕左端的像素数
scrollbars	是否显示滚动条，值为 yes 或 no
resizable	设定窗口大小是否固定，值为 yes 或 no
toolbar	浏览器工具栏，包括后退及前进按钮等，值为 yes 或 no
menubar	菜单栏，一般包括文件、编辑及其他菜单项，值为 yes 或 no
location	定位区，也叫地址栏，是可以输入 URL 的浏览器文本区，值为 yes 或 no

技巧

当 Window 对象赋给变量后，也可以使用打开窗口句柄的 close()方法关闭窗口。

例如，打开一个新的浏览器窗口，在该窗口中显示 bbs.htm 文件，设置打开窗口的名称为 bbs，并设置窗口的顶边距、左边距、宽度和高度。代码如下：

```
window.open("bbs.htm","bbs","width=531,height=402,top=50,left=20");
```

（2）close()方法

close()方法用于关闭当前窗口。其语法格式如下：

```
window.close()
```

【例 3.30】 实现用户注册页面，其中包含用户名、密码、确认密码文本框，还包含“提交”“重置”“关闭”按钮。当用户单击“关闭”按钮，将关闭当前浏览器。（**实例位置：资源包\TM\sl\3\8**）

```
<form id="form4" name="form4" method="post" action="">
  <label></label>
  <table width="353" height="140" border="0">
    <tr>
      <td width="104" align="right">用户名：</td>
      <td width="233" align="left"><label for="textfield"></label>
      <input type="text" name="textfield" id="textfield" /></td>
    </tr>
    <tr>
      <td align="right">密码：</td>
      <td align="left"><label for="textfield2"></label>
      <input type="password" name="textfield2" id="textfield2" /></td>
    </tr>
    <tr>
      <td align="right">确认密码：</td>
      <td align="left"><label for="textfield3"></label>
      <input type="password" name="textfield3" id="textfield3" /></td>
    </tr>
    <tr>
      <td colspan="2" align="center"><label>
        <input type="submit" name="Submit" value="提交" onclick="mysubmit()"/>
      </label>
        <label>
          <input type="reset" name="Submit2" value="重置" />
        </label>
        <label>
          <input type="button" name="Submit3" value="关闭" onclick="window.close()"/>
      </label></td>
    </tr>
  </table>
  <label><br/>
  </label>
</form>
```

运行本实例，结果如图 3.17 所示。

图 3.17　在页面中添加“关闭”按钮

3.6.2　String 对象

String 对象是动态对象，需要创建对象实例后才能引用其属性和方法。但是，由于在 JavaScript 中可以将用单引号或双引号括起来的一个字符串当作一个字符串对象的实例，所以可以直接在某个字符串后面加上点“.”去调用 String 对象的属性和方法。下面对 String 对象的常用属性和方法进行详细介绍。

1．属性

String 对象最常用的属性是 length，该属性用于返回 String 对象的长度。length 属性的语法格式如下：

```
string.length
```

返回值：一个只读的整数，它代表指定字符串中的字符数，每个汉字按一个字符计算。

【例 3.31】　获取字符串对象的长度。

```
"flowre 的哭泣".length;                    //值为 9
"wgh".length;                              //值为 3
```

2．方法

String 对象提供了很多用于对字符串进行操作的方法，如表 3.11 所示。

表 3.11　String 对象的常用方法

方　　法	描　　述
anchor(name)	为字符串对象中的内容两边加上 HTML 的<a name=name></a>标记对
big()	为字符串对象中的内容两边加上 HTML 的<big></big>标记对
bold()	为字符串对象中的内容两边加上 HTML 的<b></b>标记对
charAt(index)	返回字符串对象中指定索引号的字符组成的字符串，位置的有效值为 0 到字符串长度减 1 的数值。一个字符串的第一个字符的索引位置为 0，第二个字符位于索引位置 1，依此类推。当指定的索引位置超出有效范围时，charAt()方法返回一个空字符串
charCodeAt(index)	返回一个整数，该整数表示字符串对象中指定位置处的字符的 Unicode 编码
concat(s1,⋯,sn)	将调用方法的字符串与指定字符串结合，结果返回新字符串

续表

方　　法	描　　述
fontcolor	为字符串对象中的内容两边加上 HTML 的<font></font>标记对，并设置 color 属性，可以是颜色的十六进制值，也可以是颜色的预定义名
fontsize(size)	为字符串对象中的内容两边加上 HTML 的<font></font>标记对，并设置 size 属性
indexOf(pattern)	返回字符串中包含 pattern 所代表参数第一次出现的位置值。如果该字符串中不包含要查找的模式，则返回-1
indexOf(pattern,startIndex)	返回字符串中包含 pattern 所代表参数第一次出现的位置值。如果该字符串中不包含要查找的模式，则返回-1，只是从 startIndex 指定的位置开始查找
lastIndexOf(pattern)	返回字符串中包含 pattern 所代表参数最后一次出现的位置值，如果该字符串中不包含要查找的模式，则返回-1
lastIndexOf(pattern,startIndex)	返回字符串中包含 pattern 所代表参数最后一次出现的位置值，如果该字符串中不包含要查找的模式，则返回-1，只是检索从 startIndex 指定的位置开始
localeCompare(s)	用特定比较方法比较字符串与 s 字符串。如果字符串相等，则返回 0，否则返回一个非 0 数字值

下面对比较常用的方法进行详细介绍。

（1）indexOf()方法

indexOf()方法用于返回 String 对象内第一次出现子字符串的字符位置。如果没有找到指定的子字符串，则返回-1。其语法格式如下：

```
string.indexOf(subString[, startIndex])
```

参数说明：

☑ subString：必选项。要在 String 对象中查找的子字符串。

☑ startIndex：可选项。该整数值指出在 String 对象内开始查找索引。如果省略，则从字符串的开始处查找。

【例 3.32】 从一个邮箱地址中查找@所在的位置，可以用下面的代码：

```
var str="wgh717@sohu.com";
var index=str.indexOf('@');                //返回的索引值为 6
var index=str.indexOf('@',7);              //返回值为-1
```

说明

由于在 JavaScript 中，String 对象的索引值是从 0 开始的，所以此处返回的值为 6，而不是 7。String 对象各字符的索引值如图 3.18 所示。

图 3.18　String 对象各字符的索引值

说明

String 对象还有一个 lastIndexOf()方法，该方法的语法格式同 indexOf()方法类似，所不同的是 indexOf()从字符串的第一个字符开始查找，而 lastIndexOf()方法则从字符串的最后一个字符开始查找。

【例 3.33】　下面的代码将演示 indexOf()方法与 lastIndexOf()方法的区别。

```
var str="2009-05-15";
var index=str.indexOf('-');                    //返回的索引值为 4
var lastIndex=str.lastIndexOf('-');            //返回的索引值为 7
```

（2）substr()方法

substr()方法用于返回指定字符串的一个子串。其语法格式如下：

```
string.substr(start[,length])
```

参数说明：

☑ start：用于指定获取子字符串的起始下标，如果是一个负数，那么表示从字符串的尾部开始算起的位置。即-1 代表字符串的最后一个字符，-2 代表字符串的倒数第二个字符，依此类推。

☑ length：可选项，用于指定子字符串中字符的个数。如果省略该参数，则返回从 start 开始位置到字符串结尾的子串。

【例 3.34】　使用 substr()方法获取指定字符串的子串，代码如下：

```
var word= "One World One Dream!";
var subs=word.substr(10,9);                    //subs 的值为 One Dream
```

（3）substring()方法

substring()方法用于返回指定字符串的一个子串。其语法格式如下：

```
string.substring(from[,to])
```

参数说明：

☑ from：用于指定要获取子字符串的第一个字符在 string 中的位置。

☑ to：可选项，用于指定要获取子字符串的最后一个字符在 string 中的位置。

注意

由于 substring()方法在获取子字符串时，是从 string 中的 from 处到 to-1 处复制，所以 to 的值应该是要获取子字符串的最后一个字符在 string 中的位置加 1。如果省略该参数，则返回从 from 开始到字符串结尾处的子串。

【例 3.35】　使用 substring()方法获取指定字符串的子串，代码如下：

```
var word= "One World One Dream!";
var subs=word.substring(10,19);                //subs 的值为 One Dream
```

（4）replace()方法

replace()方法用于替换一个与正则表达式匹配的子串。其语法格式如下：

```
string.replace(regExp,substring);
```

参数说明：

☑ regExp：一个正则表达式。如果正则表达式中设置了标志 g，那么该方法将用替换字符串替换检索到的所有与模式匹配的子串，否则只替换所检索到的第一个与模式匹配的子串。

☑ substring：用于指定替换文本或生成替换文本的函数。如果 substring 是一个字符串，那么每个匹配都将由该字符串替换，但是在 substring 中的“$”字符具有特殊的意义，如表 3.12 所示。

表 3.12 substring 中的“$”字符的意义

字　符	替 换 文 本
$1,$2,…,$99	与 regExp 中的第 1～99 个子表达式匹配的文本
$&	与 regExp 相匹配的子串
$`	位于匹配子串左侧的文本
$'	位于匹配子串右侧的文本
$$	直接量——$符号

【例 3.36】 去掉字符串中的首尾空格。（**实例位置：资源包\TM\sl\3\9**）

① 在页面中添加用于输入原字符串和显示转换后的字符串的表单及表单元素，具体代码如下：

```
<form name="form1" method="post" action="">
原字符串：
<textarea name="oldString" cols="40" rows="4"></textarea>
转换后的字符串：
<textarea name="newString" cols="40" rows="4"></textarea>
<input name="Button" type="button" class="btn_grey" value="去掉字符串的首尾空格">
</form>
```

② 编写自定义的 JavaScript 函数 trim()，在该函数中应用 String 对象的 replace()方法去掉字符串中的首尾空格。trim()函数的具体代码如下：

```
<script language="javascript">
    function trim(){
        var str=form1.oldString.value;                 //获取原字符串
        if(str==""){                                   //当原字符串为空时
            alert("请输入原字符串");form1.oldString.focus();return;
        }else{                                         //当原字符串不为空时，去掉字符串中的首尾空格
            var objExp=/(^\s*)|(\s*$)/g;               //创建 RegExp 对象
            str=str.replace(objExp,"");                //替换字符串中的首尾空格
        }
        form1.newString.value=str;                     //将转换后的字符串写入“转换后的字符串”文本框中
    }
</script>
```

③ 在“去掉字符串的首尾空格”按钮的 onclick 事件中调用 trim()函数，具体代码如下：

```
<input name="Button" type="button" class="btn_grey" onclick="trim()" value="去掉字符串的首尾空格">
```

运行程序，输入原字符串，单击“去掉字符串的首尾空格”按钮，将去掉字符串中的首尾空格，并显示到“转换后的字符串”文本框中，如图 3.19 所示。

（5）split()方法

split()方法用于将字符串分割为字符串数组。其语法格式如下：

```
string.split(delimiter,limit);
```

参数说明：

☑ delimiter：字符串或正则表达式，用于指定分隔符。

☑ limit：可选项，用于指定返回数组的最大长度。如果设置了该参数，返回的子串不会多于这个参数指定的数字，否则整个字符串都会被分割，而不考虑其长度。

☑ 返回值：一个字符串数组，该数组是通过 delimiter 指定的边界将字符串分割成的字符串数组。

注意

在使用 split()方法分割数组时，返回的数组不包括 delimiter 自身。

【例 3.37】 将字符串“2011-10-15”以“-”为分隔符分割成数组，代码如下：

```
var str="2011-10-15";
var arr=str.split("-");                                  //分割字符串数组
document.write("字符串 "+str+" 进行分割后的数组为：<br>");
//通过 for 循环输出各个数组元素
for(i=0;i<arr.length;i++){
document.write("arr["+i+"]："+arr[i]+"<br>");
}
```

上面代码的运行结果如图 3.20 所示。

图 3.19　去掉字符串的首尾空格

字符串:2011-10-15进行分割后的数组为：
arr[0]：2011
arr[1]：10
arr[2]：15

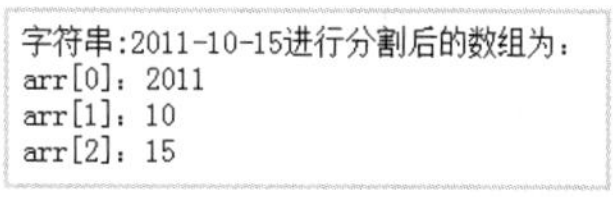

图 3.20　将字符串进行分割

3.6.3　Date 对象

在 Web 程序开发的过程中，可以使用 JavaScript 的 Date 对象来对日期和时间进行操作。例如，如果想在网页中显示计时的时钟，就可以使用 Date 对象来获取当前系统的时间并按照指定的格式进行显示。下面将对 Date 对象进行详细介绍。

1．创建 Date 对象

Date 对象是一个有关日期和时间的对象。它具有动态性，即必须使用 new 运算符创建一个实例。创建 Date 对象的语法格式如下：

```
dateObj=new Date()
dateObje=new Date(dateValue)
dateObj=new Date(year,month,date[,hours[,minutes[,seconds[,ms]]]])
```

参数说明：

☑ dateValue：如果是数值，则表示指定日期与 1970 年 1 月 1 日午夜间全球标准时间相差的毫秒数；如果是字符串，则 dateValue 按照 parse()方法中的规则进行解析。
☑ year：一个 4 位数的年份。如果输入的是 0～99 的值，则给它加上 1900。
☑ month：表示月份，值为 0～11 的整数，即 0 代表 1 月份。
☑ date：表示日，值为 1～31 的整数。
☑ hours：表示小时，值为 0～23 的整数。
☑ minutes：表示分钟，值为 0～59 的整数。
☑ seconds：表示秒钟，值为 0～59 的整数。
☑ ms：表示毫秒，值为 0～999 的整数。

【例 3.38】 创建一个代表当前系统日期的 Date 对象的代码如下：

```
var now=new Date();
```

注意

在上面的代码中，第二个参数应该是当前月份-1，而不能是当前月份 5，如果是 5 则表示 6 月份。

2．Date 对象的方法

Date 对象没有提供直接访问的属性，只具有获取、设置日期和时间的方法。Date 对象的常用方法如表 3.13 所示。

表 3.13　Date 对象的常用方法

方　法	描　述	示　例
get[UTC]FullYear()	返回 Date 对象中的年份，用 4 位数表示，采用本地时间或世界时	new Date().getFullYear();　//返回值为 2019
get[UTC]Month()	返回 Date 对象中的月份（0～11），采用本地时间或世界时	new Date().getMonth();　//返回值为 4
get[UTC]Date()	返回 Date 对象中的日（1～31），采用本地时间或世界时	new Date().getDate();　//返回值为 18
get[UTC]Day()	返回 Date 对象中的星期（0～6），采用本地时间或世界时	new Date().getDay();　//返回值为 1
get[UTC]Hours()	返回 Date 对象中的小时数（0～23），采用本地时间或世界时	new Date().getHours();　//返回值为 9

【例 3.39】　实时显示系统时间。（**实例位置：资源包\TM\sl\3\10**）

（1）在页面的合适位置添加一个 id 为 clock 的<div>标记，关键代码如下：

```
<div id="clock"></div>
```

（2）编写自定义的 JavaScript 函数 realSysTime()，在该函数中使用 Date 对象的相关方法获取系统日期。realSysTime()函数的具体代码如下：

```
<script language="javascript">
function realSysTime(clock){
    var now=new Date();                                    //创建 Date 对象
    var year=now.getFullYear();                            //获取年份
    var month=now.getMonth();                              //获取月份
    var date=now.getDate();                                //获取日期
    var day=now.getDay();                                  //获取星期
    var hour=now.getHours();                               //获取小时
    var minu=now.getMinutes();                             //获取分钟
    var sec=now.getSeconds();                              //获取秒
    month=month+1;
    var arr_week=new Array("星期日","星期一","星期二","星期三","星期四","星期五","星期六");
    var week=arr_week[day];                                //获取中文的星期
    var time=year+"年"+month+"月"+date+"日 "+week+" "+hour+":"+minu+":"+sec; //组合系统时间
    clock.innerHTML="当前时间："+time;                     //显示系统时间
}
</script>
```

（3）在页面的载入事件中每隔 1 秒调用一次 realSysTime()函数实时显示系统时间，具体代码如下：

```
window.onload=function(){
    window.setInterval("realSysTime(clock)",1000);         //实时获取并显示系统时间
}
```

实例运行结果如图 3.21 所示。

当前时间：2019年1月7日 星期一 13:33:31

图 3.21　实时显示系统时间

3.7　DOM 技术

DOM 是 Document Object Model（文档对象模型）的简称，是表示文档（如 HTML 文档）和访问、操作构成文档的各种元素（如 HTML 标记和文本串）的应用程序接口（API）。它提供了文档中独立元素的结构化、面向对象的表示方法，并允许通过对象的属性和方法访问这些对象。另外，文档对象模型还提供了添加和删除文档对象的方法，这样能够创建动态的文档内容。DOM 也提供了处理事件的接口，它允许捕获和响应用户以及浏览器的动作。下面将对其进行详细介绍。

3.7.1 DOM 的分层结构

在 DOM 中，文档的层次结构以树形表示。树是倒立的，树根在上，枝叶在下，树的节点表示文档中的内容。DOM 树的根节点是个 Document 对象，该对象的 documentElement 属性引用表示文档根元素的 Element 对象。对于 HTML 文档，表示文档根元素的 Element 对象是<html>标记，<head>和<body>元素是树的枝干。

【例 3.40】 一个简单的 HTML 文档说明 DOM 的分层结构。

```
<html>
    <head>
        <title>一个 HTML 文档</title>
    </head>
    <body>
        欢迎访问明日科技网站！
        <br>
        <a href="http://www.mingribook.com"> http://www.mingribook.com</a>
    </body>
</html>
```

上面的 HTML 文档的运行结果如图 3.22 所示，对应的 Document 对象的层次结构如图 3.23 所示。

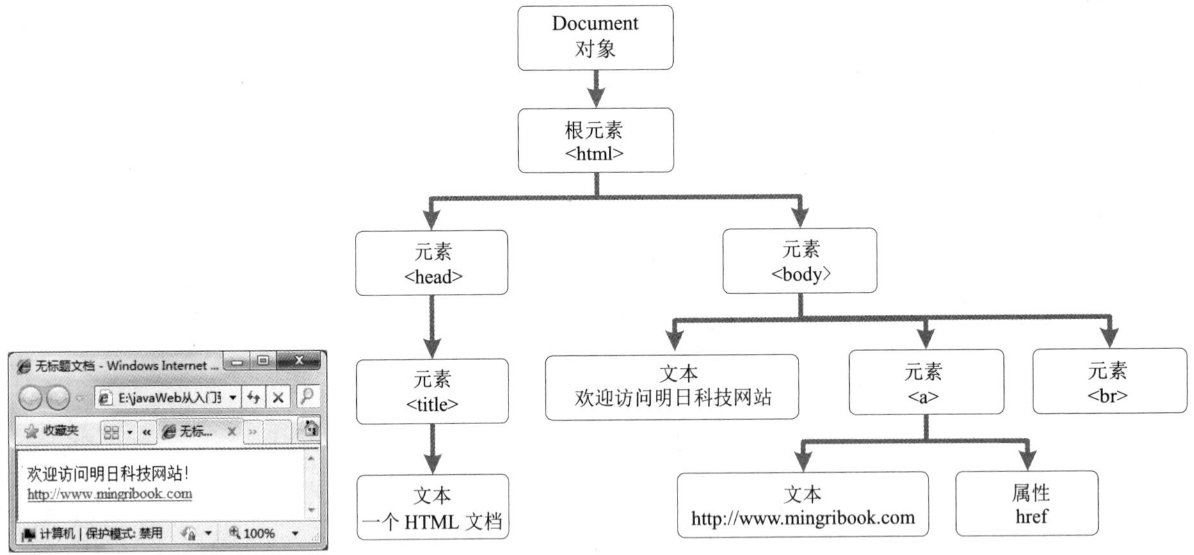

图 3.22　HTML 文档的运行结果

图 3.23　Document 对象的层次结构

说明

在树形结构中，直接位于一个节点之下的节点被称为该节点的子节点（children）；直接位于一个节点之上的节点被称为该节点的父节点（parent）；位于同一层次，具有相同父节点的节点是兄弟节点（sibling）；一个节点的下一个层次的节点集合是该节点的后代（descendant）；一个节点的父节点、祖父节点及其他所有位于它之上的节点都是该节点的祖先（ancestor）。

3.7.2　遍历文档

在 DOM 中，HTML 文档中的各个节点被视为各种类型的 Node 对象，并且将 HTML 文档表示为 Node 对象的树。对于任何一个树形结构来说，最常做的就是遍历树。在 DOM 中，可以通过 Node 对象的 parentNode、firstChild、nextChild、lastChild、previousSibling 等属性来遍历文档树。Node 对象的常用属性如表 3.14 所示。

表 3.14　Node 对象的属性

属　　性	类　　型	描　　述
parentNode	Node	节点的父节点，没有父节点时为 null
childNodes	NodeList	节点的所有子节点的 NodeList
firstChild	Node	节点的第一个子节点，没有则为 null
lastChild	Node	节点的最后一个子节点，没有则为 null
previousSibling	Node	节点的上一个节点，没有则为 null
nextChild	Node	节点的下一个节点，没有则为 null
nodeName	String	节点名
nodeValue	String	节点值
nodeType	Short	表示节点类型的整型常量

由于 HTML 文档的复杂性，DOM 定义了 nodeType 来表示节点的类型。下面以列表的形式给出 Node 对象的节点类型、节点名、节点值及节点类型常量，如表 3.15 所示。

表 3.15　Node 对象的节点类型、节点名、节点值及节点类型常量

节 点 类 型	节　点　名	节　点　值	节点类型常量
Attr	属性名	属性值	ATTRIBUTE_NODE（2）
CDATASection	#cdata-section	CDATA 段内容	CDATA_SECTION_NODE（4）
Comment	#comment	注释的内容	COMMENT_NODE（8）
Document	#document	null	DOCUMENT_NODE（9）
DocumentFragment	#document-fragment	null	DOCUMENT_FRAGMENT_NODE（11）
DocumentType	文档类型名	null	DOCUMENT_TYPE_NODE（10）
Element	标记名	null	ELEMENT_NODE（1）
Entity	实体名	null	ENTITY_NODE（6）
EntityReference	引用实体名	null	ENTITY_REFERENCE_NODE（5）
Notation	符号名	null	NOTATION_NODE（12）
ProcessionInstruction	目标	除目标以外的所有内容	PROCESSION_INSTRUCTION_NODE（7）
Text	#text	文本节点内容	TEXT_NODE（3）

【例 3.41】　遍历 JSP 文档，并获取该文档中的全部标记及标记总数。（**实例位置：资源包\TM\sl\3\11**）

（1）编写 index.jsp 文件，在该文件中添加提示性文字及进入明日科技网站的超链接。具体代码如下：

```
<%@ page language="java" pageEncoding="GBK"%>
<html>
```

```
    <head>
        <title>一个简单的文档</title>
    </head>
    <body>
        欢迎访问明日科技网站！
        <br>
        <a href="http://www.mingribook.com"> http://www.mingribook.com</a>
  </body>
</html>
```

（2）编写 JavaScript 代码，用于获取文档中全部的标记，并统计标记的个数。具体代码如下：

```
<script language="javascript">
    var elementList = "";                                   //全局变量，保存 Element 标记名，使用完毕要清空
    function getElement(node) {                                              //参数 node 是一个 Node 对象
        var total = 0;
        if(node.nodeType==1) {                                               //检查 node 是否为 Element 对象
            total++;                                                         //如果是，计数器加 1
            elementList = elementList + node.nodeName + "、";                //保存标记名
        }
        var childrens = node.childNodes;                                     //获取 node 的全部子节点
        for(var m=node.firstChild; m!=null;m=m.nextSibling) {
            total += getElement(m);                                          //对每个子节点进行递归操作
        }
        return total;
    }
    function show(){
        var number=getElement(document);                                     //获取标记总数
        elementList=elementList.substring(0,elementList.length-1);           //去除字符串中最后一个逗号
        alert("该文档中包含："+elementList+"等"+number+"个标记！");
        elementList="";                                                      //清空全局变量
    }
</script>
```

（3）在页面的 onload 事件中，调用 show()方法获取并显示文档中的标记及标记总数。具体代码如下：

```
<body onload="show()">
```

运行程序，将显示如图 3.24 所示的页面，并弹出提示对话框显示文档中的标记及标记总数。

图 3.24　实例运行结果

3.7.3　获取文档中的指定元素

虽然通过 3.7.2 节中介绍的遍历文档树中全部节点的方法可以找到文档中指定的元素，但是这种方

法比较麻烦，下面介绍两种直接搜索文档中指定元素的方法。

1. 通过元素的 ID 属性获取元素

使用 Document 对象的 getElementsById()方法可以通过元素的 ID 属性获取元素。例如，获取文档中 ID 属性为 userList 的节点。代码如下：

```
document.getElementById("userList");
```

2. 通过元素的 name 属性获取元素

使用 Document 对象的 getElementsByName()方法可以通过元素的 name 属性获取元素。与 getElementsById()方法不同的是，该方法的返回值为一个数组，而不是一个元素。如果想通过 name 属性获取页面中唯一的元素，可以通过获取返回数组中下标值为 0 的元素进行获取。例如，获取 name 属性为 userName 的节点。代码如下：

```
document.getElementsByName("userName")[0];
```

3.7.4 操作文档

在 DOM 中不仅可以通过节点的属性查询节点，还可以对节点进行创建、插入、删除和替换等操作。这些操作都可以通过节点（Node）对象提供的方法来完成。Node 对象的常用方法如表 3.16 所示。

表 3.16　Node 对象常用的方法

方　　法	描　　述
insertBefore(newChild,refChild)	在现有节点 refChild 之前插入节点 newChild
replaceChild(newChild,oldChild)	将子节点列表中的子节点 oldChild 换成 newChild，并返回 oldChild 节点
removeChild(oldChild)	将子节点列表中的子节点 oldChild 删除，并返回 oldChild 节点
appendChild(newChild)	将节点 newChild 添加到该节点的子节点列表末尾。如果 newChild 已经在树中，则先将其删除
hasChildNodes()	返回一个布尔值，表示节点是否有子节点
cloneNode(deep)	返回这个节点的副本（包括属性）。如果 deep 的值为 true，则复制所有包含的节点；否则只复制这个节点

【例 3.42】　应用 DOM 操作文档，实现添加评论和删除评论的功能。（**实例位置：资源包\TM\sl\3\12**）

（1）在页面的合适位置添加一个 1 行 2 列的表格，用于显示评论列表，并将该表格的 ID 属性设置为 comment。具体代码如下：

```
<table width="600" border="1" align="center" cellpadding="0" cellspacing="0" bordercolor="#FFFFFF"
bordercolorlight="#666666" bordercolordark="#FFFFFF" id="comment">
  <tr>
    <td width="18%" height="27" align="center" bgcolor="#E5BB93">评论人</td>
    <td width="82%" align="center" bgcolor="#E5BB93">评论内容</td>
  </tr>
</table>
```

（2）在评论列表的下方添加一个用于收集评论信息的表单及表单元素。具体代码如下：

```
<form name="form1" method="post" action="">
评论人：<input name="person" type="text" id="person" size="40">
评论内容：<textarea name="content" cols="60" rows="6" id="content"></textarea>
</form>
```

（3）编写自定义 JavaScript 函数 addElement()，用于在评论列表中添加一条评论信息。在该函数中，首先将评论信息添加到评论列表的后面，然后清空“评论人”和“评论内容”文本框。具体代码如下：

```
function addElement() {
    var person = document.createTextNode(form1.person.value);  //创建代表评论人的 TextNode 节点
    var content = document.createTextNode(form1.content.value); //创建代表评论内容的 TextNode 节点
    //创建 td 类型的 Element 节点
    var td_person = document.createElement("td");
    var td_content = document.createElement("td");
    var tr = document.createElement("tr");                    //创建一个 tr 类型的 Element 节点
    var tbody = document.createElement("tbody");              //创建一个 tbody 类型的 Element 节点
    //将 TextNode 节点加入 td 类型的节点中
    td_person.appendChild(person);                            //添加评论人
    td_content.appendChild(content);                          //添加评论内容
    //将 td 类型的节点添加到 tr 节点中
    tr.appendChild(td_person);
    tr.appendChild(td_content);
    tbody.appendChild(tr);                                    //将 tr 节点加入 tbody 中
    var tComment = document.getElementById("comment");        //获取 table 对象
    tComment.appendChild(tbody);                              //将节点 tbody 加入节点尾部
    form1.person.value="";                                    //清空“评论人”文本框
    form1.content.value="";                                   //清空“评论内容”文本框
}
```

（4）编写自定义 JavaScript 函数 deleteFirstE()，用于将评论列表中的第一条评论信息删除。deleteFirstE()函数的具体代码如下：

```
function deleteFirstE(){
    var tComment = document.getElementById("comment");        //获取 table 对象
    if(tComment.rows.length>1){
        tComment.deleteRow(1);                                //删除表格的第二行，即第一条评论
    }
}
```

（5）编写自定义 JavaScript 函数 deleteLastE()，用于将评论列表中的最后一条评论信息删除。deleteLastE()函数的具体代码如下：

```
function deleteLastE(){
    var tComment = document.getElementById("comment");        //获取 table 对象
    if(tComment.rows.length>1){
        tComment.deleteRow(tComment.rows.length-1);           //删除表格的最后一行，即最后一条评论
    }
}
```

（6）分别添加“发表”“删除第一条评论”“删除最后一条评论”按钮，并在各按钮的 onclick 事件中，调用发表评论函数 addElement()、删除第一条评论函数 deleteFirstE()和删除最后一条评论函数 deleteLastE()。另外，还需要添加“重置”按钮。具体代码如下：

```
<input name="Button" type="button" class="btn_grey" value="发表" onClick="addElement()">
<input name="Reset" type="reset" class="btn_grey" value="重置">
<input name="Button" type="button" class="btn_grey" value="删除第一条评论" onclick="deleteFirstE()">
<input name="Button" type="button" class="btn_grey" value="删除最后一条评论" onclick="deleteLastE()">
```

运行程序，在“评论人”文本框中输入评论人，在“评论内容”文本框中输入评论内容，单击“发表”按钮，即可将该评论显示到评论列表中；单击“删除第一条评论”按钮，将删除第一条评论；单击“删除最后一条评论”按钮，将删除最后一条评论，如图 3.25 所示。

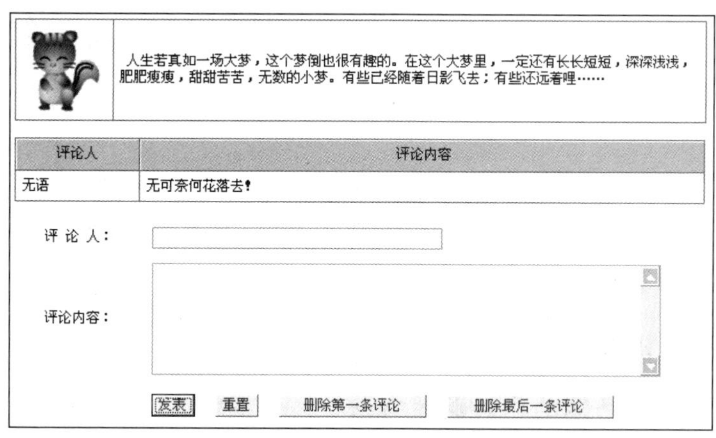

图 3.25　添加和删除评论

3.8　小　　结

本章首先对什么是 JavaScript、JavaScript 的主要特点，以及 JavaScript 与 Java 的区别做了简要介绍。然后对 JavaScript 的基本语法、流程控制语句、函数、事件处理、常用对象等做了详细的介绍。最后对 DOM 技术进行了详细的介绍。在进行 Ajax 开发时，DOM 技术也是必不可少的，所以这部分内容也需要读者重点掌握。

3.9　实践与练习

1．应用 JavaScript 检测输入的日期格式是否合法。（**答案位置：资源包\TM\sl\3\13**）

2．应用 JavaScript 验证身份证号码是否合法。（**答案位置：资源包\TM\sl\3\14**）

3．应用 JavaScript 实现日期倒计时。（**答案位置：资源包\TM\sl\3\15**）

第 4 章

搭建开发环境

（视频讲解：36 分钟）

在进行 Java Web 应用开发前，需要把整个开发环境搭建好。例如，需要安装 Java 开发工具包 JDK、Web 服务器（本章介绍的是 Tomcat）和 IDE 开发工具。

通过阅读本章，您可以：

- 掌握 Tomcat 服务器的下载
- 掌握 Tomcat 服务器的各种配置方法
- 掌握 Eclipse 开发工具的下载与安装
- 掌握如何在 Eclipse 中创建及发布 Web 程序

4.1　Java Web 应用的开发环境概述

视频讲解

在前面的章节中为大家介绍的都是静态网页，静态网页的开发环境非常简单，即使使用记事本也可以开发。但是动态网站例如 Java Web 应用程序，就需要搭建好开发环境。在搭建 Java Web 应用的开发环境时，首先需要安装开发工具包 JDK，然后安装 Web 服务器和数据库，这时 Java Web 应用的开发环境就搭建完成了。为了提高开发效率，通常还需要安装 IDE（集成开发环境）工具。Java Web 应用的开发环境如图 4.1 所示。

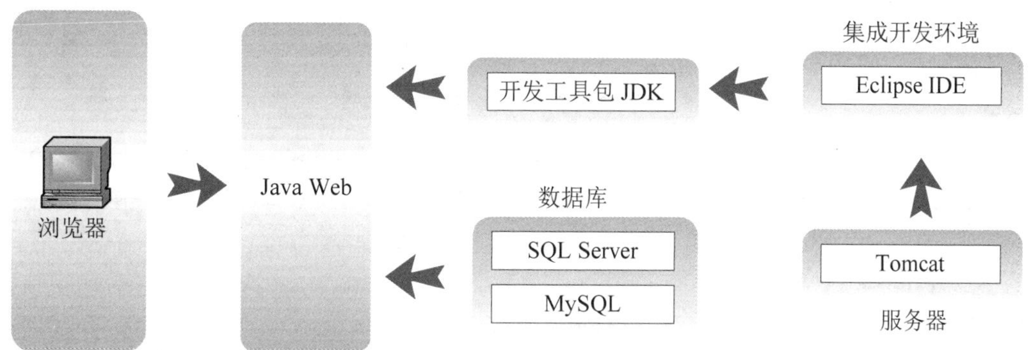

图 4.1　Java Web 应用的开发环境

4.2　Tomcat 的安装与配置

视频讲解

Tomcat 服务器是 ApacheJakarta 项目组开发的产品，当前比较常用的版本是 Tomcat 9，它能够支持 Servlet 3.0 和 JSP 2.2 规范，并且具有免费和跨平台等诸多特性。Tomcat 服务器已经成为学习开发 Java Web 应用的首选，本节将介绍 Tomcat 服务器的安装与配置。

4.2.1　下载 Tomcat

本书中采用的是 Tomcat 9.0.12 版本，读者可以到 Tomcat 官方网站中下载最新的版本。下面将介绍 Tomcat 9.0.12 下载的具体步骤。

（1）在 IE 地址栏中输入“http://tomcat.apache.org/”，进入 Tomcat 官方网站，如图 4.2 所示。

（2）在左侧的 Download 列表中有 Tomcat 的各种版本，单击 Tomcat 9.0.12 超链接，进入 Tomcat 9 下载页面中，如图 4.3 所示。

（3）在图 4.3 中，在 Core 节点下包含了 Tomcat 9.0.12 服务器安装文件的不同平台下的不同版本，此处单击“32-bit Windows zip (pgp, sha512)”超链接，在打开的文件下载对话框中单击“保存”按钮，即可将 Tomcat 的安装文件下载到本地计算机中。

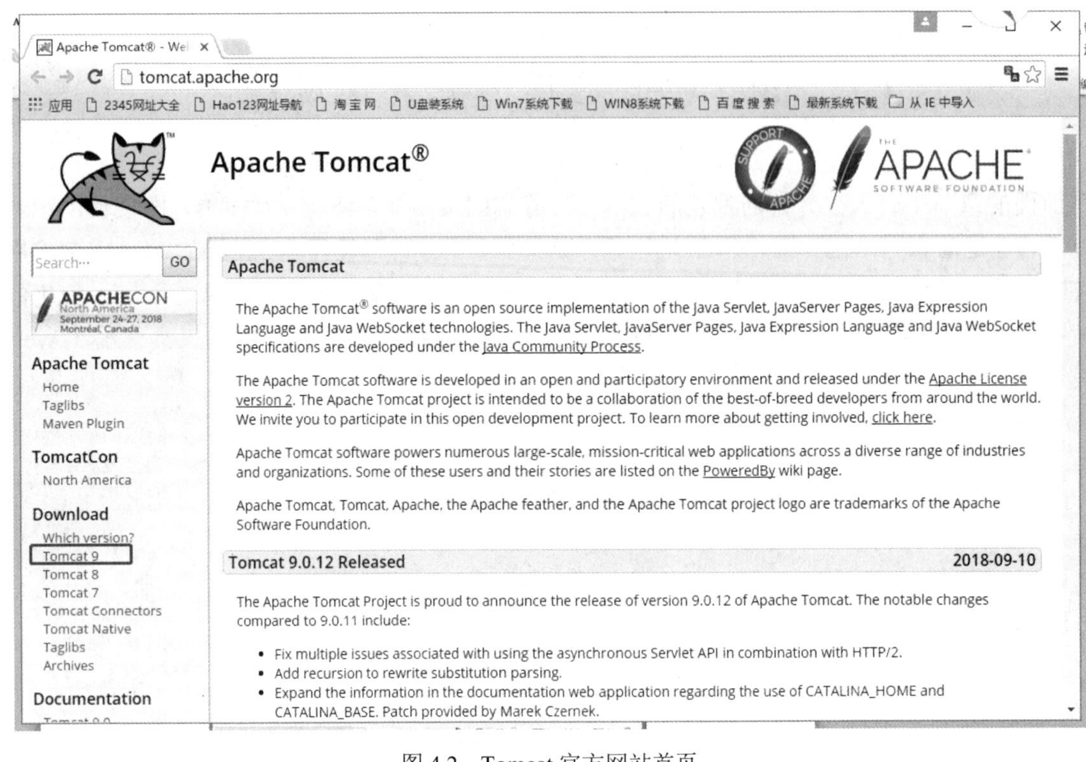

图 4.2　Tomcat 官方网站首页

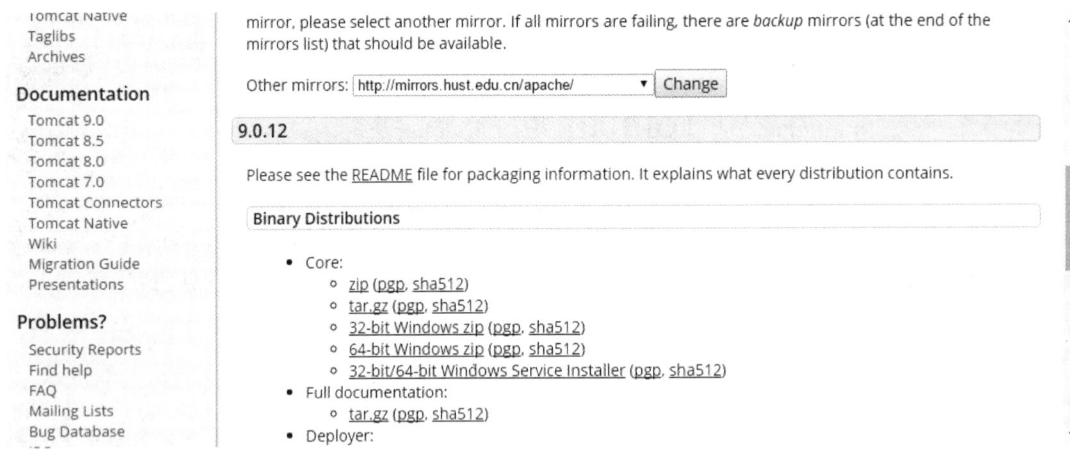

图 4.3　Tomcat 9 的下载页面

说明

下载完成之后，是一个 zip 格式的压缩包，将其解压缩即可使用，并不需要进行安装。

4.2.2　Tomcat 的目录结构

Tomcat 服务器文件压缩成功后，将会出现 7 个文件夹，Tomcat 目录下的文件结构如图 4.4 所示。

名称	修改日期	类型	大小
backup	2018/9/12 10:31	文件夹	
bin	2018/8/11 20:48	文件夹	
conf	2018/9/12 10:32	文件夹	
lib	2018/8/11 20:48	文件夹	
logs	2018/9/17 10:43	文件夹	
temp	2018/9/17 11:24	文件夹	
webapps	2018/8/11 20:48	文件夹	
work	2018/9/12 10:32	文件夹	
wtpwebapps	2018/9/17 10:43	文件夹	

图 4.4　Tomcat 目录下的文件结构

4.2.3　修改 Tomcat 的默认端口

Tomcat 默认的服务端口为 8080，但该端口不是 Tomcat 唯一的端口，可以在安装过程中进行修改，如果在安装过程中没有修改，还可以通过修改 Tomcat 的配置文件进行修改。下面将介绍通过修改 Tomcat 的配置文件修改其默认端口的步骤。

（1）采用记事本打开 Tomcat 安装目录下的 conf 文件夹下的 servlet.xml 文件。

（2）在 servlet.xml 文件中找到以下代码：

```
<Connector port="8080" protocol="HTTP/1.1"
           connectionTimeout="20000"
           redirectPort="8443" />
```

（3）将上面代码中的 port="8080"修改为 port="8081"，即可将 Tomcat 的默认端口设置为 8081。

说明

在修改端口时，应避免与公用端口冲突。建议采用默认的 8080 端口，不要修改，除非 8080 端口被其他程序占用。

（4）修改成功后，为了使新设置的端口生效，还需要重新启动 Tomcat 服务器。

4.2.4　部署 Web 应用

将开发完成的 Java Web 应用程序部署到 Tomcat 服务器上，可以通过以下两种方法实现。

1．通过复制 Web 应用到 Tomcat 中实现

通过复制 Web 应用到 Tomcat 中实现时，首先需要将 Web 应用文件夹复制到 Tomcat 安装目录下的 webapps 文件夹中，然后启动 Tomcat 服务器，再打开 IE 浏览器，最后在 IE 浏览器的地址栏中输入“http://服务器 IP:端口/应用程序名称”形式的 URL 地址（例如 http://127.0.0.1:8080/firstProject），即可运行 Java Web 应用程序。

2．通过在 server.xml 文件中配置<Context>元素实现

通过在 server.xml 文件中配置<Context>元素实现时，首先打开 Tomcat 安装路径下的 conf 文件夹下的 server.xml 文件，然后在<Host></Host>元素中间添加<Context>元素。例如，要配置 D:\JavaWeb\文件

夹下的 Web 应用 test01 可以使用以下代码：

```
<Context path="/01" docBase="D:/JavaWeb/ test01"/>
```

最后保存修改的 server.xml 文件，并重启 Tomcat 服务器，在 IE 地址栏中输入 URL 地址 http://localhost:8080/01/访问 Web 应用 test01。

注意

在设置<Context>元素的 docBase 属性值时，路径中的反斜杠“\”应该使用斜杠“/”代替。

视频讲解

4.3 Eclipse 的下载与使用

要进行 Java Web 应用开发，选择好的开发工具非常重要，而 Eclipse 开发工具正是很多 Java 开发者的首选。对于 Java 应用程序开发来说，可以下载普通的 J2SE 版本；而对于 Java Web 程序开发者来说，需要使用 J2EE 版本的 Eclipse。Eclipse 是一款完全免费的工具。使用起来简单方便，深受广大开发者喜爱。

4.3.1 Eclipse 的下载与安装

可以从官方网站下载最新版本的 Eclipse，具体网址为 http://www.eclipse.org。下面详细地介绍 Eclipse for J2EE 版本的下载过程。

（1）在 IE 地址栏中输入“http://www.eclipse.org/”，进入 Eclipse 官方网站，如图 4.5 所示。

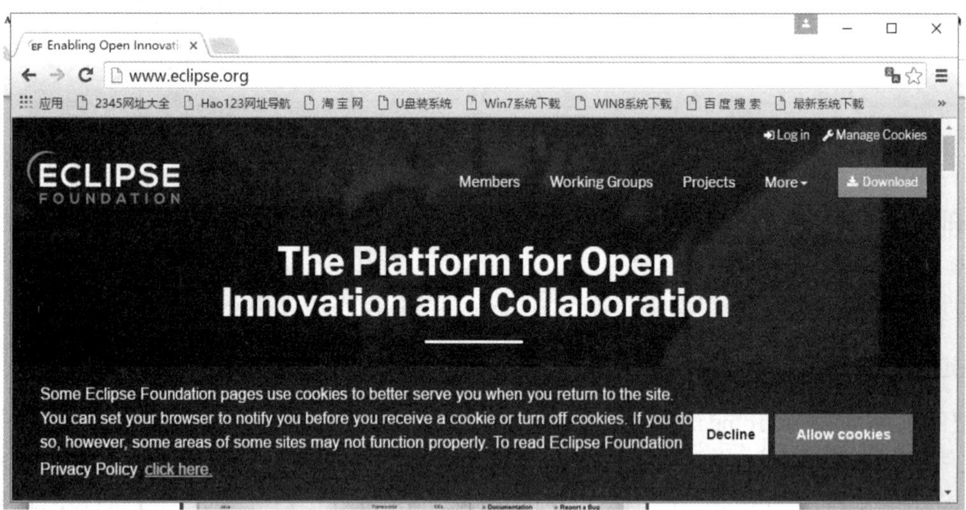

图 4.5　Eclipse 官方网站首页

（2）单击 Download 超链接，进入选择从哪个站点下载 Eclipse。

（3）在图 4.6 中单击 Select Another Mirror 可以看到图 4.7，在该页面中选择下载地址超链接。

（4）单击“China - Dalian Neusoft University of Information (大连东软信息学院)”，将打开文件下载对话框，在该对话框中单击“保存”按钮，即可将 Eclipse 的安装文件下载到本地计算机中。

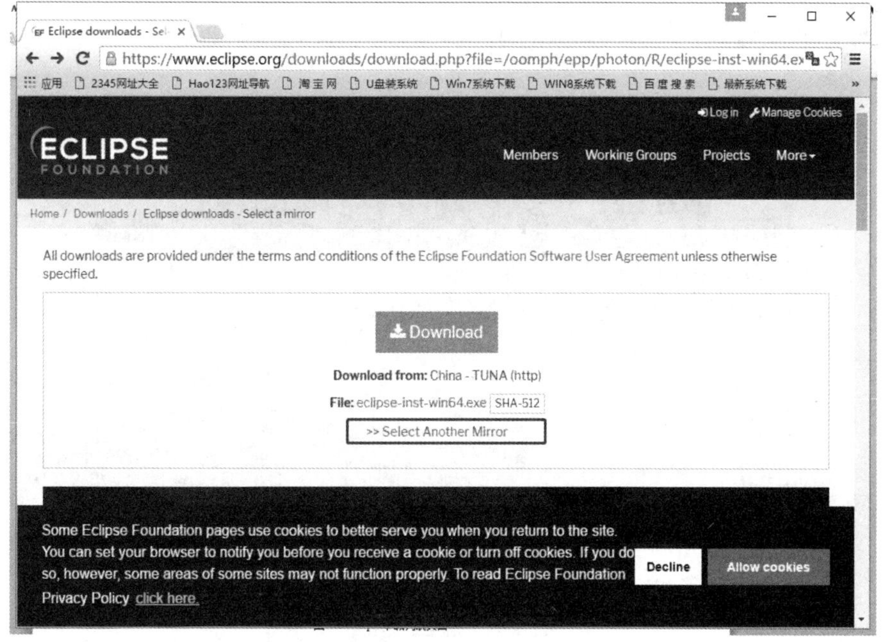

图 4.6　Eclipse 下载列表页面

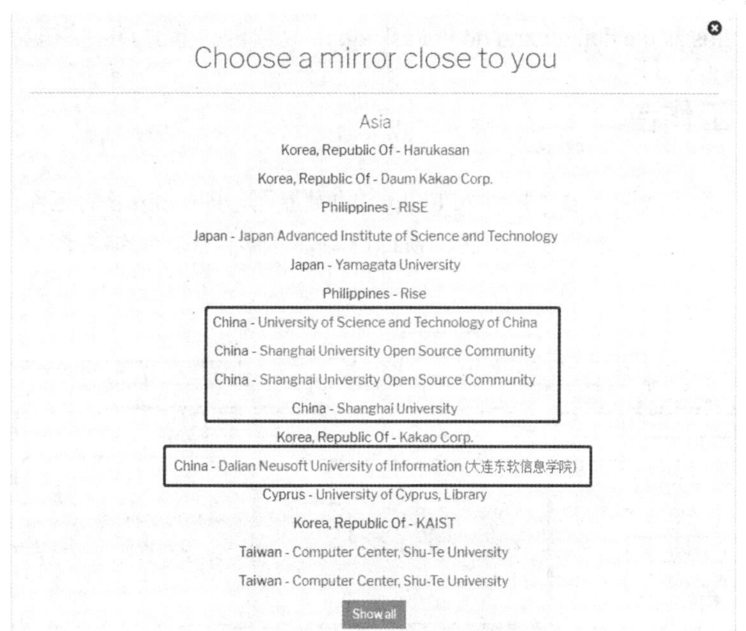

图 4.7　Eclipse IDE 的下载页面

（5）Eclipse 下载完成后，将解压后的文件放置在自己喜欢的路径下，即可完成 Eclipse 的安装。

4.3.2　启动 Eclipse

Eclipse 安装完成后，即可启动 Eclipse。双击 Eclipse 安装目录下的 eclipse.exe 文件，即可启动 Eclipse，

在初次启动 Eclipse 时，需要设置工作空间，这里将工作空间设置在 Eclipse 根目录的 workspace 目录下，如图 4.8 所示。

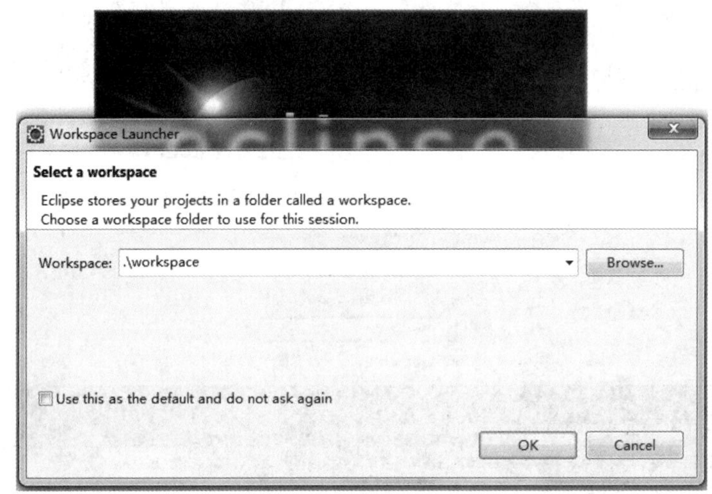

图 4.8　设置工作空间

在每次启动 Eclipse 时，都会弹出设置工作空间的对话框，如果想在以后启动时不再进行工作空间设置，可以选中 Use this as the default and do not ask again 复选框。单击 OK 按钮后，即可启动 Eclipse。

4.3.3　Eclipse 工作台

启动 Eclipse 后，关闭欢迎界面，将进入 Eclipse 的主界面，即 Eclipse 的工作台窗口。Eclipse 的工作台主要由菜单栏、工具栏、透视图工具栏、项目资源管理器视图、大纲视图、编辑器和其他视图组成，如图 4.9 所示。

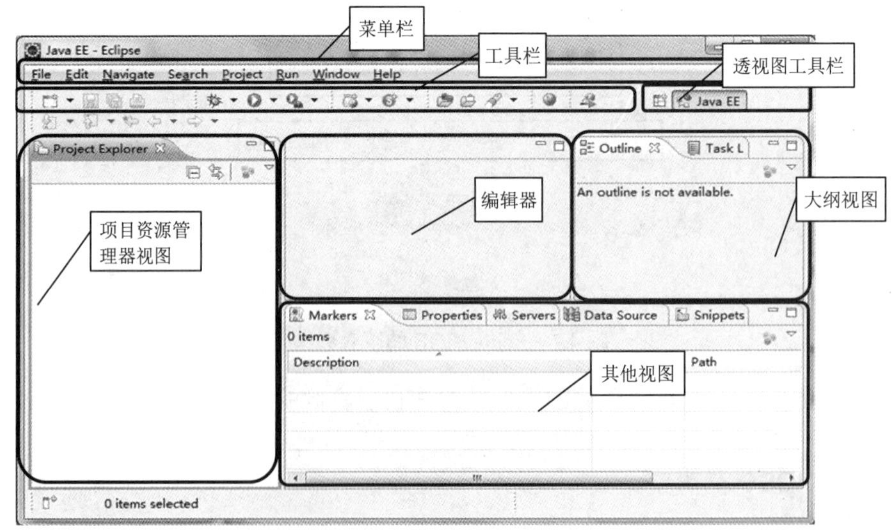

图 4.9　Eclipse 的工作台

说明

在应用 Eclipse 时，各视图的内容会有所改变，例如，打开一个 JSP 文件后，在大纲视图中将显示该 JSP 文件的节点树。

4.3.4　使用 Eclipse 开发 Web 应用

Eclipse 安装完成后，就可以在 Eclipse 中开发 Web 应用了。下面将通过一个具体的实例介绍使用 Eclipse 开发 Web 应用的具体方法。

1．创建项目

下面将介绍在 Eclipse 中创建一个项目名称为 firstProject 的项目的实现过程。

（1）启动 Eclipse，并选择一个工作空间，进入 Eclipse 的开发界面。

（2）单击工具栏中的新建按钮右侧的黑三角，在弹出的菜单中选择“Dynamic Web Project（动态 Web 项目）”命令，将打开“New Dynamic Web Project（新建动态 Web 项目）”对话框，在“Project name（项目名称）”文本框中输入项目名称，本节新建的项目名称为 frist，在 Dynamic web module version 下拉列表框中选择 3.0 选项，其他采用默认，如图 4.10 所示。

（3）单击“Next（下一步）”按钮，打开如图 4.11 所示的配置 Java 应用的对话框，这里采用默认设置。

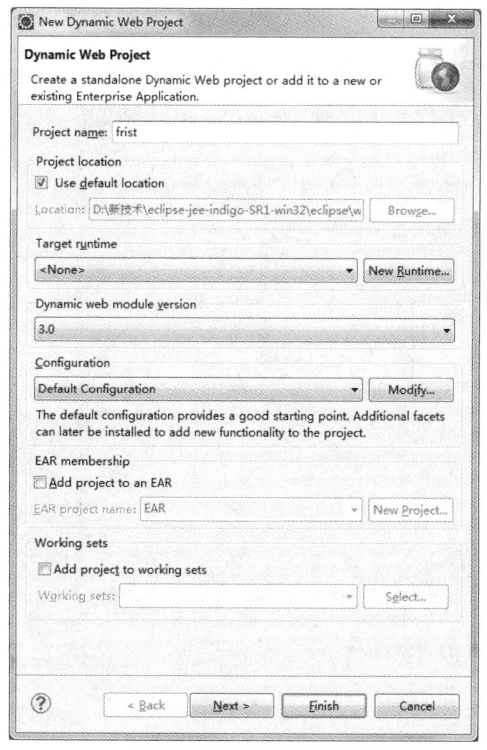

图 4.10　“New Dynamic Web Project（新建动态 Web 项目）”对话框

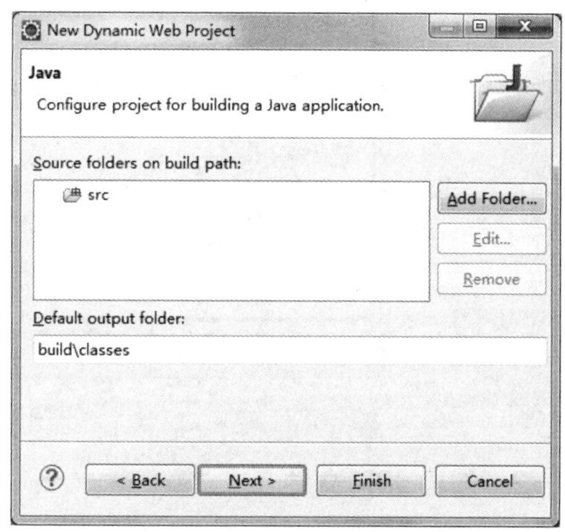

图 4.11　配置 Java 应用的对话框

（4）单击“Next（下一步）”按钮，打开“Configure web module settings（配置 web 模块设置）”界面，将 Content directory 文本框中的值修改为 WebContent，如图 4.12 所示。

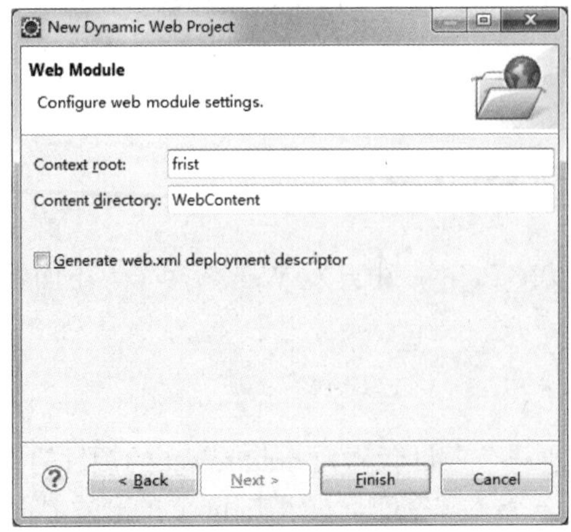

图 4.12　“Configure web module settings（配置 web 模块设置）”界面

说明

实际上，Content directory 文本框中的值采用什么并不影响程序的运行，读者也可以自行设定，当然也可以采用默认值 WebContent。

（5）单击“Finish（完成）”按钮，完成项目 frist 的创建。此时在 Eclipse 平台左侧的项目资源管理器中将显示项目 frist，依次展开各节点，可显示如图 4.13 所示的目录结构。

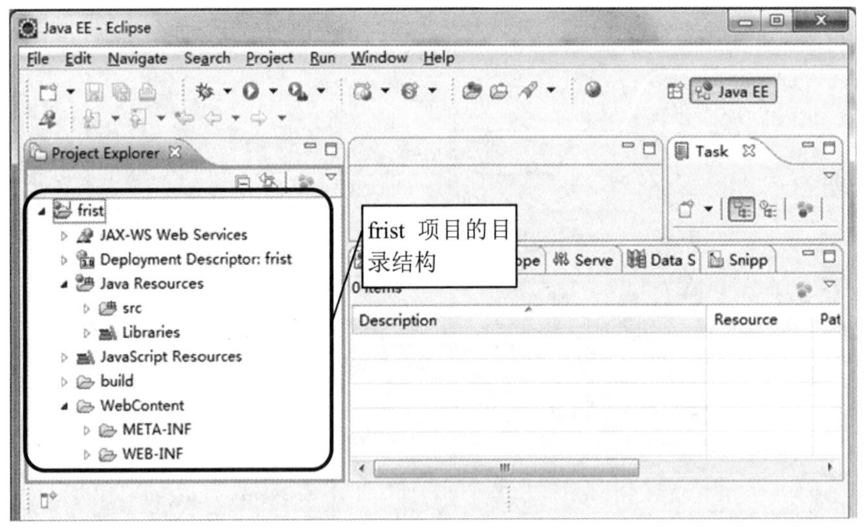

图 4.13　项目 frist 的目录结构

2．创建 JSP 文件

项目创建完成后，即可根据实际需要创建类文件、JSP 文件或是其他文件。下面将创建一个名称为

index.jsp 的 JSP 文件。

（1）在 Eclipse 的项目资源管理器中，选中 frist 节点下的 WebContent 节点并右击，在弹出的快捷菜单中选择 New JSP File 命令，打开 New JSP File 对话框，在“File name（文件名）”文本框中输入文件名“index.jsp”，其他采用默认，如图 4.14 所示。

（2）单击“Next（下一步）”按钮，将打开选择 JSP 模板的对话框，这里采用默认设置即可，如图 4.15 所示。

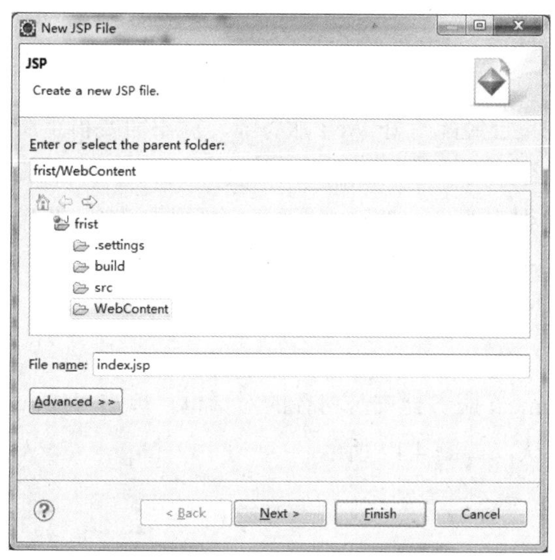

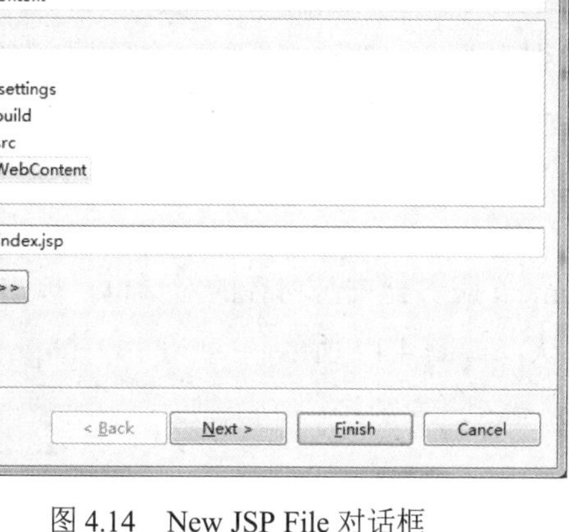

图 4.14　New JSP File 对话框

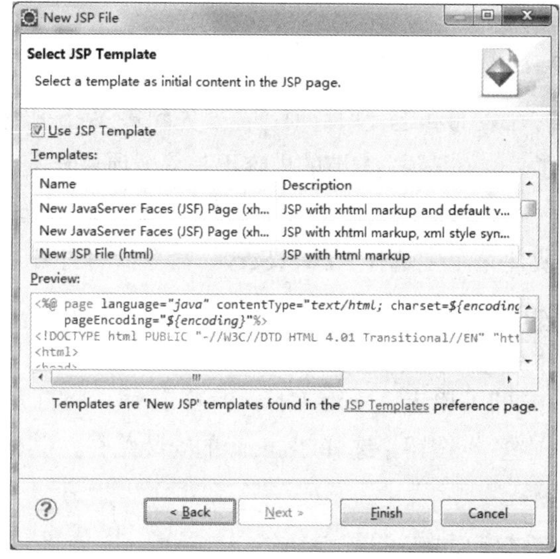

图 4.15　选择 JSP 模板对话框

（3）单击“Finish（完成）”按钮，完成 JSP 文件的创建。此时，在项目资源管理器的 WebRoot 节点下，将自动添加一个名称为 index.jsp 的节点，同时，Eclipse 会自动以默认的与 JSP 文件关联的编辑器将文件在右侧的编辑窗口中打开。

（4）将 index.jsp 文件中的默认代码修改为以下代码：

```
<%@ page language="java" contentType="text/html; charset=GB18030"
    pageEncoding="GB18030"%>
<!DOCTYPE html PUBLIC "-//W3C//DTD HTML 4.01 Transitional//EN" "http://www.w3.org/TR/html4/loose.dtd">
<html>
<head>
<meta http-equiv="Content-Type" content="text/html; charset=GB18030">
<title>第一个 Java Web 应用</title>
</head>
<body>
<center>保护环境，从自我做起...</center>
</body>
</html>
```

（5）将编辑好的 JSP 页面保存，至此，完成了一个简单的 JSP 程序的创建。

技巧

在默认情况下，系统创建的 JSP 文件采用 ISO-8859-1 编码，不支持中文。为了让 Eclipse 创建的文件支持中文，可以在首选项中将 JSP 文件的默认编码设置为 GB18030。具体的方法是：首先选择菜单栏中的“项目”→“首选项”命令，在打开的“首选项”对话框中选中左侧的 Web 节点下的 JSP 文件子节点，然后在右侧“编码”下拉列表框中选择 Chinese, National Standard 项目，最后单击“确定”按钮完成编码的设置。

3. 配置 Web 服务器

在发布和运行项目前，需要先配置 Web 服务器，如果已经配置好 Web 服务器，就不需要再重新配置了。也就是说，本节的内容不是每个项目开发时所必须经过的步骤。配置 Web 服务器的具体步骤如下：

（1）在 Eclipse 工作台的其他视图中，选中“服务器”视图，在该视图的空白区域右击，在弹出的快捷菜单中选择 New→Server 命令，将打开“New Server（新建服务器）”对话框，在该对话框中展开 Apache 节点，选中该节点下的 Tomcat v9.0 Server 子节点（当然也可以选择其他版本的服务器），其他采用默认，如图 4.16 所示。

（2）单击“Next（下一步）”按钮，将打开指定 Tomcat 服务器安装路径的对话框，单击“Browse（浏览）”按钮，选择 Tomcat 的安装路径，其他采用默认，如图 4.17 所示。

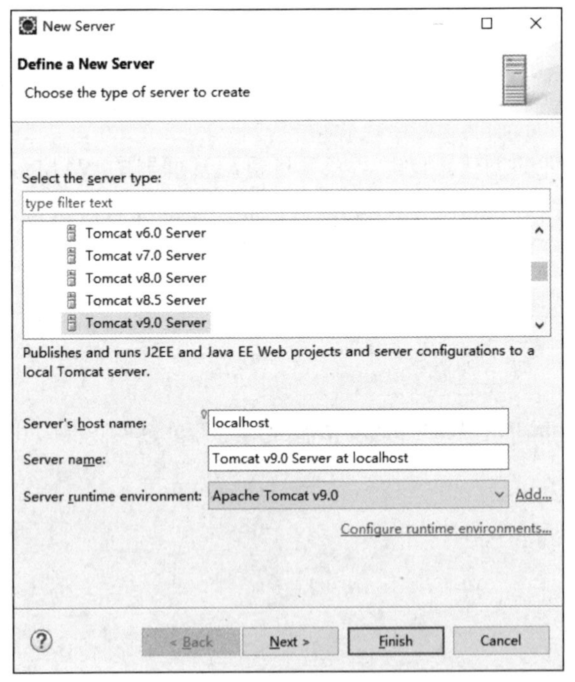

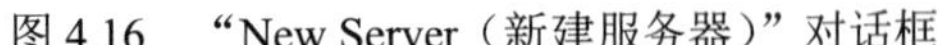
图 4.16 “New Server（新建服务器）”对话框

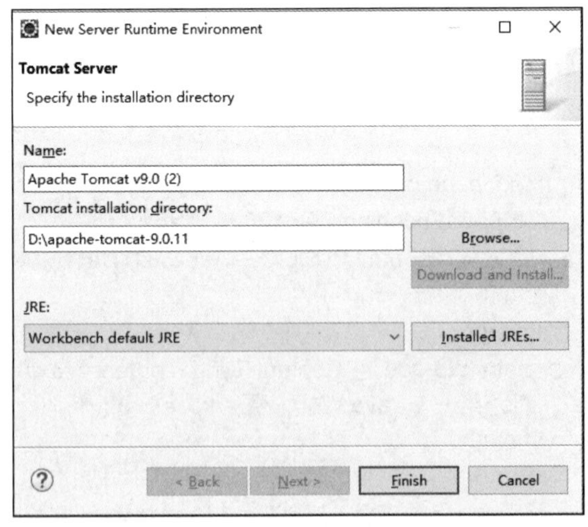

图 4.17 指定 Tomcat 服务器安装路径的对话框

（3）单击“Finish（完成）”按钮，完成 Tomcat 服务器的配置。这时在“服务器”视图中，将显示一个“Tomcat v9.0 服务器 @ localhost [已停止]”节点。这时表示 Tomcat 服务器没有启动。

在“服务器”视图中选中服务器节点，单击▶按钮，可以启动服务器。服务器启动后，单击■按钮，可以停止服务器。

4．发布项目到 Tomcat 并运行

Java Web 项目创建完成后，即可将项目发布到 Tomcat 并运行该项目。下面将介绍具体的方法。

（1）在项目资源管理器中选择项目名称节点，在工具栏上单击▶·按钮中的黑三角，在弹出的菜单中选择“Run As（运行方式）”→“Run on Server（在服务器上运行）”命令，将打开“Run On Server（在服务器上运行）”对话框，在该对话框中选中“Always use this server when running this project（将服务器设置为默认值）”复选框，其他采用默认，如图 4.18 所示。

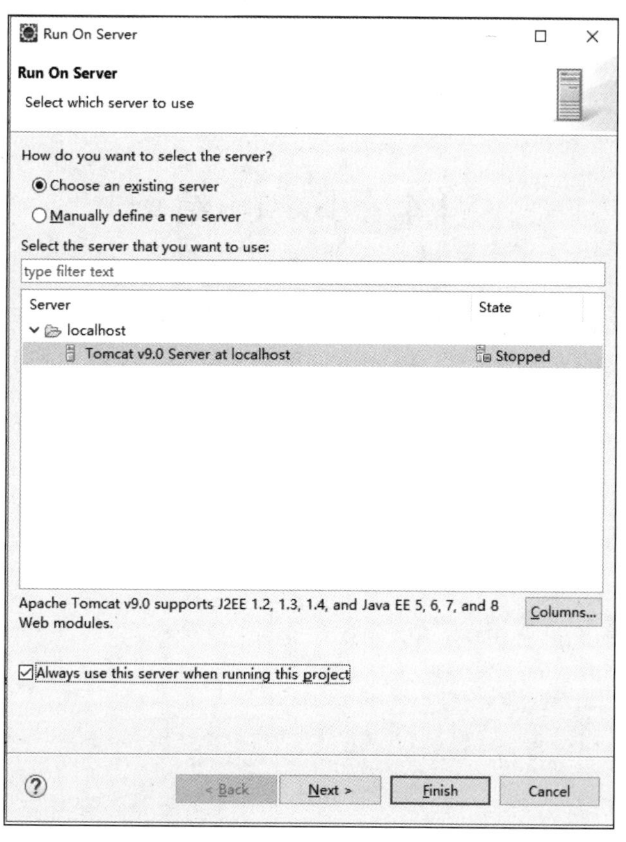

图 4.18　“Run On Server（在服务器上运行）”对话框

（2）单击“Finish（完成）”按钮，即可通过 Tomcat 运行该项目，运行后的效果如图 4.19 所示。

如果想要在 IE 浏览器中运行该项目，可以将图 4.19 中的 URL 地址复制到 IE 地址栏中，并按下 Enter 键运行即可。

图 4.19　运行 frist 项目

4.4　小　　结

本章是 Java Web 开发的前奏篇——环境搭建。首先介绍了 Java Web 应用所需的开发环境，之后详细地介绍了 Tomcat 服务器的安装与配置、Eclipse 的下载与使用等内容，并通过一个具体的实例介绍使用 Eclipse 开发 Web 应用的具体过程。

4.5　实践与练习

在 Tomcat 中手动部署 Web 应用。

第2篇

JSP 语言基础

本篇通过讲解 JSP 基本语法、JSP 内置对象、JavaBean 技术、Servlet 技术、过滤器和监听器等内容，并结合大量的图示、实例、视频等，使读者快速掌握 JSP 语言基础。学习完本篇，读者将对 JSP 程序开发有一个更深入的了解。

第 5 章

JSP 基本语法

（视频讲解：29 分钟）

在进行 Java Web 应用开发时，JSP 是必不可少的。因此在学习 Java Web 应用开发时，还必须掌握 JSP 的语法。本章将向读者介绍 JSP 语法中的 JSP 页面的基本构成、指令标识、脚本标识、注释以及动作标识等内容。

通过阅读本章，您可以：

- 了解 JSP 页面的构成
- 了解指令标签
- 了解脚本标签
- 掌握 JSP 注释
- 掌握 JSP 几种动作标识的应用

5.1　了解 JSP 页面

JSP 页面是指扩展名为.jsp 的文件。在前面的学习中，虽然已经创建过 JSP 文件，但是，并未对 JSP 文件的页面构成进行详细介绍。下面将详细介绍 JSP 页面的基本构成。

在一个 JSP 页面中，可以包括指令标识、HTML 代码、JavaScript 代码、嵌入的 Java 代码、注释和 JSP 动作标识等内容。但这些内容并不是一个 JSP 页面所必需的。下面将通过一个简单的 JSP 页面说明 JSP 页面的构成。

【例 5.1】　编写一个 JSP 页面，名称为 index.jsp，在该页面中显示当前时间。（**实例位置：资源包\TM\sl\5\1**）

```
<%@ page language="java" contentType="text/html; charset=GB18030"
      pageEncoding="GB18030"%>
<%@ page import="java.util.Date"%>
<%@ page import="java.text.SimpleDateFormat"%>
<html>
<head>
<meta http-equiv="Content-Type" content="text/html; charset=GB18030">
<title>一个简单的 JSP 页面——显示系统时间</title>
</head>
<body>
<%
      Date date = new Date();                                              //获取日期对象
      SimpleDateFormat df = new SimpleDateFormat("yyyy-MM-dd HH:mm:ss");   //设置日期时间格式
      String today = df.format(date);                                      //获取当前系统日期
%>

当前时间：<%=today%>                                                        //输出系统时间
</body>
</html>
```

运行本实例，结果如图 5.1 所示。

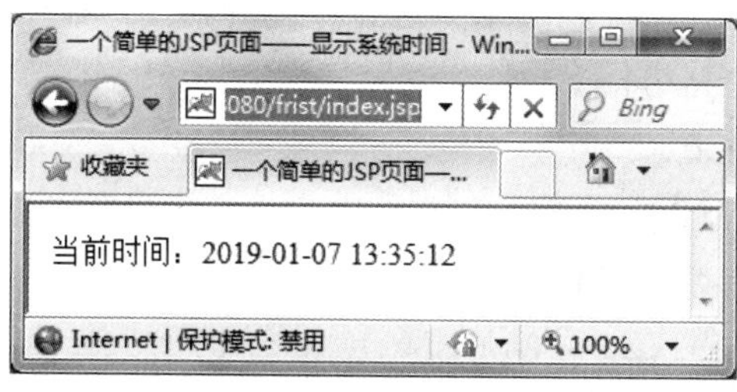

图 5.1　在页面中显示当前时间

下面来分析例 5.1 中的 JSP 页面。在该页面中包含了指令标识、HTML 代码、嵌入的 Java 代码和注释等内容，如图 5.2 所示。

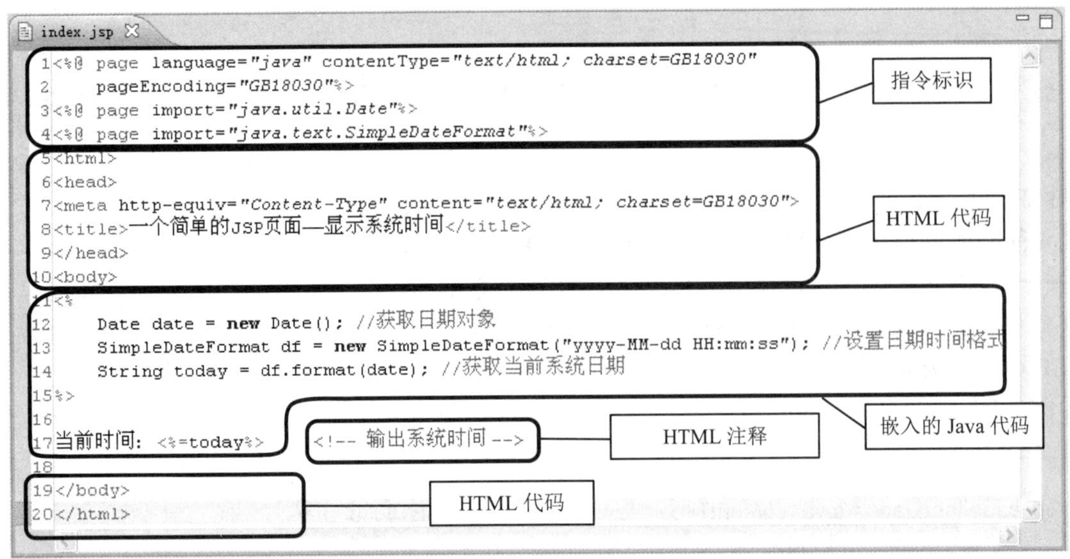

```
<%@ page language="java" contentType="text/html; charset=GB18030"
    pageEncoding="GB18030"%>
<%@ page import="java.util.Date"%>
<%@ page import="java.text.SimpleDateFormat"%>
<html>
<head>
<meta http-equiv="Content-Type" content="text/html; charset=GB18030">
<title>一个简单的JSP页面——显示系统时间</title>
</head>
<body>
<%
    Date date = new Date(); //获取日期对象
    SimpleDateFormat df = new SimpleDateFormat("yyyy-MM-dd HH:mm:ss"); //设置日期时间格式
    String today = df.format(date); //获取当前系统日期
%>

当前时间：<%=today%> <!-- 输出系统时间 -->

</body>
</html>
```


图 5.2　一个简单的 JSP 页面

5.2　指 令 标 识

指令标识主要用于设定整个 JSP 页面范围内都有效的相关信息，它是被服务器解释并执行的，不会产生任何内容输出到网页中。也就是说，指令标识对于客户端浏览器是不可见的。JSP 页面的指令标识与我们的身份证类似，虽然公民身份证可以标识公民的身份，但是它并没有对所有见到过我们的人公开。

JSP 指令标识的语法格式如下：

```
<%@ 指令名 属性 1="属性值 1" 属性 2="属性值 2"……%>
```

参数说明：

☑ 指令名：用于指定指令名称，在 JSP 中包含 page、include 和 taglib 3 条指令。

☑ 属性：用于指定属性名称，不同的指令包含不同的属性。在一个指令中，可以设置多个属性，各属性之间用逗号或空格分隔。

☑ 属性值：用于指定属性值。

例如，在应用 Eclipse 创建 JSP 文件时，在文件的最顶端会默认添加一条指令，用于指定 JSP 所使用的语言、编码方式等。这条指令的具体代码如下：

```
<%@ page language="java" contentType="text/html; charset=GB18030" pageEncoding="GB18030"%>
```

注意

指令标识的<%@和%>是完整的标记，不能添加空格，但是标签中定义的属性与指令名之间是有空格的。

5.2.1　page 指令

page 是 JSP 页面最常用的指令，用于定义整个 JSP 页面的相关属性，这些属性在 JSP 被服务器解析成 Servlet 时会转换为相应的 Java 程序代码。page 指令的语法格式如下：

```
<%@ page attr1="value1" attr2="value2" ……%>
```

page 指令包含的属性有 15 个，下面对一些常用的属性进行介绍。

1．language 属性

该属性用于设置 JSP 页面使用的语言，目前只支持 Java 语言，以后可能会支持其他语言，如 C++、C#等。该属性的默认值为 Java。

【例 5.2】　设置 JSP 页面语言属性，代码如下：

```
<%@ page language="java" %>
```

2．extends 属性

该属性用于设置 JSP 页面继承的 Java 类，所有 JSP 页面在执行之前都会被服务器解析成 Servlet，而 Servlet 是由 Java 类定义的，所以 JSP 和 Servlet 都可以继承指定的父类。该属性并不常用，而且有可能影响服务器的性能优化。

3．import 属性

该属性用于设置 JSP 导入的类包。JSP 页面可以嵌入 Java 代码片段，这些 Java 代码在调用 API 时需要导入相应的类包。

【例 5.3】　在 JSP 页面中导入类包，代码如下：

```
<%@ page import="java.util.*" %>
```

4．pageEccoding 属性

该属性用于定义 JSP 页面的编码格式，也就是指定文件编码。JSP 页面中的所有代码都使用该属性指定的字符集，如果该属性值设置为 ISO-8859-1，那么这个 JSP 页面就不支持中文字符。通常设置编码格式为 GBK，因为它可以显示简体中文和繁体中文，而 MyEclipse 默认支持最新的 GB18030 编码格式，并未提供 GBK 编码选项。

【例 5.4】　设置 JSP 页面编码格式，代码如下：

```
<%@ page pageEncoding="GB18030"%>
```

5．contentType 属性

该属性用于设置 JSP 页面的 MIME 类型和字符编码，浏览器会据此显示网页内容。

【例 5.5】　设置 JSP 页面的 MIME 类型和字符编码，代码如下：

```
<%@ page contentType="text/html; charset=UTF-8"%>
```

注意

JSP 页面的默认编码格式为 ISO-8859-1，该编码格式是不支持中文的，要想让页面支持中文需要将页面的编码格式设置成 UTF-8 或者是 GBK 的形式。

6. session 属性

该属性指定 JSP 页面是否使用 HTTP 的 session 会话对象。其属性值是 boolean 类型，可选值为 true 和 false。默认值为 true，表示可以使用 session 会话对象；如果设置为 false，则当前 JSP 页面将无法使用 session 会话对象。

【例 5.6】 设置 JSP 页面是否使用 HTTP 的 session 会话对象，代码如下：

```
<%@ page session="false"%>
```

上述代码设置 JSP 页面不使用 session 对象，任何对 session 对象的引用都会发生错误。

说明

session 是 JSP 的内置对象之一，在后面的章节中将会介绍。

7. buffer 属性

该属性用于设置 JSP 的 out 输出对象使用的缓冲区大小，默认大小为 8KB，且单位只能使用 KB。建议程序开发人员使用 8 的倍数 16、32、64、128 等作为该属性的属性值。

【例 5.7】 设置 JSP 的 out 输出对象使用的缓冲区大小，代码如下：

```
<%@ page buffer="128kb"%>
```

说明

out 对象是 JSP 的内置对象之一，在后面的章节中将会介绍。

8. autoFlush 属性

该属性用于设置 JSP 页面缓存满时，是否自动刷新缓存。默认值为 true；如果设置为 false，则缓存被填满时将抛出异常。

【例 5.8】 设置 JSP 页面不自动刷新缓存，代码如下：

```
<%@ page autoFlush="false"%>
```

上述代码取消了页面缓存的自动刷新。

9. isErrorPage 属性

通过该属性可以将当前 JSP 页面设置成错误处理页面来处理另一个 JSP 页面的错误，也就是异常处理。这意味着当前 JSP 页面业务的改变。

【例 5.9】 将当前 JSP 页面设置成错误处理页面，代码如下：

```
<%@ page isErrorPage = "true"%>
```

10. errorPage 属性

该属性用于指定处理当前 JSP 页面异常错误的另一个 JSP 页面，指定的 JSP 错误处理页面必须设置 isErrorPage 属性为 true。errorPage 属性的属性值是一个 url 字符串。

【例 5.10】　设置处理 JSP 页面异常错误的页面，代码如下：

```
<%@ page errorPage="error/loginErrorPage.jsp"%>
```

注意

如果设置该属性，那么在 web.xml 文件中定义的任何错误页面都将被忽略，而优先使用该属性定义的错误处理页面。

5.2.2　include 指令

文件包含指令 include 是 JSP 的另一条指令标识。通过该指令可以在一个 JSP 页面中包含另一个 JSP 页面。不过该指令是静态包含，也就是说被包含文件中所有内容会被原样包含到该 JSP 页面中，即使被包含文件中有 JSP 代码，在包含时也不会被编译执行。使用 include 指令，最终将生成一个文件，所以在被包含和包含的文件中，不能有相同名称的变量。include 指令包含文件的过程如图 5.3 所示。

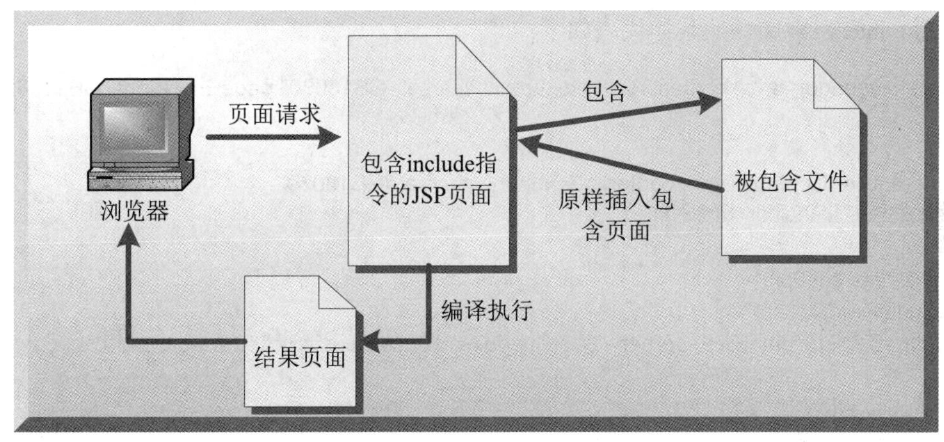

图 5.3　include 指令包含文件的过程

include 指令的语法格式如下：

```
<%@ include file="path"%>
```

该指令只有一个 file 属性，用于指定要包含文件的路径。该路径可以是相对路径，也可以是绝对路径。但是不可以是通过<%=%>表达式所代表的文件。

说明

使用 include 指令包含文件可以大大提高代码的重用性，而且也便于以后的维护和升级。

【例 5.11】 应用 include 指令包含网站 Banner 和版权信息栏。（**实例位置：资源包\TM\sl\5\2**）

（1）编写一个名称为 top.jsp 的文件，用于放置网站的 Banner 信息和导航条。这里将 Banner 信息和导航栏设计为一张图片。这样完成 top.jsp 文件，只需要在该页面通过<img>标记引入图片即可。top.jsp 文件的代码如下：

```
<%@ page pageEncoding="GB18030"%>
<img src="images/banner.JPG">
```

（2）编写一个名称为 copyright.jsp 的文件，用于放置网站的版权信息。copyright.jsp 文件的具体代码如下：

```
<%@ page pageEncoding="GB18030"%>
<%
String copyright=" All Copyright &copy; 2009 吉林省明日科技有限公司";
%>
<table width="778" height="61" border="0" cellpadding="0"
cellspacing="0" background="images/copyright.JPG">
  <tr>
    <td> <%= copyright %></td>
  </tr>
</table>
```

（3）创建一个名称为 index.jsp 的文件，在该页面中包括 top.jsp 和 copyright.jsp 文件，从而实现一个完整的页面。index.jsp 文件的具体代码如下：

```
<%@ page language="java" contentType="text/html; charset=GB18030" pageEncoding="GB18030"%>
<html>
<head>
<meta http-equiv="Content-Type" content="text/html; charset=GB18030">
<title>使用文件包含 include 指令</title>
</head>
<body style="margin:0px;">
<%@ include file="top.jsp"%>
<table width="781" height="279" border="0" cellpadding="0" cellspacing="0" background="images/center.JPG">
  <tr>
    <td> </td>
  </tr>
</table>
<%@ include file="copyright.jsp"%>
</body>
</html>
```

运行程序，将显示如图 5.4 所示的效果。

技巧

在应用 include 指令进行文件包含时，为了使整个页面的层次结构不发生冲突，建议在被包含页面中将<html>、<body>等标记删除。因为在包含该页面的文件中已经指定这些标记。

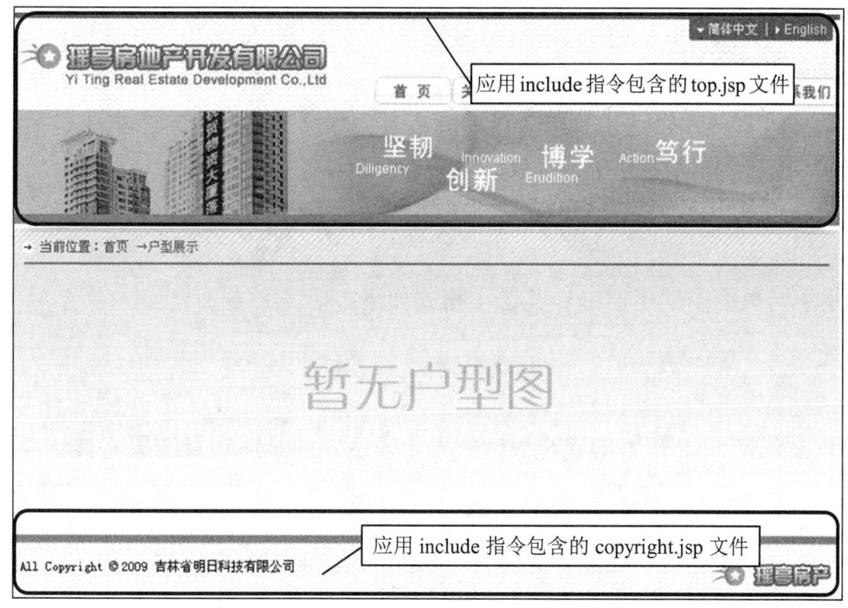

图 5.4　包含版权信息页

5.2.3　taglib 指令

在 JSP 文件中，可以通过 taglib 指令标识声明该页面中所使用的标签库，同时引用标签库，并指定标签的前缀。在页面中引用标签库后，就可以通过前缀来引用标签库中的标签。taglib 指令的语法格式如下：

```
<%@ taglib prefix="tagPrefix" uri="tagURI" %>
```

参数说明：

☑　prefix：用于指定标签的前缀。该前缀不能命名为 jsp、jspx、java、javax、sun、servlet 和 sunw。

☑　uri：用于指定标签库文件的存放位置。

【例 5.12】　在页面中引用 JSTL 中的核心标签库。示例代码如下：

```
<%@ taglib prefix="c" uri="http://java.sun.com/jsp/jstl/core" %>
```

说明

关于引用 JSTL 中的核心标签库，以及使用 JSTL 核心标签库中的标签的相关内容，请参见第 12 章，这里不进行详细介绍。

5.3　脚 本 标 识

视频讲解

在 JSP 页面中，脚本标识使用得最为频繁。因为它们能够很方便、灵活地生成页面中的动态内容，特别是 Scriptlet 脚本程序。JSP 中的脚本标识包括 3 部分，即 JSP 表达式（Expression）、声明标识（Declaration）和脚本程序（Scriptlet）。通过这些标识，在 JSP 页面中可以像编写 Java 程序一样来声明变量、定义函数或进行各种表达式的运算。下面将对这些标识进行详细介绍。

5.3.1 JSP 表达式

JSP 表达式用于向页面中输出信息，其语法格式如下：

```
<%= 表达式%>
```

参数说明：

表达式：可以是任何 Java 语言的完整表达式。该表达式的最终运算结果将被转换为字符串。

注意

<%与=之间不可以有空格，但是=与其后面的表达式之间可以有空格。

【例 5.13】 使用 JSP 表达式在页面中输出信息。示例代码如下：

```
<%String manager="mr"; %>                    //定义保存管理员名的变量
管理员：<%=manager %>                        //输出结果为：管理员：mr
<%="管理员："+manager %>                     //输出结果为：管理员：mr
<%= 5+6 %>                                   //输出结果为：11
<%String url="126875.jpg"; %>                //定义保存文件名称的变量
<img src="images/<%=url %>">                 //输出结果为：<img src="images/126875.jpg">
```

说明

JSP 表达式不仅可以插入网页的文本中，用于输出文本内容，也可以插入 HTML 标记中，用于动态设置属性值。

5.3.2 声明标识

声明标识用于在 JSP 页面中定义全局的变量或方法。通过声明标识定义的变量和方法可以被整个 JSP 页面访问，所以通常使用该标识定义整个 JSP 页面需要引用的变量或方法。

说明

服务器执行 JSP 页面时，会将 JSP 页面转换为 Servlet 类，在该类中会把使用 JSP 声明标识定义的变量和方法转换为类的成员变量和方法。

声明标识的语法格式如下：

```
<%! 声明变量或方法的代码 %>
```

注意

<%与!之间不可以有空格，但是!与其后面的代码之间可以有空格。另外，<%!与%>可以不在同一行，例如，下面的格式也是正确的。

```
<%!
    声明变量或方法的代码
 %>
```

【例 5.14】　通过声明标识声明一个全局变量和全局方法。

```
<%!
    int number = 0;                          //声明全局变量
    int count() {                            //声明全局方法
        number++;                            //累加 number
        return number;                       //返回 number 的值
    }
%>
```

通过上面的代码声明全局变量和全局方法后，在后面如果通过<%=count()%>调用全局方法，则每次刷新页面，都会输出前一次值+1 的值。

5.3.3　代码片段

所谓代码片段就是在 JSP 页面中嵌入的 Java 代码或是脚本代码。代码片段将在页面请求的处理期间被执行，通过 Java 代码可以定义变量或是流程控制语句等；而通过脚本代码可以应用 JSP 的内置对象在页面输出内容、处理请求和响应、访问 session 会话等。代码片段的语法格式如下：

```
<% Java 代码或是脚本代码 %>
```

代码片段的使用比较灵活，它所实现的功能是 JSP 表达式无法实现的。

说明

代码片段与声明标识的区别是，通过声明标识创建的变量和方法，在当前 JSP 页面中有效，它的生命周期是从创建开始到服务器关闭结束；而代码片段创建的变量或方法，也是在当前 JSP 页面中有效，但它的生命周期是页面关闭后，就会被销毁。

【例 5.15】　通过代码片段和 JSP 表达式在 JSP 页面中输出九九乘法表。（**实例位置：资源包\TM\sl\5\3**）

编写一个名称为 index.jsp 的文件，在该页面中，先通过代码片段将输出九九乘法表的文本连接成一个字符串，然后通过 JSP 表达式输出该字符串。index.jsp 文件的代码如下：

```
<body>
<%
    String str = "";                         //声明保存九九乘法表的字符串变量
    //连接生成九九乘法表的字符串
```

```
    for(int i = 1; i <= 9; i++) {                    //外循环
        for(int j = 1; j <= i; j++) {                //内循环
            str += j + "*" + i + "=" + j * i;
            str += " ";                         //加入空格符
        }
        str += "<br>";                               //加入换行符
    }
%>
<table width="440" height="85" border="1" cellpadding="0" cellspacing="0" style="font:9pt;"
bordercolordark="#666666" bordercolorlight="#FFFFFF" bordercolor="#FFFFFF">
  <tr>
    <td height="30" align="center">九九乘法表</td>
  </tr>
  <tr>
    <td style="padding:3pt">
        <%=str%>                                     //输出九九乘法表
     </td>
  </tr>
</table>
</body>
```

运行程序，将显示如图 5.5 所示的结果。

九九乘法表
1*1=1 1*2=2 2*2=4 1*3=3 2*3=6 3*3=9 1*4=4 2*4=8 3*4=12 4*4=16 1*5=5 2*5=10 3*5=15 4*5=20 5*5=25 1*6=6 2*6=12 3*6=18 4*6=24 5*6=30 6*6=36 1*7=7 2*7=14 3*7=21 4*7=28 5*7=35 6*7=42 7*7=49 1*8=8 2*8=16 3*8=24 4*8=32 5*8=40 6*8=48 7*8=56 8*8=64 1*9=9 2*9=18 3*9=27 4*9=36 5*9=45 6*9=54 7*9=63 8*9=72 9*9=81

图 5.5　在页面中输出九九乘法表

5.4　JSP 注释

由于 JSP 页面由 HTML、JSP、Java 脚本等组成，所以在其中可以使用多种注释格式，本节将对这些注释的语法进行讲解。

5.4.1　HTML 中的注释

HTML 语言的注释不会被显示在网页中，但是在浏览器中选择查看网页源代码时，还是能够看到注释信息的。其语法格式如下：

```
//注释文本
```

【例 5.16】 在 HTML 中添加注释。

```
//显示数据报表的表格
<table>
    ...
</table>
```

上述代码为 HTML 的一个表格添加了注释信息，其他程序开发人员可以直接从注释中了解表格的用途，无须重新分析代码。在浏览器中查看网页代码时，上述代码将完整地被显示，包括注释信息。

5.4.2 带有 JSP 表达式的注释

在 JSP 页面中可以嵌入代码片段，在代码片段中也可加入注释。在代码片段中加入的注释同 Java 的注释相同，同样也包括以下 3 种情况。

1. 单行注释

单行注释以“//”开头，后面接注释内容，其语法格式如下：

```
//注释内容
```

【例 5.17】 在代码片段中加入单行注释的几种情况。

```
<%
    String username = "";              //定义一个保存用户名的变量
    //根据用户名是否为空输出不同的信息
    if("".equals(username)) {
        System.out.println("用户名为空");
    } else {
        //System.out.println("您好！" + username);
    }
%>
```

在上面的代码中，通过单行注释可以让语句“System.out.println("您好！" + username);”不执行。

2. 多行注释

多行注释以“/*”开头，以“*/”结束。在这个标识中间的内容为注释内容，并且注释内容可以换行。其语法格式如下：

```
/*
  注释内容 1
  注释内容 2
  ...
 */
```

为了程序代码的美观，习惯上在每行注释内容的前面加上一个“*”号，构成以下的注释格式：

```
/*
 * 注释内容 1
```

```
 * 注释内容 2
 * ...
 */
```

【例 5.18】 在代码片段中添加多行注释的代码如下：

```
<%
/*
* function：显示用户信息
* author:wgh
* time:2009-10-21
*/
%>
用户名：无语<br>
部  门：Java Web 部门 <br>
权  限：系统管理员
```

说明

服务器不会对“/*”与“*/”之间的所有内容进行任何处理，包括 JSP 表达式或其他的脚本程序。并且多行注释的开始标记和结束标记可以不在同一个脚本程序中同时出现。

3．提示文档注释

提示文档注释会被 Javadoc 文档工具生成文档时读取，文档是对代码结构和功能的描述。其语法格式如下：

```
/**
   提示信息 1
   提示信息 2
   ...
*/
```

同多行注释一样，为了程序代码的美观，也可以在每行注释内容的前面加上一个“*”号，构成以下的注释格式：

```
/**
  * 提示信息 1
  * 提示信息 2
  * ...
*/
```

说明

提示文档注释方法与多行注释很相似，但细心的读者会发现它是以“/**”符号作为注释的开始标记，而不是“/*”。与多行注释一样，被“/**”和“/*”符号注释的所有内容，服务器都不会做任何处理。

提示文档注释也可以应用到声明标识中，例如，下面的示例就是在 JSP 中添加文档注释。

【例 5.19】　在代码片段中添加多行注释的代码如下：

```
<%!
int number=0;
/**
* function：计数器
* return:访问次数
*/
int count(){
    number++;
    return number;
}
%>
<%=count() %>
```

在 Eclipse 中，将鼠标移动到 count()方法上时，将显示如图 5.6 所示的提示信息。

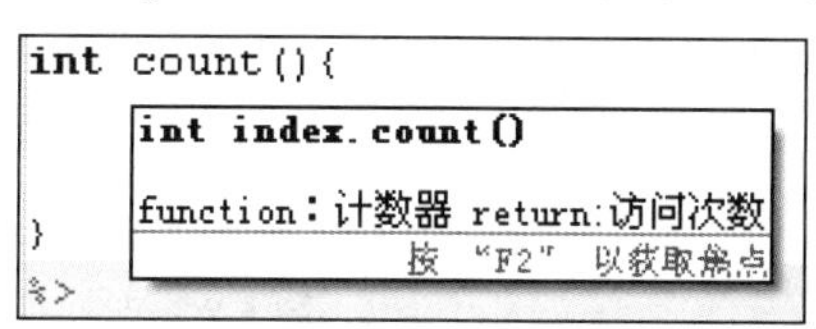

图 5.6　显示的提示信息

5.4.3　隐藏注释

通过在文档中添加的 HTML 注释虽然在浏览器中不显示，但是可以通过查看源代码看到这些注释信息。所以严格来说，这种注释是不安全的。不过 JSP 还提供了一种隐藏注释，这种注释不仅在浏览器中看不到，而且在查看 HTML 源代码时也看不到，所以这种注释的安全性比较高。

隐藏注释的语法格式如下：

```
<%-- 注释内容 --%>
```

【例 5.20】　在 JSP 页面中添加隐藏注释。（**实例位置：资源包\TM\sl\5\4**）

编写一个名称为 index.jsp 的文件，在该页面中，首先定义一个 HTML 注释，内容为“显示用户信息”，然后再定义由注释文本和 JSP 表达式组成的 HTML 注释语句，最后再添加文本，用于显示用户信息。index.jsp 文件的代码如下：

```
<html>
<head>
<meta http-equiv="Content-Type" content="text/html; charset=utf-8">
<title>隐藏注释的应用</title>
</head>
<body>
<%-- 显示用户信息开始 --%>
用户名：无语<br>
```

```
部  门：Java Web 部门 <br>
权  限：系统管理员
<%-- 显示用户信息结束 --%>
</body>
</html>
```

运行程序，将显示如图 5.7 所示的结果。

页面运行后，选择“查看”→“源文件”命令，将打开如图 5.8 所示的 HTML 源文件。在该文件中，将无法看到添加的注释内容。

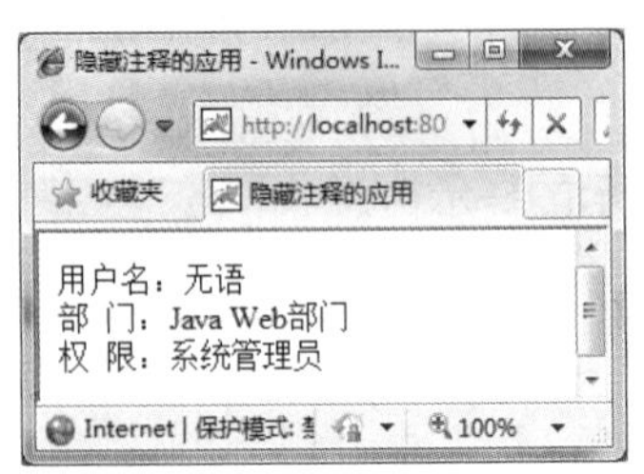

图 5.7 页面运行结果

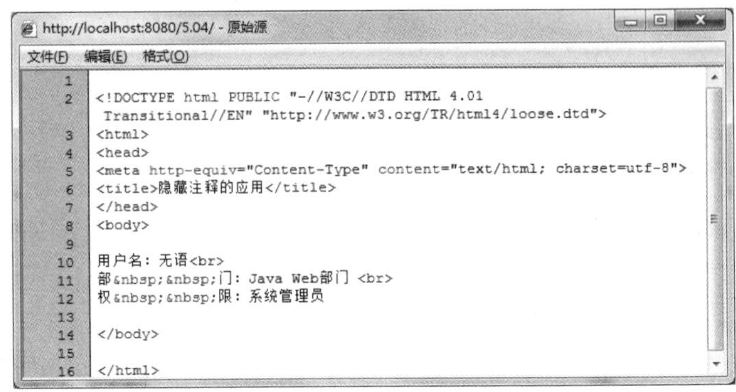

图 5.8 查看 HTML 源代码的效果

说明

JSP 编译时会忽略隐藏注释，所以即使隐藏注释中存在语法错误，也不影响程序的运行。

5.4.4 动态注释

由于 HTML 注释对 JSP 嵌入的代码不起作用，因此可以利用它们的组合构成动态的 HTML 注释文本。

【例 5.21】 在 JSP 页面中添加动态注释。示例代码如下：

```
<!-- <%=new Date()%> -->
```

上述代码将当前日期和时间作为 HTML 注释文本。

视频讲解

5.5 动 作 标 识

5.5.1 包含文件标识<jsp:include>

JSP 的动作标识<jsp:include>用于向当前页面中包含其他的文件。被包含的文件可以是动态文件，也可以是静态文件。<jsp:include>动作标识包含文件的过程如图 5.9 所示。

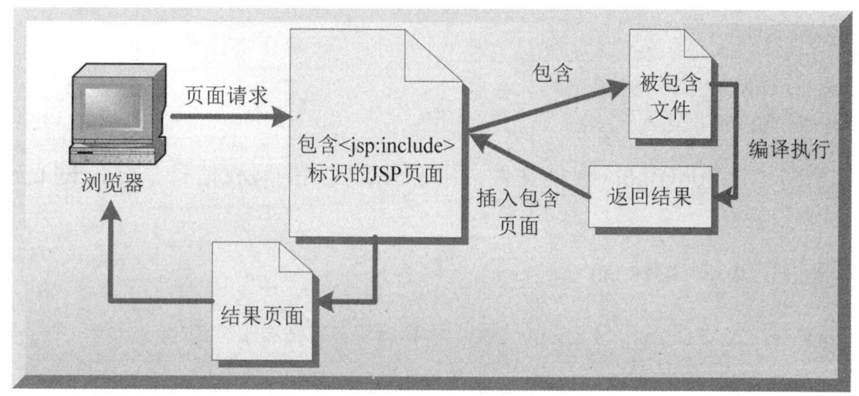

图 5.9　<jsp:include>动作标识包含文件的过程

<jsp:include>动作标识的语法格式如下：

```
<jsp:include page="url" flush="false|true" />
```

或

```
<jsp:include page="url" flush="false|true" >
    子动作标识<jsp:param>
</jsp:include>
```

参数说明：

☑ page：用于指定被包含文件的相对路径。例如，指定属性值为 top.jsp，则表示包含的是与当前 JSP 文件相同文件夹中的 top.jsp 文件包含到当前 JSP 页面中。

☑ flush：可选属性，用于设置是否刷新缓冲区。默认值为 false，如果设置为 true，在当前页面输出使用了缓冲区的情况下，先刷新缓冲区，然后再执行包含工作。

☑ 子动作标识<jsp:param>：用于向被包含的动态页面中传递参数。关于<jsp:param>标识的详细介绍请参见 5.5.3 节。

说明

<jsp:include>标识对包含的动态文件和静态文件的处理方式是不同的。如果被包含的是静态的文件，则页面执行后，在使用了该标识的位置将会输出这个文件的内容。如果<jsp:include>标识包含的是一个动态文件，那么 JSP 编译器将编译并执行这个文件。<jsp:include>标识会识别出文件的类型，而不是通过文件的名称来判断该文件是静态的还是动态的。

技巧

在应用<jsp:include>标识进行文件包含时，为了使整个页面的层次结构不发生冲突，建议在被包含页面中将<html>、<body>等标记删除。

【例 5.22】 应用<jsp:include>标识包含网站 Banner 和版权信息栏。（**实例位置：资源包\TM\sl\5\5**）

（1）编写一个名称为 top.jsp 的文件，用于放置网站的 Banner 信息和导航条。这里将 Banner 信息和导航栏设计为一张图片。这样完成 top.jsp 文件，只需要在该页面中通过<img>标记引入图片即可。

top.jsp 文件的代码如下：

```
<%@ page pageEncoding="GB18030"%>
<img src="images/banner.JPG">
```

（2）编写一个名称为 copyright.jsp 的文件，用于放置网站的版权信息。copyright.jsp 文件的具体代码如下：

```
<%@ page pageEncoding="GB18030"%>
<%
String copyright=" All Copyright &copy; 2009  吉林省明日科技有限公司";
%>
<table width="778" height="61" border="0" cellpadding="0" cellspacing="0" background="images/copyright.JPG">
  <tr>
    <td> <%= copyright %></td>
  </tr>
</table>
```

（3）创建一个名称为 index.jsp 的文件，在该页面中包括 top.jsp 和 copyright.jsp 文件，从而实现一个完整的页面。index.jsp 文件的具体代码如下：

```
<%@ page language="java" contentType="text/html; charset=GB18030" pageEncoding="GB18030"%>
<html>
<head>
<meta http-equiv="Content-Type" content="text/html; charset=GB18030">
<title>使用&lt;jsp:include&gt;动作标识包含文件</title>
</head>
<body style="margin:0px;">
<jsp:include page="top.jsp"/>
<table width="781" height="279" border="0" cellpadding="0" cellspacing="0" background="images/center.JPG">
  <tr>
    <td> </td>
  </tr>
</table>
<jsp:include page="copyright.jsp"/>
</body>
</html>
```

运行程序，将显示如图 5.10 所示的效果。

技巧

如果要在 JSP 页面中显示大量的纯文本，可以将这些文本文字写入静态文件中（如记事本），然后通过 include 指令或动作标识包含到该 JSP 页面，这样可以让 JSP 页面更简洁。

在前面的章节中介绍了 include 指令，该指令与<jsp:include>动作标识相同，都可以用来包含文件。但是它们之间是存在很大差别的。下面将对 include 指令与<jsp:include>动作标识的区别进行详细介绍。

（1）include 指令通过 file 属性指定被包含的文件，并且 file 属性不支持任何表达式；<jsp:include>动作标识通过 page 属性指定被包含的文件，而且 page 属性支持 JSP 表达式。

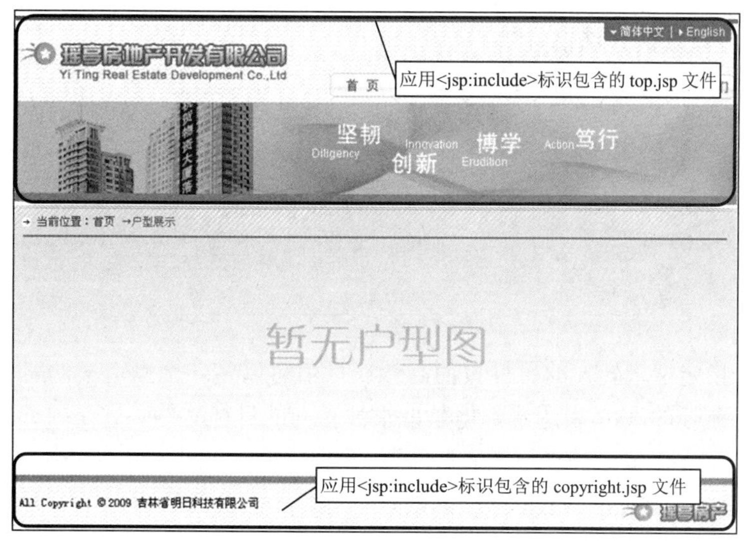

图 5.10　运行结果

（2）使用 include 指令时，被包含的文件内容会原封不动地插入包含页中，然后 JSP 编译器再将合成后的文件最终编译成一个 Java 文件；使用<jsp:include>动作标识包含文件时，当该标识被执行时，程序会将请求转发（注意是转发，而不是请求重定向）到被包含的页面，并将执行结果输出到浏览器中，然后返回包含页继续执行后面的代码。因为服务器执行的是多个文件，所以 JSP 编译器会分别对这些文件进行编译。

（3）在应用 include 指令包含文件时，由于被包含的文件最终会生成一个文件，所以在被包含文件、包含文件中不能有重名的变量或方法；而在应用<jsp:include>动作标识包含文件时，由于每个文件是单独编译的，所以在被包含文件和包含文件中重名的变量和方法是不相冲突的。

5.5.2　请求转发标识<jsp:forward>

通过<jsp:forward>动作标识可以将请求转发到其他的 Web 资源，例如，另一个 JSP 页面、HTML 页面、Servlet 等。执行请求转发后，当前页面将不再被执行，而是去执行该标识指定的目标页面。执行请求转发的基本流程如图 5.11 所示。

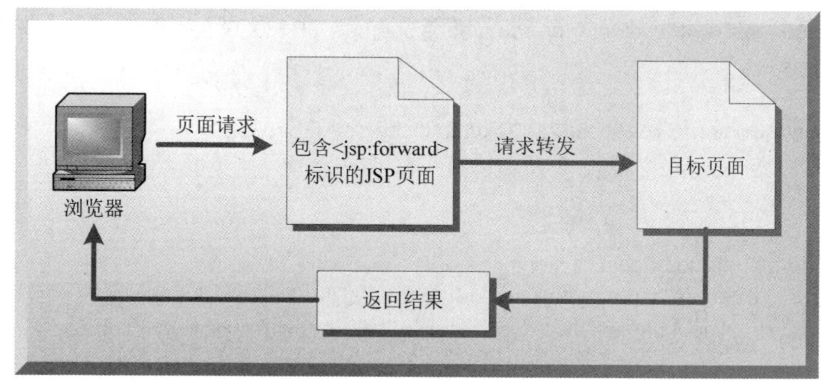

图 5.11　执行请求转发的基本流程

<jsp:forward>动作标识的语法格式如下：

```
<jsp:forward page="url"/>
```

或

```
<jsp:forward page="url">
    子动作标识<jsp:param>
</jsp:forward>
```

参数说明：

☑ page：用于指定请求转发的目标页面。该属性值可以是一个指定文件路径的字符串，也可以是表示文件路径的 JSP 表达式。但是请求被转向的目标文件必须是内部的资源，即当前应用中的资源。

☑ 子动作标识<jsp:param>：用于向转向的目标文件中传递参数。关于<jsp:param>标识的详细介绍请参见 5.5.3 节。

【例 5.23】 应用<jsp:forward>标识将页面转发到用户登录页面。（**实例位置：资源包\TM\sl\5\6**）

（1）创建一个名称为 index.jsp 的文件，该文件为中转页，用于通过<jsp:forward>动作标识将页面转发到用户登录页面（login.jsp）。index.jsp 文件的具体代码如下：

```
<%@ page language="java" contentType="text/html; charset=GB18030" pageEncoding="GB18030"%>
<html>
<head>
<meta http-equiv="Content-Type" content="text/html; charset=GB18030">
<title>中转页</title>
</head>
<body>
<jsp:forward page="login.jsp"/>
</body>
</html>
```

（2）编写 login.jsp 文件，在该文件中添加用于收集用户登录信息的表单及表单元素。具体代码如下：

```
<%@ page language="java" contentType="text/html; charset=GB18030" pageEncoding="GB18030"%>
<html>
<head>
<meta http-equiv="Content-Type" content="text/html; charset=GB18030">
<title>用户登录</title>
</head>
<body>
<form name="form1" method="post" action="">
用户名： <input      name="name" type="text" id="name" style="width: 120px"><br>
密  码： <input name="pwd" type="password" id="pwd" style="width: 120px"> <br>
<br>
<input type="submit" name="Submit" value="提交">
```

```
</form>
</body>
</html>
```

运行实例，将显示如图 5.12 所示的用户登录页面。

图 5.12　请求转发至登录页面

5.5.3　传递参数标识<jsp:param>

JSP 的动作标识<jsp:param>可以作为其他标识的子标识，用于为其他标识传递参数。语法格式如下：

```
<jsp:param name="参数名" value="参数值" />
```

参数说明：

☑　name：用于指定参数名称。

☑　value：用于设置对应的参数值。

【例 5.24】　通过<jsp:param>标识为<jsp:forward>标识指定参数，可以使用下面的代码：

```
<jsp:forward page="modify.jsp">
    <jsp:param name="userId" value="7"/>
</jsp:forward>
```

在上面的代码中，实现了在请求转发到 modify.jsp 页面的同时，传递了参数 userId，其参数值为 7。

说明

通过<jsp:param>动作标识指定的参数，将以“参数名=值”的形式加入请求中。它的功能与在文件名后面直接加“?参数名=参数值”是相同的。

5.6　小　　结

本章首先介绍了 JSP 页面的基本构成。然后介绍了 JSP 的页面指令、文件包含指令和引用标签库指令，其中文件包含指令需要重点掌握。接着详细介绍了 JSP 脚本标识和注释，其中，JSP 脚本标识的应用需要读者重点掌握。另外，在本章中还介绍了两种包含文件的方法：一种是应用 include 指令；另一种是应用<jsp:include>动作标识，读者应该重点掌握这两种方法的具体区别。

5.7 实践与练习

1. 在 JSP 页面中输出完整的时间，格式为“年 月 日 时:分:秒”。（**答案位置：资源包\TM\sl\5\7**）
2. 计算 5 的阶乘并在 JSP 页面中输出。（**答案位置：资源包\TM\sl\5\8**）
3. 在 JSP 页面中输出字符“*”组成的金字塔。（**答案位置：资源包\TM\sl\5\9**）

第 6 章

JSP 内置对象

（视频讲解：1 小时 18 分钟）

JSP 提供了由容器实现和管理的内置对象，也可以称之为隐含对象，这些内置对象不需要通过 JSP 页面编写来实例化，在所有的 JSP 页面中都可以直接使用，它起到了简化页面的作用。JSP 的内置对象被广泛应用于 JSP 的各种操作中。本章将对 JSP 提供的 9 个内置对象进行详细介绍。

通过阅读本章，您可以：

- 获取访问请求参数和表单提交的信息
- 通过 request 对象进行数据传递
- 获取客户端信息和 cookie
- 应用 response 对象实现重定向页面
- 向客户端输出数据
- 创建及获取客户的会话
- 从会话中移去指定的对象
- 设置 session 的有效时间以及销毁 session
- 应用 application 实现网页计数器
- 使用 exception 对象获取异常信息

视频讲解

6.1　JSP 内置对象的概述

由于 JSP 使用 Java 作为脚本语言，所以 JSP 将具有强大的对象处理能力，并且可以动态地创建 Web 页面内容。但 Java 语法在使用一个对象前，需要先实例化这个对象，这其实是一件比较烦琐的事情。JSP 为了简化开发，提供了一些内置对象，用来实现很多 JSP 应用。在使用 JSP 内置对象时，不需要先定义这些对象，直接使用即可。

在 JSP 中一共预先定义了 9 个这样的对象，分别为 request、response、session、application、out、pageContext、config、page 和 exception。本章将分别介绍这些内置对象及其常用方法。

视频讲解

6.2　request 对象

request 对象封装了由客户端生成的 HTTP 请求的所有细节，主要包括 HTTP 头信息、系统信息、请求方式和请求参数等。通过 request 对象提供的相应方法可以处理客户端浏览器提交的 HTTP 请求中的各项参数。

6.2.1　访问请求参数

我们知道 request 对象用于处理 HTTP 请求中的各项参数。在这些参数中，最常用的就是获取访问请求参数。当通过超链接的形式发送请求时，可以为该请求传递参数，这可以通过在超链接的后面加上问号“?”来实现。注意这个问号为英文半角的符号。例如，发送一个请求到 delete.jsp 页面，并传递一个名称为 id 的参数，可以通过以下超链接实现。

【例 6.1】　在页面中定义超链接。

```
<a href="delete.jsp?id=1">删除</a>
```

说明

本示例中，设置了一个请求参数，如果要同时指定多个参数，各参数间使用与符号“&”分隔即可。

【例 6.2】　在 delete.jsp 页面中，可以通过 request 对象的 getParameter()方法获取传递的参数值。具体代码如下：

```
<%
request.getParameter("id");
%>
```

说明

在使用 request 的 getParameter()方法获取传递的参数值时，如果指定的参数不存在，将返回 null；如果指定了参数名，但未指定参数值，将返回空的字符串""。

【例 6.3】　使用 request 对象获取请求参数值。（**实例位置：资源包\TM\sl\6\1**）

（1）创建 index.jsp 文件，在该文件中添加一个用于链接到 deal.jsp 页面的超链接，并传递两个参数。index.jsp 文件的具体代码如下：

```
<%@ page language="java" contentType="text/html; charset=GB18030" pageEncoding="utf-8"%>
<html>
<head>
<meta http-equiv="Content-Type" content="text/html; charset= utf-8">
<title>使用 request 对象获取请求参数值</title>
</head>
<body>
<a href="deal.jsp?id=1&user=">处理页</a>
</body>
</html>
```

（2）创建 deal.jsp 文件，在该文件中通过 request 对象的 getParameter()方法获取请求参数 id、user 和 pwd 的值并输出。deal.jsp 文件的具体代码如下：

```
<%@ page language="java" contentType="text/html; charset= utf-8" pageEncoding=" utf-8"%>
<%
    String id = request.getParameter("id");                //获取 id 参数的值
    String user = request.getParameter("user");            //获取 user 参数的值
    String pwd = request.getParameter("pwd");              //获取 pwd 参数的值
%>
<html>
<head>
<meta http-equiv="Content-Type" content="text/html; charset= utf-8">
<title>处理页</title>
</head>
<body>
id 参数的值为：<%=id%><br>
user 参数的值为：<%=user%><br>
pwd 参数的值为：<%=pwd%>
</body>
</html>
```

运行本实例，首先进入 index.jsp 页面，单击“处理页”超链接，将进入处理页获取请求参数并输出，如图 6.1 所示。

图 6.1　在页面中获取请求参数

6.2.2 在作用域中管理属性

在进行请求转发时，需要把一些数据传递到转发后的页面进行处理。这时，就需要使用 request 对象的 setAttribute()方法将数据保存到 request 范围内的变量中。

request 对象的 setAttribute()方法的语法格式如下：

```
request.setAttribute(String name,Object object);
```

参数说明：

☑ name：表示变量名，为 String 类型，在转发后的页面取数据时，就是通过这个变量名来获取数据的。

☑ object：用于指定需要在 request 范围内传递的数据，为 Object 类型。

在将数据保存到 request 范围内的变量中后，可以通过 request 对象的 getAttribute()方法获取该变量的值，具体的语法格式如下：

```
request.getAttribute(String name);
```

参数说明：

name：表示变量名，该变量名在 request 范围内有效。

【例 6.4】 使用 request 对象的 setAttribute()方法保存 request 范围内的变量，并应用 request 对象的 getAttribute()方法读取 request 范围内的变量。（**实例位置：资源包\TM\sl\6\2**）

（1）创建 index.jsp 文件，在该文件中，首先应用 Java 的 try...catch 语句捕获页面中的异常信息，如果没有异常，则将运行结果保存到 request 范围内的变量中；如果出现异常，则将错误提示信息保存到 request 范围内的变量中。然后应用<jsp:forward>动作指令将页面转发到 deal.jsp 页面。index.jsp 文件的具体代码如下：

```
<%@ page language="java" contentType="text/html; charset=utf-8" pageEncoding="utf-8"%>
<html>
<head>
<meta http-equiv="Content-Type" content="text/html; charset=utf-8">
<title>Insert title here</title>
</head>
<body>
<%
try{                                                                //捕获异常信息
    int money=100;
    int number=0;
    request.setAttribute("result",money/number);                    //保存执行结果
    }catch(Exception e){
    request.setAttribute("result","很抱歉，页面产生错误！");          //保存错误提示信息
}
%>
<jsp:forward page="deal.jsp"/>
</body>
</html>
```

（2）创建 deal.jsp 文件，在该文件中通过 request 对象的 getAttribute()方法获取保存在 request 范围内的变量 result 并输出。这里需要注意的是，由于 getAttribute()方法的返回值为 Object 类型，所以需要调用其 toString()方法，将其转换为字符串类型。deal.jsp 文件的具体代码如下：

```
<%@ page language="java" contentType="text/html; charset= utf-8"
    pageEncoding=" utf-8"%>
<html>
<head>
<meta http-equiv="Content-Type" content="text/html; charset= utf-8">
<title>结果页</title>
</head>
<body>
<%String message=request.getAttribute("result").toString(); %>
<%=message %>
</body>
</html>
```

运行本实例，将显示如图 6.2 所示的运行结果。

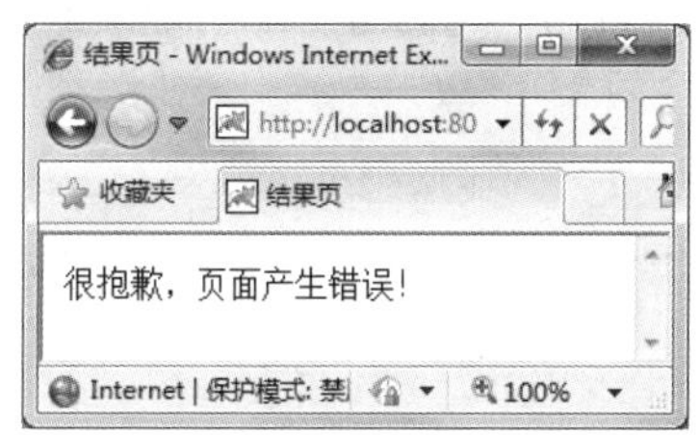

图 6.2　获取保存在 request 对象中的信息

6.2.3　获取 cookie

cookie 的中文意思是“小甜饼”，然而在互联网上的意思与这就完全不同了。它和食品完全没有关系。在互联网中，cookie 是小段的文本信息，在网络服务器上生成，并发送给浏览器。通过使用 cookie 可以标识用户身份，记录用户名和密码，跟踪重复用户等。浏览器将 cookie 以 key/value 的形式保存到客户机的某个指定目录中。

通过 cookie 的 getCookies()方法即可获取到所有 cookie 对象的集合；通过 cookie 对象的 getName()方法可以获取到指定名称的 cookie；通过 getValue()方法即可获取到 cookie 对象的值。另外，将一个 cookie 对象发送到客户端，使用 response 对象的 addCookie()方法。

说明

在使用 cookie 时，应保证客户机上允许使用 cookie。这可以通过在 IE 浏览器中选择“工具”→“Internet 选项”命令，在打开对话框的“隐私”选项卡中进行设置。

【例 6.5】　通过 cookie 保存并读取用户登录信息。（**实例位置：资源包\TM\sl\6\3**）

（1）创建 index.jsp 文件，在该文件中，首先获取 cookie 对象的集合，如果集合不为空，就通过 for 循环遍历 cookie 集合，从中找出设置的 cookie（这里设置为 mrCookie），并从该 cookie 中提取出用户名和注册时间，再根据获取的结果显示不同的提示信息。index.jsp 文件的具体代码如下：

```
<%@ page language="java" contentType="text/html; charset= utf-8"
    pageEncoding=" utf-8"%>
<%@ page import="java.net.URLDecoder" %>
<html>
<head>
<meta http-equiv="Content-Type" content="text/html; charset= utf-8">
<title>通过 cookie 保存并读取用户登录信息</title>
</head>
<body>
<%
    Cookie[] cookies = request.getCookies();                    //从 request 中获得 Cookie 对象的集合
    String user = "";                                           //登录用户
    String date = "";                                           //注册的时间
    if(cookies != null) {
        for(int i = 0; i < cookies.length; i++) {               //遍历 cookie 对象的集合
            if(cookies[i].getName().equals("mrCookie")) {       //如果 cookie 对象的名称为 mrCookie
                user = URLDecoder.decode(cookies[i].getValue().split("#")[0]); //获取用户名
                date = cookies[i].getValue().split("#")[1];    //获取注册时间
            }
        }
    }
    if("".equals(user) && "".equals(date)) {                    //如果没有注册
%>
        游客您好，欢迎您初次光临！
        <form action="deal.jsp" method="post">
            请输入姓名：<input name="user" type="text" value="">
            <input type="submit" value="确定">
        </form>
<%
    } else {                                                    //已经注册
%>
        欢迎[<b><%=user %></b>]再次光临<br>
        您注册的时间是：<%=date %>
<%
    }
%>
</body>
</html>
```

（2）编写 deal.jsp 文件，用于向 cookie 中写入注册信息。deal.jsp 文件的具体代码如下：

```
<%@ page language="java" contentType="text/html; charset= utf-8" pageEncoding=" utf-8"%>
<%@ page import="java.net.URLEncoder" %>
<html>
<head>
<meta http-equiv="Content-Type" content="text/html; charset= utf-8">
<title>写入 cookie</title>
</head>
<body>
```

```
<%
request.setCharacterEncoding("GB18030");                                   //设置请求的编译为 GB18030
String user=URLEncoder.encode(request.getParameter("user")," utf-8");     //获取用户名
Cookie cookie = new Cookie("mrCookie", user+"#"+new java.util.Date().toLocaleString());
                                                                           //创建并实例化 cookie 对象
cookie.setMaxAge(60*60*24*30);                                             //设置 cookie 有效期为 30 天
response.addCookie(cookie);                                                //保存 cookie
%>
<script type="text/javascript">window.location.href="index.jsp"</script>
</body>
</html>
```

技巧

在向 cookie 中保存的信息中，如果包括中文，则需要调用 java.net.URLEncoder 类的 encode()方法将要保存到 cookie 中的信息进行编码；在读取 cookie 的内容时，还需要应用 java.net.URLDecoder 类的 decode()方法进行解码。这样，就可以成功地向 cookie 中写入中文信息。

运行本实例，第一次显示的页面如图 6.3 所示，输入姓名 mr，并单击“确定”按钮后，将显示如图 6.4 所示的运行结果。

图 6.3　第一次运行的结果

图 6.4　第二次运行的结果

6.2.4　解决中文乱码

在上面的代码中为 id 参数传递了一个字符串类型的值“001”，如果将这个参数的值更改为中文，则在 show.jsp 中就会出现大家都不愿意看到的问题——在显示参数值时中文内容变成了乱码。这是因为请求参数的文字编码方式与页面中的不一致所造成的，所有的 request 请求都是 ISO-8859-1 的，而在此页面采用的是 UTF-8 的编码方式。要解决此问题，只要将获取到的数据通过 String 的构造方法使用指定的编码类型重新构造一个 String 对象，即可正确地显示出中文信息。

【例 6.6】　解决中文乱码。（**实例位置：资源包\TM\sl\6\4**）

创建 index.jsp 页面，在其中加入一个超链接，并在该超链接中传递两个参数，分别为 name 与 sex，其值全部为中文。关键代码如下：

```
<body>
    <a href="show.jsp?name=张三&sex=男">解决中文乱码</a>
</body>
```

接下来创建 show.jsp 页面，在其中将第一个参数 name 的值进行编码转换，将第二个参数 sex 的值

直接显示在页面中，比较效果。关键代码如下：

```
<body>
    name 参数的值为：<%=new String(request.getParameter("name").getBytes("ISO-8859-1")," UTF-8") %>
    sex 参数的值为：<%=request.getParameter("sex") %>
</body>
```

运行本实例后，可以发现 name 参数的值被正常显示出来，而 sex 参数的值则被显示成了乱码，如图 6.5 所示。

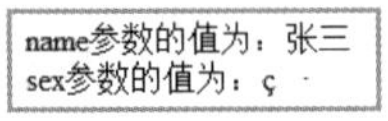

name参数的值为：张三
sex参数的值为：ç ·

图 6.5　解决中文乱码

6.2.5　获取客户端信息

通过 request 对象可以获取客户端的相关信息，如 HTTP 报头信息、客户信息提交方式、客户端主机 IP 地址、端口号等。在客户端获取用户请求相关信息的 request 对象的方法如表 6.1 所示。

表 6.1　request 获取客户端信息的常用方法

方　法	说　明
getHeader(String name)	获得 HTTP 协议定义的文件头信息
getHeaders(String name)	返回指定名字的 request Header 的所有值，其结果是一个枚举型的实例
getHeadersNames()	返回所有 request Header 的名字，其结果是一个枚举型的实例
getMethod()	获得客户端向服务器端传送数据的方法，如 get、post、header、trace 等
getProtocol()	获得客户端向服务器端传送数据所依据的协议名称
getRequestURI()	获得发出请求字符串的客户端地址，不包括请求的参数
getRequestURL()	获取发出请求字符串的客户端地址
getRealPath()	返回当前请求文件的绝对路径
getRemoteAddr()	获取客户端的 IP 地址
getRemoteHost()	获取客户端的主机名
getServerName()	获取服务器的名字
getServletPath()	获取客户端所请求的脚本文件的文件路径
getServerPort()	获取服务器的端口号

【例 6.7】　使用 request 对象的相关方法获取客户端信息。（**实例位置：资源包\TM\sl\6\5**）

创建 index.jsp 文件，在该文件中，调用 request 对象的相关方法获取客户端信息。index.jsp 文件的具体代码如下：

```
<%@ page language="java" contentType="text/html; charset= UTF-8" pageEncoding=" UTF-8"%>
<html>
<head>
<meta http-equiv="Content-Type" content="text/html; charset= UTF-8">
<title>使用 request 对象的相关方法获取客户端信息</title>
</head>
```

```
<body>
<br>客户提交信息的方式：<%=request.getMethod()%>
<br>使用的协议：<%=request.getProtocol()%>
<br>获取发出请求字符串的客户端地址：<%=request.getRequestURI()%>
<br>获取发出请求字符串的客户端地址：<%=request.getRequestURL()%>
<br>获取提交数据的客户端 IP 地址：<%=request.getRemoteAddr()%>
<br>获取服务器端口号：<%=request.getServerPort()%>
<br>获取服务器的名称：<%=request.getServerName()%>
<br>获取客户端的主机名：<%=request.getRemoteHost()%>
<br>获取客户端所请求的脚本文件的文件路径:<%=request.getServletPath()%>
<br>获得 Http 协议定义的文件头信息 Host 的值:<%=request.getHeader("host")%>
<br>获得 Http 协议定义的文件头信息 User-Agent 的值:<%=request.getHeader("user-agent")%>
<br>获得 Http 协议定义的文件头信息 accept-language 的值:<%=request.getHeader("accept-language")%>
<br>获得请求文件的绝对路径:<%=request.getRealPath("index.jsp")%>
</body>
</html>
```

运行本实例，将显示如图 6.6 所示的运行结果。

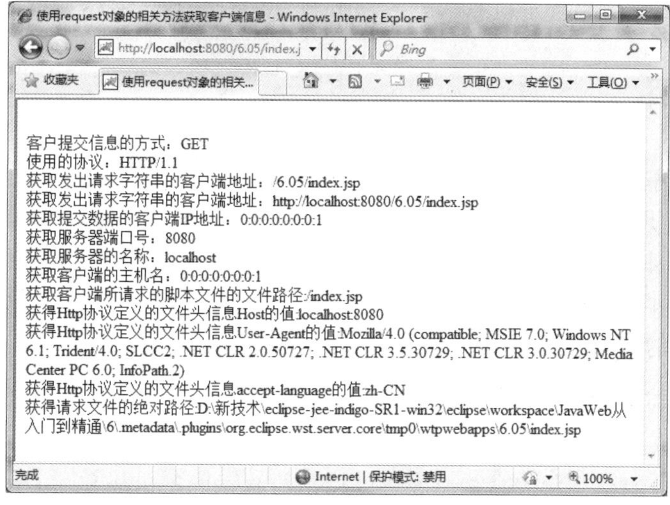

图 6.6　获取客户端信息

6.2.6　显示国际化信息

浏览器可以通过 accept-language 的 HTTP 报头向 Web 服务器指明它所使用的本地语言。request 对象中的 getLocale()和 getLocales()方法允许 JSP 开发人员获取这一信息，获取的信息属于 java.util.Local 类型。java.util.Local 类型的对象封装了一个国家和国家所使用的一种语言。通过这一信息，JSP 开发者就可以使用语言所特有的信息做出响应。

【例 6.8】　页面信息国际化。

```
<%
java.util.Locale locale=request.getLocale();
String str="";
```

```
if(locale.equals(java.util.Locale.US)){
    str="Hello, welcome to access our company's web!";
}
if(locale.equals(java.util.Locale.CHINA)){
    str="您好，欢迎访问我们公司网站！";
}
%>
<%=str %>
```

上面的代码，如果所在区域为中国，将显示“您好，欢迎访问我们公司网站!”，而所在区域为英国，则显示“Hello, welcome to access our company's web!”。

6.3 response 对象

response 对象用于响应客户请求，向客户端输出信息。它封装了 JSP 产生的响应，并发送到客户端以响应客户端的请求。请求的数据可以是各种数据类型，甚至是文件。response 对象在 JSP 页面内有效。

6.3.1 重定向网页

使用 response 对象提供的 sendRedirect()方法可以将网页重定向到另一个页面。重定向操作支持将地址重定向到不同的主机上，这一点与转发不同。在客户端浏览器上将会得到跳转的地址，并重新发送请求链接。用户可以从浏览器的地址栏中看到跳转后的地址。进行重定向操作后，request 中的属性全部失效，并且开始一个新的 request 对象。

sendRedirect()方法的语法格式如下：

```
response.sendRedirect(String path);
```

参数说明：

path：用于指定目标路径，可以是相对路径，也可以是不同主机的其他 URL 地址。

【例 6.9】 使用 sendRedirect()方法重定向网页到 login.jsp 页面（与当前网页同级）和明日编程词典网（与该网页不在同一主机）的代码如下：

```
response.sendRedirect("login.jsp");            //重定向到 login.jsp 页面
response.sendRedirect("www.mrbccd.com");       //重定向到明日编程词典网
```

注意

在 JSP 页面中使用该方法时，不要再用 JSP 脚本代码（包括 return 语句），因为重定向之后的代码已经没有意义了，并且还可能产生错误。

【例 6.10】 通过 sendRedirect()方法重定向页面到用户登录页面。（**实例位置：资源包\TM\sl\6\6**）

（1）创建 index.jsp 文件，在该文件中，调用 response 对象的 sendRedirect()方法重定向页面到用户登录页面 login.jsp。index.jsp 文件的关键代码如下：

```
<%@ page language="java" contentType="text/html; charset=GB18030" pageEncoding="GB18030"%>
<%response.sendRedirect("login.jsp"); %>
```

（2）编写 login.jsp 文件，在该文件中添加用于收集用户登录信息的表单及表单元素。关键代码如下：

```
<form name="form1" method="post" action="">
用户名：  <input      name="name" type="text" id="name" style="width: 120px"><br>
密  码：  <input name="pwd" type="password" id="pwd" style="width: 120px"> <br>
<br>
<input type="submit" name="Submit" value="提交">
</form>
```

运行本实例，默认执行的是 index.jsp 页面，在该页面中又执行了重定向页面到 login.jsp 的操作，所以在浏览器中将显示如图 6.7 所示的用户登录页面。

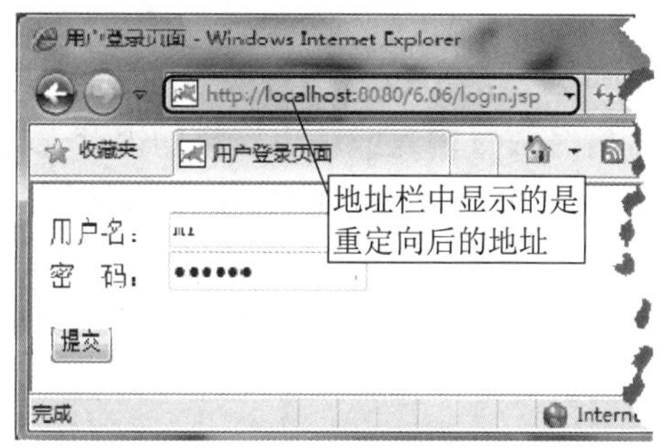

图 6.7　运行结果

6.3.2　处理 HTTP 文件头

通过 response 对象可以设置 HTTP 响应报头，其中，最常用的是禁用缓存、设置页面自动刷新和定时跳转网页。下面分别进行介绍。

1．禁用缓存

在默认情况下，浏览器将会对显示的网页内容进行缓存。这样，当用户再次访问相关网页时，浏览器会判断网页是否有变化，如果没有变化则直接显示缓存中的内容，这样可以提高网页的显示速度。对于一些安全性要求较高的网站，通常需要禁用缓存。

【例 6.11】　通过设置 HTTP 头的方法实现禁用缓存。示例代码如下：

```
<%
response.setHeader("Cache-Control","no-store");
response.setDateHeader("Expires",0);
%>
```

2．设置页面自动刷新

通过设置 HTTP 头还可以实现页面的自动刷新。

【例 6.12】　使网页每隔 10 秒自动刷新一次。示例代码如下：

```
<%
response.setHeader("refresh","10");
%>
```

3．定时跳转网页

通过设置 HTTP 头还可以实现定时跳转网页的功能。

【例 6.13】 使网页 5 秒钟后自动跳转到指定的网页。示例代码如下：

```
<%
response.setHeader("refresh","5;URL=login.jsp");
%>
```

6.3.3 设置输出缓冲

通常情况下，服务器要输出到客户端的内容不会直接写到客户端，而是先写到一个输出缓冲区，在计算机术语中，缓冲区被定义为暂时放置输入或输出资料的内存。实际上，缓冲区也可以这样理解：在一个粮库中，由于装卸车队的速度要快于传送带的传输速度，为了不造成装卸车队的浪费，粮库设计了一个站台，装卸车队可以先将运送的粮食卸到这个平台上，然后让传送机慢慢传送。粮库的这个站台就起到了缓冲的作用。当满足以下 3 种情况之一，就会把缓冲区的内容写到客户端。

☑ JSP 页面的输出信息已经全部写入缓冲区。

☑ 缓冲区已满。

☑ 在 JSP 页面中，调用了 response 对象的 flushBuffer()方法或 out 对象的 flush()方法。

response 对象提供了如表 6.2 所示的对缓冲区进行配置的方法。

表 6.2 对缓冲区进行配置的方法

方　　法	说　　明
flushBuffer()	强制将缓冲区的内容输出到客户端
getBufferSize()	获取响应所使用的缓冲区的实际大小，如果没有使用缓冲区，则返回 0
setBufferSize(int size)	设置缓冲区的大小
reset()	清除缓冲区的内容，同时清除状态码和报头
isCommitted()	检测服务器端是否已经把数据写入客户端

【例 6.14】 设置缓冲区的大小为 32KB。示例代码如下：

```
response.setBufferSize(32);
```

说明

如果将缓冲区的大小设置为 0KB，则表示不缓冲。

视频讲解

6.4 session 对象

session 在网络中被称为会话。由于 HTTP 协议是一种无状态协议，也就是当一个客户向服务器发

出请求，服务器接收请求，并返回响应后，该连接就结束了，而服务器并不保存相关的信息。为了弥补这一缺点，HTTP 协议提供了 session。通过 session 可以在应用程序的 Web 页面间进行跳转时，保存用户的状态，使整个用户会话一直存在下去，直到关闭浏览器。但是，如果在一个会话中，客户端长时间不向服务器发出请求，session 对象就会自动消失。这个时间取决于服务器，例如，Tomcat 服务器默认为 30 分钟。不过这个时间可以通过编写程序进行修改。

实际上，一次会话的过程也可以理解为一个打电话的过程。通话从拿起电话或手机拨号开始，一直到挂断电话结束，在这个过程中，可以与对方聊很多话题，甚至重复的话题。一个会话也是这样，可以重复访问相同的 Web 页。

6.4.1　创建及获取客户的会话

通过 session 对象可以存储或读取客户相关的信息。例如，用户名或购物信息等。这可以通过 session 对象的 setAttribute()方法和 getAttribute()方法实现。下面分别进行介绍。

☑ setAttribute()方法

该方法用于将信息保存在 session 范围内，其语法格式如下：

```
session.setAttribute(String name,Object obj)
```

参数说明：

- name：用于指定作用域在 session 范围内的变量名。
- obj：保存在 session 范围内的对象。

【例 6.15】　将用户名“绿草”保存到 session 范围内的 username 变量中，可以使用下面的代码：

```
session.setAttribute("username","绿草");
```

☑ getAttribute()方法

该方法用于获取保存在 session 范围内的信息，其语法格式如下：

```
getAtttibute(String name)
```

参数说明：

name：指定保存在 session 范围内的关键字。

【例 6.16】　读取保存到 session 范围内的 username 变量的值。示例代码如下：

```
session.getAttribute("username");
```

说明

getAttribute()方法的返回值是 Object 类型，如果将获取到的信息赋值给 String 类型的变量，则需要进行强制类型转换或是调用其 toString()方法，例如，下面的两行代码都是正确的。

```
String user=(String)session.getAttribute("username");            //强制类型转换
String user1=session.getAttribute("username").toString();        //调用 toString()方法
```

6.4.2 从会话中移动指定的绑定对象

对于存储在 session 会话中的对象，如果想将其从 session 会话中移除，可以使用 session 对象的 removeAttribute()方法，该方法的语法格式如下：

```
removeAttribute(String name)
```

参数说明：

name：用于指定作用域在 session 范围内的变量名。一定要保证该变量在 session 范围内有效，否则将抛出异常。

【例 6.17】 将保存在 session 会话中的 username 对象移除的代码如下：

```
<%
session.removeAttribute("username");
%>
```

6.4.3 销毁 session

虽然当客户端长时间不向服务器发送请求后，session 对象会自动消失，但对于某些实时统计在线人数的网站（例如聊天室），每次都等 session 过期后，才能统计出准确的人数，这是远远不够的。所以还需要手动销毁 session。通过 session 对象的 invalidate()方法可以销毁 session，其语法格式如下：

```
session.invalidate();
```

session 对象被销毁后，将不可以再使用该 session 对象。如果在 session 被销毁后，再调用 session 对象的任何方法，都将报出 Session already invalidated 异常。

6.4.4 会话超时的管理

在应用 session 对象时应该注意 session 的生命周期。一般来说，session 的生命周期在 20～30 分钟。当用户首次访问时将产生一个新的会话，以后服务器就可以记住这个会话状态，当会话生命周期超时时，或者服务器端强制使会话失效时，这个 session 就不能使用了。在开发程序时应该考虑到用户访问网站时可能发生的各种情况，例如用户登录网站后在 session 的有效期外进行相应操作，用户会看到一个错误页面。这样的现象是不允许发生的。为了避免这种情况的发生，在开发系统时应该对 session 的有效性进行判断。

在 session 对象中提供了设置会话生命周期的方法，分别介绍如下。

☑ getLastAccessedTime()：返回客户端最后一次与会话相关联的请求时间。

☑ getMaxInactiveInterval()：以秒为单位返回一个会话内两个请求最大时间间隔。

☑ setMaxInactiveInterval()：以秒为单位设置 session 的有效时间。

例如，通过 setMaxInactiveInterval()方法设置 session 的有效期为 10000 秒，超出这个范围 session 将失效。

```
session.setMaxInactiveInterval(10000);
```

6.4.5　session 对象的应用

session 是较常用的内置对象之一，与 request 对象相比其作用范围更大。下面通过实例介绍 session 对象的应用。

【例 6.18】　在 index.jsp 页面中，提供用户输入用户名文本框；在 session.jsp 页面中，将用户输入的用户名保存在 session 对象中，用户在该页面中可以添加最喜欢去的地方；在 result.jsp 页面中，显示用户输入的用户名与最想去的地方。（**实例位置：资源包\TM\sl\6\7**）

（1）index.jsp 页面的代码如下：

```
<form id="form1" name="form1" method="post" action="session.jsp">
    <div align="center">
  <table width="23%" border="0">
    <tr>
      <td width="36%"><div align="center">您的名字是：</div></td>
      <td width="64%">
        <label>
        <div align="center">
          <input type="text" name="name" />
        </div>
        </label>
        </td>
    </tr>
    <tr>
      <td colspan="2">
        <label>
          <div align="center">
            <input type="submit" name="Submit" value="提交" />
          </div>
        </label>
            </td>
    </tr>
  </table>
</div>
</form>
```

该页面运行结果如图 6.8 所示。

图 6.8　index.jsp 页面运行结果

（2）在 session.jsp 页面中，将用户在 index.jsp 页面中输入的用户名保存在 session 对象中，并为用户提供用于添加最想去的地址的文本框。代码如下：

```
<%
  String name = request.getParameter("name");                //获取用户填写的用户名
  session.setAttribute("name",name);                         //将用户名保存在 session 对象中
```

```
%>
  <div align="center">
<form id="form1" name="form1" method="post" action="result.jsp">
  <table width="28%" border="0">
    <tr>
      <td>您的名字是：</td>
      <td><%=name%></td>
    </tr>
    <tr>
      <td>您最喜欢去的地方是：</td>
      <td><label>
        <input type="text" name="address" />
      </label></td>
    </tr>
    <tr>
      <td colspan="2"><label>
        <div align="center">
          <input type="submit" name="Submit" value="提交" />
          </div>
      </label></td>
    </tr>
  </table>
</form>
```

session.jsp 页面运行结果如图 6.9 所示。

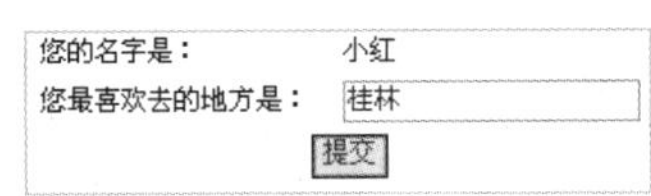

图 6.9　session.jsp 页面运行结果

（3）在 result.jsp 页面中，实现显示用户输入的用户名与最喜欢去的地方。代码如下：

```
  <%
    String name = (String)session.getAttribute("name");          //获取保存在 session 范围内的对象
    String solution = request.getParameter("address");          //获取用户输入的最喜欢去的地方
  %>
<form id="form1" name="form1" method="post" action="">
  <table width="28%" border="0">
    <tr>
      <td colspan="2"><div align="center"><strong>显示答案</strong></div></td>
    </tr>
    <tr>
      <td width="49%"><div align="left">您的名字是：</div></td>
      <td width="51%"><label>
        <div align="left"><%=name%></div>                         //将用户输入的用户名在页面中显示
      </label></td>
    </tr>
    <tr>
      <td><label>
```

```
        <div align="left">您最喜欢去的地方是：</div>
      </label></td>
      <td><div align="left"><%=solution%></div></td>    //将用户输入的最喜欢去的地方在页面中显示
    </tr>
  </table>
</form>
```

result.jsp 页面的运行结果如图 6.10 所示。

显示答案
您的名字是：　小红
您最喜欢去的地方是：　桂林

图 6.10　result.jsp 页面的运行结果

6.5　application 对象

application 对象用于保存所有应用程序中的公有数据。它在服务器启动时自动创建，在服务器停止时销毁。当 application 对象没有被销毁时，所有用户都可以共享该 application 对象。与 session 对象相比，application 对象的生命周期更长，类似于系统的“全局变量”。

6.5.1　访问应用程序初始化参数

application 对象提供了对应用程序初始化参数进行访问的方法。应用程序初始化参数在 web.xml 文件中进行设置，web.xml 文件位于 Web 应用所在目录下的 WEB-INF 子目录中。在 web.xml 文件中通过<context-param>标记配置应用程序初始化参数。

【例 6.19】　在 web.xml 文件中配置连接 MySQL 数据库所需的 url 参数。示例代码如下：

```
  ...
 <context-param>
     <param-name>url</param-name>
     <param-value>jdbc:mysql://127.0.0.1:3306/db_database</param-value>
 </context-param>
</web-app>
```

application 对象提供了两种访问应用程序初始化参数的方法，下面分别进行介绍。

☑　getInitParameter()方法

该方法用于返回已命名的参数值。其语法格式如下：

```
application.getInitParameter(String name);
```

参数说明：

name：用于指定参数名。

【例 6.20】　获取上面 web.xml 文件中配置的 url 参数的值，可以使用下面的代码：

```
application.getInitParameter("url");
```

☑ getAttributeNames()方法

该方法用于返回所有已定义的应用程序初始化参数名的枚举。其语法格式如下：

```
application.getAttributeNames();
```

【例 6.21】 应用 getAttributeNames()方法获取 web.xml 中定义的全部应用程序初始化参数名，并通过循环输出。示例代码如下：

```
<%@ page import="java.util.*" %>
<%
Enumeration enema=application.getInitParameterNames();      //获取全部初始化参数
while(enema.hasMoreElements()){
    String name=(String)enema.nextElement();                //获取参数名
    String value=application.getInitParameter(name);        //获取参数值
    out.println(name+"：");                                  //输出参数名
    out.println(value);                                     //输出参数值
}
%>
```

如果在 web.xml 文件中，只包括一个上面添加的 url 参数，执行上面的代码将显示以下内容：

```
url： jdbc:mysql://127.0.0.1:3306/db_database
```

6.5.2 管理应用程序环境属性

与 session 对象相同，也可以在 application 对象中设置属性。与 session 对象不同的是，session 只是在当前客户的会话范围内有效，当超过保存时间，session 对象就被收回；而 application 对象在整个应用区域中都有效。application 对象管理应用程序环境属性的方法分别介绍如下。

☑ getAttributeNames()：获得所有 application 对象使用的属性名。

☑ getAttribute(String name)：从 application 对象中获取指定对象名。

☑ setAttribute(String key,Object obj)：使用指定名称和指定对象在 application 对象中进行关联。

☑ removeAttribute(String name)：从 application 对象中去掉指定名称的属性。

6.6 out 对象

out 对象用于在 Web 浏览器内输出信息，并且管理应用服务器上的输出缓冲区。在使用 out 对象输出数据时，可以对数据缓冲区进行操作，及时清除缓冲区中的残余数据，为其他的输出让出缓冲空间。待数据输出完毕后，要及时关闭输出流。

6.6.1 向客户端输出数据

out 对象一个最基本的应用就是向客户端浏览器输出信息。out 对象可以输出各种数据类型的数据，

在输出非字符串类型的数据时，会自动转换为字符串进行输出。out 对象提供了 print()和 println()两种向页面中输出信息的方法，下面分别进行介绍。

☑　print()方法

print()方法用于向客户端浏览器输出信息。通过该方法向客户端浏览器输出信息与使用 JSP 表达式输出信息相同。

【例 6.22】　通过两种方式实现向客户端浏览器输出文字“明日科技”。

```
<%
out.print("明日科技");
%>
<%="明日科技" %>
```

☑　println()方法

println()方法也是用于向客户端浏览器输出信息，与 print()方法不同的是，该方法在输出内容后，还输出一个换行符。

【例 6.23】　例如，通过 println()方法向页面中输出数字 3.14159 的代码如下：

```
<%
out.println(3.14159);
out.println("无语");
%>
```

说明

在使用 print()方法和 println()方法在页面中输出信息时，并不能很好地区分出两者的区别，因为在使用 println()方法向页面中输出的换行符显示在页面中时，并不能看到其后面的文字真的换行了，例如上面的两行代码在运行后，将显示如图 6.11 所示的效果。如果想让其显示，需要将要输出的文本使用 HTML 的<pre>标记括起来。修改后的代码如下：

```
<pre>
<%
out.println(3.14159);
out.println("无语");
%>
</pre>
```

这段代码在运行后将显示如图 6.12 所示的结果。

3.14159 无语

图 6.11　未使用<pre>标记的运行结果

3.14159 无语

图 6.12　使用<pre>标记的运行结果

6.6.2　管理响应缓冲

out 对象的类一个比较重要的功能就是对缓冲区进行管理。通过调用 out 对象的 clear()方法可以清除缓冲区的内容。这类似于重置响应流，以便重新开始操作。如果响应已经提交，则会有产生 IOException 异常的副作用。out 对象还提供了另一种清除缓冲区内容的方法，那就是 clearBuffer()方法，通过该方法可以清除缓冲区的“当前”内容，而且即使内容已经提交给客户端，也能够访问该方法。除了这两个方法外，out 对象还提供了其他用于管理缓冲区的方法。out 对象用于管理缓冲区的方法如表 6.3 所示。

表 6.3　管理缓冲区的方法

方　　法	说　　明
clear()	清除缓冲区中的内容
clearBuffer()	清除当前缓冲区中的内容
flush()	刷新流
isAutoFlush()	检测当前缓冲区已满时是自动清空，还是抛出异常
getBufferSize()	获取缓冲区的大小

视频讲解

6.7　其他内置对象

除了上面介绍的内置对象外，JSP 还提供了 pageContext、config、page 和 exception 对象。下面对这些对象分别进行介绍。

6.7.1　获取会话范围的 pageContext 对象

获取页面上下文的 pageContext 对象是一个比较特殊的对象，通过它可以获取 JSP 页面的 request、response、session、application、exception 等对象。pageContext 对象的创建和初始化都是由容器来完成的，JSP 页面中可以直接使用 pageContext 对象。pageContext 对象的常用方法如表 6.4 所示。

表 6.4　pageContext 对象的常用方法

方　　法	说　　明
forward(java.lang.String relativeUtlpath)	把页面跳转到另一个页面
getAttribute(String name)	获取参数值
getAttributeNamesInScope(int scope)	获取某范围的参数名称的集合，返回值为 java.util.Enumeration 对象
getException()	返回 exception 对象
getRequest()	返回 request 对象
getResponse()	返回 response 对象
getSession()	返回 session 对象
getOut()	返回 out 对象
getApplication()	返回 application 对象
setAttribute()	为指定范围内的属性设置属性值
removeAttribute()	删除指定范围内的指定属性

说明

pageContext 对象在实际 JSP 开发过程中很少使用，因为 request 和 response 等对象均为内置对象，如果通过 pageContext 来调用这些对象比较麻烦，都可以直接调用其相关方法实现具体的功能。

6.7.2　读取 web.xml 配置信息的 config 对象

config 对象主要用于取得服务器的配置信息。通过 pageContext 对象的 getServletConfig()方法可以获取一个 config 对象。当一个 Servlet 初始化时，容器把某些信息通过 config 对象传递给这个 Servlet。开发者可以在 web.xml 文件中为应用程序环境中的 Servlet 程序和 JSP 页面提供初始化参数。config 对象的常用方法如表 6.5 所示。

表 6.5　config 对象的常用方法

方　　法	说　　明
getServletContext()	获取 Servlet 上下文
getServletName()	获取 Servlet 服务器名
getInitParameter()	获取服务器所有初始参数名称，返回值为 java.util.Enumeration 对象
getInitParameterNames()	获取服务器中 name 参数的初始值

6.7.3　应答或请求的 page 对象

page 对象代表 JSP 本身，只有在 JSP 页面内才是合法的。page 对象本质上是包含当前 Servlet 接口引用的变量，可以看作是 this 关键字的别名。page 对象的常用方法如表 6.6 所示。

表 6.6　page 对象的常用方法

方　　法	说　　明
getClass()	返回当前 Object 的类
hashCode()	返回该 Object 的哈希代码
toString()	把该 Object 类转换成字符串
equals(Object o)	比较该对象和指定的对象是否相等

【例 6.24】　创建 index.jsp 文件，在该文件中调用 page 对象的各方法，并显示返回结果。（**实例位置：资源包\TM\sl\6\8**）

```
<%@ page language="java" contentType="text/html; charset= UTF-8" pageEncoding="UTF-8"%>
<html>
<head>
<meta http-equiv="Content-Type" content="text/html; charset= UTF-8">
<title>page 对象各方法的应用</title>
</head>
```

```
<body>
<%! Object object; %>    //声明一个 Object 型的变量
<ul>
<li>getClass()方法的返回值:<%=page.getClass()%></li>
<li>hashCode()方法的返回值:<%=page.hashCode()%></li>
<li>toString()方法的返回值:<%=page.toString()%></li>
<li>与 Object 对象比较的返回值:<%=page.equals(object)%></li>
<li>与 this 对象比较的返回值:<%=page.equals(this)%></li>
</ul>
</body>
</html>
```

运行本实例，将显示如图 6.13 所示的效果。

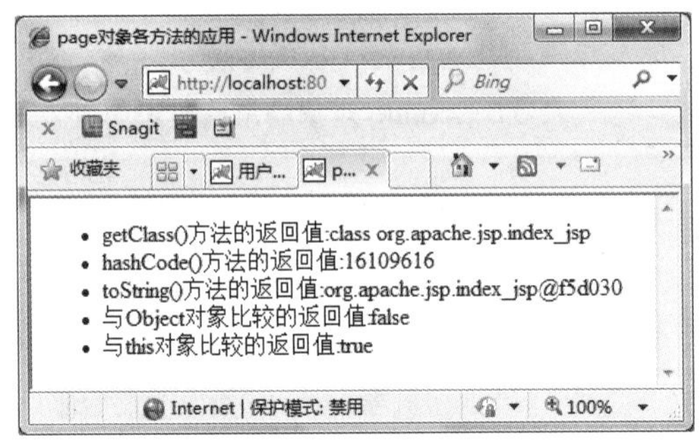

图 6.13　在页面中显示 page 对象各方法的返回值

6.7.4　获取异常信息的 exception 对象

exception 对象用来处理 JSP 文件执行时发生的所有错误和异常，只有在 page 指令中设置为 isErrorPage 属性值为 true 的页面中才可以被使用，在一般的 JSP 页面中使用该对象将无法编译 JSP 文件。exception 对象几乎定义了所有异常情况，在 Java 程序中，可以使用 try...catch 关键字来处理异常情况，如果在 JSP 页面中出现没有捕捉到的异常，就会生成 exception 对象，并把 exception 对象传送到在 page 指令中设定的错误页面中，然后在错误页面中处理相应的 exception 对象。exception 对象的常用方法如表 6.7 所示。

表 6.7　exception 对象的常用方法

方　法	说　明
getMessage()	返回 exception 对象的异常信息字符串
getLocalizedmessage()	返回本地化的异常错误
toString()	返回关于异常错误的简单信息描述
fillInStackTrace()	重写异常错误的栈执行轨迹

【例 6.25】　使用 exception 对象获取异常信息。（**实例位置：资源包\TM\sl\6\9**）

（1）创建 index.jsp 文件，在该文件中，首先在 page 指令中指定 errorPage 属性值为 error.jsp，即指定显示异常信息的页面，然后定义保存单价的 request 范围内的变量，并赋值为非数值型，最后获取

该变量并转换为 float 型。index.jsp 文件的具体代码如下：

```
<%@ page language="java" contentType="text/html; charset=UTF-8"
pageEncoding="UTF-8" errorPage="error.jsp"%>
<html>
<head>
<meta http-equiv="Content-Type" content="text/html; charset= UTF-8">
<title>使用 exception 对象获取异常信息</title>
</head>
<body>
<%
request.setAttribute("price","12.5 元");                              //保存单价到 request 范围内的变量 price 中
float price=Float.parseFloat(request.getAttribute("price").toString()); //获取单价，并转换为 float 型
%>
</body>
</html>
```

说明

当页面运行时，上面的代码将抛出异常，因为非数值型的字符串不能转换为 float 型。

（2）编写 error.jsp 文件，将该页面的 page 指令的 isErrorPage 属性值设置为 true，并且输出异常信息。具体代码如下：

```
<%@ page language="java" contentType="text/html; charset= UTF-8"
    pageEncoding="UTF-8" isErrorPage="true"%>
<html>
<head>
<meta http-equiv="Content-Type" content="text/html; charset= UTF-8">
<title>错误提示页</title>
</head>
<body>
错误提示为：<%=exception.getMessage() %>
</body>
</html>
```

运行本实例，将显示如图 6.14 所示的效果。

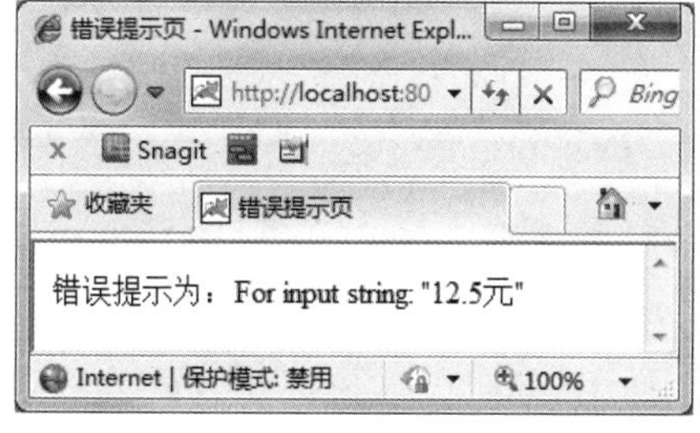

图 6.14　显示错误提示信息

6.8 小　　结

本章首先对 JSP 提供的内置对象进行简要说明，并概括地介绍了各内置对象的使用场合。然后详细介绍了 request 请求对象、response 响应对象、out 输出对象、session 会话对象和 application 应用对象，这些对象在进行实际项目开发时经常应用，需要重点掌握。最后简要地介绍了 page 对象、pageContext 对象、config 对象和 exception 对象。由于后面这几个内置对象在实际开发中不常用，所以读者不必深入研究。

6.9 实践与练习

1．编写一个 JSP 程序，实现用户登录，当用户输入的用户或密码错误时，将页面重定向到错误提示页，并在该页面显示 30 秒后，自动返回到用户登录页面。（**答案位置：资源包\TM\sl\6\10**）

2．编写一个简易的留言簿，实现添加留言和显示留言内容等功能。（**答案位置：资源包\TM\sl\6\11**）

第 7 章

JavaBean 技术

（视频讲解：42 分钟）

JavaBean 的产生，使 JSP 页面中的业务逻辑变得更加清晰。程序中的实体对象和业务逻辑可以单独封装到 Java 类中，JSP 页面通过自身操作 JavaBean 的动作标识对其进行操作，改变了 HTML 网页代码与 Java 代码混乱的编写方式，不仅提高了程序的可读性、易维护性，而且还提高了代码的重用性。把 JavaBean 应用到 JSP 编程中，使 JSP 的发展进入了一个崭新的阶段。

通过阅读本章，您可以：

- **了解 JavaBean 的概念**
- **掌握 JavaBean 的种类**
- **掌握如何获取 JavaBean 属性信息**
- **掌握如何对 JavaBean 属性赋值**
- **掌握如何编写解决中文乱码的 JavaBean**
- **掌握如何编写获取当前时间的 JavaBean**
- **掌握如何编写将数组转换成字符串的 JavaBean**

7.1　JavaBean 介绍

在 JSP 网页开发的初级阶段，并没有所谓的框架与逻辑分层的概念，JSP 网页代码是与业务逻辑代码写在一起的。这种零乱的代码书写方式，给程序的调试及维护带来了很大的困难，直至 JavaBean 的出现，这一问题才得到了改善。

7.1.1　JavaBean 概述

在 JSP 网页开发的初级阶段，并没有框架与逻辑分层概念的产生，需要将 Java 代码嵌入网页中，对 JSP 页面中的一些业务逻辑进行处理，如字符串处理、数据库操作等。其开发流程如图 7.1 所示。

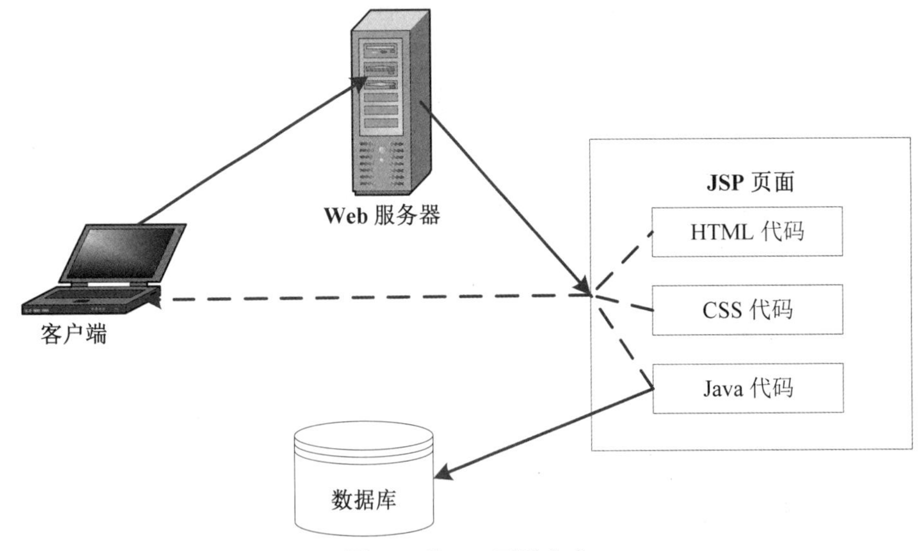

图 7.1　纯 JSP 开发方式

此种开发方式虽然看似流程简单，但如果将大量的 Java 代码嵌入 JSP 页面中，必定会给修改及维护带来一定的困难，因为在 JSP 页面中包含 HTML 代码、CSS 代码、Java 代码等，同时再加入业务逻辑处理代码，既不利于页面编程人员的设计，也不利于 Java 程序员对程序的开发，而且将 Java 代码写入 JSP 页面中，不能体现面向对象的开发模式，达不到代码的重用。

如果使 HTML 代码与 Java 代码相分离，将 Java 代码单独封装成为一个处理某种业务逻辑的类，然后在 JSP 页面中调用此类，则可以降低 HTML 代码与 Java 代码之间的耦合度，简化 JSP 页面，提高 Java 程序代码的重用性及灵活性。这种与 HTML 代码相分离，而使用 Java 代码封装的类，就是一个 JavaBean 组件。在 Java Web 开发中，可以使用 JavaBean 组件来完成业务逻辑的处理。应用 JavaBean 与 JSP 整合的开发模式如图 7.2 所示。

从图 7.2 可以看出，JavaBean 的应用简化了 JSP 页面，在 JSP 页面中只包含了 HTML 代码、CSS 代码等，但 JSP 页面可以引用 JavaBean 组件来完成某一业务逻辑，如字符串处理、数据库操作等。

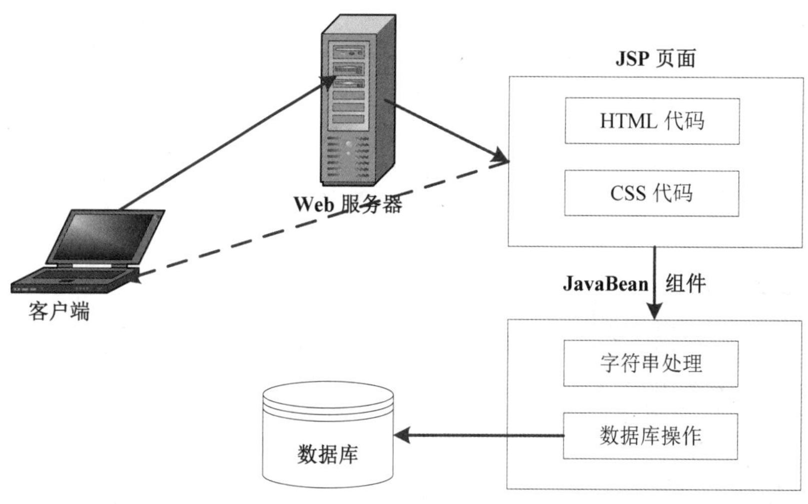

图 7.2　JSP+JavaBean 开发模式

7.1.2　JavaBean 种类

起初，JavaBean 的目的是为了将可以重复使用的代码进行打包。在传统的应用中，JavaBean 主要用于实现一些可视化界面，如一个窗体、按钮、文本框等，这样的 JavaBean 称之为可视化的 JavaBean。随着技术的不断发展与项目的需求，目前 JavaBean 主要用于实现一些业务逻辑或封装一些业务对象，由于这样的 JavaBean 并没有可视化的界面，所以又称之为非可视化的 JavaBean。

可视化的 JavaBean 一般应用于 Swing 的程序中，在 Java Web 开发中并不会采用，而是使用非可视化的 JavaBean，实现一些业务逻辑或封装一些业务对象。下面就通过实例来了解一下非可视化的 JavaBean。

【例 7.1】　通过非可视化的 JavaBean，封装邮箱地址对象，通过 JSP 页面调用该对象来验证邮箱地址是否合法。（**实例位置：资源包\TM\sl\7\1**）

（1）创建名称为 Email 的 JavaBean 对象，用于封装邮箱地址，该类位于 com.lyq.bean 包中。关键代码如下：

```
public class Email implements Serializable {
    //serialVersionUID 值
    private static final long serialVersionUID = 1L;
    //Email 地址
    private String mailAdd;
    //是否是一个标准的 Email 地址
    private boolean email;
    /**
     * 默认无参的构造方法
     */
    public Email() {
    }
    /**
     * 构造方法
     * @param mailAdd Email 地址
```

```
    */
    public Email(String mailAdd) {
        this.mailAdd = mailAdd;
    }
    /**
     * 是否是一个标准的 Email 地址
     * @return 布尔值
     */
    public boolean isEmail() {
        //正则表达式，定义邮箱格式
        String regex = "\\w+([-+.']\\w+)*@\\w+([-.]\\w+)*\\.\\w+([-.]\\w+)*";
        //matches()方法可判断字符串是否与正则表达式匹配
        if(mailAdd.matches(regex)) {
            //email 为真
            email = true;
        }
        //返回 email
        return email;
    }
    public String getMailAdd() {
        return mailAdd;
    }
    public void setMailAdd(String mailAdd) {
        this.mailAdd = mailAdd;
    }
}
```

说明

虽然在 JavaBean 的规范中，要求 JavaBean 对象提供默认无参的构造方法，但除默认无参的构造方法外，JavaBean 对象也可以根据相关属性提供构造方法，所以 Email 类为了实例化方便，还提供了使用 mailAdd 实现的一个构造方法。

Email 类拥有 mailAdd 和 email 两个属性，分别代表邮箱地址与是否为合法邮箱，其中对 mailAdd 提供了 getXXX()和 setXXX()方法，而对 email 属性并没有对其外部赋值的必要，所以只提供了一个 isEmail()方法，用于判断邮箱地址是否是一个合法的地址。

（2）创建名称为 index.jsp 的页面，它是程序中的首页，用于放置验证邮箱的表单，该表单的提交地址为 result.jsp 页面。关键代码如下：

```
<form action="result.jsp" method="post">
    <table align="center" width="300" border="1" height="150">
        <tr>
            <td colspan="2" align="center">
                <b>邮箱认证系统</b>
            </td>
        </tr>
        <tr>
            <td align="right">邮箱地址：</td>
```

```
                <td><input type="text" name="mailAdd"/></td>
            </tr>
            <tr>
                <td colspan="2" align="center">
                    <input type="submit" />
                </td>
            </tr>
        </table>
</form>
```

（3）创建名称为 result.jsp 的页面，对 index.jsp 页面中的表单进行处理，在此页面中实例化 Email 对象，对邮箱地址进行验证，并将验证结果输出到页面中。关键代码如下：

```
<div align="center">
    <%
        //获取邮箱地址
        String mailAdd = request.getParameter("mailAdd");
        //实例化 Email，并对 mailAdd 赋值
        Email email = new Email(mailAdd);
        //判断是否是标准的邮箱地址
        if(email.isEamil()){
            out.print(mailAdd + " <br>是一个标准的邮箱地址！<br>");
        }else{
            out.print(mailAdd + " <br>不是一个标准的邮箱地址！<br>");
        }
    %>
    <a href="index.jsp">返回</a>
</div>
```

该页面通过 JSP 的内置对象 request，接收表单传递的 mailAdd 值，然后通过该值来实例化 Email 对象，通过 Email 的 isEmail()方法判断邮箱地址是否合法，并在页面中输出判断结果。

编写完成之后，部署并发布项目，实例运行结果如图 7.3 所示。

图 7.3　实例运行结果

分别输入正确的邮箱地址与不正确的邮箱地址后，单击“提交查询内容”按钮，其验证结果如图 7.4 和图 7.5 所示。

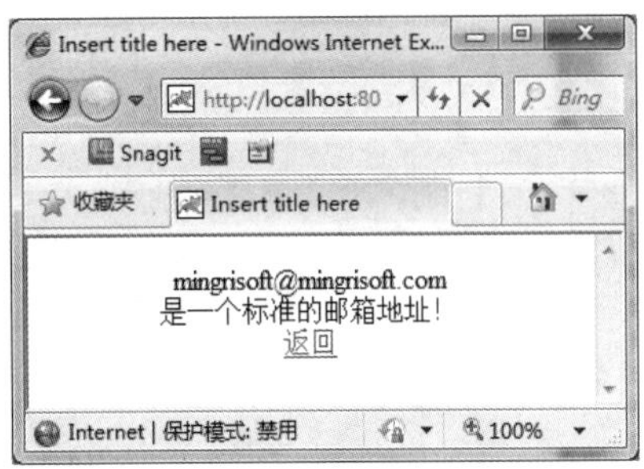

图 7.4　正确的邮箱地址

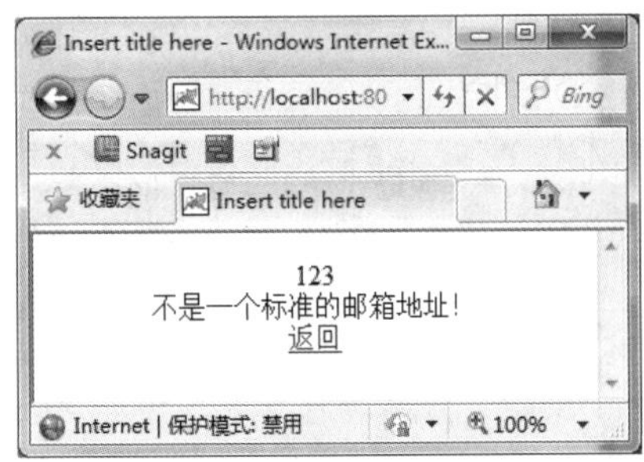

图 7.5　不正确的邮箱地址

7.2　JavaBean 的应用

JavaBean 是用 Java 语言所写成的可重用组件，它可以应用于系统的很多层中，如 PO、VO、DTO、POJO 等，其应用十分广泛。

7.2.1　获取 JavaBean 属性信息

在 JavaBean 对象中，为了防止外部直接对 JavaBean 属性的调用，通常将 JavaBean 中的属性设置为私有的（private），但需要为其提供公共的（public）访问方法，也就是所说的 getXXX()方法。下面就通过实例来讲解如何获取 JavaBean 属性信息。

【例 7.2】　在 JSP 页面中显示 JavaBean 属性信息。（**实例位置：资源包\TM\sl\7\2**）

（1）创建名称为 Produce 的类，该类是封装商品对象的 JavaBean，在 Produce 类中创建商品属性，并提供相应的 getXXX()方法。关键代码如下：

```
public class Produce {
    //商品名称
    private String name = "电吉他";
    //商品价格
    private double price = 1880.5;
    //数量
    private int count = 100;
    //出厂地址
    private String factoryAdd = "吉林省长春市 xxx 琴行";
    public String getName() {
        return name;
    }
    public double getPrice() {
        return price;
    }
    public int getCount() {
        return count;
    }
    public String getFactoryAdd() {
```

```
        return factoryAdd;
    }
}
```

说明

本实例演示了如何获取 JavaBean 中的属性信息，所以对 Produce 类中的属性设置了默认值，可通过 getXXX()方法直接进行获取。

（2）在 JSP 页面中获取商品 JavaBean 中的属性信息，该操作通过 JSP 动作标签进行获取。关键代码如下：

```
<jsp:useBean id="produce" class="com.lyq.bean.Produce"></jsp:useBean>
<div>
    <ul>
        <li>
            商品名称:<jsp:getProperty property="name" name="produce"/>
        </li>
        <li>
            价格：<jsp:getProperty property="price" name="produce"/>
        </li>
        <li>
            数量：<jsp:getProperty property="count" name="produce"/>
        </li>
        <li>
            厂址：<jsp:getProperty property="factoryAdd" name="produce"/>
        </li>
    </ul>
</div>
```

技巧

在 Java Web 开发中，JSP 页面中应该尽量避免出现 Java 代码，因为出现这样的代码看起来比较混乱，所以实例中采用 JSP 的动作标签来避免这一问题。

本实例中主要通过<jsp:useBean>标签实例化商品的 JavaBean 对象，<jsp:getProperty>标签获取 JavaBean 中的属性信息。实例运行结果如图 7.6 所示。

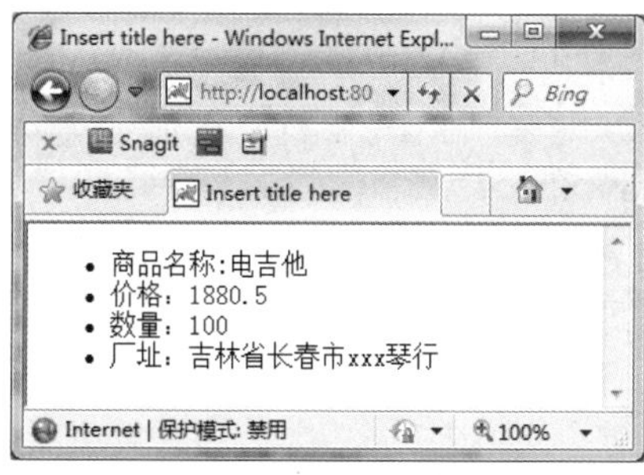

图 7.6　获取 JavaBean 属性信息

说明

使用<jsp:useBean>标签可以实例化 JavaBean 对象，<jsp:getProperty>标签可以获取 JavaBean 中的属性信息，这两个标签可以直接操作我们所编写的 Java 类，它真的有那么强大，是不是在 JSP 页面中可以操作所有的 Java 类呢？答案是否定的。<jsp:useBean>标签与<jsp:getProperty>标签之所以能够操作 Java 类，是因为我们所编写的 Java 类遵循了 JavaBean 规范。<jsp:useBean>标签获取类的实例，其内部是通过实例化类的默认构造方法进行获取，所以，JavaBean 需要有一个默认的无参的构造方法；<jsp:getProperty>标签获取 JavaBean 中的属性，其内部是通过调用指定属性的 getXXX()方法进行获取，所以，JavaBean 规范要求为属性提供公共的（public）类型的访问器。只有严格遵循 JavaBean 规范，才能对其更好地应用，因此，在编写 JavaBean 时要遵循制定的 JavaBean 规范。

7.2.2 对 JavaBean 属性赋值

编写 JavaBean 对象要遵循 JavaBean 规范，在 JavaBean 规范中的访问器 setXXX()方法，用于对 JavaBean 中的属性赋值，如果对 JavaBean 对象的属性提供了 setXXX()方法，在 JSP 页面中就可以通过<jsp:setProperty>对其进行赋值。

【例 7.3】 创建商品对象的 JavaBean，在该类中提供属性及与属性相对应的 getXXX()方法与 getXXX()方法，在 JSP 页面中对 JavaBean 属性赋值并获取输出。（**实例位置：资源包\TM\sl\7\3**）

（1）创建名称为 Produce 的类，该类是封装商品信息的 JavaBean，在该类中创建商品属性及与属性相对应的 getXXX()方法与 setXXX()方法。关键代码如下：

```
package com.lyq.bean;
public class Produce {
    //商品名称
    private String name;
    //商品价格
    private double price;
    //数量
    private int count;
    //出厂地址
    private String factoryAdd;
    public String getName() {
        return name;
    }
    public void setName(String name) {
        this.name = name;
    }
    //省略部分 getXXX()方法与 setXXX()方法
}
```

（2）创建名称为 index.jsp 的页面，在该页面中实例化 Produce 对象，然后对其属性进行赋值并输出。关键代码如下：

```
<jsp:useBean id="produce" class="com.lyq.bean.Produce"></jsp:useBean>
<jsp:setProperty property="name" name="produce" value="洗衣机"/>
```

```
<jsp:setProperty property="price" name="produce" value="8888.88"/>
<jsp:setProperty property="count" name="produce" value="88"/>
<jsp:setProperty property="factoryAdd" name="produce" value="广东省 xxx 公司"/>
<div>
    <ul>
        <li>
            商品名称:<jsp:getProperty property="name" name="produce"/>
        </li>
        <li>
            价格：<jsp:getProperty property="price" name="produce"/>
        </li>
        <li>
            数量：<jsp:getProperty property="count" name="produce"/>
        </li>
        <li>
            厂址：<jsp:getProperty property="factoryAdd" name="produce"/>
        </li>
    </ul>
</div>
```

index.jsp 页面是程序中的首页，页面主要通过<jsp:useBean>标签实例化 Produce 对象，通过<jsp:setProperty>标签对 Produce 对象中的属性进行赋值，然后再通过<jsp:getProperty>标签输出已赋值的 Produce 对象中的属性信息。实例运行结果如图 7.7 所示。

图 7.7　对 JavaBean 属性赋值

7.2.3　如何在 JSP 页面中应用 JavaBean

在 JSP 页面中应用 JavaBean 非常简单，主要通过 JSP 动作标签<jsp:useBean>、<jsp:getProperty>、<jsp:setProperty>来实现对 JavaBean 对象的操作，但所编写的 JavaBean 对象要遵循 JavaBean 规范，只有严格遵循 JavaBean 规范，在 JSP 页面中才能够方便地调用及操作 JavaBean。

将 JavaBean 对象应用到 JSP 页面中，JavaBean 的生命周期可以自行进行设置，它存在于 4 种范围内，分别为 page、request、session 和 application，默认情况下，JavaBean 作用于 page 范围内。

【例 7.4】　本实例实现档案管理系统，在其中录入用户信息功能，主要通过在 JSP 页面中应用 JavaBean 进行实现，其开发步骤如下。（**实例位置：资源包\TM\sl\7\4**）

（1）创建名称为 Person 的类，将其放置于 com.lyq.bean 包中，实现对用户信息的封装。关键代码

如下：

```
package com.lyq.bean;
public class Person {
	//姓名
	private String name;
	//年龄
	private int age;
	//性别
	private String sex;
	//住址
	private String add;
	public String getName() {
		return name;
	}
	public void setName(String name) {
		this.name = name;
	}
	public int getAge() {
		return age;
	}
	public void setAge(int age) {
		this.age = age;
	}
	//省略部分 getXXX()方法与 setXXX()方法
}
```

在 Person 类中包含 4 个属性，分别代表姓名、年龄、性别与住址，该类在实例中充当用户信息对象的 JavaBean。

（2）创建程序的主页面 index.jsp，在该页面中放置录入用户信息所需要的表单。关键代码如下：

```
<form action="reg.jsp" method="post">
	<table align="center" width="400" height="200" border="1">
		<tr>
			<td align="center" colspan="2" height="40">
				<b>添加用户信息</b>
			</td>
		</tr>
		<tr>
			<td align="right">姓　名：</td>
			<td>
				<input type="text" name="name">
			</td>
		</tr>
		<tr>
			<td align="right">年　龄：</td>
			<td>
				<input type="text" name="age">
			</td>
```

```
        </tr>
        <tr>
            <td align="right">性　别：</td>
            <td>
                <input type="text" name="sex">
            </td>
        </tr>
        <tr>
            <td align="right">住　址：</td>
            <td>
                <input type="text" name="add">
            </td>
        </tr>
        <tr>
            <td align="center" colspan="2">
                <input type="submit" value="添　加">
            </td>
        </tr>
    </table>
</form>
```

技巧

表单信息中的属性名称最好设置成为 JavaBean 中的属性名称，这样就可以通过“<jsp:setProperty property="*"/>”的形式来接收所有参数，这种方式可以减少程序中的代码量。如将用户年龄文本框的 name 属性设置为 age，它对应 Person 类中的 age。

（3）创建名称为 reg.jsp 的 JSP 页面，用于对 index.jsp 页面中表单的提交请求进行处理。该页面将获取表单提交的所有信息，然后将所获取的用户信息输出到页面中。关键代码如下：

```
<%request.setCharacterEncoding("UTF-8");%>
<jsp:useBean id="person" class="com.lyq.bean.Person" scope="page">
    <jsp:setProperty name="person" property="*"/>
</jsp:useBean>
<table align="center" width="400">
    <tr>
        <td align="right">姓　名：</td>
        <td>
            <jsp:getProperty property="name" name="person"/>
        </td>
    </tr>
    <tr>
        <td align="right">年　龄：</td>
        <td>
            <jsp:getProperty property="age" name="person"/>
        </td>
    </tr>
    <tr>
```

```
            <td align="right">性　别：</td>
            <td>
                <jsp:getProperty property="sex" name="person"/>
            </td>
        </tr>
        <tr>
            <td align="right">住　址：</td>
            <td>
                <jsp:getProperty property="add" name="person"/>
            </td>
        </tr>
</table>
```

技巧

如果所处理的表单信息中包含中文，通过 JSP 内置对象 request 获取的参数值将出现乱码现象，此时可以通过 request 的 setCharacterEncoding()方法指定字符编码格式进行解决，实例中将其设置为 GB18030。

reg.jsp 页面中的<jsp:userBean>标签实例化了 JavaBean，然后通过“<jsp:setProperty name="person" property="*"/>”对 Person 类中的所有属性进行赋值，使用这种方式要求表单中的属性名称与 JavaBean 中的属性名称一致。

说明

表单中的属性名称与 JavaBean 中的属性名称不一致，可以通过<jsp:setProperty>标签中的 param 属性来指定表单中的属性。如表单中的用户名为 username，可以使用<jsp:setProperty name="person" property="name" param="username"/>对其赋值。

在获取了 Person 的所有属性后，reg.jsp 页面通过<jsp:getProperty>标签来读取 JavaBean 对象 Person 中的属性。实例运行后，将进入程序的主页面 index.jsp 页面，如图 7.8 所示。输入正确的用户信息后，单击“添加”按钮，将提交到 reg.jsp 页面，其效果如图 7.9 所示。

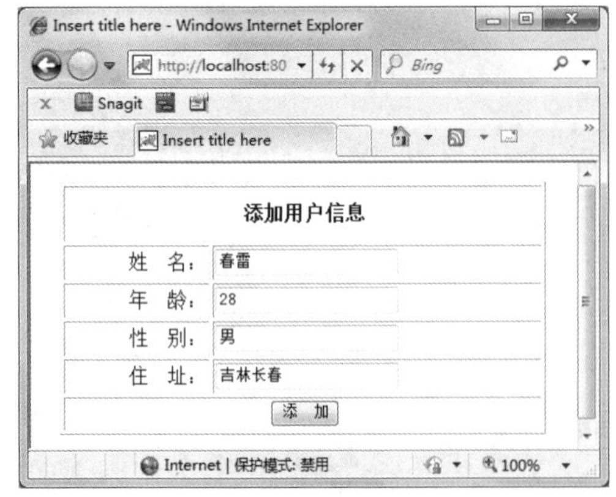

图 7.8　index.jsp 页面

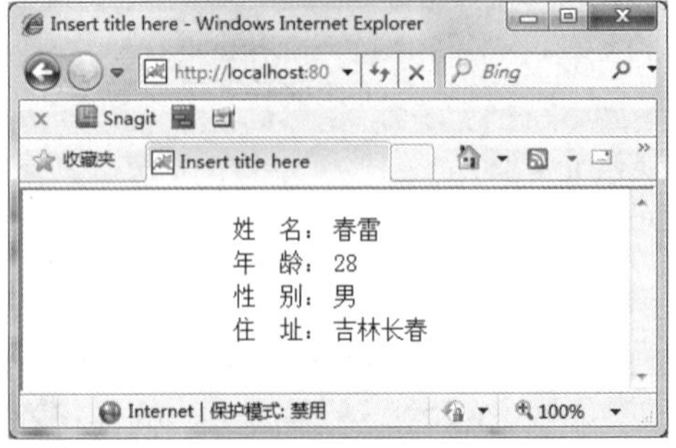

图 7.9　reg.jsp 页面

7.3　在 JSP 中应用 JavaBean

JavaBean 在 JSP 中的应用十分广泛，几乎在 JSP 页面中，所有的实体对象及业务逻辑的相关处理都由 JavaBean 进行封装，因此，JavaBean 与 JSP 之间的关系十分密切。在 JSP 页面中使用 JavaBean，不仅可以减少 JSP 页面中的 Java 代码，而且还可以增强程序的可读性使程序易于维护。虽然在现在的技术中，还没有完全摆脱 JSP 页面中的 Java 代码，但在学习了 JSTL 标签库及 EL 表达式，或一些 MVC 框架后，即可通过标签来取代所有的 Java 代码。

7.3.1　解决中文乱码的 JavaBean

在 JSP 页面中，处理中文字符经常会出现字符乱码的现象，特别是通过表单传递中文数据时容易产生。它的解决办法有很多，如将 request 的字符集指定为中文字符集，编写 JavaBean 对乱码字符进行转码等。下面就通过实例编写 JavaBean 对象来解决中文乱码现象问题。

【例 7.5】　本实例通过编写对字符转码的 JavaBean，来解决在新闻发布系统中，发布中文信息的乱码现象，其开发步骤如下。（**实例位置：资源包\TM\sl\7\5**）

（1）创建名称为 News 的类，将其放置于 com.lyq.bean 包中，实现对新闻信息实体对象的封装。关键代码如下：

```
package com.lyq.bean;
public class News {
	//标题
	private String title;
	//内容
	private String content;
	public String getTitle() {
		return title;
	}
	public void setTitle(String title) {
		this.title = title;
	}
	public String getContent() {
		return content;
	}
	public void setContent(String content) {
		this.content = content;
	}
}
```

（2）创建对字符编码进行处理的 JavaBean，它的名称为 CharactorEncoding。在该类中编写 toString() 方法对字符编码进行转换。关键代码如下：

```
package com.lyq.bean;
import java.io.UnsupportedEncodingException;
public class CharactorEncoding {
    /**
     * 构造方法
     */
    public CharactorEncoding(){
    }
    /**
     * 对字符进行转码处理
     * @param str 要转码的字符串
     * @return 编码后的字符串
     */
    public String toString(String str){
        //转换字符
        String text = "";
        //判断要转码的字符串是否有效
        if(str != null && !"".equals(str)){
            try {
                //将字符串进行编码处理
                text = new String(str.getBytes("ISO-8859-1"),"UTF-8");
            } catch(UnsupportedEncodingException e) {
                e.printStackTrace();
            }
        }
        //返回后的字符串
        return text;
    }
}
```

CharactorEncoding 类通过 toString()方法对字符串参数进行编码，实例中将其编码设置为 UTF-8，因为在 JSP 页面中的编码也是 UTF-8，这里将其进行统一。

String 类的 getBytes()方法的作用，是按给定的字符编码将此字符串编码到 byte 序列，并将结果存储到新的 byte 数组；而 String 类的构造方法 String(byte[] bytes, Charset charset)是通过使用指定的字符编码解码指定的 byte 数组，构造一个新的字符串，实例中应用这两个方法，实现了构造 UTF-8 编码的字符串。

（3）创建名称为 index.jsp 的页面，它是程序中的主页面，用于放置发布新闻信息的表单。关键代码如下：

```
<form action="release.jsp" method="post">
    <table align="center" width="450" height="260" border="1">
        <tr>
            <td align="center" colspan="2" height="40" >
                <b>新闻发布</b>
            </td>
        </tr>
        <tr>
```

```
                <td align="right">标　题：</td>
                <td>
                    <input type="text" name="title" size="30">
                </td>
            </tr>
            <tr>
                <td align="right">内　容：</td>
                <td>
                    <textarea name="content" rows="8" cols="40"></textarea>
                </td>
            </tr>
            <tr>
                <td align="center" colspan="2">
                    <input type="submit" value="发　布">
                </td>
            </tr>
        </table>
</form>
```

（4）创建名称为 release.jsp 的页面，用于对发布新闻信息的表单请求进行处理。关键代码如下：

```
<body>
    <jsp:useBean id="news" class="com.lyq.bean.News"></jsp:useBean>
    <jsp:useBean id="encoding" class="com.lyq.bean.CharactorEncoding"></jsp:useBean>
    <jsp:setProperty property="*" name="news"/>
    <div align="center">
        <div id="container">
            <div id="title">
                <%= encoding.toString(news.getTitle())%>
            </div>
            <hr>
            <div id="content">
                <%= encoding.toString(news.getContent())%>
            </div>
        </div>
    </div>
</body>
```

在 release.jsp 页面中使用<jsp:useBean>标签分别实例化了 News 对象与 CharactorEncoding 对象，然后通过<jsp:setProperty>标签对 News 对象中的属性进行赋值，在赋值之后，使用 CharactorEncoding 对象的 toString()方法对 News 对象中的属性进行转码处理，并输出到页面中。

注意

通过<jsp:useBean>标签实例化的 JavaBean 对象，如果在 JSP 页面中使用 Java 代码调用 JavaBean 对象中的属性或方法，所使用的 JavaBean 对象的变量名称为<jsp:useBean>标签中的 id 属性。

实例运行后，将打开 index.jsp 页面，如图 7.10 所示。在发布新闻信息的表单中填写正确的中文信息，单击“发布”按钮，其表单请求将提交到 release.jsp 页面处理，运行结果如图 7.11 所示。

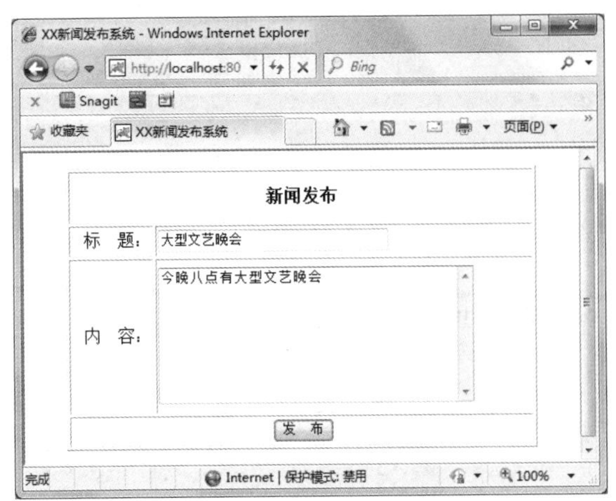

图 7.10　index.jsp 页面

图 7.11　发布的信息

7.3.2　在 JSP 页面中用来显示时间的 JavaBean

JavaBean 是用 Java 语言所写成的可重用组件，它可以是一个实体类对象，也可以是一个业务逻辑的处理，但编写 JavaBean 要遵循 JavaBean 规范。下面通过实例在 JSP 页面中调用获取当前时间的 JavaBean。

【例 7.6】　创建获取当前时间的 JavaBean 对象，该对象既可以获取当前的日期及时间，同时也可以获取今天是星期几。通过在 JSP 页面调用该 JavaBean 对象，实现在网页中创建一个简易的电子时钟。（**实例位置：资源包\TM\sl\7\6**）

（1）创建名称为 DateBean 的类，将其放置于 com.lyq.bean 包中，主要对当前时间、星期进行封装。关键代码如下：

```
package com.lyq.bean;
import java.text.SimpleDateFormat;
import java.util.Calendar;
import java.util.Date;
public class DateBean {
	//日期及时间
	private String dateTime;
	//星期
	private String week;
	//Calendar 对象
	private Calendar calendar = Calendar.getInstance();
	/**
	 * 获取当前日期及时间
	 * @return 日期及时间的字符串
	 */
	public String getDateTime() {
		//获取当前时间
		Date currDate = Calendar.getInstance().getTime();
		//实例化 SimpleDateFormat
		SimpleDateFormat sdf = new SimpleDateFormat("yyyy 年 MM 月 dd 日　HH 点 mm 分 ss 秒");
```

```
            //格式化日期时间
            dateTime = sdf.format(currDate);
            //返回日期及时间的字符串
            return dateTime;
        }
        /**
         * 获取星期几
         * @return 返回星期字符串
         */
        public String getWeek() {
            //定义数组
            String[] weeks = {"星期日", "星期一", "星期二", "星期三", "星期四", "星期五", "星期六"};
            //获取一星期的某天
            int index = calendar.get(Calendar.DAY_OF_WEEK);
            //获取星期几
            week = weeks[index - 1];
            //返回星期字符串
            return week;
        }
}
```

DateBean 类主要封装了日期时间（dateTime 属性）和星期（week 属性），并针对这两个属性提供了相应的 getXXX()方法。其中 getDateTime()方法用于获取当前的日期及时间，该方法通过 SimpleDateFormat 对象的 format()方法返回对当前时间进行格式化，并返回格式化后的字符串。getWeek()方法用于获取星期几，该方法主要通过 Calendar 对象获取一星期的某天索引，及创建字符串数组来实现。

说明

由于 DateBean 类主要用于获取当前时间，并不涉及对 DateBean 类中的属性赋值，所以实例中并没有提供 ateTime 属性、week 属性的 setXXX()方法。除这两个属性外还包含了一个 calendar 属性，该属性是一个 Calendar 对象，是获取日期时间及星期的辅助类，所以没有必要对该属性提供相应的 setXXX()方法与 getXXX()方法。

（2）创建名称为 index.jsp 的页面，它是程序中的主页。在 index.jsp 页面中实例化 DateBean 对象，并获取当前日期时间及星期实现电子时钟效果。关键代码如下：

```
<html>
<head>
<meta http-equiv="Content-Type" content="text/html; charset=UTF-8">
<title>电子时钟</title>
<style type="text/css">
    #clock{
        width:420px;
        height:80px;
        background:#E0E0E0;
        font-size: 25px;
        font-weight: bold;
        border: solid 5px orange;
```

```
            padding: 20px;
        }
        #week{
            padding-top:15px;
            color: #0080FF;
        }
</style>
<meta http-equiv="Refresh" content="1">
</head>
<body>
    <jsp:useBean id="date" class="com.lyq.bean.DateBean" scope="application"></jsp:useBean>
    <div align="center">
        <div id="clock">
            <div id="time">
                <jsp:getProperty property="dateTime" name="date"/>
            </div>
            <div id="week">
                <jsp:getProperty property="week" name="date"/>
            </div>
        </div>
    </div>
</body>
</html>
```

在 index.jsp 页面中，通过<jsp:useBean>标签对 DateBean 对象实例化，将 JavaBean 对象 DateBean 的作用域设置为 application，然后通过<jsp:getProperty>标签分别获取 DateBean 对象的日期时间及星期属性值。

技巧

因为获取当前日期时间的 JavaBean 对象 DateBean 并不涉及更多的业务逻辑，所以实例中将它的作用域设置为 application。这样做的好处是，在 JSP 页面中第一次调用该对象时会实例化一个 DateBean 对象，以后再次调用时不需要再次实例化 DateBean，因为它在 application 范围内已经存在。

index.jsp 页面定义了 div 层的样式，实例运行后，将进入程序的主页面 index.jsp，其运行结果如图 7.12 所示。

图 7.12　在页面中显示当前时间

技巧

为了实现网页中时钟的走动效果，可以通过不断刷新页面的方法来获取当前时间，实例中通过在<head>标签内加入代码<meta http-equiv="Refresh" content="1">来实现，加入代码后，JSP 网页将每隔 1 秒自动刷新页面一次，这样就可以显示出时钟走动的效果。

7.3.3　数组转换成字符串

在程序开发中，将数组转换成字符串是经常被用到的，如表单中的复选框按钮，在提交之后它就是一个数组对象，由于数组对象在业务处理中不方便，所以在实际应用过程中通过将其转换成字符串后再进行处理。

【例 7.7】　创建将字符串转换成数组的 JavaBean，实现对“问卷调查”表单中复选框的数值的处理。(**实例位置：资源包\TM\sl\7\7**)

（1）创建名称为 Paper 的类，将其放置于 com.lyq.bean 包中，对调查问卷进行封装。关键代码如下：

```
package com.lyq.bean;
import java.io.Serializable;
public class Paper implements Serializable {
	private static final long serialVersionUID = 1L;
	//定义保存编程语言的字符串数组
	private String[] languages;
	//定义保存掌握技术的字符串数组
	private String[] technics;
	//定义保存困难部分的字符串数组
	private String[] parts;
	public Paper(){
	}
	public String[] getLanguages() {
		return languages;
	}
	public void setLanguages(String[] languages) {
		this.languages = languages;
	}
	//省略部分 getXXX()与 setXXX()方法
}
```

Paper 类包含 3 个属性对象，它们均为字符串数组对象，属性值可以包含多个字符串对象。其中 languages 属性代表“编程语言”集合，technics 属性代表“掌握技术”集合，parts 属性代表“困难部分”集合。

（2）创建将数组转换成字符串的 JavaBean 对象，它的名称为 Convert。在该类中编写 arr2Str()方法，将数组对象转换成指定格式的字符串。关键代码如下：

```
package com.lyq.bean;
public class Convert {
	/**
```

```
	* 将数组转换成字符串
	* @param arr 数组
	* @return 字符串
	*/
	public String arr2Str(String[] arr){
		StringBuffer sb = new StringBuffer();               //实例化 StringBuffer
		if(arr != null && arr.length > 0){                  //判断 arr 是否为有效数组
			for(String s : arr) {                       //遍历数组
				sb.append(s);                       //将字符串追加到 StringBuffer 中
				sb.append(",");                     //将字符串追加到 StringBuffer 中
			}
			if(sb.length() > 0){                        //判断字符串长度是否有效
				sb = sb.deleteCharAt(sb.length() - 1); //截取字符
			}
		}
		return sb.toString();                               //返回字符串
	}
}
```

arr2Str()方法的入口参数的类型为字符串数组，该方法主要通过 for 循环遍历数组将数组元素转换成分隔为“,”的字符串对象，实例中使用的 for 循环为 Java 5.0 中增强的 for/in 循环。

技巧

在组合字符串过程中，arr2Str()方法使用的是 StringBuffer 对象，并没有使用 String 对象。这是因为 String 是不可变长的对象，在每一次改变字符串长度时都会创建一个新的 String 对象；而 StringBuffer 则是可变的字符序列，类似于 String 的字符串缓冲区。所以，在字符串经常修改的地方使用 StringBuffer，其效率将高于 String。

（3）创建程序中的首页 index.jsp，在该页面中放置调查问卷所使用的表单。关键代码如下：

```
<body>
	<form action="reg.jsp" method="post">
		<div>
			<h1>调查问卷</h1>
			<hr/>
			<ul>
				<li>你经常用哪些编程语言开发程序：</li>
				<li>
					<input type="checkbox" name="languages" value="JAVA">JAVA
					<input type="checkbox" name="languages" value="PHP">PHP
					<input type="checkbox" name="languages" value=".NET">.NET
					<input type="checkbox" name="languages" value="VC++">VC++
				</li>
			</ul>
			<ul>
				<li>你目前所掌握的技术：</li>
				<li>
					<input type="checkbox" name="technics" value="HTML">HTML
					<input type="checkbox" name="technics" value="JAVA BEAN">JAVA BEAN
```

```
                <input type="checkbox" name="technics" value="JSP">JSP
                <input type="checkbox" name="technics" value="SERVLET">SERVLET
            </li>
        </ul>
        <ul>
            <li>在学习中哪一部分感觉有困难：</li>
            <li>
                <input type="checkbox" name="parts" value="JSP">JSP
                <input type="checkbox" name="parts" value="STRUTS">STRUTS
            </li>
        </ul>
        <input type="submit" value="提　交">
    </div>
  </form>
</body>
```

在 index.jsp 页面中，包含了大量的复选框按钮 checkbox，提交表单后 name 属性相同的 checkbox 对象的值，将会被转换为一个数组对象。

（4）创建名称为 reg.jsp 的页面，用于对 index.jsp 页面表单提交请求进行处理，将用户所提交的调查问卷结果输出到页面中。关键代码如下：

```
<body>
    <jsp:useBean id="paper" class="com.lyq.bean.Paper"></jsp:useBean>
    <jsp:useBean id="convert" class="com.lyq.bean.Convert"></jsp:useBean>
    <jsp:setProperty property="*" name="paper"/>
    <div>
        <h1>调查结果</h1>
        <hr/>
        <ul>
            <li>
                你经常使用的编程语言：<%= convert.arr2Str(paper.getLanguages()) %> 。
            </li>
            <li>
                你目前所掌握的技术：<%= convert.arr2Str(paper.getTechnics()) %> 。
            </li>
            <li>
                在学习中感觉有困难的部分：<%= convert.arr2Str(paper.getParts()) %> 。
            </li>
        </ul>
    </div>
</body>
```

在 reg.jsp 页面中共实例化了两个 JavaBean 对象，均通过<jsp:useBean>标签进行实例化。其中 id 属性为 paper 的对象为实例中封装的调查问卷对象，在 index.jsp 页面中表单提交后，reg.jsp 页面中的<jsp:setProperty>标签将对 paper 对象中的属性赋值。id 属性值为 convert 的对象，是将数组转换成字符串的 JavaBean 对象，用于将 paper 对象中的属性值转换成字符串对象，该操作通过调用 arr2Str()方法进行实现。

实例运行后，进入程序的主页面 index.jsp，其运行结果如图 7.13 所示。对调查问卷的答案进行选择后，单击“提交”按钮，请求将提交到 reg.jsp 页面进行处理，其处理后的结果如图 7.14 所示。

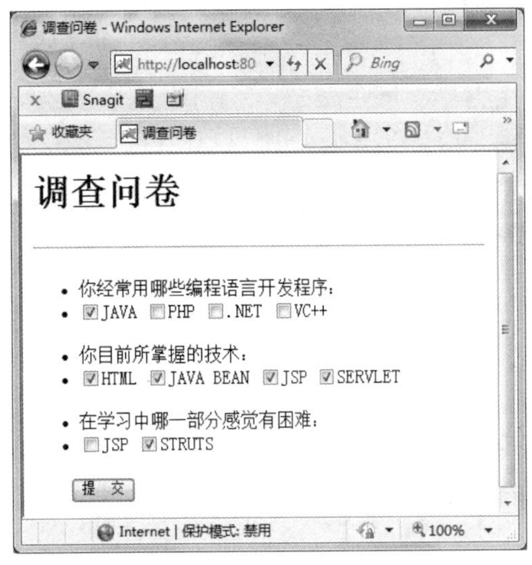

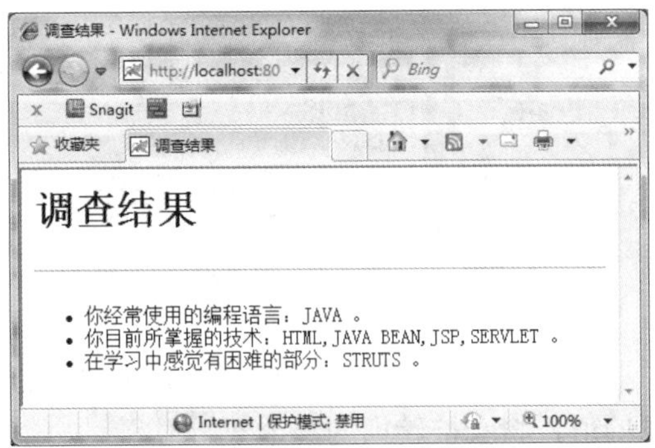

图 7.13　index.jsp 页面

图 7.14　处理结果

7.4　小　　结

本章首先介绍了 JavaBean 对象的产生背景及使用 JavaBean 对象的好处。然后介绍了 JavaBean 技术、JavaBean 规范、JavaBean 的种类以及 JavaBean 对象的应用，其中 JavaBean 的规范需要重点掌握，因为只有严格遵循 JavaBean 规范的 JavaBean 对象，在 JSP 页面中才能很好地对其引用；否则，在操作 JavaBean 的过程中程序将出现不正确的结果或异常。最后通过实例介绍了 JavaBean 对象在 JSP 中的应用，这部分内容读者应熟练掌握。

7.5　实践与练习

1．编写一个封装学生信息的 JavaBean 对象，在 index.jsp 页面中调用该对象，并将学生信息输出到页面中。（**答案位置：资源包\TM\sl\7\8**）

2．编写一个封装用户信息的 JavaBean 对象，通过操作 JavaBean 的动作标识，输出用户的注册信息。（**答案位置：资源包\TM\sl\7\9**）

3．编写一个页面访问计数器的 JavaBean，在 index.jsp 页面中通过 JSP 动作标签实例化该对象，并将其放置于 application 范围中，实现访问计数器。（**答案位置：资源包\TM\sl\7\10**）

第 8 章

Servlet 技术

（视频讲解：30 分钟）

Servlet 是用 Java 语言编写应用到 Web 服务器端的扩展技术，它先于 JSP 产生，可以方便地对 Web 应用中的 HTTP 请求进行处理。在 Java Web 程序开发中，Servlet 主要用于处理各种业务逻辑，它比 JSP 更具有业务逻辑层的意义，而且 Servlet 在安全性、扩展性以及性能方面都十分优秀，它在 Java Web 程序开发及 MVC 模式的应用方面起到了极其重要的作用。

通过阅读本章，您可以：

- 了解 Servlet 与 JSP 的区别
- 了解 Servlet 的代码结构
- 掌握如何创建与配置 Servlet
- 掌握 Servlet 的处理流程
- 掌握使用 Servlet 如何处理表单数据

8.1 Servlet 基础

Servlet 是运行在 Web 服务器端的 Java 应用程序，它使用 Java 语言编写，具有 Java 语言的优点。与 Java 程序的区别是，Servlet 对象主要封装了对 HTTP 请求的处理，并且它的运行需要 Servlet 容器的支持，在 Java Web 应用方面，Servlet 的应用占有十分重要的地位，它在 Web 请求的处理功能方面也非常强大。

8.1.1 Servlet 结构体系

Servlet 实质上就是按 Servlet 规范编写的 Java 类，但它可以处理 Web 应用中的相关请求。Servlet 是一个标准，它由 Sun 定义，其具体细节由 Servlet 容器进行实现，如 Tomcat、JBoss 等。在 J2EE 架构中，Servlet 结构体系的 UML 图如图 8.1 所示。

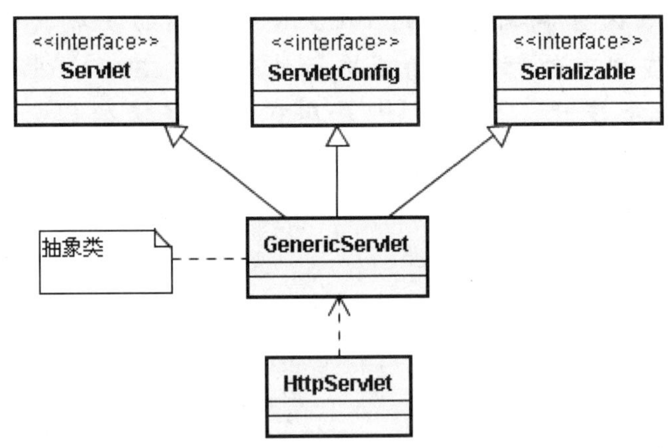

图 8.1　Servlet UML 图

在图 8.1 中，Servlet 对象、ServletConfig 对象与 Serializable 对象是接口对象，其中 Serializable 是 java.io 包中的序列化接口，Servlet 对象、ServletConfig 对象是 javax. servlet 包中定义的对象，这两个对象定义了 Servlet 的基本方法以及封装了 Servlet 的相关配置信息。GenericServlet 对象是一个抽象类，它分别实现了上述的 3 个接口，该对象为 Servlet 接口及 ServletConfig 接口提供了部分实现，但它并没有对 HTTP 请求处理进行实现，这一操作由它的子类 HttpServlet 进行实现。这个对象为 HTTP 请求中 POST、GET 等类型提供了具体的操作方法，所以通常情况下，我们所编写的 Servlet 对象都继承于 HttpServlet，在开发中，所使用的具体的 Servlet 对象就是 HttpServlet 对象，原因是 HttpServlet 是 Servlet 的实现类，并提供了 HTTP 请求的处理方法。

8.1.2 Servlet 技术特点

Servlet 使用 Java 语言编写，它不仅继承了 Java 语言中的优点，而且还对 Web 的相关应用进行了

封装，同时 Servlet 容器还提供了对应用的相关扩展，无论是在功能、性能、安全等方面都十分优秀，其技术特点表现在以下几方面。

☑ 功能强大

Servlet 采用 Java 语言编写，它可以调用 Java API 中的对象及方法。此外，Servlet 对象对 Web 应用进行了封装，提供了 Servlet 对 Web 应用的编程接口，还可以对 HTTP 请求进行相应的处理，如处理提交数据、会话跟踪、读取和设置 HTTP 头信息等。由于 Servlet 既拥有 Java 提供的 API，而且还可以调用 Servlet 封装的 Servlet API 编程接口，因此，它在业务功能方面十分强大。

☑ 可移植

Java 语言是跨越平台的，所谓跨越平台是指程序的运行不依赖于操作系统平台，它可以运行到多个系统平台中，如目前常用的操作系统 Windows、Linux 和 UNIX 等，由于 Servlet 使用 Java 语言编写，所以，Servlet 继承了 Java 语言的优点，程序一次编码，多平台运行，拥有超强的可移植性。

☑ 性能高效

Servlet 对象在 Servlet 容器启动时被初始化，当第一次被请求时，Servlet 容器将其实例化，此时它储存于内存中。如果存在多个请求，Servlet 不会再被实例化，仍然由此 Servlet 对其进行处理。每一个请求是一个线程，而不是一个进程，因此，Servlet 对请求处理的性能是十分高效的。

☑ 安全性高

Servlet 使用了 Java 的安全框架，同时 Servlet 容器还可以为 Servlet 提供额外的功能，它的安全性是非常高的。

☑ 可扩展

Java 语言是面向对象的编程语言，Servlet 由 Java 语言编写，所以它继承了 Java 的面向对象的优点。在业务逻辑处理中，可以通过封装、继承等来扩展实际的业务需要，其扩展性非常强。

8.1.3 Servlet 与 JSP 的区别

Servlet 是使用 Java Servlet 接口（API）运行在 Web 应用服务器上的 Java 程序，其功能十分强大，它不但可以处理 HTTP 请求中的业务逻辑，而且还可以输出 HTML 代码来显示指定页面。而 JSP 是一种在 Servlet 规范之上的动态网页技术，在 JSP 页面中，同样可以编写业务逻辑处理 HTTP 请求，也可以通过 HTML 代码来编辑页面，在实现功能上，Servlet 与 JSP 貌似相同，实质存在一定的区别，主要表现在以下几方面。

☑ 角色不同

JSP 页面可以存在 HTML 代码与 Java 代码并存的情况，而 Servlet 需要承担客户请求与业务处理的中间角色，只有调用固定的方法才能将动态内容输出为静态的 HTML，所以，JSP 更具有显示层的角色。

☑ 编程方法不同

Servlet 与 JSP 在编程方法上存在很大的区别，使用 Servlet 开发 Web 应用程序需要遵循 Java 的标准，而 JSP 需要遵循一定脚本语言规范。在 Servlet 代码中，需要调用 Servlet 提供的相关 API 接口方法，才可以对 HTTP 请求及业务进行处理，对于业务逻辑方面的处理功能更加强大。然而在 JSP 页面中，通过 HTML 代码与 JSP 内置对象实现对 HTTP 请求及页面的处理，其显示界面的功能更加强大。

☑ Servlet 需要编译后运行

Servlet 需要在 Java 编译器编译后才可以运行，如果 Servlet 在编写完成或修改后没有被重新编译，则不能运行在 Web 容器中。而 JSP 则与之相反，JSP 由 JSP Container 对其进行管理，它的编辑过程也由 JSP Container 对 JSP 进行自动编辑，所以，无论 JSP 文件被创建还是修改，都不需要对其编译即可执行。

☑ 速度不同

由于 JSP 页面由 JSP Container 对其进行管理，在每次执行不同内容的动态 JSP 页面时，JSP Container 都要对其自动编译，所以，它的效率低于 Servlet 的执行效率。而 Servlet 在编译完成之后，则不需要再次编译，可以直接获取及输出动态内容。在 JSP 页面中的内容没有变化的情况下，JSP 页面的编译完成之后，JSP Container 不会再次对 JSP 进行编译。

说明

在 JSP 产生之前，无论是页面设计还是业务逻辑代码都需要编写于 Servlet 中。虽然 Servlet 在功能方面很强大，完全可以满足对 Web 应用的开发需求，但如果每一句 HTML 代码都由 Servlet 的固定方法来输出，则操作会过于复杂。而且在页面中，往往还需要用到 CSS 样式代码、JS 脚本代码等，对于程序开发人员而言，其代码量将不断增加，所以操作十分烦琐。针对这一问题，Sun 提出了 JSP（Java Server Page）技术，可以将 HTML、CSS、JS 等相关代码直接写入 JSP 页面中，从而简化了程序员对 Web 程序的开发。

8.1.4 Servlet 代码结构

在 Java 中，通常所说的 Servlet 是指 HttpServlet 对象，在声明一个对象为 Servlet 时，需要继承 HttpServlet 类。HttpServlet 类是 Servlet 接口的一个实现类，继承该类后，可以重写 HttpServlet 类中的方法对 HTTP 请求进行处理。其代码结构如下：

【例 8.1】 创建一个名称为 TestServlet 的 Servlet。（**实例位置：资源包\TM\sl\8\1**）

```
import java.io.IOException;
import javax.servlet.ServletException;
import javax.servlet.http.HttpServlet;
import javax.servlet.http.HttpServletRequest;
import javax.servlet.http.HttpServletResponse;
public class TestServlet extends HttpServlet {
	//初始化方法
	public void init() throws ServletException {
	}
	//处理 HTTP Get 请求
	public void doGet(HttpServletRequest request, HttpServletResponse response)
			throws ServletException, IOException {
	}
	//处理 HTTP Post 请求
	public void doPost(HttpServletRequest request, HttpServletResponse response)
			throws ServletException, IOException {
	}
	//处理 HTTP Put 请求
```

```
    public void doPut(HttpServletRequest request, HttpServletResponse response)
                throws ServletException, IOException {
    }
    //处理 HTTP Delete 请求
    public void doDelete(HttpServletRequest request,
                HttpServletResponse response) throws ServletException, IOException {
    }
    //销毁方法
    public void destroy() {
        super.destroy();
    }
}
```

上述代码显示了一个 Servlet 对象的代码结构，TestServlet 类通过继承 HttpServlet 类被声明为一个 Servlet 对象。该类中包含 6 个方法，其中 init()方法与 destroy()方法为 Servlet 初始化与生命周期结束所调用的方法，其余的 4 个方法为 Servlet 针对处理不同的 HTTP 请求类型所提供的方法，其作用如注释中所示。

在一个 Servlet 对象中，最常用的方法是 doGet()与 doPost()方法，这两个方法分别用于处理 HTTP 的 Get 与 Post 请求。例如，<form>表单对象所声明的 method 属性为 post，提交到 Servlet 对象处理时，Servlet 将调用 doPost()方法进行处理。

8.2　Servlet API 编程常用接口和类

视频讲解

Servlet 是运行在服务器端的 Java 应用程序，由 Servlet 容器对其进行管理，当用户对容器发送 HTTP 请求时，容器将通知相应的 Servlet 对象进行处理，完成用户与程序之间的交互。在 Servlet 编程中，Servlet API 提供了标准的接口与类，这些对象对 Servlet 的操作非常重要，它们为 HTTP 请求与程序回应提供了丰富的方法。

8.2.1　Servlet 接口

Servlet 的运行需要 Servlet 容器的支持，Servlet 容器通过调用 Servlet 对象提供了标准的 API 接口，对请求进行处理。在 Servlet 开发中，任何一个 Servlet 对象都要直接或间接地实现 javax.servlet.Servlet 接口。在该接口中包含 5 个方法，其功能及作用如表 8.1 所示。

表 8.1　Servlet 接口中的方法及说明

方　法	说　明
public void init(ServletConfig config)	Servlet 实例化后，Servlet 容器调用该方法来完成初始化工作
public void service(ServletRequest request, ServletResponse response)	用于处理客户端的请求
public void destroy()	当 Servlet 对象从 Servlet 容器中移除时，容器调用该方法，以便释放资源
public ServletConfig getServletConfig()	用于获取 Servlet 对象的配置信息，返回 ServletConfig 对象
public String getServletInfo()	返回有关 Servlet 的信息，它是纯文本格式的字符串，如作者、版本等

【例 8.2】 创建一个 Servlet，实现向客户端输出一个字符串。（**实例位置：资源包\TM\sl\8\2**）

```
public class WordServlet implements Servlet {
    public void destroy() {
        //TODO Auto-generated method stub
    }
    public ServletConfig getServletConfig() {
        //TODO Auto-generated method stub
        return null;
    }
    public String getServletInfo() {
        //TODO Auto-generated method stub
        return null;
    }
    public void init(ServletConfig arg0) throws ServletException {
        //TODO Auto-generated method stub
    }
    public void service(ServletRequest request, ServletResponse response)
            throws ServletException, IOException {
        PrintWriter pwt = response.getWriter();
        pwt.println("mingrisoft");
        pwt.close();
    }
}
```

在 Servlet 中，主要的方法是 service()，当客户端请求到来时，Servlet 容器将调用 Servlet 实例的 service()方法对请求进行处理。本实例在 service()方法中，首先通过 ServletResponse 类中的 getWriter()方法调用得到一个 PrintWriter 类型的输出流对象 out，然后调用 out 对象的 println()方法向客户端发送字符串“mingrisoft”，最后关闭 out 对象。

8.2.2 ServletConfig 接口

ServletConfig 接口位于 javax.servlet 包中，它封装了 Servlet 的配置信息，在 Servlet 初始化期间被传递。每一个 Servlet 都有且只有一个 ServletConfig 对象。该对象定义了 4 个方法，如表 8.2 所示。

表 8.2 ServletConfig 接口中的方法及说明

方 法	说 明
public String getInitParameter(String name)	返回 String 类型名称为 name 的初始化参数值
public Enumeration getInitParameterNames()	获取所有初始化参数名的枚举集合
public ServletContext getServletContext()	用于获取 Servlet 上下文对象
public String getServletName()	返回 Servlet 对象的实例名

8.2.3 HttpServletRequest 接口

HttpServletRequest 接口位于 javax.servlet.http 包中，继承了 javax.servlet.ServletRequest 接口，是

Servlet 中的重要对象，在开发过程中较为常用，其常用方法及说明如表 8.3 所示。

表 8.3　HttpServletRequest 接口的常用方法及说明

方　法	说　明
public String getContextPath()	返回请求的上下文路径，此路径以“/”开关
public Cookie[] getCookies()	返回请求中发送的所有 cookie 对象，返回值为 cookie 数组
public String getMethod()	返回请求所使用的 HTTP 类型，如 get、post 等
public String getQueryString()	返回请求中参数的字符串形式，如请求 MyServlet?username=mr，则返回 username=mr
public String getRequestURI()	返回主机名到请求参数之间的字符串形式
public StringBuffer getRequestURL()	返回请求的 URL，此 URL 中不包含请求的参数。注意此方法返回的数据类型为 StringBuffer
public String getServletPath()	返回请求 URI 中的 Servlet 路径的字符串，不包含请求中的参数信息
public HttpSession getSession()	返回与请求关联的 HttpSession 对象

8.2.4　HttpServletResponse 接口

HttpServletResponse 接口位于 javax.servlet.http 包中，它继承了 javax.servlet.ServletResponse 接口，同样是一个非常重要的对象，其常用方法及说明如表 8.4 所示。

表 8.4　HttpServletResponse 接口的常用方法及说明

方　法	说　明
public void addCookie(Cookie cookie)	向客户端写入 cookie 信息
public void sendError(int sc)	发送一个错误状态码为 sc 的错误响应到客户端
public void sendError(int sc, String msg)	发送一个包含错误状态码及错误信息的响应到客户端，参数 sc 为错误状态码，参数 msg 为错误信息
public void sendRedirect(String location)	使用客户端重定向到新的 URL，参数 location 为新的地址

8.2.5　GenericServlet 类

在编写一个 Servlet 对象时，必须实现 javax.servlet.Servlet 接口，在 Servlet 接口中包含 5 个方法，也就是说创建一个 Servlet 对象要实现这 5 个方法，这样操作非常不方便。javax.servlet.GenericServlet 类简化了此操作，实现了 Servlet 接口。

```
public abstract class GenericServlet
        extends Object
        implements Servlet, ServletConfig, Serializable
```

GenericServlet 类是一个抽象类，分别实现了 Servlet 接口与 ServletConfig 接口。该类实现了除 service()之外的其他方法，在创建 Servlet 对象时，可以继承 GenericServlet 类来简化程序中的代码，但需要实现 service()方法。

8.2.6 HttpServlet类

GenericServlet类实现了javax.servlet.Servlet接口，为程序的开发提供了方便；但在实际开发过程中，大多数的应用都是使用Servlet处理HTTP协议的请求，并对请求做出响应，所以通过继承GenericServlet类仍然不是很方便。javax.servlet.http.HttpServlet类对GenericServlet类进行了扩展，为HTTP请求的处理提供了灵活的方法。

```
public abstract class HttpServlet
        extends GenericServlet implements Serializable
```

HttpServlet类仍然是一个抽象类，实现了service()方法，并针对HTTP 1.1中定义的7种请求类型提供了相应的方法——doGet()方法、doPost()方法、doPut()方法、doDelete()方法、doHead()方法、doTrace()方法和doOptions()方法。在这7个方法中，除了对doTrace()方法与doOptions()方法进行简单实现外，HttpServlet类并没有对其他方法进行实现，需要开发人员在使用过程中根据实际需要对其进行重写。

HttpServlet类继承了GenericServlet类，通过其对GenericServlet类的扩展，可以很方便地对HTTP请求进行处理及响应。该类与GenericServlet类、Servlet接口的关系如图8.2所示。

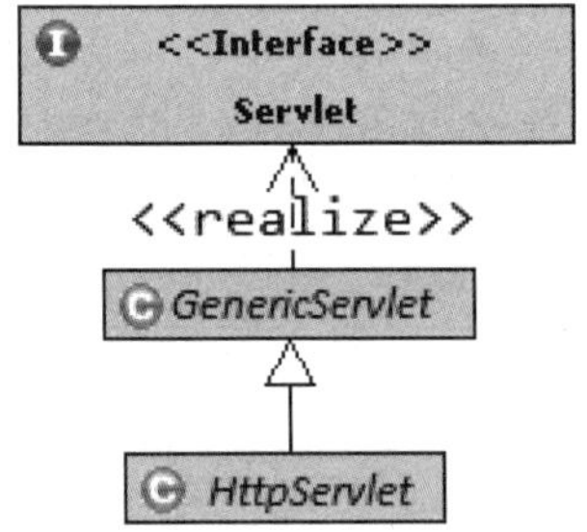

图8.2　HttpServlet类与GenericServlet类、Servlet接口的关系

8.3 Servlet开发

在Java的Web开发中，Servlet具有重要的地位，程序中的业务逻辑可以由Servlet进行处理；它也可以通过HttpServletResponse对象对请求做出响应，功能十分强大。本节将对Servlet的创建及配置进行详细讲解。

8.3.1 Servlet创建

Servlet的创建十分简单，主要有两种创建方法。第一种方法为创建一个普通的Java类，使这个类继承HttpServlet类，再通过手动配置web.xml文件注册Servlet对象。该方法操作比较烦琐，在快速开发中通常不被采纳，而是使用第二种方法——直接通过IDE集成开发工具进行创建。

使用集成开发工具创建 Servlet 非常方便，下面以 Eclipse 为例介绍 Servlet 的创建过程，其他开发工具大同小异。

（1）在 Eclipse 的包资源管理器中，右击，在弹出的快捷菜单中选择“新建”→Servlet 命令，在弹出的对话框中输入新建 Servlet 所在的包和类名，然后单击“下一步”按钮，如图 8.3 所示。

（2）在新建 Servlet 向导中，可以选择 Servlet 包含的方法，如图 8.4 所示。

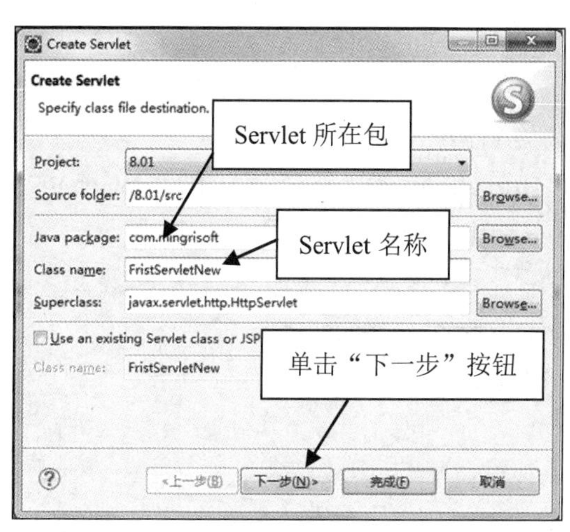

图 8.3　Create Servlet 对话框

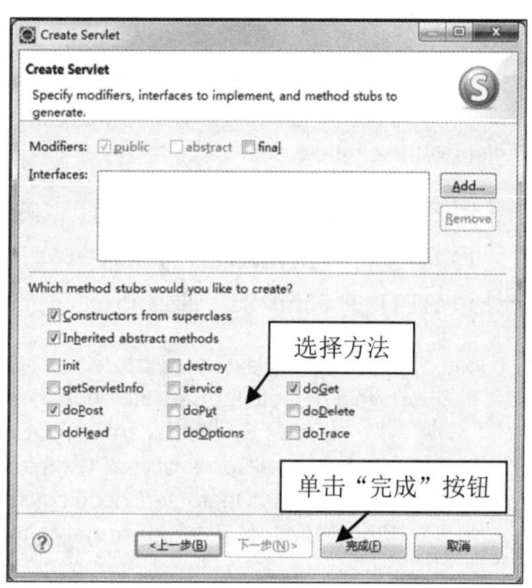

图 8.4　选择 Servlet 包含的方法

（3）单击“下一步”按钮，打开 Servlet 配置对话框，保持默认设置不变，单击“完成”按钮，完成 Servlet 的创建。

8.3.2　Servlet 配置

要使 Servlet 对象正常地运行，需要进行适当的配置，以告知 Web 容器哪一个请求调用哪一个 Servlet 对象处理，对 Servlet 起到一个注册的作用。Servlet 的配置包含在 web.xml 文件中，主要通过以下两步进行设置。

1．声明 Servlet 对象

在 web.xml 文件中，通过<servlet>标签声明一个 Servlet 对象。在此标签下包含两个主要子元素，分别为<servlet-name>与<servlet-class>。其中，<servlet-name>元素用于指定 Servlet 的名称，该名称可以为自定义的名称；<servlet-class>元素用于指定 Servlet 对象的完整位置，包含 Servlet 对象的包名与类名。其声明语句如下：

```
<servlet>
    <servlet-name>SimpleServlet</servlet-name>
    <servlet-class>com.lyq.SimpleServlet</servlet-class>
</servlet>
```

2. 映射 Servlet

在 web.xml 文件中声明了 Servlet 对象后，需要映射访问 Servlet 的 URL。该操作使用<servlet-mapping>标签进行配置。<servlet-mapping>标签包含两个子元素，分别为<servlet-name>与<url-pattern>。其中，<servlet-name>元素与<servlet>标签中的<servlet-name>元素相对应，不可以随意命名。<url-pattern>元素用于映射访问 URL。其配置方法如下：

```
<servlet-mapping>
    <servlet-name>SimpleServlet</servlet-name>
    <url-pattern>/SimpleServlet</url-pattern>
</servlet-mapping>
```

【例 8.3】 Servlet 的创建及配置。（**实例位置：资源包\TM\sl\8\3**）

（1）创建名为 MyServlet 的 Servlet 对象，它继承了 HttpServlet 类。在该类中重写 doGet()方法，用于处理 HTTP 的 get 请求，通过 PrintWriter 对象进行简单输出。关键代码如下：

```
public class MyServlet extends HttpServlet {
    public void doGet(HttpServletRequest request, HttpServletResponse response)
            throws ServletException, IOException {
        response.setContentType("text/html");
        response.setCharacterEncoding("GBK");
        PrintWriter out = response.getWriter();
        out.println("<HTML>");
        out.println("<HEAD><TITLE>Servlet 实例</TITLE></HEAD>");
        out.println("<BODY>");
        out.print("Servlet 实例： ");
        out.print(this.getClass());
        out.println("</BODY>");
        out.println("</HTML>");
        out.flush();
        out.close();
    }
}
```

（2）在 web.xml 文件中对 MyServlet 进行配置，其中访问 URL 的相对路径为/servlet/MyServlet。关键代码如下：

```
<servlet>
    <servlet-name>MyServlet</servlet-name>
    <servlet-class>com.lyq.MyServlet</servlet-class>
</servlet>
<servlet-mapping>
    <servlet-name>MyServlet</servlet-name>
    <url-pattern>/servlet/MyServlet</url-pattern>
</servlet-mapping>
```

本实例使用 MyServlet 对象对请求进行处理，其处理过程非常简单，通过 PrintWriter 对象向页面中打印信息。运行结果如图 8.5 所示。

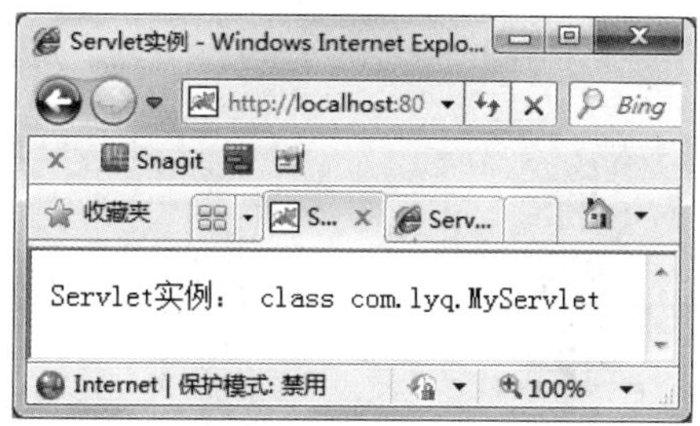

图 8.5　在浏览器中直接访问 Servlet

8.4　小　　结

本章首先介绍了 Servlet 基础，在这一部分需要了解 Servlet 的结构体系、Servlet 与 JSP 的区别及掌握 Servlet 的原理；然后又介绍了 Servlet 开发的相关知识，这一部分内容在 Java Web 开发中十分重要，需要读者重点掌握 Servlet 的常用 API、创建及配置 Servlet，并能够使用 Servlet 处理 Web 应用中的业务逻辑。Servlet 是 Java Web 开发中十分重要的内容，因此本章内容应该引起读者的高度重视。

8.5　实践与练习

1．使用 Servlet 实现用户注册功能。（**答案位置：资源包\TM\sl\8\4**）

2．编写一个 Servlet，将表单提交的商品信息输出到页面中。（**答案位置：资源包\TM\sl\8\5**）

3．简易 Servlet 计算器。（**答案位置：资源包\TM\sl\8\6**）

第 9 章

过滤器和监听器

（视频讲解：44 分钟）

Servlet 过滤器是从 Servlet 2.3 规范开始新增的功能，并在 Servlet 2.4 规范中得到增强，监听器可以监听到 Web 应用程序启动和关闭。创建过滤器和监听器需要继承相应的接口，并对其进行配置。

通过阅读本章，您可以：

- 了解过滤器的作用
- 掌握过滤器的核心对象
- 创建与配置过滤器
- 掌握监听器的创建和配置
- 掌握 Servlet 3.0 新特性

9.1　Servlet 过滤器

在现实生活中，自来水都是经过一层层的过滤处理才达到食用标准的，每一层过滤都起到一种净化的作用。Java Web 中的 Servlet 过滤器与自来水被过滤的原理相似，Servlet 过滤器主要用于对客户端（浏览器）的请求进行过滤处理，然后将过滤后的请求转交给下一资源，它在 Java Web 开发中具有十分重要的作用。

9.1.1　什么是过滤器

Servlet 过滤器与 Servlet 十分相似，但它具有拦截客户端（浏览器）请求的功能，Servlet 过滤器可以改变请求中的内容，来满足实际开发中的需要。对于程序开发人员而言，过滤器实质上就是在 Web 应用服务器上的一个 Web 应用组件，用于拦截客户端（浏览器）与目标资源的请求，并对这些请求进行一定过滤处理再发送给目标资源。过滤器的处理方式如图 9.1 所示。

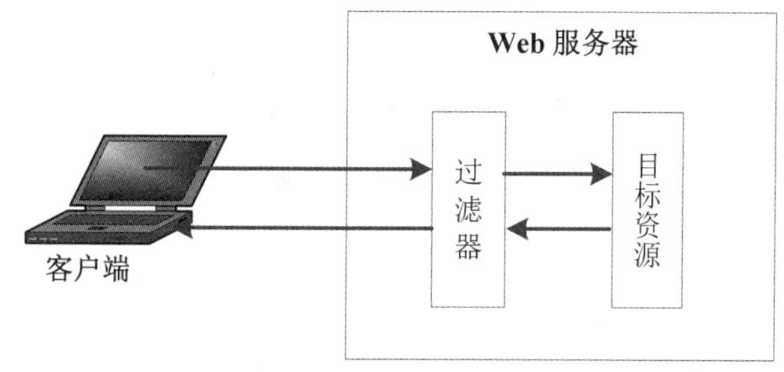

图 9.1　过滤器的处理方式

从图 9.1 中可以看出，在 Web 容器中部署了过滤器以后，不仅客户端发送的请求会经过过滤器的处理，而且请求在发送到目标资源处理以后，请求的回应信息也同样要经过过滤器。

如果一个 Web 应用中使用一个过滤器不能解决实际中的业务需要，那么可以部署多个过滤器对业务请求进行多次处理，这样做就组成了一个过滤器链。Web 容器在处理过滤器链时，将按过滤器的先后顺序对请求进行处理，如图 9.2 所示。

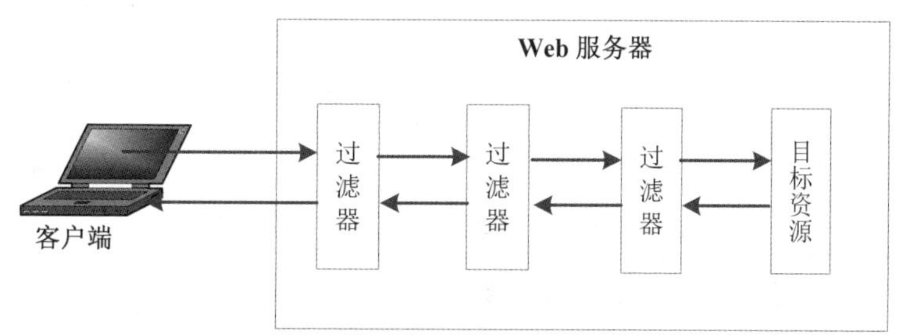

图 9.2　过滤器链

如果在 Web 窗口中部署了过滤器链，也就是部署了多个过滤器，请求会依次按照过滤器顺序进行处理，在第一个过滤器处理一请求后，会传递给第二个过滤器进行处理，依此类推，一直传递到最后一个过滤器为止，再将请求交给目标资源进行处理。目标资源在处理了经过过滤的请求后，其回应信息再从最后一个过滤器依次传递到第一个过滤器，最后传送到客户端，这就是过滤器在过滤器链中的应用流程。

9.1.2 过滤器核心对象

过滤器对象放置在 javax.servlet 包中，其名称为 Filter，它是一个接口。除这个接口外，与过滤器相关的对象还有 FilterConfig 对象与 FilterChain 对象，这两个对象也同样是接口对象，位于 javax. servlet 包中，分别为过滤器的配置对象与过滤器的传递工具。在实际开发中，定义过滤器对象只需要直接或间接地实现 Filter 接口即可。如图 9.3 所示中的 MyFilter1 过滤器与 MyFilter2 过滤器，而 FilterConfig 对象与 FilterChain 对象用于对过滤器的相关操作。

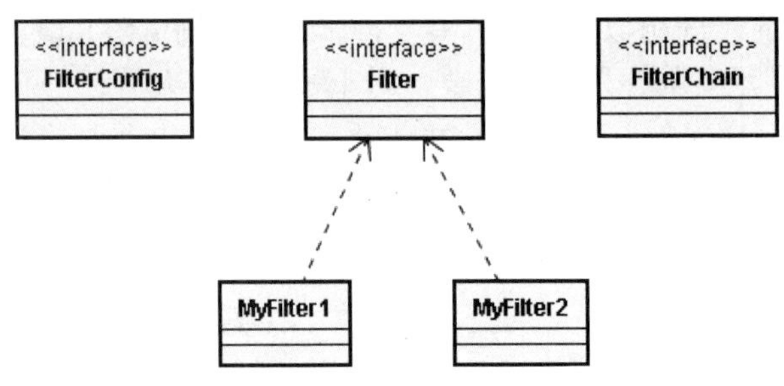

图 9.3　Filter 及相关对象

☑　Filter 接口

每一个过滤器对象都要直接或间接地实现 Filter 接口，在 Filter 接口中定义了 3 个方法，分别为 init()方法、doFilter()方法和 destroy()方法，其方法声明及说明如表 9.1 所示。

表 9.1　Filter 接口的方法声明及说明

方 法 声 明	说　　明
public void init(FilterConfig filterConfig) throws ServletException	过滤器初始化方法，该方法在过滤器初始化时调用
public void doFilter(ServletRequest request, ServletResponse response, FilterChain chain) throws IOException, ServletException	对请求进行过滤处理
public void destroy()	销毁方法，以便释放资源

☑　FilterConfig 接口

FilterConfig 接口由 Servlet 容器进行实现，主要用于获取过滤器中的配置信息，其方法声明及说明如表 9.2 所示。

表 9.2　FilterConfig 接口的方法声明及说明

方 法 声 明	说　　明
public String getFilterName()	用于获取过滤器的名字
public ServletContext getServletContext()	获取 Servlet 上下文
public String getInitParameter(String name)	获取过滤器的初始化参数值
public Enumeration getInitParameterNames()	获取过滤器的所有初始化参数

☑　FilterChain 接口

FilterChain 接口仍然由 Servlet 容器进行实现，在这个接口中只有一个方法，其方法声明如下：

```
public void doFilter(ServletRequest request, ServletResponse response) throws IOException, ServletException
```

该方法用于将过滤后的请求传递给下一个过滤器，如果此过滤器已经是过滤器链中的最后一个过滤器，那么，请求将传送给目标资源。

9.1.3　过滤器创建与配置

创建一个过滤器对象需要实现 javax.servlet.Filter 接口，同时实现 Filter 接口的 3 个方法，如例 9.1 演示了过滤器的创建。

【例 9.1】　创建名称为 MyFilter 的过滤器对象，其代码如下：

```
import java.io.IOException;
import javax.servlet.Filter;
import javax.servlet.FilterChain;
import javax.servlet.FilterConfig;
import javax.servlet.ServletException;
import javax.servlet.ServletRequest;
import javax.servlet.ServletResponse;
/**
 * 过滤器
 */
public class MyFilter implements Filter {
	//初始化方法
	public void init(FilterConfig fConfig) throws ServletException {
	//初始化处理
	}
	//过滤处理方法
	public void doFilter(ServletRequest request, ServletResponse response, FilterChain chain) throws IOException,
ServletException {
		//过滤处理
		chain.doFilter(request, response);
	}
	//销毁方法
	public void destroy() {
	//释放资源
	}
}
```

过滤器中的 init()方法用于对过滤器的初始化进行处理，destroy()方法是过滤器的销毁方法，主要用于释放资源，对于过滤处理的业务逻辑需要编写到 doFilter()方法中，在请求过滤处理后，需要调用 chain 参数的 doFilter()方法将请求向下传递给下一过滤器或目标资源。

说明

使用过滤器并不一定要将请求向下传递到下一过滤器或目标资源，如果业务逻辑需要，也可以在过滤处理后，直接回应于客户端。

过滤器与 Servlet 十分相似，在创建之后同样需要对其进行配置，过滤器的配置主要分为两个步骤，分别为声明过滤器对象和创建过滤器映射。

【例 9.2】 创建名称为 MyFilter 的过滤器对象。代码如下：

```
<!-- 过滤器声明 -->
<filter>
    <!-- 过滤器的名称 -->
    <filter-name>MyFilter</filter-name>
    <!-- 过滤器的完整类名 -->
    <filter-class>com.lyq.MyFilter</filter-class>
</filter>
<!-- 过滤器映射 -->
<filter-mapping>
    <!-- 过滤器名称 -->
    <filter-name>MyFilter</filter-name>
    <!-- 过滤器 URL 映射 -->
    <url-pattern>/MyFilter</url-pattern>
</filter-mapping>
```

<filter>标签用于声明过滤器对象，在这个标签中必须配置两个子元素，分别为过滤器的名称与过滤器完整类名，其中<filter-name>用于定义过滤器的名称，<filter-class>用于指定过滤器的完整类名。

<filter-mapping>标签用于创建过滤器的映射，它的主要作用就是指定 Web 应用中，哪些 URL 应用哪一个过滤器进行处理。在<filter-mapping>标签中需要指定过滤器的名称与过滤器的 URL 映射，其中<filter-name>用于定义过滤器的名称，<url-pattern>用于指定过滤器应用的 URL。

注意

<filter>标签中的<filter-name>可以是自定义的名称，而<filter-mapping>标签中的<filter-name>是指定已定义的过滤器的名称，它需要与<filter>标签中的<filter-name>一一对应。

【例 9.3】 创建一个过滤器，实现网站访问计数器的功能，并在 web.xml 文件的配置中，将网站访问量的初始值设置为 5000。（**实例位置：资源包\TM\sl\9\1**）

（1）创建名称为 CountFilter 的类，该类实现 javax.servlet.Filter 接口，是一个过滤器对象，通过该过滤器实现统计网站访问人数功能。关键代码如下：

```
import java.io.IOException;
import javax.servlet.Filter;
import javax.servlet.FilterChain;
import javax.servlet.FilterConfig;
import javax.servlet.ServletContext;
import javax.servlet.ServletException;
import javax.servlet.ServletRequest;
import javax.servlet.ServletResponse;
import javax.servlet.http.HttpServletRequest;
ublic class CountFilter implements Filter {
    //来访数量
    private int count;
    @Override
```

```
    public void init(FilterConfig filterConfig) throws ServletException {
        String param = filterConfig.getInitParameter("count");    //获取初始化参数
        count = Integer.valueOf(param);                            //将字符串转换为 int
    }
    @Override
    public void doFilter(ServletRequest request, ServletResponse response,
            FilterChain chain) throws IOException, ServletException {
        count ++;                                                  //访问数量自增
        //将 ServletRequest 转换成 HttpServletRequest
        HttpServletRequest req = (HttpServletRequest) request;
        //获取 ServletContext
        ServletContext context = req.getSession().getServletContext();
        context.setAttribute("count", count);                      //将来访数量值放入 ServletContext 中
        chain.doFilter(request, response);                         //向下传递过滤器
    }
    @Override
    public void destroy() {

    }
}
```

在 CountFilter 类中，包含了一个成员变量 count，用于记录网站访问人数，该变量在过滤器的初始化方法 init()中被赋值，它的初始化值通过 FilterConfig 对象读取配置文件中的初始化参数进行获取。

计数器 count 变量的值在 CountFilter 类的 doFilter()方法中被递增，因为客户端在请求服务器中的 Web 应用时，过滤器拦截请求通过 doFilter()方法进行过滤处理，所以，当客户端请求 Web 应用时，计数器 count 的值将自增 1。为了能够访问计数器中的值，实例中将其放置于 Servlet 上下文中，Servlet 上下文对象通过将 ServletRequest 转换为 HttpServletRequest 对象后获取。

说明

编写过滤器对象需要实现 javax.servlet.Filter 接口，实现该接口后需要对 Filter 对象的 3 个方法进行实现。在这 3 个方法中，除了 doFilter()方法外，如果在业务逻辑中不涉及初始化方法 init()与销毁方法 destroy()，可以不编写任何代码对其进行空实现，如实例中的 destroy()方法。

（2）配置已创建的 CountFilter 对象，此操作通过配置 web.xml 文件进行实现。关键代码如下：

```
<!-- 过滤器声明 -->
<filter>
    <filter-name>CountFilter</filter-name>                 //过滤器的名称
    <filter-class>com.lyq.CountFilter</filter-class>       //过滤器的完整类名
    <init-param>                                           //设置初始化参数
        <param-name>count</param-name>                     //参数名
        <param-value>5000</param-value>                    //参数值
    </init-param>
</filter>
    <filter-mapping>                                       //过滤器映射
    <filter-name>CountFilter</filter-name>                 //过滤器名称
    <url-pattern>/index.jsp</url-pattern>                  //过滤器 URL 映射
</filter-mapping>
```

CountFilter 对象的配置主要通过声明过滤器及创建过滤器的映射实现，其中声明过滤器通过<filter>标签进行实现。在声明过程中，实例通过<init-param>标签配置过滤器的初始化参数，初始化参数的名称为 count，参数值为 5000。

技巧

如果直接对过滤器对象中的成员变量进行赋值，那么在过滤器被编译后将不可修改，所以，实例中将过滤器对象中的成员变量定义为过滤器的初始化参数，从而提高代码的灵活性。

（3）创建程序中的首页 index.jsp 页面，在该页面中通过 JSP 内置对象 Application 获取计数器的值。关键代码如下：

```
<body>
    <h2>
    欢迎光临，<br>
    您是本站的第【
    <%=application.getAttribute("count") %>
     】位访客！
     </h2>
</body>
```

由于在 web.xml 文件中将计数器的初始值设置为 5000，所以实例运行后，计数器的数值变为大于 5000 的数，在多次刷新页面后，实例运行结果如图 9.4 所示。

图 9.4　实现网站计数器

9.1.4　字符编码过滤器

在 Java Web 程序开发中，由于 Web 容器内部所使用编码格式并不支持中文字符集，所以，处理浏览器请求中的中文数据就会出现乱码现象，如图 9.5 所示。

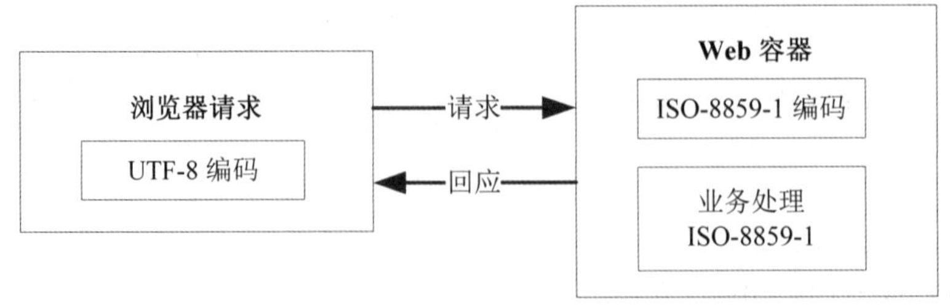

图 9.5　Web 请求中的编码

从图 9.5 中可以看出，由于 Web 容器使用了 ISO-8859-1 的编码格式，所以在 Web 应用的业务处理中也会使用 ISO-8859-1 的编码格式。虽然浏览器提交的请求使用的是中文编码格式 UTF-8，但经过业务处理中的 ISO-8859-1 编码，仍然会出现中文乱码现象。解决此问题的方法非常简单，在业务处理中重新指定中文字符集进行编码即可解决。在实际开发过程中，如果通过每一个业务处理指定中文字符集编码，则操作过于烦琐，而且容易遗漏某一个业务中的字符编码设置；如果通过过滤器来处理字符编码，就可以做到简单又万无一失，如图 9.6 所示。

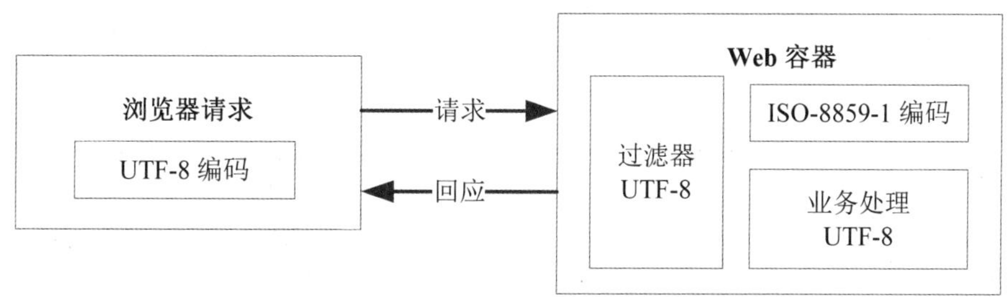

图 9.6　在 Web 容器中加入字符编码过滤器

在 Web 应用中部署了字符编码过滤器以后，即使 Web 容器的编码格式不支持中文，但浏览器的每一次请求都会经过过滤器进行转码，所以，可以完全避免中文乱码现象的产生。

【例 9.4】 实现图书信息的添加功能，并创建字符编码过滤器，避免中文乱码现象的产生。（**实例位置：资源包\TM\sl\9\2**）

（1）创建字符编码过滤器对象，其名称为 CharactorFilter 类。该类实现了 javax.servlet.Filter 接口，并在 doFilter()方法中对请求中的字符编码格式进行设置，其关键代码如下：

```
public class CharactorFilter implements Filter {
    String encoding = null;                                          //字符编码
    @Override
    public void destroy() {
        encoding = null;
    }
    @Override
    public void doFilter(ServletRequest request, ServletResponse response,
            FilterChain chain) throws IOException, ServletException {
        if(encoding != null){                                        //判断字符编码是否为空
            request.setCharacterEncoding(encoding);                  //设置 request 的编码格式
            response.setContentType("text/html; charset="+encoding); //设置 response 字符编码
        }
            chain.doFilter(request, response);                       //传递给下一过滤器
    }

    @Override
    public void init(FilterConfig filterConfig) throws ServletException {
        encoding = filterConfig.getInitParameter("encoding");        //获取初始化参数
    }
}
```

CharactorFilter 类是实例中的字符编码过滤器，它主要通过在 doFilter()方法中，指定 request 与 reponse 两个参数的字符集 encoding 进行编码处理，使得目标资源的字符集支持中文。其中 encoding

是 CharactorFilter 类定义的字符编码格式成员变量，该变量在过滤器的初始化方法 init()中被赋值，它的值是通过 FilterConfig 对象读取配置文件中的初始化参数获取的。

注意

在过滤器对象的 doFilter()方法中，业务逻辑处理完成之后，需要通过 FilterChain 对象的 doFilter()方法将请求传递到下一过滤器或目标资源，否则将出现错误。

在创建了过滤器对象之后，还需要对过滤器进行一定的配置才可以正常使用。过滤器 CharactorFilter 的配置代码如下：

```
<filter>                                                              //声明过滤器
    <filter-name>CharactorFilter</filter-name>                        //过滤器名称
    <filter-class>com.lyq.CharactorFilter</filter-class>              //过滤器的完整类名
    <init-param>                                                      //初始化参数
        <param-name>encoding</param-name>                             //参数名
        <param-value>UTF-8</param-value>                              //参数值
    </init-param>
</filter>
<filter-mapping>                                                      //过滤器映射
    <filter-name>CharactorFilter</filter-name>                        //过滤器名称
    <url-pattern>/*</url-pattern>                                     //URL 映射
</filter-mapping>
```

在过滤器 CharactorFilter 的配置声明中，实例将它的初始化参数 encoding 的值设置为 GB18030，它与 JSP 页面的编码格式相同，支持中文。

技巧

在 web.xml 文件中配置过滤器，其过滤器的 URL 映射可以使用正则表达式进行配置，如实例中使用“/*”来匹配所有请求。

（2）创建名称为 AddServlet 的类，该类继承 HttpServlet，是处理添加图书信息请求的 Servlet 对象。关键代码如下：

```
public class AddServlet extends HttpServlet {
    private static final long serialVersionUID = 1L;
    protected void doGet(HttpServletRequest request, HttpServletResponse response) throws ServletException,
IOException {                                                         //处理 GET 请求
        doPost(request, response);
    }
    protected void doPost(HttpServletRequest request, HttpServletResponse response) throws ServletException,
IOException {                                                         //处理 POST 请求
        PrintWriter out = response.getWriter();                       //获取 PrintWriter
        String id = request.getParameter("id");                       //获取图书编号
        String name = request.getParameter("name");                   //获取名称
        String author = request.getParameter("author");               //获取作者
        String price = request.getParameter("price");                 //获取价格
        out.print("<h2>图书信息添加成功</h2><hr>");                    //输出图书信息
```

```
            out.print("图书编号：" + id + "<br>");
            out.print("图书名称：" + name + "<br>");
            out.print("作者：" + author + "<br>");
            out.print("价格：" + price + "<br>");
            out.flush();                                          //刷新流
            out.close();                                          //关闭流
    }
}
```

AddServlet 的类主要通过 doPost()方法实现添加图书信息请求的处理，其处理方式是将所获取到的图书信息数据直接输出到页面中。

技巧

移位能实现整数除以或乘以 2 的 n 次方的效果。例如，y<<2 与 y*4 的结果相同；y>>1 的结果与 y/2 的结果相同。总之，一个数左移 n 位，就是将这个数乘以 2 的 n 次方；一个数右移 n 位，就是将这个数除以 2 的 n 次方。

技巧

在 Java Web 程序开发中，通常情况下，Servlet 所处理的请求类型都是 GET 或 POST，所以可以在 doGet()方法中调用 doPost()方法，把业务处理代码写到 doPost()方法中，或在 doPost()方法中调用 doGet()方法，把业务处理代码写到 doGet()方法中，无论 Servlet 接收的请求类型是 GET 还是 POST，Servlet 都对其进行处理。

在编写了 Servlet 类后，还需要在 web.xml 文件中对 Servlet 进行配置，其配置代码如下：

```
<servlet>                                                  //声明 Servlet
    <servlet-name>AddServlet</servlet-name>                //Servlet 名称
    <servlet-class>com.lyq.AddServlet</servlet-class>      //Servlet 完整类名
</servlet>
<servlet-mapping>                                          //Servlet 映射
    <servlet-name>AddServlet</servlet-name>                //Servlet 名称
    <url-pattern>/AddServlet</url-pattern>                 //URL 映射
</servlet-mapping>
```

（3）创建名称为 index.jsp 的页面，它是程序中的主页。该页面主要用于放置添加图书信息的表单，其关键代码如下：

```
<body>
    <form action="AddServlet" method="post">
        <table align="center" border="1" width="350">
            <tr>
                <td class="2" align="center" colspan="2">
                    <h2>添加图书信息</h2>
                </td>
            </tr>
            <tr>
                <td align="right">图书编号：</td>
```

```
				<td>
					<input type="text" name="id">
				</td>
			</tr>
			<tr>
				<td align="right">图书名称：</td>
				<td>
					<input type="text" name="name">
				</td>
			</tr>
			<tr>
				<td align="right">作　　者：</td>
				<td>
					<input type="text" name="author">
				</td>
			</tr>
			<tr>
				<td align="right">价　　格：</td>
				<td>
					<input type="text" name="price">
				</td>
			</tr>
			<tr>
				<td class="2" align="center" colspan="2">
					<input type="submit" value="添　加">
				</td>
			</tr>
		</table>
	</form>
</body>
```

编写完成 index.jsp 页面后，即可部署发布程序，实例运行后，将打开 index.jsp 页面，如图 9.7 所示。添加正确的图书信息后，单击“添加”按钮，其效果如图 9.8 所示。

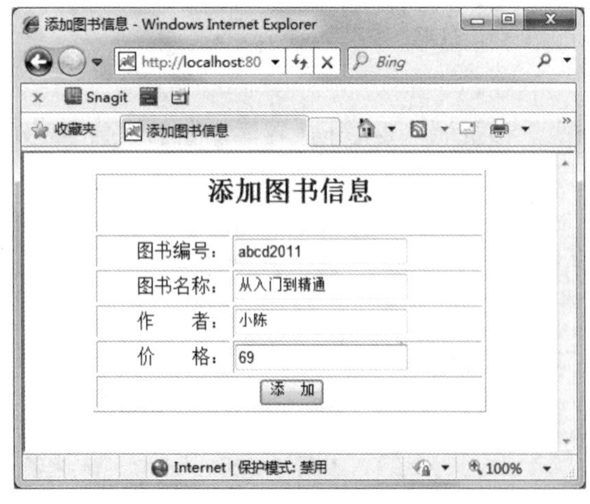

图 9.7　添加图书信息

图 9.8　显示图书信息

9.2　Servlet 监听器

在 Servlet 技术中已经定义了一些事件，并且可以针对这些事件来编写相关的事件监听器，从而对事件做出相应处理。例如，想要在 Web 应用程序启动和关闭时来执行一些任务（如数据库连接的建立和释放），或者想要监控 Session 的创建和销毁，那么就可以通过监听器来实现。

9.2.1　Servlet 监听器简介

监听器的作用是监听 Web 容器的有效期事件，因此它是由容器管理的。利用 Listener 接口监听在容器中的某个执行程序，并且根据其应用程序的需求做出适当的响应。表 9.3 列出了 Servlet 和 JS 中的 8 个 Listener 接口和 6 个 Event 类。

表 9.3　Listener 接口与 Event 类

Listener 接口	Event 类
ServletContextListener	ServletContextEvent
ServletContextAttributeListener	ServletContextAttributeEvent
HttpSessionListener	HttpSessionEvent
HttpSessionActivationListener	
HttpSessionAttributeListener	HttpSessionBindingEvent
HttpSessionBindingListener	
ServletRequestListener	ServletRequestEvent
ServletRequestAttributeListener	ServletRequestAttributeEvent

9.2.2　Servlet 监听器的原理

Servlet 监听器是当今 Web 应用开发的一个重要组成部分。它是在 Servlet 2.3 规范中和 Servlet 过滤器一起引入的，并且在 Servlet 2.4 规范中对其进行了较大的改进，主要就是用来对 Web 应用进行监听和控制的，极大地增强了 Web 应用的事件处理能力。

Servlet 监听器的功能比较接近 Java 的 GUI 程序的监听器，可以监听由于 Web 应用中状态改变而引起的 Servlet 容器产生的相应事件，然后接受并处理这些事件。

9.2.3　Servlet 上下文监听

Servlet 上下文监听可以监听 ServletContext 对象的创建、删除以及属性添加、删除和修改操作，该监听器需要用到如下两个接口。

1. ServletContextListener 接口

该接口存放在 javax.servlet 包内，它主要实现监听 ServletContext 的创建和删除。ServletContextListener 接口提供了两个方法，它们也被称为“Web 应用程序的生命周期方法”。下面分别进行介绍。

- ☑ contextInitialized(ServletContextEvent event)方法：通知正在收听的对象，应用程序已经被加载及初始化。
- ☑ contextDestroyed(ServletContextEvent event)方法：通知正在收听的对象，应用程序已经被载出，即关闭。

2. ServletAttributeListener 接口

该接口存放在 javax.servlet 包内，主要实现监听 ServletContext 属性的增加、删除和修改。ServletAttributeListener 接口提供了以下 3 个方法。

- ☑ attributeAdded(ServletContextAttributeEvent event)方法：当有对象加入 Application 的范围时，通知正在收听的对象。
- ☑ attributeReplaced(ServletContextAttributeEvent event)方法：当在 Application 的范围有对象取代另一个对象时，通知正在收听的对象。
- ☑ attributeRemoved(ServletContextAttributeEvent event)方法：当有对象从 Application 的范围移除时，通知正在收听的对象。

【例 9.5】 创建监听器。

```
public class MyContentListener implements ServletContextListener {
    ...//省略了监听器中间的相关代码
}
```

要让 Web 容器在 Web 应用程序启动时通知 MyServletContextListener，需要在 web.xml 文件中使用<listener>元素来配置监听器类。对于本实例，在 web.xml 中需要进行配置。

```
<listener>
      <listener-class>com.listener.MyContentListener</listener-class>
</listener>
```

9.2.4 HTTP 会话监听

HTTP 会话监听（HttpSession）信息，有 4 个接口可以进行监听。

1. HttpSessionListener 接口

HttpSessionListener 接口实现监听 HTTP 会话创建、销毁。HttpSessionListener 接口提供了以下两个方法。

- ☑ sessionCreated(HttpSessionEvent event)方法：通知正在收听的对象，session 已经被加载及初始化。
- ☑ sessionDestroyed(HttpSessionEvent event)方法：通知正在收听的对象，session 已经被载出（HttpSessionEvent 类的主要方法是 getSession()，可以使用该方法回传一个 session 对象）。

2. HttpSessionActivationListener 接口

HttpSessionActivationListener 接口实现监听 HTTP 会话 active 和 passivate。HttpSessionActivationListener 接口提供了以下 3 个方法。

- ☑ attributeAdded(HttpSessionBindingEvent event)方法：当有对象加入 session 的范围时，通知正在收听的对象。
- ☑ attributeReplaced(HttpSessionBindingEvent event)方法：当在 session 的范围有对象取代另一个对象时，通知正在收听的对象。
- ☑ attributeRemoved(HttpSessionBindingEvent event)方法：当有对象从 session 的范围移除时，通知正在收听的对象（HttpSessionBindingEvent 类主要有 3 个方法：getName()、getSession()和 getValues()）。

3. HttpBindingListener 接口

HttpBindingListener 接口实现监听 HTTP 会话中对象的绑定信息。它是唯一不需要在 web.xml 中设定 Listener 的。HttpBindingListener 接口提供以下两个方法。

- ☑ valueBound(HttpSessionBindingEvent event)方法：当有对象加入 session 的范围时会被自动调用。
- ☑ valueUnBound(HttpSessionBindingEvent event)方法：当有对象从 session 的范围内移除时会被自动调用。

4. HttpSessionAttributeListener 接口

HttpSessionAttributeListener 接口实现监听 HTTP 会话中属性的设置请求。HttpSessionAttributeListener 接口提供以下两个方法。

- ☑ sessionDidActivate(HttpSessionEvent event)方法：通知正在收听的对象，它的 session 已经变为有效状态。
- ☑ sessionWillPassivate(HttpSessionEvent event)方法：通知正在收听的对象，它的 session 已经变为无效状态。

9.2.5 Servlet 请求监听

在 Servlet 2.4 规范中新增加了一个技术，就是可以监听客户端的请求。一旦能够在监听程序中获取客户端的请求，就可以对请求进行统一处理。要实现客户端的请求和请求参数设置的监听需要实现两个接口。

1. ServletRequestListener 接口

ServletRequestListener 接口提供了以下两个方法。

- ☑ requestInitalized(ServletRequestEvent event)方法：通知正在收听的对象，ServletRequest 已经被加载及初始化。
- ☑ requestDestroyed(ServletRequestEvent event)方法：通知正在收听的对象，ServletRequest 已经被

载出，即关闭。

2. ServletRequestAttributeListener 接口

ServletRequestAttributeListener 接口提供了以下 3 个方法。

☑ attributeAdded(ServletRequestAttributeEvent event)方法：当有对象加入 request 的范围时，通知正在收听的对象。

☑ attributeReplaced(ServletRequestAttributeEvent event)方法：当在 request 的范围内有对象取代另一个对象时，通知正在收听的对象。

☑ attributeRemoved(ServletRequestAttributeEvent event)方法：当有对象从 request 的范围移除时，通知正在收听的对象。

9.2.6 Servlet 监听器统计在线人数

监听器的作用是监听 Web 容器的有效事件，它由 Servlet 容器管理，利用 Listener 接口监听某个执行程序，并根据该程序的需求做出适当的响应。下面介绍一个应用 Servlet 监听器实现统计在线人数的实例。

【例 9.6】 应用 Servlet 监听器统计在线人数。（**实例位置：资源包\TM\sl\9\3**）

（1）创建 UserInfoList.java 类文件，主要是用来存储在线用户和对在线用户进行具体操作。该文件的完整代码如下：

```
public class UserInfoList {
    private static UserInfoList user = new UserInfoList();
    private Vector vector = null;
    /*
        利用 private 调用构造函数，
        防止被外界产生新的 instance 对象
     */
    public UserInfoList() {
        this.vector = new Vector();
    }
    /*外界使用的 instance 对象*/
    public static UserInfoList getInstance() {
        return user;
    }
    /*增加用户*/
    public boolean addUserInfo(String user) {
        if(user != null) {
          this.vector.add(user);
          return True;
        } else {
            return False;
        }
    }
    /*获取用户列表*/
```

```
    public Vector getList() {
        return vector;
    }
    /*移除用户*/
    public void removeUserInfo(String user) {
        if(user != null) {
            vector.removeElement(user);
        }
    }
}
```

（2）创建 UserInfoTrace.java 类文件，主要实现 valueBound(HttpSessionBindingEvent arg0)和 valueUnbound(HttpSessionBindingEvent arg0)两个方法。当有对象加入 session 时，valueBound()方法会自动被执行；当有对象从 session 中移除时，valueUnbound()方法会自动被执行，在 valueBound()和 valueUnbound()方法中都加入了输出信息的功能，可使用户在控制台中更清楚地了解执行过程。该文件的完整代码如下：

```
public class UserInfoTrace implements javax.servlet.http.
        HttpSessionBindingListener {
    private String user;
    private UserInfoList container = UserInfoList.getInstance();
    public UserInfoTrace() {
        user = "";
    }
    /*设置在线监听人员*/
    public void setUser(String user) {
        this.user = user;
    }
    /*获取在线监听*/
    public String getUser() {
        return this.user;
    }
    public void valueBound(HttpSessionBindingEvent arg0) {
        System.out.println("上线" + this.user);
    }
    public void valueUnbound(HttpSessionBindingEvent arg0) {
        System.out.println("下线" + this.user);
        if(user != "") {
            container.removeUserInfo(user);
        }
    }
}
```

（3）创建 showUser.jsp 页面文件，在页面中设置 session 的 setMaxInactiveInterval()为 10 秒，这样可以缩短 session 的生命周期。该页面文件的关键代码如下：

```
<%@ page import="java.util.*"%>
<%@ page import="com.listener.*"%>
```

```
<%
UserInfoList list=UserInfoList.getInstance();
UserInfoTrace ut=new UserInfoTrace();
String name=request.getParameter("user");
ut.setUser(name);
session.setAttribute("list",ut);
list.addUserInfo(ut.getUser());
session.setMaxInactiveInterval(10);
%>
<textarea rows="8" cols="20">
<%
Vector vector=list.getList();
if(vector!=null&&vector.size()>0){
for(int i=0;i<vector.size();i++){
   out.println(vector.elementAt(i));
}
}
%>
</textarea>
```

运行本实例，结果如图 9.9 所示。

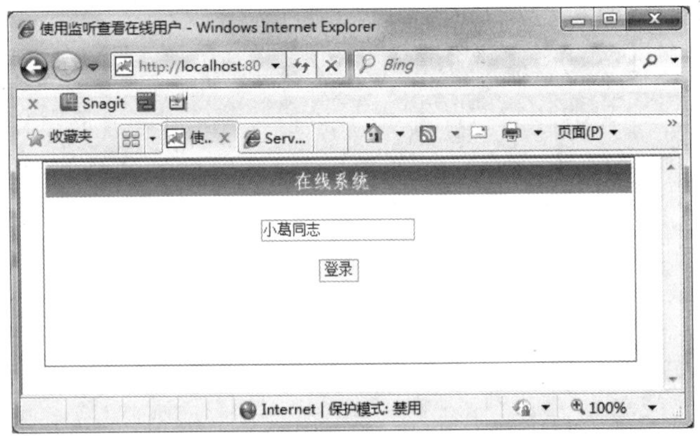

图 9.9 统计在线人数

当用户输入登录名称后，单击“登录”按钮，会进入统计在线人数界面，如图 9.10 所示。

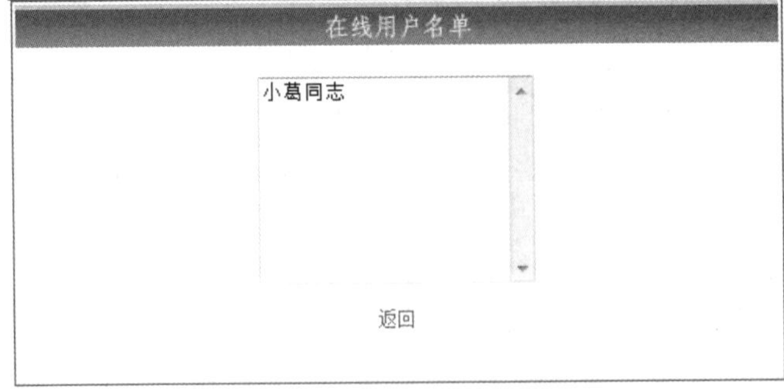

图 9.10 统计在线人数界面

9.3　Servlet 3.0 新特性

Servlet 3.0 是 Servlet 规范的最新版本。在该版本中引入了若干个重要的新特性，例如新增的注释、异步处理、可插性支持等内容。这些内容的添加是 Servlet 技术逐渐完善的一个体现。下面详细地介绍 Servlet 3.0 的这些新技术。

9.3.1　新增注释

新增注释是 Servlet 3.0 中的重大革新之一。通过使用注释就无须在 web.xml 文件中对 Servlet 或者过滤器进行配置。Servlet 3.0 新增的注释有@WebServlet、@WebFilter、@WebListener 和@WebInitParam 等，下面分别进行介绍。

1. @WebServlet

@WebServlet 注释定义在 Servlet 的类声明之前，用于定义 Servlet 组件。使用该注释，就无须在 web.xml 文件中对 Servlet 进行配置。@WebServlet 注释包含很多属性，如表 9.4 所示。

表 9.4　@WebServlet 主要属性列表

属 性 名	类　型	描　述
name	String	指定 Servlet 的 name 属性，等价于<servlet-name>。如果没有显式指定，则该 Servlet 的取值即为类的全限定名
value	String[]	该属性等价于 urlPattern 属性。两个属性不能同时使用
urlPatterns	String[]	指定一组 Servlet 的 URL 匹配模式。等价于<url-pattern>标签
loadOnStartup	int	指定 Servlet 的加载顺序，等价于<load-on-startup>标签
initParams	WebInitParam[]	指定一组 Servlet 初始化参数，等价于<init-param>标签
asyncSupported	boolean	声明 Servlet 是否支持异步操作模式，等价于<async-supported>标签
description	String	该 Servlet 的描述信息，等价于<description>标签
displayName	String	该 Servlet 的显示名，通常配合工具使用，等价于<display-name>标签

说明

使用最新 Java EE 版本的 Eclipse 创建 Servlet，即为 Servlet 3.0 版本，并使用@WebServlet 注释对 Servlet 进行配置。

【例 9.7】 JSP 与 Servlet 实现用户注册。（**实例位置：资源包\TM\sl\9\4**）

（1）要实现用户注册，首先要创建数据表，本实例使用的是 MySql 数据库。数据表结构读者可参考资源包中的源程序。

（2）创建名为 SaveServlet 的类，首先应用@WebServlet 注释，配置 Servlet 的 name 属性与 urlPatterns

属性。代码如下：

```
@WebServlet(name = "saveServlet",urlPatterns ="/SaveServlet")
```

（3）在该 Servlet 的 init()方法中，实现获取与数据库的连接。代码如下：

```
private Connection con = null;
public void init(ServletConfig config) throws ServletException {
    //驱动程序名
    String driver = "com.mysql.jdbc.Driver";
    //URL 指向要访问的数据库名 mydata
    String url = "jdbc:mysql://localhost:3306/test";
    //MySQL 配置时的用户名
    String user = "root";
    //MySQL 配置时的密码
    String password = "root";
    try {
        Class.forName(driver);                                   //加载数据库驱动
        con = DriverManager.getConnection(url,user,password);    //获取数据库连接
        if(con != null) {
            System.out.println("数据库连接成功");
        }
    } catch(Exception e) {
        e.printStackTrace();
    }
}
```

（4）在 doPost()方法中处理用户注册请求。关键代码如下：

```
public void doPost(HttpServletRequest request, HttpServletResponse response)
        throws ServletException, IOException {
    response.setContentType("text/html");                        //设置 request 与 response 的编码
    request.setCharacterEncoding("UTF-8");
    response.setCharacterEncoding("UTF-8");
    String username = request.getParameter("username");          //获取表单中的属性值
    String password = request.getParameter("password");
    String sex = request.getParameter("sex");
    String question = request.getParameter("question");
    String answer = request.getParameter("answer");
    String email = request.getParameter("email");
    if(conn != null) {                                           //判断数据库是否连接成功
        try {
            String sql = "insert into tb_user(username,password,sex,question,answer,email) "
                    + "values(?,?,?,?,?,?)";                     //插入注册信息的 SQL 语句（使用?占位符）
            PreparedStatement ps = conn.prepareStatement(sql);//创建 PreparedStatement 对象
            ps.setString(1, username);                           //对 SQL 语句中的参数动态赋值
            ps.setString(2, password);
            ps.setString(3, sex);
            ps.setString(4, question);
            ps.setString(5, answer);
```

```
                ps.setString(6, email);
                ps.executeUpdate();                            //执行更新操作
                PrintWriter out = response.getWriter();        //获取 PrintWriter 对象
                out.print("<h1 aling='center'>");              //输出注册结果信息
                out.print(username + "注册成功！");
                out.print("</h1>");
                out.flush();
                out.close();
            } catch(Exception e) {
                e.printStackTrace();
            }
        } else {
            response.sendError(500, "数据库连接错误！");       //发送数据库连接错误提示信息
        }
}
```

（5）创建 index.jsp 页面（程序中的首页），在该页面中放置用户注册所需要的表单。关键代码如下：

```
<form action="SaveServlet " method="post" onsubmit="return reg(this);">
    <table align="center" border="0" width="500">
        <tr>
            <td align="right" width="30%">用户名：</td>
            <td><input type="text" name="username" class="box"></td>
        </tr>
        <tr>
            <td align="right">密  码：</td>
            <td><input type="password" name="password" class="box"></td>
        </tr>
        <tr>
            <td align="right">确认密码：</td>
            <td><input type="password" name="repassword" class="box"></td>
        </tr>
        <tr>
            <td align="right">性  别：</td>
            <td>
                <input type="radio" name="sex" value="男" checked="checked">男
                <input type="radio" name="sex" value="女">女
            </td>
        </tr>
        <tr>
            <td align="right">密码找回问题：</td>
            <td><input type="text" name="question" class="box"></td>
        </tr>
        <tr>
            <td align="right">密码找回答案：</td>
            <td><input type="text" name="answer" class="box"></td>
        </tr>
        <tr>
            <td align="right">邮  箱：</td>
            <td><input type="text" name="email" class="box"></td>
```

```
            </tr>
            <tr>
                <td colspan="2" align="center" height="40">
                    <input type="submit" value="注  册">
                    <input type="reset" value="重  置">
                </td>
            </tr>
        </table>
</form>
```

该表单的提交地址为 SaveServlet，其请求方法为 post()，即它由映射到 RegServlet 类的 post()方法进行处理。本实例的主页运行结果如图 9.11 所示，正确填写用户信息后，单击“注册”按钮，用户注册信息将被写入数据库中。

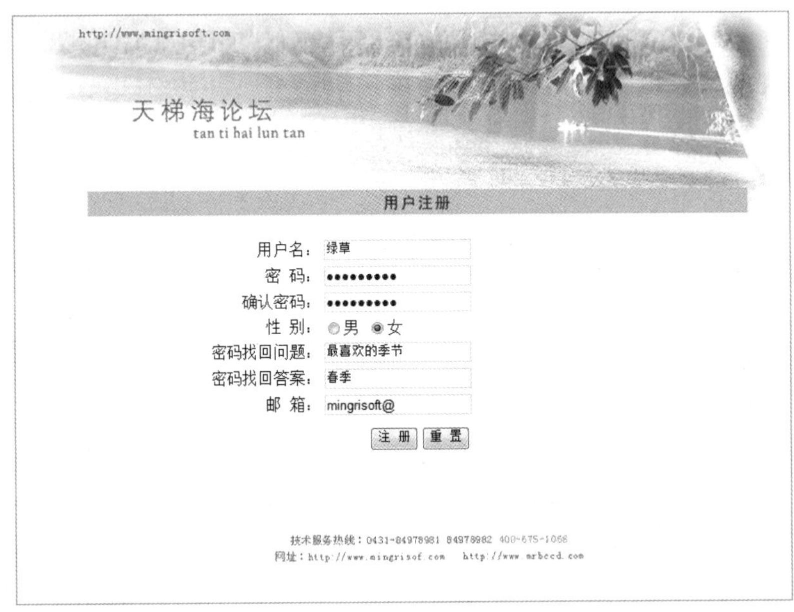

图 9.11　用户注册

2．@WebFilter

@WebFilter 注释用于声明过滤器，该注解将会在部署时被容器处理，容器根据具体的属性配置将相应的类部署为过滤器。该属性也包含很多属性，如表 9.5 所示。

表 9.5　@WebFilter 主要属性列表

属 性 名	类　型	描　述
filterName	String	指定过滤器的 name 属性，等价于<filter-name>
value	String[]	该属性等价于 urlPatterns 属性。但是两者不应该同时使用
urlPatterns	String[]	指定一组过滤器的 URL 匹配模式。等价于<url-pattern>标签
servletNames	String[]	指定过滤器将应用于哪些 Servlet。是@WebServlet 中的 name 属性的取值，或者是 web.xml 中<servlet-name>的取值
initParams	WebInitParam[]	指定一组过滤器初始化参数，等价于<init-param>标签

续表

属 性 名	类　型	描　述
asyncSupported	Boolean	声明过滤器是否支持异步操作模式，等价于<async-supported>标签
description	String	该过滤器的描述信息，等价于<description>标签
displayName	String	该过滤器的显示名，通常配合工具使用，等价于<display-name>标签
dispatcherTypes	DispatcherType	指定过滤器的转发模式。具体取值包括 ASYNC、ERROR、FORWARD、INCLUDE 和 REQUEST

【例 9.8】　创建过滤器，并使用@WebFilter 注释进行配置。

```
@WebFilter(filterName = "char",urlPatterns ="/*")
public class CharFilter implements Filter {
    …//省略了过滤器中间的代码
}
```

如此配置之后，就不需要在 web.xml 文件中配置相应的<filter>和<filter-mapping>元素了，容器会在部署时根据指定的属性将该类发布为过滤器。使用@WebFilter 注释，等价于在 web.xml 文件中进行如下配置：

```
<filter>
      <filter-name> char </filter-name>
      <filter-class>CharFilter </filter-class>
</filter>
<filter-mapping>
      <filter-name> char </filter-name>
      <url-pattern>/*</url-pattern>
</filter-mapping>
```

3．@WebListener

该注释用于声明监听器，还可以用于充当给定 Web 应用上下文中各种 Web 应用事件的监听器的类。可以使用@WebListener 来标注一个实现 ServletContextListener、ServletContextAttributeListener、ServletRequestListener、ServletRequestAttributeListener、HttpSessionListener 和 HttpSessionAttributeListener 的类。@WebListener 注释有一个 value 的属性，该属性为可选属性，用于描述监听器信息。使用该注释就不需要在 web.xml 文件中配置<listener>标签了。

【例 9.9】　创建监听器。

```
@WebListener("This is only a demo listener")
public class MyContentListener implements ServletContextListener {
      …//省略了监听器中间的代码
}
```

4．@WebInitParam

该注释等价于 web.xml 文件中的<servlet>和<filter>的<init-param>子标签，该注释通常不单独使用，而是配合@WebServlet 或者@WebFilter 使用。它的作用是为 Servlet 或者过滤器指定初始化参数。@WebInitParam 注释包含了一些常用属性，如表 9.6 所示。

表 9.6　@WebInitParam 注释的常用属性

属 性 名	类 型	是 否 可 选	描 述
name	String	否	指定参数的名字，等价于<param-name>
value	String	否	指定参数的值，等价于<param-value>
description	String	是	关于参数的描述，等价于<description>

【例 9.10】　应用@WebInitParam 注释配置初始化参数。

```
@WebServlet(urlPatterns = {"/simple"}, name = "SimpleServlet",
initParams = {@WebInitParam(name = "username", value = "tom")}
)
public class SimpleServlet extends HttpServlet{
  … //省略其他内容
}
```

这样配置完成后，就不必在 web.xml 文件中配置相应的<servlet>和<servlet-mapping>元素了。上面的代码等价的 web.xml 文件的配置如下：

```
<servlet>
    <servlet-name>SimpleServlet</servlet-name>
    <servlet-class>footmark.servlet.SimpleServlet</servlet-class>
    <init-param>
        <param-name>username</param-name>
        <param-value>tom</param-value>
    </init-param>
</servlet>
<servlet-mapping>
    <servlet-name>SimpleServlet</servlet-name>
    <url-pattern>/simple</url-pattern>
</servlet-mapping>
```

9.3.2　对文件上传的支持

在 Servlet 3.0 出现之前，处理文件上传是一件非常麻烦的事情，因为要借助第三方组件，例如 commons fileupload 等。而 Servlet 3.0 出现以后就摆脱了这一问题。使用 Servlet 3.0 可以十分方便地实现文件的上传。实现文件上传需要以下两项内容：

☑　需要添加@MultipartConfig 注释。

☑　从 request 对象中获取 Part 文件对象。

@MultipartConfig 注释需要标注在@WebServlet 注释之上。其具有的属性如表 9.7 所示。

表 9.7　@MultipartConfig 注释的常用属性

属 性 名	类 型	是 否 可 选	描 述
fileSizeThreshold	Int	是	当数据量大于该值时，内容将被写入文件
location	String	是	存放生成的文件地址

续表

属 性 名	类　型	是 否 可 选	描　述
maxFileSize	Long	是	允许上传的文件最大值。默认值为-1，表示没有限制
maxRequestSize	Long	是	针对该 multipart/form-data 请求的最大数量，默认值为-1，表示没有限制

除了要配置@MultipartConfig 注解之外，还需要两个重要的方法，即 getPart()与 getParts()方法。下面对这两个方法做详细介绍。

☑　Part getPart(String name)。

☑　Collection<Part>getParts()。

getPart()方法的 name 参数表示请求的 name 文件。getParts()方法可获取请求中的所有文件。上传文件用 javax.servlet.http.Part 对象来表示。Part 接口提供了处理文件的简易方法，如 write()、delete()等。

【例 9.11】　应用 Servlet 实现文件上传。（**实例位置：资源包\TM\sl\9\5**）

（1）编写具有上传文件组件的 JSP 页面，在该页面中还包含“上传”按钮。代码如下：

```
<form action="UploadServlet" enctype="multipart/form-data" method ="post" >
    选择文件<input type="file" name="file1" id= "file1"/>
    <input type="submit" name="upload" value="上传" />
</form>
```

（2）编写处理上传文件的 Servlet，在该 Servlet 中对上传文件进行控制。代码如下：

```
@WebServlet("/UploadServlet")
@MultipartConfig(location = "d:/tmp")
public class UploadServlet extends HttpServlet {
    private static final long serialVersionUID = 1L;
    protected void doPost(HttpServletRequest request,
                HttpServletResponse response) throws ServletException, IOException {
        response.setContentType("text/html;charset=UTF-8");
        PrintWriter out = response.getWriter();
        String path = this.getServletContext().getRealPath("/");    //获取服务器地址
        Part p = request.getPart("file1");                          //获取用户选择的上传文件
        if(p.getContentType().contains("image")) {                  //仅处理上传的图像文件
            ApplicationPart ap = (ApplicationPart) p;
            String fname1 = ap.getFilename();                       //获取上传文件名
            int path_idx = fname1.lastIndexOf("\\") + 1;            //对上传文件名进行截取
            String fname2 = fname1.substring(path_idx, fname1.length());
            p.write(path + "/upload/" + fname2);                    //写入 Web 项目根路径下的 upload 文件夹中
            out.write("文件上传成功");
        }
        else{
            out.write("请选择图片文件！！！");
        }
    }
}
```

运行本程序，选择上传文件后，如果上传文件是图片文件，单击“上传”按钮后，即可实现文件上传，如图 9.12 所示。

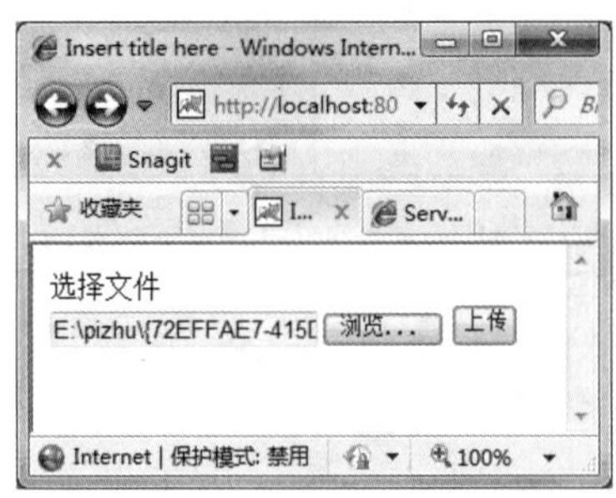

图 9.12　上传文件

9.3.3　异步处理

异步处理是 Servlet 3.0 最重要的内容之一。在此之前，一个 Servlet 的工作流程是：首先，Servlet 接收到请求后，需要对请求携带的数据进行一些预处理。接着调用业务接口的某些方法，以完成业务处理。最后，根据处理的结果提交响应，至此，Servlet 线程结束。在此过程中，如果任何一个任务没有结束，Servlet 线程就处于阻塞状态，直到业务方法执行完毕。对于较大的应用，很容易造成程序性能的降低。

Servlet 3.0 针对这一问题做了突破性的工作，现在通过使用 Servlet 3.0 的异步处理机制可以将之前的 Servlet 处理流程调整为以下过程。首先，Servlet 接收到请求之后，可能需要对请求携带的数据进行一些预处理；接着 Servlet 线程将请求转交给一个异步线程来执行业务处理，线程本身返回至容器，此时 Servlet 还没有生成响应数据，异步线程处理完业务之后，可以直接生成响应数据，或者将请求继续转发给其他 Servlet。这样，Servlet 线程不再是一直处于阻塞状态以等待业务逻辑的处理，而是启动异步之后可以立即返回。

异步处理机制可以应用于 Servlet 和过滤器两种组件，由于异步处理的工作模式与普通工作模式有着本质的区别，在默认情况下，并没有开启异步处理特性，如果希望使用该特性，则必须按如下方法启用：

☑ @WebServlet 和@WebFilter 注释提供了 asyncSupported 属性，默认该属性的取值为 false，要启用异步处理支持，只需将该属性设置为 true 即可。以@WebFilter 为例，其配置方式如下所示。

【例 9.12】　@WebServlet 和@WebFilter 注释实现配置异步处理。

```
@WebFilter(urlPatterns = "/chFilter",asyncSupported = true)
public class DemoFilter implements Filter{
	...//省略了过滤器实现代码
}
```

☑ 如果选择在 web.xml 文件中对 Servlet 或者过滤器进行配置，可以在 Servlet 3.0 为<servlet>和<filter>标签中增加<async-supported>子标签，该标签的默认取值为 false，要启用异步处理支持，则将其设为 true 即可。

【例 9.13】　在 web.xml 中配置异步处理。

```
<servlet>
    <servlet-name>CharServlet</servlet-name>
    <servlet-class>footmark.servlet.CharServlet</servlet-class>
    <async-supported>true</async-supported>
</servlet>
```

9.4　小　　结

本章介绍了 Servlet 过滤器和监听器部分内容，过滤器和监听器是 Servlet 非常重要的部分，读者不但要掌握如何创建过滤器和监听器，还要学会如何配置过滤器和监听器，并灵活地使用过滤器和监听器。除此之外，本章还介绍了 Servlet 3.0 的新特性，Servlet 3.0 比以前的版本有了很大的提高，新增了很多特性，本章介绍的是新增的注释、文件上传和异步处理。

9.5　实践与练习

1．过滤用户输入的敏感文字。（**答案位置：资源包\TM\sl\9\6**）
2．利用监听器使服务器端免登录。（**答案位置：资源包\TM\sl\9\7**）

JSP 高级内容

本篇通过讲解 Java Web 的数据库操作、表达式语言、JSTL 标签、Ajax 技术等内容，并结合大量的图示、实例、视频等，使读者快速掌握 JSP 高级内容。学习完本篇，读者能够掌握更深的 JSP 技术。

第10章

Java Web 的数据库操作

（视频讲解：1 小时 1 分钟）

数据库的应用在日常的生活和工作中可以说是无处不在，无论是一个小型的企业办公自动化系统，还是像中国移动那样的大型运营系统，都离不开数据库。对于大多数应用程序来说，不管它们是 Windows 桌面应用程序，还是 Web 应用程序，存储和检索数据都是其核心功能，所以针对数据库的开发已经成为软件开发的一种必备技能。如果说过去是“学好数理化，走遍天下都不怕”，那么，对于今天的软件开发者而言就是“学好数据库，走到哪儿都不怵”。本章将介绍如何在 Java Web 中进行数据库应用开发。

通过阅读本章，您可以：

- 了解 JDBC 的结构体系
- 掌握 JDBC 连接数据库的过程
- 熟悉 JDBC 的常用 API
- 掌握通过 JDBC 向数据库中添加数据
- 掌握通过 JDBC 查询数据
- 掌握通过 JDBC 修改数据库中的数据
- 掌握通过 JDBC 删除数据库中的数据
- 掌握如何进行批处理
- 掌握 JDBC 在 Java Web 技术中的应用

10.1　JDBC 技术

JDBC 是 Java 程序与数据库系统通信的标准 API，它定义在 JDK 的 API 中，通过 JDBC 技术，Java 程序可以非常方便地与各种数据库交互，JDBC 在 Java 程序与数据库系统之间架起了一座桥梁。

10.1.1　JDBC 简介

JDBC（Java Data Base Connectivity）是 Java 程序操作数据库的 API，也是 Java 程序与数据库相交互的一门技术。JDBC 是 Java 操作数据库的规范，由一组用 Java 语言编写的类和接口组成，它对数据库的操作提供了基本方法，但对于数据库的细节操作由数据库厂商进行实现。使用 JDBC 操作数据库，需要数据库厂商提供数据库的驱动程序。Java 程序与数据库相交互的示意图如图 10.1 所示。

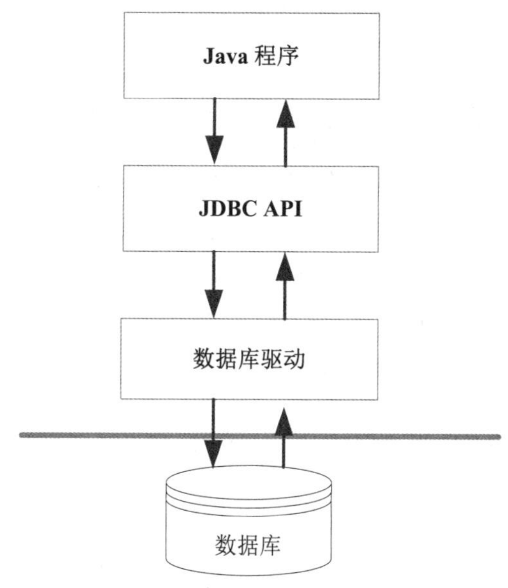

图 10.1　Java 程序与数据库交互

通过图 10.1 可以看出，JDBC 在 Java 程序与数据库之间起到了一个桥梁的作用，有了 JDBC 就可以方便地与各种数据库进行交互，不必为某一个特定的数据库制定专门的访问程序。例如，访问 MySQL 数据库可以使用 JDBC 进行访问，访问 SQL Server 同样使用 JDBC。因此，JDBC 对 Java 程序员而言，是一套标准的操作数据库的 API；而对数据库厂商而言，又是一套标准的模型接口。

说明

目前，除 JDBC 访问数据库的方法外，Java 程序也可以通过 Microsoft 提供的 ODBC 来访问数据库。ODBC 通过 C 语言实现 API，它使用的是 C 语言中的接口，虽然 ODBC 的应用十分广泛，但通过 Java 语言来调用 ODBC 中的 C 代码，在技术实现、安全性、跨平台等方面，仍存在一定的缺点，并且也有一定的难度；而 JDBC 则是纯 Java 语言编写的，通过 Java 程序来调用 JDBC，自然也非常简单。所以，在 Java 领域中，几乎所有的 Java 程序员都是使用 JDBC 来操作数据库。

10.1.2 JDBC 连接数据库的过程

在了解了 JDBC 与数据库后，本节介绍使用 JDBC 操作数据的开发流程，其关键步骤如下。

☑ 注册数据库驱动

连接数据库前，需要将数据库厂商提供的数据库驱动类注册到 JDBC 的驱动管理器中。通常情况下，是通过将数据库驱动类加载到 JVM 来实现的。

【例 10.1】 加载数据库驱动，注册到驱动管理器。

```
Class.forName("com.mysql.jdbc.Driver");
```

☑ 构建数据库连接 URL

要建立数据库连接，就要构建数据库连接的 URL，这个 URL 由数据库厂商制定，不同的数据库，它的 URL 也有所区别，但都符合一个基本的格式，即“JDBC 协议+IP 地址或域名+端口+数据库名称”。如 MySQL 的数据库连接 URL 的字符串为“jdbc:mysql://localhost:3306/test”。

☑ 获取 Connection 对象

在注册了数据库驱动及构建数据库 URL 后，就可以通过驱动管理器获取数据库的连接 Connection。Connection 对象是 JDBC 封装的数据库连接对象，只有创建此对象后，才可以对数据进行相关操作，它的获取方法如下：

```
DriverManager.getConnection(url,username,password);
```

Connection 对象的获取需要用到 DriverManager 对象，DriverManager 的 getConnection()方法通过数据库连接 URL、数据库用户名及数据库密码创建 Connection 对象。

【例 10.2】 通过 JDBC 连接 MySQL 数据库。（**实例位置：资源包\TM\sl\10\1**）

（1）创建名称为 10.1 的动态 Web 项目，将 MySQL 数据库的驱动包添加至项目的构建路径，构建开发环境。

说明

在 JDK 中，不包含数据库的驱动程序，使用 JDBC 操作数据库，需要事先下载数据库厂商提供的驱动包。本实例中使用的是 MySQL 数据库，所以实例添加的是 MySQL 官方提供的数据库驱动包，其名称为 mysql-connector-java-5.1.10-bin.jar。

（2）创建程序中的主页 index.jsp，在该页面中加载数据库驱动并创建数据库连接。关键代码如下：

```
<%
    try {
        Class.forName("com.mysql.jdbc.Driver");                              //加载数据库驱动，注册到驱动管理器
        String url = "jdbc:mysql://localhost:3306/test";                     //数据库连接字符串
        String username = "root";                                            //数据库用户名
        String password = "111";                                             //数据库密码
        Connection conn = DriverManager.getConnection(url,username,password); //创建 Connection 连接
        if(conn != null){                                                    //判断数据库连接是否为空
            out.println("数据库连接成功！");                                  //输出连接信息
```

```
            conn.close();                                    //关闭数据库连接
        }else{
            out.println("数据库连接失败！");                   //输出连接信息
        }
    } catch(ClassNotFoundException e) {
        e.printStackTrace();
    } catch(SQLException e) {
        e.printStackTrace();
    }
%>
```

技巧

Class 的 forName()方法的作用是将指定字符串名的类加载到 JVM 中，实例中调用该方法来加载数据库驱动，在加载后，数据库驱动程序将会把驱动类自动注册到驱动管理器中。

在 index.jsp 页面中，首先通过 Class 的 forName()方法加载数据库驱动，然后使用 DriverManager 对象的 getConnection()方法获取数据库连接 Connection 对象，最后将获取结果输出到页面中。实例运行结果如图 10.2 所示。

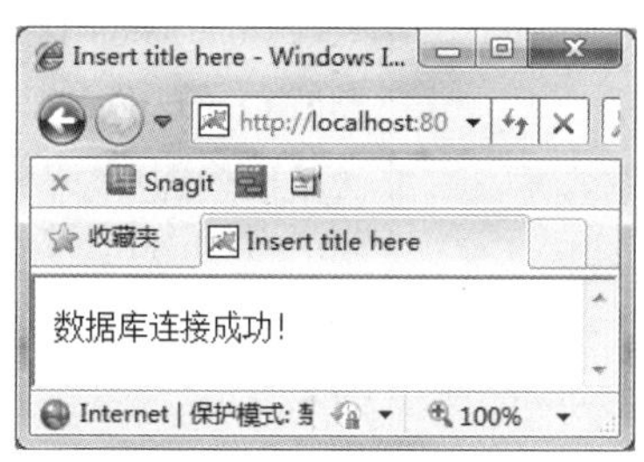

图 10.2　与数据库建立连接

注意

如果数据库连接失败，请确认数据库服务是否开启，因为只有数据库的服务处于开启状态，才能成功地与数据库建立连接。

10.2　JDBC API

JDBC 是 Java 程序操作数据库的标准，它由一组用 Java 语言编写的类和接口组成，Java 通过 JDBC 可以对多种关系数据库进行统一访问。所以，学习 JDBC 需要掌握 JDBC 中的类和接口，也就是 JDBC API。

10.2.1　Connection 接口

Connection 接口位于 java.sql 包中，是与特定数据库的连接会话，只有获得特定数据库的连接对象，才能访问数据库，操作数据库中的数据表、视图和存储过程等，Connection 接口的方法声明及说明如表 10.1 所示。

表 10.1　Connection 接口的方法声明及说明

方 法 声 明	说　明
void close() throws SQLException	立即释放 Connection 对象的数据库连接占用的 JDBC 资源，在操作数据库后，应立即调用此方法
void commit() throws SQLException	提交事务，并释放 Connection 对象当前持有的所有数据库锁。当事务被设置为手动提交模式时，需要调用该方法提交事务
Statement createStatement() throws SQLException	创建一个 Statement 对象来将 SQL 语句发送到数据库，该方法返回 Statement 对象
boolean getAutoCommit() throws SQLException	用于判断 Connection 对象是否被设置为自动提交模式，该方法返回布尔值
DatabaseMetaData getMetaData() throws SQLException	获取 Connection 对象所连接的数据库的元数据 DatabaseMetaData 对象，元数据包括关于数据库的表、受支持的 SQL 语法、存储过程、此连接功能等信息
int getTransactionIsolation() throws SQLException	获取 Connection 对象的当前事务隔离级别
boolean isClosed() throws SQLException	判断 Connection 对象是否与数据库断开连接，该方法返回布尔值。需要注意的是，如果 Connection 对象与数据库断开连接，则不能再通过 Connection 对象操作数据库
boolean isReadOnly() throws SQLException	判断 Connection 对象是否为只读模式，该方法返回布尔值
PreparedStatement prepareStatement(String sql) throws SQLException	将参数化的 SQL 语句预编译并存储在 PreparedStatement 对象中，并返回所创建的这个 PreparedStatement 对象
void releaseSavepoint(Savepoint savepoint) throws SQLException	从当前事务中移除指定的 Savepoint 和后续 Savepoint 对象
void rollback() throws SQLException	回滚事务，并释放 Connection 对象当前持有的所有数据库锁。注意该方法需要应用于 Connection 对象的手动提交模式中
void rollback(Savepoint savepoint) throws SQLException	回滚事务，针对 Savepoint 对象之后的更改
void setAutoCommit(boolean autoCommit) throws SQLException	设置 Connection 对象的提交模式，如果参数 autoCommit 的值设置为 true，Connection 对象则为自动提交模式；如果参数 autoCommit 的值设置为 false，Connection 对象则为手动提交模式
void setReadOnly(boolean readOnly) throws SQLException	将 Connection 对象的连接模式设置为只读，该方法用于对数据库进行优化
Savepoint setSavepoint() throws SQLException	在当前事务中创建一个未命名的保留点，并返回这个保留点对象
Savepoint setSavepoint(String name) throws SQLException	在当前事务中创建一个指定名称的保留点，并返回这个保留点对象
void setTransactionIsolation(int level) throws SQLException	设置 Connection 对象的事务隔离级别

说明

表 10.1 中所列出的方法，均为 Connection 接口的常用方法，其更多方法的声明及说明，请参照 J2SE 的 API。

10.2.2　DriverManager 类

使用 JDBC 操作数据库，需要使用数据库厂商提供的驱动程序，通过驱动程序可以与数据库进行交互。DriverManager 类主要作用于用户及驱动程序之间，它是 JDBC 中的管理层，通过 DriverManager 类可以管理数据库厂商提供的驱动程序，并建立应用程序与数据库之间的连接，其方法声明及说明如表 10.2 所示。

表 10.2　DriverManager 类的方法声明及说明

方 法 声 明	说　　明
public static void deregisterDriver(Driver driver) throws SQLException	从 DriverManager 的管理列表中删除一个驱动程序。参数 driver 为要删除的驱动对象
public static Connection getConnection(String url) throws SQLException	根据指定数据库连接 URL，建立与数据库连接 Connection。参数 url 为数据库连接 URL
public static Connection getConnection(String url,Properties info) throws SQLException	根据指定数据库连接 URL 及数据库连接属性信息建立数据库连接 Connection。参数 url 为数据库连接 URL，参数 info 为数据库连接属性
public static Connection getConnection(String url, String user, String password) throws SQLException	根据指定数据库连接 URL、用户名及密码建立数据库连接 Connection。参数 url 为数据库连接 URL，参数 user 为连接数据库的用户名，参数 password 为连接数据库的密码
public static Enumeration<Driver> getDrivers()	获取当前 DriverManager 中已加载的所有驱动程序，它的返回值为 Enumeration
public static void registerDriver(Driver driver) throws SQLException	向 DriverManager 注册一个驱动对象，参数 driver 为要注册的驱动

10.2.3　Statement 接口

在创建了数据库连接之后，就可以通过程序来调用 SQL 语句对数据库进行操作，在 JDBC 中 Statement 接口封装了这些操作。Statement 接口提供了执行语句和获取查询结果的基本方法，其方法声明及说明如表 10.3 所示。

表 10.3 Statement 接口的方法声明及说明

方 法 声 明	说 明
void addBatch(String sql) throws SQLException	将 SQL 语句添加到 Statement 对象的当前命令列表中，该方法用于 SQL 命令的批处理
void clearBatch() throws SQLException	清空 Statement 对象中的命令列表
void close() throws SQLException	立即释放 Statement 对象的数据库和 JDBC 资源，而不是等待该对象自动关闭时发生此操作
boolean execute(String sql) throws SQLException	执行指定的 SQL 语句。如果 SQL 语句返回结果，该方法返回 true，否则返回 false
int[] executeBatch() throws SQLException	将一批 SQL 命令提交给数据库执行，返回更新计数组成的数组
ResultSet executeQuery(String sql) throws SQLException	执行查询类型（select）的 SQL 语句，该方法返回查询所获取的结果集 ResultSet 对象
executeUpdate int executeUpdate(String sql) throws SQLException	执行 SQL 语句中 DML 类型（insert、update、delete）的 SQL 语句，返回更新所影响的行数
Connection getConnection() throws SQLException	获取生成 Statement 对象的 Connection 对象
boolean isClosed() throws SQLException	判断 Statement 对象是否已被关闭，如果被关闭，则不能再调用该 Statement 对象执行 SQL 语句，该方法返回布尔值

10.2.4 PreparedStatement 接口

Statement 接口封装了 JDBC 执行 SQL 语句的方法，它可以完成 Java 程序执行 SQL 语句的操作，但在实际开发过程中，SQL 语句往往需要将程序中的变量作查询条件参数等。使用 Statement 接口进行操作过于繁琐，而且存在安全方面的缺陷，针对这一问题，JDBC API 中封装了 Statement 的扩展 PreparedStatement 对象。

PreparedStatement 接口继承于 Statement 接口，它拥有 Statement 接口中的方法，而且 PreparedStatement 接口针对带有参数 SQL 语句的执行操作进行了扩展。应用于 PreparedStatement 接口中的 SQL 语句，可以使用占位符“?”来代替 SQL 语句中的参数，然后再对其进行赋值。PreparedStatement 接口的方法声明及说明如表 10.4 所示。

表 10.4 PreparedStatement 接口的方法声明及说明

方 法 声 明	说 明
void setBinaryStream(int parameterIndex, InputStream x) throws SQLException	将输入流 x 作为 SQL 语句中的参数值，parameterIndex 为参数位置的索引
void setBoolean(int parameterIndex,boolean x) throws SQLException	将布尔值 x 作为 SQL 语句中的参数值，parameterIndex 为参数位置的索引
void setByte(int parameterIndex, byte x) throws SQLException	将 byte 值 x 作为 SQL 语句中的参数值，parameterIndex 为参数位置的索引
void setDate(int parameterIndex, Date x) throws SQLException	将 java.sql.Date 值 x 作为 SQL 语句中的参数值，parameterIndex 为参数位置的索引
void setDouble(int parameterIndex, double x) throws SQLException	将 double 值 x 作为 SQL 语句中的参数值，parameterIndex 为参数位置的索引

续表

方法声明	说　明
void setFloat(int parameterIndex,float x) throws SQLException	将 float 值 x 作为 SQL 语句中的参数值，parameterIndex 为参数位置的索引
void setInt(int parameterIndex, int x) throws SQLException	将 int 值 x 作为 SQL 语句中的参数值，parameterIndex 为参数位置的索引
void setInt(int parameterIndex, long x) throws SQLException	将 long 值 x 作为 SQL 语句中的参数值，parameterIndex 为参数位置的索引
void setObject(int parameterIndex, Object x) throws SQLException	将 Object 对象 x 作为 SQL 语句中的参数值，parameterIndex 为参数位置的索引
void setShort(int parameterIndex, short x) throws SQLException	将 short 值 x 作为 SQL 语句中的参数值，parameterIndex 为参数位置的索引
void setString(int parameterIndex, String x) throws SQLException	将 String 值 x 作为 SQL 语句中的参数值，parameterIndex 为参数位置的索引
void setTimestamp(int parameterIndex, Timestamp x) throws SQLException	将 Timestamp 值 x 作为 SQL 语句中的参数值，parameterIndex 为参数位置的索引

在实际的开发过程中，如果涉及向 SQL 语句传递参数，最好使用 PreparedStatement 接口实现。因为使用 PreparedStatement 接口，不仅可以提高 SQL 的执行效率，而且还可以避免 SQL 语句的注入式攻击。

10.2.5　ResultSet 接口

执行 SQL 语句的查询语句会返回查询的结果集，在 JDBC API 中，使用 ResultSet 对象接收查询结果集。

ResultSet 接口位于 java.sql 包中，封装了数据查询的结果集。ResultSet 对象包含了符合 SQL 语句的所有行，针对 Java 中的数据类型提供了一套 getXXX()方法，通过这些方法可以获取每一行中的数据。除此之外，ResultSet 还提供了光标的功能，通过光标可以自由定位到某一行中的数据，其方法声明及说明如表 10.5 所示。

表 10.5　ResultSet 接口的方法声明及说明

方法声明	说　明
boolean absolute(int row) throws SQLException	将光标移动到 ResultSet 对象的给定行编号，参数 row 为行编号
void afterLast() throws SQLException	将光标移动到 ResultSet 对象的最后一行之后，如果结果集中不包含任何行，则该方法无效
void beforeFirst() throws SQLException	立即释放 ResultSet 对象的数据库和 JDBC 资源
void deleteRow() throws SQLException	从 ResultSet 对象和底层数据库中删除当前行
boolean first() throws SQLException	将光标移动到 ResultSet 对象的第一行
InputStream getBinaryStream(String columnLabel) throws SQLException	以 byte 流的方式获取 ResultSet 对象当前行中指定列的值，参数 columnLabel 为列名称

续表

方 法 声 明	说　明
Date getDate(String columnLabel) throws SQLException	以 java.sql.Date 的方式获取 ResultSet 对象当前行中指定列的值，参数 columnLabel 为列名称
double getDouble(String columnLabel) throws SQLException	以 double 的方式获取 ResultSet 对象当前行中指定列的值，参数 columnLabel 为列名称
float getFloat(String columnLabel) throws SQLException	以 float 的方式获取 ResultSet 对象当前行中指定列的值，参数 columnLabel 为列名称
int getInt(String columnLabel) throws SQLException	以 int 的方式获取 ResultSet 对象当前行中指定列的值，参数 columnLabel 为列名称
String getString(String columnLabel) throws SQLException	以 String 的方式获取 ResultSet 对象当前行中指定列的值，参数 columnLabel 为列名称
boolean isClosed() throws SQLException	判断当前 ResultSet 对象是否已关闭
boolean last() throws SQLException	将光标移动到 ResultSet 对象的最后一行
boolean next() throws SQLException	将光标位置向后移动一行，如移动的新行有效返回 true，否则返回 false
boolean previous() throws SQLException	将光标位置向前移动一行，如移动的新行有效返回 true，否则返回 false

10.3　JDBC 操作数据库

在了解了 JDBC API 后，就可以通过 JDBC API 来操作数据库，实现对数据库的 CRUD 操作。

10.3.1　添加数据

通过 JDBC 向数据库添加数据，可以使用 INSERT 语句实现插入数据的 SQL 语句，对于 SQL 语句中的参数可以用占位符“?”代替，然后通过 PreparedStatement 对其赋值并执行 SQL。

【例 10.3】　创建 Web 项目，通过 JDBC 实现图书信息添加功能。（**实例位置：资源包\TM\sl\10\2**）

（1）在 MySQL 数据库中创建图书信息表 tb_books，其结构如图 10.3 所示。

Column Name	Datatype	NOT NULL	AUTO INC	Flags		Default Value	Comment
id	INTEGER	✔	✔	☑ UNSIGNED	☐ ZEROFILL	NULL	ID编号
name	VARCHAR(45)	✔		☐ BINARY		NULL	图书名称
price	DOUBLE	✔		☐ UNSIGNED	☐ ZEROFILL	NULL	价格
bookCount	INTEGER	✔		☑ UNSIGNED	☐ ZEROFILL	NULL	数量
author	VARCHAR(45)	✔		☐ BINARY		NULL	作者

图 10.3　tb_books 表结构

（2）创建名称为 Book 的类，用于封装图书对象信息。关键代码如下：

```
public class Book {
    private int id;                    //编号
```

```
    private String name;          //图书名称
    private double price;         //价格
    private int bookCount;        //数量
    private String author;        //作者

    public int getId() {
        return id;
    }
    public void setId(int id) {
        this.id = id;
    }
    //省略部分 setXXX()与 getXXX()方法
}
```

（3）创建 index.jsp 页面，它是程序中的主页，用于放置添加图书信息所需要的表单，该表单提交到 AddBook.jsp 页面进行处理。关键代码如下：

```
<form action="AddBook.jsp" method="post" onsubmit="return check(this);">
    <table align="center" width="450">
        <tr>
            <td align="center" colspan="2">
                <h2>添加图书信息</h2>
                <hr>
            </td>
        </tr>
        <tr>
            <td align="right">图书名称：</td>
            <td><input type="text" name="name" /></td>
        </tr>
        <tr>
            <td align="right">价　　格：</td>
            <td><input type="text" name="price" /></td>
        </tr>
        <tr>
            <td align="right">数　　量：</td>
            <td><input type="text" name="bookCount" /></td>
        </tr>
        <tr>
            <td align="right">作　　者：</td>
            <td><input type="text" name="author" /></td>
        </tr>
        <tr>
            <td align="center" colspan="2">
                <input type="submit" value="添　加">
            </td>
        </tr>
    </table>
</form>
```

（4）创建 AddBook.jsp 页面，用于对添加图书信息请求进行处理，该页面通过 JDBC 所提交的图书信息数据写入数据库中。关键代码如下：

```
<%request.setCharacterEncoding("UTF-8"); %>
<jsp:useBean id="book" class="com.lyq.bean.Book"></jsp:useBean>
<jsp:setProperty property="*" name="book"/>
<%
    try {
        Class.forName("com.mysql.jdbc.Driver");                          //加载数据库驱动，注册到驱动管理器
        String url = "jdbc:mysql://localhost:3306/db_database10";         //数据库连接字符串
        String username = "root";                                          //数据库用户名
        String password = "111";                                           //数据库密码
        Connection conn = DriverManager.getConnection(url,username,password); //创建 Connection 连接
        String sql = "insert into tb_books(name,price,bookCount,author) values(?,?,?,?)";
                                                                           //添加图书信息的 SQL 语句
        PreparedStatement ps = conn.prepareStatement(sql);                 //获取 PreparedStatement
        ps.setString(1, book.getName());                                   //对 SQL 语句中的第 1 个参数赋值
        ps.setDouble(2, book.getPrice());                                  //对 SQL 语句中的第 2 个参数赋值
        ps.setInt(3,book.getBookCount());                                  //对 SQL 语句中的第 3 个参数赋值
        ps.setString(4, book.getAuthor());                                 //对 SQL 语句中的第 4 个参数赋值
        int row = ps.executeUpdate();                                      //执行更新操作，返回所影响的行数
        if(row > 0){                                                       //判断是否更新成功
            out.print("成功添加了 " + row + "条数据！");                    //更新成功输出信息
        }
        ps.close();                                                        //关闭 PreparedStatement，释放资源
        conn.close();                                                      //关闭 Connection，释放资源
    } catch(Exception e) {
        out.print("图书信息添加失败！");
        e.printStackTrace();
    }
%>
<br>
<a href="index.jsp">返回</a>
```

在 AddBook.jsp 页面中，首先通过<jsp:useBean>实例化 JavaBean 对象 Book，并通过<jsp:setProperty>对 Book 对象中的属性赋值，在构建了图书对象后通过 JDBC 将图书信息写入数据中。

技巧

<jsp:setProperty>标签的 property 属性的值可以设置为“*”，它的作用是将与表单中同名称的属性值赋值给 JavaBean 对象中的同名属性。使用这种方式，就不必对 JavaBean 中的属性一一进行赋值，从而减少程序中的代码量。

向数据库插入图书信息的过程中，主要通过 PreparedStatement 对象进行操作。使用 PreparedStatement 对象，其 SQL 语句中的参数可以使用占位符“?”代替，再通过 PreparedStatement 对象对 SQL 语句中的参数逐一赋值，将图书信息传递到 SQL 语句中。

注意

使用 PreparedStatement 对象对 SQL 语句的占位符参数赋值，其参数的下标值不是 0，而是 1，它与数组的下标有所区别。

通过 PreparedStatement 对象对 SQL 语句中的参数进行赋值后，还不能将图书信息写入数据库中，需要调用它的 executeUpdate()方法执行更新操作，此时才能将图书信息写入数据库中。该方法被执行后返回 int 型数据，其含义是所影响的行数，实例中将其获取并输出到页面中。

技巧

在执行数据操作之后，应该立即调用 ResultSet 对象、PreparedStatement 对象、Connection 对象的 close()方法，从而及时释放所占用的数据库资源。

编写完成 AddBook.jsp 页面后，部署并运行程序，将进入添加图书信息页面，其效果如图 10.4 所示。

正确填写图书信息后，单击“添加”按钮，图书信息数据将被写入数据库中，此时页面输出提示信息，其效果如图 10.5 所示。

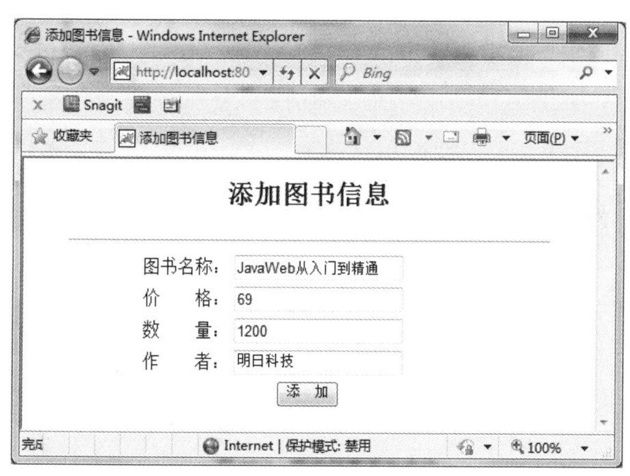

图 10.4　添加图书信息

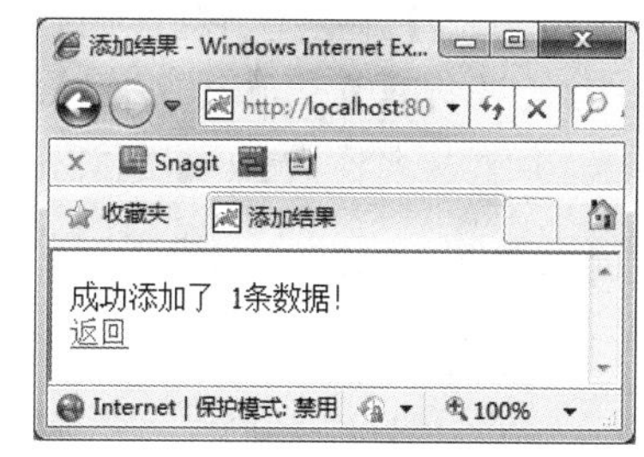

图 10.5　图书信息添加成功

图书信息添加成功后，可通过查看数据库中的数据来验证插入结果。

说明

由于 id 值设置了自动编号，所以添加的图书信息中的 id 为自动生成，数据表 tb_books 中显示最后一条数据为添加的数据。

10.3.2　查询数据

使用 JDBC 查询数据与添加数据的流程基本相同，但执行查询数据操作后需要通过一个对象来装载查询结果集，这个对象就是 ResultSet 对象。

ResultSet 对象是 JDBC API 中封装的结果集对象，从数据表中所查询到的数据都放置在这个集合中，其结构如图 10.6 所示。

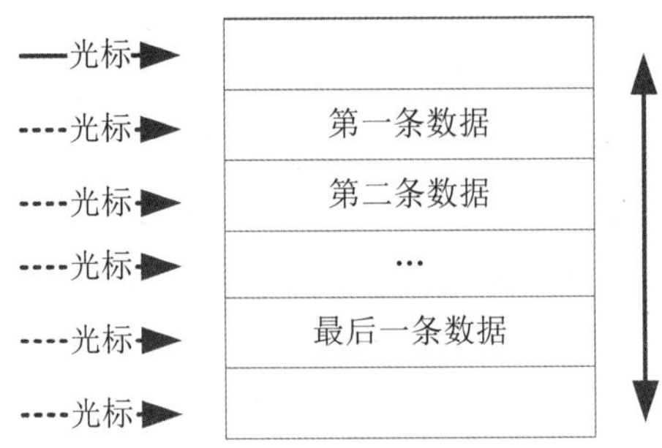

图 10.6　ResultSet 结构图

从图 10.6 中可以看出，在 ResultSet 集合中，通过移动“光标”来获取所查询到的数据，ResultSet 对象中的“光标”可以进行上下移动，如获取 ResultSet 集合中的一条数据，只需要把“光标”定位到当前数据光标行即可。

注意

从图 10.6 中可以看出，ResultSet 集合所查询的数据位于集合的中间位置，在第一条数据之前与最后一条数据之后都有一个位置，默认情况下，ResultSet 的光标位置在第一行数据之前，所以，在第一次获取数据时就需要移动光标位置。

【例 10.4】　创建 Web 项目，通过 JDBC 查询图书信息表中的图书信息数据，并将其显示在 JSP 页面中。（**实例位置：资源包\TM\sl\10\3**）

（1）创建名称为 Book 的类，用于封装图书信息。关键代码如下：

```
public class Book {
	private int id;                                        //编号
	private String name;                                   //图书名称
	private double price;                                  //价格
	private int bookCount;                                 //数量
	private String author;                                 //作者
	public int getId() {
		return id;
	}
	public void setId(int id) {
		this.id = id;
	}
	...//省略部分 setXXX()与 getXXX()方法
}
```

（2）创建名称为 FindServlet 的 Servlet 对象，用于查询所有图书信息。在此 Servlet 中，编写 doGet() 方法，建立数据库连接，并将所查询的数据集合放置到 HttpServletRequest 对象中，将请求转发到 JSP 页面。关键代码如下：

```
protected void doGet(HttpServletRequest request, HttpServletResponse response) throws ServletException,
IOException {
    try {
        Class.forName("com.mysql.jdbc.Driver");                        //加载数据库驱动，注册到驱动管理器
        String url = "jdbc:mysql://localhost:3306/db_database11"; //数据库连接字符串
        String username = "root";                                      //数据库用户名
        String password = "111";                                       //数据库密码
        Connection conn = DriverManager.getConnection(url,username,password); //创建 Connection 连接
        Statement stmt = conn.createStatement();                       //获取 Statement 对象
        String sql = "select * from tb_book";                          //添加图书信息的 SQL 语句
        ResultSet rs = stmt.executeQuery(sql);                         //执行查询
        List<Book> list = new ArrayList<Book>();                       //实例化 List 对象
        while(rs.next()){                                              //光标向后移动，并判断是否有效

            Book book = new Book();                                    //实例化 Book 对象
            book.setId(rs.getInt("id"));                               //对 id 属性赋值
            book.setName(rs.getString("name"));                        //对 name 属性赋值
            book.setPrice(rs.getDouble("price"));                      //对 price 属性赋值
            book.setBookCount(rs.getInt("bookCount"));                 //对 bookCount 属性赋值
            book.setAuthor(rs.getString("author"));                    //对 author 属性赋值
            list.add(book);                                            //将图书对象添加到集合中
        }
        request.setAttribute("list", list);                            //将图书集合放置到 request 中
        rs.close();                                                    //关闭 ResultSet
        stmt.close();                                                  //关闭 Statement
        conn.close();                                                  //关闭 Connection
    } catch(ClassNotFoundException e) {
        e.printStackTrace();
    } catch(SQLException e) {
        e.printStackTrace();
    }
    request.getRequestDispatcher("book_list.jsp").forward(request, response);     //请求转发到 book_list.jsp
}
```

在 doGet()方法中，首先获取了数据库的连接 Connection。然后通过 Statement 对象执行查询图书信息的 SELECT 语句，并获取 ResultSet 结果集。最后遍历 ResultSet 中的数据来封装图书对象 Book，将其添加到 List 集合中，转发到显示页面进行显示。

技巧

ResultSet 集合中第一行数据之前与最后一行数据之后都存在一个位置，而默认情况下光标位于第一行数据之前，使用 Java 中的 for 循环、do…while 循环等都不能很好地对其遍历。所以，实例中使用 while 条件循环遍历 ResultSet 对象，在第一次循环时，就会执行条件 rs.next()，将光标移动到第一条数据的位置。

获取到 ResultSet 对象后，就可以通过移动光标定位到查询结果中的指定行，然后通过 ResultSet 对象提供的一系列 getXXX()方法来获取当前行的数据。

注意

使用 ResultSet 对象提供的 getXXX()方法获取数据，其数据类型要与数据表中的字段类型相对应，否则，将抛出 java.sql.SQLException 异常。

（3）创建 book_list.jsp 页面，用于显示所有图书信息。关键代码如下：

```
<table align="center" width="450" border="1">
	<tr>
		<td align="center" colspan="5">
			<h2>所有图书信息</h2>
		</td>
	</tr>
	<tr align="center">
		<td><b>ID</b></td>
		<td><b>图书名称</b></td>
		<td><b>价格</b></td>
		<td><b>数量</b></td>
		<td><b>作者</b></td>
	</tr>
		<%
			//获取图书信息集合
				List<Book> list = (List<Book>)request.getAttribute("list");
				//判断集合是否有效
				if(list == null || list.size() < 1){
					out.print("没有数据！");
				}else{
					//遍历图书集合中的数据
					for(Book book : list){
		%>
			<tr align="center">
				<td><%=book.getId()%></td>
				<td><%=book.getName()%></td>
				<td><%=book.getPrice()%></td>
				<td><%=book.getBookCount()%></td>
				<td><%=book.getAuthor()%></td>
			</tr>
		<%
				}
			}
		%>
</table>
```

由于 FindServlet 将查询的所有图书信息集合放置到了 request 中，所以在 book_list.jsp 页面中，可以通过 request 的 getAttribute()方法获取到这一集合对象。实例中在获取所有图书信息集合后，通过 for 循环遍历了所有图书信息集合，并将其输出到页面中。

技巧

在 book_list.jsp 页面中，实例使用 for/in 循环遍历所有图书信息，这种方式可以简化程序的代码。

（4）创建 index.jsp 页面，该页面是程序中的主页，在该页面中编写一个导航链接，用于请求查看所有图书信息。关键代码如下：

```
<body>
    <a href="FindServlet">查看所有图书</a>
</body>
```

部署并运行程序后，将打开 index.jsp 页面，单击“查看所有图书”超链接后，可以查看到从数据库中查询的所有图书信息，其运行结果如图 10.7 所示。

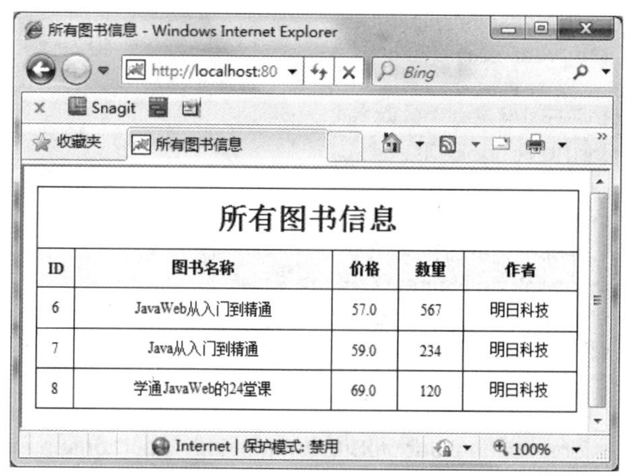

图 10.7　查询所有图书信息

10.3.3　修改数据

使用 JDBC 修改数据库中的数据，其操作方法与添加数据相似，只不过修改数据需要使用 UPDATE 语句实现，如把图书 id 为 1 的图书数量修改成 100，其 SQL 语句如下：

```
update tb_book set bookcount=100 where id=1
```

在实际开发中，通常情况下都是由程序传递 SQL 语句中的参数，所以修改数据也需要使用 PreparedStatement 对象进行操作。

【例 10.5】　在查询所有图书信息的页面中，添加修改图书数量表单，通过 Servlet 修改数据库中的图书数量。（**实例位置：资源包\TM\sl\10\4**）

（1）在 book_list.jsp 页面中增加修改图书数量的表单，将该表单的提交地址设置为 UpdateServlet。关键代码如下：

```
<table align="center" width="500" border="1">
    <tr>
        <td align="center" colspan="6">
            <h2>所有图书信息</h2>
```

```
			</td>
		</tr>
		<tr align="center">
			<td><b>ID</b></td>
			<td><b>图书名称</b></td>
			<td><b>价格</b></td>
			<td><b>数量</b></td>
			<td><b>作者</b></td>
			<td><b>修改数量</b></td>
		</tr>
			<%
				//获取图书信息集合
					List<Book> list = (List<Book>)request.getAttribute("list");
					//判断集合是否有效
					if(list == null || list.size() < 1){
						out.print("没有数据！");
					}else{
						//遍历图书集合中的数据
						for(Book book : list){
			%>
				<tr align="center">
					<td><%=book.getId()%></td>
					<td><%=book.getName()%></td>
					<td><%=book.getPrice()%></td>
					<td><%=book.getBookCount()%></td>
					<td><%=book.getAuthor()%></td>
					<td>
						<form action="UpdateServlet" method="post" onsubmit="return check(this);">
							<input type="hidden" name="id" value="<%=book.getId()%>">
							<input type="text" name="bookCount" size="3">
							<input type="submit" value="修　改">
						</form>
					</td>
				</tr>
			<%
						}
					}
			%>
</table>
```

在修改图书信息的表单中，主要包含了两个属性信息，分别为图书 id 与图书数量 bookCount，因为修改图书数量时需要明确指定图书的 id 作为修改的条件，否则，将会修改所有图书信息记录。

技巧

由于图书 id 属性并不需要显示在表单中，而在图书信息的修改过程中又需要获取这个值，所以，将 id 对应文本框<input>中的 type 属性设置为 hidden，使之在表单中构成一个隐藏域，从而实现实际的业务需求。

（2）创建修改图书信息请求的 Servlet 对象，其名称为 UpdateServlet。由于表单提交的请求类型为 post，所以在 UpdateServlet 中编写 doPost()方法，对修改图书信息请求进行处理。关键代码如下：

```
protected void doPost(HttpServletRequest request, HttpServletResponse response) throws ServletException,
IOException {
	int id = Integer.valueOf(request.getParameter("id"));
	int bookCount = Integer.valueOf(request.getParameter("bookCount"));
	try {
		Class.forName("com.mysql.jdbc.Driver");                    //加载数据库驱动，注册到驱动管理器
		String url = "jdbc:mysql://localhost:3306/db_database11";   //数据库连接字符串
		String username = "root";                                  //数据库用户名
		String password = "111";                                   //数据库密码
		Connection conn = DriverManager.getConnection(url,username,password); //创建 Connection 连接
		String sql = "update tb_book set bookcount=? where id=?";  //更新 SQL 语句
		PreparedStatement ps = conn.prepareStatement(sql);         //获取 PreparedStatement
		ps.setInt(1, bookCount);                                   //对 SQL 语句中的第 1 个参数赋值
		ps.setInt(2, id);                                          //对 SQL 语句中的第 2 个参数赋值
		ps.executeUpdate();                                        //执行更新操作
		ps.close();                                                //关闭 PreparedStatement
		conn.close();                                              //关闭 Connection
	} catch(Exception e) {
		e.printStackTrace();
	}
	response.sendRedirect("FindServlet");                          //重定向到 FindServlet
}
```

技巧

HttpServletRequest 所接受的参数值为 String 类型，而图书 id 与图书数量为 int 类型，所以需要对其进行转型操作，实例中通过 Integer 类的 valueOf()方法进行实现。

在 UpdateServlet 的 doPost()方法中，首先通过 HttpServletRequest 获取图书的 id 与修改的图书数量，然后建立数据库连接 Connection，通过 PreparedStatement 对 SQL 语句进行预处理并对 SQL 语句参数赋值，最后执行更新操作。

注意

一定要关闭数据库连接，从而及时释放所占用的数据库资源。

在执行了图书数量的更新操作后，实例中通过 HttpServletRequest 对象将请求重定向到 FindServlet，进行查看更新后的结果。

实例运行后，进入程序中的首页页面，单击“查看所有图书”超链接后，进入图书信息列表页面，在该页面中可以对图书数量进行修改，如图 10.8 所示。

在正确填写了图书数量后，单击“修改”按钮即可将图书数量更新到数据中。

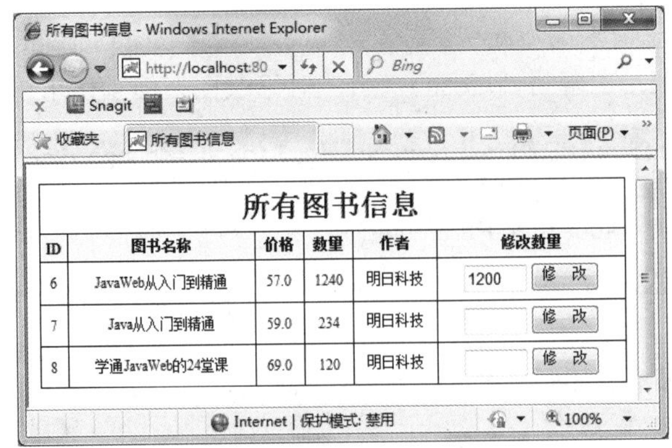

图 10.8　修改图书数量

10.3.4　删除数据

删除数据使用的 SQL 语句为 DELETE 语句，如删除图书 id 为 1 的图书信息，其 SQL 语句如下：

```
delete from tb_book where id=1
```

在实际开发中，通常情况下都是由程序传递 SQL 语句中的参数，所以修改数据也需要使用 PreparedStatement 对象进行操作。

【例 10.6】 在查询所有图书信息的页面中，添加删除图书信息的超链接，通过 Servlet 实现对数据的删除操作。（**实例位置：资源包\TM\sl\10\5**）

（1）在 book_list.jsp 页面中，增加删除图书信息的超链接，将链接的地址指向 DeleteServlet。关键代码如下：

```
<table align="center" width="500" border="1">
    <tr>
        <td align="center" colspan="6">
            <h2>所有图书信息</h2>
        </td>
    </tr>
    <tr align="center">
        <td><b>ID</b></td>
        <td><b>图书名称</b></td>
        <td><b>价格</b></td>
        <td><b>数量</b></td>
        <td><b>作者</b></td>
        <td><b>删　除</b></td>
    </tr>
        <%
            //获取图书信息集合
                List<Book> list = (List<Book>)request.getAttribute("list");
                //判断集合是否有效
                if(list == null || list.size() < 1){
                    out.print("没有数据！ ");
```

```
            }else{
                //遍历图书集合中的数据
                for(Book book : list){
    %>
        <tr align="center">
            <td><%=book.getId()%></td>
            <td><%=book.getName()%></td>
            <td><%=book.getPrice()%></td>
            <td><%=book.getBookCount()%></td>
            <td><%=book.getAuthor()%></td>
            <td>
                <a href="DeleteServlet?id=<%=book.getId()%>">删除</a>
            </td>
        </tr>
    <%
            }
        }
    %>
</table>
```

在删除数据信息操作中，需要传递所要删除的图书对象，因此，在删除图书信息的超链接中加入图书 id 值。

技巧

在 Java Web 开发中，JSP 页面中的超链接可以带有参数，其操作方式通过在超链接后加入“?”实现。

（2）编写处理删除图书信息的 Servlet，其名称为 DeleteServlet。在 doGet()方法中，编写删除图书信息的方法。关键代码如下：

```
protected void doGet(HttpServletRequest request, HttpServletResponse response) throws ServletException,
IOException {
    int id = Integer.valueOf(request.getParameter("id"));                //获取图书 id
    try {
        Class.forName("com.mysql.jdbc.Driver");                          //加载数据库驱动，注册到驱动管理器
        String url = "jdbc:mysql://localhost:3306/db_database10"; //数据库连接字符串
        String username = "root";                                         //数据库用户名
        String password = "111";                                          //数据库密码
        Connection conn = DriverManager.getConnection(url,username,password); //创建 Connection 连接
        String sql = "delete from tb_book where id=?";                    //删除图书信息的 SQL 语句
        PreparedStatement ps = conn.prepareStatement(sql);                //获取 PreparedStatement
        ps.setInt(1, id);                                                 //对 SQL 语句中的第一个占位符赋值
        ps.executeUpdate();                                               //执行更新操作
        ps.close();                                                       //关闭 PreparedStatement
        conn.close();                                                     //关闭 Connection
    } catch(Exception e) {
        e.printStackTrace();
    }
```

```
        response.sendRedirect("FindServlet");                           //重定向到 FindServlet
}
```

在 DeleteServlet 类的 doGet()方法中，首先获取要删除的图书 id 值，然后创建数据库连接 Connection，通过 PreparedStatement 对 SQL 语句进行预处理并对 SQL 语句参数赋值，最后执行删除操作。

技巧

在 DeleteServlet 完成删除数据操作后，通过 HttpServletResponse 对象将请求重定向到 FindServlet，再次执行查询所有图书信息操作，从而实现查看删除后的结果。

实例运行后，进入程序中的首页页面，单击“查看所有图书”超链接后，进入图书信息列表页面，在该页面中可以看到每一条图书信息的超链接，如图 10.9 所示。

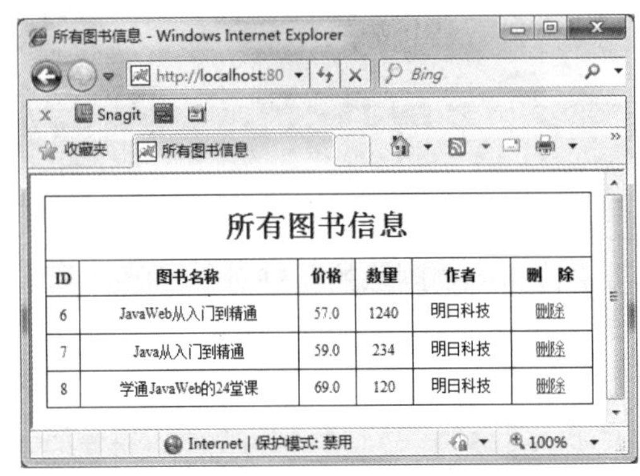

图 10.9　删除图书数量

单击每一条图书信息对应的“删除”超链接后，此条图书信息将从数据库中删除。

10.3.5　批处理

在 JDBC 开发中，操作数据库需要与数据库建立连接，然后将要执行的 SQL 语句传送到数据库服务器，最后关闭数据库连接，都是按照这样一个流程进行操作的。如果按照该流程执行多条 SQL 语句，那么就需要建立多个数据库连接，这样会将时间浪费在数据库连接上。针对这一问题，JDBC 的批处理提供了很好的解决方案。

JDBC 中批处理的原理是将批量的 SQL 语句一次性发送到数据库中进行执行，从而解决多次与数据库连接所产生的速度瓶颈。

【例 10.7】　创建学生信息表，通过 JDBC 的批处理操作，一次性将多个学生信息写入数据库中。**（实例位置：资源包\TM\sl\10\6）**

（1）创建学生信息表 tb_student_batch，其结构如图 10.10 所示。

Column Name	Datatype	NOT NULL	AUTO INC	Flags	Default Value	Comment
id	INTEGER	✓		☑ UNSIGNED ☐ ZEROFILL	NULL	学号
name	VARCHAR(45)	✓		☐ BINARY	NULL	姓名
sex	TINYINT(1)	✓		☐ UNSIGNED ☐ ZEROFILL	NULL	性别
age	INTEGER	✓		☑ UNSIGNED ☐ ZEROFILL	NULL	年龄

图 10.10　学生信息表 tb_student_batch

（2）创建名称为 Batch 的类，该类用于实现对学生信息的批量添加操作。首先在 Batch 类中编写 getConnection()方法，用于获取数据库连接 Connection 对象，其关键代码如下：

```
/**
 * 获取数据库连接
 * @return Connection 对象
 */
    public Connection getConnection(){
        Connection conn = null;                                          //数据库连接
        try {
            Class.forName("com.mysql.jdbc.Driver");                      //加载数据库驱动，注册到驱动管理器
            String url = "jdbc:mysql://localhost:3306/db_database10";    //数据库连接字符串
            String username = "root";                                    //数据库用户名
            String password = "111";                                     //数据库密码
            conn = DriverManager.getConnection(url,username,password);   //创建 Connection 连接
        } catch(ClassNotFoundException e) {
            e.printStackTrace();
        } catch(SQLException e) {
            e.printStackTrace();
        }
        return conn;                                                     //返回数据库连接
    }
```

然后编写 saveBatch()方法，实现批量添加学生信息功能，实例中主要通过 PreparedStatement 对象批量添加学生信息。关键代码如下：

```
/**
 * 批量添加数据
 * @return 所影响的行数
 */
public int saveBatch(){
    int row = 0 ;                                                        //行数
    Connection conn = getConnection();                                   //获取数据库连接
    try {
        String sql = "insert into tb_student_batch(id,name,sex,age) values(?,?,?,?)";//插入数据的 SQL 语句
        PreparedStatement ps = conn.prepareStatement(sql);               //创建 PreparedStatement
        Random random = new Random();                                    //实例化 Random
        for(int i = 0; i < 10; i++) {                                    //循环添加数据
            ps.setInt(1, i+1);                                           //对 SQL 语句中的第 1 个参数赋值
            ps.setString(2, "学生" + i);                                  //对 SQL 语句中的第 2 个参数赋值
            ps.setBoolean(3, i % 2 == 0 ? true : false);                 //对 SQL 语句中的第 3 个参数赋值
            ps.setInt(4, random.nextInt(5) + 10);                        //对 SQL 语句中的第 4 个参数赋值
            ps.addBatch();                                               //添加批处理命令
        }
        int[] rows = ps.executeBatch();                                  //执行批处理操作并返回计数组成的数组
        row = rows.length;                                               //对行数赋值
        ps.close();                                                      //关闭 PreparedStatement
        conn.close();                                                    //关闭 Connection
    } catch(Exception e) {
        e.printStackTrace();
```

```
    }
    return row;                                           //返回添加的行数
}
```

本实例在创建了 PreparedStatement 对象后，通过 for 循环向 PreparedStatement 批量添加 SQL 命令，其中学生信息数据通过程序模拟生成。

技巧

对于学生性别字段，实例中对其赋值为布尔类型，如果变量 i 被 2 整除则为 true，否则为 false。此操作通过“? :”的语句进行实现，它相当于 if...else 语句，使用此种代码编写方式，可以简化程序中的代码。

执行批处理操作后，实例中获取返回计数组成的数组，将数组的长度赋值给 row 变量，来计算数据库操作所影响到的行数。

注意

PreparedStatement 对象的批处理操作调用的是 executeBatch()方法，而不是 execute()方法或 executeUpdate()方法。

（3）创建程序中的首页面 index.jsp，在该页面中通过<jsp:useBean>实例化 Batch 对象，并执行批量添加数据操作。关键代码如下：

```
<jsp:useBean id="batch" class="com.lyq.Batch"></jsp:useBean>
<%
    //执行批量插入操作
    int row = batch.saveBatch();
    out.print("批量插入了【" + row + "】条数据！");
%>
```

实例运行后，程序向数据库批量添加了 10 条学生信息数据，其运行结果如图 10.11 所示。

运行成功后，可以打开数据表 tb_student_batch 进行查看，其效果如图 10.12 所示。

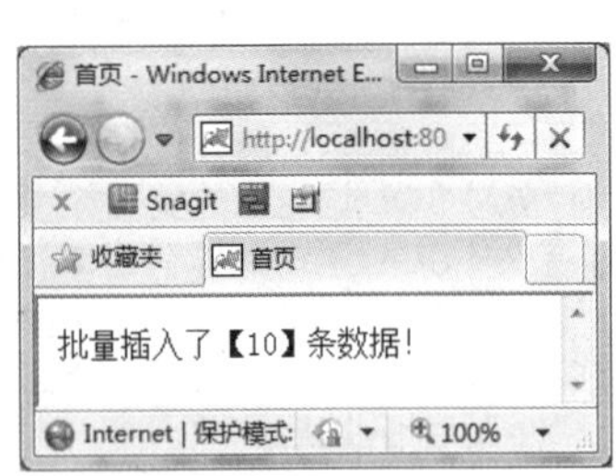

图 10.11　实例运行结果

id	name	sex	age
1	学生0	1	14
2	学生1	0	10
3	学生2	1	10
4	学生3	0	14
5	学生4	1	14
6	学生5	0	11
7	学生6	1	14
8	学生7	0	13
9	学生8	1	12
10	学生9	0	13

图 10.12　表 tb_student_batch 中的数据

10.3.6　调用存储过程

在 JDBC API 中提供了调用存储过程的方法，通过 CallableStatement 对象进行操作。CallableStatement

对象位于 java.sql 包中，它继承于 Statement 对象，主要用于执行数据库中定义的存储过程，其调用方法如下：

```
{call <procedure-name>[(<arg1>,<arg2>, ...)]}
```

其中，arg1、arg2 为存储过程中的参数，如果存储过程中需要传递参数，可以对其进行赋值操作。

技巧

存储过程是一个 SQL 语句和可选控制流语句的预编译集合。编译完成后存放在数据库中，这样就省去了执行 SQL 语句时对 SQL 语句进行编译所花费的时间。在执行存储过程时只需要将参数传递到数据库中，而不需要将整条 SQL 语句都提交给数据库，从而减少了网络传输的流量，从另一方面提高了程序的运行速度。

【例 10.8】 创建查询所有图书信息的存储过程，通过 JDBC API 对其调用获取所有图书信息，并将其输出到 JSP 页面中。（**实例位置：资源包\TM\sl\10\7**）

（1）在数据库 db_database10 中创建名称为 findAllBook 的存储过程，用于查询所有图书信息。关键代码如下：

```
DELIMITER $$
CREATE PROCEDURE findAllBook()
BEGIN
  SELECT * FROM tb_books order by id desc;
END $$
DELIMITER;
```

说明

各种数据库创建存储过程的方法并非一致，本实例使用的是 MySQL 数据库，如使用其他数据库创建存储过程请参阅数据库提供的帮助文档。

（2）创建名称为 Book 的类，该类用于封装图书信息的 JavaBean 对象。关键代码如下：

```
public class Book {
    private int id;                          //编号
    private String name;                     //图书名称
    private double price;                    //价格
    private int bookCount;                   //数量
    private String author;                   //作者
    public int getId() {
        return id;
    }
    public void setId(int id) {
        this.id = id;
    }
    ...//省略部分 setXXX()与 getXXX()方法
}
```

（3）创建名称为 FindBook 的类，用于执行查询图书信息的存储过程。首先在该类中编写

getConnection()方法，获取数据库连接对象 Connection，其关键代码如下：

```
/**
 * 获取数据库连接
 * @return Connection 对象
 */
public Connection getConnection(){
    Connection conn = null;                                         //数据库连接
    try {
        Class.forName("com.mysql.jdbc.Driver");                     //加载数据库驱动，注册到驱动管理器
        String url = "jdbc:mysql://localhost:3306/db_database10";   //数据库连接字符串
        String username = "root";                                   //数据库用户名
        String password = "111";                                    //数据库密码
        conn = DriverManager.getConnection(url,username,password);      //创建 Connection 连接
    } catch(ClassNotFoundException e) {
        e.printStackTrace();
    } catch(SQLException e) {
        e.printStackTrace();
    }
    return conn;                                                    //返回数据库连接
}
```

然后编写 findAll()方法，调用数据库中定义的存储过程 findAllBook，查询所有图书信息，并将查询到的图书信息放置到 List 集合中。关键代码如下：

```
/**
 * 通过存储过程查询数据
 * @return   List<Book>
 */
public List<Book> findAll(){
    List<Book> list = new ArrayList<Book>();                        //实例化 List 对象
    Connection conn = getConnection();                              //创建数据库连接
    try {
        CallableStatement cs = conn.prepareCall("{call findAllBook()}");    //调用存储过程
        ResultSet rs = cs.executeQuery();                           //执行查询操作，并获取结果集
        while(rs.next()){                                           //判断光标向后移动，并判断是否有效
            Book book = new Book();                                 //实例化 Book 对象
            book.setId(rs.getInt("id"));                            //id 属性赋值
            book.setName(rs.getString("name"));                     //对 name 属性赋值
            book.setPrice(rs.getDouble("price"));                   //对 price 属性赋值
            book.setBookCount(rs.getInt("bookCount"));              //对 bookCount 属性赋值
            book.setAuthor(rs.getString("author"));                 //对 author 属性赋值
            list.add(book);                                         //将图书对象添加到集合中
        }
    } catch(Exception e) {
        e.printStackTrace();
    }
    return list;                                                    //返回 list
}
```

由于存储过程 findAllBook 中没有定义参数，所以实例中通过调用“{call findAllBook()}”来调用存储过程。

注意

通过 Connection 创建 CallableStatement 对象后，还需要通过 CallableStatement 对象的 executeQuery()方法来执行存储过程，在调用该方法后就可以获取 ResultSet 对象和查询结果集。

（4）创建程序中的主页 index.jsp，在该页面中实例化 FindBook 对象，并调用它的 find()方法获取所有图书信息，将图书信息数据显示在页面中。关键代码如下：

```
<jsp:useBean id="findBook" class="com.lyq.bean.FindBook"></jsp:useBean>
<table align="center" width="450" border="1">
    <tr>
        <td align="center" colspan="5">
            <h2>所有图书信息</h2>
        </td>
    </tr>
    <tr align="center">
        <td><b>ID</b></td>
        <td><b>图书名称</b></td>
        <td><b>价格</b></td>
        <td><b>数量</b></td>
        <td><b>作者</b></td>
    </tr>
        <%
                List<Book> list = findBook.findAll();                    //获取图书信息集合
                if(list == null || list.size() < 1){                     //判断集合是否有效
                    out.print("没有数据！");
                }else{
                    for(Book book : list){                               //遍历图书集合中的数据
        %>
            <tr align="center">
                <td><%=book.getId()%></td>
                <td><%=book.getName()%></td>
                <td><%=book.getPrice()%></td>
                <td><%=book.getBookCount()%></td>
                <td><%=book.getAuthor()%></td>
            </tr>
        <%
                }
            }
        %>
</table>
```

实例运行后，进入 index.jsp 页面，程序将执行数据库中定义的存储过程 findAllBook 查询图书信息，其运行结果如图 10.13 所示。

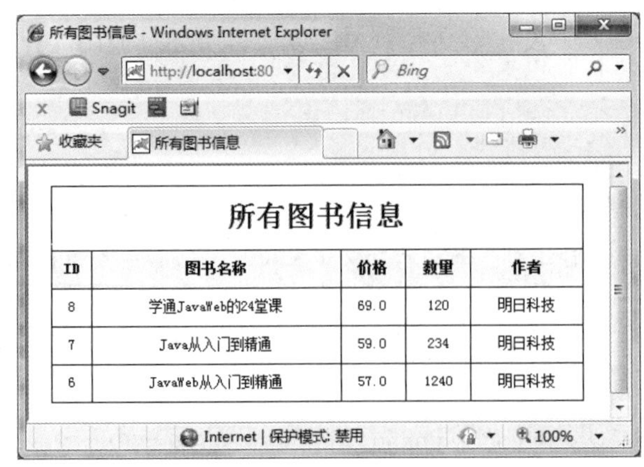

所有图书信息

ID	图书名称	价格	数量	作者
8	学通JavaWeb的24堂课	69.0	120	明日科技
7	Java从入门到精通	59.0	234	明日科技
6	JavaWeb从入门到精通	57.0	1240	明日科技

图 10.13　调用存储过程查询数据

10.4　JDBC 在 Java Web 中的应用

在 Java Web 开发中，JDBC 的应用十分广泛。通常情况下，Web 程序操作数据库都是通过 JDBC 实现，即使目前数据库方面的开源框架层出不穷，但其底层实现也离不开 JDBC API。

10.4.1　开发模式

在 Java Web 开发中使用 JDBC，应遵循 MVC 的设计思想，从而使 Web 程序拥有一定的健壮性、可扩展性。

MVC（Model-View-Controller）是一种程序设计理念，该理念将软件分成 3 层结构，分别为模型层、视图层和控制层。其中，模型层泛指程序中的业务逻辑，用于处理真正的业务操作；视图层是指程序与用户相交互的界面，对用户呈现出视图，但不包含业务逻辑；控制层是对用户各种请求的分发处理，将指定的请求分配给指定的业务逻辑进行处理。

技巧

在古老的开发模式中，程序开发并没有分层的概念，其业务逻辑代码、视图代码均写在一起，这样的开发方式不利于软件的维护及扩展，也不能达到代码的重用。可以想象一下，将 HTML、JSP、JDBC 编写到一起的效果，如何对这样的程序进行调试。MVC 设计思想则改变了这一缺点，模型层、视图层与控制层各自独立，降低了程序中的耦合，如果业务逻辑及业务计划发生了改变，则只需要更改模型层代码即可，而不需要去操作视图层与控制层，因为模型层与视图层、控制层相隔离。所以，在程序开发中，应该遵循 MVC 思想。

JDBC 应用于 Java Web 开发中，处于 MVC 中的模型层位置，如图 10.14 所示。

客户端通过 JSP 页面与程序进行交互，对于数据的增、删、改、查请求由 Servlet 对其进行分发处理，如 Servlet 接收到添加数据请求，就会分发给增加数据的 JavaBean 对象，而真正的数据库操作是通过 JDBC 封装的 JavaBean 实现。

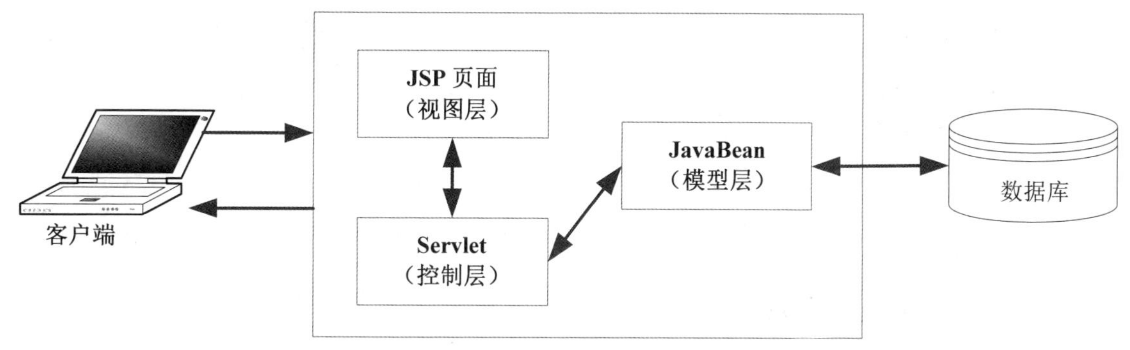

图 10.14　Java Web 中的 MVC

10.4.2　分页查询

分页查询是 Java Web 开发中常用的技术。在数据库量非常大的情况下，不适合将所有数据显示到一个页面中，既给查看带来困难，又占用了程序及数据库的资源，此时就需要对数据进行分页查询。

通过 JDBC 实现分页查询的方法有很多种，而且不同的数据库机制也提供了不同的分页方式，在这里介绍两种非常典型的分页方法。

☑　通过 ResultSet 的光标实现分页

ResultSet 是 JDBC API 中封装的查询结果集对象，通过该对象可以实现数据的分页显示。在 ResultSet 对象中，有一个“光标”的概念，光标通过上下移动定位查询结果集中的行，从而获取数据。所以通过 ResultSet 的移动“光标”，可以设置 ResultSet 对象中记录的起始位置和结束位置，来实现数据的分页显示。

通过 ResultSet 的光标实现分页，优点是在各种数据库上通用，缺点是占用大量资源，不适合数据量大的情况。

☑　通过数据库机制进行分页

很多数据库自身都提供了分页机制，如 SQL Server 中提供的 top 关键字，MySQL 数据库中提供的 limit 关键字，它们都可以设置数据返回的记录数。

通过各种数据库提供的分页机制实现分页查询，其优点是减少数据库资源的开销，提高程序的性能；缺点是只针对某一种数据库通用。

说明

由于通过 ResultSet 的光标实现数据分页存在性能方面的缺陷，所以，在实际开发中，很多情况下都是采用数据库提供的分页机制来实现分页查询功能。

【例 10.9】　通过 MySQL 数据库提供的分页机制，实现商品信息的分页查询功能，将分页数据显示在 JSP 页面中。（**实例位置：资源包\TM\sl\10\8**）

（1）创建名称为 Product 的类，用于封装商品信息，该类是商品信息的 JavaBean。关键代码如下：

```
public class Product {
    public static final int PAGE_SIZE = 2;                    //每页记录数
    private int id;                                           //编号
    private String name;                                      //名称
```

```
    private double price;                                            //价格
    private int num;                                                 //数量
    private String unit;                                             //单位
        public int getId() {
        return id;
    }
    public void setId(int id) {
        this.id = id;
    }
    ...//省略部分 setXXX()与 getXXX()方法
}
```

在 Product 类中，主要封装了商品对象的基本信息。除此之外，Product 类还定义了分页中的每页记录数，它是一个静态变量，可以直接对其进行引用。同时由于每页记录数并不会被经常修改，所以实例将其定义为 final 类型。

技巧

在 Java 语言中，如果定义了静态的 final 类型变量，通常情况下将这个变量大写。该种编写方式是一种规范，能够很容易地与其他类型的变量进行区分。

（2）创建名称为 ProductDao 的类，主要用于封装商品对象的数据库相关操作。在 ProductDao 类中，首先编写 getConnection()方法，用于创建数据库连接 Connection 对象，其关键代码如下：

```
public class ProductDao {
    /**
     * 获取数据库连接
     * @return Connection 对象
     */
    public Connection getConnection(){
        Connection conn = null;                                      //数据库连接
        try {
            Class.forName("com.mysql.jdbc.Driver");                  //加载数据库驱动，注册到驱动管理器
            String url = "jdbc:mysql://localhost:3306/db_database10"; //数据库连接字符串
            String username = "root";                               //数据库用户名
            String password = "111";                                //数据库密码
            conn = DriverManager.getConnection(url,username,password);     //创建 Connection 连接
        } catch(ClassNotFoundException e) {
            e.printStackTrace();
        } catch(SQLException e) {
            e.printStackTrace();
        }
        return conn;                                                 //返回数据库连接
    }
```

技巧

Connection 对象是每一个数据操作方法都要用到的对象，所以实例中封装 getConnection()方法创建 Connection 对象，实现代码的重用。

然后创建商品信息的分页查询方法 find()，该方法包含一个 page 参数，用于传递要查询的页码。关键代码如下：

```
/**
 * 分页查询所有商品信息
 * @param page 页数
 * @return List<Product>
 */
public List<Product> find(int page){
    List<Product> list = new ArrayList<Product>();                //创建 List
    Connection conn = getConnection();                            //获取数据库连接
    String sql = "select * from tb_product order by id desc limit ?,?";   //分页查询的 SQL 语句
    try {
        PreparedStatement ps = conn.prepareStatement(sql);        //获取 PreparedStatement
        ps.setInt(1, (page - 1) * Product.PAGE_SIZE);             //对 SQL 语句中的第 1 个参数赋值
        ps.setInt(2, Product.PAGE_SIZE);                          //对 SQL 语句中的第 2 个参数赋值
        ResultSet rs = ps.executeQuery();                         //执行查询操作
        while(rs.next()){                                         //光标向后移动，并判断是否有效
            Product p = new Product();                            //实例化 Product
            p.setId(rs.getInt("id"));                             //对 id 属性赋值
            p.setName(rs.getString("name"));                      //对 name 属性赋值
            p.setNum(rs.getInt("num"));                           //对 num 属性赋值
            p.setPrice(rs.getDouble("price"));                    //对 price 属性赋值
            p.setUnit(rs.getString("unit"));                      //对 unit 属性赋值
            list.add(p);                                          //将 Product 添加到 List 集合中
        }
        rs.close();                                               //关闭 ResultSet
        ps.close();                                               //关闭 PreparedStatement
        conn.close();                                             //关闭 Connection
    } catch(SQLException e) {
        e.printStackTrace();
    }
    return list;
}
```

find()方法用于实现分页查询功能，该方法根据入口参数 page 传递的页码，查询指定页码中的记录，主要通过 limit 关键字实现。

说明

MySQL 数据库提供的 limit 关键字能够控制查询数据结果集起始位置及返回记录的数量，它的使用方式如下：

```
limit arg1,arg2
```

参数说明：

☑ arg1：用于指定查询记录的起始位置。

☑ arg2：用于指定查询数据所返回的记录数。

find()方法主要应用 limit 关键字编写分页查询的 SQL 语句，其中 limit 关键字的两个参数通过 PreparedStatement 对其进行赋值，第 1 个参数为查询记录的起始位置，根据 find()方法中的页码参数 page 可以对其进行计算，其算法为(page－1) * Product.PAGE_SIZE；第 2 个参数为返回的记录数，也就是每一页所显示的记录数量，其值为 Product.PAGE_SIZE。

在对 SQL 语句传递了这两个参数后，执行 PreparedStatement 对象的 executeQuery()方法，就可以获取到指定页码中的结果集，实例中将所查询的商品信息封装为 Product 对象，放置到 List 集合中，最后将其返回。

ProductDao 类主要用于封装商品信息的数据库操作，所以对于商品信息数据库操作相关方法应定义在该类中。在分页查询过程中，还需要获取商品信息的总记录数，用于计算商品信息的总页数，该操作编写在 findCount()方法中。关键代码如下：

```
    /**
     * 查询总记录数
     * @return 总记录数
     */
    public int findCount(){
        int count = 0;                                              //总记录数
        Connection conn = getConnection();                          //获取数据库连接
        String sql = "select count(*) from tb_product";             //查询总记录数 SQL 语句
        try {
            Statement stmt = conn.createStatement();                //创建 Statement
            ResultSet rs = stmt.executeQuery(sql);                  //查询并获取 ResultSet
            if(rs.next()){                                          //光标向后移动，并判断是否有效
                count = rs.getInt(1);                               //对总记录数赋值
            }
            rs.close();                                             //关闭 ResultSet
            conn.close();                                           //关闭 Connection
        } catch(SQLException e) {
            e.printStackTrace();
        }
        return count;                                               //返回总记录数
    }
}
```

查询商品信息总记录数的 SQL 语句为“select count(*) from tb_product”，findCount()方法主要通过执行这条 SQL 语句获取总记录数的值。

注意

获取查询结果需要调用 ResultSet 对象的 next()方法向下移动光标，由于所获取的数据只是单一的一个数值，所以实例中通过 if(rs.next())进行调用，而没有使用 while 调用。

（3）创建名称为 FindServlet 的类，该类是分页查询商品信息的 Servlet 对象。在 FindServlet 类中重写 doGet()方法，对分页请求进行处理，其关键代码如下：

```
protected void doGet(HttpServletRequest request, HttpServletResponse response) throws ServletException,
IOException {
```

```
    int currPage = 1;                                             //当前页码
    if(request.getParameter("page") != null){                     //判断传递页码是否有效
        currPage = Integer.parseInt(request.getParameter("page")); //对当前页码赋值
    }
    ProductDao dao = new ProductDao();                            //实例化 ProductDao
    List<Product> list = dao.find(currPage);                      //查询所有商品信息
    request.setAttribute("list", list);                           //将 list 放置到 request 中
    int pages;                                                    //总页数
    int count = dao.findCount();                                  //查询总记录数
    if(count % Product.PAGE_SIZE == 0){                           //计算总页数
        pages = count / Product.PAGE_SIZE;                        //对总页数赋值
    }else{
        pages = count / Product.PAGE_SIZE + 1;                    //对总页数赋值
    }
    StringBuffer sb = new StringBuffer();                         //实例化 StringBuffer
    for(int i=1; i <= pages; i++){                                //通过循环构建分页条
        if(i == currPage){                                        //判断是否为当前页
            sb.append("『" + i + "』");                           //构建分页条
        }else{
            sb.append("<a href='FindServlet?page=" + i + "'>" + i + "</a>"); //构建分页条
        }
        sb.append("　");                                          //构建分页条
    }
    request.setAttribute("bar", sb.toString());                   //将分页条的字符串放置到 request 之中
    request.getRequestDispatcher("product_list.jsp").forward(request, response);//转发到 product_list.jsp 页面
}
```

FindServlet 类的 doGet()方法主要做了两件事，分别为获取分页查询结果集及构造分页条对象。其中获取分页查询结果非常简单，通过调用 ProductDao 类的 find()方法，并传递所要查询的页码就可以获取；分页条对象是 JSP 页面中的分页条，用于显示商品信息的页码，程序中主要通过创建页码的超链接，然后组合字符串进行构造。

技巧

分页条在 JSP 页面中是动态内容，每次查看新页面都要重新构造，所以，实例中将分页的构造放置到 Servlet 中，以简化 JSP 页面的代码。

在构建分页条时，需要计算商品信息的总页码，它的值通过总记录数与每页记录数计算得出，计算得出总页码后，实例中通过 StringBuffer 组合字符串构建分页条。

技巧

如果一个字符串经常发生变化，应该使用 StringBuffer 对字符进行操作。因为在 JVM 中，每次创建一个新的字符串，都需要分配一个字符串空间，而 StringBuffer 则是字符串的缓冲区，所以在经常修改字符串的情况下，StringBuffer 性能更高。

在获取查询结果集 List 与分页条后，FindServlet 分别将这两个对象放置到 request 中，将请求转发到 product_list.jsp 页面做出显示。

（4）创建 product_list.jsp 页面，该页面通过获取查询结果集 List 与分页条来分页显示商品信息数据。关键代码如下：

```
<table align="center" width="450" border="1">
	<tr>
		<td align="center" colspan="5">
			<h2>所有商品信息</h2>
		</td>
	</tr>
	<tr align="center">
		<td><b>ID</b></td>
		<td><b>商品名称</b></td>
		<td><b>价格</b></td>
		<td><b>数量</b></td>
		<td><b>单位</b></td>
	</tr>
	<%
		List<Product> list = (List<Product>)request.getAttribute("list");
		for(Product p : list){
	%>
	<tr align="center">
		<td><%=p.getId()%></td>
		<td><%=p.getName()%></td>
		<td><%=p.getPrice()%></td>
		<td><%=p.getNum()%></td>
		<td><%=p.getUnit()%></td>
	</tr>
	<%
		}
	%>
	<tr>
		<td align="center" colspan="5">
			<%=request.getAttribute("bar")%>
		</td>
	</tr>
</table>
```

查询结果集 List 与分页条均从 request 对象中进行获取，其中结果集 List 通过 for 循环遍历并将每一条商品信息输出到页面中，分页条输出到商品信息下方。

（5）编写程序中的主页面 index.jsp，在该页面中编写分页查询商品信息的超链接，指向 FindServlet。关键代码如下：

```
<body>
	<a href="FindServlet">查看所有商品信息</a>
</body>
```

编写完成该页面后，部署运行项目，此时打开 index.jsp 页面，其效果如图 10.15 所示。

单击页面中的“查看所有商品信息”超链接后，将看到商品信息的分页显示结果，如图 10.16 所示。

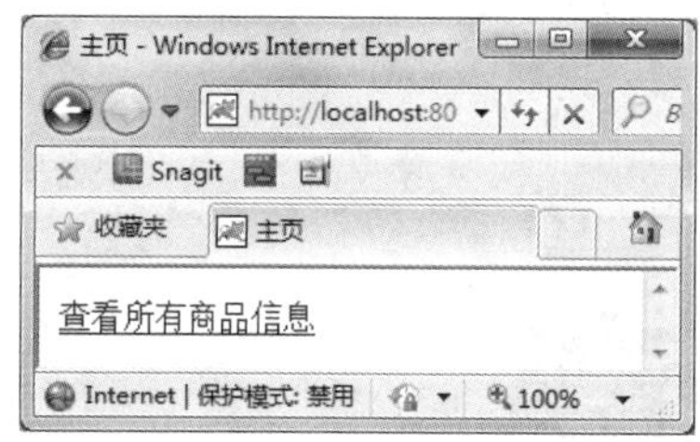

图 10.15　index.jsp 页面

从图 10.16 可以看到商品信息的分页条，所有商品信息分 3 页进行显示，单击分页条中的超链接可以查看指定页面的商品信息数据，如查看第 2 页数据，其运行结果如图 10.17 所示。

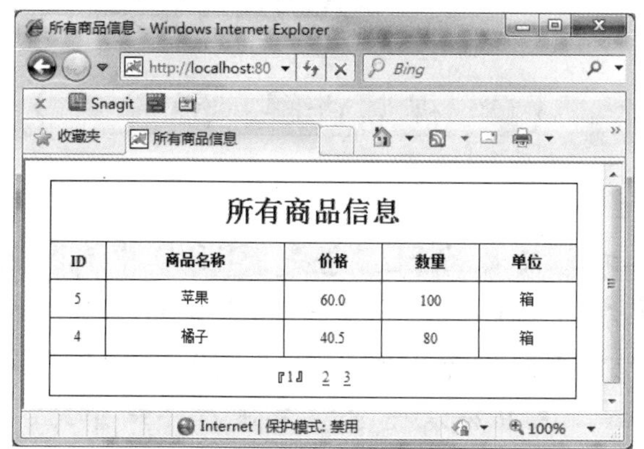

图 10.16　分页显示商品信息 1

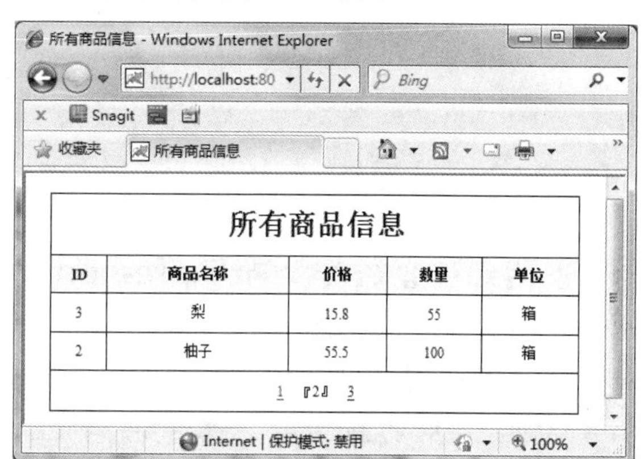

图 10.17　分页显示商品信息 2

10.5　小　　结

本章首先对 JDBC 技术及 JDBC 连接数据的过程做了介绍。然后对 JDBC API 中的常用对象进行了介绍，这些常用对象需要读者重点了解，掌握各对象的主要功能及作用。之后又介绍了 JDBC 操作数据库的方法，在这一部分内容中，需要重点掌握通过 JDBC API 实现数据的增、删、改、查方法。最后介绍了 JDBC 在 Java Web 中的应用，该部分需要理解 MVC 设计思想，掌握 JDBC 在 Java Web 中的开发模式，以及掌握如何实现数据的分页查询。

10.6　实践与练习

1．向数据库中添加学生信息。（**答案位置：资源包\TM\sl\10\9**）

2．查询所有学生信息，并将查询结果输出到 JSP 页面中。（**答案位置：资源包\TM\sl\10\10**）

3．通过 JDBC 的批处理功能，批量删除学生信息数据。（**答案位置：资源包\TM\sl\10\11**）

第11章

表达式语言

（视频讲解：53分钟）

表达式语言的英文为Expression Language，简称为EL。它是JSP 2.0中引入的一个新内容。通过EL可以简化在JSP开发中对对象的引用，从而规范页面代码，增加程序的可读性及可维护性。EL为不熟悉Java语言页面开发的人员提供了一个开发Java Web应用的新途径。本章将对EL的语法、运算符及隐含对象进行详细介绍。

通过阅读本章，您可以：

- 了解EL的基本语法和EL的特点
- 学会禁用EL的几种方法
- 掌握EL保留的关键字
- 应用EL的运算符进行运算，以及运算符的优先级
- 掌握访问作用域范围的隐含对象的应用
- 掌握访问环境信息的隐含对象的应用
- 定义和使用EL函数的方法及常见问题分析

11.1　EL 概述

在 EL 没有出现之前，开发 Java Web 应用程序时，经常需要将大量的 Java 代码片段嵌入 JSP 页面中，这会使页面看起来很乱，而使用 EL 则比较简洁。

【例 11.1】　在 JSP 页面中显示保存在 session 范围内的变量 username，并将其输出到页面中。代码如下：

```
<%if(session.getAttribute("username")!=null){
	out.println(session.getAttribute("username").toString());
} %>
```

如果使用 EL，则只需要下面的一句代码即可实现：

```
${username}
```

因此，EL 在 Web 开发中比较常用，它通常与 JSTL 一同使用。关于 JSTL 的相关内容将在第 12 章中详细介绍。

11.1.1　EL 的基本语法

EL 表达式语法非常简单，它以“${”开头，以“}”结束，中间为合法的表达式，具体的语法格式如下：

```
${expression}
```

参数说明：

expression：用于指定要输出的内容，可以是字符串，也可以是由 EL 运算符组成的表达式。

技巧

由于 EL 表达式的语法以“${”开头，所以如果在 JSP 网页中要显示“${”字符串，必须在前面加上“\”符号，即“\${”，或者写成“${'${'}”，也就是用表达式来输出“${”符号。

在 EL 表达式中要输出一个字符串，可以将此字符串放在一对单引号或双引号内。

【例 11.2】　要在页面中输出字符串“明日科技编程词典”，代码如下：

```
${'明日科技编程词典'}
${"明日科技编程词典"}
```

11.1.2　EL 的特点

EL 除了具有语法简单、使用方便的特点，还具有以下特点：

☑　EL 可以与 JSTL 结合使用，也可以与 JavaScript 语句结合使用。

- ☑ EL 中会自动进行类型转换。如果想通过 EL 输入两个字符串型数值（如 number1 和 number2）的和，可以直接通过“+”号进行连接（如${number1+number2}）。
- ☑ EL 不仅可以访问一般变量，还可以访问 JavaBean 中的属性以及嵌套属性和集合对象。
- ☑ 在 EL 中可以执行算术运算、逻辑运算、关系运算和条件运算等操作。
- ☑ 在 EL 中可以获得命名空间（PageContext 对象，它是页面中所有其他内置对象的最大范围的集成对象，通过它可以访问其他内置对象）。
- ☑ 在使用 EL 进行除法运算时，如果 0 作为除数，则返回无穷大 Infinity，而不返回错误。
- ☑ 在 EL 中可以访问 JSP 的作用域（request、session、application 以及 page）。
- ☑ 扩展函数可以与 Java 类的静态方法进行映射。

视频讲解

11.2 与低版本的环境兼容——禁用 EL

如今 EL 已经是一项成熟、标准的技术，只要安装的 Web 服务器能够支持 Servlet 2.4/JSP 2.0，就可以在 JSP 页面中直接使用 EL。由于在 JSP 2.0 以前版本中没有 EL，所以 JSP 为了和以前的规范兼容，还提供了禁用 EL 的方法。JSP 中提供了以下 3 种禁用 EL 的方法，下面将分别进行介绍。

技巧

如果在使用 EL 时，其内容没有被正确解析，而是直接将 EL 内容原样显示到页面中，包括“$”和“{}”，则说明 Web 服务器不支持 EL。那么就需要检查一下 EL 有没有被禁用。

11.2.1 使用反斜杠“\”符号

使用反斜杠符号是一种比较简单的禁用 EL 的方法。该方法只需要在 EL 的起始标记“${”前加上“\”符号，具体的语法格式如下：

```
\${expression}
```

【例 11.3】 要禁用页面中的 EL“${number}”，可以使用下面的代码：

```
\${number}
```

说明

该语法适合只是禁用页面的一个或几个 EL 表达式的情况。

11.2.2 使用 page 指令

使用 JSP 的 page 指令也可以禁用 EL 表达式，其具体的语法格式如下：

```
<%@ page isELIgnored="布尔值" %>
```

参数说明：

isELIgnored：用于指定是否禁用页面中的 EL，如果属性值为 true，则忽略页面中的 EL，否则将解析页面中的 EL。

【例 11.4】　如果要忽略页面中的 EL，可以在页面的顶部添加以下代码：

```
<%@ page isELIgnored="true" %>
```

说明

该方法适合禁用一个 JSP 页面中的 EL。

11.2.3　在 web.xml 文件中配置<el-ignored>元素

在 web.xml 文件中配置<el-ignored>元素可以实现禁用服务器中的 EL。

【例 11.5】　在 web.xml 文件中配置<el-ignored>元素的具体代码如下：

```
<jsp-config>
    <jsp-property-group>
        <url-pattern>*.jsp</url-pattern>
        <el-ignored>true</el-ignored>                    //将此处的值设置为 false，表示使用 EL
    </jsp-property-group>
</jsp-config>
```

说明

该方法适用于禁用 Web 应用中所有 JSP 页面中的 EL。

11.3　保留的关键字

视频讲解

同 Java 一样，EL 也有自己的保留关键字，在为变量命名时，应该避免使用这些关键字，包括使用 EL 输出已经保存在作用域范围内的变量，也不能使用关键字，如果已经定义了，那么需要修改为其他的变量名。EL 中的保留关键字如表 11.1 所示。

表 11.1　EL 中的保留关键字

and	eq	gt
instanceof	div	or
le	false	empty
not	lt	ge

如果在 EL 中使用了保留的关键字，那么在 Eclipse 中，将给出如图 11.1 所示的错误提示。如果忽略该提示，直接运行程序，将显示如图 11.2 所示的错误提示。

```
14${le}
15<a  EL 语法错误  r: hand">链接</a>
16</  按 "F2" 以获取焦点
17</html>
```

图 11.1　在 Eclipse 中显示的错误提示

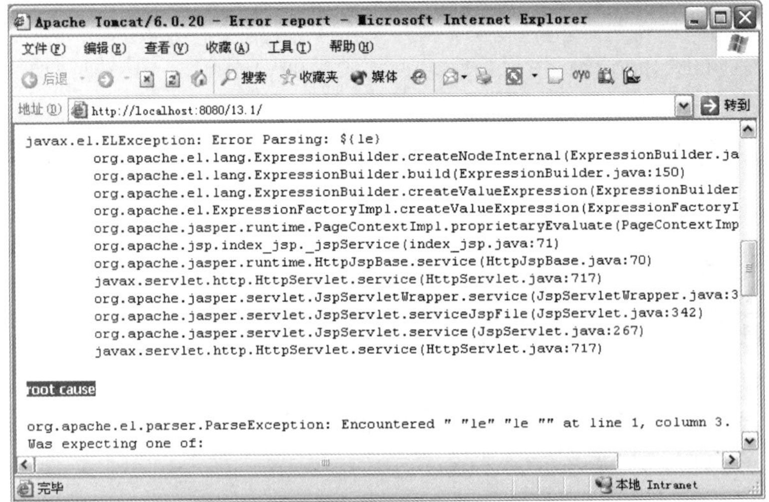

图 11.2　在 IE 浏览器中显示的错误提示

11.4　EL 的运算符及优先级

EL 可以访问数据运算符、算术运算符、关系运算符、逻辑运算符、条件运算符及 empty 运算符等，各运算符的优先级如图 11.3 所示。运算符的优先级决定了在多个运算符同时存在时，各个运算符的求值顺序，对于同级的运算符采用从左向右计算的原则。

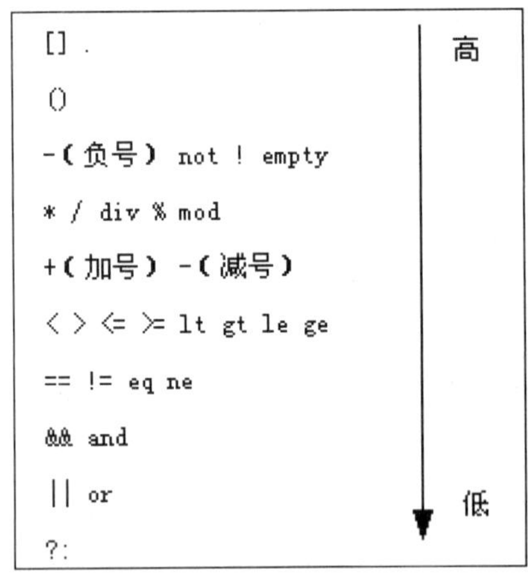

图 11.3　EL 运算符的优先级

说明

使用括号()可以改变优先级，例如，${5 / (9-6)}改变了先乘除、后加减的基本规则，这是因为括号的优先级高于绝大部分的运算符。在复杂的表达式中，使用括号可以使表达式更容易阅读，也能避免出错。

下面将结合运算符的应用对 EL 的运算符进行详细介绍。

11.4.1　通过 EL 访问数据

通过 EL 提供的“[]”和“.”运算符可以访问数据。通常情况下，“[]”和“.”运算符是等价的，可以相互代替。

【例 11.6】　访问 JavaBean 对象 userInfo 的 id 属性，可以写成以下两种形式：

```
${userInfo.id}
${userInfo[id]}
```

但是也不是所有情况下都可以相互替代，例如，当对象的属性名中包括一些特殊的符号（-或.）时，就只能使用“[]”运算符来访问对象的属性。例如，${userInfo[user-id]}是正确的，而${userInfo.user-name}则是错误的。另外，EL 的“[]”运算符还有一个用途，就是用来获取数组或者 List 集合中的数据，下面进行详细介绍。

☑　数组元素的获取

应用“[]”运算符可以获取数组的指定元素，但是“.”运算符则不能。

【例 11.7】　获取 request 范围中的数组 arrBook 中的第 1 个元素，可以使用下面的 EL 表达式：

```
${arrBook[0]}
```

说明

由于数组的索引值是从 0 开始的，所以要获取第 1 个元素，需要的索引值为 0。

【例 11.8】　通过 EL 输出数组的全部元素。（**实例位置：资源包\TM\sl\11\1**）

编写 index.jsp 文件，在该文件中，首先定义一个包含 3 个元素的一维数组，并赋初始值，然后通过 for 循环和 EL 输出该数组中的全部元素。index.jsp 文件的关键代码如下：

```
<%
String[] arr={"Java Web 开发典型模块大全","Java 范例完全自学手册","JSP 项目开发全程实录"};//定义一维数组
request.setAttribute("book",arr);                              //将数组保存到 request 对象中
%>
<%
String[] arr1=(String[])request.getAttribute("book");           //获取保存到 request 范围内的变量
//通过循环和 EL 输出一维数组的内容
for(int i=0;i<arr1.length;i++){
    request.setAttribute("requestI",i);                         //将循环变量 i 保存到 request 范围内的变量中
%>

    ${requestI}: ${book[requestI]}<br>                          //输出数组中第 i 个元素
<%} %>
```

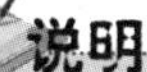

说明

在上面的代码中，必须将循环变量 i 保存到 request 范围内的变量中，否则将不能正确访问数组，这里不能直接使用 Java 代码片段中定义的变量 i，也不能使用<%=i%>输出 i。

在运行时，系统会先获取 request 变量的值，然后将输出数组内容的表达式转换为“${fruit[索引]}”格式（例如，获取第 1 个数组元素，则转换为${fruit[0]}），再进行输出。实例的运行结果如图 11.4 所示。

图 11.4　运行结果

☑　List 集合元素的获取

应用“[]”运算符还可以获取 List 集合中的指定元素，但是“.”运算符则不能。

【例 11.9】　向 session 域中保存一个包含 3 个元素的 List 集合对象，并应用 EL 输出该集合的全部元素的代码如下：（**实例位置：资源包\TM\sl\11\2**）

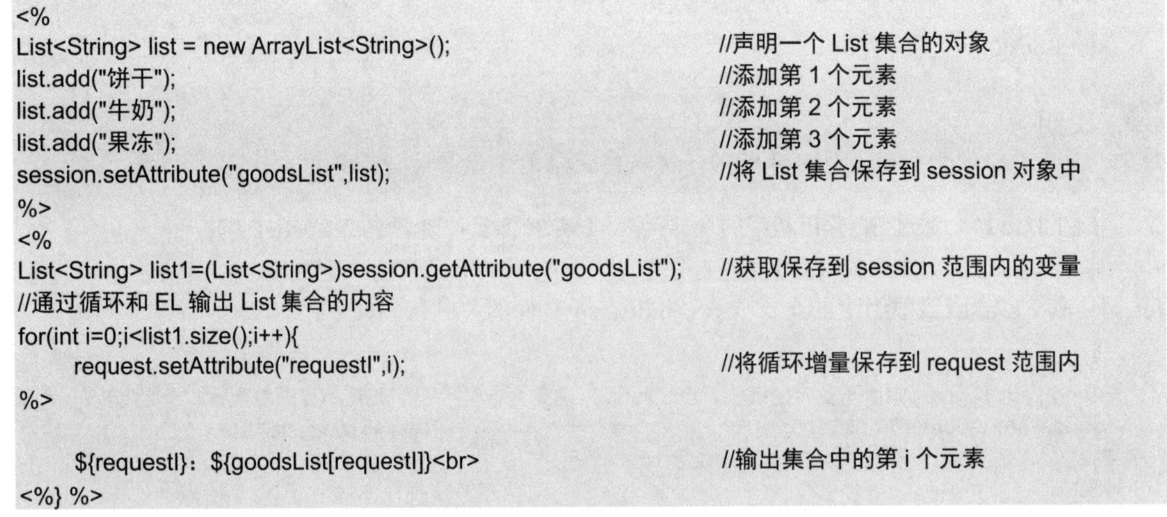

```
<%
List<String> list = new ArrayList<String>();                          //声明一个 List 集合的对象
list.add("饼干");                                                      //添加第 1 个元素
list.add("牛奶");                                                      //添加第 2 个元素
list.add("果冻");                                                      //添加第 3 个元素
session.setAttribute("goodsList",list);                               //将 List 集合保存到 session 对象中
%>
<%
List<String> list1=(List<String>)session.getAttribute("goodsList");   //获取保存到 session 范围内的变量
//通过循环和 EL 输出 List 集合的内容
for(int i=0;i<list1.size();i++){
    request.setAttribute("requestI",i);                               //将循环增量保存到 request 范围内
%>

    ${requestI}：${goodsList[requestI]}<br>                            //输出集合中的第 i 个元素
<%} %>
```

运行上面的代码，将显示如图 11.5 所示的运行结果。

图 11.5　显示 List 集合中的全部元素

11.4.2　在 EL 中进行算术运算

在 EL 中，也可以进行算术运算，同 Java 语言一样，EL 提供了加、减、乘、除和求余 5 种算术运算符，各运算符及其用法如表 11.2 所示。

表 11.2　EL 的算术运算符

运 算 符	功 能	示 例	结 果
+	加	${19+1}	20
-	减	${66-30}	36
*	乘	${52.1*10}	521.0
/或 div	除	${5/2}或${5 div 2}	2.5
		${9/0}或${9 div 0}	Infinity
%或 mod	求余	${17%3}或${17 mod 3}	2
		${15%0}或${15 mod 0}	将抛出异常：java.lang.ArithmeticException: / by zero

注意

EL 的“+”运算符与 Java 的“+”运算符不同，它不能实现两个字符串之间的连接，如果使用该运算符连接两个不可以转换为数值型的字符串，将抛出异常；如果使用该运算符连接两个可以转换为数值型的字符串，EL 则自动将这两个字符串转换为数值型，再进行加法运算。

11.4.3　在 EL 中判断对象是否为空

在 EL 中，判断对象是否为空，可以通过 empty 运算符实现，该运算符是一个前缀（prefix）运算符，即 empty 运算符位于操作数前方，用来确定一个对象或变量是否为 null 或空。empty 运算符的格式如下：

```
${empty expression}
```

参数说明：

expression：用于指定要判断的变量或对象。

【例 11.10】　定义两个 request 范围内的变量 user 和 user1，分别设置值为 null 和""。代码如下：

```
<%request.setAttribute("user",""); %>
<%request.setAttribute("user1",null); %>
```

然后，通过 empty 运算符判断 user 和 user1 是否为空，代码如下：

```
${empty user}                //返回值为 true
${empty user1}               //返回值为 true
```

说明

一个变量或对象为 null 或空代表的意义是不同的。null 表示这个变量没有指明任何对象，而空表示这个变量所属的对象其内容为空，例如，空字符串、空的数组或者空的 List 容器。

另外，empty 运算符也可以与 not 运算符结合使用，用于判断一个对象或变量是否为非空。

【例 11.11】 要判断 request 范围中的变量 user 是否为非空可以使用以下代码：

```
<%request.setAttribute("user",""); %>
${not empty user}                //返回值为 false
```

11.4.4 在 EL 中进行逻辑关系运算

在 EL 中，通过逻辑运算符和关系运算符可以实现逻辑关系运算。关系运算符用于实现对两个表达式的比较，进行比较的表达式可以是数值型，也可以是字符串型。而逻辑运算符，则常用于对 Boolean 型数据进行操作。逻辑运算符和关系运算符经常一同使用。

【例 11.12】 在判断考试成绩时，可以用下面的表达式判断 60～80 分的成绩。

```
成绩>60 and 成绩<80
```

在这个表达式中，“>”和“<”为关系运算符，and 为与运算符。下面就对关系运算符和逻辑运算符进行详细介绍。

1. 关系运算符

在 EL 中，提供了 6 种关系运算符。这 6 种关系运算符不仅可以用来比较整数和浮点数，还可以用来比较字符串。关系运算符的使用格式如下：

```
${表达式 1 关系运算符 表达式 2}
```

EL 中提供的关系运算符如表 11.3 所示。

表 11.3 EL 的关系运算符

运 算 符	功 能	示 例	结 果
==或 eq	等于	${10==10}或${10 eq 10}	true
		${"A"=="a"}或${"A" eq "a"}	false
!=或 ne	不等于	${10!=10}或${10 ne 10}	false
		${"A"!="A"}或${"A" ne "A"}	false
<或 lt	小于	${7<6}或${7 lt 6}	false
		${"A"<"B"}或${"A" lt "B"}	true
>或 gt	大于	${7>6}或${7 gt 6}	true
		${"A">"B"}或${"A" gt "B"}	false
<=或 le	小于或等于	${7<=6}或${7 le 6}	false
		${"A"<="A"}或${"A" le "A"}	true
>=或 ge	大于或等于	${7>=6}或${7 ge 6}	true
		${"A">="B"}或${"A" ge "B"}	false

2. 逻辑运算符

在进行比较运算时，如果涉及两个或两个以上的判断条件时（例如，要判断变量 a 是否大于等于 60，并且小于等于 80），就需要应用逻辑运算符。逻辑运算符的条件表达式的值必须是 Boolean 型或是

可以转换为 Boolean 型的字符串，并且返回的结果也是 Boolean 型。EL 的逻辑运算符如表 11.4 所示。

表 11.4　EL 的逻辑运算符

运　算　符	功　　能	示　　例	结　　果
&& 或 and	与	${true && false}或${true and false}	false
		${"true" && "true"}或${"true" and "true"}	true
|| 或 or	或	${true \|\| false}或${true or false}	true
		${false \|\| false}或${false or false}	false
! 或 not	非	${! true}或${not true}	false
		${!false}或${not false}	true

说明

在进行逻辑运算时，在表达式的值确定时停止执行。例如，在表达式 A and B and C 中，如果 A 为 true，B 为 false，则只计算 A and B，并返回 false；再如，在表达式 A or B or C 中，如果 A 为 true，B 为 false，则只计算 A or B，并返回 true。

【例 11.13】　通过 EL 输出数组的全部元素。（**实例位置：资源包\TM\sl\11\3**）

编写 index.jsp 文件，在该文件中，首先定义两个 request 范围内的变量，并赋初始值，然后输入这两个变量，最后将这两个变量和关系运算符、逻辑运算符组成条件表达式，并输出。index.jsp 文件的关键代码如下：

```
<%
request.setAttribute("userName","mr");                //定义 request 范围内的变量 userName
request.setAttribute("pwd","mrsoft");                 //定义 pwd 范围内的变量 pwd
%>
userName=${userName}<br>                              //输入变量 userName
pwd=${pwd}<br>                                        //输入变量 pwd
\${userName!="" and(userName=="明日")}:               //将 EL 原样输出
${userName!="" and userName=="明日"}<br>              //输出由关系和逻辑运算符组成的表达式的值
\${userName=="mr" and pwd=="mrsoft"}:                 //将 EL 原样输出
${userName=="mr" and pwd=="mrsoft"}                   //输出由关系和逻辑运算符组成的表达式的值
```

运行本实例，将显示如图 11.6 所示的运行结果。

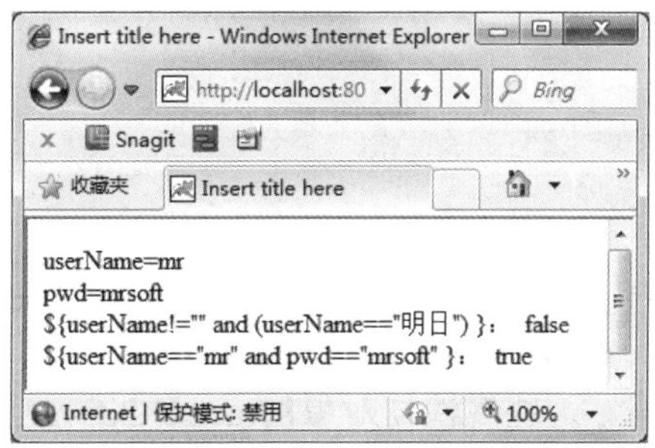

图 11.6　通过 EL 输出数组中的全部元素

11.4.5 在 EL 中进行条件运算

在 EL 中进行简单的条件运算，可以通过条件运算符实现。EL 的条件运算符唯一的优点在于其非常简单和方便，和 Java 语言中的用法完全一致。其语法格式如下：

```
${条件表达式 ? 表达式 1 : 表达式 2}
```

参数说明：

- ☑ 条件表达式：用于指定一个条件表达式，该表达式的值为 Boolean 型。可以由关系运算符、逻辑运算符和 empty 运算符组成。
- ☑ 表达式 1：用于指定当条件表达式的值为 true 时，将要返回的值。
- ☑ 表达式 2：用于指定当条件表达式的值为 false 时，将要返回的值。

说明

在上面的语法中，如果条件表达式为真，则返回表达式 1 的值，否则返回表达式 2 的值。

【例 11.14】 应用条件运算符实现当变量 cart 的值为空时，输出“cart 为空”，否则输出 cart 的值。具体代码如下：

```
${empty cart ? "cart 为空" : cart}
```

说明

通常情况下，条件运算符可以用 JSTL 中的条件标签<c:if>或<c:choose>替代。

视频讲解

11.5 EL 的隐含对象

为了能够获得 Web 应用程序中的相关数据，EL 提供了 11 个隐含对象，这些对象类似于 JSP 的内置对象，也是直接通过对象名进行操作。在 EL 的隐含对象中，除 PageContext 是 JavaBean 对象，对应于 javax.servlet.jsp.PageContext 类型外，其他的隐含对象都对应于 java.util.Map 类型。这些隐含对象可以分为页面上下文对象、访问作用域范围的隐含对象和访问环境信息的隐含对象 3 种。下面分别进行详细介绍。

11.5.1 页面上下文对象

页面上下文对象为 pageContext，用于访问 JSP 内置对象（如 request、response、out、session、exception 和 page 等，但不能用于获取 application、config 和 pageContext 对象）和 servletContext。在获取到这些内置对象后，就可以获取其属性值。这些属性与对象的 getXXX()方法相对应，在使用时，去掉方法名中的 get，并将首字母改为小写即可。下面将分别介绍如何应用页面上下文对象访问 JSP 的内置对象和 servletContext 对象。

☑　访问 request 对象

通过 pageContext 获取 JSP 内置对象中的 request 对象，可以使用下面的语句：

```
${pageContext.request}
```

获取到 request 对象后，就可以通过该对象获取与客户端相关的信息。例如，HTTP 报头信息、客户信息提交方式、客户端主机 IP 地址和端口号等。具体可以获取哪些信息，请参见表 6.1。在该表中列出了 request 对象用于获取客户端相关信息的常用方法，在此处只需要将方法名中的 get 去掉，并将方法名的首字母改为小写即可。

【例 11.15】　要访问 getServerPort()方法，可以使用下面的代码：

```
${pageContext.request.serverPort}
```

这句代码将返回端口号，这里为 8080。

注意

不可以通过 pageContext 对象获取保存到 request 范围内的变量。

☑　访问 response 对象

通过 pageContext 获取 JSP 内置对象中的 response 对象，可以使用下面的语句：

```
${pageContext.response}
```

获取到 response 对象后，就可以通过该对象获取与响应相关的信息。

【例 11.16】　获取响应的内容类型。要获取响应的内容类型，可以使用下面的代码：

```
${pageContext.response.contentType}
```

这句代码将返回响应的内容类型，这里为“text/html;charset=UTF-8”。

☑　访问 out 对象

通过 pageContext 获取 JSP 内置对象中的 out 对象，可以使用下面的语句：

```
${pageContext.out}
```

获取到 out 对象后，就可以通过该对象获取与输出相关的信息。

【例 11.17】　输出缓冲区的大小。要获取输出缓冲区的大小，可以使用下面的代码：

```
${pageContext.out.bufferSize}
```

这句代码将返回输出缓冲区的大小，这里为 8192。

☑　访问 session 对象

通过 pageContext 获取 JSP 内置对象中的 session 对象，可以使用下面的语句：

```
${pageContext.session}
```

获取到 session 对象后，就可以通过该对象获取与 session 相关的信息。

【例 11.18】　session 的有效时间。要获取 session 的有效时间，可以使用下面的代码：

```
${pageContext.session.maxInactiveInterval}
```

这句代码将返回 session 的有效时间，这里为 1800 秒，即 30 分钟。

☑ 访问 exception 对象

通过 pageContext 获取 JSP 内置对象中的 exception 对象，可以使用下面的语句：

```
${pageContext.exception}
```

获取到 exception 对象后，就可以通过该对象获取 JSP 页面的异常信息。

【例 11.19】 获取异常信息字符串。要获取异常信息字符串，可以使用下面的代码：

```
${pageContext.exception.message}
```

说明

在使用该对象时，也需要在可能出现错误的页面中指定错误处理页，并且在错误处理页中指定 page 指令的 isErrorPage 属性值为 true，然后再使用上面的 EL 输出异常信息。

☑ 访问 page 对象

通过 pageContext 获取 JSP 内置对象中的 page 对象，可以使用下面的语句：

```
${pageContext.page}
```

获取到 page 对象后，就可以通过该对象获取当前页面的类文件，具体代码如下：

```
${pageContext.page.class}
```

这句代码将返回当前页面的类文件，这里为“class org.apache.jsp.index_jsp”。

☑ 访问 servletContext 对象

通过 pageContext 获取 JSP 内置对象中的 servletContext 对象，可以使用下面的语句：

```
${pageContext.servletContext}
```

获取到 servletContext 对象后，就可以通过该对象获取 servlet 上下文信息。

【例 11.20】 获取上下文路径。获取 servlet 上下文路径的具体代码如下：

```
${pageContext.servletContext.contextPath}
```

这句代码将返回当前页面的上下文路径，这里为“/11.3”。

11.5.2 访问作用域范围的隐含对象

在 EL 中提供了 4 个用于访问作用域范围的隐含对象，即 pageScope、requestScope、sessionScope 和 applicationScope。应用这 4 个隐含对象指定所要查找的标识符的作用域后，系统将不再按照默认的顺序（page、request、session 及 application）来查找相应的标识符。它们与 JSP 中的 page、request、session 及 application 内置对象类似。只不过这 4 个隐含对象只能用来取得指定范围内的属性值，而不能取得其他相关信息。下面将介绍这 4 个隐含对象。

☑ pageScope 隐含对象

pageScope 隐含对象用于返回包含 page（页面）范围内的属性值的集合，返回值为 java.util.Map 对

象。下面通过一个具体的例子介绍 pageScope 隐含对象的应用。

【例 11.21】　通过 pageScope 隐含对象读取 page 范围内的 JavaBean 的属性值。（**实例位置：资源包\TM\sl\11\4**）

（1）创建一个名称为 UserInfo 的 JavaBean，并将其保存到 com.wgh 包中。在该 JavaBean 中包括一个 name 属性，具体代码如下：

```
package com.wgh;
public class UserInfo {
    private String name = "";                    //用户名
    public void setName(String name) {           //name 属性对应的 set()方法
        this.name = name;
    }
    public String getName() {                    //name 属性对应的 get()方法
        return name;
    }
}
```

（2）编写 index.jsp 文件，在该文件中应用<jsp:useBean>动作标识，创建一个 page 范围内的 JavaBean 实例，并设置 name 属性的值为 wgh。具体代码如下：

```
<jsp:useBean id="user" scope="page" class="com.wgh.UserInfo" type="com.wgh.UserInfo">
    <jsp:setProperty name="user" property="name" value="明日科技"/>
</jsp:useBean>
```

（3）在 index.jsp 的<body>标记中，应用 pageScope 隐含对象获取该 JavaBean 实例的 name 属性。代码如下：

```
${pageScope.user.name}
```

运行本实例，将显示如图 11.7 所示的运行结果。

图 11.7　读取 JavaBean 属性值

☑　requestScope 隐含对象

requestScope 隐含对象用于返回包含 request（请求）范围内的属性值的集合，返回值为 java.util.Map 对象。

【例 11.22】　要获取保存在 request 范围内的 userName 变量，可以使用下面的代码：

```
<%
request.setAttribute("userName","mr");           //定义 request 范围内的变量 userName
%>
${requestScope.userName}
```

☑ sessionScope 隐含对象

sessionScope 隐含对象用于返回包含 session（会话）范围内的属性值的集合，返回值为 java.util.Map 对象。

【例 11.23】 要获取保存在 session 范围内的 manager 变量，可以使用下面的代码：

```
<%
session.setAttribute("manager","mr");                    //定义 session 范围内的变量 manager
%>
${sessionScope.manager}
```

☑ applicationScope 隐含对象

applicationScope 隐含对象用于返回包含 application（应用）范围内的属性值的集合，返回值为 java.util.Map 对象。

【例 11.24】 要获取保存在 application 范围内的 message 变量，可以使用下面的代码：

```
<%
application.setAttribute("message","欢迎光临丫丫聊天室！");         //定义 application 范围内的变量 message
%>
${applicationScope.message}
```

11.5.3 访问环境信息的隐含对象

在 EL 中，提供了 6 个访问环境信息的隐含对象。下面将详细介绍这 6 个隐含对象。

☑ param 对象

param 对象用于获取请求参数的值，应用在参数值只有一个的情况。在应用 param 对象时，返回的结果为字符串。

【例 11.25】 在 JSP 页面中，放置一个名称为 user 的文本框。关键代码如下：

```
<input name="name" type="text">
```

当表单提交后，要获取 name 文本框的值，可以使用下面的代码：

```
${param.name}
```

注意

如果 name 文本框中可以输入中文，那么在应用 EL 输出其内容前，还需应用"request.setCharacterEncoding("GB18030");"语句设置请求的编码为支持中文的编码，否则将产生乱码。

☑ paramValues 对象

如果一个请求参数名对应多个值时，则需要使用 paramValues 对象获取请求参数的值。在应用 paramValues 对象时，返回的结果为数组。

【例 11.26】 在 JSP 页面中，放置一个名称为 affect 的复选框组。关键代码如下：

```
<input name="affect" type="checkbox" id="affect" value="登山">
登山
```

```
<input name="affect" type="checkbox" id="affect" value="游泳">
游泳
<input name="affect" type="checkbox" id="affect" value="慢走">
慢走
<input name="affect" type="checkbox" id="affect" value="晨跑">
晨跑
```

当表单提交后，要获取 affect 的值，可以使用下面的代码：

```
<%request.setCharacterEncoding("GB18030"); %>
爱好为：${paramValues.affect[0]}${paramValues.affect[1]}${paramValues.affect[2]}${paramValues.affect[3]}
```

注意

在应用 param 和 paramValues 对象时，如果指定的参数不存在，则返回空的字符串，而不是返回 null。

☑　header 和 headerValues 对象

header 对象用于获取 HTTP 请求的一个具体的 header 的值，但是在有些情况下，可能存在同一个 header 拥有多个不同的值的情况，这时就必须使用 headerValues 对象。

【例 11.27】　要获取 HTTP 请求的 header 的 connection（是否需要持久连接）属性，可以应用以下代码实现：

```
${header.connection}或${header["connection"]}
```

上面的 EL 表达式将输出如图 11.8 所示的结果。

但是，如果要获取 HTTP 请求的 header 的 user-agent 属性，则必须应用以下 EL 表达式：

```
${header["user-agent"]}
```

上面的代码将输出如图 11.9 所示的结果。

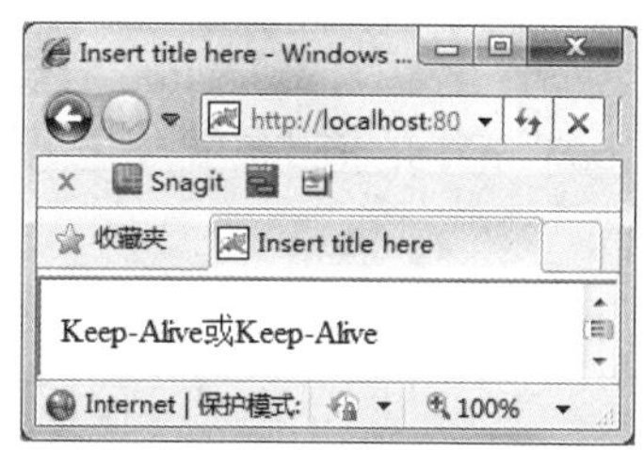

图 11.8　应用 header 对象获取的 connection 属性

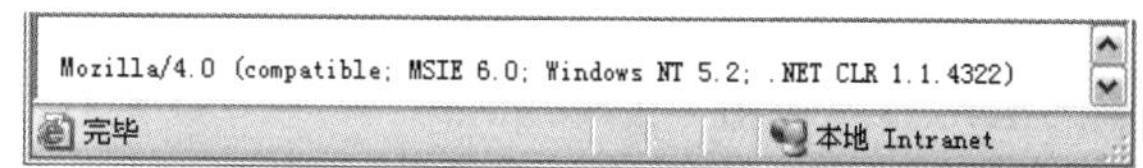

图 11.9　应用 header 对象获取的 user-agent 属性

☑　initParam 对象

initParam 对象用于获取 Web 应用初始化参数的值。

【例 11.28】　在 Web 应用的 web.xml 文件中设置一个初始化参数 author，用于指定作者。具体代码如下：

```
<context-param>
    <param-name>author</param-name>
```

```
    <param-value>mr</param-value>
</context-param>
```

应用 EL 获取参数 author 的代码如下：

```
${initParam.author}
```

【例 11.29】 获取 Web 应用初始化参数并显示。（**实例位置：资源包\TM\sl\11\5**）

（1）打开 web.xml 文件，在</web-app>标记的上方添加以下设置初始化参数的代码：

```
<context-param>
    <param-name>company</param-name>
    <param-value>吉林省明日科技有限公司</param-value>
</context-param>
```

在上面的代码中，设置了一个名称为 company 的参数，参数值为“吉林省明日科技有限公司”。

（2）编写 index.jsp 文件，在该文件中应用 EL 获取并显示初始化参数 company。关键代码如下：

```
版权所有：${initParam.company}
```

运行本实例，将显示如图 11.10 所示的运行结果。

图 11.10　获取初始化参数

☑　cookie 对象

虽然在 EL 中，并没有提供向 cookie 中保存值的方法，但是它提供了访问由请求设置的 cookie 的方法，这可以通过 cookie 隐含对象实现。如果在 cookie 中已经设定一个名称为 username 的值，那么可以使用${cookie.username}来获取该 cookie 对象。但是如果要获取 cookie 中的值，需要使用 cookie 对象的 value 属性。

【例 11.30】 使用 response 对象设置一个请求有效的 cookie 对象，然后再使用 EL 获取该 cookie 对象的值，可以使用下面的代码：

```
<%Cookie cookie=new Cookie("user","mrbccd");
  response.addCookie(cookie);
%>
${cookie.user.value}
```

运行上面的代码后，将在页面中显示 mrbccd。

说明

所谓的 cookie 是一个文本文件，它是以 key、value 的方法将用户会话信息记录在这个文本文件内，并将其暂时存放在客户端浏览器中。

视频讲解

11.6　定义和使用 EL 函数

在 EL 中，允许定义和使用函数。下面将介绍如何定义和使用 EL 的函数，以及定义和使用 EL 的函数时可能出现的错误。

11.6.1　定义和使用函数

函数的定义和使用分为以下 3 个步骤：

（1）编写一个 Java 类，并在该类中编写公用的静态方法，用于实现自定义 EL 函数的具体功能。

（2）编写标签库描述文件，对函数进行声明。该文件的扩展名为.tld，被保存到 Web 应用的 WEB-INF 文件夹下。

（3）在 JSP 页面中引用标签库，并调用定义的 EL 函数，实现相应的功能。

下面将通过一个具体的实例介绍 EL 函数的定义和使用。

【例 11.31】　定义 EL 函数处理字符串中的回车换行符和空格符。（**实例位置：资源包\TM\sl\11\6**）

（1）编写一个 Java 类，名称为 StringDeal，将其保存在 com.wgh 包中，在该类中添加一个公用的静态的方法 shiftEnter()，在该方法中替换输入字符串中的回车换行符为“
”，空格符为“ ”，最后返回新替换后的字符串。StringDeal 类的完整代码如下：

```
package com.wgh;
public class StringDeal {
    public static String shiftEnter(String str) {              //定义公用的静态方法
        String newStr = str.replaceAll("\r\n", "<br>");        //替换回车换行符
        newStr = newStr.replaceAll(" ", " ");             //替换空格符
        return newStr;
    }
}
```

（2）编写标签库描述文件，名称为 stringDeal.tld，并将其保存到 WEB-INF 文件夹下。关键代码如下：

```
<?xml version="1.0" encoding="UTF-8"?>
<taglib xmlns="http://java.sun.com/xml/ns/j2ee" xmlns:xsi="http://www.w3.org/2001/XMLSchema-instance"
    xsi:schemaLocation="http://java.sun.com/xml/ns/j2ee
    web-jsptaglibrary_2_0.xsd"
    version="2.0">
    <tlib-version>1.0</tlib-version>
    <uri>/stringDeal</uri>
    <function>
        <name>shiftEnter</name>
        <function-class>com.wgh.StringDeal</function-class>
        <function-signature>java.lang.String shiftEnter(java.lang.String)
```

```
        </function-signature>
    </function>
</taglib>
```

参数说明：

☑ <uri>标记：用于指定 tld 文件的映射路径。在应用 EL 函数时，需要使用该标记指定的内容。

☑ <name>标记：用于指定 EL 函数所对应方法的方法名，通常与 Java 文件中的方法名相同。

☑ <function-class>标记：用于指定 EL 函数所对应的 Java 文件，这里需要包括包名和类名，例如，在上面的代码中，包名为 com.wgh，类名为 StringDeal。

☑ <function-signature>标记：用于指定 EL 函数所对应的静态方法，这里包括返回值的类型和入口参数的类型。在指定这些类型时，需要使用完整的类型名，例如，在上面的代码中，不能指定该标记的内容为“String shiftEnter(String)”。

（3）编写 index.jsp 文件，在该文件中添加一个表单及表单元素，用于收集内容信息。关键代码如下：

```
<form name="form1" method="post" action="deal.jsp">
  <textarea name="content" cols="30" rows="5"></textarea>
  <br>
  <input type="submit" name="Button" value="提交" >
</form>
```

（4）编写表单的处理页 deal.jsp 文件，在该文件中应用上面定义的 EL 函数，对获取到的内容信息进行处理（主要是替换字符串中的回车换行符和空格符）后显示到页面中。deal.jsp 文件的具体代码如下：

```
<%@ page language="java" contentType="text/html; charset=GB18030" pageEncoding="UTF-8"%>
<%@ taglib uri="/stringDeal" prefix="wghfn"%>
<%request.setCharacterEncoding("UTF-8"); %>
<html>
<head>
<meta http-equiv="Content-Type" content="text/html; charset= UTF-8">
<title>显示结果</title>
</head>
<body>
内容为：<br>
${wghfn:shiftEnter(param.content)}
</body>
</html>
```

说明

在引用标签库时，指定的 uri 属性与标签库描述文件中的<uri>标记的值是相对应的。

运行本实例，在页面中将显示一个内容编辑框和一个“提交”按钮，在内容编辑框中输入如图 11.11 所示的内容，单击“提交”按钮，将显示如图 11.12 所示的结果。

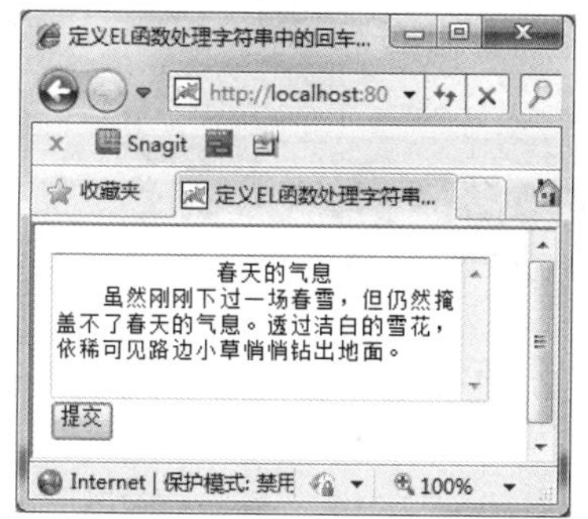

图 11.11　输入文本

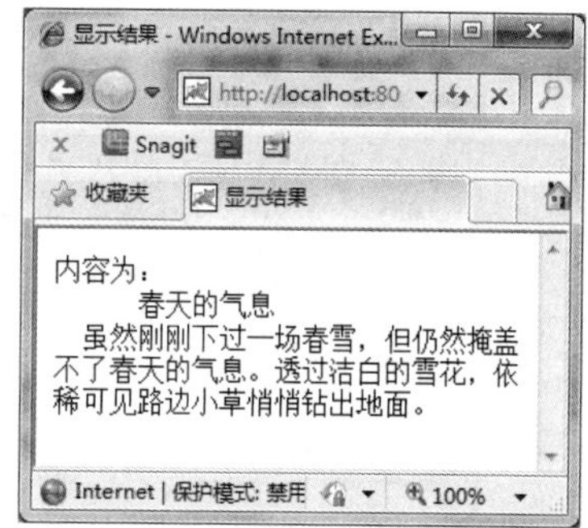

图 11.12　获取的输入结果

11.6.2　定义和使用 EL 函数时常见的错误

在定义和使用 EL 函数时，可能出现以下 3 种错误。

1. 由于没有指定完整的类型名而产生的异常信息

在编写 EL 函数时，如果出现如图 11.13 所示的异常信息，则是由于在标签库描述文件中没有指定完整的类型名而产生的。

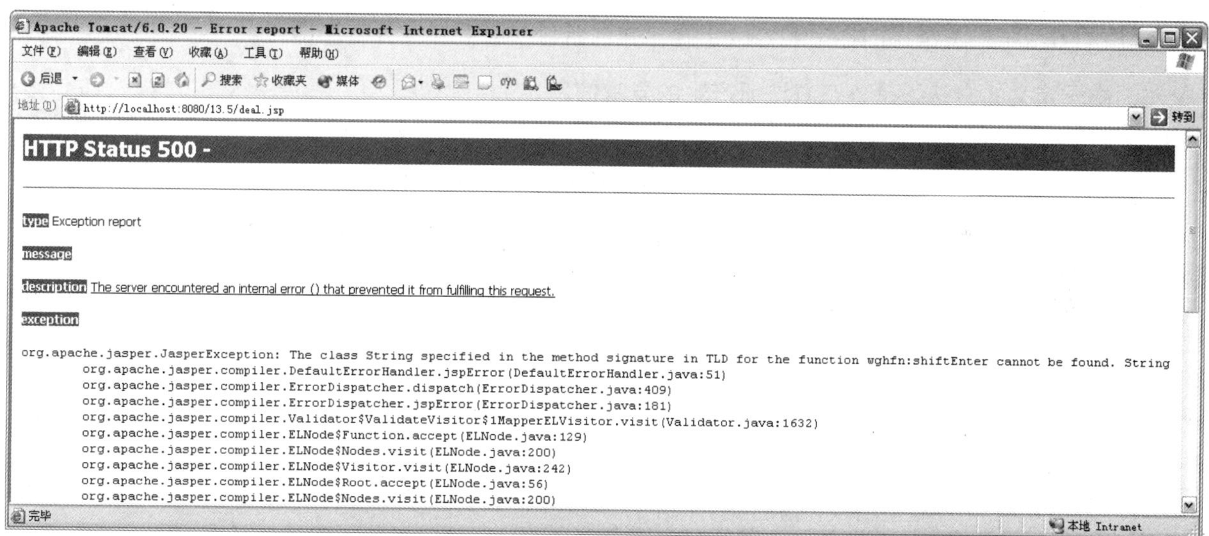

图 11.13　由于没有指定完整的类型名而产生的异常信息

解决的方法是：在扩展名为.tld 的文件中指定完整的类型名即可。例如，在上面的这个异常中，就可以将完整的类型名设置为 java.lang.String。

2. 由于在标签库的描述文件中输入了错误的标记名产生的异常信息

在编写 EL 函数时，如果出现如图 11.14 所示的异常信息，则可能是由于在标签库描述文件中输入了错误的标记名造成的。图 11.14 中的异常信息就是由于将标记名<function-signature>写成了<function-signatrue>所导致的。

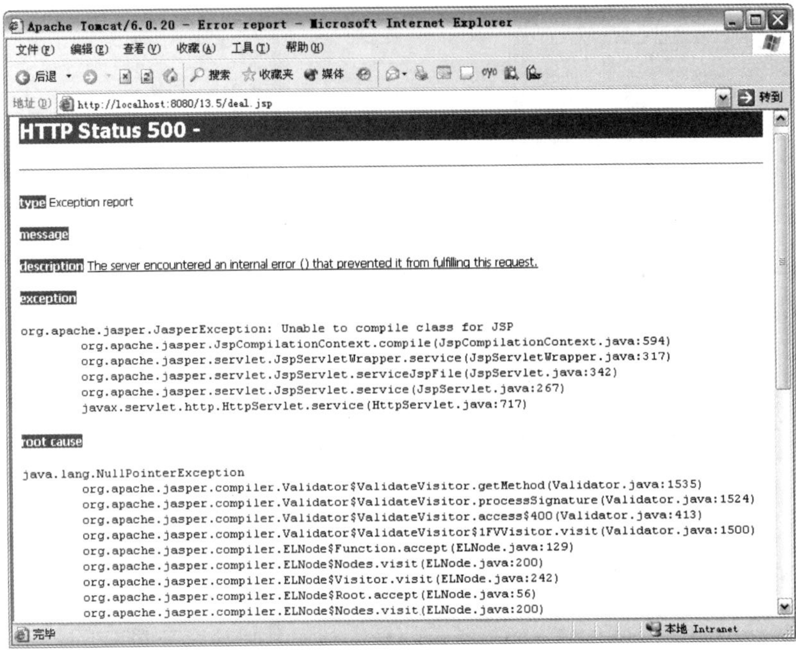

图 11.14　由于在标签库的描述文件中输入了错误的标记名产生的异常信息

解决的方法是：将错误的标记名修改正确，并重新启动服务器运行程序即可。

3. 由于定义的方法不是静态方法所产生的异常信息

在编写 EL 函数时，如果出现如图 11.15 所示的异常信息，则可能是由于在编写 EL 函数所使用的 Java 类中，定义的函数所对应的方法不是静态的所造成的。

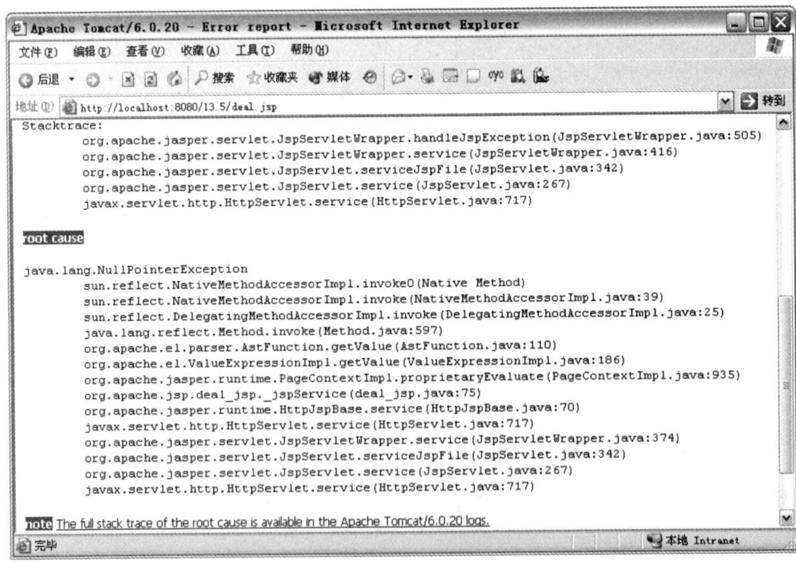

图 11.15　由于定义的方法不是静态方法所产生的异常信息

解决的方法是：将该方法修改为静态方法即可，即在声明方法时使用 static 关键字。

11.7　小　　结

本章首先对什么是 EL（表达式语言）、EL 的基本语法以及 EL 的特点进行了简要介绍，其中 EL 的基本语法需要读者重点掌握。然后详细介绍了禁用 EL 的 3 种方法，从而实现与低版本的环境兼容。接下来又介绍了 EL 的保留关键字、运算符及优先级以及隐含对象，其中 EL 的运算符和隐含对象需要读者重点掌握。最后介绍了如何定义和使用 EL 的函数，以及定义和使用 EL 函数时可能出现的异常信息及解决方法。

11.8　实践与练习

1．编写一个 JSP 程序，显示用户登录信息。要求在没有输入用户名时，显示用户名为空，否则显示登录用户名；在没有输入密码时，显示密码为空，否则显示登录密码。（**答案位置：资源包\TM\sl\11\7**）

2．编写一个 JSP 程序，实现通过 EL 获取并显示用户注册信息。要求包括用户名、密码、E-mail 地址、性别（采用单选按钮）、爱好（采用复选框）和备注（采用编辑框）等信息。（**答案位置：资源包\TM\sl\11\8**）

3．编写一个 JSP 程序，实现应用 EL 函数对输入文本进行编码转换，从而解决中文乱码。（**答案位置：资源包\TM\sl\11\9**）

第12章

JSTL 标签

（视频讲解：1 小时 1 分钟）

JSTL 是一个不断完善的开放源代码的 JSP 标签库，在 JSP 2.0 中已将 JSTL 作为标准支持。使用 JSTL 可以取代在传统 JSP 程序中嵌入 Java 代码的做法，大大提高了程序的可维护性。本章将对 JSTL 的下载和配置以及 JSTL 的核心标签进行详细介绍。

通过阅读本章，您可以：

- **了解如何配置 JSTL**
- **掌握 JSTL 的核心标签库中的表达式标签**
- **掌握 JSTL 的核心标签库中的条件标签**
- **掌握 JSTL 的核心标签库中的循环标签**
- **掌握 JSTL 的核心标签库中的 URL 相关标签**

12.1　JSTL 标签库简介

虽然 JSTL 叫作标准标签库，但实际上它是由 5 个功能不同的标签库组成。这 5 个标签库分别是核心标签库、格式标签库、SQL 标签库、XML 标签库和函数标签库。在使用这些标签库之前，必须在 JSP 页面的顶部使用<%@ taglib%>指令定义引用的标签库和访问前缀。

使用核心标签库的 taglib 指令格式如下：

```
<%@ taglib prefix="c" uri="http://java.sun.com/jsp/jstl/core" %>
```

使用格式标签库的 taglib 指令格式如下：

```
<%@ taglib prefix="fmt" uri="http://java.sun.com/jsp/jstl/fmt"%>
```

使用 SQL 标签库的 taglib 指令格式如下：

```
<%@ taglib prefix="sql" uri="http://java.sun.com/jsp/jstl/sql"%>
```

使用 XML 标签库的 taglib 指令格式如下：

```
<%@ taglib prefix="xml" uri="http://java.sun.com/jsp/jstl/xml"%>
```

使用函数标签库的 taglib 指令格式如下：

```
<%@ taglib prefix="fn" uri="http://java.sun.com/jsp/jstl/functions"%>
```

下面对 JSTL 提供的这 5 个标签库分别进行简要介绍。

☑　核心标签库

核心标签库主要用于完成 JSP 页面的常用功能，包括 JSTL 的表达式标签、URL 标签、流程控制标签和循环标签共 4 种标签。其中，表达式标签包括<c:out>、<c:set>、<c:remove>和<c:catch>；URL 标签包括<c:import>、<c:redirect>、<c:url>和<c:param>；流程控制标签包括<c:if>、<c:choose>、<c:when>和<c:otherwise>；循环标签包括<c:forEach>和<c:forTokens>。这些标签的基本作用如表 12.1 所示。

表 12.1　核心标签库中标签的基本作用

标　　签	说　　明
<c:out>	将表达式的值输出到 JSP 页面中，相当于 JSP 表达式<%=表达式%>
<c:set>	在指定范围中定义变量，或为指定的对象设置属性值
<c:remove>	从指定的 JSP 范围中移除指定的变量
<c:catch>	捕获程序中出现的异常，相当于 Java 语言中的 try…catch 语句
<c:import>	导入站内或其他网站的静态和动态文件到 Web 页面中
<c:redirect>	将客户端发出的 request 请求重定向到其他 URL 服务端
<c:url>	使用正确的 URL 重写规则构造一个 URL
<c:param>	为其他标签提供参数信息，通常与其标签结合使用
<c:if>	根据不同的条件处理不同的业务，与 Java 语言中的 if 语句类似，只不过该语句没有 else 标签

续表

标　　签	说　　明
<c:choose>、<c:when>、<c:otherwise>	根据不同的条件完成指定的业务逻辑，如果没有符合的条件，则会执行默认条件的业务逻辑，相当于 Java 语言中的 switch 语句
<c:forEach>	根据循环条件，遍历数组和集合类中的所有或部分数据
<c:forTokens>	迭代字符串中由分隔符分隔的各成员

☑　格式标签库

格式标签库提供了一个简单的国际化标记，也被称为 I18N 标签库，用于处理和解决国际化相关的问题。另外，格式标签库中还包含用于格式化数字和日期显示格式的标签。由于该标签库在实际项目开发中并不经常应用，这里不做详细介绍。

☑　SQL 标签库

SQL 标签库提供了基本的访问关系型数据的能力。使用 SQL 标签，可以简化对数据库的访问。如果结合核心标签库，可以方便地获取结果集，并迭代输出结果集中的数据。由于该标签库在实际项目开发中并不经常应用，这里不做详细介绍。

☑　XML 标签库

XML 标签库可以处理和生成 XML 的标记，使用这些标记可以很方便地开发基于 XML 的 Web 应用。由于该标签库在实际项目开发中并不经常应用，这里不做详细介绍。

☑　函数标签库

函数标签库提供了一系列字符串操作函数，用于完成分解字符串、连接字符串、返回子串、确定字符串是否包含特定的子串等功能。由于该标签库在实际项目开发中并不经常应用，这里不做详细介绍。

12.2　JSTL 的配置

由于 JSTL 还不是 JSP 2.0 规范中的一部分，所以在使用 JSTL 之前，需要安装并配置 JSTL。下面将介绍如何配置 JSTL。

JSTL 标签库可以到 Oracle 公司的官方网站上下载，在浏览器地址栏中输入“http://java.sun.com/products/jsp/jstl”，将会自动转发至 Oracle 公司官方下载网址。JSTL 的标签库下载完毕后，就可以在 Web 应用中配置 JSTL 标签库。配置 JSTL 标签库有两种方法：一种是直接将 jstl-api-1.2.jar 和 jstl-impl-1.2.jar 复制到 Web 应用的 WEB-INF\lib 目录中；另一种是在 Eclipse 中通过配置构建路径的方法进行添加。在 Eclipse 中通过配置构建路径的方法添加 JSTL 标签库的具体步骤如下：

（1）在项目名称节点上右击，在弹出的快捷菜单中选择“构建路径”→“添加库”命令，在打开的“添加库”对话框中选择“用户库”节点，单击“下一步”按钮，将打开如图 12.1 所示的对话框。

（2）单击“用户库”按钮，在打开的“首选项”对话框中单击“新建”按钮，将打开“新建用户库”对话框，在该对话框中输入用户库名称，这里为 JSTL 1.2，如图 12.2 所示。

（3）单击“确定”按钮，返回到“首选项”对话框，在该对话框中将显示刚刚创建的用户库，如图 12.3 所示。

图 12.1 “添加库”对话框

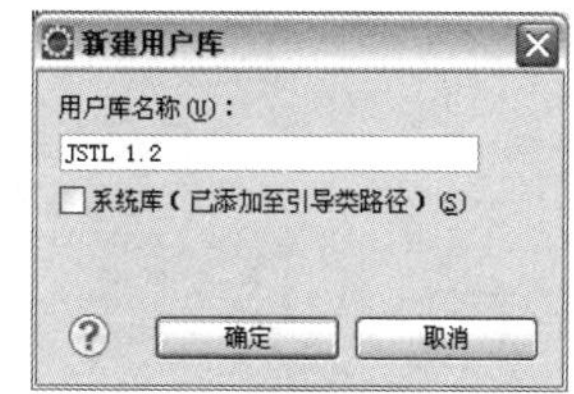

图 12.2 “新建用户库”对话框

（4）选中 JSTL 1.2 节点，单击“添加 JAR”按钮，在打开的“选择 JAR”对话框中选择刚刚下载的 JSTL 标签库，如图 12.4 所示。

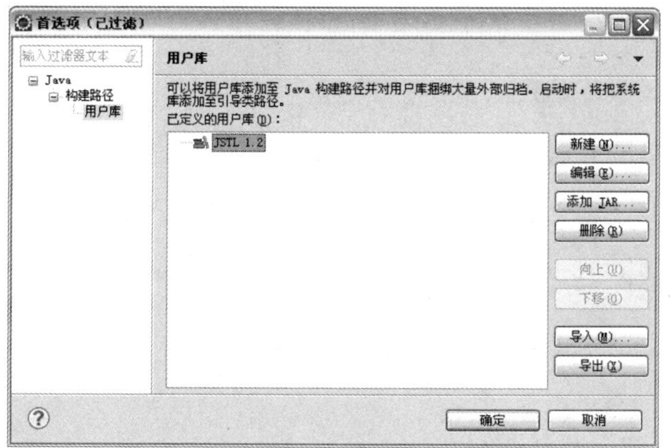

图 12.3 “首选项”对话框

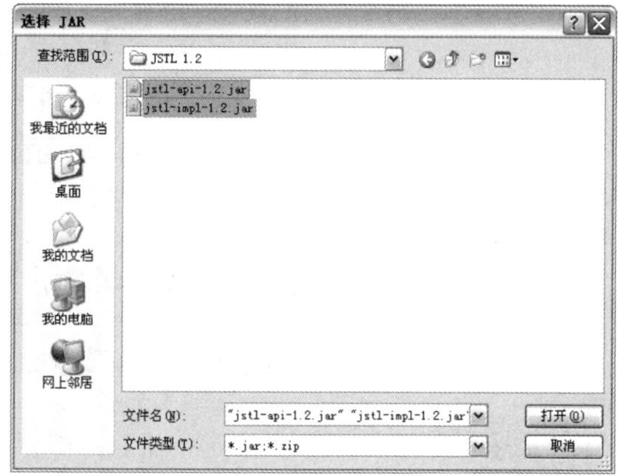

图 12.4 选择 JSTL 标签库

（5）单击“打开”按钮，将返回到如图 12.5 所示的“首选项”对话框中。

（6）单击“确定”按钮，返回到“添加库”对话框，在该对话框中单击“完成”按钮，完成 JSTL 库的添加。选中当前项目，并刷新该项目，这时可以看到在项目节点下，将添加一个 JSTL 1.2 节点，如图 12.6 所示。

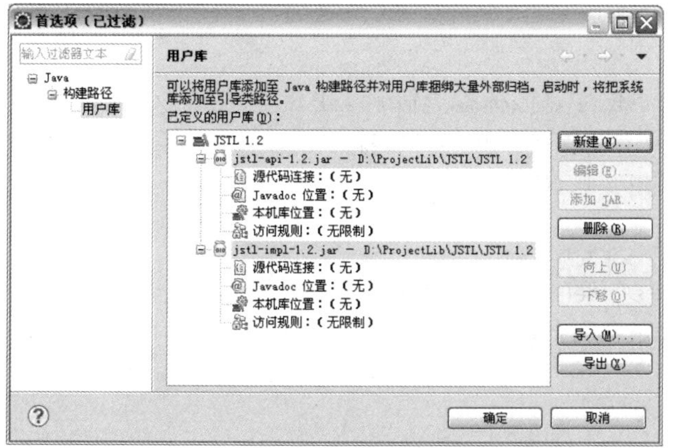

图 12.5 添加 JAR 后的“首选项”对话框

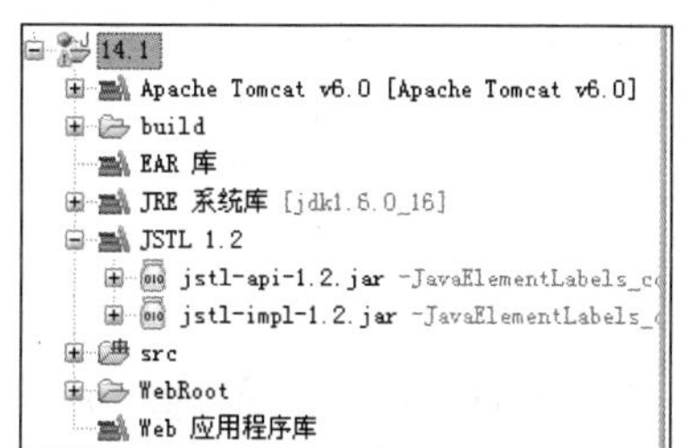

图 12.6 添加到 Eclipse 项目中的 JSTL 库

（7）在项目名称节点上右击，在弹出的快捷菜单中选择“属性”命令，将打开项目属性对话框，在该对话框的左侧列表中选择“J2EE 模块依赖性”节点，在其右侧表格中将 JSTL 1.2 前面的复选框选中，如图 12.7 所示。

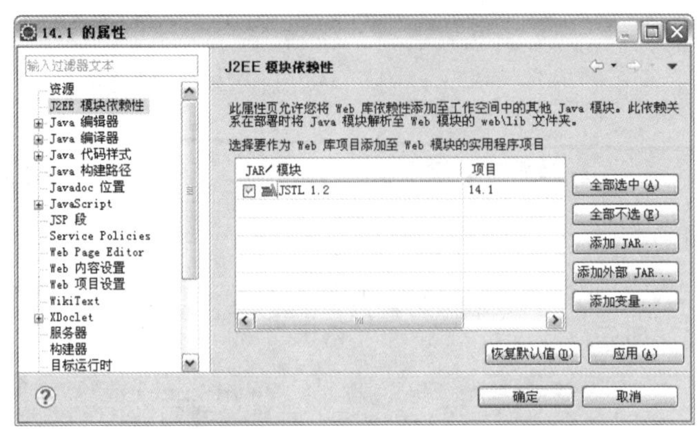

图 12.7　选择“J2EE 模块依赖性”节点

（8）单击“应用”按钮应用该设置，然后再单击“确定”按钮即可。

说明

这里介绍的添加 JSTL 标签库文件到项目中的方法，也适用于添加其他的库文件。

至此，下载并配置 JSTL 的基本步骤就完成了。这时即可在项目中使用 JSTL 标签库。

视频讲解

12.3　表达式标签

在 JSTL 的核心标签库中，包括了<c:out>标签、<c:set>标签、<c:remove>标签和<c:catch>标签 4 个表达式标签。

12.3.1　<c:out>输出标签

<c:out>标签用于将表达式的值输出到 JSP 页面中，该标签类似于 JSP 的表达式<%=表达式%>，或者 EL 表达式${expression}。<c:out>标签有两种语法格式：一种没有标签体；另一种有标签体。这两种语言的输出结果完全相同。<c:out>标签的具体语法格式如下。

语法 1——没有标签体：

```
<c:out value="expression" [escapeXml="true|false"] [default="defaultValue"]/>
```

语法 2——有标签体：

```
<c:out value="expression" [escapeXml="true|false"]>
    defalultValue
</c:out>
```

参数说明：

☑ value：用于指定将要输出的变量或表达式。该属性的值类似于 Object，可以使用 EL。

☑ escapeXml：可选属性，用于指定是否转换特殊字符，可以被转换的字符如表 12.2 所示。其属性值为 true 或 false，默认值为 true，表示转换。例如，将“<”转换为“<”。

表 12.2　被转换的字符

字　　符	字符实体代码	字　　符	字符实体代码
<	<	>	>
'	'	"	"
&	&		

☑ default：可选属性，用于指定当 value 属性值等于 null 时，将要显示的默认值。如果没有指定该属性，并且 value 属性的值为 null，该标签将输出空的字符串。

【例 12.1】　应用<c:out>标签输出字符串“水平线标记<hr>”。（**实例位置：资源包\TM\sl\12\1**）

编写 index.jsp 文件，在该文件中，首先应用 taglib 指令引用 JSTL 的核心标签库。然后添加两个<c:out>标签，用于输出字符串“水平线标记<hr>”，这两个<c:out>标签的 escapeXml 属性的值分别为 true 和 false。index.jsp 文件的具体代码如下：

```
<%@ page language="java" contentType="text/html; charset=UTF-8" pageEncoding=" UTF-8"%>
<%@ taglib prefix="c" uri="http://java.sun.com/jsp/jstl/core"%>
<html>
<head>
<meta http-equiv="Content-Type" content="text/html; charset= UTF-8">
<title>应用&lt;c:out&gt;标签输出字符串 “水平线标记&lt;hr&gt;” </title>
</head>
<body>
escapeXml 属性为 true 时：
<c:out value="水平线标记<hr>" escapeXml="true"></c:out>
<br>
escapeXml 属性为 false 时：
<c:out value="水平线标记<hr>" escapeXml="false"></c:out>
</body>
</html>
```

运行本实例，将显示如图 12.8 所示的运行结果。

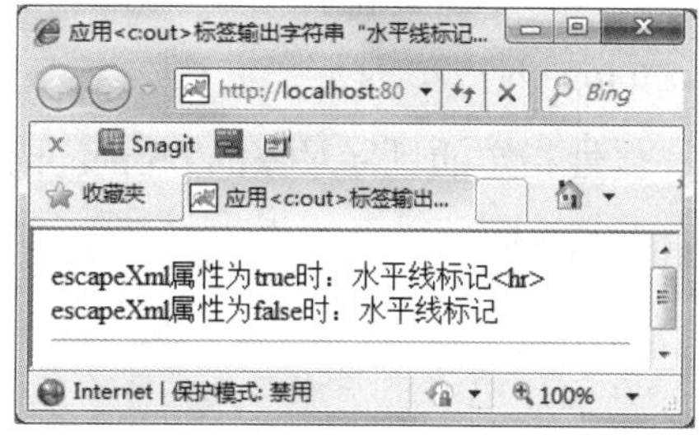

图 12.8　在页面中输出水平线

说明

从图 12.8 中可以看出，当 scapeXml 属性值为 true 时，输出字符串中的<hr>被以字符串的形式输出了，而当 scapeXml 属性值为 false 时，字符串中的<hr>则被当作 HTML 标记进行输出。这是因为，当 scapeXml 属性值为 true 时，已经将字符串中的“<”和“>”符号转换为对应的实体代码，所以在输出时，就不会被当作 HTML 标记进行输出了。这一点可以通过查看源代码看出。本实例在运行后，将得到下面的源代码。

```
<html>
<head>
<meta http-equiv="Content-Type" content="text/html; charset=GB18030">
<title>应用&lt;c:out&gt;标签输出字符串“水平线标记&lt;hr&gt;”</title>
</head>
<body>
escapeXml 属性为 true 时：
水平线标记&lt;hr&gt;
<br>
escapeXml 属性为 false 时：
水平线标记<hr>
</body>
</html>
```

12.3.2　<c:set>变量设置标签

<c:set>标签用于在指定范围（page、request、session 或 application）中定义保存某个值的变量，或为指定的对象设置属性值。使用该标签可以在页面中定义变量，而不用在 JSP 页面中嵌入打乱 HTML 排版的 Java 代码。<c:set>标签有 4 种语法格式，分别介绍如下。

语法 1：在 scope 指定的范围内将变量值存储到变量中。

```
<c:set var="name" value="value" [scope="范围"]/>
```

语法 2：在 scope 指定的范围内将标签体存储到变量中。

```
<c:set var="name" [scope="page|request|session|application"]>
    标签体
</c:set>
```

语法 3：将变量值存储在 target 属性指定的目标对象的 propName 属性中。

```
<c:set value="value" target="object" property="propName"/>
```

语法 4：将标签体存储到 target 属性指定的目标对象的 propName 属性中。

```
<c:set target="object" property="propName">
    标签体
</c:set>
```

参数说明：

☑　var：用于指定变量名。通过该标签定义的变量名，可以通过 EL 指定为<c:out>的 value 属性

的值。

☑ value：用于指定变量值，可以使用 EL。

☑ scope：用于指定变量的作用域，默认值为 page。可选值包括 page、request、session 和 application。

☑ target：用于指定存储变量值或者标签体的目标对象，可以是 JavaBean 或 Map 集合对象。

注意

target 属性不能是直接指定的 JavaBean 或 Map，而应该是使用 EL 表达式或一个脚本表达式指定的真正对象。例如，这个对象可以通过<jsp:useBean>为 JavaBean “CartForm” 的 id 属性赋值，那么 target 属性值应该是 target="${cart}"，而不应该是 target="cart"。其中 cart 为 CartForm 的对象。

☑ property：用于指定目标对象存储数据的属性名。

【例 12.2】 应用<c:set>标签定义变量并为 JavaBean 属性赋值。（**实例位置：资源包\TM\sl\12\2**）

（1）编写一个名称为 UserInfo 的 JavaBean，并将其保存到 com.wgh 包中。在该 JavaBean 中添加一个 name 属性，并为该属性应用 setXXX()和 getXXX()方法。具体代码如下：

```
package com.wgh;
public class UserInfo {
	private String name="";                                    //名称属性
	public void setName(String name) {
		this.name = name;
	}
	public String getName() {
		return name;
	}
}
```

（2）编写 index.jsp 文件，在该文件中，首先应用 taglib 指令引用 JSTL 的核心标签库。然后应用<c:set>标签定义一个 request 范围内的变量 username，并应用<c:out>标签输出该变量。接下来再应用<jsp:useBean>动作标识创建 JavaBean 的实例。最后应用<c:set>标签为 JavaBean 中的 name 属性设置属性值，并应用<c:out>标签输入该属性。index.jsp 文件的具体代码如下：

```
<%@ page language="java" contentType="text/html; charset=UTF-8"
    pageEncoding=" UTF-8"%>
<%@ taglib prefix="c" uri="http://java.sun.com/jsp/jstl/core"%>
<html>
<head>
<meta http-equiv="Content-Type" content="text/html; charset= UTF-8">
<title>应用&lt;c:set&gt;标签的应用</title>
</head>
<body>
<ul>
<li>定义 request 范围内的变量 username</li>
<br>
<c:set var="username" value="明日科技" scope="request"/>
<c:out value="username 的值为：${username}"/>
<li>设置 UserInfo 对象的 name 属性</li>
```

```
<jsp:useBean class="com.wgh.UserInfo" id="userInfo"/>
<c:set target="${userInfo}" property="name">cdd</c:set>
<br>
<c:out value="UserInfo 的 name 属性值为：${userInfo.name}"></c:out>
</ul>
</body>
</html>
```

运行本实例，将显示如图 12.9 所示的运行结果。

在使用语法 3 和语法 4 时，如果 target 属性值为 null，属性值不是 java.util.Map 对象或者不是 JavaBean 对象的有效属性，将抛出如图 12.10 所示的异常。如果读者在程序开发过程中遇到类似的异常信息，则需要检查 target 属性的值是否合法。

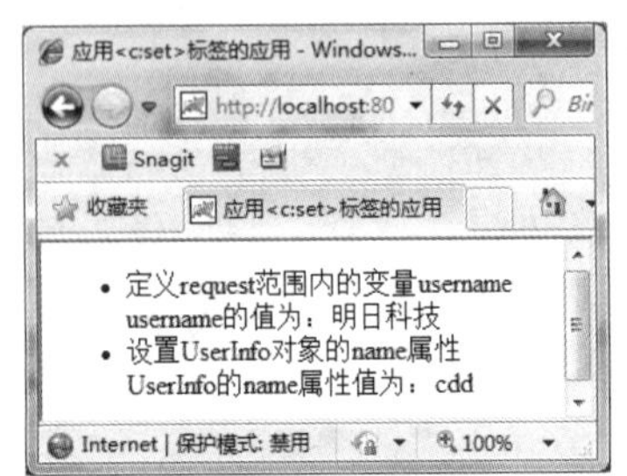

图 12.9　在页面中输出 JavaBean 的值

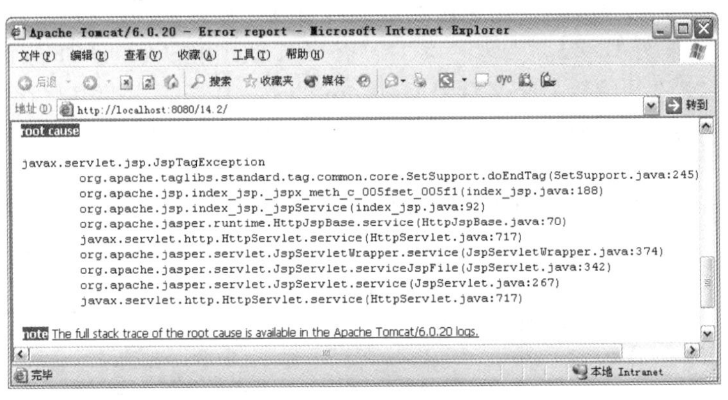

图 12.10　target 属性值不合法时产生的异常

如果在使用<c:set>标签的语法 3 和语法 4 时，产生如图 12.11 所示的异常信息，这时因为该标签的 property 属性值指定了一个 target 属性指定 Map 对象或是 JavaBean 对象中不存在的属性而产生的。

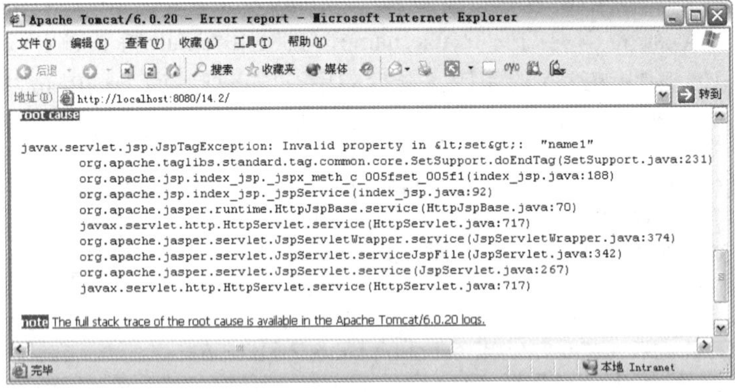

图 12.11　property 属性值不合法时产生的异常

12.3.3　<c:remove>变量移除标签

<c:remove>标签用于移除指定的 JSP 范围内的变量，其语法格式如下：

```
<c:remove var="name" [scope="范围"]/>
```

参数说明：

☑ var：用于指定要移除的变量名。

☑ scope：用于指定变量的有效范围，可选值有 page、request、session 和 application。默认值为 page。如果在该标签中没有指定变量的有效范围，那么将分别在 page、request、session 和 application 的范围内查找要移除的变量并移除。例如，在一个页面中，存在不同范围的两个同名变量，当不指定范围时移除该变量，这两个范围内的变量都将被移除。为此，在移除变量时，最好指定变量的有效范围。

说明

当指定的要移除的变量并不存在时，并不会抛出异常。

【例 12.3】　应用<c:remove>标签移除变量。（**实例位置：资源包\TM\sl\12\3**）

```
<%@ page language="java" contentType="text/html; charset=UTF-8" pageEncoding=" UTF-8"%>
<%@ taglib prefix="c" uri="http://java.sun.com/jsp/jstl/core"%>
<html>
<head>
<meta http-equiv="Content-Type" content="text/html; charset= UTF-8">
<title>应用&lt;c:remove&gt;标签移除变量</title>
</head>
<body>
<ul>
<li>定义 request 范围内的变量 username</li>
<br>
<c:set var="username" value="明日科技" scope="request"/>
username 的值为：<c:out value="${username}"/>
<li>移除 request 范围内的变量 username</li>
<br>
<c:remove var="username" scope="request"/>
username 的值为：<c:out value="${username}" default="空"/>
</ul>
</body>
</html>
```

运行本实例，将显示如图 12.12 所示的运行结果。

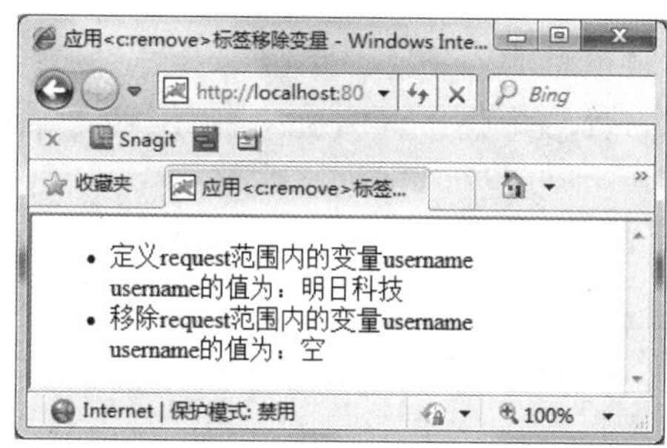

图 12.12　<c:remove>标签移除变量

12.3.4 <c:catch>捕获异常标签

<c:catch>标签用于捕获程序中出现的异常，如果需要它还可以将异常信息保存在指定的变量中。该标签与 Java 语言中的 try...catch 语句类似。<c:catch>标签的语法格式如下：

```
<c:catch [var="exception"]>
...                                                          //可能存在异常的代码
</c:catch>
```

参数说明：

var：可选属性，用于指定存储异常信息的变量。如果不需要保存异常信息，可以省略该属性。

注意

var 属性值只有在<c:catch>标签的后面才有效，也就是说，在<c:catch>标签体中无法使用有关异常的任何信息。

【例 12.4】 应用<c:catch>标签捕获异常信息。（**实例位置：资源包\TM\sl\12\4**）

（1）编写一个名称为 UserInfo 的 JavaBean，并将其保存到 com.wgh 包中。在该 JavaBean 中添加一个 name 属性，并为该属性应用 setXXX()和 getXXX()方法。具体代码如下：

```
package com.wgh;
public class UserInfo {
    private String name="";                                  //名称属性
    public void setName(String name) {
        this.name = name;
    }
    public String getName() {
        return name;
    }
}
```

（2）编写 index.jsp 文件，在该文件中，首先应用 taglib 指令引用 JSTL 的核心标签库。然后在页面的<body>标记中添加<c:catch>标签，用于捕获页面中的异常信息，并将异常信息保存到变量 error 中。接下来再在<c:catch>标签中应用<jsp:useBean>动作标识创建 JavaBean 的实例，并调用<c:set>标签为该 JavaBean 的 pwd 属性设置值。最后输出保存异常信息的变量 error。index.jsp 文件的具体代码如下：

```
<%@ page language="java" contentType="text/html; charset=GB18030" pageEncoding="GB18030"%>
<%@ taglib prefix="c" uri="http://java.sun.com/jsp/jstl/core"%>
<html>
<head>
<meta http-equiv="Content-Type" content="text/html; charset=GB18030">
<title>应用&lt;c:catch&gt;标签捕获异常信息</title>
</head>
<body>
<c:catch var="error">
```

```
    <jsp:useBean class="com.wgh.UserInfo" id="userInfo"/>
    <c:set target="${userInfo}" property="pwd">111</c:set>
</c:catch>
<c:out value="${error}"/>
</body>
</html>
```

运行上面的代码，由于 JavaBean“UserInfo”中并没有 pwd 属性，所以页面中将显示如图 12.13 所示的异常信息。

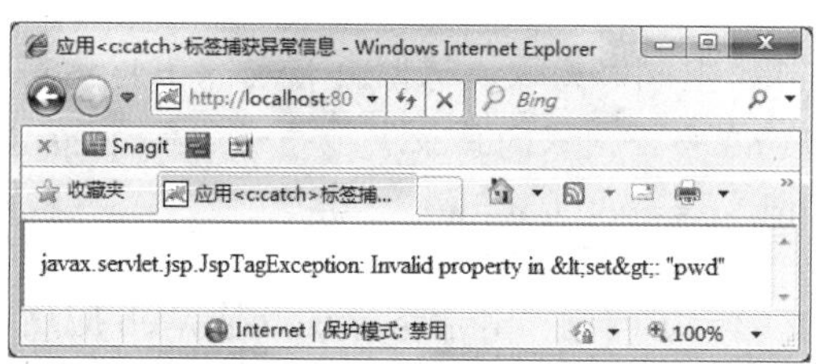

图 12.13　抛出的异常信息

说明

对于本实例，如果想让其不产生异常，可以将 property 属性的属性值改为 name，或者在 JavaBean“UserInfo”中添加 pwd 属性，以及对应的 setXXX()方法和 getXXX()方法。

另外，<c:catch>标签不仅可以用来获取由其他 JSTL 标签引起的异常信息，而且可以获取页面中由其他的 JSP 脚本标识和动作标识所产生的运行时异常信息，但不能是语法错误。

12.4　URL 相关标签

文件导入、重定向和 URL 地址生成是 Web 应用中常用的功能。JSTL 中也提供了与 URL 相关的标签，分别是<c:import>、<c:url>、<c:redirect>和<c:param>。其中<c:param>标签通常与其他标签配合使用。

12.4.1　<c:import>导入标签

<c:import>标签可以导入站内或其他网站的静态和动态文件到 Web 页面中，例如，使用<c:import>标签导入其他网站的天气信息到自己的网页中。<c:import>标签与<jsp:include>动作指令类似，所不同的是<jsp:include>只能导入站内资源，而<c:import>标签不仅可以导入站内资源，也可以导入其他网站的资源。

<c:import>标签的语法格式有以下两种。

语法 1：

```
<c:import url="url" [context="context"] [var="name"] [scope="范围"] [charEncoding="encoding"]>
[标签体]
</c:import>
```

语法 2：

```
<c:import url="url" varReader="name" [context="context"] [charEncoding="encoding"]>
    [标签体]
</c:import>
```

参数说明：

☑ url：用于指定被导入的文件资源的 URL 地址。

注意

如果指定的 url 属性为 null、空或者无效，将抛出 javax.servlet.ServletException 异常。例如，如果指定 url 属性值为 url.jsp，而在当前同级的目录中，并不存在 url.jsp 文件，将抛出“javax.servlet.ServletException: File "/url.jsp" not found”异常。

☑ context：上下文路径，用于访问同一个服务器的其他 Web 应用，其值必须以“/”开头，如果指定了该属性，那么 url 属性值也必须以“/”开头。

☑ var：用于指定变量名称。该变量用于以 String 类型存储获取的资源。

☑ scope：用于指定变量的存在范围，默认值为 page。可选值有 page、request、session 和 application。

☑ varReader：用于指定一个变量名，该变量用于以 Reader 类型存储被包含文件内容。

注意

导出的 Reader 对象只能在<c:import>标记的开始标签和结束标签之间使用。

☑ charEncoding：用于指定被导入文件的编码格式。

☑ 标签体：可选，如果需要为导入的文件传递参数，则可以在标签体的位置通过<c:param>标签设置参数。

【例 12.5】 应用<c:import>标签导入网站 Banner。（**实例位置：资源包\TM\sl\12\5**）

（1）编写 index.jsp 文件，在该文件中，首先应用 taglib 指令引用 JSTL 的核心标签库。然后应用<c:set>标签将歌曲类别列表组成的字符串保存到变量 typeName 中。最后应用<c:import>标签导入网站 Banner（对应的文件为 navigation.jsp），并将歌曲类别列表组成的字符串传递到 navigation.jsp 页面。index.jsp 文件的具体代码如下：

```
<%@ page language="java" contentType="text/html; charset=GB18030" pageEncoding="UTF-8"%>
<%@ taglib prefix="c" uri="http://java.sun.com/jsp/jstl/core"%>
<html>
<head>
<meta http-equiv="Content-Type" content="text/html; charset= UTF-8">
<title>应用&lt;c:import&gt;标签导入网站 Banner</title>
</head>
<body style=" margin:0px;">
<c:set var="typeName" value="流行金曲 | 经典老歌 | 热舞 DJ | 欧美金曲 | 少儿歌曲 | 轻音乐 | 最新上榜"/>
<!--导入网站的 Banner-->
<c:import url="navigation.jsp" charEncoding="UTF-8">
    <c:param name="typeList" value="${typeName}"/>
</c:import>
```

```
</body>
</html>
```

（2）编写 navigation.jsp 文件，在该文件中，首先设置请求的编码方式为 GB18030（中文），然后添加一个表格，并在该表格的合适位置通过 EL 输出<c:param>标签传递的参数值。navigation.jsp 文件的具体代码如下：

```
<%@ page language="java" contentType="text/html; charset= UTF-8" pageEncoding=" UTF-8"%>
<%request.setCharacterEncoding("UTF-8"); %>
<table width="901" height="128" border="0" align="center" cellpadding="0" cellspacing="0"
      background="images/bg.jpg">
  <tr>
     <td width="16" height="91"> </td>
     <td width="885"> </td>
  </tr>
  <tr>
     <td> </td>
     <td style=" font-size:11pt; color:#FFFFFF"><b>${param.typeList}</b></td>
  </tr>
</table>
```

运行本实例，将显示如图 12.14 所示的运行结果。

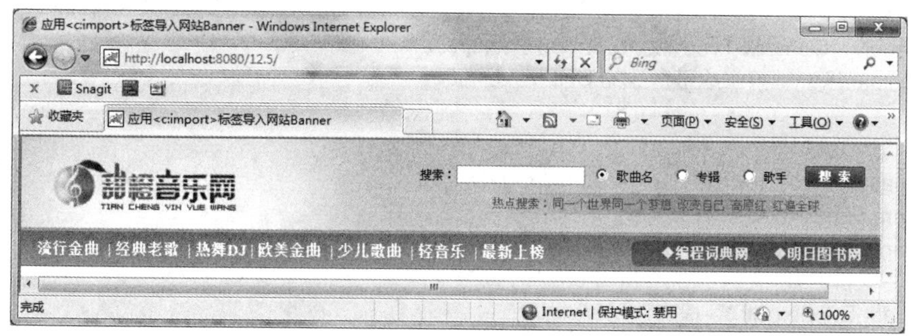

图 12.14　应用<c:import>标签导入网站 Banner

12.4.2　<c:url>动态生成 URL 标签

<c:url>标签用于生成一个 URL 路径的字符串，这个生成的字符串可以赋予 HTML 的<a>标记实现 URL 的连接，或者用这个生成的 URL 字符串实现网页转发与重定向等。在使用该标签生成 URL 时，还可以与<c:param>标签相结合动态添加 URL 的参数信息。<c:url>标签的语法格式有以下两种。

语法 1：

```
<c:url value="url" [var="name"] [scope="范围"] [context="context"]/>
```

该语法将输出产生的 URL 字符串信息，如果指定了 var 和 scope 属性，相应的 URL 信息就不再输出，而是存储在变量中以备后用。

语法 2：

```
<c:url value="url" var="name"] [scope="范围"] [context="context"]>
      <c:param/>
```

```
    ...    <!--可以有多个<c:param>标签-->
</c:url>
```

该语法不仅实现了语法 1 的功能，而且还可以搭配<c:param>标签完成带参数的复杂 URL 信息。

参数说明：

☑ value：用于指定将要处理的 URL 地址，可以使用 EL。

☑ context：上下文路径，用于访问同一个服务器的其他 Web 工程，其值必须以“/”开头。如果指定了该属性，那么 url 属性值也必须以“/”开头。

☑ var：用于指定变量名称，该变量用于保存新生成的 URL 字符串。

☑ scope：用于指定变量的存在范围。

【例 12.6】 应用<c:url>标签生成带参数的 URL 地址。（**实例位置：资源包\TM\sl\12\6**）

编写 index.jsp 文件，在该文件中，首先应用 taglib 指令引用 JSTL 的核心标签库。然后应用<c:url>标签和<c:param>标签生成带参数的 URL 地址，并保存到变量 path 中。最后，添加一个超链接，该超链接的目标地址是 path 变量所指定的 URL 地址。index.jsp 文件的具体代码如下：

```
<%@ page language="java" contentType="text/html; charset=UTF-8" pageEncoding="UTF-8"%>
<%@ taglib uri="http://java.sun.com/jsp/jstl/core" prefix="c"%>
<html>
<head>
<meta http-equiv="Content-Type" content="text/html; charset= UTF-8">
<title>应用&lt;c:url&gt;标签生成带参数的 URL 地址</title>
</head>
<body>
<c:url var="path" value="register.jsp" scope="page">
    <c:param name="user" value="mr"/>
    <c:param name="email" value="wgh717@sohu.com"/>
</c:url>
<a href="${pageScope.path}">提交注册</a>
</body>
</html>
```

运行本实例，将鼠标移动到“提交注册”超链接上，在状态栏中将显示生成的 URL 地址，如图 12.15 所示。

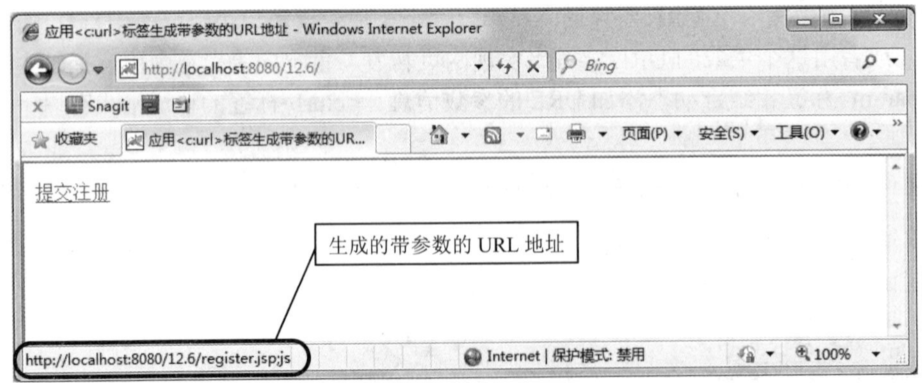

图 12.15 应用<c:url>标签导入网站 Banner

说明

在应用<c:url>标签生成新的 URL 地址时，空格符将被转换为加号“+”。

12.4.3　<c:redirect>重定向标签

<c:redirect>标签可以将客户端发出的 request 请求重定向到其他 URL 服务端，由其他程序处理客户的请求。而在这期间可以对 request 请求中的属性进行修改或添加，然后把所有属性传递到目标路径。该标签的语法格式有以下两种。

语法 1：该语法格式没有标签体，并且不添加传递到目标路径的参数信息。

```
<c:redirect url="url" [context="/context"]/>
```

语法 2：该语法格式将客户请求重定向到目标路径，并且在标签体中使用<c:param>标签传递其他参数信息。

```
<c:redirect url="url" [context="/context"]>
    <c:param/>
...   <!--可以有多个<c:param>标签-->
</c:redirect>
```

参数说明：

☑ url：必选属性，用于指定待定向资源的 URL，可以使用 EL。

☑ context：用于在使用相对路径访问外部 context 资源时，指定资源的名字。

【例 12.7】　应用语法 1 将页面重定向到用户登录页面的代码如下：

```
<c:redirect url="login.jsp"/>
```

【例 12.8】　应用语法 2 将页面重定向到 Servlet 映射地址 UserListServlet，并传递 action 参数，参数值为 query。具体代码如下：

```
<c:redirect url="UserListServlet">
    <c:param name="action" value="query"/>
</c:redirect>
```

12.4.4　<c:param>传递参数标签

<c:param>标签只用于为其他标签提供参数信息，它与<c:import>、<c:redirect>和<c:url>标签组合可以实现动态定制参数，从而使标签可以完成更复杂的程序应用。<c:param>标签的语法格式如下：

```
<c:param name="paramName" value="paramValue"/>
```

参数说明：

☑ name：用于指定参数名，可以引用 EL。如果参数名为 null 或是空，该标签将不起任何作用。

☑ value：用于指定参数值，可以引用 EL。如果参数值为 null，该标签作为空值处理。

【例 12.9】　应用<c:redirect>和<c:param>标签实现重定向页面并传递参数。（**实例位置：资源包**

TM\sl\12\7）

（1）编写 index.jsp 页面，在该页面中通过<c:redirect>标签定义重定向页面，并通过<c:param>标签定义重定向参数。index.jsp 文件的具体代码如下：

```
<%@ page language="java" contentType="text/html; charset=UTF-8" pageEncoding="UTF-8"%>
<%@ taglib uri="http://java.sun.com/jsp/jstl/core" prefix="c"%>
<html>
<head>
<meta http-equiv="Content-Type" content="text/html; charset=UTF-8">
<title>重定向页面并传递参数</title>
</head>
<body>
<c:redirect url="main.jsp">
	<c:param name="user" value="wgh"/>
</c:redirect>
</body>
</html>
```

（2）编写 main.jsp 文件，在该文件中，通过 EL 显示传递的参数 user。main.jsp 文件的具体代码如下：

```
<%@ page language="java" contentType="text/html; charset= UTF-8" pageEncoding=" UTF-8"%>
<html>
<head>
<meta http-equiv="Content-Type" content="text/html; charset= UTF-8">
<title>显示结果</title>
</head>
<body>
[${param.user}]您好，欢迎访问我公司网站！
</body>
</html>
```

运行本实例，将页面重定向到 main.jsp 页面，并显示传递的参数，如图 12.16 所示。

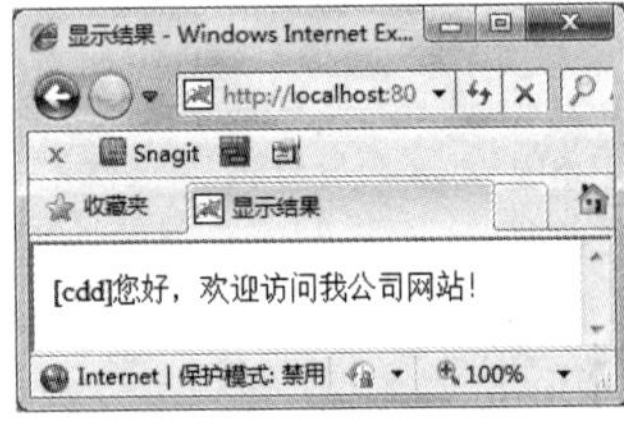

图 12.16　获取传递的参数

12.5　流程控制标签

流程控制在程序中会根据不同的条件去执行不同的代码来产生不同的运行结果，使用流程控制可以处理程序中的任何可能发生的事情。在 JSTL 中包含<c:if>、<c:choose>、<c:when>和<c:otherwise> 4 种流程控制标签。

12.5.1　<c:if>条件判断标签

<c:if>条件判断标签可以根据不同的条件处理不同的业务。它与 Java 语言中的 if 语句类似，只不过该语句没有 else 标签。<c:if>标签有两种语法格式。

说明

虽然<c:if>标签没有对应的 else 标签，但是 JSTL 提供了<c:choose>、<c:when>和<c:otherwise>标签可以实现 if else 的功能。

语法 1：该语法格式会判断条件表达式，并将条件的判断结果保存在 var 属性指定的变量中，而这个变量存在于 scope 属性所指定的范围中。

```
<c:if test="condition" var="name" [scope=page|request|session|application]/>
```

语法 2：该语法格式不但可以将 test 属性的判断结果保存在指定范围的变量中，还可以根据条件的判断结果去执行标签体。标签体可以是 JSP 页面能够使用的任何元素，例如，HTML 标记、Java 代码或者嵌入其他 JSP 标签。

```
<c:if test="condition" var="name" [scope="范围"]>
    标签体
</c:if>
```

参数说明：

☑ test：必选属性，用于指定条件表达式，可以使用 EL。

☑ var：可选属性，用于指定变量名，该变量用于保存 test 属性的判断结果。如果该变量不存在就创建它。

☑ scope：用于指定变量的有效范围，默认值为 page。可选值有 page、request、session 和 application。

【例 12.10】　应用<c:if>标签根据是否登录显示不同的内容。（**实例位置：资源包\TM\sl\12\8**）

编写 index.jsp 文件，在该文件中，首先应用 taglib 指令引用 JSTL 的核心标签库。然后应用<c:if>标签判断保存用户名的参数 username 是否为空，并将判断结果保存到变量 result 中，如果 username 为空，则显示用于输入用户信息的表单及表单元素。最后再判断变量 result 的值是否为 true，如果不为 true，则通过 EL 输出当前登录用户及欢迎信息。index.jsp 文件的具体代码如下：

```
<%@ page language="java" contentType="text/html; charset=GB18030" pageEncoding="GB18030"%>
<%@ taglib uri="http://java.sun.com/jsp/jstl/core" prefix="c"%>
<html>
<head>
<meta http-equiv="Content-Type" content="text/html; charset=GB18030">
<title>根据是否登录显示不同的内容</title>
</head>
<body>
<c:if var="result" test="${empty param.username}">
  <form name="form1" method="post" action="">
    用户名：
```

```
        <input name="username" type="text" id="username">
      <br>
      <br>
      <input type="submit" name="Submit" value="登录">
   </form>
</c:if>
<c:if test="${!result}">
      [${param.username}] 欢迎访问我公司网站！
</c:if>
</body>
</html>
```

运行本实例，将显示如图 12.17 所示的页面。在“用户名”文本框中输入用户名 cdd，单击“登录”按钮，将显示如图 12.18 所示的页面，显示欢迎信息。

图 12.17　未登录时显示的信息

图 12.18　登录后显示的内容

12.5.2　<c:choose>条件选择标签

<c:choose>标签可以根据不同的条件完成指定的业务逻辑，如果没有符合的条件就执行默认条件的业务逻辑。<c:choose>标签只能作为<c:when>和<c:otherwise>标签的父标签，而要实现条件选择逻辑，可以在<c:choose>标签中嵌套<c:when>和<c:otherwise>标签来完成。<c:choose>标签的语法格式如下：

```
<c:choose>
    标签体    <!--由<c:when>标签和<c:otherwise>标签组成-->
</c:choose>
```

<c:choose>标签没有相关属性，它只是作为<c:when>和<c:otherwise>标签的父标签来使用，并且在<c:choose>标签中，除了空白字符外，只能包括<c:when>和<c:otherwise>标签。

在一个<c:choose>标签中可以包含多个<c:when>标签来处理不同条件的业务逻辑，但是只能有一个<c:otherwise>标签来处理默认条件的业务逻辑。

说明

在运行时，首先判断<c:when>标签的条件是否为 true，如果为 true，则将<c:when>标签体中的内容显示到页面中；否则判断下一个<c:when>标签的条件，如果该标签的条件也不满足，则继续判断下一个<c:when>标签，直到<c:otherwise>标签体被执行。

【例 12.11】　应用<c:choose>标签根据是否登录显示不同的内容。（**实例位置：资源包\TM\sl\12\9**）

编写 index.jsp 文件，在该文件中，首先应用 taglib 指令引用 JSTL 的核心标签库。然后添加<c:choose>标签，在该标签中，应用<c:when>标签判断保存用户名的参数 username 是否为空，如果 username 为空，则显示用于输入用户信息的表单及表单元素；否则应用<c:otherwise>标签处理不为空的情况，这里将通过 EL 输出当前登录用户及欢迎信息。index.jsp 文件的具体代码如下：

```
<%@ page language="java" contentType="text/html; charset=GB18030" pageEncoding="GB18030"%>
<%@ taglib uri="http://java.sun.com/jsp/jstl/core" prefix="c"%>
<html>
<head>
<meta http-equiv="Content-Type" content="text/html; charset=GB18030">
<title>根据是否登录显示不同的内容</title>
</head>
<body>
<c:choose>
     <c:when test="${empty param.username}">
       <form name="form1" method="post" action="">
          用户名：
            <input name="username" type="text" id="username">
          <br>
          <br>
          <input type="submit" name="Submit" value="登录">
       </form>
     </c:when>
     <c:otherwise>
          [${param.username}] 欢迎访问我公司网站！
     </c:otherwise>
</c:choose>
</body>
</html>
```

运行本实例，将显示如图 12.19 所示的页面。在“用户名”文本框中输入用户名 mr，单击“登录”按钮，将显示如图 12.20 所示的页面，显示欢迎信息。

图 12.19　未登录时显示的信息

图 12.20　登录后显示的内容

12.5.3　<c:when>条件测试标签

<c:when>条件测试标签是<c:choose>标签的子标签，它根据不同的条件执行相应的业务逻辑，可以存在多个<c:when>标签来处理不同条件的业务逻辑。<c:when>标签的语法格式如下：

```
<c:when test="condition">
    标签体
</c:when>
```

参数说明：

test：为条件表达式，这是<c:when>标签必须定义的属性，它可以引用 EL 表达式。

说明

在<c:choose>标签中，必须有一个<c:when>标签，但是<c:otherwise>标签是可选的。如果省略了<c:otherwise>标签，当所有的<c:when>标签都不满足条件时，将不会处理<c:choose>标签的标签体。

注意

<c:when>标签必须出现在<c:otherwise>标签之前。

【例 12.12】 实现分时问候。（**实例位置：资源包\TM\sl\12\10**）

编写 index.jsp 文件，在该文件中，首先应用 taglib 指令引用 JSTL 的核心标签库。然后应用<c:set>标签定义两个变量，分别用于保存当前的小时数和分钟数。接下来再添加<c:choose>标签，在该标签中，应用<c:when>标签进行分时判断，并显示不同的问候信息。最后应用 EL 输出当前的小时和分钟数。index.jsp 文件的具体代码如下：

```
<%@ page language="java" contentType="text/html; charset=GB18030" pageEncoding="GB18030"%>
<%@ taglib uri="http://java.sun.com/jsp/jstl/core" prefix="c"%>
<html>
<head>
<meta http-equiv="Content-Type" content="text/html; charset=GB18030">
<title>实现分时问候</title>
</head>
<body>
<!--获取小时并保存到变量中-->
<c:set var="hours">
    <%=new java.util.Date().getHours()%>
</c:set>
<!--获取分钟并保存到变量中-->
<c:set var="second">
    <%=new java.util.Date().getMinutes()%>
</c:set>
<c:choose>
    <c:when test="${hours>1 && hours<6}">早上好！</c:when>
    <c:when test="${hours>6 && hours<11}" >上午好！</c:when>
    <c:when test="${hours>11 && hours<17}">下午好！</c:when>
    <c:when test="${hours>17 && hours<24}">晚上好！</c:when>
</c:choose>
 现在时间是：${hours}:${second}
</body>
</html>
```

运行本实例，将显示如图 12.21 所示的问候信息。

图 12.21　分时显示问候信息

12.5.4　<c:otherwise>其他条件标签

<c:otherwise>标签也是<c:choose>标签的子标签，用于定义<c:choose>标签中的默认条件处理逻辑，如果没有任何一个结果满足<c:when>标签指定的条件，将会执行这个标签体中定义的逻辑代码。在<c:choose>标签范围内只能存在一个该标签的定义。<c:otherwise>标签的语法格式如下：

```
<c:otherwise>
标签体
</c:otherwise>
```

注意

<c:otherwise>标签必须定义在所有<c:when>标签的后面，也就是说，它是<c:choose>标签的最后一个子标签。

【例 12.13】　幸运大抽奖。（**实例位置：资源包\TM\sl\12\11**）

编写 index.jsp 文件，在该文件中，首先应用 taglib 指令引用 JSTL 的核心标签库。然后抽取幸运数字并保存到变量中。最后再应用<c:choose>标签、<c:when>标签和<c:otherwise>标签根据幸运数字显示不同的中奖信息。index.jsp 文件的具体代码如下：

```
<%@ page language="java" contentType="text/html; charset=GB18030" pageEncoding="GB18030"%>
<%@ taglib uri="http://java.sun.com/jsp/jstl/core" prefix="c"%>
<%@ page import="java.util.*" %>
<html>
<head>
<meta http-equiv="Content-Type" content="text/html; charset=GB18030">
<title>幸运大抽奖</title>
</head>
<body>
<%Random rnd=new Random();%>
<!--将抽取的幸运数字保存到变量中-->
<c:set var="luck">
      <%=rnd.nextInt(10)%>
</c:set>
<c:choose>
```

```
        <c:when test="${luck==6}">恭喜你，中了一等奖！</c:when>
        <c:when test="${luck==7}" >恭喜你，中了二等奖！</c:when>
        <c:when test="${luck==8}">恭喜你，中了三等奖！</c:when>
        <c:otherwise>谢谢您的参与！</c:otherwise>
</c:choose>
</body>
</html>
```

运行本实例，将显示如图 12.22 所示的中奖信息。

图 12.22　运行结果

说明

由于本实例是随机产生中奖号码，因此每次运行程序的结果都不相同。

视频讲解

12.6　循环标签

循环是程序算法中的重要环节，有很多著名的算法都需要在循环中完成，例如递归算法、查询算法和排序算法都需要在循环中完成。JSTL 标签库中包含<c:forEach>和<c:forTokens>两个循环标签。

12.6.1　<c:forEach>循环标签

<c:forEach>循环标签可以根据循环条件，遍历数组和集合类中的所有或部分数据。例如，在使用 Hibernate 技术访问数据库时，返回的都是数组、java.util.List 和 java.util.Map 对象，它们封装了从数据库中查询出的数据，这些数据都是 JSP 页面需要的。如果在 JSP 页面中使用 Java 代码来循环遍历所有数据，会使页面非常混乱，不易分析和维护。使用 JSTL 的<c:forEach>循环标签显示这些数据不但可以解决 JSP 页面混乱的问题，而且也提高了代码的可维护性。

<c:forEach>标签的语法格式有以下两种。

语法 1：集合成员迭代

```
<c:forEach items="data" [var="name"] [begin="start"] [end="finish"] [step="step"] [varStatus="statusName"]>
    标签体
</c:forEach>
```

在该语法中，items 属性是必选属性，通常使用 EL 指定，其他属性均为可选属性。

语法 2：数字索引迭代

```
<c:forEach begin="start" end="finish" [var="name"] [varStatus="statusName"] [step="step"]>
    标签体
</c:forEach>
```

在该语法中，begin 和 end 属性是必选的属性，其他属性均为可选属性。

☑ items：用于指定被循环遍历的对象，多用于数组与集合类。该属性的属性值可以是数组、集合类、字符串和枚举类型，并且可以通过 EL 进行指定。

☑ var：用于指定循环体的变量名，该变量用于存储 items 指定的对象的成员。

☑ begin：用于指定循环的起始位置，如果没有指定，则从集合的第一个值开始迭代。可以使用 EL。

☑ end：用于指定循环的终止位置，如果没有指定，则一直迭代到集合的最后一位。可以使用 EL。

☑ step：用于指定循环的步长，可以使用 EL。

☑ varStatus：用于指定循环的状态变量，该属性还有 4 个状态属性，如表 12.3 所示。

表 12.3　状态属性

变　量	类　型	描　述
index	Int	当前循环的索引值，从 0 开始
count	Int	当前循环的循环计数，从 1 开始
first	Boolean	是否为第一次循环
last	Boolean	是否为最后一次循环

☑ 标签体：可以是 JSP 页面显示的任何元素。

如果在循环的过程中要得到循环计数，可以应用 varStatus 属性的状态属性 count 获得。

【例 12.14】　遍历 List 集合。（**实例位置：资源包\TM\sl\12\12**）

编写 index.jsp 文件，在该文件中，首先应用 taglib 指令引用 JSTL 的核心标签库。然后创建一个包含 3 元素的 List 集合对象，并保存到 request 范围内的 list 变量中。接下来应用<c:forEach>标签遍历 List 集合中的全部元素，并输出。最后应用<c:forEach>标签遍历 List 集合中第 1 个元素以后的元素，包括第 1 个元素，并输出。index.jsp 文件的具体代码如下：

```
<%@ page language="java" contentType="text/html; charset=GB18030" pageEncoding="GB18030"%>
<%@ taglib uri="http://java.sun.com/jsp/jstl/core" prefix="c"%>
<%@ page import="java.util.*" %>
<html>
<head>
<meta http-equiv="Content-Type" content="text/html; charset=GB18030">
<title>遍历 List 集合</title>
</head>
<body>
<%
List<String> list=new ArrayList<String>();                          //创建 List 集合的对象
list.add("简单是可靠的先决条件");                                    //向 List 集合中添加元素
list.add("兴趣是最好的老师");
list.add("知识上的投资总能得到最好的回报");
```

```
request.setAttribute("list",list);                          //将 List 集合保存到 request 对象中
%>
<b>遍历 List 集合的全部元素：</b><br>
<c:forEach items="${requestScope.list}" var="keyword" varStatus="id">
    ${id.index} ${keyword}<br>
</c:forEach>
<b>遍历 List 集合中第 1 个元素以后的元素（不包括第 1 个元素）：</b><br>
<c:forEach items="${requestScope.list}" var="keyword" varStatus="id" begin="1">
    ${id.index} ${keyword}<br>
</c:forEach>
</body>
</html>
```

说明

在应用<c:forEach>标签时，var 属性指定的变量只在循环体内有效，这一点与 Java 语言的 for 循环语句中的循环变量类似。

运行本实例，将显示如图 12.23 所示的结果。

【例 12.15】 应用<c:forEach>列举 10 以内的全部奇数。（**实例位置：资源包\TM\sl\12\13**）

编写 index.jsp 文件，在该文件中，首先应用 taglib 指令引用 JSTL 的核心标签库。然后应用<c:forEach>标签输出 10 以内的全部奇数。index.jsp 文件的具体代码如下：

```
<%@ page language="java" contentType="text/html; charset=UTF-8" pageEncoding="UTF-8"%>
<%@ taglib uri="http://java.sun.com/jsp/jstl/core" prefix="c"%>
<html>
<head>
<meta http-equiv="Content-Type" content="text/html; charset=UTF-8">
<title>应用&lt;c:forEach&gt;列举 10 以内全部奇数</title>
</head>
<body>
<b>10 以内的全部奇数为：</b>
<c:forEach var="i" begin="1" end="10" step="2">
    ${i}  
</c:forEach>
</body>
</html>
```

运行本实例，将显示 12.24 所示的结果。

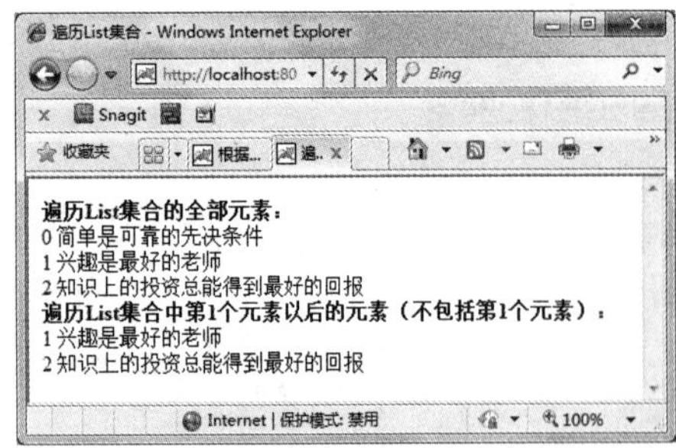

图 12.23 遍历集合对象

图 12.24 运行结果

12.6.2　<c:forTokens>迭代标签

<c:forTokens>迭代标签可以用指定的分隔符将一个字符串分割开，根据分割的数量确定循环的次数。<c:forTokens>标签的语法格式如下：

```
<c:forTokens items="String" delims="char" [var="name"] [begin="start"] [end="end"] [step="len"] [varStatus=
"statusName"]>
    标签体
</c:forTokens>
```

参数说明如表 12.4 所示。

表 12.4　<c:forTokens>标签参数说明

属　性	说　明
items	用于指定要迭代的 String 对象，该字符串通常由指定的分隔符分隔
delims	用于指定分隔字符串的分隔符，可以同时有多个分隔符
var	用于指定变量名，该变量中保存了分隔后的字符串
begin	用于指定迭代开始的位置，索引值从 0 开始
end	用于指定迭代的结束位置
step	用于指定迭代的步长，默认步长为 1
varStatus	用于指定循环的状态变量，同<c:forEach>标签一样，该属性也有 4 个状态属性，如表 12.3 所示

标签体：可以是 JSP 页面显示的任何元素。

【例 12.16】　应用<c:forTokens>标签分隔字符串。（**实例位置：资源包\TM\sl\12\14**）

编写 index.jsp 文件，在该文件中，首先应用 taglib 指令引用 JSTL 的核心标签库。然后应用<c:set>标签定义一个字符串变量，并输出该字符串。最后应用<c:forTokens>标签迭代输出按指定分隔符分割的字符串。index.jsp 文件的具体代码如下：

```
<%@ page language="java" contentType="text/html; charset=UTF-8" pageEncoding="UTF-8"%>
<%@ taglib uri="http://java.sun.com/jsp/jstl/core" prefix="c"%>
<html>
<head>
<meta http-equiv="Content-Type" content="text/html; charset= UTF-8">
<title>应用&lt;c:forTokens&gt;分隔字符串</title>
</head>
<body>
<c:set var="sourceStr" value="Java Web：程序开发范例宝典、典型模块大全；Java：实例完全自学手册、典型
模块大全"/>
<b>原字符串：</b><c:out value="${sourceStr}"/>
<br><b>分割后的字符串：</b><br>
<c:forTokens items="${sourceStr}" delims="：、；" var="item">
    ${item}<br>
</c:forTokens>
</body>
</html>
```

运行本实例，将显示如图 12.25 所示的结果。

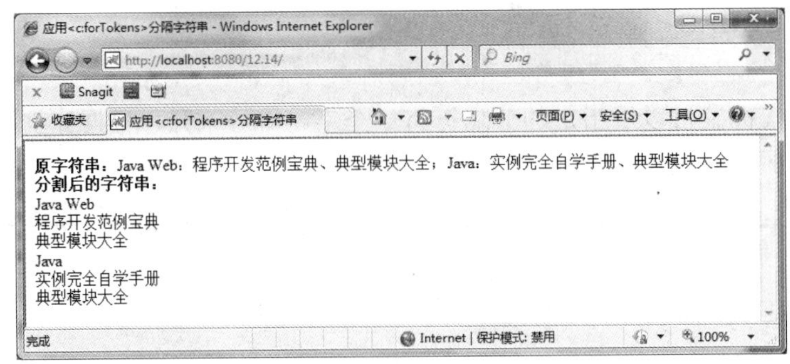

图 12.25　对字符串进行分割

12.7　小　　结

本章首先对 JSTL 标签库进行了简要介绍。然后详细介绍了 JSTL 标签库的下载和配置，其中配置 JSTL 标签需要读者重点掌握。最后对 JSTL 核心标签库中的表达式标签、URL 相关标签、流程控制标签和循环标签进行了详细介绍。其中 JSTL 的核心标签库在实际项目开发中比较常用，需要读者重点掌握。

12.8　实践与练习

1．编写 JSP 程序，实现用户注册，要求注册协议通过文本文件导入。（**答案位置：资源包\TM\sl\12\15**）

2．编写 JSP 程序，应用<c:choose>、<c:when>和<c:otherwise>标签根据当前的星期显示不同的提示信息。（**答案位置：资源包\TM\sl\12\16**）

3．编写 JSP 程序，应用 JSTL 标签显示数组中的数据。（**答案位置：资源包\TM\sl\12\17**）

第13章

Ajax技术

（视频讲解：58分钟）

随着Web 2.0概念的普及，追求更人性化、更美观的页面效果成了网站开发的必修课。Ajax正在其中充当着重要角色。由于Ajax是一个客户端技术，所以无论使用哪种服务器端技术（如JSP、PHP、ASP.NET等）都可以使用Ajax。相对于传统的Web应用开发，Ajax运用的是更加先进、更加标准化、更加高效的Web开发技术体系。

通过阅读本章，您可以：

- 了解Ajax开发模式与传统开发模式的比较
- 掌握如何使用XMLHttpRequest对象
- 通过Ajax向服务器发送请求
- 通过Ajax处理服务器的响应
- 通过Ajax实现检测用户名是否唯一
- 进行Ajax重构
- 通过Ajax实现实时显示公告信息
- 通过Ajax实现无刷新的级联下拉列表
- 通过Ajax实现上传文件时显示进度条

13.1 当下谁在用 Ajax

随着 Web 2.0 时代的到来，越来越多的网站开始应用 Ajax。实际上，Ajax 为 Web 应用带来的变化，我们已经在不知不觉中体验过了，如 Google 地图和百度地图。下面就来看看都有哪些网站在用 Ajax，从而更好地了解 Ajax 的用途。

13.1.1 百度搜索提示

在百度首页的搜索文本框中输入要搜索的关键字时，下方会自动给出相关提示。如果给出的提示有符合要求的内容，可以直接选择，这样可以方便用户。例如，输入“明日科”后，在下面将显示如图 13.1 所示的提示信息。

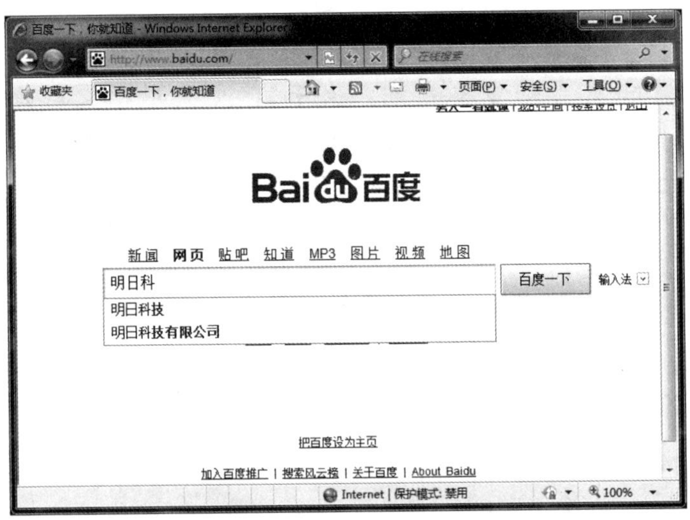

图 13.1 百度搜索提示页面

13.1.2 淘宝新会员免费注册

在淘宝网新会员免费注册时，将采用 Ajax 实现不刷新页面检测输入数据的合法性。例如，在“会员名”文本框中输入“明日”，将光标移动到“登录密码”文本框后，将显示如图 13.2 所示的页面。

13.1.3 明日科技编程词典服务网

进入明日科技编程词典服务网的首页，将鼠标移动到各个栏目名称上时，将显示详细的工具提示。例如，将鼠标移动到“编程竞技场”上，将显示如图 13.3 所示的效果。

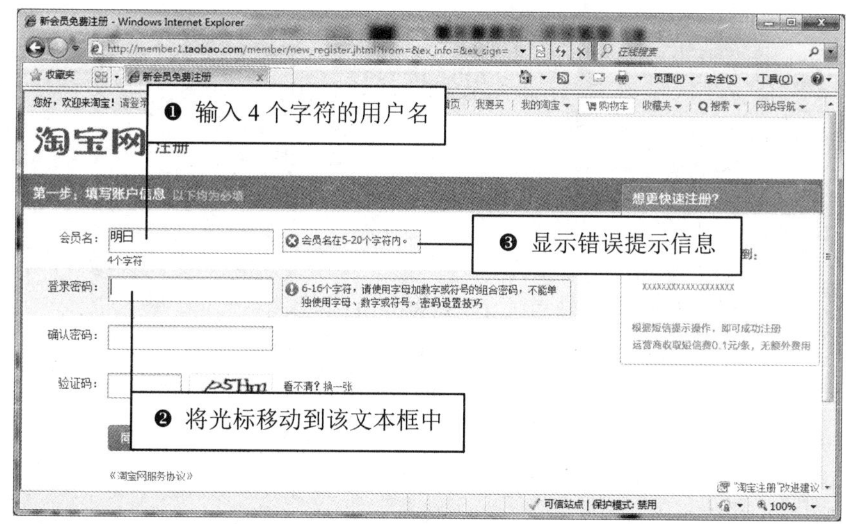

图 13.2　淘宝网新会员免费注册页面

图 13.3　明日科技编程词典服务网首页

13.2　Ajax 开发模式与传统开发模式的比较

在 Web 2.0 时代以前，多数网站都采用传统的开发模式，而随着 Web 2.0 时代的到来，越来越多的网站开始采用 Ajax 开发模式。为了让读者更好地了解 Ajax 开发模式，下面将对 Ajax 开发模式与传统开发模式进行比较。

在传统的 Web 应用模式中，页面中用户的每一次操作都将触发一次返回 Web 服务器的 HTTP 请求，服务器进行相应的处理（获得数据、运行与不同的系统会话）后，返回一个 HTML 页面给客户端，如图 13.4 所示。

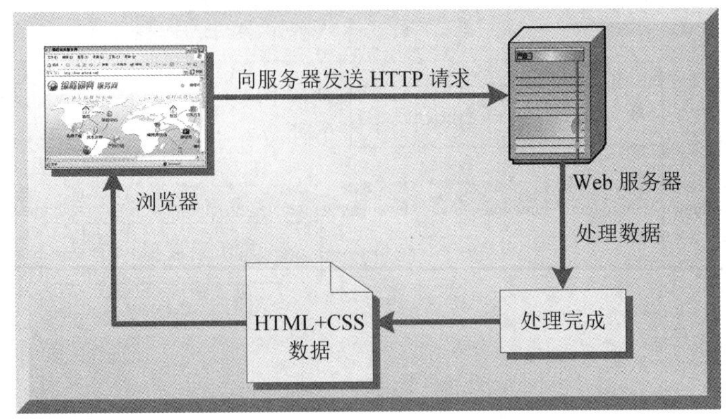

图 13.4　Web 应用的传统开发模式

而在 Ajax 应用中，页面中用户的操作将通过 Ajax 引擎与服务器端进行通信，然后将返回结果提交给客户端页面的 Ajax 引擎，再由 Ajax 引擎来决定将这些数据插入页面的指定位置，如图 13.5 所示。

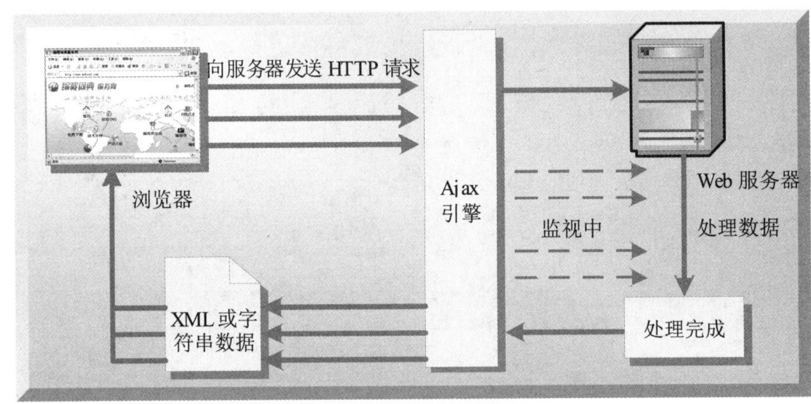

图 13.5　Web 应用的 Ajax 开发模式

从图 13.4 和图 13.5 中可以看出，对于每个用户的行为，在传统的 Web 应用模式中，将生成一次 HTTP 请求，而在 Ajax 应用开发模式中，将变成对 Ajax 引擎的一次 JavaScript 调用。在 Ajax 应用开发模式中通过 JavaScript 实现在不刷新整个页面的情况下，对部分数据进行更新，从而降低了网络流量，给用户带来更好的体验。

视频讲解

13.3　Ajax 使用的技术

Ajax 是 XMLHttpRequest 对象和 JavaScript、XML、CSS、DOM 等多种技术的组合。其中，只有 XMLHttpRequest 对象是新技术，其他的均为已有技术。下面就对 Ajax 使用的技术进行简要介绍。

☑　XMLHttpRequest 对象

Ajax 使用的技术中，最核心的技术就是 XMLHttpRequest，它是一个具有应用程序接口的 JavaScript 对象，能够使用超文本传输协议（HTTP）连接一个服务器，是微软公司为了满足开发者的需要，于 1999

年在 IE 5.0 浏览器中率先推出的。现在许多浏览器都对其提供了支持，不过实现方式与 IE 有所不同。关于 XMLHttpRequest 对象的使用将在 13.4 节进行详细介绍。

☑ XML

XML 是 eXtensible Markup Language（可扩展的标记语言）的缩写，它提供了用于描述结构化数据的格式，适用于不同应用程序间的数据交换，而且这种交换不以预先定义的一组数据结构为前提，增强了可扩展性。XMLHttpRequest 对象与服务器交换的数据通常采用 XML 格式。

【例 13.1】 下面将通过一个简单的 XML 文档来说明 XML 的文档结构。

```
<?xml version="1.0" encoding="UTF-8"?>
<resume>
    <name>吉林省明日科技有限公司</name>
    <homepage>http://www.mingribook.com</homepage>
    <books>
        <book>
            <title>Java Web 程序开发范例宝典</title>
            <publisher>人民邮电出版社</publisher>
        </book>
        <book>
            <title>Java 范例完全自学手册</title>
            <publisher>人民邮电出版社</publisher>
        </book>
    </books>
</resume>
```

在上面的 XML 文档中，第一行是 XML 声明，用于说明这是一个 XML 文档，并且指定版本号及编码。除第一行以外的内容均为元素。在 XML 文档中，元素以树形分层结构排列，其中<resume>为根元素，其他的都是该元素的子元素。

注意

在 XML 文档中，必须有一个根元素，所有其他的元素必须嵌入根元素中。

☑ JavaScript

JavaScript 是一种在 Web 页面中添加动态脚本代码的解释性程序语言，其核心已经嵌入目前主流的 Web 浏览器中。虽然平时应用最多的是通过 JavaScript 实现一些网页特效及表单数据验证等功能，其实 JavaScript 可以实现的功能远不止这些。JavaScript 是一种具有丰富的面向对象特性的程序设计语言，利用它能执行许多复杂的任务，例如，Ajax 就是利用 JavaScript 将 DOM、XHTML（或 HTML）、XML 以及 CSS 等技术综合起来，并控制它们的行为的。因此要开发一个复杂高效的 Ajax 应用程序，就必须对 JavaScript 有深入的了解。

说明

关于 JavaScript 脚本语言的详细介绍请读者参见本书的第 3 章。

☑ CSS

CSS 是 Cascading Style Sheet（层叠样式表）的缩写，用于（增强）控制网页样式并允许将样式信息与网页内容分离的一种标记性语言。在 Ajax 出现以前，CSS 已经广泛地应用到传统的网页中了，所以本书不对 CSS 进行详细介绍。在 Ajax 中，通常使用 CSS 进行页面布局，并通过改变文档对象的 CSS 属性控制页面的外观和行为。

☑ DOM

DOM 是文档对象模型的简称，是表示文档（如 HTML 文档）和访问、操作构成文档的各种元素（如 HTML 标记和文本串）的应用程序接口。W3C 定义了标准的文档对象模型，它以树形结构表示 HTML 和 XML 文档，并且定义了遍历树和添加、修改、查找树的节点的方法和属性。在 Ajax 应用中，通过 JavaScript 操作 DOM，可以达到在不刷新页面的情况下实时修改用户界面的目的。

13.4 使用 XMLHttpRequest 对象

通过 XMLHttpRequest 对象，Ajax 可以像桌面应用程序一样只同服务器进行数据层面的交换，而不用每次都刷新页面，也不用每次都将数据处理的工作交给服务器来完成，这样既减轻了服务器负担，又加快了响应速度，缩短了用户等待的时间。

13.4.1 初始化 XMLHttpRequest 对象

在使用 XMLHttpRequest 对象发送请求和处理响应之前，首先需要初始化该对象，由于 XMLHttpRequest 不是一个 W3C 标准，所以对于不同的浏览器，初始化的方法也是不同的。通常情况下，初始化 XMLHttpRequest 对象只需要考虑两种情况：一种是 IE 浏览器；另一种是非 IE 浏览器。下面分别进行介绍。

☑ IE 浏览器

IE 浏览器把 XMLHttpRequest 实例化为一个 ActiveX 对象。具体方法如下：

```
var http_request = new ActiveXObject("Msxml2.XMLHTTP");
```

或者

```
var http_request = new ActiveXObject("Microsoft.XMLHTTP");
```

在上面的语法中，Msxml2.XMLHTTP 和 Microsoft.XMLHTTP 是针对 IE 浏览器的不同版本而进行设置的，目前比较常用的是这两种。

☑ 非 IE 浏览器

非 IE 浏览器（如 Firefox、Opera、Mozilla、Safari）把 XMLHttpRequest 对象实例化为一个本地 JavaScript 对象。具体方法如下：

```
var http_request = new XMLHttpRequest();
```

为了提高程序的兼容性，可以创建一个跨浏览器的 XMLHttpRequest 对象。创建一个跨浏览器的 XMLHttpRequest 对象其实很简单，只需要判断一下不同浏览器的实现方式，如果浏览器提供了 XMLHttpRequest 类，则直接创建一个实例，否则实例化一个 ActiveX 对象。具体代码如下：

```
if(window.XMLHttpRequest) {                                    //非 IE 浏览器
    http_request = new XMLHttpRequest();
} else if(window.ActiveXObject) {                              //IE 浏览器
    try {
        http_request = new ActiveXObject("Msxml2.XMLHTTP");
    } catch(e) {
        try {
            http_request = new ActiveXObject("Microsoft.XMLHTTP");
        } catch(e) {}
    }
}
```

在上面的代码中，调用 window.ActiveXObject 将返回一个对象，或是 null。在 if 语句中，会把返回值看作是 true 或 false（如果返回的是一个对象，则为 true；否则返回 null，则为 false）。

说明

由于 JavaScript 具有动态类型特性，而且 XMLHttpRequest 对象在不同浏览器上的实例是兼容的，所以可以用同样的方式访问 XMLHttpRequest 实例的属性的方法，不需要考虑创建该实例的方法是什么。

13.4.2　XMLHttpRequest 对象的常用方法

XMLHttpRequest 对象提供了一些常用的方法，通过这些方法可以对请求进行操作。下面对 XMLHttpRequest 对象的常用方法进行介绍。

☑　open()方法

open()方法用于设置进行异步请求目标的 URL、请求方法以及其他参数信息。其具体语法如下：

```
open("method","URL"[,asyncFlag[,"userName"[, "password"]]])
```

参数说明：

- method：用于指定请求的类型，一般为 GET 或 POST。
- URL：用于指定请求地址，可以使用绝对地址或者相对地址，并且可以传递查询字符串。
- asyncFlag：为可选参数，用于指定请求方式，异步请求为 true，同步请求为 false，默认情况下为 true。
- userName：为可选参数，用于指定请求用户名，没有时可省略。
- password：为可选参数，用于指定请求密码，没有时可省略。

【例 13.2】　设置异步请求目标为 register.jsp，请求方法为 GET，请求方式为异步的代码如下：

```
http_request.open("GET","register.jsp",true);
```

☑　send()方法

send()方法用于向服务器发送请求。如果请求声明为异步，该方法将立即返回，否则将等到接收到响应为止。其语法格式如下：

```
send(content)
```

参数说明：

content：用于指定发送的数据，可以是 DOM 对象的实例、输入流或字符串。如果没有参数需要传递，可以设置为 null。

【例 13.3】 向服务器发送一个不包含任何参数的请求，可以使用下面的代码：

```
http_request.send(null);
```

☑ setRequestHeader()方法

setRequestHeader()方法用于为请求的 HTTP 头设置值。其具体语法格式如下：

```
setRequestHeader("header", "value")
```

参数说明：

- header：用于指定 HTTP 头。
- value：用于为指定的 HTTP 头设置值。

注意

setRequestHeader()方法必须在调用 open()方法之后才能调用。

【例 13.4】 在发送 POST 请求时，需要设置 Content-Type 请求头的值为“application/x-www-form-urlencoded”，这时就可以通过 setRequestHeader()方法进行设置。具体代码如下：

```
http_request.setRequestHeader("Content-Type","application/x-www-form-urlencoded");
```

☑ abort()方法

abort()方法用于停止或放弃当前异步请求。其语法格式如下：

```
abort()
```

☑ getResponseHeader()方法

getResponseHeader()方法用于以字符串形式返回指定的 HTTP 头信息。其语法格式如下：

```
getResponseHeader("headerLabel")
```

参数说明：

headerLabel：用于指定 HTTP 头，包括 Server、Content-Type 和 Date 等。

【例 13.5】 要获取 HTTP 头 Content-Type 的值，可以使用以下代码：

```
http_request.getResponseHeader("Content-Type")
```

上面的代码将获取到以下内容：

```
text/html;charset=GB18030
```

☑ getAllResponseHeaders()方法

getAllResponseHeaders()方法用于以字符串形式返回完整的 HTTP 头信息，其中包括 Server、Date、Content-Type 和 Content-Length。getAllResponseHeaders()方法的语法格式如下：

```
getAllResponseHeaders()
```

【例 13.6】　应用下面的代码调用 getAllResponseHeaders()方法，将弹出如图 13.6 所示的对话框显示完整的 HTTP 头信息。

```
alert(http_request.getAllResponseHeaders());
```

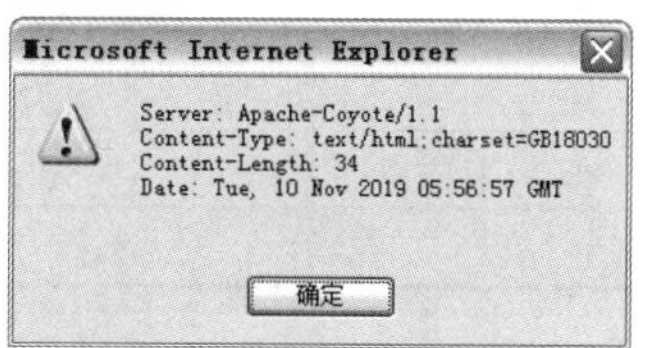

图 13.6　获取完整的 HTTP 头信息

13.4.3　XMLHttpRequest 对象的常用属性

XMLHttpRequest 对象提供了一些常用属性，通过这些属性可以获取服务器的响应状态及响应内容。下面将对 XMLHttpRequest 对象的常用属性进行介绍。

☑　onreadystatechange 属性

onreadystatechange 属性用于指定状态改变时所触发的事件处理器。在 Ajax 中，每个状态改变时都会触发这个事件处理器，通常会调用一个 JavaScript 函数。

【例 13.7】　指定状态改变时触发 JavaScript 函数 getResult 的代码如下：

```
http_request.onreadystatechange = getResult;
```

注意

在指定所触发的事件处理器时，所调用的 JavaScript 函数不能添加小括号及指定参数名。不过这里可以使用匿名函数。例如，要调用带参数的函数 getResult()，可以使用下面的代码：

```
http_request.onreadystatechange = function(){
        getResult("添加的参数");                //调用带参数的函数
    };                                          //通过匿名函数指定要带参数的函数
```

☑　readyState 属性

readyState 属性用于获取请求的状态。该属性共包括 5 个属性值，如表 13.1 所示。

表 13.1　readyState 属性的属性值

值	意　义	值	意　义
0	未初始化	3	交互中
1	正在加载	4	完成
2	已加载		

☑　responseText 属性

responseText 属性用于获取服务器的响应，表示为字符串。

☑　responseXML 属性

responseXML 属性用于获取服务器的响应，表示为 XML。这个对象可以解析为一个 DOM 对象。

☑ status属性

status属性用于返回服务器的HTTP状态码，常用的状态码如表13.2所示。

表13.2 status属性的状态码

值	意　义	值	意　义
200	表示成功	404	文件未找到
202	表示请求被接受，但尚未成功	500	内部服务器错误
400	错误的请求		

☑ statusText属性

statusText属性用于返回HTTP状态码对应的文本，如OK或Not Found（未找到）等。

13.5 与服务器通信——发送请求与处理响应

通过前面章节的学习，相信大家已经对Ajax以及Ajax所使用的技术有所了解。下面将介绍应用Ajax如何与服务器通信。

13.5.1 发送请求

Ajax可以通过XMLHttpRequest对象实现采用异步方式在后台发送请求。通常情况下，Ajax发送请求有两种：一种是发送GET请求；另一种是发送POST请求。但是无论发送哪种请求，都需要经过以下4个步骤。

（1）初始化XMLHttpRequest对象。为了提高程序的兼容性，需要创建一个跨浏览器的XMLHttpRequest对象，并且判断XMLHttpRequest对象的实例是否成功，如果不成功，则给予提示。具体代码如下：

【例13.8】 发送请求。

```
http_request = false;
if(window.XMLHttpRequest) {                                            //非IE浏览器
        http_request = new XMLHttpRequest();                           //创建XMLHttpRequest对象
} else if(window.ActiveXObject) {                                      //IE浏览器
        try {
             http_request = new ActiveXObject("Msxml2.XMLHTTP");       //创建XMLHttpRequest对象
        } catch(e) {
             try {
                  http_request = new ActiveXObject("Microsoft.XMLHTTP");  //创建XMLHttpRequest对象
             } catch(e) {}
        }
  }
if(!http_request) {
        alert("不能创建XMLHttpRequest对象实例！");
```

```
    return false;
}
```

（2）为 XMLHttpRequest 对象指定一个返回结果处理函数（即回调函数），用于对返回结果进行处理。具体代码如下：

【例 13.9】　设置回调函数。

```
http_request.onreadystatechange = getResult;                    //调用返回结果处理函数
```

注意

使用 XMLHttpRequest 对象的 onreadystatechange 属性指定回调函数时，不能指定要传递的参数。如果要指定传递的参数，可以应用以下方法：

```
http_request.onreadystatechange = function(){getResult(param)};
```

（3）创建一个与服务器的连接。在创建时，需要指定发送请求的方式（即 GET 或 POST），以及设置是否采用异步方式发送请求。

【例 13.10】　采用异步方式发送 GET 方式的请求的具体代码如下：

```
http_request.open('GET', url, true);
```

【例 13.11】　采用异步方式发送 POST 方式的请求的具体代码如下：

```
http_request.open('POST', url, true);
```

说明

在 open()方法中的 url 参数，可以是一个 JSP 页面的 URL 地址，也可以是 Servlet 的映射地址。也就是说，请求处理页，可以是一个 JSP 页面，也可以是一个 Servlet。

技巧

在指定 URL 参数时，最好将一个时间戳追加到该 URL 参数的后面，这样可以防止因浏览器缓存结果而不能实时得到最新的结果。例如，可以指定 URL 参数为以下代码：

```
String url="deal.jsp?nocache="+new Date().getTime();
```

（4）向服务器发送请求。XMLHttpRequest 对象的 send()方法可以实现向服务器发送请求，该方法需要传递一个参数，如果发送的是 GET 请求，可以将该参数设置为 null；如果发送的是 POST 请求，可以通过该参数指定要发送的请求参数。

向服务器发送 GET 请求的代码如下：

```
http_request.send(null);                                        //向服务器发送请求
```

【例 13.12】　向服务器发送 POST 请求的代码如下：

```
var param="user="+form1.user.value+"&pwd="+form1.pwd.value+"&email="+form1.email.value;    //组合参数
http_request.send(param);                                       //向服务器发送请求
```

需要注意的是，在发送 POST 请求前，还需要设置正确的请求头。具体代码如下：

```
http_request.setRequestHeader("Content-Type","application/x-www-form-urlencoded");
```

上面的这句代码，需要添加在“http_request.send(param);”语句之前。

13.5.2 处理服务器响应

当向服务器发送请求后，接下来就需要处理服务器响应。在向服务器发送请求时，需要通过 XMLHttpRequest 对象的 onreadystatechange 属性指定一个回调函数，用于处理服务器响应。在这个回调函数中，首先需要判断服务器的请求状态，保证请求已完成；然后再根据服务器的 HTTP 状态码，判断服务器对请求的响应是否成功，如果成功，则获取服务器的响应反馈给客户端。

XMLHttpRequest 对象提供了两个用来访问服务器响应的属性：一个是 responseText 属性，返回字符串响应；另一个是 responseXML 属性，返回 XML 响应。

1．处理字符串响应

字符串响应通常应用在响应不是特别复杂的情况下。例如，将响应显示在提示对话框中，或者响应只是显示成功或失败的字符串。

【例 13.13】 将字符串响应显示到提示对话框中的回调函数的具体代码如下：

```
function getResult() {
    if(http_request.readyState == 4) {                 //判断请求状态
        if(http_request.status == 200) {               //请求成功，开始处理返回结果
            alert(http_request.responseText);          //显示判断结果
        } else {                                       //请求页面有错误
            alert("您所请求的页面有错误！");
        }
    }
}
```

如果需要将响应结果显示到页面的指定位置，也可以先在页面的合适位置添加一个<div>或<span>标记，将设置该标记的 id 属性，如 div_result，然后在回调函数中应用以下代码显示响应结果：

```
document.getElementById("div_result").innerHTML=http_request.responseText;
```

2．处理 XML 响应

如果在服务器端需要生成特别复杂的响应，那么就需要应用 XML 响应。应用 XMLHttpRequest 对象的 responseXML 属性，可以生成一个 XML 文档，而且当前浏览器已经提供了很好的解析 XML 文档对象的方法。

【例 13.14】 保存图书信息的 XML 文档。具体代码如下：

```
<?xml version="1.0" encoding="UTF-8"?>
<mr>
    <books>
        <book>
            <title>Java Web 程序开发范例宝典</title>
```

```
                <publisher>人民邮电出版社</publisher>
            </book>
            <book>
                <title>Java 范例完全自学手册</title>
                <publisher>人民邮电出版社</publisher>
            </book>
        </books>
</mr>
```

在回调函数中遍历保存图书信息的 XML 文档，并将其显示到页面中的代码如下：

```
function getResult() {
    if(http_request.readyState == 4) {                              //判断请求状态
        if(http_request.status == 200) {                            //请求成功，开始处理响应
            var xmldoc = http_request.responseXML;
            var str="";
            for(i=0;i<xmldoc.getElementsByTagName("book").length;i++){
                var book = xmldoc.getElementsByTagName("book").item(i);
                        str=str+"《"+book.getElementsByTagName("title")[0].firstChild.data+"》由 “"+
                        book.getElementsByTagName('publisher')[0].firstChild.data+"” 出版<br>";
            }
            document.getElementById("book").innerHTML=str;  //显示图书信息
        } else {                                                    //请求页面有错误
            alert("您所请求的页面有错误！");
        }
    }
}
<div id="book"></div>
```

通过上面的代码获取的 XML 文档的信息如下：

```
《Java Web 程序开发范例宝典》由“人民邮电出版社”出版
《Java 范例完全自学手册》由“人民邮电出版社”出版
```

13.5.3　一个完整的实例——检测用户名是否唯一

在介绍了向服务器发送请求与处理服务器响应后，下面将通过一个完整的实例，更好地说明在 Ajax 中如何与服务器通信。

【例 13.15】　检测用户名是否唯一。（**实例位置：资源包\TM\sl\13\1**）

（1）创建 index.jsp 文件，在该文件中添加一个用于收集用户注册信息的表单及表单元素，以及代表“检测用户名”按钮的图片，并在该图片的 onclick 事件中调用 checkName()方法，检测用户名是否被注册。关键代码如下：

```
<form method="post" action="" name="form1">
用户名：<input name="username" type="text" id="username" size="32">
<img src="images/checkBt.jpg" width="104" height="23" style="cursor:hand;" onclick="checkUser(form1.
username);">
```

```
密码：<input name="pwd1" type="password" id="pwd1" size="35"><
确认密码：<input name="pwd2" type="password" id="pwd2" size="35">
E-mail：<input name="email" type="text" id="email" size="45">
<input type="image" name="imageField" src="images/registerBt.jpg">
</form>
```

（2）在页面的合适位置添加一个用于显示提示信息的<div>标记，并且通过 CSS 设置该<div>标记的样式。关键代码如下：

```
<style type="text/css">
<!--
#toolTip {
    position:absolute;                                  //设置为绝对定位
    left:331px;                                         //设置左边距
    top:39px;                                           //设置顶边距
    width:98px;                                         //设置宽度
    height:48px;                                        //设置高度
    padding-top:45px;                                   //设置文字与顶边的距离
    padding-left:25px;                                  //设置文字与左边的距离
    padding-right:25px;                                 //设置文字与右边的距离
    z-index:1;
    display:none;                                       //设置默认不显示
    color:red;                                          //设置文字的颜色
    background-image: url(images/tooltip.jpg);          //设置背景图片
}
-->
</style>
<div id="toolTip"></div>
```

（3）编写一个自定义的 JavaScript 函数 createRequest()，在该函数中，首先初始化 XMLHttpRequest 对象，然后指定处理函数，再创建与服务器的连接，最后向服务器发送请求。createRequest()函数的具体代码如下：

```
function createRequest(url) {
    http_request = false;
    if(window.XMLHttpRequest) {                          //非 IE 浏览器
        http_request = new XMLHttpRequest();             //创建 XMLHttpRequest 对象
    } else if(window.ActiveXObject) {                    //IE 浏览器
        try {
            http_request = new ActiveXObject("Msxml2.XMLHTTP");    //创建 XMLHttpRequest 对象
        } catch(e) {
            try {
                http_request = new ActiveXObject("Microsoft.XMLHTTP");    //创建 XMLHttpRequest 对象
            } catch(e) {}
        }
    }
    if(!http_request) {
        alert("不能创建 XMLHttpRequest 对象实例！");
        return false;
```

```
    }
    http_request.onreadystatechange = getResult;                    //调用返回结果处理函数
    http_request.open('GET', url, true);                            //创建与服务器的连接
    http_request.send(null);                                        //向服务器发送请求
}
```

（4）编写回调函数 getResult()，该函数主要根据请求状态对返回结果进行处理。在该函数中，如果请求成功，为提示框设置相应的提示内容，并且让该提示框显示。getResult()函数的具体代码如下：

```
function getResult() {
    if(http_request.readyState == 4) {                              //判断请求状态
        if(http_request.status == 200) {                            //请求成功，开始处理返回结果
            document.getElementById("toolTip").innerHTML=http_request.responseText;    //设置提示内容
            document.getElementById("toolTip").style.display="block";          //显示提示框
        } else {                                                    //请求页面有错误
            alert("您所请求的页面有错误！");
        }
    }
}
```

（5）编写自定义的 JavaScript 函数 checkUser()，用于检测用户名是否为空，当用户名不为空时，调用 createRequest()函数发送异步请求检测用户名是否被注册。checkUser()函数的具体代码如下：

```
function checkUser(userName){
    if(userName.value==""){
        alert("请输入用户名！");userName.focus();return;
    }else{
        createRequest('checkUser.jsp?user='+userName.value);
    }
}
```

（6）编写检测用户名是否被注册的处理页 checkUser.jsp，在该页面中判断输入的用户名是否注册，并应用 JSP 内置对象 out 的 printIn()方法输出判断结果。checkUser.jsp 页面的具体代码如下：

```
<%@ page language="java" import="java.util.*" pageEncoding="UTF-8" %>
<%
    String[] userList={"明日科技","mr","mrsoft","wgh"};                        //创建一个一维数组
    String user=new String(request.getParameter("user").getBytes("ISO-8859-1"),"UTF-8");  //获取用户名
    Arrays.sort(userList);                                                   //对数组排序
    int result=Arrays.binarySearch(userList,user);                           //搜索数组
    if(result>-1){
        out.println("很抱歉，该用户名已经被注册！");                               //输出检测结果
    }else{
        out.println("恭喜您，该用户名没有被注册！");                               //输出检测结果
    }
%>
```

运行本实例，在“用户名”文本框中输入“mr”，单击“检查用户名”按钮，将显示如图 13.7 所示的提示信息。

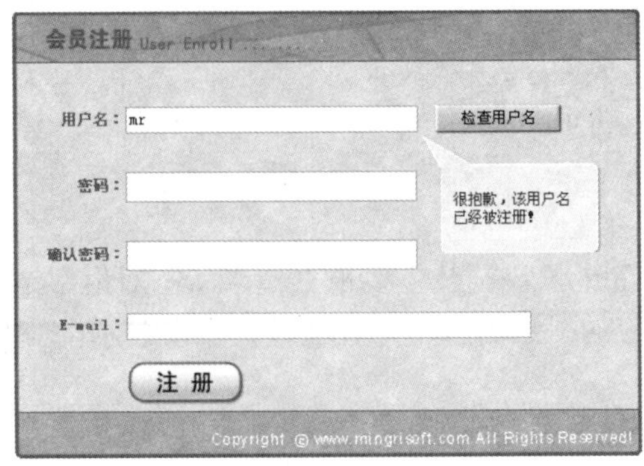

图 13.7　检测用户名

说明

由于本实例比较简单，这里没有从数据库中获取用户信息，而是将用户信息保存在一个一维数组中。在实际项目开发时，通常情况下是从数据库中获取用户信息。

视频讲解

13.6　解决中文乱码问题

Ajax 不支持多种字符集，它默认的字符集是 UTF-8，所以在应用 Ajax 技术的程序中应及时进行编码转换，否则对于程序中出现的中文字符将变成乱码。一般情况下，有以下两种情况可以产生中文乱码。

13.6.1　发送请求时出现中文乱码

将数据提交到服务器有两种方法：一种是使用 GET 方法提交；另一种是使用 POST 方法提交。使用不同的方法提交数据，在服务器端接收参数时解决中文乱码的方法是不同的。具体解决方法如下。

（1）当接收使用 GET 方法提交的数据时，要将编码转换为 GBK 或是 UTF-8。

【例 13.16】　将省份名称的编码转换为 UTF-8 的代码如下：

```
String selProvince=request.getParameter("parProvince");                //获取选择的省份
selProvince=new String(selProvince.getBytes("ISO-8859-1"),"UTF-8");
```

（2）由于应用 POST 方法提交数据时，默认的字符编码是 UTF-8，所以当接收使用 POST 方法提交的数据时，要将编码转换为 UTF-8。例如，将用户名的编码转换为 UTF-8 的代码如下：

```
String username=request.getParameter("user");                //获取用户名
username=new String(username.getBytes("ISO-8859-1"),"UTF-8");
```

13.6.2　获取服务器的响应结果时出现中文乱码

由于 Ajax 在接收 responseText 或 responseXML 的值时是按照 UTF-8 的编码格式进行解码的，所以

如果服务器端传递的数据不是 UTF-8 格式，在接收 responseText 或 responseXML 的值时，就可能产生乱码。解决的办法是保证从服务器端传递的数据采用 UTF-8 的编码格式。

13.7　Ajax 重构

视频讲解

Ajax 的实现主要依赖于 XMLHttpRequest 对象，但是在调用其进行异步数据传输时，由于 XMLHttpRequest 对象的实例在处理事件完成后就会被销毁，所以如果不对该对象进行封装处理，在下次需要调用它时就要重新构建，而且每次调用都需要写一大段的代码，使用起来很不方便。虽然现在很多开源的 Ajax 框架都提供了对 XMLHttpRequest 对象的封装方案，但是如果应用这些框架，通常需要加载很多额外的资源，这势必会浪费很多服务器资源。不过 JavaScript 脚本语言支持 OO 编码风格，通过它可以将 Ajax 所必需的功能封装在对象中。

13.7.1　Ajax 重构的步骤

Ajax 重构大致可以分为以下 3 个步骤。

（1）创建一个单独的 JS 文件，名称为 AjaxRequest.js，并且在该文件中编写重构 Ajax 所需的代码。具体代码如下：

```
var net = new Object();                                                    //定义一个全局变量 net
//编写构造函数
net.AjaxRequest = function(url, onload, onerror, method, params) {
    this.req = null;
    this.onload = onload;
    this.onerror = (onerror) ? onerror : this.defaultError;
    this.loadDate(url, method, params);
}
//编写用于初始化 XMLHttpRequest 对象并指定处理函数，最后发送 HTTP 请求的方法
net.AjaxRequest.prototype.loadDate = function(url, method, params) {
    if(!method) {
        method = "GET";
    }
    if(window.XMLHttpRequest) {
        this.req = new XMLHttpRequest();
    } else if(window.ActiveXObject) {
        this.req = new ActiveXObject("Microsoft.XMLHTTP");
    }
    if(this.req) {
        try {
            var loader = this;
            this.req.onreadystatechange = function() {
                net.AjaxRequest.onReadyState.call(loader);
            }
            this.req.open(method, url, true);                              //建立对服务器的调用
```

```
            if(method == "POST") {                                        //如果提交方式为 POST
                this.req.setRequestHeader("Content-Type",
                        "application/x-www-form-urlencoded");             //设置请求头
            }
            this.req.send(params);                                        //发送请求
        } catch(err) {
            this.onerror.call(this);
        }
    }
}

//重构回调函数
net.AjaxRequest.onReadyState = function() {
    var req = this.req;
    var ready = req.readyState;
    if(ready == 4) {                                                      //请求完成
        if(req.status == 200) {                                           //请求成功
            this.onload.call(this);
        } else {
            this.onerror.call(this);
        }
    }
}
//重构默认的错误处理函数
net.AjaxRequest.prototype.defaultError = function() {
    alert("错误数据\n\n 回调状态:" + this.req.readyState + "\n 状态: " + this.req.status);
}
```

（2）在需要应用 Ajax 的页面中应用以下语句包括步骤（1）中创建的 JS 文件。

```
<script language="javascript" src="AjaxRequest.js"></script>
```

（3）在应用 Ajax 的页面中编写错误处理的方法、实例化 Ajax 对象的方法和回调函数。具体代码如下：

```
<script language="javascript">
/******************错误处理的方法*******************************/
function onerror(){
    alert("您的操作有误！");
}
/******************实例化 Ajax 对象的方法******************************/
function getInfo(){
    var loader=new net.AjaxRequest("getInfo.jsp?nocache="+new Date().getTime(),deal_getInfo,onerror,"GET");
}
/************************回调函数**************************************/
function deal_getInfo(){
    document.getElementById("showInfo").innerHTML=this.req.responseText;
}
</script>
```

13.7.2　应用 Ajax 重构实现实时显示公告信息

【例 13.17】　实时显示公告信息。（**实例位置：资源包\TM\sl\13\2**）

（1）编写 AjaxRequest.js 文件，并将其保存到 JS 文件夹中。关于 AjaxRequest.js 文件的具体代码请参见 13.7.1 节。

（2）编写 index.jsp 文件，并在该文件中包含 AjaxRequest.js 文件。具体代码如下：

```
<script language="javascript" src="JS/AjaxRequest.js"></script>
```

（3）在 index.jsp 页面中编写错误处理的函数、实例化 Ajax 对象的方法和回调函数。具体代码如下：

```
<script language="javascript">
/******************错误处理的方法*******************************/
function onerror(){
    alert("您的操作有误！");
}
/******************实例化 Ajax 对象的方法*******************************/
function getInfo(){
    var loader=new net.AjaxRequest("getInfo.jsp?nocache="+new Date().getTime(),deal_getInfo,onerror,"GET");
}
/************************回调函数**************************************/
function deal_getInfo(){
    document.getElementById("showInfo").innerHTML=this.req.responseText;
}
</script>
```

（4）在 index.jsp 文件的合适位置添加一个<div>标记，并且将该标记的 id 属性设置为 showInfo。在本实例中，由于要实现滚动显示公告信息，所以还添加了<marquee>标记。具体代码如下：

```
<div style="border: 1px solid;height: 50px; width:200px;padding: 5px;">
    <marquee direction="up" scrollamount="3">
        <div id="showInfo"></div>
    </marquee>
</div>
```

（5）编写 getInfo.jsp 文件，在该文件中，编写从数据库中获取公告信息并显示的代码。getInfo.jsp 文件的完整代码如下：

```
<%@ page language="java" contentType="text/html; charset=GB18030" pageEncoding="GB18030"%>
<%@ page import="java.sql.*" %>
<jsp:useBean id="conn" class="com.wgh.core.ConnDB" scope="page"></jsp:useBean>
<ul>
<%
ResultSet rs=conn.executeQuery("SELECT title FROM tb_bbsInfo ORDER BY id DESC");        //获取公告信息
if(rs.next()){
    do{
        out.print("<li>"+rs.getString(1)+"</li>");
```

```
        }while(rs.next());
}else{
        out.print("<li>暂无公告信息！</li>");
}
%>
</ul>
```

说明

com.wgh.core.ConnDB 类主要用于获取数据库连接，并通过执行 SQL 语句实现从数据表中查询指定数据的功能。关于该类的具体代码，请读者参见资源包中对应的文件。

（6）为了实现实时获取公告信息，还需要在 index.jsp 文件中添加以下的 JavaScript 代码。从而实现当页面载入完毕，先调用 getInfo()方法获取公告信息，然后再设置每隔 10 分钟获取一次公告信息。

```
window.onload=function(){
        getInfo();                                          //调用 getInfo()方法获取公告信息
        window.setInterval("getInfo()", 600000);            //每隔 10 分钟调用一次 getInfo()方法
}
```

运行本实例，将显示如图 13.8 所示的运行结果。

- 关于元旦放假的通知!
- 今明两天气温有所回升!
- 明日科技编程即将面市!

图 13.8　实时显示的公告信息

视频讲解

13.8　Ajax 常用实例

下面将介绍两个实际项目开发中经常使用的例子，从而巩固前面所学的 Ajax 技术。

13.8.1　级联下拉列表

【例 13.18】　级联下拉列表。（**实例位置：资源包\TM\sl\13\3**）

（1）编写 AjaxRequest.js 文件，并将其保存到 JS 文件夹中。关于 AjaxRequest.js 文件的具体代码请参见 13.7.1 节。

（2）编写 index.jsp 文件，并在该文件中包含 AjaxRequest.js 文件，具体代码如下：

```
<script language="javascript" src="JS/AjaxRequest.js"></script>
```

（3）在 index.jsp 页面中编写错误处理的函数、实例化 Ajax 对象的方法和回调函数。在本实例中，涉及两次异步操作，所以需要编写两个实例化 Ajax 对象的方法和回调函数。

编写实例化用于异步获取省份和直辖市的 Ajax 对象的方法和回调函数。具体代码如下：

```
function getProvince(){
    var loader=new net.AjaxRequest("ZoneServlet?action=getProvince&nocache="+new Date().getTime(),
deal_getProvince,onerror,"GET");
}
function deal_getProvince(){
    provinceArr=this.req.responseText.split(",");              //将获取的省份名称字符串分隔为数组

    for(i=0;i<provinceArr.length;i++){                         //通过循环将数组中的省份名称添加到下拉列表中
        document.getElementById("province").options[i]=new Option(provinceArr[i],provinceArr[i]);
    }
    if(provinceArr[0]!=""){
        getCity(provinceArr[0]);                               //获取市县
    }
}
window.onload=function(){
    getProvince();                                             //获取省份和直辖市
}
```

编写实例化用于异步获取市县的 Ajax 对象的方法和回调函数，以及错误处理函数。具体代码如下：

```
function getCity(selProvince){
    var loader=new net.AjaxRequest("ZoneServlet?action=getCity&parProvince="+selProvince+"&nocache=
"+new Date().getTime(),deal_getCity,onerror,"GET");
}
function deal_getCity(){
    cityArr=this.req.responseText.split(",");                  //将获取的市县名称字符串分隔为数组
    document.getElementById("city").length=0;                  //清空下拉列表
    for(i=0;i<cityArr.length;i++){                             //通过循环将数组中的市县名称添加到下拉列表中
        document.getElementById("city").options[i]=new Option(cityArr[i],cityArr[i]);
    }
}
function onerror(){}                                           //错误处理函数
```

（4）在页面中添加设置省份和直辖市的下拉列表，名称为 province 和设置市县的下拉列表，名称为 city，并在省份和直辖市下拉列表的 onchange 事件中，调用 getCity()方法获取省份对应的市县。具体代码如下：

```
<select name="province" id="province" onchange="getCity(this.value)">
</select>
-
<select name="city" id="city">
</select>
```

（5）编写获取居住地的 Servlet 实现类 ZoneServlet，在该 Servlet 中的 doGet()方法中，编写以下代码用于根据传递的 action 参数，执行不同的处理方法。

```
public void doGet(HttpServletRequest request, HttpServletResponse response)
        throws ServletException, IOException {
```

```
	String action=request.getParameter("action");			//获取 action 参数的值
	if("getProvince".equals(action)){						//获取省份和直辖市信息
		this.getProvince(request,response);
	}else if("getCity".equals(action)){						//获取市县信息
		this.getCity(request, response);
	}
}
```

（6）在 ZoneServlet 中，编写 getProvince()方法。在该方法中，从保存省份信息的 Map 集合中获取全部的省份信息，并将获取的省份信息连接为一个以逗号分隔的字符串输出到页面上。getProvince()方法的具体代码如下：

```
/**
 * 获取省份和直辖市
 * @param request
 * @param response
 * @throws ServletException
 * @throws IOException
 */
public void getProvince(HttpServletRequest request,
		HttpServletResponse response) throws ServletException, IOException {
	response.setCharacterEncoding("GBK");					//设置响应的编码方式
	String result="";
	CityMap cityMap=new CityMap();							//实例化保存省份信息的 CityMap 类的实例
	Map<String,String[]> map=cityMap.model;					//获取省份信息保存到 Map 中
	Set<String> set=map.keySet();							//获取 Map 集合中的键，并以 Set 集合返回
	Iterator it=set.iterator();
	while(it.hasNext()){									//将获取的省份连接为一个以逗号分隔的字符串
		result=result+it.next()+",";
	}
	result=result.substring(0, result.length()-1);			//去除最后一个逗号
	response.setContentType("text/html");
	PrintWriter out = response.getWriter();
	out.print(result);										//输出获取的省份字符串
	out.flush();
	out.close();
}
```

（7）在 ZoneServlet 中，编写 getCity()方法。在该方法中，从保存省份信息的 Map 集合中获取指定省份对应的市县信息，并将获取的市县信息连接为一个以逗号分隔的字符串输出到页面上。getCity()方法的具体代码如下：

```
/**
 * 获取市县
 * @param request
 * @param response
 * @throws ServletException
 * @throws IOException
```

```
*/
public void getCity(HttpServletRequest request,
        HttpServletResponse response) throws ServletException, IOException {
    response.setCharacterEncoding("GBK");                        //设置响应的编码方式
    String result="";
    String selProvince=request.getParameter("parProvince"); //获取选择的省份
    selProvince=new String(selProvince.getBytes("ISO-8859-1"),"GBK");
    CityMap cityMap=new CityMap();                               //实例化保存省份信息的 CityMap 类的实例
    Map<String,String[]> map=cityMap.model;                      //获取省份信息保存到 Map 中
    String[]arrCity= map.get(selProvince);                       //获取指定键的值
    for(int i=0;i<arrCity.length;i++){                           //将获取的市县连接为一个以逗号分隔的字符串
        result=result+arrCity[i]+",";
    }
    result=result.substring(0, result.length()-1);               //去除最后一个逗号
    response.setContentType("text/html");
    PrintWriter out = response.getWriter();
    out.print(result);                                           //输出获取的市县字符串
    out.flush();
    out.close();
}
```

（8）为了在页面载入后显示默认的省份，还需要在页面的 onload 事件中调用获取省份的方法 getProvince()。具体代码如下：

```
window.onload=function(){
    getProvince();                                              //获取省份和直辖市
}
```

运行本实例，在页面中将显示用于选择区别的下拉列表，在表示省市的下拉列表中选择省份，在右侧的表示市县的下拉列表中，将显示该省份的全部市县。例如，选择“吉林”省，在右侧将显示吉林省的全部市县，如图 13.9 所示。

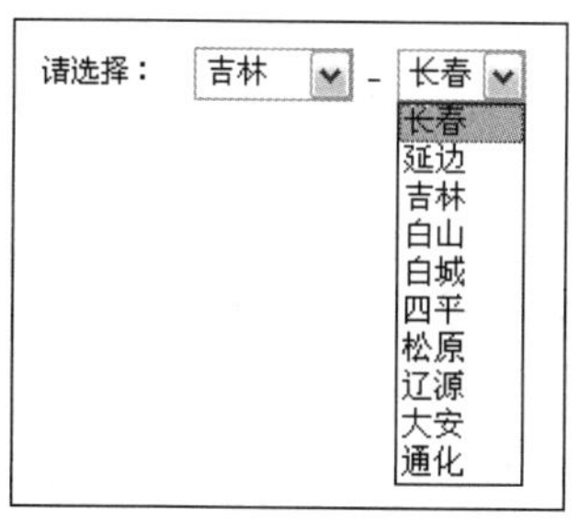

图 13.9　级联下拉列表

13.8.2　显示进度条

文件上传是一项很费时的任务，经常需要用户长时间地等待，为了让用户在等待的过程中，及时了解上传进度，可以在进行文件上传时，显示上传进度条。下面将介绍如何实现带进度条的文件上传。

【例 13.19】 显示进度条。（**实例位置：资源包\TM\sl\13\4**）

（1）编写 index.jsp 页面，在该页面中添加用于获取上传文件所需信息的表单及表单元素。由于要实现文件上传，所以需要将表单的 enctype 属性设置为 multipart/form-data。关键代码如下：

```
<form name="form1" enctype="multipart/form-data" method="post" action="UpLoad?action=uploadFile">
请选择上传的文件：<input name="file" type="file" size="42">
<img src="images/shangchuan.gif" width="61" height="23" onClick="deal(form1)">
<img src="images/chongzhi.gif" width="61" height="23" onClick="form1.reset();">
</form>
```

（2）在 index.jsp 页面的合适位置添加用于显示进度条的<div>标记和显示百分比的<span>标记。具体代码如下：

```
<div id="progressBar" class="prog_border" align="left"><img src="images/progressBar.jpg" width="0" height=
"13" id="imgProgress"></div>
?<span id="progressPercent" style="width:40px;display:none">0%</span>
```

（3）在 CSS 样式表文件 style.css 中，添加用于控制进度条样式的 CSS 样式。具体代码如下：

```
.prog_border {
  height: 15px;                          //高度
  width: 255px;                          //宽度
  background: #9ce0fd;                   //背景颜色
  border: 1px solid #FFFFFF;             //边框样式
  margin: 0;
  padding: 0;
  display:none;                          //不显示
  position:relative;
  left:25px;
  float:left;                            //居左对齐
}
```

（4）在 index.jsp 页面的<head>标记中，编写自定义的 JavaScript 函数 deal()，用于提交表单并设置每隔 500 毫秒获取一次上传进度。deal()函数的具体代码如下：

```
function deal(form){
     form.submit();                                  //提交表单
     timer=window.setInterval("getProgress()",500);  //每隔 500 毫秒获取一次上传进度
}
```

（5）编写上传文件的 Servlet 实现类 UpLoad。在该 Servlet 中编写实现文件上传的方法 uploadFile()。在 uploadFile()方法中，将调用 Common-FileUpload 组件分段上传文件这里我们需要两个 jar 包。一个是 commons-fileupload-1.3.3.jar，另一个是 commons-io-2.6.jar，并计算上传百分比，将其实时保存到 Session 中。uploadFile()方法的具体代码如下：

```
public void uploadFile(HttpServletRequest request,
          HttpServletResponse response) throws ServletException, IOException {
     response.setContentType("text/html;charset=GBK");
     request.setCharacterEncoding("GBK");
```

```
HttpSession session = request.getSession();
session.setAttribute("progressBar", 0);                    //定义指定上传进度的 Session 变量
String error = "";
int maxSize = 50 * 1024 * 1024;                            //单个上传文件大小的上限
DiskFileItemFactory factory = new DiskFileItemFactory();   //基于磁盘文件项目创建一个工厂对象
ServletFileUpload upload = new ServletFileUpload(factory); //创建一个新的文件上传对象
try {
    List items = upload.parseRequest(request);             //解析上传请求
    Iterator itr = items.iterator();                       //枚举方法
    while(itr.hasNext()) {
        FileItem item = (FileItem) itr.next();             //获取 FileItem 对象
        if(!item.isFormField()) {                          //判断是否为文件域
            if(item.getName() != null && !item.getName().equals("")) {   //判断是否选择了文件
                long upFileSize = item.getSize();          //上传文件的大小
                String fileName = item.getName();          //获取文件名
                if(upFileSize > maxSize) {
                    error = "您上传的文件太大，请选择不超过 50MB 的文件";
                    break;
                }
                //此时文件暂存在服务器的内存中
                File tempFile = new File(fileName);        //构造临时对象
                //获取根目录对应的真实物理路径
                File file = new File(request.getRealPath("/upload"),tempFile.getName());
                InputStream is = item.getInputStream();
                int buffer = 1024;                         //定义缓冲区的大小
                int length = 0;
                byte[] b = new byte[buffer];
                double percent = 0;
                FileOutputStream fos = new FileOutputStream(file);
                while((length = is.read(b)) != -1) {
                    percent += length / (double) upFileSize * 100D;   //计算上传文件的百分比
                    fos.write(b, 0, length);               //向文件输出流写读取的数据
                    session.setAttribute("progressBar", Math
                            .round(percent));              //将上传百分比保存到 Session 中
                }
                fos.close();
                Thread.sleep(1000);                        //线程休眠 1 秒
            } else {
                error = "没有选择上传文件！";
            }
        }
    }
} catch(Exception e) {
    e.printStackTrace();
    error = "上传文件出现错误：" + e.getMessage();
}
if(!"".equals(error)) {
    request.setAttribute("error", error);
    request.getRequestDispatcher("error.jsp")
            .forward(request, response);
```

```
    } else {
        request.setAttribute("result", "文件上传成功！");
        request.getRequestDispatcher("upFile_deal.jsp").forward(request,
                response);
    }
}
```

（6）由于要使用 Ajax，所以需要创建一个封装 Ajax 必须实现功能的对象 AjaxRequest，并将其代码保存为 AjaxRequest.js，然后在 index.jsp 页面中通过以下代码包含该文件：

```
<script language="javascript" src="JS/AjaxRequest.js"></script>
```

说明

通常情况下，在处理 POST 请求时，需要将请求头设置为 application/x-www-form-urlencoded。但是，如果将表单的 enctype 属性设置为 multipart/form-data，在处理请求时，就需要将请求头设置为 multipart/form-data。

（7）在 index.jsp 页面中，编写自定义的 JavaScript 函数 getProgress()，用于实例化 Ajax 对象。getProgress()函数的具体代码如下：

```
function getProgress(){
    var loader=new net.AjaxRequest("showProgress.jsp?nocache="+new Date().getTime(),deal_p,onerror,"GET");
}
```

在上面的代码中，一定要加代码“&nocache="+new Date().getTime()”，否则将出现进度不更新的情况。

（8）编写 showProgress.jsp 页面，在该页面中只需要应用 EL 表达式输出保存上传进度的 Session 变量。具体代码如下：

```
<%@page contentType="text/html" pageEncoding="UTF-8"%>
${progressBar}
```

（9）编写 Ajax 的回调函数 deal_p()，用于显示上传进度条及完成的百分比。deal_p()函数的具体代码如下：

```
function deal_p(){
    var h=this.req.responseText;
    h=h.replace(/\s/g,"");                                              //去除字符串中的 Unicode 空白符
    document.getElementById("progressPercent").style.display="";        //显示百分比
    progressPercent.innerHTML=h+"%";                                    //显示完成的百分比
    document.getElementById("progressBar").style.display="block";       //显示进度条
    document.getElementById("imgProgress").width=h*(255/100);           //显示完成的进度
}
```

（10）编写 Ajax 的错误处理函数 onerror()，在该函数中，添加弹出“出错了”提示对话框的代码。onerror()函数的具体代码如下：

```
function onerror(){
    alert("上传文件出错！");
}
```

运行本实例，将显示文件上传页面，单击“浏览”按钮，选择要上传的文件，注意文件不能超过 50MB，如果超过 50MB，系统将给出错误提示。选择完要上传的文件后，单击“上传”按钮，将上传文件并显示上传进度，如图 13.10 所示。上传文件完成后，将弹出“文件上传成功”的提示对话框，并返回到文件上传页面。

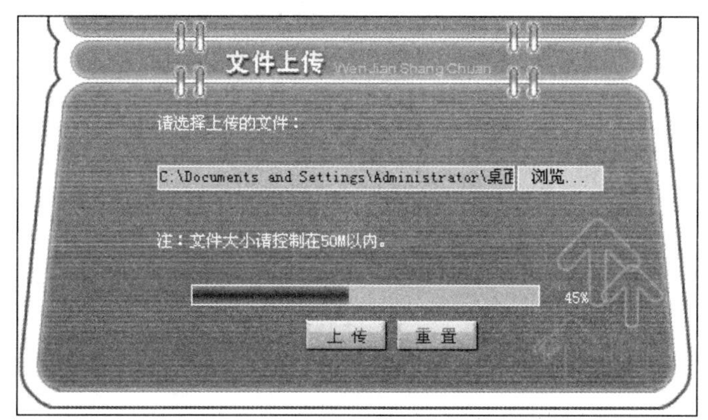

图 13.10　带进度条的文件上传

13.9　小　　结

本章首先对什么是 Ajax、Ajax 开发模式与传统开发模式的区别、Ajax 的技术特点、Ajax 需要注意的几个问题以及 Ajax 使用的技术进行了简要说明。然后详细介绍了如何使用 XMLHttpRequest 对象，XMLHttpRequest 对象是 Ajax 的核心技术，需要重点掌握。接下来又介绍了 Ajax 如何与服务器通信，以及如何解决应用 Ajax 出现的中文乱码。最后介绍了如何实现 Ajax 重构，以及 Ajax 的常用实例。其中，如何进行 Ajax 重构需要读者重点掌握，这在以后的项目开发中比较常用。

13.10　实践与练习

1. 编写 JSP 程序，在网页中添加实时走动的系统时钟。（**答案位置：资源包\TM\sl\13\5**）
2. 编写 JSP 程序，实时显示新闻信息。（**答案位置：资源包\TM\sl\13\6**）
3. 编写 JSP 程序，应用 Ajax 实现工具提示。（**答案位置：资源包\TM\sl\13\7**）

流行框架

本篇通过讲解 Struts2 基础、Struts2 高级技术、Hibernate 技术、Hibernate 高级应用、Spring 核心之 IoC、Spring 核心之 AOP、SSM 框架整合开发等内容，并结合大量的图示、实例、视频等，使读者快速掌握 Java Web 的常用框架及流程的 SSM 框架。学习完本篇，读者可轻松完成 Java Web 程序开发。

第14章

Struts2 基础

（视频讲解：1 小时 6 分钟）

学习任何技术时，熟练地掌握其基础都是非常必要的，荀子有言“不积跬步，无以至千里；不积小流，无以成江海”，从这里可以看出基础的重要性。对于 MVC 框架来说，Struts2 可以说是非常出色的一个 MVC 框架，它得到了广大程序开发人员的认可。本章将对 Struts2 框架的基础部分进行详细讲解。

通过阅读本章，您可以：

- 了解 Struts2 框架的历史
- 掌握 Action 对象的原理
- 掌握 Action 对象处理请求的流程
- 了解 Struts2 的配置文件
- 掌握 Action 对象的配置
- 掌握 result 结果的配置

14.1　Struts2 概述

14.1.1　理解 MVC 原理

MVC（Model-View-Controller，模型-视图-控制器）是一种程序设计理念。目前，在 Java Web 应用方面 MVC 框架有很多，常用的流行框架有 Struts、JSF、Tapestry、Spring MVC 等，在这些框架中，Struts 框架的应用最为广泛。

截至目前，Struts 框架拥有两个主要的版本，即 Struts 1.x 版本与 Struts 2.x 版本，它们都是遵循 MVC 设计理念的开源 Web 框架。2001 年 6 月发布的 Struts1 版本，它是基于 MVC 设计理念而开发的 Java Web 应用框架，其 MVC 架构如图 14.1 所示。

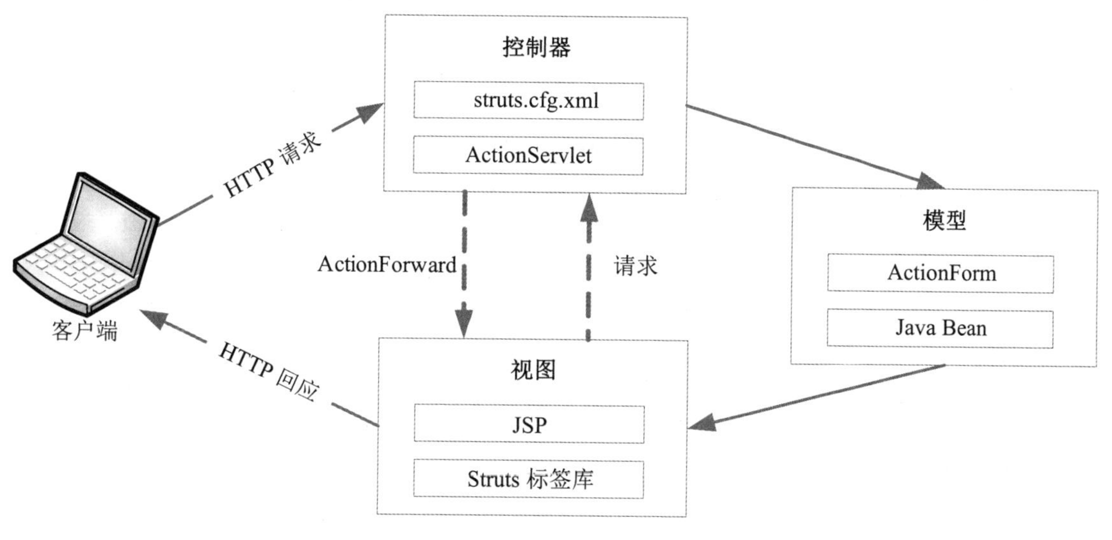

图 14.1　Struts1 的 MVC 架构

在 Struts1 的 MVC 架构中，各层结构功能如下。

☑　控制器

在 Struts1 的 MVC 架构中，使用中央控制器 ActionServlet 充当控制层，将请求分发配置在配置文件 struts.cfg.xml 中。当客户端发送一个 HTTP 请求时，将由 Struts 的中央控制器对请求进行分发处理，在处理之后，返回 ActionForward 对象将请求转发到指定的 JSP 页面，对客户端进行回应。

☑　模型

模型层主要由 Struts 中的 ActionForm 及业务 Java Bean 实现，其中 ActionForm 对象对表单数据进行封装，它能够与网页表单进行交互并传递数据；业务 Java Bean 用于处理真正的业务请求，由 Action 进行调用。

☑　视图

视图主要指用户看到并与之交互的界面，即 Java Web 应用程序的外观。在 Struts1 框架中， Struts

提供的标签库增强了 JSP 页面的功能，并通过 Struts 标签库与 JSP 页面实现视图层。

在 Struts1 的架构方式中，由于它是真正意义上的 MVC 架构模式，所以在 Struts1 框架发布以后，受到了广大程序开发人员的认可，在 Java Web 开发领域中，Struts1 拥有大量的用户人群。

14.1.2 Struts2 框架的产生

性能高效、松耦合、低侵入是程序开发人员追求的理想状态，针对 Struts1 框架中存在的缺陷与不足，全新的 Struts2 框架诞生，它改变了 Struts1 框架中的缺陷，而且还提供了更加灵活与强大的功能。

相对于 Struts1 框架而言，Struts2 是一个全新的框架，Struts2 的结构体系与 Struts1 的结构体系有很大的区别，因为 Struts2 框架是在 WebWork 框架的基础上发展而来的，它是 WebWork 技术与 Struts 技术的结合，在 Struts 的官方网站上可以看到 Struts2 产生的图片描述，如图 14.2 所示。

图 14.2　Struts2 的产生

WebWork 是开源组织 OpenSymphony 上一个非常优秀的开源 Web 框架，它在 2002 年 3 月被发布。相对于 Struts1 而言，WebWork 的设计思想更加超前，功能也更加灵活。在 WebWork 中，Action 对象不再与 Servlet API 相耦合，它可以在脱离 Web 容器的情况下运行，而且 WebWork 还提供了自己的 IoC（Inversion of Control）容器增强了程序的灵活性，通过控制反转使程序测试更加简单。

从某些程度上讲，Struts2 框架并不是 Struts1 的升级版本，而是 Struts 技术与 WebWork 技术的结合。由于 Struts1 框架与 WebWork 都是非常优秀的框架，而 Struts2 又吸收了两者的优势，因此，Struts2 框架的前景是非常美好的。

14.1.3 Struts2 的结构体系

Struts2 是基于 WebWork 技术开发的全新 Web 框架，它的结构体系如图 14.3 所示。

Struts2 通过过滤器拦截要处理的请求，当客户端发送一个 HTTP 请求时，需要经过一个过滤器链，这个过滤器链包括 ActionContextClearUp 过滤器、其他 Web 应用过滤器及 StrutsPrepareAndExecuteFilter 过滤器，其中 StrutsPrepareAndExecuteFilter 过滤器是必须要配置的。

当 StrutsPrepareAndExecuteFilter 过滤器被调用时，Action 映射器将查找需要调用的 Action 对象，并返回 Action 对象的代理。接下来 Action 代理将从配置管理器中读取 Struts2 的相关配置（struts.xml），读取完成后，Action 容器调用指定的 Action 对象，在调用 Action 对象之前需要经过 Struts2 的一系列拦截器。拦截器与过滤器的原理相似，从图 14.3 中可以看出它的两次执行顺序是相反的。

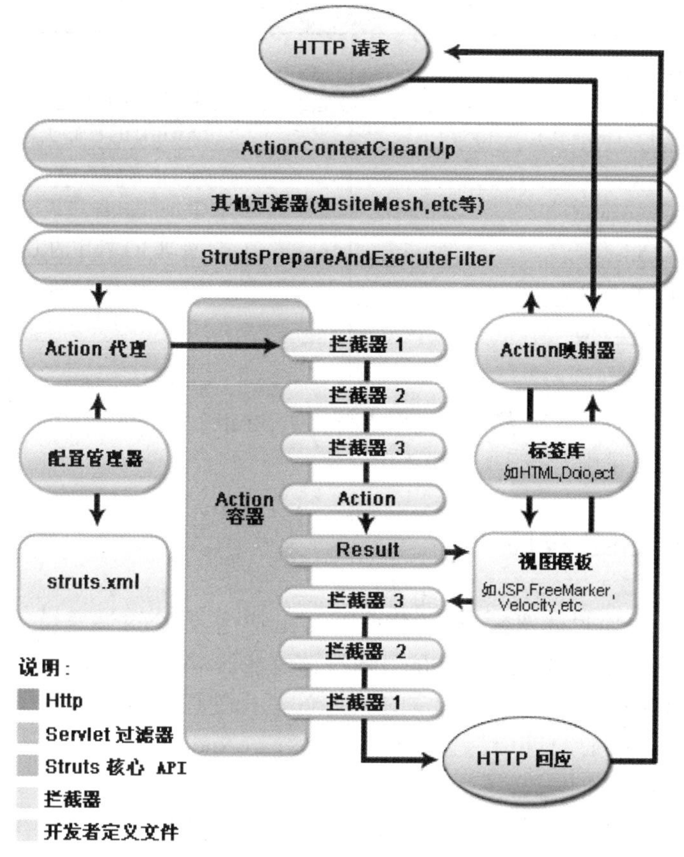

图 14.3　Struts2 的结构体系

当 Action 处理请求后，将返回相应的结果视图（JSP、FreeMarker 等），在这些视图中可以使用 Struts 标签显示数据及对数据逻辑方面的控制，最后 HTTP 请求回应给浏览器，在回应的过滤中同样经过过滤器链。

14.2　Struts2 入门

14.2.1　Struts2 的获取与放置

Struts 的官方网站是 http://struts.apache.org，在该网站上可以获取 Struts 的所有版本及帮助文档，本书所使用的 Struts2 开发包为 Struts2.2.5.17 版本。

在项目开发之前，需要添加 Struts2 的类库支持，也就是将 lib 目录中的 jar 包文件添加到项目的 classpath 下。通常情况下，这些 jar 包文件不用全部添加，根据项目实际的开发需要进行添加即可。

表 14.1 介绍了开发 Struts2 项目需要添加的类库文件，在 Struts2 程序中，这些 jar 文件是必须要添加的。

表 14.1 开发 Struts2 项目需要添加的类库文件

名　称	说　明
struts2-core-2.5.17.jar	Struts2 的核心类库
xwork-core-2.1.6.jar	Xwork 的核心类库
ognl-3.1.15.jar	Ognl 表达式语言类库
freemarker-2.3.26.jar	Freemarker 模板语言支持类库
commons-io-2.5.jar	处理 IO 操作的工具类库
commons-fileupload-1.3.3.jar	文件上传支持类库
commons-lang3-3.6.jar	提供一些常用工具类
log4j-api-2.10.0.jar	日志管理

在实际的项目开发中，可能还需要更多类库支持，如 Struts2 集成的一些插件 dojo、jfreechar、json、jsf 等，其相关类库到 lib 目录中查找添加即可。

14.2.2 第一个 Struts2 程序

Struts2 框架主要通过一个过滤器将 Struts 集成到 Web 应用，这个过滤器对象就是 org.apache.struts2.dispatcher.ng.filter.StrutsPrepareAndExecuteFilter。通过该过滤器对象，Struts2 就可以获得 Web 应用中的 HTTP 请求，并将这个 HTTP 请求转发到指定的 Action 进行处理，Action 根据处理的结果返回给客户端相应的页面。因此，在 Struts2 框架中，过滤器 StrutsPrepareAndExecuteFilter 是 Web 应用与 Struts2 API 之间的入口，它在 Struts2 应用中发挥了巨大的作用。

下面就通过实例来学习 Struts2 框架的基本应用。应用 Struts2 框架处理 HTTP 请求的流程如图 14.4 所示。

【例 14.1】 创建 Java Web 项目，添加 Struts2 的支持类库，通过 Struts2 将请求转发到指定 JSP 页面。（**实例位置：资源包\TM\sl\14\1**）

（1）创建名称为 1 的 Web 项目，将 Struts2 的支持类型库文件添加到 WEB-INF 目录的 lib 文件夹中，由于本实例实现功能比较简单，所以只添加 Struts2 的核心类包即可，其添加后的效果如图 14.5 所示。

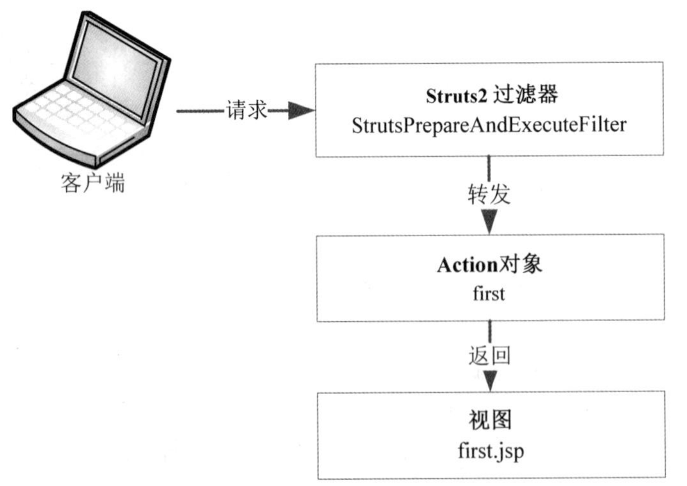

图 14.4 实例处理流程

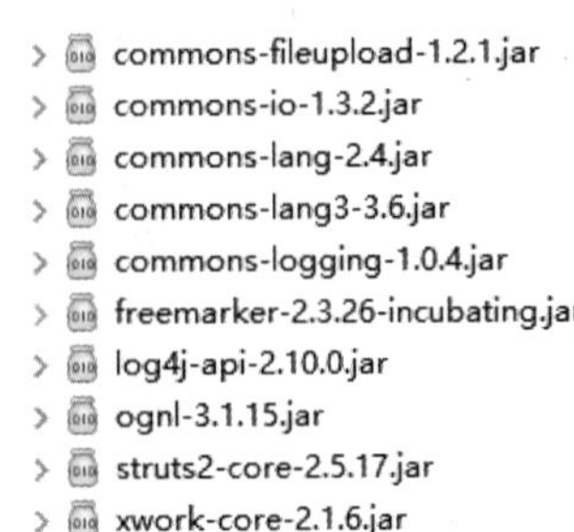

图 14.5 所添加的类包

Struts2 的支持类库可以在所下载的 Struts2 开发包中获取，其放置在 Struts2 开发包的解压缩目录的 lib 文件夹中。

（2）在 web.xml 文件中声明 Struts2 提供的过滤器，类名为 org.apache.struts2.dispatcher.filter.StrutsPrepareAndExecuteFilter。关键代码如下：

```
<?xml version="1.0" encoding="UTF-8"?>
<web-app version="2.5" xmlns="http://java.sun.com/xml/ns/javaee"
    xmlns:xsi="http://www.w3.org/2001/XMLSchema-instance"
    xsi:schemaLocation="http://java.sun.com/xml/ns/javaee
    http://java.sun.com/xml/ns/javaee/web-app_2_5.xsd">
    <welcome-file-list>
        <welcome-file>index.jsp</welcome-file>
    </welcome-file-list>
    <!--Struts2 过滤器-->
    <filter>
        <!--过滤器名称-->
        <filter-name>struts2</filter-name>
        <!--过滤器类-->
    <filter-class> org.apache.struts2.dispatcher.filter.StrutsPrepareAndExecuteFilter </filter-class>
    </filter>
    <!--Struts2 过滤器映射-->
    <filter-mapping>
        <!--过滤器名称-->
        <filter-name>struts2</filter-name>
        <!--过滤器映射-->
        <url-pattern>/*</url-pattern>
    </filter-mapping>
</web-app>
```

注意

Struts2.0 中使用的过滤器类为 org.apache.struts2.dispatcher.FilterDispatcher，在 Struts2.1 中，Struts 已经不推荐使用这个过滤器，而是使用 org.apache.struts2.dispatcher.ng.filter.StrutsPrepareAndExecuteFilter 类。

（3）在 Web 项目的源码文件夹中，创建名称为 struts.xml 的配置文件，在此配置文件中定义 Struts2 中的 Action 对象。关键代码如下：

```
<!DOCTYPE struts PUBLIC
    "-//Apache Software Foundation//DTD Struts Configuration 2.1//EN"
    "http://struts.apache.org/dtds/struts-2.1.dtd">
<struts>
    <!--声明包-->
  <package name="myPackage" extends="struts-default">
    <!--定义 action-->
    <action name="first">
        <!--定义处理成功后的映射页面-->
        <result>/first.jsp</result>
```

```
    </action>
  </package>
</struts>
```

说明

① <package>标签：声明一个包，通过 name 属性指定包的名称为 myPackage，并通过 extends 属性指定此包继承于 struts-default 包。

② <action>标签：用于定义 Action 对象，它的 name 属性用于指定访问此 Action 的 URL。

③ <result>子元素：用于定义处理结果和资源之间的映射关系，实例中<result>子元素的配置为处理成功后，请求将其转发到 first.jsp 页面。

技巧

在 struts.xml 文件中，Struts2 的 Action 配置需要放置在包空间内，它类似于 Java 中的包的概念。其声明方式通过<package>标签进行声明，通常情况下，声明的包需要继承于 struts-default 包。

（4）创建程序中的主页面 index.jsp，在该页面中编写一个超链接，用于访问上面所定义的 Action 对象，此链接所指向的地址为 first.action。关键代码如下：

```
<body>
    <a href="first.action">请求 Struts2</a>
</body>
```

说明

在 Struts2 中，Action 对象的默认访问后缀为“.action”，此后缀并非绝对，它可以自由更改，其更改方法将在后续内容讲解。

（5）创建名称为 first.jsp 的 JSP 页面，此页面是 Action 对象 first 处理成功后的返回页面。关键代码如下：

```
<body>
    第一个 Struts2 程序!
    <br>
</body>
```

实例运行后，进入程序主页 index.jsp 页面，如图 14.6 所示。

单击此页面中的“请求 Struts2”超链接，请求将交给 Action 对象 first 进行处理，在处理成功后，返回到 first.jsp 页面，效果如图 14.7 所示。

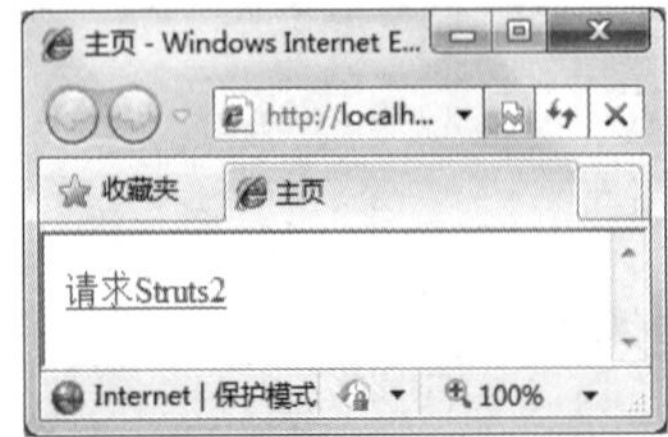

图 14.6　index.jsp 页面

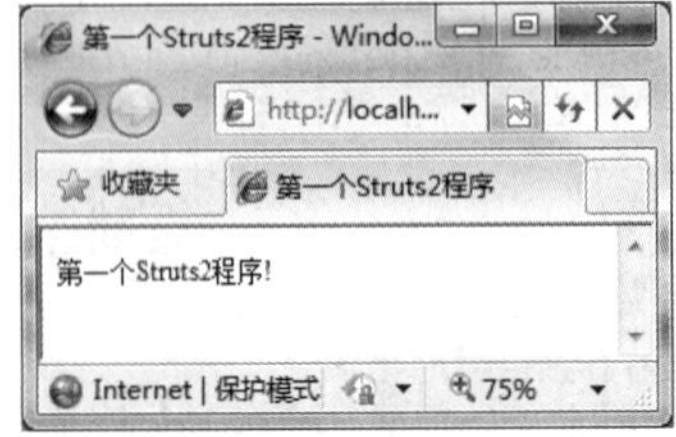

图 14.7　first.jsp 页面

14.3　Action 对象

14.3.1　认识 Action 对象

Action 对象是 Struts2 框架中的重要对象，它主要用于对 HTTP 请求进行处理，在 Struts2 API 中，Action 对象是一个接口，它位于 com.opensymphony.xwork2 包中。在 Struts2 项目开发中，创建 Action 对象都要直接或间接实现此对象。

【例 14.2】　Action 对象的方法声明。

```
public interface Action {
    public static final String SUCCESS = "success";
    public static final String NONE = "none";
    public static final String ERROR = "error";
    public static final String INPUT = "input";
    public static final String LOGIN = "login";
    public String execute() throws Exception;
}
```

在 Action 接口中，包含了 5 个静态的成员变量，它们是 Struts2 API 为处理结果定义的静态变量，各变量的含义如下。

☑　SUCCESS

静态变量 SUCCESS，代表 Action 执行成功的返回值。如在 Action 执行成功的情况下，需要返回到成功页面，此时就可以将返回值设置为 SUCCESS。

☑　NONE

静态变量 NONE，也代表 Action 执行成功的返回值，但不需要返回到成功页面。主要用于处理不需要返回结果页面的业务逻辑。

☑　ERROR

静态变量 ERROR，从词义可以看出，它代表 Action 执行失败的返回值。如在一些信息验证失败的情况下，可以使 Action 返回此值。

☑　INPUT

静态变量 INPUT，代表需要返回到某个输入信息的页面的返回值。如在修改某些信息时，加载数据后需要返回到修改页面，此时就可以将 Action 对象处理的返回值设置为 INPUT。

☑　LOGIN

静态变量 LOGIN，代表需要用户登录的返回值。如在验证用户是否登录时，Action 验证失败，需要用户重新登录，此时就可以将 Action 对象处理的返回值设置为 LOGIN。

14.3.2　请求参数的注入原理

在 Struts2 框架中，表单提交的数据会自动注入与 Action 对象相对应的属性。它与 Spring 框架中

IoC 注入原理相同，通过 Action 对象为属性提供 setter 方法进行注入。

【例 14.3】 创建 UserAction 类，提供一个 username 属性，其代码如下：

```
public class UserAction extends ActionSupport {
    //用户名属性
    private String username;
    //为 username 提供 setter 方法
    public void setUsername(String username) {
        this.username = username;
    }
    //为 username 提供 getter 方法
    public String getUsername() {
        return username;
    }
    public String execute() {
        return SUCCESS;
    }
}
```

要注入属性值的 Action 对象，必须对属性提供 setXXX()方法，因为 Struts2 的内部实现是按照 JavaBean 规范中提供的 setter 方法，自动为属性注入值。

技巧

由于 Struts2 中 Action 对象的属性是通过对其 setter 方法进行注入，所以需要为属性提供一个 setter 方法，但在获取这个属性的数值时，又需要通过 getter 方法进行获取。因此，在编写代码时，最好为 Action 对象中的属性提供 setter 与 getter 方法。

14.3.3 Action 的基本流程

Struts2 框架的工作，主要是通过 Struts2 的过滤器对象拦截 HTTP 请求，然后将请求分配到指定的 Action 进行处理，它的基本流程如图 14.8 所示。

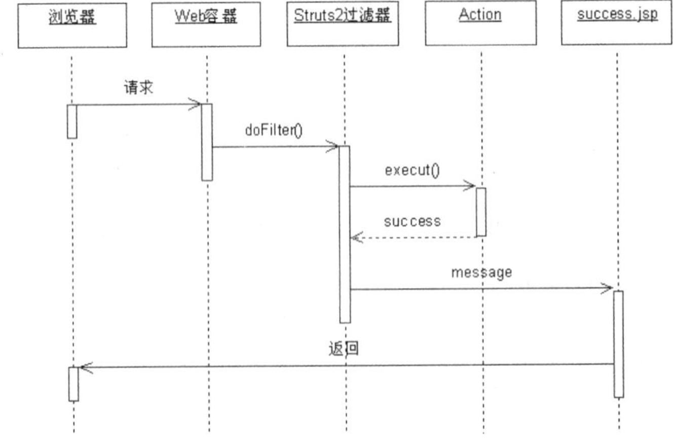

图 14.8 Struts2 的基本流程

由于在 Web 项目中配置的是 Struts2 过滤器，所以当浏览器向 Web 容器发送一个 HTTP 请求时，Web 容器就要调用 Struts2 过滤器的 doFilter()方法。此时 Struts2 就接收到了 HTTP 请求，通过 Struts2 的内部处理机制，它会判断这个 HTTP 请求是否与某个 Action 对象相匹配。如果找到了与这匹配的 Action，就会调用 Action 对象的 execute()方法，并根据处理结果返回相应的值，然后 Struts2 就会通过 Action 的返回值查找返回值所映射的页面，最后通过一定的视图回应给浏览器。

技巧

在 Struts2 框架中，一个“*.action”请求的返回视图由 Action 对象决定，其实现手段是通过查找返回的字符串对应的配置项，确定返回的视图，如 Action 中 execute()方法返回的字符串为 success，那么 Struts2 就会到配置文件中查找名称为 success 的配置项，返回这个配置项对应的视图。

14.3.4　什么是动态 Action

前面所讲解的 Action 对象，都是通过重写 execute()方法实现对浏览器请求的处理，这种方式只适合于比较单一的业务逻辑请求，但在实际的项目开发中，业务请求的类型是多种多样的（如对一个对象进行数据的增、删、改、查操作）。如果通过创建多个 Action 对象，编写多个 execute()方法来应对这些请求，那么不仅处理的方式过于复杂，而且又需要编写很多代码。当然，应对这些请求的方式有很多种方法，也可以将这些处理逻辑编写在一个 Action 对象中，然后通过 execute()方法来判断请求的是哪种业务逻辑，在判断后将请求转发到对应的业务逻辑处理方法上，也是一种很好的解决方案。

在 Struts2 框架中，提供了 Dynamic Action 这样一个概念，称之为“动态 Action”。通过动态请求 Action 对象中的方法，实现某一业务逻辑的处理。动态 Action 处理方式如图 14.9 所示。

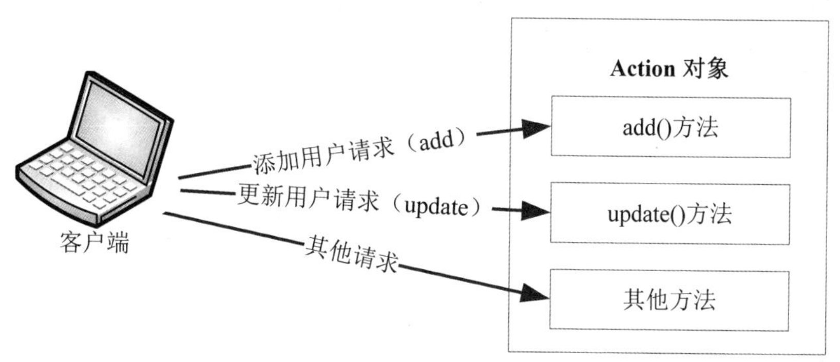

图 14.9　动态 Action 处理方式

从图 14.9 可以看出，动态 Action 的处理方式，是通过请求 Action 对象中一个具体的方法来实现动态的操作。其具体的操作方式，是通过在请求 Action 的 URL 地址后方加上请求字符串（方法名称），与 Action 对象中的方法进行匹配，需要注意的是 Action 地址与请求字符串之间以“!”号进行分隔。

【例 14.4】　在配置文件 struts.xml 中配置了 userAction，当请求其中的 add()方法时，其请求方式如下：

```
/userAction!add
```

14.3.5 动态 Action 的应用

下面通过实例来学习动态 Action 的应用。

【例 14.5】 创建一个 Java Web 项目，应用 Struts2 提供的动态 Action，处理添加用户信息请求及更新用户信息请求。（**实例位置：资源包\TM\sl\14\2**）

（1）创建 Java Web 项目，将 Struts2 的支持类型库文件添加到 WEB-INF 目录的 lib 文件夹中。之后在 web.xml 文件中注册 Struts2 提供的过滤器。

（2）创建名称为 UserAction 的 Action 对象，并在这个 Action 对象中分别编写 add()方法与 update()方法，用于处理添加用户信息的请求及更新用户信息的请求，并将请求返回到相应的页面。关键代码如下：

```
package com.lyq.action;
import com.opensymphony.xwork2.ActionSupport;
/**
 * 用户 Action
 * @author Li Yongqiang
 */
public class UserAction extends ActionSupport {
	private static final long serialVersionUID = 1L;
	//提示信息
	private String info;
	//添加用户信息
 public String add() throws Exception{
		info = "添加用户信息";
		return "add";
	}
	//更新用户信息
 public String update() throws Exception{
		info = "更新用户信息";
		return "update";
	}
	public String getInfo() {
		return info;
	}
	public void setInfo(String info) {
		this.info = info;
	}
}
```

说明

① add()方法：用于处理添加用户信息的请求。

② update()方法：用于处理更新用户的请求。

实例中主要演示 Struts2 的动态 Action 的处理方式，并没有进行实际的用户添加与更新操作，add()方法与 update()方法对请求处理的方式非常简单，只对 UserAction 类中的 info 变量赋了一个值，并返回了相应的结果。

（3）在 Web 项目的源码文件夹（MyEclipse 中默认为 src 目录）中，创建名称为 struts.xml 的配置文件，在此配置文件中配置 UserAction。关键代码如下：

```
<struts>
    <!--声明包-->
   <package name="myPackage" extends="struts-default">
    <!--定义 action-->
    <action name="userAction" class="com.lyq.action.UserAction">
        <!--添加成功的映射页面-->
    <result name="add">user_add.jsp</result>
        <!--更新成功的映射页面-->
    <result name="update">user_update.jsp</result>
    </action>
   </package>
</struts>
```

说明

① 第一个<result>元素：表示返回结果为 add 时，对应的是添加用户信息成功的页面 user_add.jsp。

② 第二个<result>元素：表示返回结果为 update 时，对应的是更新用户信息成功的页面 user_update.jsp。

（4）创建名称为 user_add.jsp 的 JSP 页面，它是成功添加用户信息的返回页面。关键代码如下：

```
<body>
    <font color="red">
        <s:property value="info"/>
    </font>
</body>
```

在 user_add.jsp 页面中，实例中通过 Struts2 标签输出 UserAction 中的信息，也就是 UserAction 的 add()方法为 info 属性所赋的值。

（5）创建名称为 user_update.jsp 的 JSP 页面，它是成功更新用户信息的返回页面。关键代码如下：

```
<body>
    <font color="red">
        <s:property value="info"/>
    </font>
</body>
```

在 user_update.jsp 页面中，实例中通过 Struts2 标签输出 UserAction 中的信息，也就是 UserAction 的 update()方法为 info 属性所赋的值。

（6）创建程序中的首页 index.jsp，在该页面中添加两个超链接，通过 Struts2 提供的动态 Action 功能，将这两个超链接请求分别指向于 UserAction 类的添加用户信息的请求与更新用户的请求。关键代码如下：

```
<body>
    <a href="userAction!add">添加用户</a>
    <br>
    <a href="userAction!update">更新用户</a>
</body>
```

注意

使用 Struts2 的动态 Action，其 Action 请求的 URL 地址中使用“!”号分隔 Action 请求与请求字符串，而请求字符串的名称需要与 Action 类中的方法名称相对应，否则将出现 java.lang.NoSuchMethodException 异常。

实例运行后，将进入 index.jsp 页面，在该页面中，显示“添加用户”与“更新用户”超链接，如图 14.10 所示。

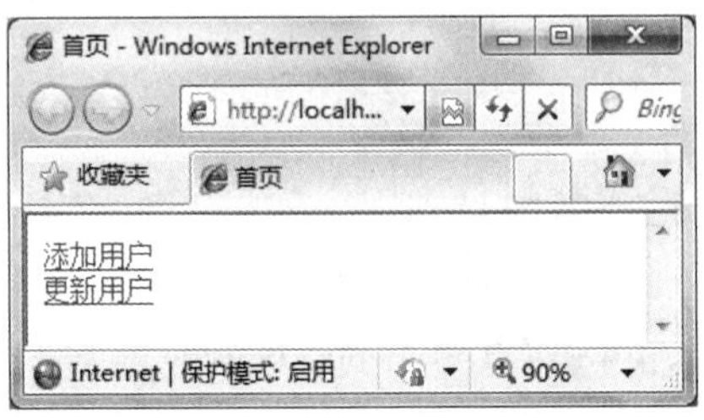

图 14.10　index.jsp 页面

单击“添加用户”超链接后，请求交给 UserAction 的 add()方法进行处理，此时可以看到浏览器的地址栏中的地址变为 http://localhost:8080/Struts2_03/userAction!add。由于使用了 Struts2 提供的动态 Action，所以当请求/userAction!add 时，请求会交给 UserAction 类的 add()方法进行处理。同样，当单击 index.jsp 页面中的“更新用户”超链接后，请求将由 UserAction 类的 update()方法进行处理。

技巧

从上面的实例可以看出，Action 请求的处理方式并非一定要通过 execute()方法进行处理，使用动态 Action 的处理方式更加方便。所以，在实际的项目开发中，可以将同模块的一些请求封装在一个 Action 对象中，使用 Struts2 提供的动态 Action 对不同请求进行处理。

视频讲解

14.4　Struts2 的配置文件

14.4.1　Struts2 的配置文件类型

Struts2 是一个非常灵活的 Web 应用框架，在 Struts2 框架中，配置文件为 Struts2 的灵活应用做出了巨大的贡献。Struts2 中的配置文件主要有 4 个，其名称与位置如表 14.2 所示。

表 14.2　Struts2 框架的配置文件

名　　称	说　　明
struts-default.xml	位于 struts2-core-2.5.17.1.jar 文件的 org.apache.struts2 包中
struts-plugin.xml	位于 Struts2 提供的各个插件的包中
struts.xml	Web 应用默认的 Struts2 配置文件
struts.properties	Struts2 框架中属性配置文件
web.xml	在该文件中也可以设置 Struts2 框架的一些信息

在表 14.2 所示的配置文件中，struts-default.xml 文件、struts-plugin.xml 文件是 Struts2 提供的配置文件，它们都在 Struts2 提供的包中；而 struts.xml 文件是 Web 应用默认的 Struts2 配置文件，struts.properties 文件是 Struts2 框架中的属性配置文件，这两个配置文件需要开发人员编写。

14.4.2　Struts2 的包配置

在 struts.xml 文件中，存在一个包的概念，它类似于 Java 中的包。配置文件 struts.xml 中的包使用<package>元素声明，主要用于放置一些项目中的相关配置，可以理解成为配置文件中的一个逻辑单元，已经配置好的包可以被其他包所继承，从而提高配置文件的重用性。与 Java 中的包相类似，在 struts.xml 文件中使用包，不仅可以提高程序的可读性，而且还可以简化日后的维护工作，其使用方式如下：

```
<struts>
    <!--声明包-->
   <package name="user" extends="struts-default" namespace="/user">
    ...
   </package>
</struts>
```

包使用<package>元素进行声明，它必须拥有一个 name 属性来指定包的名称。<package>元素所包含的属性及说明如表 14.3 所示。

表 14.3　<package>元素所包含的属性及说明

名　　称	说　　明
name	声明包的名称，以方便在其他处引用此包，此属性是必需的
extends	用于声明继承的包，也就是它的“父”包
namespace	指定名称空间，也就是访问此包下的 Action 需要访问的路径
abstract	将包声明为抽象类型（包中不定义 action）

14.4.3　名称空间配置

在 Java Web 开发中，Web 文件目录通常以模块进行划分，如用户模块的首页可以定义在/user 目录中，其访问地址为/user/index.jsp。在 Struts2 框架中，Struts2 配置文件提供了名称空间的功能，用于指定一个 Action 对象的访问路径，它的使用方法是通过在配置文件 struts.xml 的包声明中，使用 namespace 属性进行声明。

【例 14.6】 将包 book 的名称空间指定为/bookmanager，代码如下：

```
<struts>
    <!--声明包-->
    <package name="book" extends="struts-default" namespace="/bookmanager">
    ...
    </package>
</struts>
```

注意

在<package>元素中指定名称空间属性，名称空间的值需要以“/”开头，否则，找不到 Action 对象的访问地址。

14.4.4 Action 相关配置

Struts2 框架中的 Action 对象，是一个控制器的角色。Struts2 框架通过 Action 对象处理 HTTP 请求，其请求地址的映射需要配置在 struts.xml 文件中，它的配置方式使用<action>元素进行配置。

【例 14.7】 配置 Action，代码如下：

```
<action name="userAction" class="com.lyq.action.UserAction" method="save">
    <result>success.jsp</result>
</action>
```

配置文件中的<action>元素，主要用于建立 Action 对象的映射，通过<action>元素可以指定 Action 请求地址及处理后的映射页面。<action>元素中包含的属性及说明如表 14.4 所示。

表 14.4 <action>元素的属性及说明

属 性	说 明
name	用于配置 Action 对象被请求的 URL 映射
class	指定 Action 对象的类名
method	设置请求 Action 对象时，调用 Action 对象的哪一个方法
converter	指定 Action 对象类型转换器的类

注意

在<action>元素中，name 属性是必须要配置的，在建立 Action 对象的映射时，必须指定它的 URL 映射地址，否则，请求找不到 Action 对象。

在实际的项目开发中，对于每一个模块来说，其业务逻辑都比较复杂，一个 Action 对象包含多个业务逻辑请求的分支。

【例 14.8】 在用户管理模块中，需要对用户信息进行添加、删除、修改、查询操作，其 Action 对象的代码如下：

```
package com.lyq.action;
import com.opensymphony.xwork2.ActionSupport;
```

```java
/**
 * 用户信息管理 Action
 * @author Li Yongqiang
 */
public class UserAction extends ActionSupport{
	private static final long serialVersionUID = 1L;
	//添加用户信息
	public String save() throws Exception {
		...
		return SUCCESS;
	}
	//修改用户信息
	public String update() throws Exception {
		...
		return SUCCESS;
	}
	//删除用户信息
	public String delete() throws Exception {
		...
		return SUCCESS;
	}
	//查询用户信息
	public String find() throws Exception {
		...
		return SUCCESS;
	}
}
```

调用一个 Action 对象，默认情况下，它执行的是 execute()方法。在这种多个业务逻辑分支的 Action 对象中，如果需要请求指定的方法，就可以通过<action>元素的 method 属性进行配置，将一个请求交给指定的业务逻辑方法进行处理，例如：

```xml
<!--添加用户-->
<action name="userAction" class="com.lyq.action.UserAction" method="save">
	<result>success.jsp</result>
</action>
<!--修改用户-->
<action name="userAction" class="com.lyq.action.UserAction" method="update">
	<result>success.jsp</result>
</action>
<!--删除用户-->
<action name="userAction" class="com.lyq.action.UserAction" method="delete">
	<result>success.jsp</result>
</action>
<!--查询用户-->
<action name="userAction" class="com.lyq.action.UserAction" method="find">
	<result>success.jsp</result>
</action>
```

<action>元素的 method 属性主要用于对一个 action 请求分发一个指定业务逻辑方法，如将<action>元素的 method 属性值设置为 add，那么这个请求就会交给 Action 对象的 add()方法进行处理，这种配置方法可以减少 Action 对象数目。

注意

使用<action>元素的 method 属性，其属性值需要与 Action 对象中的方法名一致，Struts2 框架是通过 method 属性值查找与之配置的方法。

14.4.5 通配符实现简化配置

Struts2 框架是一个非常灵活的框架，在它的配置文件 struts.xml 中，还支持通配符的使用。这种配置方式主要针对在非常多 Action 的情况下，通过一定的命名约定，使用通配符来配置 Action 对象，从而达到一种简化配置的效果。

在 Struts2 框架的配置文件 struts.xml 中，常用的通配符主要有两个。

☑ 通配符“*”：匹配 0 或多个字符。

☑ 通配符“\”：是一个转义字符，如需要匹配“/”，则使用“\/”进行匹配。

【例 14.9】 在 Struts2 框架的配置文件 struts.xml 中应用通配符的方法如下：

```
<struts>
    <package name="myPackage" extends="struts-default" namespace="/">
        <!--定义 action-->
        <action name="add*" class="com.lyq.action.{1}AddAction">
            <!--结果映射-->
            <result name="success">/success.jsp</result>
            <result name="input">/input.jsp</result>
            <result name="error">/error.jsp</result>
        </action>
    </package>
</struts>
```

<action>元素的 name 属性的值为 add*，它匹配的是以字符 add 开头的字符串，如 addUser、addBook 都可以匹配。对于通配符所匹配的字符，在 Struts2 框架的配置文件中可以获取，它使用表达式{1}、{2}、{3}的方式进行获取，如代码中的“com.lyq.action.{1}AddAction”。

14.4.6 返回结果的配置

在 MVC 的设计思想中，业务逻辑处理需要返回一个视图 View，Struts2 框架中通过 Action 的结果映射配置返回视图。

Action 对象是 Struts2 框架中的请求处理对象，针对不同的业务请求及处理结果，Action 将返回一个字符串，这个字符串就是 Action 处理结果的逻辑视图名，Struts2 框架将根据逻辑视图名称，到配置文件 struts.xml 中查找逻辑视图名称匹配的视图，找到之后将这个视图回应给浏览器，如图 14.11 所示。

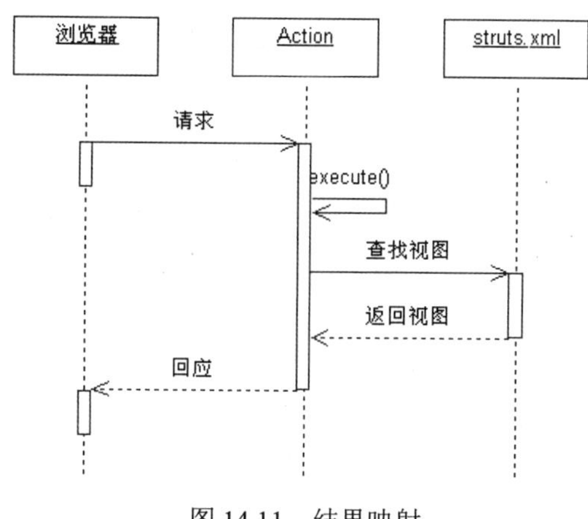

图 14.11　结果映射

在配置文件 struts.xml 中，结果映射使用<result>元素进行映射，其使用方法如下：

```
<action name="user" class="com.lyq.action.UserAction">
    <!--结果映射-->
    <result>/user/Result.jsp</result>
    <!--结果映射-->
    <result name="error">/user/Error.jsp</result>
    <!--结果映射-->
    <result name="input" type="dispatcher">/user/Input.jsp</result>
</action>
```

<result>元素有两个属性，分别为 name 和 type。其中 name 属性用于指定 Result 的逻辑名称，它与 Action 对象中方法的返回值相对应，如 execute()方法返回值为 input，那么，就将<result>元素的 name 属性配置为 input，对应 Action 对象返回值。<result>元素的 type 属性用于设置返回结果的类型，如请求转发、重定向等。

注意

如果不设置<result>元素的 name 属性，默认情况下，它的值为 success。

14.5　Struts2 的开发模式

14.5.1　实现与 Servlet API 的交互

Struts2 中提供了 Map 类型的 request、session 与 application，可以从 ActionContext 对象中获得。ActionContext 对象位于 com.opensymphony.xwork2 包中，它是 Action 执行的上下文，其常用 API 方法如下。

☑　实例化 ActionContext

在 Struts2 的 API 中，ActionContext 的构造方法需要传递一个 Map 类的上下文对象，应用这个构造方法创建 ActionContext 对象非常不方便，所以，通常情况下都是使用 ActionContext 对象提供的 getContext()方法进行创建，其方法声明如下：

```
public static ActionContext getContext()
```

getContext()方法是一个静态方法，可以直接调用，它的返回值就是 ActionContext，在开发过程中使用该方法创建 ActionContext 即可。

☑ 获取 Map 类型的 request

获取 Struts2 封装的 Map 类型的 request，使用 ActionContext 对象提供的 get()方法进行获取，其方法声明如下：

```
public Object get(Object key)
```

get()方法的入口参数为 Object 类型的值，获取 request 可以将此值设置为 request。

【例 14.10】 设置 request 值，代码如下：

```
Map request = ActionContex.getContext.get("request");
```

说明

ActionContext 对象提供的 get()方法，不仅可以获取到 Map 类型的 request，还可以获取 session、local 等对象。

☑ 获取 Map 类型的 session

虽然通过 ActionContext 对象提供的 get()方法可以获取到 session，但 ActionContext 仍旧提供了一个直接获取 session 的方法 getSession()，其方法声明如下：

```
public Map getSession()
```

ActionContext 类的 getSession()方法返回的是 Map 对象，这个 Map 对象的范围将作用于 HttpSession 范围中。

☑ 获取 Map 类型的 application

与获取 session 的方法相类似，ActionContext 对象同样为获取 Map 类型的 application 提供了单独的方法，其方法声明如下：

```
public Map getApplication()
```

ActionContext 类的 getApplication()方法返回的是 Map 对象，这个 Map 对象的范围将作用于 ServletContext 范围中。

14.5.2 域模型 DomainModel

在前面的学习中，无论是用户注册逻辑的实现，还是其他的一些表单信息的提交操作，并不是通过操作真正的领域对象实现。原因是将所有的实体对象的属性都封装到了 Action 对象中，而 Action 对象只是操作一个实体对象中的属性，而不是操作某一个实体对象。这样的操作有些偏离了领域模型设计的思想，比较好的设计是将某一领域的实体直接封装成为一个实体对象，如操作用户信息可以将用户

信息封装成为一个领域对象 User，将用户所属的组封装成为 Group 对象，如图 14.12 所示。

将一些属性信息封装成为一个实体对象，优点非常多，例如将一个用户信息数据保存到数据库中，只需要传一个 User 对象即可，而不是将用户信息的 N 个属性进行传递。在 Struts2 框架中，提供了操作领域对象的方法，可以在 Action 对象中引用某一个实体对象（见图 14.13），并且 HTTP 请求中的参数值可以注入实体对象的属性上，这种方式就是 Struts2 提供的使用 DomainModel 的方式。

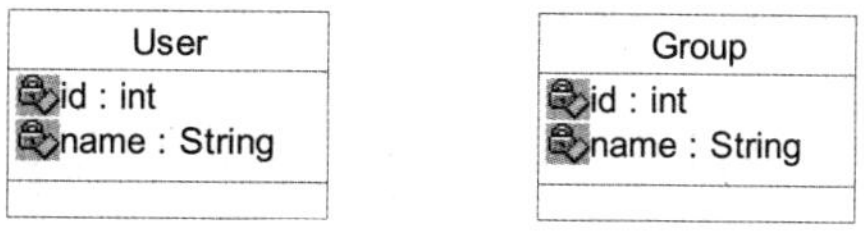

图 14.12　领域对象

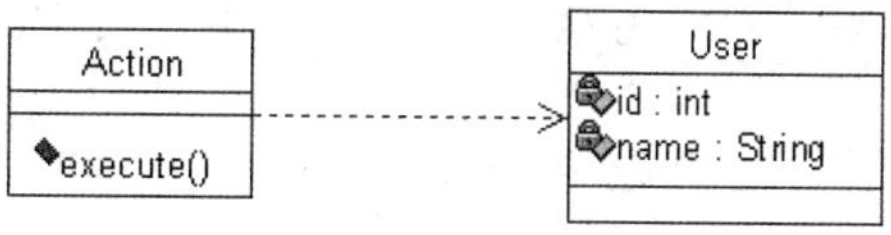

图 14.13　Action 对象调用 User 对象

【例 14.11】　例如在 Action 中应用一个 User 对象，可以使用以下代码：

```
public class UserAction extends ActionSupport {
	private User user;
	@Override
	public String execute() throws Exception {
		return SUCCESS;
	}
	public User getUser() {
		return user;
	}
	public void setUser(User user) {
		this.user = user;
	}
}
```

那么，在页面中提交注册请求的代码如下：

```
<body>
	<h2>用户注册</h2>
	<s:form action="userAction" method="post">
		<s:textfield name="user.name" label="用户名"></s:textfield>
		<s:password name="user.password" label="密码" ></s:password>
		<s:radio name="user.sex" list="#{1 : '男', 0 : '女'}" label="性别" ></s:radio>
		<s:submit value="注册"></s:submit>
	</s:form>
</body>
```

14.5.3　驱动模型 ModelDriven

在 DomainModel 模式中，虽然 Struts2 的 Action 对象可以通过直接定义实例对象的引用来调用实体对象进行相关的操作，但要求请求参数必须指定参数对应的实体对象，例如在表单中需要指定参数名称为 user.name 这样的方式，这种做法还是有些不方便。Struts2 框架还提供了另外一种方式，不需要指定请求参数所属的对象引用，就可以向实体对象中注入参数值，这种方式就是 ModelDriven。

在 Struts2 框架的 API 中，提供了一个名称为 ModelDriven 的接口，Action 对象可以通过实现此接口获取指定的实体对象，获取的方式是实现 ModelDriven 接口提供的 getModel()方法进行获取，其语法格式如下：

```
T getModel();
```

说明

ModelDriven 接口应用了泛型，getModel 的返回值为所要获取的实体对象。

如果 Action 对象实现了 ModelDriven 接口，当表单提交到 Action 对象后，其处理流程如图 14.14 所示。

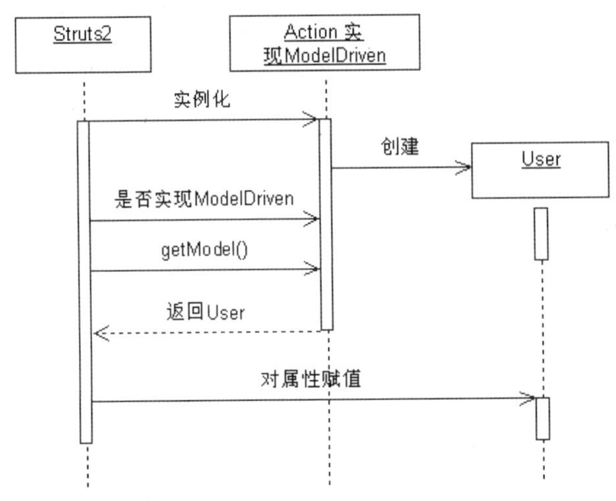

图 14.14　应用 ModelDriven 的顺序图

Struts2 首先会实例化 Action 对象，然后判断此 Action 对象是否是 ModelDriven 对象（也就是是否实现了 ModelDriven 接口），如果此 Action 对象实现了 ModelDriven 接口，则会调用 getModel()方法来获取实体对象模型，在获取到实体对象之后，则将其返回（如图 14.14 中调用的 User 对象）。那么，在之后的操作中，就已经存在了明确的实体对象，所以不需要在表单中的元素名称上添加指定的实例对象的引用名称。

【例 14.12】　表单中可以设置成以下代码：

```
<s:form action="userAction" method="post">
    <s:textfield name="name" label="用户名"></s:textfield>
    <s:password name="password" label="密码" ></s:password>
    <s:radio name="sex" list="#{1 : '男', 0 : '女'}" label="性别" ></s:radio>
    <s:submit value="注册"></s:submit>
</s:form>
```

那么，处理表单请求的 UserAction 对象需要实现 ModelDriven 接口，同时需要实现 ModelDriven 接口的 getModel()方法，返回明确的实体对象 user。UserAction 类的关键代码如下：

```
public class UserAction extends ActionSupport implements ModelDriven<User> {
    private static final long serialVersionUID = 1L;
    private User user = new User();
```

```
    /**
     * 请求处理方法
     */
    @Override
    public String execute() throws Exception {
        //TODO Auto-generated method stub
        return SUCCESS;
    }
    @Override
    public User getModel() {
        return this.user;
    }
}
```

由于 UserAction 实现了 ModelDriven 接口，getModel()方法返回了明确的实体对象 user，所以，表单中的元素名称不需要指定明确的实体对象引用，即可成功地将表单提交的参数注入 user 对象中。

注意

UserAction 类中的 user 属性需要进行初始化操作；否则，在 getModel()方法获取实体对象时，将出现空指针异常。

14.6　典型应用

视频讲解

14.6.1　Struts2 处理表单数据

【例 14.13】　创建 Java Web 项目，编写一个 Action 对象，处理对表单提交的数据，模拟实现对指定用户的问候。（**实例位置：资源包\TM\sl\14\3**）

（1）创建 Java Web 项目，将 Struts2 的支持类型库文件添加到 WEB-INF 目录的 lib 文件夹中。之后在 web.xml 文件中注册 Struts2 提供的过滤器。

（2）创建一个 Action 对象，其名称为 GreetingAction。实例中通过继承于 ActionSupport 类进行创建，其关键代码如下：

```
public class GreetingAction extends ActionSupport {
    private static final long serialVersionUID = 1L;
    //用户名
    private String username;
    //处理请求
    @Override
    public String execute() throws Exception{
    //判断用户名是否有效
    if(username == null || "".equals(username)){
            //返回到错误页面
            return ERROR;
```

```
        }else{
            //返回到成功页面
            return SUCCESS;
        }
    }
    //username 属性的 getter 方法
    public String getUsername() {
        return username;
    }
    //username 属性的 setter 方法
    public void setUsername(String username) {
        this.username = username;
    }
}
```

GreetingAction 类是一个 Action 对象，它主要用于对表单提交的信息（username）进行处理，其处理非常简单。如果表单提交的用户名无效时，Action 返回值为 ERROR，此时程序返回到错误页面；如果用户名有效时，Action 返回值为 SUCCESS，程序返回到成功页面。

由于 Struts2 处理表单提交数据时，自动将表单中的属性值注入 Action 对象的成员变量中。所以在 GreetingAction 类中，提供了一个 String 类型的变量 username，而且必须为 username 属性提供 setUsername() 方法。

说明

Struts2 对 Action 对象中的属性自动赋值，其内部实现是通过调用 Action 对象中属性提供的 setter 方法进行赋值，如果没用对属性提供 setter 方法，那么 Struts2 就不能成功地将表单中的数值注入 Action 的属性中。

（3）在 Web 项目的源码文件夹（MyEclipse 中默认为 src 目录）中，创建名称为 struts.xml 的配置文件，在该配置文件中配置 GreetingAction。关键代码如下：

```
<struts>
    <!--声明包-->
    <package name="myPackage" extends="struts-default">
    <!--定义 action-->
    <action name="greeting" class="com.lyq.action.GreetingAction">
        <!--定义成功的映射页面-->
        <result name="success">success.jsp</result>
        <!--定义失败的映射页面-->
        <result name="error">error.jsp</result>
    </action>
    </package>
</struts>
```

说明

① <action>元素：如果 GreetingAction 对象处理成功将返回到 success.jsp 页面。

② <result>元素：如果处理失败则返回到 error.jsp 页面。

GreetingAction 类，name 属性配置请求 GreetingAction 的地址，实例中配置为 greeting。也就是说，当访问 Web 应用目录下的/greeting 时，将由 GreetingAction 类对请求做出处理。

（4）创建程序中的首页面 index.jsp，在该页面中编写一个表单，它的提交地址为 greeting.action。关键代码如下：

```
<body>
  <form action="greeting.action" method="post">
    请输入你的姓名：<input type="text" name="username">
    <input type="submit" value="提交">
  </form>
</body>
```

（5）创建名称为 success.jsp 的页面，它是 GreetingAction 类处理请求成功的返回页面。该页面输出了表单提交的用户名，其关键代码如下：

```
<body>
    <font color="red">
        <s:property value="username" />
    </font>
    ，您好！
    <br>
    欢迎来到本站。
</body>
```

success.jsp 页面中的<s:property>标签是 Struts2 提供的标签，主要用于输出 Action 对象中的信息。

注意

在 JSP 页面中使用 Struts2 提供的标签库，需要事先引入 Struts2 的标签库，实例中通过“<%@ taglib prefix="s" uri="/struts-tags"%>”代码进行引入。

（6）创建名称为 error.jsp 的页面，它是 GreetingAction 类处理请求失败的返回页面。关键代码如下：

```
<body>
    <font color="red"> 错误：您没有输入姓名！</font>
</body>
```

编写完成 error.jsp 页面后，发布并运行项目，此时浏览器打开 index.jsp 页面，其运行结果如图 14.15 所示。

图 14.15 index.jsp 页面

在 index.jsp 页面的表单中输入一个用户后，单击“提交”按钮，此时请求将提交到 GreetingAction 类进行处理。处理成功后，请求转发到 success.jsp 页面做出回应。如果在 index.jsp 页面中没有输入用户名就提交了表单，此时 GreetingAction 类的处理结果为失败状态，请求返回到 error.jsp 页面做出回应。

14.6.2 使用 Map 类型的 request、session 和 application

【例 14.14】 通过 ActionContext 对象获取 Map 类型的 request、session 和 application，分别为这 3 个对象设置一个 info 属性并赋值，然后在 JSP 页面获取 3 种作用域下的 info 属性信息。（**实例位置：资源包\TM\sl\14\4**）

（1）创建 Java Web 项目，将 Struts2 的支持类型库文件添加到 WEB-INF 目录的 lib 文件夹中。之后在 web.xml 文件中注册 Struts2 提供的过滤器。

（2）创建名称为 TestAction 的类，该类继承于 ActionSupport 类，是一个 Action 对象。在这个类中分别创建 Map 类型的 request、session 和 application，并在 execute()方法中对其进行操作。关键代码如下：

```
public class TestAction extends ActionSupport {
    private static final long serialVersionUID = 1L;
    //Map 类型的 request
    private Map<String, Object> request;
    //Map 类型的 session
    private Map<String, Object> session;
    //Map 类型的 application
    private Map<String, Object> application;
    //构造方法
    @SuppressWarnings("unchecked")
    public TestAction(){
        //获取 ActionContext 对象
        ActionContext context = ActionContext.getContext();
        //获取 Map 类型的 request
        request = (Map<String, Object>) context.get("request");
        //获取 Map 类型的 session
        session = context.getSession();
        //获取 Map 类型的 application
        application = context.getApplication();
    }
    /**
     * 请求处理方法
     * @return String
     */
    public String execute() throws Exception{
        //字符串信息
        String info = "明日科技";
        //向 request 添加信息
        request.put("info", info);
        //向 session 添加信息
        session.put("info", info);
```

```
            //向 application 添加信息
            application.put("info", info);
            //成功返回
            return SUCCESS;
        }
}
```

说明

① request 变量：Map 类型的 request，通过 ActionContext 进行获取。

② session 变量：Map 类型的 session，通过 ActionContext 进行获取。

③ application 变量：Map 类型的 application，通过 ActionContext 进行获取。

技巧

实例中在定义 Map 类型的 request 属性时使用了泛型，由于 ActionContext.getContext()的返回值并不与实例中定义的相一致，所以，开发工具会在“(Map<String, Object>) context.get("request")”代码处提示警告信息。由于这些警告并不是错误，此时，可以通过“@SuppressWarnings("unchecked")”代码忽略掉这些警告。

在请求处理的 execute()方法中，实例定义了一个字符串对象 info，然后将这个对象存放到 Map 类型的 request 属性、session 属性和 application 属性中，其赋值方式通过 Map 对象的 key 与 value 进行赋值，在赋值后返回 SUCCESS。

（3）在 Web 项目的源码文件夹中，创建名称为 struts.xml 的配置文件，在该配置文件中配置 TestAction。关键代码如下：

```
<struts>
    <constant name="struts.devMode" value="true" />
    <!--声明包-->
   <package name="myPackage" extends="struts-default">
    <!--定义 action-->
    <action name="testAction" class="com.lyq.action.TestAction">
        <!--处理成功的映射页面-->
        <result>success.jsp</result>
    </action>
   </package>
</struts>
```

struts.xml 文件的配置非常简单，将 TestAction 的 URL 映射成为 testAction，将处理成功的返回结果映射到 success.jsp 页面。

（4）创建 TestAction 处理成功的返回页面 success.jsp，在该页面中分别从 JSP 内置对象 request、session、application 中获取 info 属性的值，并将这些值输出到 JSP 页面中。关键代码如下：

```
<body>
    request 范围内的 info 值：
    <font color="red"><%=request.getAttribute("info"));%></font>
    <br>
```

```
        session 范围内的 info 值：
        <font color="red"><%=session.getAttribute("info"));%></font>
        <br>
        application 范围内的 info 值：
        <font color="red"><%=application.getAttribute("info"));%></font>
        <br>
</body>
```

（5）创建程序的首页 index.jsp 页面，在该页面中编写一个超链接，将这个超链接指向 testAction。关键代码如下：

```
<body>
        <a href="testAction.action">Map 类型的 request、session、application</a>
        <br>
</body>
```

实例运行后，进入程序首页 index.jsp，单击页面中的“Map 类型的 request、session、application”超链接后，请求交给 TestAction 进行处理，在处理后返回 success.jsp 页面，其运行结果如图 14.16 所示。

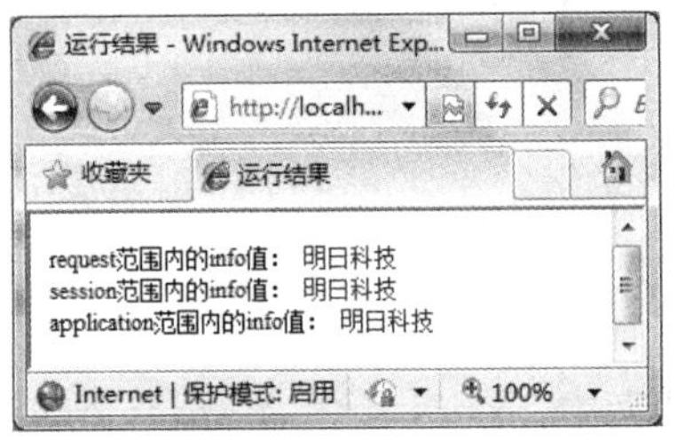

图 14.16　实例运行结果

14.7　小　　结

本章内容主要介绍了 Struts2 框架的基础知识，是 Struts2 框架的入门。学习本章内容重点要理解 Struts2 的原理及处理流程，除此之外还要了解几个重要的内容，如 Action 对象、Struts2 的配置文件以及 Struts2 的开发模式。Struts2 的 Action 对象是 Struts2 框架中的重要对象，它主要用于对 HTTP 请求进行处理。在 Struts2 框架中，配置文件为 Struts2 的灵活应用做出了巨大的贡献，学习过程中配置文件也是重中之重，需要重点掌握包、action 和 result 的配置。

14.8　实践与练习

1．实现用户的中间退出，用户登录成功后，当单击“安全退出”按钮时，即可实现用户的退出。（**答案位置：资源包\TM\sl\14\5**）

2．通过 Struts2 框架实现日期转换器。（**答案位置：资源包\TM\sl\14\6**）

3．实现空表单信息的提示。（**答案位置：资源包\TM\sl\14\7**）

第15章

Struts2 高级技术

（视频讲解：54 分钟）

Struts2 是 Apache 软件组织的一项开放源代码项目，是基于 WebWork 的核心思想产生的全新框架，在 Java Web 开发领域中占有十分重要的地位。随着 JSP 技术的成熟，越来越多的程序开发人员专注于 MVC 框架，Struts2 得到了广大程序员的青睐。本章将对 Struts2 框架的高级技术部分进行详细讲解。

通过阅读本章，您可以：

- 了解 OGNL 表达式语言
- 掌握 OGNL 操作对象、属性、方法
- 掌握 Struts2 的数据标签
- 掌握 Struts2 的控制标签
- 掌握 Struts2 的表单标签
- 了解拦截器的原理
- 掌握拦截器的使用
- 了解 Struts2 验证框架的原理
- 掌握 Struts2 验证框架的实际应用

视频讲解

15.1 OGNL 表达式语言

15.1.1 认识 OGNL

OGNL（Object Graph Navigation Language）是一种强大的表达式语言，它能够自动导航对象的结构并访问和设置对象数据。在 OGNL 表达式中，它的核心对象为 OGNL 上下文。OGNL 上下文相当于一个 Map 容器，在 Map 容器的 Value 中可以保存任何类型的数据（对象、数组等），通过 OGNL 上下文可以对容器中的对象进行导航。

OGNL 上下文是 OGNL 的核心，在 OGNL 上下文中可以存放多个对象。通常情况下，标准的 OGNL 为设定一个根，如图 15.1 所示。

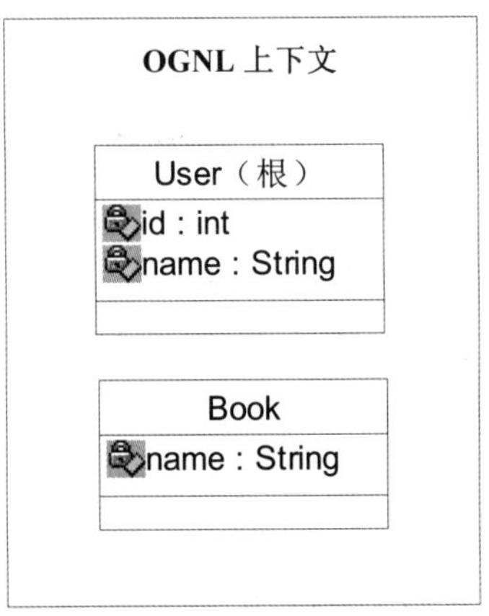

图 15.1　OGNL 上下文

在图 15.1 中，OGNL 上下文中包含两个对象，分别为 User 对象与 Book 对象。如果获取 User 对象与 Book 对象中的 name 属性，可以使用以下表达式：

```
#user.name
#book.name
```

上述代码就相当于调用了 User 对象与 Book 对象的 getName()方法，由于 User 对象为 OGNL 上下文的根，可以将表达式中的“#”号去除。

```
user.name
```

OGNL 表达式语言是非常强大的表达式语言，它要比 JSP 中的 EL（表达式语言）更加强大，OGNL 表达式语言的特点如下：

☑ 支持对象方法的调用。
☑ 支持静态方法的调用。
☑ 支持变量的赋值。
☑ 可以操作集合数据。

15.1.2　Struts2 框架中的 OGNL

Struts2 框架在 OGNL 的基础上增强，提高了 Struts2 对数据的访问能力。在 Struts2 框架中，OGNL 上下文作用于 Struts2 中的 ActionContext 对象，ActionContext 对象是 Struts2 框架中的一个核心对象，它的结构如图 15.2 所示。

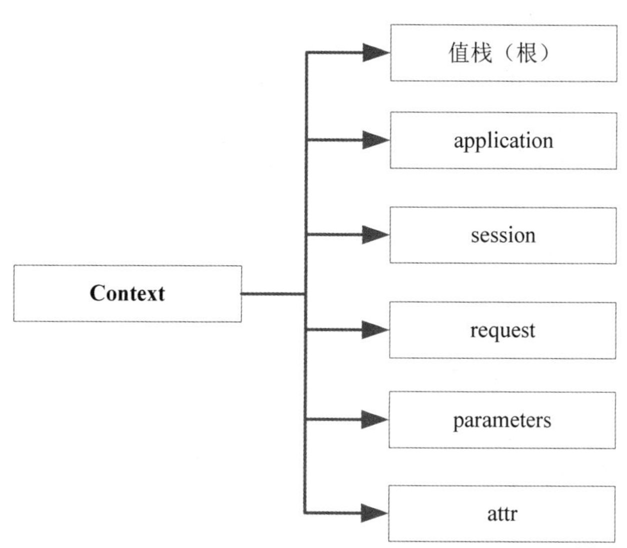

图 15.2　ActionContext 中的对象

值栈符合栈的基本特性，对象在栈中的存放是后进先出的，它由 Struts2 API 中的 com.opensymphony.xwork2.ognl.OgnlValueStack 类进行实现。在 ActionContext 中包含了多个对象，值栈是 OGNL 上下文的根，值栈中的对象可以直接调用。

在 Struts2 框架中，当接受一个 Action 请求时，Struts2 框架会创建 ActionContext 对象并实例化值栈等对象。由于 OGNL 上下文作用于 ActionContext 对象，所以，通过 OGNL 表达式可以获取 ActionContext 中的所有对象。

☑　获取值栈中的对象

由于 OGNL 上下文中的根可以直接获取，所以，对于值栈中的对象而言，可以直接进行获取，原因就是因为 Struts2 框架中值栈是 OGNL 上下文的根。其取值方法可以使用如下代码：

```
${user.name}
```

☑　获取 application 中的对象

在 ActionContext 对象中包含 application，由于它并不是 OGNL 上下文的根，其取值方法使用如下代码：

```
#application.name
```

或

```
#application.['name']
```

上述代码相当于调用了 application.getAttribute("name")方法。

☑ 获取 request 中的对象

与 application 相同，request 也不是 OGNL 上下文的根，它的取值方法如下：

```
#request.name
```

或

```
#request.['name']
```

上述代码相当于调用了 request.getAttribute("name")方法。

☑ 获取 session 中的对象

session 也不是 OGNL 上下文的根，它的取值与 application、request 的取值方法相同，其方法如下：

```
#session.name
```

或

```
#session.['name']
```

上述代码相当于调用了 session.getAttribute("name")方法。

☑ 获取 parameters 中的值

在 Struts2 框架中，通过 OGNL 获取请求参数，其获取参数值的方式如下：

```
#parameters.name
```

或

```
#parameters.['name']
```

上述代码相当于调用了 request.getParameter("name")方法。

☑ 获取 attr 中的值

如果不指定范围，可以使用 attr 来获取属性值，其搜索范围为按 page、request、session、application 的次序进行搜索。attr 的使用方法如下：

```
#attr.name
```

或

```
#attr.['name']
```

15.1.3 操作普通的属性与方法

Struts2 框架在 OGNL 的基础上增强，在 Struts2 框架中使用 OGNL 表达式语言需要借助于 Struts2 标签进行输出。

【例 15.1】 获取 User 对象中的 name 属性，在 JSP 页面中可以使用以下代码进行获取：

```
<s:property value="user.id"/>
```

在 OGNL 表达式中，获取属性的方法主要有两种，除了上面介绍的方法外，也可以通过下面的代

码进行获取：

```
<s:property value="user[id]"/>
```

OGNL 不仅支持属性的调用，同样也支持方法的调用。在 JSP 页面中，可以使用如下代码调用 User 类中的方法：

```
<s:property value="user.say()"/>
```

下面通过实例来讲解 OGNL 操作普通的属性与方法。

【例 15.2】 通过 OGNL 操作普通的属性与方法。（**实例位置：资源包\TM\sl\15\1**）

（1）创建动态的 Java Web 项目，将 Struts2 的相关类包添加到项目的 classpath，并在 web.xml 文件中注册 Struts2 提供的 StrutsPrepareAndExecuteFilter 过滤器，从而搭建 Struts2 的开发环境。

（2）创建名称为 Student 的学生实体对象，其关键代码如下：

```
public class Student {
    private int id;                                         //学号
    private String name;                                    //姓名
    public int getId() {
        return id;
    }
    public void setId(int id) {
        this.id = id;
    }
    public String getName() {
        return name;
    }
    public void setName(String name) {
        this.name = name;
    }
    public String say(){
        return "我是一个学生";
    }
}
```

Student 类只有两个属性，分别为学号 id 与姓名 name，实例中为这两个属性提供了 setter 与 getter 方法。除此之外，在 Student 类中还包含一个 say()方法，该方法返回一个字符串，目的是为了演示通过 OGNL 操作对象中的方法。

（3）创建名称为 OGNLAction 的类，该类继承于 ActionSupport 类，是一个 Action 对象。在该类中，分别编写一个字符串类型的 name 属性与学生对象 student 属性，并在 OGNLAction 的构造方法中对其赋值。关键代码如下：

```
public class OGNLAction extends ActionSupport {
    private static final long serialVersionUID = 1L;
    private String name;                                    //普通属性 name
    private Student student ;                               //学生对象
    Map<String, Object> request;                            //Map 类型的 request
    @SuppressWarnings("unchecked")
```

```
    public OGNLAction(){                                          //构造方法
        student = new Student();                                  //实例化学生对象
        student.setId(1);                                         //对学号赋值
        student.setName("张三");                                   //对学生姓名赋值
        name = "tom";                                             //对 name 赋值
        request = (Map<String, Object>) ActionContext.getContext().get("request");//获取 Map 类型的 request
    }
    //请求处理方法
    @Override
    public String execute() throws Exception {
        request.put("info", "request 测试");                       //向 request 添加值
        return SUCCESS;                                           //返回 SUCCESS
    }
    …//省略 Setter()与 Getter()方法
}
```

（4）在 Web 项目的源码文件夹（MyEclipse 中默认为 src 目录）中，创建名称为 struts.xml 的配置文件，在该文件中配置 OGNLAction 对象。关键代码如下：

```
<struts>
    //声明常量
    <constant name="struts.devMode" value="true"></constant>
    <package name="myPackage" extends="struts-default" namespace="/">
        //定义 action
        <action name="ognl" class="com.lyq.action.OGNLAction">
            //结果映射
            <result name="success">success.jsp</result>
        </action>
    </package>
</struts>
```

（5）创建 OGNLAction 处理请求后的返回页面 success.jsp，在该页面中使用 OGNL 表达式输出 OGNLAction 对象中设置的属性值。关键代码如下：

```
<body>
    <div>
        <h1>操作普通属性</h1>
        属性 name 值：<s:property value="name"/>
        <br><hr>
        学号：<s:property value="student.id"/><br>
        <!--
        也可以使用<s:property value="student['id']"/>
        -->
        姓名：<s:property value="student.name"/><br>
        say()方法：<s:property value="student.say()"/>
        <br><hr>
        rquest 中的 info 值：<s:property value="#request['info']"/>
    </div>
</body>
```

注意

使用 Struts2 标签需要引入 Struts2 的标签库，在 JSP 页面头部通过“<%@ taglib prefix="s" uri="/struts-tags"%>”进行引入。

技巧

如果访问的是一个对象属性，OGNL 通过“.”来导航对象中的属性值，从实例中可以看到，获取学号使用“student.id”。

说明

由于 request 在 OGNL 的上下文中并不是根，所以，输出 request 中的值需要加入“#”号，实例中通过表达式“#request['info']”输出 request 中的 info 值。

（6）编写程序中的主页 index.jsp，在该页面中编写一个超链接，将超链接的地址设置为 ognl，当单击这个超链接后，请求将被发送到 OGNLAction。

实例运行后，浏览器打开程序的首页 index.jsp，单击“OGNL 测试”超链接后，可以看到通过 OGNL 表达式所获取的对象及属性值，其运行结果如图 15.3 所示。

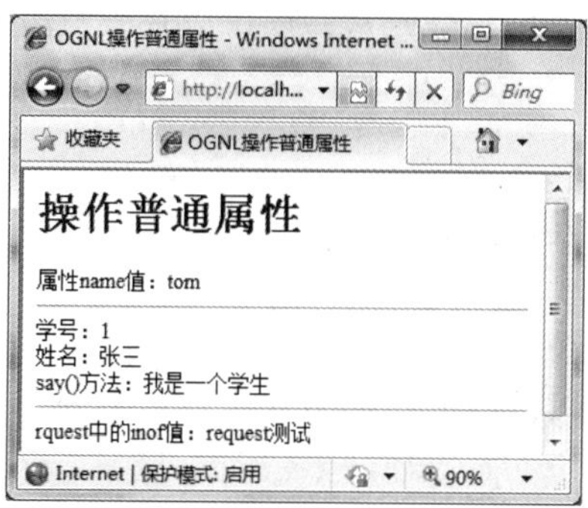

图 15.3　index.jsp 页面

15.1.4　访问静态方法与属性

Struts2 框架中的 OGNL 表达式支持对象的静态方法与静态属性的调用，它类似于 Java 语言中的静态引入，需要使用字符“@”进行标注，其调用静态属性的方法如下：

```
@com.lyq.bean.Bean@NAME
```

上述代码就相当于调用了 Bean.NAME 静态属性，与调用静态属性的方法相同，调用静态方法的方式如下：

```
@com.lyq.bean.Bean@greeting()
```

在 Struts2 框架中，提供了一个是否允许 OGNL 调用静态方法的常量，它的名称为 struts.ognl.allowStaticMethodAccess，其默认属性为 false。也就是说，在默认情况下，Struts2 不允许 OGNL 调用静态方法，所以，如果开发中需要使用 OGNL 调用静态方法，必须将此常量的值设置为 true，否则，将不通过 OGNL 调用对象静态方法。更改这个常量的值，可以在 struts.xml 配置文件中加入如下代码进行更改：

```
<constant name="struts.ognl.allowStaticMethodAccess" value="true"/>
```

说明

关于 Struts2 的常量，可以通过查看 Struts2 核心 jar 包中的 default.properties 属性文件，得知其配置的默认值。

15.1.5　访问数组

数组是一组元素的集合，每一个元素都有一个下标（索引）值，访问其中的一个元素通过其下标进行访问。在 OGNL 表达式中，访问数组中的数据与在 Java 中的访问方法相似，也是通过下标对其进行访问。如定义了一个名称为 arr 的数组，使用 OGNL 表达式的访问方法如下：

```
arr[0]
```

OGNL 不仅可以访问到数组中的每一个元素，还可以获取数组的长度，其获取方法如下：

```
arr.length
```

15.1.6　访问 List、Set、Map 集合

集合是 Java 开发中经常用到的对象，OGNL 对集合数据的访问也同样提供了方法。由于不同的集合对象，其数据存储结构不同，所以，它的访问方式也存在差异。

☑　List 集合

List 集合是 JDK API 封装的一个有序集合，使用 OGNL 访问 List 集合，可以通过下标值对其进行访问。其访问方式如下：

```
list[0]
```

☑　Set 集合

Set 集合是 JDK API 封装的一个无序集合对象，由于对象在 Set 集合中的存储方式是无序的，所以，不能通过下标值的方式访问 Set 集合中的数据。

☑　Map 集合

Map 集合也是 JDK API 封装的一个集合对象，它的数组存储结构以 Key、Value 的方式进行存储，使用 OGNL 访问 Map 集合，可以通过获取 Key 值来访问 Value。其访问方式如下：

```
map.key
```

或

```
map.['key']
```

Map 对象是包含一组 Key 与 Value 的集合，针对 Map 集合对象 OGNL 提供了获取 Map 对象所有 Key 与 Value 的方法，它返回 Key 或 Value 的数组。其获取方式如下：

```
map.keys            //获取所有 Key
map.values          //获取所有 Value
```

在 OGNL 表达式中，针对集合对象还提供了两个通用的方法，用于判断集合中的元素是否为空及获取集合的长度。这两个方法的应用如下：

```
collection.isEmpty   //判断集合元素是否为空
collection.size()    //获取集合的长度
```

15.1.7　投影与选择

OGNL 表达式对数据以及对象的操作功能十分强大。对于集合类型的对象，OGNL 还支持投影操作与选择操作，可以轻松地获取集合中的某一列数据的集合，也可以通过条件轻松地过滤掉集合中的某些行。

☑　投影

投影是对集合中列的操作，所谓投影，就是指将集合中的某一列数据都抽取出来形成一个集合，这一列数据就是原集合中的投影。如在一个集合中包含多个学生对象，获取这个集合中的所有学生的姓名，就是投影操作。在 OGNL 表达式中通过如下代码进行实现：

```
list.{name}
```

注意

上述代码针对的是值栈中的对象，如果是非值栈中的对象，还需要加上“#”号，如“#list.name”。

☑　选择

选择是对集合中行的操作，所谓选择，就是通过一定的条件获取集合中满足这一条件的数据，所获取的行就是对集合中数据的选择操作。如在一个集合中包含多个学生对象，获取这个集合中学生年龄大于 10 的所有学生，就是选择操作。在 OGNL 表达式中通过如下代码进行实现：

```
list.{?#this.age > 10}
```

注意

上述代码针对的是值栈中的对象，如果是非值栈中的对象，还需要加上“#”号，如“#list.{?#this.age > 10}”。

在 Java 语言中包含 this 关键字，OGNL 中同样包含了此关键字，与 Java 语言相同，它代表当前对象。代码“#this.age > 10”的含义是学生年龄大于 10，在此代码前的“?”号代表获取满足这一条件的所有对象。

对于选择操作，在 OGNL 表达式中主要提供了 3 个操作符号，它们的名称及说明如表 15.1 所示。

表 15.1　OGNL 表达式中操作符号的名称及说明

名　称	说　明
?	获取满足指定条件的所有元素
^	获取满足指定条件的所有元素中的第一个元素
$	获取满足指定条件的所有元素中的最后一个元素

视频讲解

15.2　Struts2 的标签库

15.2.1　数据标签的应用

1．property 标签

property 标签是一个非常常用的标签，它的作用是获取数据值，并将数据值直接输出到页面中。其属性及说明如表 15.2 所示。

表 15.2　property 标签的属性及说明

名　称	说　明	名　称	说　明
default	可选	escapeJavaScript	可选
escape	可选	value	可选

2．set 标签

set 标签用于定义一个变量，通过该标签可以为所定义的变量赋值及设置变量的作用域（application、request、session）。在默认情况下，通过 set 标签所定义的变量被放置到值栈中，set 标签所包含的属性及说明如表 15.3 所示。

表 15.3　set 标签的属性及说明

名　称	是否必需	类　型	说　明
scope	可选	String	设置变量的作用域，它的值可以是 application、request、session、page 或 action，其默认值为 action
value	可选	String	设置变量的值
var	可选	String	定义变量的名称

说明

在 set 标签中，还包含 id 属性与 name 属性，在作者所讲述的 Struts2 版本中，这两个属性已过时，所以不对其进行讲解。

set 标签的使用方法非常简单，其使用方式如下：

```
<s:set var="username" value="'测试 set 标签'" scope="request"></s:set>
<s:property default="没有数据！" value="#request.username"/>
```

上述代码通过 set 标签定义了一个名称为 username 的变量，它的值是一个字符串，username 的作用域在 request 范围中。

3. a 标签

a 标签用于构建一个超链接，其最终的构建效果将形成一个 HTML 中的超链接。其常用属性及说明如表 15.4 所示。

表 15.4 a 标签的属性及说明

名　　称	是否必需	类　　型	说　　明
action	可选	String	将超链接的地址指向 action
href	可选	String	超链接地址
id	可选	String	设置 HTML 中的属性名称
method	可选	String	如果超链接的地址指向 action，method 同时可以为 action 声明所调用的方法
namespace	可选	String	如果超链接的地址指向 action，namespace 可以为 action 声明名称空间

说明

除表 15.4 中所介绍的 a 标签的属性外，它还包含很多属性，由于这些属性并不常用，所以不做详细介绍。

4. param 标签

param 标签主要用于对参数赋值，它可以当作其他标签的子标签。在 param 标签中，只有两个属性，其说明如表 15.5 所示。

表 15.5 param 标签的属性及说明

名　　称	是否必需	类　　型	说　　明
name	可选	String	设置参数名称
value	可选	Object	设置参数值

5. action 标签

action 标签是一个非常常用的标签，它用于执行一个 Action 请求。当在一个 JSP 页面中通过 action 标签执行 Action 请求时，可以将 Action 的返回结果输出到当前页面中，也可以不输出。其常用属性及说明如表 15.6 所示。

表 15.6 action 标签的属性及说明

名　　称	是否必需	类　　型	说　　明
executeResult	可选	String	是否使 Action 返回到执行结果，它的默认值为 false
flush	可选	Boolean	输出结果是否刷新，它的默认值为 true

续表

名　称	是否必需	类　型	说　明
ignoreContextParams	可选	Boolean	是否将页面请求参数传入被调用的 Action，它的默认值为 false
name	必需	String	Action 对象所映射的名称，也就是 struts.xml 中配置的名称
namespace	可选	String	指定名称空间的名称
var	可选	String	引用此 action 的名称

6．push 标签

push 标签用于将对象或值压入值栈中并放置到顶部。因为值栈中的对象是可以直接调用的，所以，push 标签主要起到一种简化操作的作用。它的属性只有一个，名称为 value，用于声明压入值栈中的对象，其使用方法如下：

```
<s:push value="#request.student"></s:push>
```

7．date 标签

date 标签用于格式化日期时间，可以通过指定的格式化样式对日期时间值进行格式化。date 标签中所包含的属性及说明如表 15.7 所示。

表 15.7　date 标签的属性及说明

名　称	是否必需	类　型	说　明
format	可选	String	设置格式化日期的样式
name	必需	String	日期值
nice	可选	Boolean	是否输出给定日期与当前日期之间的时差，它的默认值为 false，不输出时差
var	可选	String	格式化时间的名称变量，通过该变量可以对其进行引用

8．include 标签

Struts2 框架中的 include 标签的作用类似于 JSP 中的<include>动作标签，也用于包含一个页面，但 Struts2 框架中的 include 标签的功能更加强大，它可以在目标页面中通过 param 标签传递请求参数。

include 标签只有一个 file 属性，该属性是必选的属性，用于包含一个 JSP 页面或 Servlet，其使用方法如下：

```
<%@include file=" /pages/common/common_admin.jsp"%>
```

9．url 标签

在 Struts2 框架中，一个 Action 对象的 URL 映射地址包含名称空间、调用方法等多个参数。这样的 URL 可以直接进行编写，也可以使用 Struts2 框架提供的 url 标签自动生成 URL 地址。url 标签中提供了多个属性满足不同格式的 URL 需求，它的常用属性及说明如表 15.8 所示。

表 15.8　url 标签的属性及说明

名　　称	是否必需	类　　型	说　　明
action	可选	String	Action 对象的映射 URL，也就是 Action 对象的访问地址
anchor	可选	String	此 URL 的锚点
encode	可选	Boolean	是否对参数进行编码，它的默认值为 true
escapeAmp	可选	String	是否将“&”转义成为“&”
forceAddSchemeHostAndPort	可选	Boolean	是否添加 URL 的主机地址及端口号，它的默认值为 false
includeContext	可选	Boolean	生成的 URL 是否包含上下文路径，它的默认值为 true
includeParams	可选	String	是否包含可选参数，它的可选值为 none、get、all。默认值为 none
method	可选	String	指定请求 Action 对象所调用的方法
namespace	可选	String	指定请求 Action 对象映射地址的名称空间
scheme	可选	String	指定生成 URL 所使用的协议
value	可选	String	指定生成 URL 的地址值
var	可选	String	定义生成 URL 变量名称，可以通过此名称引用 URL

url 标签是一个非常常用的标签，在 url 标签中可以向 url 传递请求参数，也可以通过 url 标签提供的属性生成不同格式的 url。

15.2.2　控制标签的应用

1. if 标签

if 标签是 Struts2 框架提供的一个流程控制标签，针对某一逻辑的多种条件进行处理，通常表现为“如果满足某种条件，就进行某种处理，否则就进行另一种处理”。与 Java 语言相同，Struts2 框架的标签同样支持 if、else if、else 的语句判断，其标签如下：

☑　<s:if>

该标签是基本流程控制标签，用于在满足某个条件的情况下，执行标签体中的内容，<s:if>标签可以单独使用。

☑　<s:elseif>

该标签需要与<s:if>标签配合使用，在不满足<s:if>标签条件的情况下，判断是否满足<s:elseif>标签中的条件。如果满足此标签中的条件，那么将执行<s:elseif>标签体中的内容。

☑　<s:else>

该标签需要与<s:if>标签或<s:elseif>标签配合使用，在不满足所有条件的情况下，可以使用<s:else>标签来执行此标签中的内容。

注意

<s:if>标签可以单独使用，用于在满足某个条件的情况下，执行标签体中的内容，而<s:elseif>标签与<s:else>标签不可以单独使用。

与 Java 语言相同，Struts2 框架的流程控制标签同样支持 if…else if…else 的条件语句判断，其使用方法如下：

```
<s:if test="表达式(布尔值)">
    输出结果...
</s:if>
<s:elseif test="表达式(布尔值)">
    输出结果...
</s:elseif>
可以使用多个<s:elseif>
...
<s:else>
    输出结果...
</s:else>
```

<s:if>标签与<s:elseif>标签都有一个名称为 test 的属性，该属性用于设置标签的判断条件，它的值是一个布尔类型的条件表达式。在上述代码中，可以包含多个<s:elseif>标签，针对不同的条件执行不同的内容。

2．iterator 标签

iterator 标签是 Struts2 提供的一个迭代数据的标签，它可以根据循环条件，遍历数组和集合类中的所有或部分数据。如通过 iterator 标签迭代一个集合或者数组，可以迭代出集合或数组的所有数据，也可以指定迭代数据的起始位置、步长以及终止位置来迭代集合或数组中的部分数据。iterator 标签所包含的属性及说明如表 15.9 所示。

表 15.9　iterator 标签的属性及说明

名　称	是否必需	类　型	说　明
begin	可选	Integer	指定迭代数组或集合的起始位置，它的默认值为 0
end	可选	Integer	指定迭代数组或集合的结束位置，它的默认值为集合或数组的长度
status	可选	String	迭代过程中的状态
step	可选	Integer	设置迭代的步长，如果指定此值，那么，每一次迭代后，索引值将在原索引值的基础上增加 step 值，它的默认值为 1
value	可选	String	指定迭代的集合或数组对象
var	可选	String	设置迭代元素的变量，如果指定此属性，那么所迭代的变量将压入值栈中

在 iterator 标签的属性中，status 属性用于获取迭代过程中的状态信息。在 Struts2 框架的内部结构中，status 属性实质上是获取了 Struts2 封装的一个迭代状态的对象，该对象为 org.apache.struts2.views.jsp.IteratorStatus，通过该对象可以获取迭代过程中的如下信息。

☑　元素数

IteratorStatus 对象提供了 getCount()方法，来获取迭代集合或数组的元素数，如果 status 属性设置为 st，那么就可通过 st.count 获取元素数。

☑　是否为第一个元素

IteratorStatus 对象提供了 isFirst()方法，来判断当前元素是否为第一个元素，如果 status 属性设置为 st，那么就可通过 st.first 判断当前元素是否为第一个元素。

☑　是否为最后一个元素

IteratorStatus 对象提供了 isLast()方法，来判断当前元素是否为最后一个元素，如果 status 属性设置为 st，那么就可通过 st.last 判断当前元素是否为最后一个元素。

☑　当前索引值

IteratorStatus 对象提供了 getIndex()方法，来获取迭代集合或数组的当前索引值，如果 status 属性设置为 st，那么就可通过 st.index 获取当前索引值。

☑　索引值是否为偶数

IteratorStatus 对象提供了 isEven()方法，来判断当前索引值是否为偶数，如果 status 属性设置为 st，那么就可通过 st.even 判断当前索引值是否为偶数。

☑　索引值是否为奇数

IteratorStatus 对象提供了 isOdd()方法，来判断当前索引值是否为奇数，如果 status 属性设置为 st，那么就可通过 st.odd 判断当前索引值是否为奇数。

15.2.3　表单标签的应用

1．常用的表单标签与通用属性

在 Struts2 框架中，Struts2 提供了一套表单标签，这些标签用于生成表单以及表单中的元素，如文本框、密码框、选择框等。由于这些标签由 Struts2 提供，它们能够与 Struts2 API 进行很好的交互，其常用的表单标签及说明如表 15.10 所示。

表 15.10　iterator 标签的属性及说明

名　称	说　明
form	用于生成一个 form 表单
hidden	用于生成一个 HTML 中的隐藏表单元素，相当于使用了 HTML 代码：<input type="hidden">
textfield	用于生成一个 HTML 中的文本框元素，相当于使用了 HTML 代码：<input type="textfield">
password	用于生成一个 HTML 中的密码框元素，相当于使用了 HTML 代码：<input type="password">
radio	用于生成一个 HTML 中的单选按钮元素，相当于使用了 HTML 代码：<input type="radio">
select	用于生成一个 HTML 中的下拉列表元素，相当于使用了 HTML 代码：<select><option> </option></select>
textarea	用于生成一个 HTML 中的文本域元素，相当于使用了 HTML 代码：<textarea></textarea>
checkbox	用于生成一个 HTML 中的选择框元素，相当于使用了 HTML 代码：<input type="checkbox">
checkboxlist	用于生成一个或多个 HTML 中的选择框元素，相当于使用了 HTML 代码：<input type="checkboxlist">
submit	用于生成一个 HTML 中的提交按钮元素，相当于使用了 HTML 代码：<input type="submit">
reset	用于生成一个 HTML 中的重置按钮元素，相当于使用了 HTML 代码：<input type="reset">

在 HTML 语言中，表单中的元素拥有一些通用的属性，例如 id 属性、name 属性以及 JavaScript 中的事件，这些元素在 HTML 表单元素中几乎都会存在。与 HTML 中相同，Struts2 提供的表单标签也存在通用的属性，而且这些属性比较多。表单标签常用的属性及说明如表 15.11 所示。

表 15.11　通用属性及说明

名　　称	说　　明
name	指定表单元素的 name 属性
title	指定表单元素的 title 属性
cssStyle	指定表单元素的 style 属性
cssClass	指定表单元素的 class 属性
required	用于在 lable 上添加“*”号，它的值为布尔类型，如果为 true，则添加“*”号；如果为 false，则不添加
disable	指定表单元素的 disable 属性
value	指定表单元素的 value 属性
labelposition	用于指定表单元素 lable 的位置，它的默认值为 left
requireposition	用于指定表单元素 lable 上添加“*”号的位置，它的默认值为 right

2．更改默认的主题样式

观察例 15.2 可以发现，实例中并没有使用表格及样式来设置 HTML 代码中的表单，但是通过使用 Struts2 框架提供的表单标签，却将表单中的元素放置到了一个表格中，而且应用了一定的 CSS 样式设置。原因就是因为在默认的情况下，Struts2 框架提供的表单标签应用了内置的主题样式。

主题是 Struts2 框架提供的一项功能，主题样式的设置可以应用于 Struts2 框架中的表单标签与 UI 标签上。默认情况下，Struts2 提供了以下 4 种主题样式。

☑　simple

simple 主题的功能较弱，它只提供了简单的 HTML 输出。

☑　xhtml

xhtml 主题是在 simple 上的扩展，它提供了简单的布局样式，可以将元素应用到表格布局中，同时，也提供了 lable 的支持。

☑　css_xhtml

css_xhtml 主题是在 xhtml 主题基础上进行的扩展，它在功能上强化了 xhtml 主题在 CSS 上样式的控制。

☑　ajax

ajax 主题是在 css_xhtml 主题上扩展，它在功能上主要强化了 css_xhtml 主题 Ajax 方面的应用。

默认情况下，Struts2 框架应用的主题样式为 xhtml，此主题使用固定的样式进行设置，使用中非常不方便。如果不希望使用此种样式，而是直接使用 HTML 来设计页面中的主题，此时，就可以应用 simple 进行设置。

说明

Struts2 框架的主题样式是基于模板语言进行设计，它要求程序员了解模板语言，目前，它的应用并不是很广泛。

15.3　拦截器的使用

15.3.1　了解拦截器

拦截器（Interceptor）是 Struts2 框架中一个非常重要的核心对象，它可以动态增强 Action 对象的功能。在 Struts2 框架中，很多重要的功能都是通过拦截器实现的。例如，在使用 Struts2 框架过程中，我们发现 Struts2 与 Servlet API 进行解耦，Action 对请求的处理不依赖于 Servlet API，但 Struts2 的 Action 却具有更加强大的请求处理功能，那么，这个功能的实现就是拦截器对 Action 的增强，可见拦截器的重要性。此外，Struts2 框架中的表单重复提交、对象类型转换、文件上传及前面所学习的 ModelDriven 的操作，都离不开拦截器幕后的操作，Struts2 拦截器的处理机制是 Struts2 框架的核心。

拦截器动态地作用于 Action 与 Result 之间，它可以动态地为 Action 以及 Result 添加新功能，如图 15.4 所示。

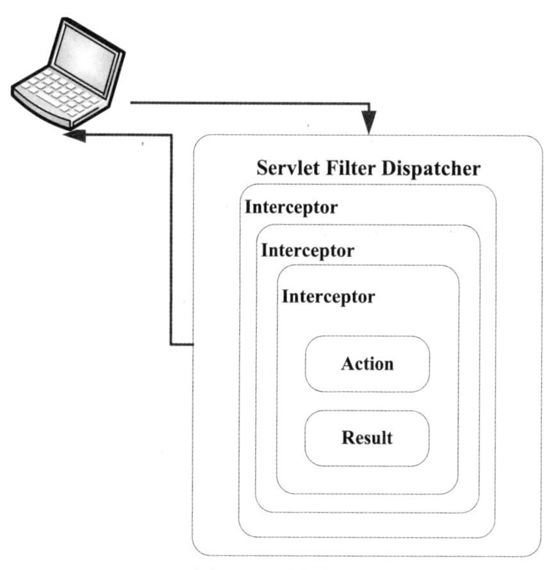

图 15.4　拦截器

当客户端发送请求时，会被 Struts2 的过滤器拦截，此时 Struts2 对请求持有控制权，Struts2 会创建 Action 的代理对象，并通过一系列的拦截器对请求进行处理，最后再交给指定的 Action 进行处理。在这期间，拦截器对象作用于 Action、Result 的前后，可以在 Action 对象的前后、Result 对象的前后进行任何操作，所以，Action 对象编写简单是由于拦截器进行了处理。拦截器对 Action 对象进行拦截操作的顺序图如图 15.5 所示。

当浏览器在请求一个 Action 时，会经过 Struts2 框架的入口对象——Struts2 过滤器。此时，Struts2 过滤器会创建 Action 的代理对象，之后通过拦截器即可在 Action 对象执行的前后进行一些操作，如图 15.5 中的“前处理”与“后处理”，最后返回结果。

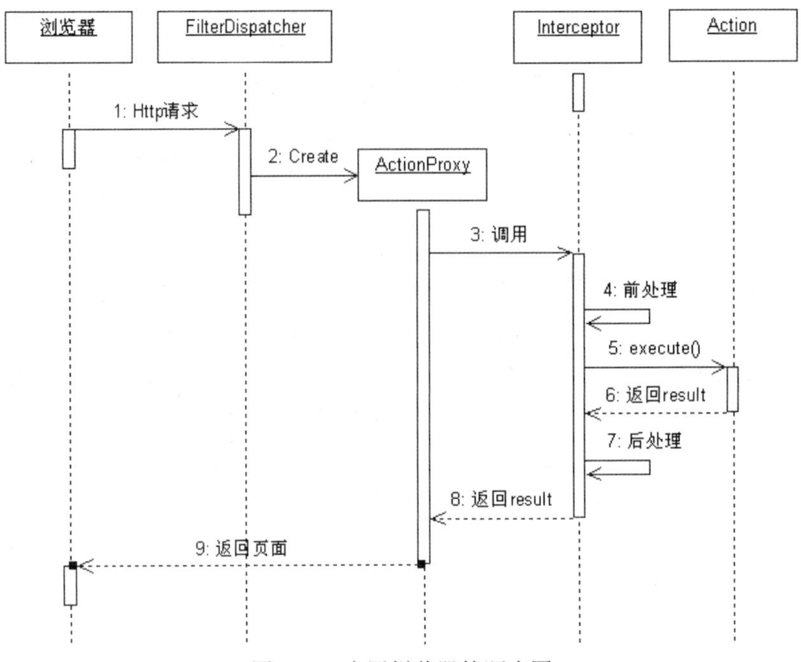

图 15.5　应用拦截器的顺序图

15.3.2　拦截器 API

在 Struts2 API 中，存在一个名称为 com.opensymphony.xwork2.interceptor 的包，该包中的对象是 Struts2 内置的一些拦截器对象，它们都具有不同的功能。在这些对象中，Interceptor 接口是 Struts2 框架中定义的拦截器对象，其他的拦截器都直接或间接地实现于此接口。

说明

Interceptor 是 Struts2 框架中定义的拦截器对象，它是一个接口。无论是 Struts2 内置的拦截器对象，还是自定义的拦截器，都需要直接或间接地实现于此接口。

在拦截器 Interceptor 中包含了 3 个方法，其代码如下：

```
public interface Interceptor extends Serializable {
    void destroy();
    void init();
    String intercept(ActionInvocation invocation) throws Exception;
}
```

- ☑ destroy()方法：指示拦截器的生命周期结束，它在拦截器被销毁前调用，用于释放拦截器在初始化时所占用的一些资源。
- ☑ init()方法：用于对拦截器进行一些初始化操作，该方法在拦截器被实例化后，intercept()方法执行前调用。
- ☑ intercept()方法：是拦截器中的主要方法，用于执行 Action 对象中的请求处理方法以及在 Action 的前后进行一些操作，动态地增强 Action 的功能。

说明

只有调用了 intercept()方法中的 invocation 参数的 invoke()方法，才可以执行 Action 对象中的请求处理方法。

虽然 Struts2 提供了拦截器对象 Interceptor，但该对象是一个接口，如果通过该接口创建拦截器对象，就需要实现 Interceptor 提供的 3 个方法。而实际的开发中，主要用到的方法只有 intercept()方法，如果没有用到 init()方法与 destroy()方法也需要对其进行空实现，这种创建拦截器的方式似乎有一些不太方便。

为了简化程序的开发，创建拦截器对象也可以通过 Struts2 API 中的 AbstractInterceptor 对象进行创建，它与 Interceptory 接口的关系如图 15.6 所示。

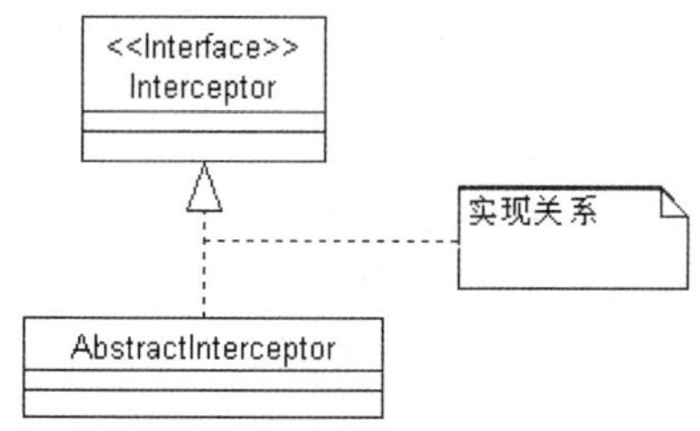

图 15.6　AbstractInterceptor 与 Interceptor 的关系

AbstractInterceptor 对象是一个抽象类，它对 Interceptory 接口进行了实现。在创建拦截器时可以通过继承 AbstractInterceptor 对象进行创建，在继承 AbstractInterceptor 对象后，创建拦截器的方式就更加简单。除了重写必需的方法 intercept()外，如果没有用到 init()方法与 destroy()方法，就不需要对这两个方法进行实现了。

说明

AbstractInterceptor 对象已经对 Interceptor 接口的 init()方法与 destroy()方法进行了实现。所以，通过继承 AbstractInterceptor 对象创建拦截器，就不需要实现 init()方法与 destroy()方法，如果需要可以对其进行重写。

15.3.3　使用拦截器

在 Struts2 框架中，如果创建了一个拦截器对象，需要对拦截器进行配置才可以应用到 Action 对象上。其中拦截器的创建比较简单，可以通过继承 AbstractInterceptor 对象进行创建，而它使用<interceptor-ref>标签进行配置，下面就通过一个实例来学习。

【例 15.3】　为 Action 对象配置输出执行时间的拦截器，查看执行 Action 所需要的时间。（**实例位置：资源包\TM\sl\15\2**）

（1）创建动态的 Java Web 项目，将 Struts2 的相关类包添加到项目的 classpath，并在 web.xml 文件中注册 Struts2 提供的 StrutsPrepareAndExecuteFilter 过滤器，从而搭建 Struts2 的开发环境。

（2）创建名称为 TestAction 的类，该类继承于 ActionSupport 对象。关键代码如下：

```
public class TestAction extends ActionSupport {
    private static final long serialVersionUID = 1L;
```

```
        public String execute() throws Exception{
                //线程睡眠 1 秒
                Thread.sleep(1000);
                return SUCCESS;
        }
}
```

说明

由于实例需要配置输出 Action 执行时间的拦截器，为了方便查看执行时间，在 execute()方法中，通过 Thread 类的 sleep()方法使当前线程睡眠 1 秒钟。

（3）在 struts.xml 配置文件中配置 TestAction 对象，并将输出 Action 执行时间的拦截器 timer 应用到 TestAction 中。关键代码如下：

```
<struts>
        <constant name="struts.devMode" value="true" />                              //声明常量（开发模式）
        //声明常量（在 Struts2 的配置文件修改后，自动加载）
        <constant name="struts.configuration.xml.reload" value="true" />
        <package name="myPackge" extends="struts-default">                          //声明包
                <action name="testAction" class="com.lyq.action.TestAction">      //配置 Action
                        <interceptor-ref name="timer"/>                              //配置拦截器
                                <result>success.jsp</result>                         //配置返回页面
                </action>
        </package>
</struts>
```

在 TestAction 对象的配置中，为其配置了一个拦截器对象 timer，其作用是输出 TestAction 执行的时间。

技巧

如果需要查看一个 Action 对象执行所需要的时间，可以为这个 Action 对象配置 timer 拦截器，timer 拦截器是 Struts2 的内置拦截器，不需要对其进行创建及编写，直接配置即可。

（4）创建程序的首页页面 index.jsp 及 TestAction 返回页面 success.jsp，由于实例测试 timer 拦截器的使用，没有过多地设置。

在代码编写完成后，部署项目并访问 TestAction 对象，在访问之后可以查看到 TestAction 执行所占用的时间，如图 15.7 所示。

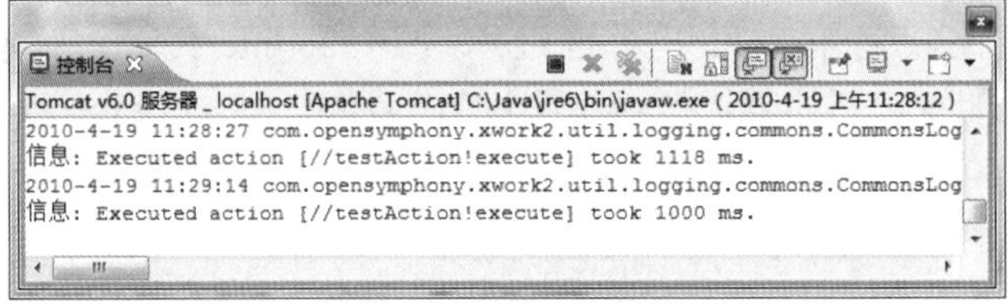

图 15.7　实例运行结果

说明

当访问 TestAction 对象后，将看到 TestAction 对象的执行时间大于 1 秒钟，原因是在第一次访问 TestAction 时，需要进行一些初始化的操作，在以后的访问中就可以看到执行时间变成 1 秒（1000ms）。

15.4　数据验证机制

15.4.1　手动验证的实现

在 Struts2 的 API 中，ActionSupport 类对 Validateable 接口进行了实现，但对 validate()方法的实现却是一个空实现。通常情况下，我们所创建的 Action 对象，都是通过继承 ActionSupport 类进行创建。所以，在继承 ActionSupport 类的情况下，如果通过 validate()方法验证数据的有效性，直接重写 validate()方法即可，如图 15.8 所示，其中 MyAction 类是一个自定义的 Action 对象。

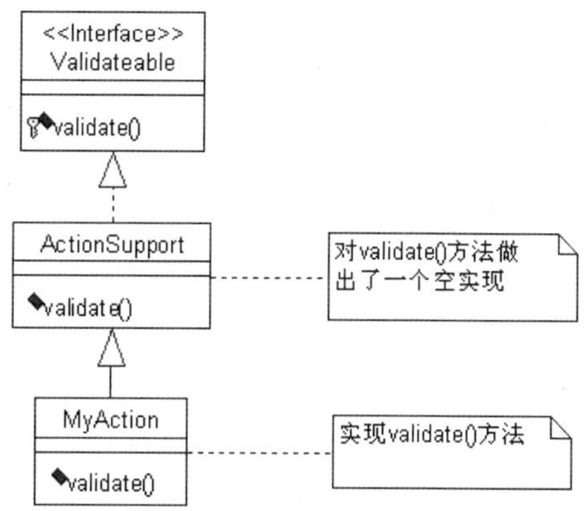

图 15.8　Validateable 与 ActionSupport

使用 validate()方法可以对用户请求的多个 Action 方法进行验证，但其验证的逻辑是相同的。如果在一个 Action 类中编写了多个请求处理方法，而此 Action 重写了 validate()方法，那么，在默认情况下，在执行每一个请求方法的过程中，都会经过 validate()方法的验证处理。

15.4.2　验证文件的命名规则

使用 Struts2 验证框架，验证文件的名称需要遵循一定的命名规则，其验证文件的名称必须为 ActionName-validation.xml 或 ActionName-AliasName-validation.xml 的形式。其中 ActionName 是 Action 对象的名称，AliasName 为 Action 配置中的名称，也就是 struts.xml 配置文件中 Action 元素对应 name 属性的名称。

☑　以 ActionName-validation.xml 方式命名

在这种命名方式中，数据的验证会作用于整个 Action 对象中，并验证 Action 对象的请求业务处理方法。如果 Action 对象中只存在单一的处理方法，或在多个请求处理方法中，验证处理的规则都相同，可以应用此种命名方式。

☑　以 ActionName-AliasName-validation.xml 方式命名

与上一种命名方式相比较，以 ActionName-AliasName-validation.xml 方式命名更加灵活。如果一个

Action 对象中包含多个请求处理方法，而又没有必要对每一个方法进行验证处理，只需要对 Action 对象中的特定方法进行处理，就可以使用此种命名方式。

15.4.3 验证文件的编写风格

在 Struts2 框架中使用数据验证框架，其验证文件的编写有两种风格，也就是两种编写方法，分别为字段验证器编写风格与非字段验证器编写风格，它们各有优点。

☑ 字段验证器编写风格

字段验证器编写风格是指在验证过程中，主要针对字段进行验证。是在验证文件根元素<validators>下，使用<field-validator>元素编写验证规则的方式。

【例 15.4】 字段验证器实现对用户名和密码文本框的验证。

```
<validators>
    //验证用户名
    <field name="username">
        <field-validator type="requiredstring">
            <message>请输入用户名</message>
        </field-validator>
    </field>
    //验证密码
    <field name="password">
        <field-validator type="requiredstring">
            <message>请输入密码</message>
        </field-validator>
    </field>
</validators>
```

注意

如果在 xml 文件中编写中文，需要将 xml 文件的字符编码设置为支持中文编码的字符集，如 encoding="UTF-8"。

上述代码是以字段验证器编写风格编写的验证文件，它的作用是判断用户名与密码字段是否输入字符串值。

☑ 非字段验证器编写风格

非字段验证器编写风格是指在验证过程中，既可以对字段验证，又可以对普通的数据验证。是在验证文件根元素<validators>下，使用<field-validator>元素编写验证规则的方式。

【例 15.5】 非字段验证器实现对用户名、密码字段的验证。

```
<validators>
    <validator type="requiredstring">
        <param name="fieldName">password</param>                    //验证密码字段
        <param name="fieldName">username</param>                    //验证用户名字段
        <message>请输入内容</message>
    </validator>
</validators>
```

上述代码是以非字段验证器编写风格编写的验证文件，它的作用也是判断用户名与密码字段是否输入字符串值。

注意

如果使用字段验证器编写风格编写验证文件，需要使用<param>标签传递字段参数，其参数的名称为 fieldName，参数的内容为字段的名称。

使用字段验证器编写风格编写验证文件，它对字段或属性验证的针对性非常强，这种方式能够对任何一个字段返回一个明确的验证消息；而使用非字段验证器编写风格编写验证文件，则不能够对任何一个字段返回一个明确的验证消息，因为，非字段验证器编写风格将多个字段设置在一起。

说明

虽然使用非字段验证器编写风格也能够对字段进行验证，但它没有字段验证器编写风格的针对性强。所以，对字段验证时，通常使用字段验证器编写风格。

视频讲解

15.5　典型应用

15.5.1　Struts2 标签下的用户注册

【例 15.6】　通过 Struts2 框架提供的表单标签编写用户注册表单，将用户的注册信息输出到 JSP 页面中。（**实例位置：资源包\TM\sl\15\3**）

（1）创建动态的 Java Web 项目，将 Struts2 的相关类包添加到项目的 classpath 中，并在 web.xml 文件中注册 Struts2 提供的 StrutsPrepareAndExecuteFilter 过滤器，从而搭建 Struts2 的开发环境。

（2）创建程序中的主页 index.jsp，在主页面中通过 Struts2 框架提供的表单标签编写用户注册的表单。关键代码如下：

```
<body>
    <h2>用户注册</h2>
    <s:form action="userAction!register" method="post">
        <s:textfield name="name" label="用户名" required="true" requiredposition="left"></s:textfield>
        <s:password name="password" label="密码" required="true" requiredposition="left"></s:password>
        <s:radio name="sex" list="#{1 : '男', 0 : '女'}" label="性别"  required="true" requiredposition="left">
</s:radio>
        <s:select list="{'请选择省份','吉林','广东','山东','河南'}" name="province" label="省份"></s:select>
        <s:checkboxlist list="{'足球','羽毛球','乒乓球','篮球'}" name="hobby" label="爱好"></s:checkboxlist>
        <s:textarea name="description" cols="30" rows="5" label="描述"></s:textarea>
        <s:submit value="注册"></s:submit>
        <s:reset value="重置"></s:reset>
    </s:form>
</body>
```

技巧

在应用表单时，如果使用 Struts2 标签生成表单元素，可以使用标签中的 lable 属性，来定义表单元素前面的标签文字；如果表单中的元素属于一个必填的元素，那么可以使用 required 属性进行标记，其标记的效果会在元素的边缘显示一个字符“*”，同时这个字符“*”的位置也可以控制，通过 requiredposition 设置即可。

（3）创建用户注册后的返回页面 success.jsp，在该页面中，通过 Struts2 的数据标签将用户注册信息输出到页面中。关键代码如下：

```
<body>
<div>
<h2>用户注册信息</h2>
<ul>
	<li>用户名：<s:property value="name" /></li>
	<li>密码：<s:property value="password" /></li>
	<li>性别：<s:if test="sex==0">女</s:if> <s:else>男</s:else></li>
	<li>省份：<s:property value="province" /></li>
	<li>爱好：<s:property value="hobby" /></li>
	<li>描述：<s:property value="description" /></li>
</ul>
</div>
</body>
```

success.jsp 页面主要应用了 property 标签对用户注册信息进行输出，其中用户性别信息是通过 Struts2 的控制标签进行判断输出的。

（4）创建名称为 UserAction 的类，该类继承于 ActionSupport 类，是一个 Action 对象，它的作用是对用户注册请求以及用户信息编辑请求进行处理。关键代码如下：

```
public class UserAction extends ActionSupport {
	private static final long serialVersionUID = 1L;
	private String name;                                    //用户名
	private String password;                                //密码
	private String description;                             //描述
	private int sex = 0;                                    //性别
	private String province;                                //省份
	private String[] hobby;                                 //爱好
	public String execute() throws Exception {              //用户注册
		return SUCCESS;
	}
	…//省略部分 Getter()与 Setter()方法
}
```

UserAction 类中定义了用户信息属性，并提供相应的 Setter()与 Getter()方法，其作用是方便 JSP 页面的调用。

技巧

由于表单中的爱好对应的表单元素是多选框元素，那么，它的类型就是一个数组对象。所以，在 UserAction 类中用户信息的爱好属性是一个字符串数组，实例中将其定义为字符串数组变量 hobby。

（5）创建 Struts2 框架的配置文件 struts.xml，在该文件中配置 UserAction 对象。关键代码如下：

```
<struts>
    //声明常量（开发模式）
    <constant name="struts.devMode" value="true" />
    //声明包
    <package name="myPackge" extends="struts-default">
        //创建 TagAction 的映射
        <action name="userAction" class="com.lyq.action.UserAction">
            //注册成功的返回页面
            <result>success.jsp</result>
        </action>
    </package>
</struts>
```

实例运行后，用户注册页面的运行结果如图 15.9 所示。在填写了正确的注册信息后，即可完成注册。

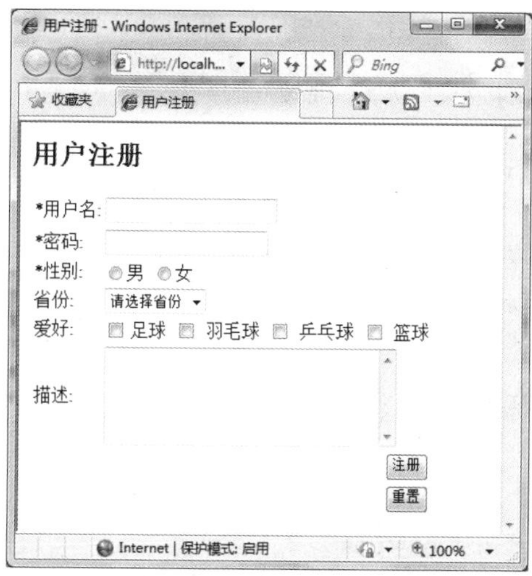

图 15.9　用户注册页面

15.5.2　使用验证框架对数据校验

【例 15.7】　应用 Struts2 验证框架并对用户登录页面进行输入验证。（**实例位置：资源包\TM\sl\15\4**）

（1）创建动态的 Java Web 项目，将 Struts2 的相关类包添加到项目的 classpath 下，并在 web.xml 文件中注册 Struts2 提供的 StrutsPrepareAndExecuteFilter 过滤器，从而搭建 Struts2 的开发环境。

（2）创建用户登录的 Action 对象 UserAction，并将 UserAction 配置到 struts.xml 配置文件中，其中 UserAction 代码如下：

```
public class UserAction extends ActionSupport{
    private static final long serialVersionUID = 1L;
    private String username;                                    //用户名
    private String password;                                    //密码
    //用户登录
    @Override
```

```
    public String execute() throws Exception {
        return SUCCESS;
    }
    ...//省略部分代码
}
```

说明

本实例主要演示 Struts2 验证框架的使用，并没有真正对用户登录进行处理。

UserAction 在 struts.xml 配置文件中的配置代码如下：

```
<package name="myPackge" extends="struts-default">                        //声明包
    <action name="userAction" class="com.lyq.action.UserAction">          //配置 UserAction
        <result name="input">/login.jsp</result>                          //用户登录页面
        <result>/success.jsp</result>                                     //注册成功页面
    </action>
</package>
```

在 struts.xml 配置文件中，请求处理成功的映射结果为 success.jsp 页面，验证失败返回用户登录页面 login.jsp。

注意

默认情况下，Struts2 的验证框架验证失败后会返回 input 对应的页面，所以需要指定 input 值对应的页面。

（3）创建用户登录页面 login.jsp，在该页面中通过 Struts2 的表单标签创建用户登录表单。关键代码如下：

```
<body>
    <s:form action="userAction" method="post">
        <s:textfield name="username" label="用户名" required="true"></s:textfield>
        <s:password name="password" label="密码" required="true"></s:password>
        <s:submit key="submit" value="登录"></s:submit>
    </s:form>
</body>
```

（4）创建名称为 success.jsp 的 JSP 页面，该页面是用户登录成功的返回页面。关键代码如下：

```
<body>
    <h2>
        <s:property value="username"/>,登录成功
    </h2>
</body>
```

（5）编写用户登录的验证文件，该文件的名称为 UserAction-validation.xml。关键代码如下：

```
<validators>
    <field name="username">                                               //验证用户名
        <field-validator type="requiredstring">
```

```
            <message>请输入用户名</message>
        </field-validator>
    </field>
    <field name="password">                                                //验证密码
        <field-validator type="requiredstring">
            <message>请输入密码</message>
        </field-validator>
    </field>
</validators>
```

注意

验证文件 UserAction-validation.xml 必须放置在 UserAction 所在的包中。

运行该程序后，进入用户登录页面 login.jsp，如果在没有输入用户名、密码的情况下，单击“登录”按钮，页面会停留在 login.jsp 页面中，而且页面会显示出错误的提示信息，如图 15.10 所示。

图 15.10　用户登录页面 login.jsp

15.6　小　　结

本章首先介绍了 OGNL（Object Graph Navigation Language），它是一种强大的表达式语言，能够自动导航对象的结构并访问和设置对象数据。然后介绍了 Struts2 标签库中的数据标签、控制标签、表单标签，这些标签可以简化程序的开发，在项目应用中十分常用，虽然标签有很多，但本章内容所介绍的并不是 Struts2 所有的标签，它们均为常用的标签，必须重点掌握。除此之外，还为大家介绍了 Struts2 中的拦截器、验证框架等内容。

15.7　实践与练习

1．应用控制标签判断用户是否存在。（**答案位置：资源包\TM\sl\15\5**）
2．应用 Struts2 实现简单的计算器。（**答案位置：资源包\TM\sl\15\6**）
3．应用 Struts2 标签实现声明资源的国际化。（**答案位置：资源包\TM\sl\15\7**）

第16章

Hibernate技术

（视频讲解：42分钟）

作为一个优秀的持久层框架，Hibernate 充分体现了 ORM 的设计理念，提供了高效的对象到关系型数据库的持久化服务。它将持久化服务从软件业务层中完全抽取出来，让业务逻辑的处理更加简单，程序之间的各种业务并非紧密耦合，更加有利于高效地开发与维护。本章将对 Hibernate 的基础知识进行详细介绍。

通过阅读本章，您可以：

- 了解 Hibernate 的理论基础——ORM 原理
- 掌握 Hibernate 的架构
- 掌握 Hibernate 的配置
- 编写 Hibernate 的持久化类
- 了解 Hibernate 5 种持久化对象的状态
- 编写 Hibernate 的初始化类
- 掌握 Hibernate 基本的增、删、改、查操作
- 使用 Hibernate 的缓存

16.1　初识 Hibernate

那么什么是 Hibernate 呢？Hibernate 又是通过什么理论发展而来的呢？本节将揭开 Hibernate 的神秘面纱，让读者走进 Hibernate 的奇幻世界。

16.1.1　理解 ORM 原理

目前面向对象思想是软件开发的基本思想，关系数据库又是应用系统中必不可少的一环。但是面向对象是从软件工程的基本原则发展而来的，而关系数据库却是从数学理论的基础诞生的，两者的区别非常大。为了解决这个问题，ORM 应运而生。

ORM（Object Relational Mapping）是对象到关系的映射，它的作用是在关系数据库和对象之间做一个自动映射，将数据库中的数据表映射成为对象，也就是持久化类，对关系型数据以对象的形式进行操作，减少应用开发过程中数据持久化的编程任务。可以把 ORM 理解成关系型数据和对象的一个纽带，开发人员只需关注纽带的一端映射的对象即可。ORM 原理如图 16.1 所示。

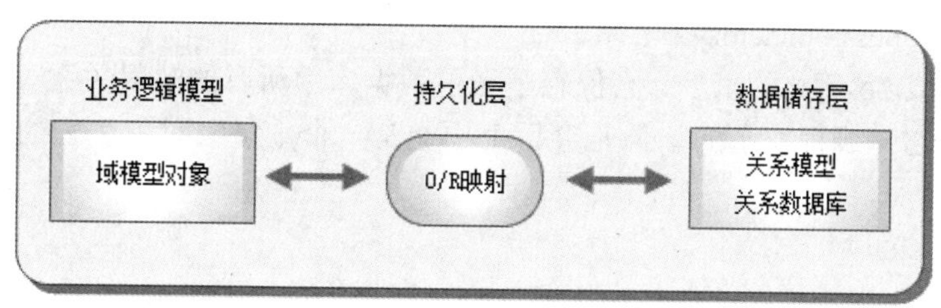

图 16.1　ORM 原理图

Hibernate 是众多 ORM 工具中的佼佼者，相对于 iBATIS，它是全自动的关系/对象的解决方案。Hibernate 通过持久化类（*.java）、映射文件（*.hbm.xml）和配置文件（*.cfg.xml）操作关系型数据库，使开发人员不必再与复杂的 SQL 语句打交道。

16.1.2　Hibernate 简介

作为一个优秀的持久层框架，Hibernate 充分体现了 ORM 的设计理念，提供了高效的对象到关系型数据库的持久化服务。它将持久化服务从软件业务层中完全抽取出来，让业务逻辑的处理更加简单，程序之间的各种业务并非紧密耦合，更加有利于高效地开发与维护。使开发人员在程序中可以利用面向对象的思想对关系型数据进行持久化操作，为关系型数据库和对象型数据打造了一个便捷的高速公路。图 16.2 就是一个简单的 Hibernate 体系概要图。

从这个概要图可以清楚地看出，Hibernate 是通过数据库和配置信息进行数据持久化服务和持久化对象的。Hibernate 封装了数据库的访问细节，通过配置的属性文件这条纽带连接着关系型数据库和程序中的实体类。

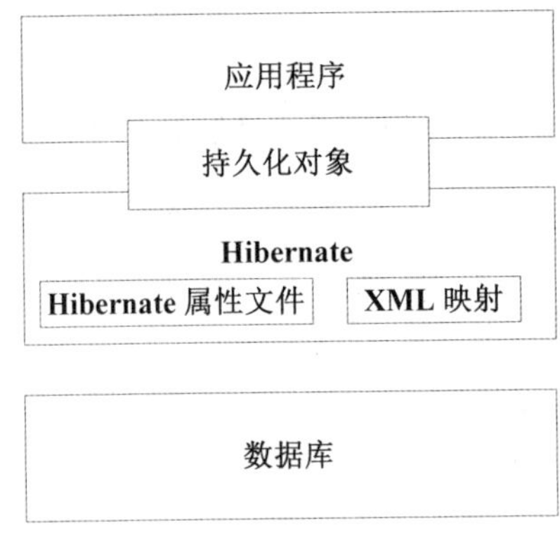

图 16.2　Hibernate 体系结构概要图

在 Hibernate 中有非常重要的 3 个类，它们分别是配置类（Configuration）、会话工厂类（SessionFactory）和会话类（Session）。

☑　配置类（Configuration）

配置类主要负责管理 Hibernate 的配置信息以及启动 Hibernate，在 Hibernate 运行时配置类会读取一些底层实现的基本信息，其中包括数据库 URL、数据库用户名、数据库用户密码、数据库驱动类和数据库适配器（dialect）。

☑　会话工厂类（SessionFactory）

会话工厂类是生成 Session 的工厂，它保存了当前数据库中所有的映射关系，可能只有一个可选的二级数据缓存，并且它是线程安全的。但是会话工厂类是一个重量级对象，它的初始化创建过程会耗费大量的系统资源。

☑　会话类（Session）

会话类是 Hibernate 中数据库持久化操作的核心，它将负责 Hibernate 所有的持久化操作，通过它开发人员可以实现数据库基本的增、删、改、查的操作。但会话类并不是线程安全的，应注意不要多个线程共享一个 Session。

16.2　Hibernate 入门

认识 Hibernate 之后，接下来将了解如何配置和使用 Hibernate，了解配置文件中的基本配置信息，以及如何使用映射文件映射持久化对象和数据库表之间的关系。

16.2.1　获取 Hibernate

在正式学习 Hibernate 之前，需要从 Hibernate 的官方网站获取所需的 jar 包，官方网址为 http://www.hibernate.org，在该网站可以免费获取 Hibernate 的帮助文档和 jar 包。本书所有实例使用的 Hibernate 的 jar 包版本为 hibernate-5.3.6。

然后将 hibernate-release-5.3.6.Final/lib/required 文件夹下所有的 jar 包导入项目中，随后就可以进行 Hibernate 的项目开发。同时也可以利用 MyEclipse 向项目中添加 Hibernate 模块，以这种方式导入的 jar

包都是 MyEclipse 自身所带有的固定版本的 jar 包，并不能保证与本书使用 jar 包的版本一致性。

注意

因为我们的实例中需要用到 javax.activation-1.2.0.jar、jaxb-api-2.3.0.jar、jaxb-core-2.3.0.jar、jaxb-impl-2.3.0.jar 这 4 个 jar 包，在 jdk9 以前这些 jar 包都会包含，所以我们不需要手动导入，本书使用的是 jdk10 所以我们还需要手动把这 4 个 jar 包也复制到项目文件夹下，否则项目在运行时会出现“java.lang.ClassNotFoundException:javax.xml.bind.JAXBException”错误。

16.2.2　Hibernate 配置文件

Hibernate 通过读取默认的 XML 配置文件 hibernate.cfg.xml 加载数据库的配置信息，该配置文件被默认放于项目的 classpath 根目录下。

【例 16.1】　连接应用的 MySQL 数据库，XML 文件的配置示例如下：

```
<?xml version="1.0" encoding="UTF-8"?>
<!DOCTYPE hibernate-configuration PUBLIC "-//Hibernate/Hibernate Configuration DTD 3.0//EN"
 "http://hibernate.sourceforge.net/hibernate-configuration-3.0.dtd">
 <hibernate-configuration>
     <session-factory>
          <property name="connection.driver_class">com.mysql.jdbc.Driver</property>  //数据库驱动
          //数据库连接的 URL
          <property name="connection.url">jdbc:mysql://localhost:3306/db_database16</property>
          <property name="connection.username">root</property>                  //数据库连接用户名
          <property name="connection.password">111</property>                   //数据库连接密码
          <property name="dialect">org.hibernate.dialect.MySQLDialect</property>    //Hibernate 方言
          <property name="show_sql">true</property>                             //打印 SQL 语句
          <mapping resource="com/mr/employee/Employee.hbm.xml"/>                //映射文件
          <mapping resource="com/mr/user/User.hbm.xml"/>
     </session-factory>
</hibernate-configuration>
```

从配置文件中可以看出，配置的信息包括整个数据库的信息，例如数据库的驱动、URL 地址、用户名、密码和Hibernate 使用的方言，还需要管理程序中各个数据库表的映射文件。配置文件中<property>元素的常用配置属性如表 16.1 所示。

表 16.1　<property>元素的常用配置属性

属　　性	说　　明	属　　性	说　　明
connection.driver_class	连接数据库的驱动	dialect	设置连接数据库使用的方言
connection.url	连接数据库的 URL 地址	show_sql	是否在控制台打印 SQL 语句
connection.username	连接数据库用户名	format_sql	是否格式化 SQL 语句
connection.password	连接数据库密码	hbm2ddl.auto	是否自动生成数据库表

在程序开发的过程中，一般会将 show_sql 属性设置为 true，以便在控制台打印自动生成的 SQL 语句，方便程序的调试。

以上只是 Hibernate 配置的一部分，例如还可以配置表的自动生成、Hibernate 的数据连接池等。

16.2.3 了解并编写持久化类

在 Hibernate 中持久化类是 Hibernate 操作的对象，也就是通过对象——关系映射（ORM）后数据库表所映射的实体类，用来描述数据库表的结构信息。持久化类中的属性应该与数据库表中的字段相匹配。

【例 16.2】 创建名称为 User 的 JavaBean。

```
public class User {
    private Integer id;                         //用户 ID
    private String name;                        //用户名
    private String password;                    //用户密码
    public User(){                              //默认的构造方法
    }
    public Integer getId() {
        return id;
    }
    public void setId(Integer id) {
        this.id = id;
    }
    public String getName() {
        return name;
    }
    public void setName(String name) {
        this.name = name;
    }
    public String getPassword() {
        return password;
    }
    public void setPassword(String password) {
        this.password = password;
    }
}
```

User 作为一个简单的持久化类，它符合最基本的 JavaBean 编码规范，也就是 POJO（Plain Old Java Object）编程模型。持久化类中的每个属性都有相应的 set()和 get()方法，它不依赖于任何接口和继承任何类。

说明

POJO 编程模型指的就是普通的 JavaBean，通常它有一些参数作为对象的属性，然后对每个属性定义了 get()和 set()方法作为访问接口，在实际开发中这种方式非常常见。

Hibernate 中的持久化类有 4 条编程规则。

☑ 实现一个默认的构造函数

所有的持久化类中都必须含有一个默认的无参数构造方法（User 类中就含有无参数的构造方法），

以便 Hibernate 通过 Constructor.newInstance()实例化持久化类。

☑　提供一个标识属性（可选）

标识属性一般映射的是数据库表中的主键字段，例如 User 中的属性 id，建议在持久化类中添加一致的标识属性。

☑　使用非 final 类（可选）

如果使用了 final 类，Hibernate 就不能使用代理来延迟关联加载，这会影响开发人员进行性能优化的选择。

☑　为属性声明访问器（可选）

持久化类的属性不能声明为 public 的，最好以 private 的 set()和 get()方法对属性进行持久化。

16.2.4　Hibernate 映射

Hibernate 的核心就是对象关系映射，对象和关系型数据库之间的映射通常是用 XML 文档来实现的。这个映射文档被设计成易读的，并且可以手工修改。映射文件的命名规则为*.hbm.xml，以 User 的持久化类的映射文件为例。

【例 16.3】　对 User 对象进行配置。

```
<?xml version="1.0" encoding="UTF-8"?>
<!DOCTYPE hibernate-mapping PUBLIC "-//Hibernate/Hibernate Mapping DTD 3.0//EN"
"http://hibernate.sourceforge.net/hibernate-mapping-3.0.dtd">
<hibernate-mapping>                                             //对持久化类 User 的映射配置
    <class name="com.mr.User" table="tb_user">
        <id name="id" column="id" type="int">                   //持久化类的唯一性标识
            <generator class="native"/>
        </id>
        <property name="name" type="string" not-null="true" length="50">
            <column name="name"/>
        </property>
        <property name="password" type="string" not-null="true" length="50">
            <column name="password"/>
        </property>
    </class>
</hibernate-mapping>
```

注意

映射语言是以 Java 为中心的，所以映射文档是按照持久化类的定义创建的，而不是数据库表的定义。

☑　<DOCTYPE>元素

在所有的 Hibernate 映射文件中都需要定义如上所示的<DOCTYPE>元素，用来获取 DTD 文件。

☑　<hibernate-mapping>元素

<hibernate-mapping>元素是映射文件中其他元素的根元素，这个元素中包含一些可选的属性，例如 schema 属性是指该文件映射表所在数据库的 schema 名称；package 属性是指定一个包前缀，如果在

<class>元素中没有指定全限定的类名，就将使用 package 属性定义的包前缀作为包名。

☑ <class>元素

<class>元素主要用于指定持久化类和映射的数据库表名。name 属性需要指定持久化类的全限定的类名（如 com.mr.User）；table 属性就是持久化类所映射的数据库表名。

<class>元素中包含了一个<id>元素和多个<property>元素，<id>元素用于持久化类的唯一标识与数据库表的主键字段的映射，在<id>元素中通过<generator>元素定义主键的生成策略。<property>元素用于持久化类的其他属性和数据表中非主键字段的映射，其主要的设置属性如表 16.2 所示。

表 16.2 持久化类映射文件<property>元素的常用配置属性

属性名称	说明
name	持久化类属性的名称，以小写字母开头
column	数据库字段名
type	数据库的字段类型
length	数据库字段定义的长度
not-null	该数据库字段是否可以为空，该属性为布尔变量
unique	该数据库字段是否唯一，该属性为布尔变量
lazy	是否延迟抓取，该属性为布尔变量

注意

如果在映射文件中没有配置 column 和 type 属性，Hibernate 将会默认使用持久化类中的属性名称和属性类型匹配数据表中的字段。

16.2.5 Hibernate 主键策略

<id>元素的子元素<generator>是一个 Java 类的名字，用来为持久化类的实例生成唯一的标识映射数据库中的主键字段。在配置文件中通过设置<generator>元素的属性设置 Hibernate 的主键生成策略，主要的内置属性如表 16.3 所示。

表 16.3 Hibernate 主键生成策略的常用配置属性

属性名称	说明
increment	用于为 Long、Short 或者 Int 类型生成唯一标识。在集群下不要使用该属性
identity	由底层数据库生成主键，前提是底层数据库支持自增字段类型
sequence	根据底层数据库的序列生成主键，前提是底层数据库支持序列
hilo	根据高/低算法生成，把特定表的字段作为高位值来源，在默认情况下选用 hibernate_unique_key 表的 next_hi 字段
native	根据底层数据库对自动生成标识符的支持能力选择 identity、sequence 或 hilo
assigned	由程序负责主键的生成，此时持久化类的唯一标识不能声明为 private 类型
select	通过数据库触发器生成主键
foreign	使用另一个相关联的对象的标识符，通常和<one-to-one>一起使用

16.3　Hibernate 数据持久化

持久化操作是 Hibernate 的核心，本节将告诉读者如何创建线程安全的 Hibernate 初始化类，并利用 Hibernate 的 Session 对象实现基本的数据库增、删、改、查的操作；了解 Hibernate 的延迟加载策略，帮助读者优化系统的性能。

16.3.1　Hibernate 实例状态

Hibernate 的实例状态分为 3 种，分别为瞬时状态（Transient）、持久化状态（Persistent）和脱管状态（Detached）。

☑　瞬时状态（Transient）

实体对象是通过 Java 中的 new 关键字开辟内存空间创建的 Java 对象，但是它并没有纳入 Hibernate Session 的管理中，如果没有变量对它引用，它将被 JVM（垃圾回收器）回收。瞬时状态的对象在内存中是孤立存在的，它与数据库中的数据无任何关联，仅是一个信息携带的载体。

假如一个瞬时状态对象被持久化状态对象引用，它也会自动变为持久化状态对象。

☑　持久化状态（Persistent）

持久化状态对象存在与数据库中的数据关联，它总是与会话状态（Session）和事务（Transaction）关联在一起。当持久化状态对象发生改动时并不会立即执行数据库操作，只有当事务结束时，才会更新数据库，以便保证 Hibernate 的持久化对象和数据库操作的同步性。当持久化状态对象变为脱管状态对象时，它将不在 Hibernate 持久层的管理范围之内。

☑　脱管状态（Detached）

当持久化状态的对象的 Session 关闭之后，这个对象就从持久化状态的对象变为脱管状态的对象。脱管状态的对象仍然存在与数据库中的数据关联，只是它并不在 Hibernate 的 Session 管理范围之内。如果将脱管状态的对象重新关联某个新的 Session 上，它将变回持久化状态对象。

Hibernate 中 3 种实例状态的关系如图 16.3 所示。

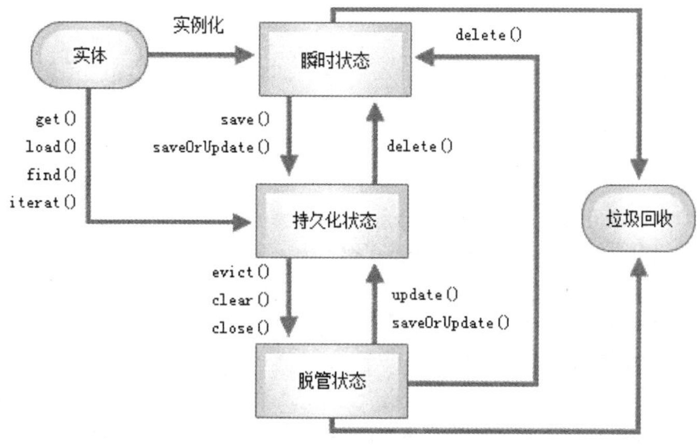

图 16.3　Hibernate 中的 3 种实例状态关系图

16.3.2 Hibernate 初始化类

Session 对象是 Hibernate 中数据库持久化操作的核心，它负责 Hibernate 所有的持久化操作，通过它开发人员可以实现数据库基本的增、删、改、查的操作。而 Session 对象又是通过 SessionFactory 对象获取的，那么 SessionFactory 对象又是如何创建的呢？可以通过 Configuration 对象创建 SessionFactory，关键代码如下：

```
Configuration cfg = new Configuration().configure();                //加载 Hibernate 配置文件
factory = cfg.buildSessionFactory();                                //实例化 SessionFactory
```

Configuration 对象会加载 Hibernate 的基本配置信息，如果没有在 configure()方法中指定加载配置 XML 文档的路径信息，Configuration 对象会默认加载项目 classpath 根目录下的 hibernate.cfg.xml 文件。

【例 16.4】 创建 HibernateUtil 类，用于实现对 Hibernate 的初始化。（**实例位置：资源包\TM\sl\16\1**）

```
public class HibernateUtil {
    private static ThreadLocal<Session> threadLocal = null;    //ThreadLocal 对象
    private static SessionFactory sessionFactory = null;       //SessionFactory 对象
    //静态块
    static {
    try {
        //加载 Hibernate 配置文件
        Configuration cfg = new Configuration().configure();
            threadLocal = new ThreadLocal<Session>();          //ThreadLocal 对象
            sessionFactory = cfg.buildSessionFactory();
        } catch(Exception e) {
            System.err.println("创建会话工厂失败");
            e.printStackTrace();
        }
    }
    /**
     *    获取 Session
     *   @return Session
     *   @throws HibernateException
     */

    public static Session getSession() throws HibernateException {
        Session session = (Session) threadLocal.get();
          if(session == null || !session.isOpen()) {
              if(sessionFactory == null) {
                  rebuildSessionFactory();
              }
              session = (sessionFactory != null) ? sessionFactory.openSession(): null;
              threadLocal.set(session);
```

```
		}
		return session;
	}
	/**
	 * 重建会话工厂
	 */
	public static void rebuildSessionFactory() {
		try {
			//加载 Hibernate 配置文件
			Configuration cfg = new Configuration().configure();
			sessionFactory = cfg.buildSessionFactory();
		} catch(Exception e) {
			System.err.println("创建会话工厂失败");
			e.printStackTrace();
		}
	}
	/**
	 * 获取 SessionFactory 对象
	 * @return SessionFactory 对象
	 */
	public static SessionFactory getSessionFactory() {
		return sessionFactory;
	}
	/**
	 *	关闭 Session
	 *	@throws HibernateException
	 */
	public static void closeSession() throws HibernateException {
		Session session = (Session) threadLocal.get();
		threadLocal.set(null);
		if(session != null) {
			session.close();							//关闭 Session
		}
	}
}
```

通过这个 Hibernate 初始化类，就可以有效地管理 Session，避免了 Session 的多线程共享数据的问题。

16.3.3　保存数据

Hibernate 对 JDBC 的操作进行了轻量级的封装，使开发人员可以利用 Session 对象以面向对象的思想实现对关系型数据库的操作，轻而易举地实现数据库最基本的增、删、改、查操作。在学习 Hibernate 的添加数据方法前，首先了解一下 Hibernate 数据持久化流程，Hibernate 的数据持久化过程如图 16.4 所示。

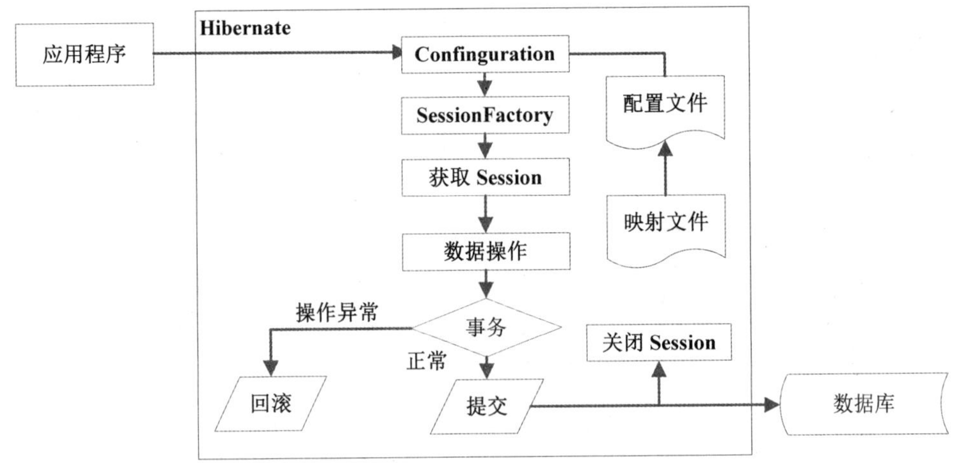

图 16.4　Hibernate 的数据持久化过程

在接下来的讲解中，将以商品的基本信息为例进行数据库的增、删、改、查操作，首先构造商品的持久化类——Product.java。关键代码如下：

```
private Integer id;                              //唯一性标识
private String name;                             //产品名称
private Double price;                            //产品价格
private String factory;                          //生产商
private String remark;                           //备注
...                                              //省略的 Setter()和 Getter()方法
```

在执行添加操作时需要 Session 对象的 save()方法，它的入口参数为程序中的持久化类。

【例 16.5】　向数据库中的产品信息表添加产品信息。（**实例位置：资源包\TM\sl\16\2**）

创建添加产品信息类 AddProduct.java，在其 main()方法中的关键代码如下：

```
Session session = null;                          //声明 Session 对象
Product product = new Product();                 //实例化持久化类
//为持久化类属性赋值
product.setName("Java Web 编程宝典");            //设置产品名称
product.setPrice(79.00);                         //设置产品价格
product.setFactory("明日科技");                  //设置生产商
product.setRemark("无");                         //设置备注
//Hibernate 的持久化操作
try {
    session = HibernateInitialize.getSession();  //获取 Session
    session.beginTransaction();                  //开启事务
    session.save(product);                       //执行数据库添加操作
    session.getTransaction().commit();           //事务提交
} catch(Exception e) {
    session.getTransaction().rollback();         //事务回滚
    System.out.println("数据添加失败");
    e.printStackTrace();
    }finally{
```

```
    HibernateInitialize.closeSession();                           //关闭 Session 对象
}
```

读者可以根据该示例分析持久化对象 product 的实例状态改变流程，这将更有利于理解 Hibernate 的数据持久化过程。

说明

持久化对象 product 在创建之后是瞬时状态（Transient），在 Session 执行 save()方法之后持久化对象 product 的状态变为持久化状态（Persistent），但是这时数据操作并未提交给数据库，在事务执行 commit()方法之后，才完成数据库的添加操作，此时的持久化对象 product 成为脏（dirty）对象。Session 关闭之后，持久化对象 product 的状态变为脱管状态（Detached），并最后被 JVM 所回收。

程序运行后，在 tab_product 表中添加的信息如图 16.5 所示。

id	name	price	factory	remark
1	Java Web编程宝典	79	明日科技	无

图 16.5　tab_product 表中添加的数据信息

16.3.4　查询数据

Session 对象提供了两种对象装载的方法，分别是 get()方法和 load()方法。

☑　get()方法

如果开发人员不确定数据库中是否有匹配的记录存在，就可以使用 get()方法进行对象装载，因为它会立刻访问数据库。如果数据库中没有匹配记录存在，则会返回 null。

【例 16.6】　利用 get()方法加载 Product 对象。（**实例位置：资源包\TM\sl\16\3**）

创建添加产品信息类 GetProduct.java，在其 main()方法中的关键代码如下：

```
Session session = null;                                           //声明 Session 对象
try {
    //Hibernate 的持久化操作
    session = HibernateInitialize.getSession();                   //获取 Session
    Product product = (Product) session.get(Product.class, new Integer("1")); //装载对象
    System.out.println("产品 ID："+product.getId());
    ...                                                           //省略的打印方法
} catch(Exception e) {
    System.out.println("对象装载失败");
    e.printStackTrace();
} finally{
    HibernateInitialize.closeSession();                           //关闭 Session
}
```

说明

get()方法中含有两个参数：一个是持久化对象；另一个是持久化对象中的唯一性标识。get()方法的返回值可能为 null，也可能是一个持久化对象。

例 16.6 运行后在控制台的打印信息如图 16.6 所示。

☑ load()方法

load()方法返回对象的代理，只有在返回对象被调用时，Hibernate 才会发出 SQL 语句去查询对象。

【例 16.7】 利用 load()方法加载 Product 对象。（**实例位置：资源包\TM\sl\16\4**）

创建添加产品信息类 GetProduct.java，在其 main()方法中的关键代码如下：

```
Session session = null;                                                        //声明 Session 对象
try {
    //Hibernate 的持久化操作
    session = HibernateInitialize.getSession();                                //获取 Session
    Product product = (Product) session.load(Product.class, new Integer("1")); //装载对象
    System.out.println("产品 ID："+product.getId());
                                                                               //省略的打印方法
    ...
} catch(Exception e) {
    System.out.println("对象装载失败");
    e.printStackTrace();
} finally{
    HibernateInitialize.closeSession();                                        //关闭 Session
}
```

另外，load()方法还可以加载到指定的对象实例上，代码如下：

```
session = HibernateInitialize.getSession();     //获取 Session
Product product = new Product();                //实例化对象
session.load(product, new Integer("1"));        //装载对象
```

两种方法的运行结果是相同的，程序运行后在控制台的打印效果如图 16.7 所示。

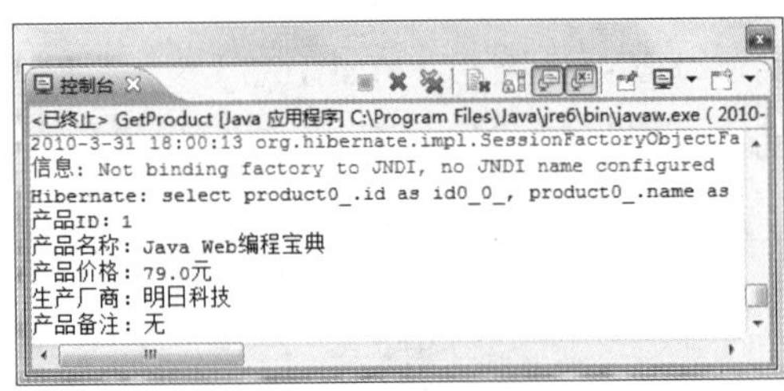

图 16.6 get()方法装载对象输出的信息

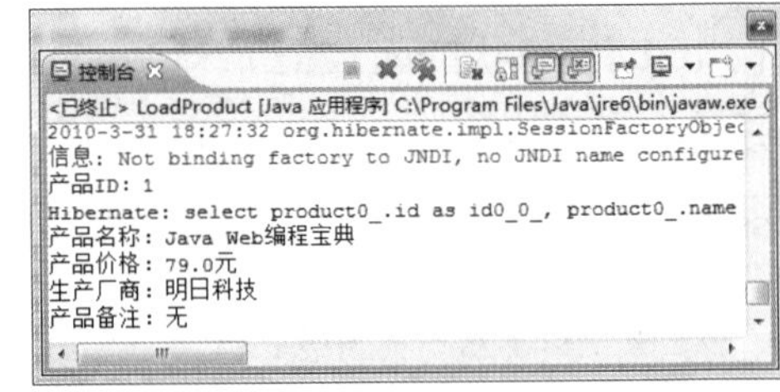

图 16.7 load()方法装载对象输出的信息

说明

由于 load()方法返回对象在被调用时 Hibernate 才会发出 SQL 语句去查询对象，所以在产品 ID 信息输出之后才输出 SQL 语句，因为产品 ID 在程序中是已知的，并不需要查询。

16.3.5 删除数据

在 Session 对象中需要使用 delete()方法进行数据的删除操作。但是只有对象在持久化状态时才能执行 delete()方法，所以在删除数据之前，首先需要将对象的状态转换为持久化状态。

【例 16.8】　利用 delete()方法删除指定的产品信息。（**实例位置：资源包\TM\sl\16\5**）

创建添加产品信息类 DeleteProduct.java，在其 main()方法中的关键代码如下：

```
Session session = null;                                                         //声明 Session 对象
try {
    //Hibernate 的持久化操作
    session = HibernateInitialize.getSession();                                 //获取 Session
    session.beginTransaction();                                                 //开启事务
    Product product = (Product) session.get(Product.class, new Integer("1"));  //装载对象
    session.delete(product);                                                    //删除持久化对象
    Session.flush();                                                            //强制刷新提交
} catch(Exception e) {
    System.out.println("对象删除失败");
    e.printStackTrace();
} finally{
    HibernateInitialize.closeSession();                                         //关闭 Session
}
```

程序运行后控制台输出的信息如图 16.8 所示。

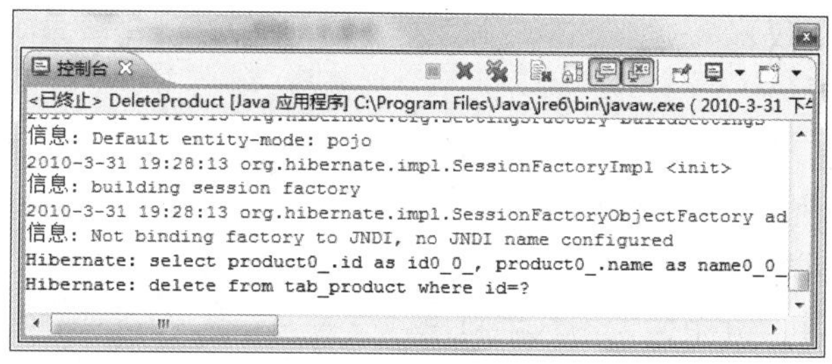

图 16.8　执行 delete()方法控制台输出的信息

16.3.6　修改数据

在 Hibernate 的 Session 的管理中，如果程序对持久化状态的对象做出了修改，当 Session 刷出时 Hibernate 会对实例进行持久化操作，利用 Hibernate 的该特性就可以实现商品信息的修改操作。

注意

Session 的刷出（flush）过程是指 Session 执行一些必需的 SQL 语句来把内存中的对象的状态同步到 JDBC 中。刷出会在某些查询之前执行，在事务提交时执行，或者在程序中直接调用 Session.flush()时执行。

【例 16.9】　修改指定的产品信息。（**实例位置：资源包\TM\sl\16\6**）

创建添加产品信息类 UpdateProduct.java，在其 main()方法中的关键代码如下：

```
Session session = null;                                                         //声明 Session 对象
try {
    //Hibernate 的持久化操作
    session = HibernateInitialize.getSession();                                 //获取 Session
```

```
        session.beginTransaction();                                              //开启事务
        Product product = (Product) session.get(Product.class, new Integer("2"));    //装载对象
        product.setName("Java Web 编程词典");                                     //修改商品名称
        product.setRemark("明日科技出品");                                        //修改备注信息
        session.flush();                                                          //强制刷新提交
} catch(Exception e) {
        System.out.println("对象修改失败");
        e.printStackTrace();
} finally{
        HibernateInitialize.closeSession();                                       //关闭 Session
}
```

程序运行前，数据库中保存的信息如图 16.9 所示。

程序运行后，数据库中保存的信息如图 16.10 所示。

id	name	price	factory	remark
1	Java Web编程宝典	79	明日科技	无

图 16.9　产品信息修改前数据库表中的信息

id	name	price	factory	remark
1	Java Web编程词典	79	明日科技	明日科技出品

图 16.10　产品信息修改后数据库表中的信息

16.3.7　关于延迟加载

在 load()方法的讲解中，其实已经涉及了延迟加载的策略，例 16.3 也反映了 Hibernate 的延迟加载策略。在使用 load()方法加载持久化对象时，它返回的是一个未初始化的代理（代理无须从数据库中抓取数据对象的数据），直到调用代理的某个方法时 Hibernate 才会访问数据库。在非延迟加载过程中，Hibernate 会直接访问数据库，并不会使用代理对象。

延迟加载策略的原理如图 16.11 所示。

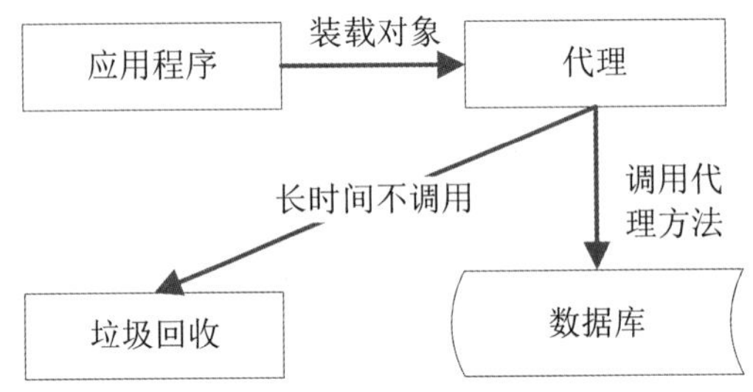

图 16.11　延迟加载策略的原理图

当装载的对象长时间没有调用时，就会被垃圾回收器所回收，在程序中合理地使用延迟加载策略将会优化系统的性能。采用延迟加载可以使 Hibernate 节省系统的内存空间，否则每加载一个持久化对象，就需要将其关联的数据信息装载到内存中，这将为系统节约部分不必要的开销。

在 Hibernate 中可以通过使用一些采用延迟加载策略封装的方法实现延迟加载的功能，如 load()方法，同时还可以通过设置映射文件中的<property>元素中的 lazy 属性实现该功能。

【例 16.10】　以产品信息的 XML 文档配置为例，实现延时加载设置。

```
<hibernate-mapping>                                                  //产品信息字段配置信息
    <class name="com.mr.product.Product" table="tab_product">
```

```
        <id name="id" column="id" type="int">                               //id 值
            <generator class="native"/>
        </id>
        <property name="name" type="string" length="45" lazy="true">        //产品名称
            <column name="name"/>
        </property>
        …
    </class>
</hibernate-mapping>
```

通过该方式的设置，产品名称属性就被设置成了延迟加载。

16.4　使用 Hibernate 的缓存

缓存是数据库数据在内存中的临时容器，是数据库与应用程序的中间件，如图 16.12 所示。

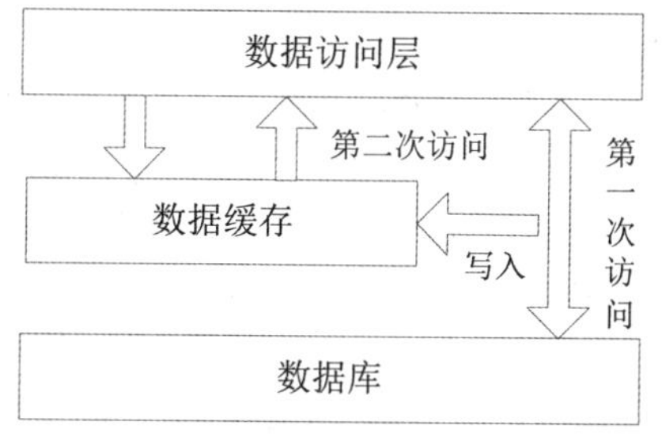

图 16.12　数据缓存

在 Hibernate 中也采用了缓存的技术，使 Hibernate 可以更加高效地进行数据持久化操作。Hibernate 数据缓存分为两种，分别为一级缓存（Session Level，也称为内部缓存）和二级缓存（SessionFactory Level）。

16.4.1　一级缓存的使用

Hibernate 的一级缓存属于 Session 级缓存，所以它的生命周期与 Session 是相同的。它随 Session 的创建而创建，随 Session 的销毁而销毁。

当程序使用 Session 加载持久化对象时，Session 首先会根据加载的数据类和唯一性标识在缓存中查找是否存在此对象的缓存实例。如果存在将其作为结果返回，否则 Session 会继续向二级缓存中查找实例对象。

注意

在 Hibernate 中不同的 Session 之间是不能共享一级缓存的，也就是说，一个 Session 不能访问其他 Session 在一级缓存中的对象缓存实例。

【例 16.11】 在同一 Session 中查询两次产品信息。（**实例位置：资源包\TM\sl\16\7**）

创建添加产品信息类 GetProduct.java，在其 main()方法中的关键代码如下：

```
Session session = null;                                                    //声明 Session 对象
        try {
        //Hibernate 的持久化操作
        session = HibernateInitialize.getSession();                        //获取 Session
        Product product = (Product) session.get(Product.class, new Integer("1"));   //装载对象
        System.out.println("第一次装载对象");
        Product product2 = (Product) session.get(Product.class, new Integer("1"));  //装载对象
        System.out.println("第二次装载对象");
} catch(Exception e) {
        e.printStackTrace();
} finally{
        HibernateInitialize.closeSession();                                //关闭 Session
}
```

程序运行后在控制输出的信息如图 16.13 所示。

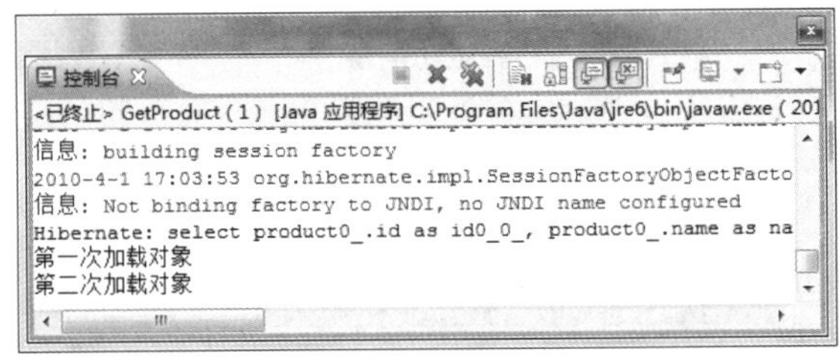

图 16.13　执行两次 get()方法后控制台输出的信息

从控制台输出信息中可以看出，Hibernate 只访问了一次数据库，第二次对象加载时是从一级缓存中将该对象的缓存实例以结果的形式直接返回。

16.4.2　配置并使用二级缓存

Hibernate 的二级缓存将由从属于一个 SessionFactory 的所有 Session 对象共享。当程序使用 Session 加载持久化对象时，Session 首先会根据加载的数据类和唯一性标识在缓存中查找是否存在此对象的缓存实例。如果存在将其作为结果返回，否则 Session 会继续向二级缓存中查找实例对象；如果二级缓存中也无匹配对象，Hibernate 将直接访问数据库。

由于 Hibernate 本身并未提供二级缓存的产品化实现，所以需要引入第三方插件实现二级缓存的策略。本节将以 EHCache 作为 Hibernate 默认的二级缓存，讲解 Hibernate 二级缓存的配置及其使用方法。

【例 16.12】 利用二级缓存查询产品信息。（**实例位置：资源包\TM\sl\16\8**）

首先需要在 Hibernate 配置文件 hibernate.cfg.xml 中配置开启二级缓存，关键代码如下：

```
<hibernate-configuration>
    <session-factory>
        ...
```

```
<property name="hibernate.cache.use_query_cache">false</property>              //开启二级缓存
                                    //指定缓存产品提供商
                    <property  name="hibernate.cache.region.factory_class">org.hibernate.cache.ehcache.
EhCacheRegionFactory</property>
        </session-factory>
</hibernate-configuration>
```

在持久化类的映射文件中需要指定缓存的同步策略，关键代码如下：

```
<hibernate-mapping>                                                      //产品信息字段配置信息
        <class name="com.mr.product.Product" table="tab_product">
                <cache usage="read-only"/>                               //指定的缓存的同步策略
                ...
        </class>
</hibernate-mapping>
```

在项目的 classpath 根目录下加入缓存配置文件 ehcache.xml，该文件可以在 Hibernate 的 zip 包下的 etc 目录中找到。缓存配置文件的代码如下：

```
<ehcache>
        <diskStore path="java.io.tmpdir"/>
        <defaultCache
                maxElementsInMemory="10000"
                eternal="false"
                timeToIdleSeconds="120"
                timeToLiveSeconds="120"
                overflowToDisk="true"
                />
</ehcache>
```

创建添加产品信息类 SecondCache.java，在该类的 main()方法中，应用 SessionFactory 获取两个 Session，每个 Session 执行一次 get()方法，关键代码如下：

```
Session session = null;                                                  //声明第一个 Session 对象
Session session2 = null;                                                 //声明第二个 Session 对象
HibernateInitialize hi = new HibernateInitialize();
try {
        //Hibernate 的持久化操作
        session = hi.getSession();                                       //获取第一个 Session
        session2 = hi.getSession();                                      //获取第二个 Session
        Product product = (Product) session.get(Product.class, new Integer("1"));        //装载对象
        System.out.println("第一个 Session 装载对象");
        Product product2 = (Product) session2.get(Product.class, new Integer("1"));      //装载对象
        System.out.println("第二个 Session 装载对象");
} catch(Exception e) {
        e.printStackTrace();
} finally{
        HibernateInitialize.closeSession();                              //关闭 Session
}
```

当程序运行后，在控制台打印的信息如图 16.14 所示。

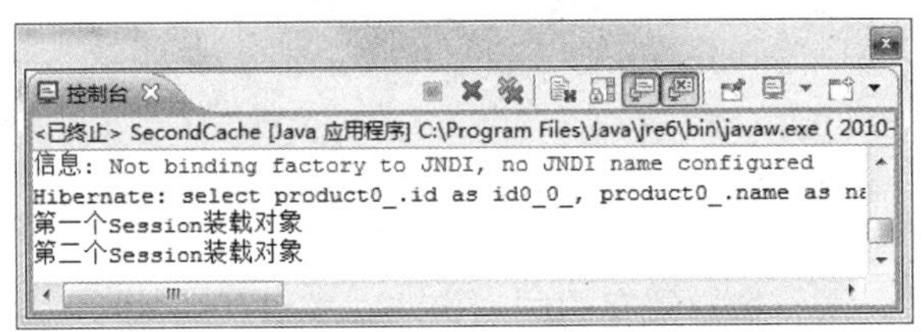

图 16.14　不同 Session 装载对象时控制台输出的信息

当第二个 Session 装载对象时，控制并没有输出 SQL 语句，说明 Hibernate 是从二级缓存中装载的该实例对象。二级缓存常常用于数据更新频率低，系统频繁使用的非关键数据，以防止用户频繁访问数据库，过度消耗系统资源。这就好比买家（用户）、超市（二级缓存）和商品生产商（数据库）的关系，当买家需要某件商品时首先会去超市购买，而没有必要去商品生产商那里直接购买；当超市无法满足买家需求时（如产品更新换代，可以想象成数据库的数据进行了更新），买家才会去咨询商品生产商。

16.5　小　　结

本章主要对 Hibernate 的基础知识进行了详细讲解，持久化操作是开发应用系统基础，熟练掌握 Hibernate 的基础知识，能够为快速开发应用程序打下坚实的基础。本章还介绍了 ORM 原理、Hibernate 的映射与配置文件、Hibernate 数据持久化、Hibernate 缓存等相关内容，其中 Hibernate 数据持久化是本章的重点，读者应该重点掌握。

16.6　实践与练习

1．应用 Hibernate 技术，实现修改员工信息的目的。（**答案位置：资源包\TM\sl\16\9**）

2．应用 Hibernate 技术，实现根据学号查询学生信息。（**答案位置：资源包\TM\sl\16\10**）

3．应用 Hibernate 技术，实现删除图书信息的目的。（**答案位置：资源包\TM\sl\16\11**）

第17章

Hibernate 高级应用

（视频讲解：1 小时 12 分钟）

目前，持久化层框架并非只有 Hibernate，但在众多持久化层框架中，Hibernate 凭借着其强大的功能、轻量级的实现、成熟的结构体系等诸多优点从中脱颖而出，在 Java 编程中得到了广泛的应用。本章在第 16 章的基础上，对其进行更加深入的讲解。

通过阅读本章，您可以：

- 掌握实体对象关系的建立
- 掌握关联关系的映射方法
- 理解单向和双向关联的区别
- 掌握继承映射
- 掌握 HQL 语言的使用

视频讲解

17.1　实体关联关系映射

ORM 是 Hibernate 的理论基础，所以映射在 Hibernate 中占有非常重要的地位，在 Hibernate 中就是通过映射将持久化类和数据库表进行关联的，那么它又是如何实现的呢？本节将做详细的介绍。

17.1.1　数据模型与领域模型

在正式进入 Hibernate 的高级应用之前需要首先了解什么是数据模型与领域模型，这两个概念将会帮助读者更好地理解实体对象的关联关系映射。

☑　数据模型

数据模型是对数据库特征的抽象，也就是用户从数据库中看到的模型，例如一张数据表或者用户从数据表中所看到的存储信息，此模型既要面向用户又要面向系统。面向用户需要将存储数据完整地展现在用户面前，使用户可以对数据进行增、删、改、查的操作；面向系统是告诉计算机如何对数据进行有效的管理。主要用于对数据库管理系统（DBMS）的实现。

说明

数据模型是数据库管理系统（DBMS）设计实现的一部分，它所描述的是用户需求在数据结构上的实现，但是它缺少实体对象之间的关系描述。

☑　领域模型

领域模型是对现实世界中的对象的可视化表现，又称为概念模型、领域对象模型或分析对象模型。

没有所谓唯一正确的领域模型。所有模型都是对我们试图要理解的领域的近似。领域模型主要是在特定群体中用于理解和沟通的工具。有效的领域模型捕获了当前需求语境下的本质抽象和理解领域所需要的信息，并且可以帮助人们理解领域的概念、术语和关系。它是现实世界与计算机之间的一条无形的纽带，也是需求分析设计人员一件强有力的工具。

17.1.2　理解并配置多对一单向关联

关联是类（类的实例）之间的关系，表示有意义和值得关注的连接。

单向多对一的映射实现比较简单，在平时的应用中单向多对一的映射也是很常见的，以产品和生产商为例，实现单向的多对一映射。两个持久化类的依赖关系如图 17.1 所示（类 Product 引用了类 Factory，但是类 Factory 没有引用类 Product）。在类 Product 映射的表 tab_product 中建立外键 factoryid，关联类 Factory 的映射表 tab_factory 的主键 factoryid。两个表的关联关系如图 17.2 所示。

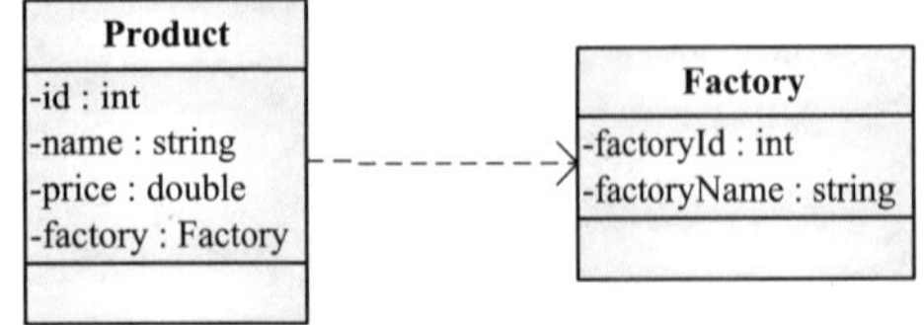

图 17.1　类 Product 和类 Factory 的依赖关系

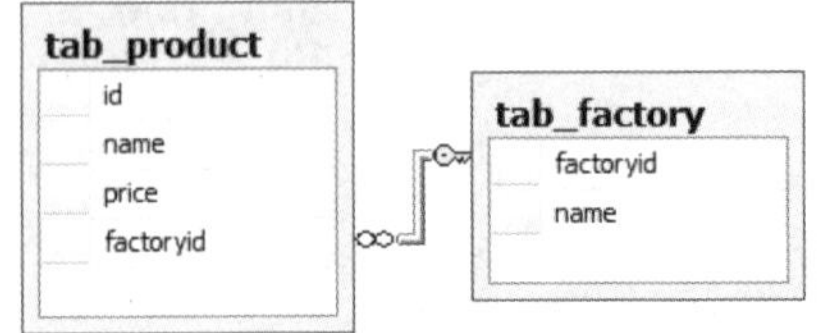

图 17.2　产品表与生产商表的关联关系

【例 17.1】　建立产品对象与生产商对象的多对一单向关联，并利用映射关系查询完整的图书信息。（**实例位置：资源包\TM\sl\17\1**）

在产品对象的映射文件中建立多对一的关联，代码如下：

```
<hibernate-mapping>                                                           //产品信息字段配置信息
    <class name="com.mr.product.Product" table="tab_product">
        <id name="id" column="id" type="int">                                 //id 值
            <generator class="native"/>
        </id>
        <property name="name" type="string" length="45">                      //产品名称
            <column name="name"/>
        </property>
        <property name="price" type="double">                                 //产品价格
            <column name="price"/>
        </property>
        <many-to-one name="factory" class="com.mr.factory.Factory">           //多对一关联映射
            <column name="factoryid"/>                                        //映射的字段
        </many-to-one>
    </class>
</hibernate-mapping>
```

说明

<many-to-one>元素：定义一个持久化类与另一个持久化类的关联，这种关联是数据表间的多对一关联，需要此持久化类映射表的外键引用另一个持久化类映射表的主键，也就是映射的字段。其中 name 属性的值是持久化类中的属性，class 属性就是关联的目标持久化类。

创建 SelectProduct 类，在 main()方法中的关键代码如下：

```
Session session = null;                                                      //声明第一个 Session 对象
try {
    //Hibernate 的持久化操作
    session = HibernateInitialize.getSession();                              //获取 Session
    session.beginTransaction();                                              //事务开启
    Product product = (Product) session.get(Product.class, new Integer("1")); //装载对象
    System.out.println("产品名称："+product.getName());
    System.out.println("产品价格："+product.getPrice()+"元");
    System.out.println("生产商："+product.getFactory().getFactoryName());
    session.getTransaction().commit();                                       //事务提交
} catch(Exception e) {
    e.printStackTrace();
    session.getTransaction().rollback();                                     //事务回滚
} finally{
    HibernateInitialize.closeSession();                                      //关闭 Session
}
```

说明

获取生产商名称：由于 Product 类引用了 Factory 类，所以在产品实例中可以调用 Factory 类中的 getFactoryName()方法获取生产商的名称。

程序运行后，在控制台输出的信息如图 17.3 所示。

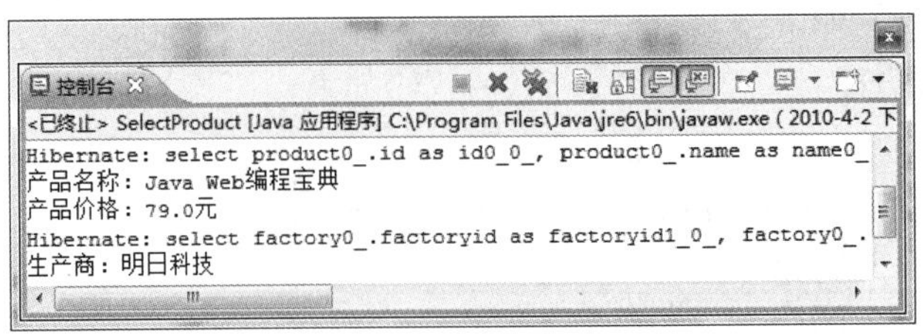

图 17.3　单向多对一关联信息的查询控制台输出的信息

从控制台输出的信息可以看到，当查询生产商名称时，Hibernate 又自动输出了一条语句进行查询，单向多对一关联时，只能通过主控方对被动方进行级联更新。也就是说，想要获取某件商品的生产商信息，需要先加载该产品的持久化对象。

17.1.3　理解并配置多对一双向关联

在进行双向多对一的关联时，Hibernate 既可以通过主控方实体加载被控方的实体，也可以通过被控方实体加载对应的主控方实体。也就是说，在单向一对多的基础上，在被控方（类 Product）中配置与主控方（类 Factory）对应的多对一关系。本节仍以生产商对象（类 Factory）与产品对象（类 Product）为例，讲解 Hibernate 的多对一双向关联。类 Factory 与类 Product 的关联关系如图 17.4 所示。

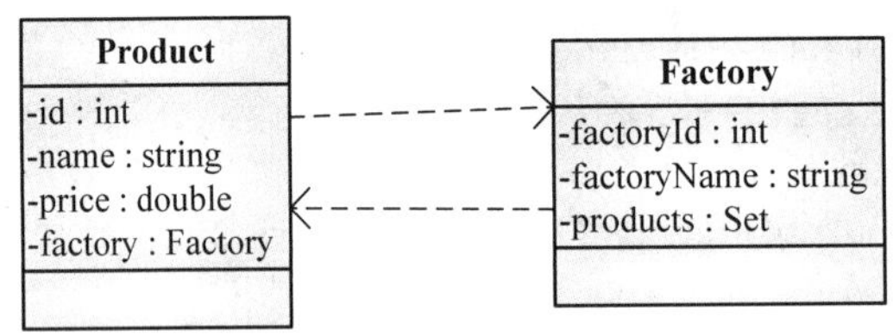

图 17.4　类 Factory 与类 Product 的关联关系

由于一个生产商可能对应多件产品，所以在类 Factory 中以集合 Set 的方式引入产品对象，在映射文件中通过<set>标签进行映射。

【例 17.2】　由于是在例 17.1 的基础上做出的新的映射关系，所以只对类 Factory 和它所对应的映射文件进行修改即可。其映射文件的配置代码如下：（**实例位置：资源包\TM\sl\17\2**）

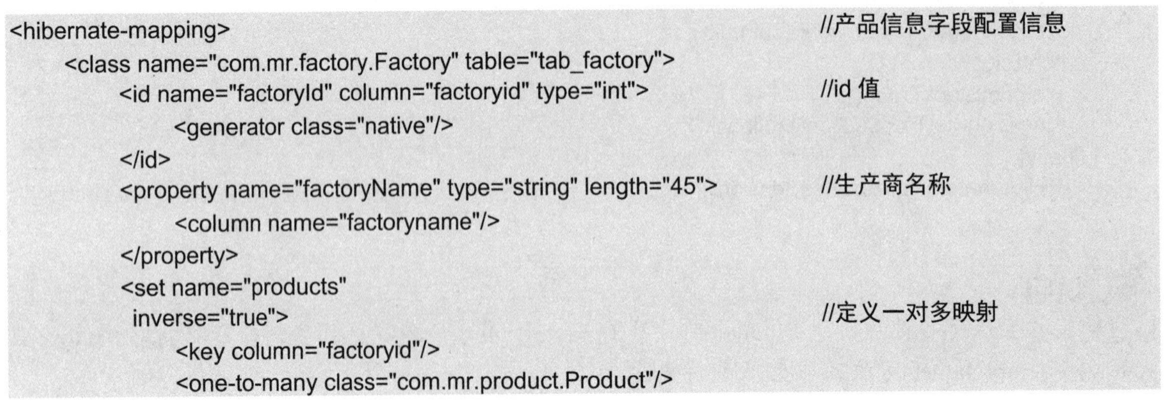

```
<hibernate-mapping>                                                    //产品信息字段配置信息
    <class name="com.mr.factory.Factory" table="tab_factory">
        <id name="factoryId" column="factoryid" type="int">            //id 值
            <generator class="native"/>
        </id>
        <property name="factoryName" type="string" length="45">        //生产商名称
            <column name="factoryname"/>
        </property>
        <set name="products"
         inverse="true">                                               //定义一对多映射
            <key column="factoryid"/>
            <one-to-many class="com.mr.product.Product"/>
```

```
        </set>
    </class>
</hibernate-mapping>
```

在生产商持久化类中以集合的形式引入产品持久化类，关键代码如下：

```
public class Factory {
    private Integer factoryId;                              //生产商的 id
    private String factoryName;                             //生产商名称
    private Set<Product> products;                          //Set 集合，一个厂商所对应的所有图书
    ...                                                 //省略的 Getter()和 Setter()方法
}
```

创建 SelectProduct 类，通过装载生产商对象查询关联的产品信息，在 main()方法中的关键代码如下：

```
Session session = null;                                     //声明一个 Session 对象
try {
    //Hibernate 的持久化操作
    session = HibernateInitialize.getSession();             //获取 Session
    session.beginTransaction();                             //事务开启
    Factory factoty = (Factory) session.get(Factory.class, new Integer("1"));    //装载对象
    System.out.println("生产商："+factoty.getFactoryName());  //打印生产商名称
    Set<Product> products = factoty.getProducts();          //获取集合对象
    //通过迭代输出产品信息
    for(Iterator<Product> it = products.iterator(); it.hasNext();) {
        Product product = (Product) it.next();
        System.out.println("产品名称：" + product.getName()+"||产品价格："+product.getPrice());
    }
    session.getTransaction().commit();                      //事务提交
} catch(Exception e) {
    e.printStackTrace();
    session.getTransaction().rollback();                    //事务回滚
} finally{
    HibernateInitialize.closeSession();                     //关闭 Session
}
```

因为配置了产品对象与生产商对象的多对一单关联映射，所以类 Factory 与类 Product 都持有对方的引用。在程序中只需要装载生产商对象即可获取其关联的产品对象的集合，Hibernate 将把产品对象映射到 Set 集合中，通过 Java 的迭代器在控制台输出一个生产商所属的产品信息，实例运行结果如图 17.5 所示。

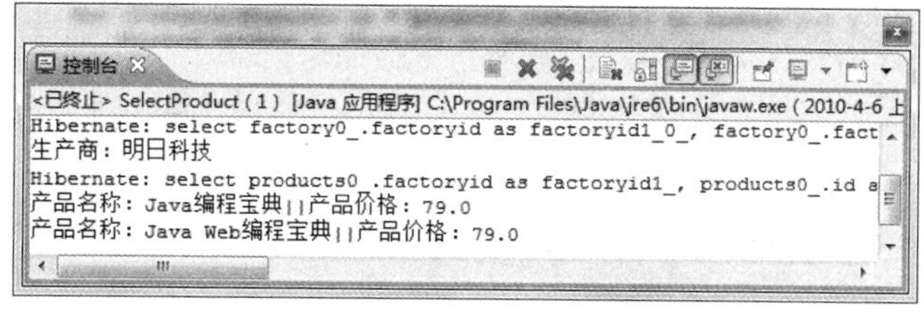

图 17.5　双向多对一查询在控制台输出的信息

17.1.4 理解并配置一对一主键关联

一对一的主键关联是指两个表之间通过主键形成一对一的映射。例如，每个公民只允许拥有一个身份证，公民与身份证就是一对一的关系。定义两张数据表，分别是表 tab_people（公民表）和 tab_idcard（身份证表），其中 tab_people 表的 id 既是该表的主键也是该表的外键。两表之间的关联关系如图 17.6 所示。

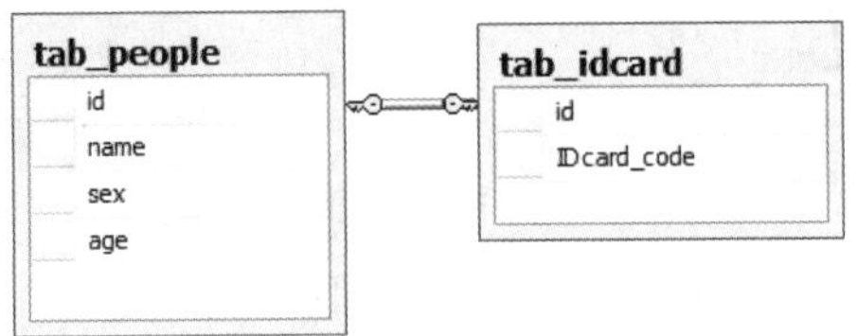

图 17.6　公民表与身份证表的关联关系

从两张表的关联关系可以看出，只要程序知道一张表的信息，就可以获取另一张表的信息。也就是说，在 Hibernate 中两个表所映射的实体对象必然是互相引用的，建立的是双向的一对一的主键关联关系。

注意

在 Hibernate 中既有单向的一对一主键关联关系，也有双向的一对一主键关联关系，在本小节内容中仅以双向的关联关系讲解一对一主键关联映射。

【例 17.3】　建立公民对象与身份证对象的一对一主键关联。（**实例位置：资源包\TM\sl\17\3**）

创建公民信息表的实体对象 People.java 和身份证的实体对象 IDcard.java，其中公民对象为主控方，身份证对象为被控方。两个实体对象之间的依赖关系如图 17.7 所示。

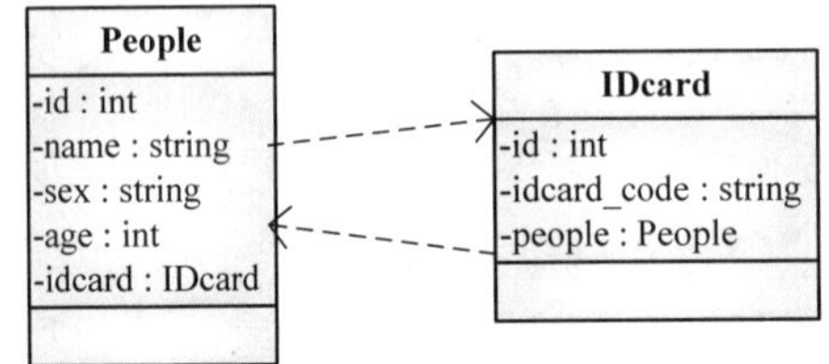

图 17.7　公民实体对象与身份证实体对象之间的依赖关系

在公民实体对象的映射文件中的关键代码如下：

```
<hibernate-mapping>                                      //公民信息字段配置信息
    <class name="com.mr.people.People" table="tab_people">
        <id name="id" column="id" type="int">            //id 值
            <generator class="native"/>
        </id>
        <property name="name" type="string" length="45">  //公民姓名
            <column name="name"/>
        </property>
        <property name="sex" type="string" length="2">    //公民性别
```

```
            <column name="sex"/>
        </property>
        <property name="age" type="int">                          //公民年龄
            <column name="age"/>
        </property>
        <one-to-one name="com.mr.idcard.IDcard"
            cascade="all"/>                                       //一对一映射
    </class>
</hibernate-mapping>
```

说明

级联关系在 Hibernate 中占有非常重要的地位，它可以保证主控方所关联的被控方的操作的一致性，例如主控方进行 save、update 或 delete 操作时被控方会进行同样的操作。

在身份证的实体对象映射文件中的主键需要参考公民实体对象的外键，关键代码如下：

```
<hibernate-mapping>                                               //公民身份证字段配置信息
    <class name="com.mr.idcard.IDcard" table="tab_idcard">
        <id name="id" column="id" type="int">                     //id 值
            <generator class="foreign">                           //外键生成
                <param name="property">people</param>
            </generator>
        </id>
        <property name="idcard_code" type="string" length="45" not-null="true"> //公民身份证号
            <column name="IDcard_code"/>
        </property>
        <one-to-one name="com.mr.people.People"
            constrained="true"/>                                  //一对一映射
    </class>
</hibernate-mapping>
```

17.1.5　理解并配置一对一外键关联

一对一外键关联的配置比较简单，同样以公民实体对象和身份证实体对象为例，在表 tab_people（公民表）中添加一个新的字段 card_id，作为该表的外键。同时需要保证该字段的唯一性，否则就不是一对一映射关系了，而是一对多映射关系。表 tab_people 和 tab_idcard（身份证表）之间的关联关系如图 17.8 所示。

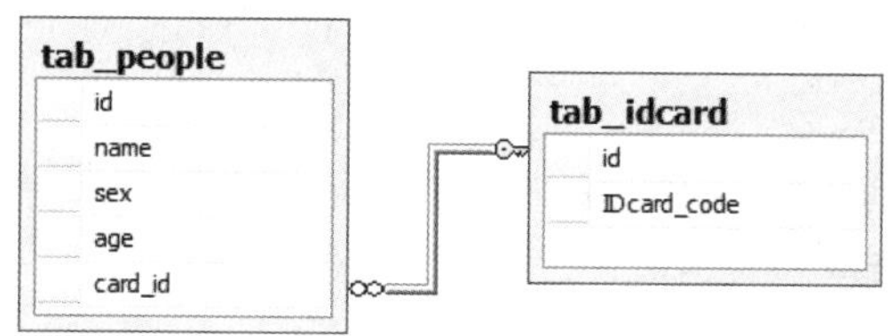

图 17.8　公民表与身份证表的关联关系

【例 17.4】　建立公民对象与身份证对象的一对一外键关联关系。（**实例位置：资源包\TM\sl\17\4**）

在公民实体对象中添加属性 card_id，用来关联身份证实体对象。公民实体对象与身份证实体对象的依赖关系如图 17.9 所示。

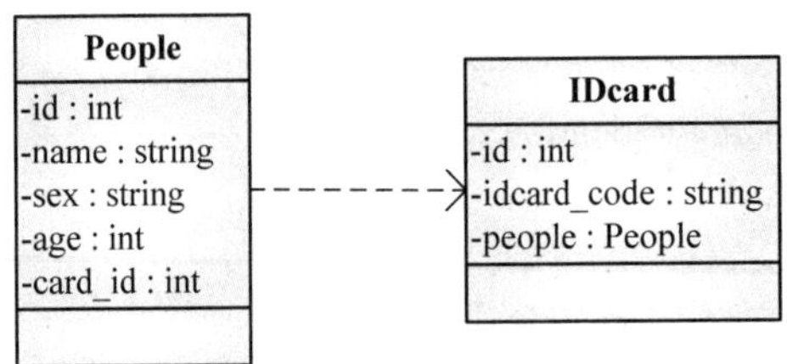

图 17.9　公民实体对象与身份证实体对象之间的依赖关系

公民实体对象的映射文件中的关键代码如下：

```
<hibernate-mapping>                                          //公民信息字段配置信息
    <class name="com.mr.people.People" table="tab_people">
        <id name="id" column="id" type="int">                //id 值
            <generator class="native"/>
        </id>
        <property name="name" type="string" length="45">     //公民姓名
            <column name="name"/>
        </property>
        <property name="sex" type="string" length="2">       //公民性别
            <column name="sex"/>
        </property>
        <property name="age" type="int">                     //公民年龄
            <column name="age"/>
        </property>
        <many-to-one name="idcard" unique="true">            //一对一映射
            <column name="card_id"/>
        </many-to-one>
    </class>
</hibernate-mapping>
```

身份证实体对象的映射文件中的关键代码如下：

```
<hibernate-mapping>                                          //公民身份证字段配置信息
    <class name="com.mr.idcard.IDcard" table="tab_idcard">
        <id name="id" column="id" type="int">                //id 值
            <generator class="foreign">                      //外键生成
                <param name="property">people</param>
            </generator>
        </id>
        <property name="idcard_code" type="string" length="45" not-null="true">     //公民身份证号
            <column name="IDcard_code"/>
        </property>
    </class>
</hibernate-mapping>
```

从配置的过程可以发现，一对一外键关联实际上就是多对一关联的一个特例而已，需要保证关联

字段的唯一性，在<many-to-one>元素中通过 unique 属性就可实现关联字段的唯一性。

17.1.6　理解并配置多对多关联关系

多对多关联关系是 Hibernate 中比较特殊的一种关联关系，它与一对一和多对一关联关系不同，需要通过另外的一张表保存多对多的映射关系。下面将以应用系统中的权限分配为例讲解多对多的关联关系，例如用户可以拥有多个系统的操作权限，而一个权限又可以被赋予多个用户，这就是典型的多对多关联映射关系。其中用户表（tab_user）和权限表（tab_user）的表关系如图 17.10 所示。

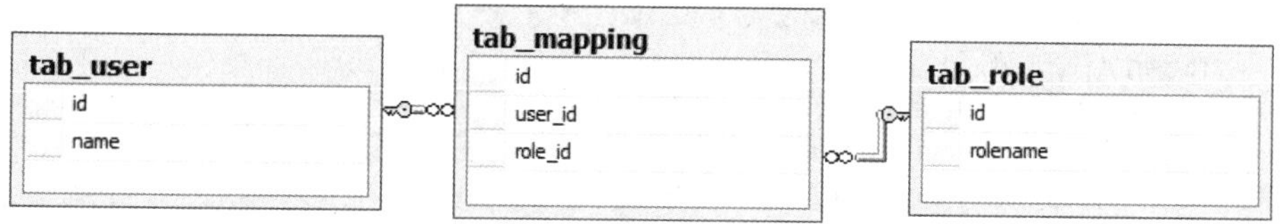

图 17.10　用户表与权限表的表关系

说明

由于多对多关系的表查询对第 3 个表进行反复查询，在一定程度上会影响系统的性能效率，所以在应用中应尽量少使用多对多关系的表结构。

【例 17.5】　建立用户对象与权限对象的多对多关联关系，查询用户 admin 所拥有的权限，以及权限“新闻管理员”被赋予了哪些用户。（**实例位置：资源包\TM\sl\17\5**）

由于是多对多的关联关系，所以实体对象 User 和 Role 是相互引用的关系，而且需要在实体对象中引入 Set 集合。实体对象 User 中的关键代码如下：

```
public class User {
    private Integer id;                          //唯一性标识
    private String name;                         //用户名称
    private Set<Role> roles;                     //引用的权限实体对象集合
    ...                                          //省略的 Getter()和 Setter()方法
}
```

其映射文件 User.hbm.xml 中的关键代码如下：

```
<hibernate-mapping>                                          //User 实体对象
    <class name="com.mr.user.User" table="tab_user">
        <id name="id">                                       //主键 id
            <generator class="native"/>
        </id>
        <property name="name" not-null="true" />             //用户名称
        <set name="roles" table="tab_mapping">
            <key column="user_id"></key>
        <many-to-many class="com.mr.role.Role" column="role_id"/>
        </set>
    </class>
</hibernate-mapping>
```

在<set>元素中所关联的字段，都是保存多对多的映射关系的第 3 张表 tab_mapping 中的与其他两个表关联的外键。

实体对象 Role 的映射文件 Role.hbm.xml 中的关键代码如下：

```
<hibernate-mapping>                                                    //Role 实体对象
    <class name="com.mr.role.Role" table="tab_role">
        <id name="id">                                                 //主键 id
            <generator class="native"/>
        </id>
        <property name="roleName" not-null="true">                     //权限名称
            <column name="rolename"/>
        </property>
        <set name="users" table="tab_mapping">
            <key column="role_id"></key>
            <many-to-many class="com.mr.user.User" column="user_id"/>
        </set>
    </class>
</hibernate-mapping>
```

创建类 Manager，在 main()方法中的关键代码如下：

```
//Hibernate 的持久化操作
session = HibernateInitialize.getSession();                            //获取 Session
session.beginTransaction();                                            //事务开启
User user = (User)session.get(User.class, new Integer("1"));           //装载用户对象
Set<Role> roles= user.getRoles();                                      //获取权限名称集合
System.out.println(user.getName()+"用户所拥有的权限为：");
for(Iterator<Role> it = roles.iterator(); it.hasNext();) {             //通过迭代输出权限信息
    Role roles2 = (Role) it.next();
    System.out.print(roles2.getRoleName()+"||");
}
Role rol = (Role)session.get(Role.class, new Integer("2"));
Set<User> users = rol.getUsers();                                      //获取用户名称集合
System.out.println(rol.getRoleName()+"权限被赋予用户：");
for(Iterator<User> it = users.iterator(); it.hasNext();) {             //通过迭代输出用户信息
    User users2 = (User) it.next();
    System.out.print(users2.getName()+"||");
}
session.getTransaction().commit();                                     //事务提交
```

例 17.5 程序运行后控制台输出的效果如图 17.11 所示。

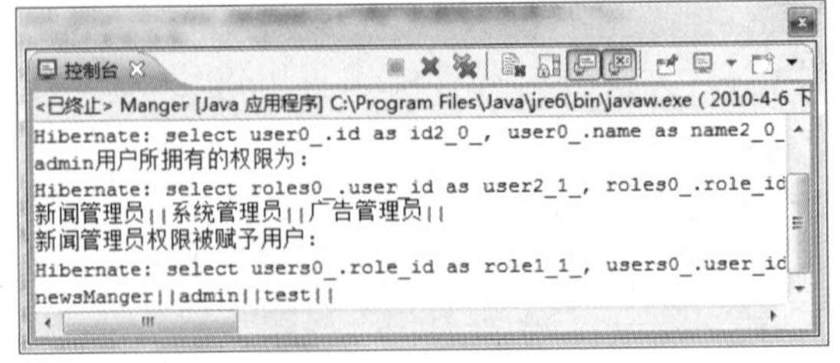

图 17.11　多对多关系查询控制台输出的信息

17.1.7　了解级联操作

在数据库操作中常常利用主外键约束来保护数据库数据操作的一致性。例如，在公民表和身份证表的一对一关系中，如果单独删除公民表中的某条公民信息是不被允许的，需要同时删除身份证表中关联的信息，也就是说两个表的操作需要同步进行，在这种情况下就需要 Hibernate 的级联操作。

级联（cascade）操作指的是当主控方执行 save、update 或 delete 操作时，关联对象（被控方）是否进行同步操作。在映射文件中通过对 cascade 属性的设置决定是否对关联对象采用级联操作，参数设置详情如表 17.1 所示。

表 17.1　cascade 属性的参数设置说明

参　　数	说　　明
all	所有情况下均采用级联操作
none	默认参数，所有情况下均不采用级联操作
save-update	在执行 save-update 方法时执行级联操作
delete	在执行 delete 方法时执行级联操作

【例 17.6】　利用级联操作删除公民表中的信息和其在身份证表中所关联的信息。（**实例位置：资源包\TM\sl\17\6**）

在公民实体对象的映射文件 People.hbm.xml 的一对一关联关系的设置中设置关联对象的级联操作，关键代码如下：

```
<hibernate-mapping>                                                    //公民信息字段配置信息
    <class name="com.mr.people.People" table="tab_people">
        ...//省略的配置信息
        <one-to-one name="idcard" class="com.mr.idcard.IDcard" cascade="delete"/> //一对一映射
    </class>
</hibernate-mapping>
```

创建类 Manager，在 main()方法中利用 Session 的 delete()方法删除装载的公民对象。关键代码如下：

```
Session session = null;                                                //声明一个 Session 对象
try {
    //Hibernate 的持久化操作
    session = HibernateInitialize.getSession();                        //获取 Session
    session.beginTransaction();                                        //事务开启
    People people = (People)session.load(People.class, new Integer("1"));  //装载公民对象
    session.delete(people);                                            //删除装载的公民对象
    session.getTransaction().commit();                                 //事务提交
} catch(Exception e) {
    e.printStackTrace();
    session.getTransaction().rollback();                               //事务回滚
} finally {
    HibernateInitialize.closeSession();                                //关闭 Session
}
```

程序运行后在控制台输出的信息如图 17.12 所示。

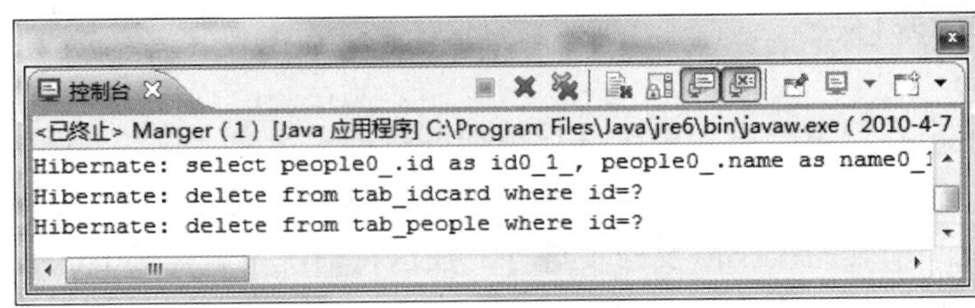

图 17.12　执行删除级联操作控制台输出的信息

在 main()方法中只执行了一次 Session 的 delete()方法，但是从控制台输出的语句可以看出，Hibernate 执行了两次删除的操作，在删除公民表中信息内容的同时也删除了身份证表中关联的信息内容。第一条 SQL 语句是 Hibernate 装载公民实体对象时的 Select 语句，第二条与第三条语句是删除装载对象及其关联对象的 Delete 语句。

17.2　实体继承关系映射

继承是面向对象的重要特性，在 Hibernate 中是以面向对象的思想进行持久化操作的，所以在 Hibernate 中数据表所映射的实体的对象也是可以存在继承关系的。在 Hibernate 中主要有 3 种继承映射关系：类继承树映射成一张表、每个子类映射成一张表和每个具体类映射成一张表。

17.2.1　类继承树映射成一张表

首先创建一个实体继承树，实体的继承关系如图 17.13 所示。

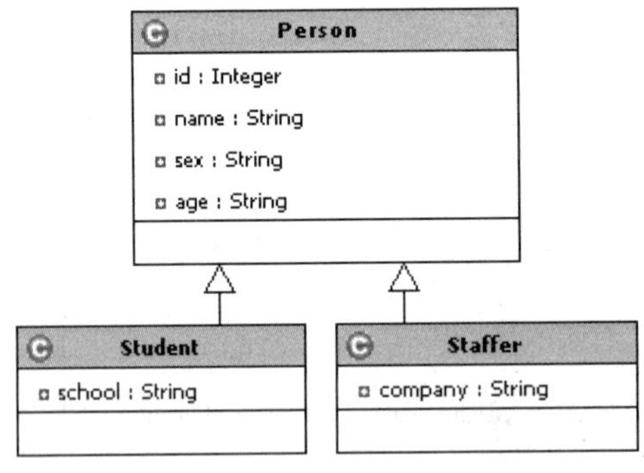

图 17.13　实体对象的继承关系

在实体继承关系中，学生对象（Student）和职员对象（Staffer）共同继承了人的实体对象（Person），确定继承关系之后，学生对象和职员对象也将拥有人的实体的对象的全部属性。可以将这 3 个类映射到一张数据表（tab_person）中，为了避免多个实体对象的信息无法区分的情况，可以在数据表中添加一个字段 type，用来区分存储的不同实体对象信息。

【例 17.7】 将类继承树映射成一张表，并向这个数据表中添加两个不同实体对象的信息。（**实例位置：资源包\TM\sl\17\7**）

在映射文件 Person.hbm.xml 中将 3 个实体对象映射为一张数据表。关键代码如下：

```
<hibernate-mapping package="com.mr.person">                              //继承树的映射配置
    <class name="Person" table="tab_person">
        <id name="id">
            <generator class="native"/>
        </id>
        <discriminator column="type" type="string"/>                       //声明一个鉴别器
        <property name="name" not-null="true"/>                            //映射自有属性
        <property name="age" type="int"/>
        <property name="sex" type="string"/>
        <subclass name="Student" discriminator-value="学生">               //声明子类 Student
            <property name="school"/>
        </subclass>
        <subclass name="Staffer" discriminator-value="职员">               //声明子类 Staffer
            <property name="company"/>
        </subclass>
    </class>
</hibernate-mapping>
```

注意

类继承树映射成一张表时有一个特殊的限制：就是那些由子类属性映射的字段，例如 tab_person 表中的 school 字段，不能有非空（Not Null）的限制，否则会导致 Hibernate 数据添加失败。

创建类 AddPerson，在 main()方法中利用 Session 的 save()方法分别保存学生实体对象和职员实体对象。关键代码如下：

```
//Hibernate 的持久化操作
session = HibernateInitialize.getSession();                    //获取 Session
session.beginTransaction();                                    //事务开启
Student student = new Student();                               //声明学生的实体对象
student.setName("小明");
student.setAge(12);
student.setSex("男");
student.setSchool("明日希望小学");
session.save(student);                                         //保存学生信息
Staffer staffer = new Staffer();
staffer.setName("小红");
staffer.setAge(25);
staffer.setSex("女");
staffer.setCompany("明日科技");
session.save(staffer);                                         //保存职员信息
session.getTransaction().commit();                             //事务提交
```

程序运行后，在数据表 tab_person 中添加的数据如图 17.14 所示。

id	name	age	sex	school	company	type
1	小明	12	男	明日希望小学	无	学生
2	小红	25	女	无	明日科技	职员

图 17.14　在 tab_person 表中添加的学生和职员信息

17.2.2　每个子类映射成一张表

在上述的 3 个类中，也可以将每个子类映射为一张表，两个子类映射的表都将通过主键关联到超类映射的数据表，形成一对一的关系。数据表的关系如图 17.15 所示。实体对象的继承关系如图 17.13 所示。

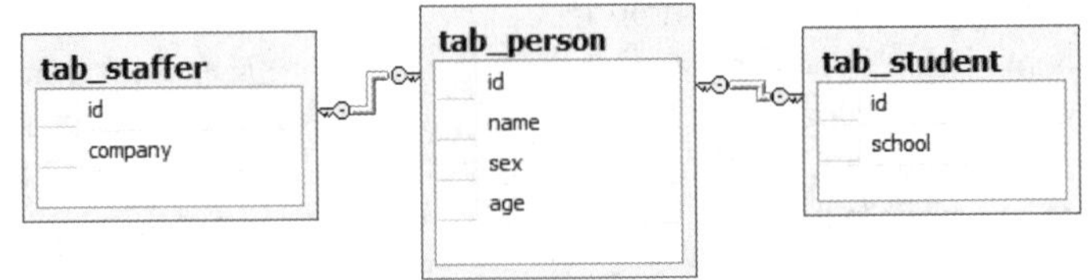

图 17.15　子类映射单独表时的表关系

【例 17.8】　将继承 Person 对象的每个子类 Student 和 Staffer 映射成一张表，并向数据表中添加两个不同实体对象的信息。（**实例位置：资源包\TM\sl\17\8**）

在映射文件 Person.hbm.xml 中配置实体对象与数据表之间的映射关系。关键代码如下：

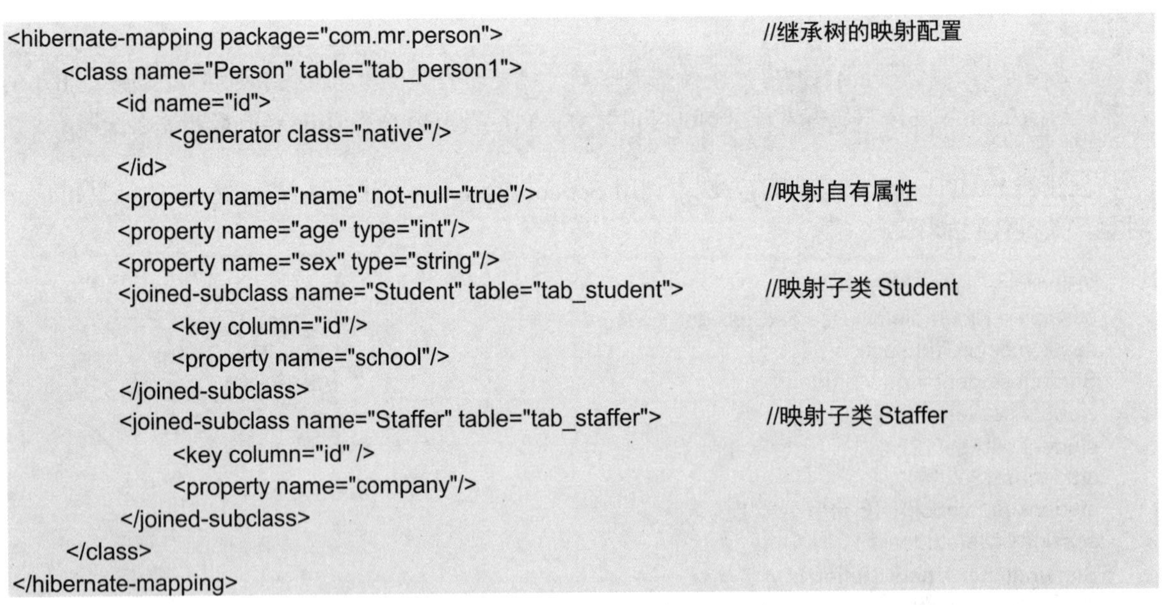

```
<hibernate-mapping package="com.mr.person">                          //继承树的映射配置
    <class name="Person" table="tab_person1">
        <id name="id">
            <generator class="native"/>
        </id>
        <property name="name" not-null="true"/>                      //映射自有属性
        <property name="age" type="int"/>
        <property name="sex" type="string"/>
        <joined-subclass name="Student" table="tab_student">         //映射子类 Student
            <key column="id"/>
            <property name="school"/>
        </joined-subclass>
        <joined-subclass name="Staffer" table="tab_staffer">         //映射子类 Staffer
            <key column="id" />
            <property name="company"/>
        </joined-subclass>
    </class>
</hibernate-mapping>
```

创建类 AddPerson，在 main()方法中利用 Session 的 save()方法分别保存学生实体对象和职员实体对象。程序运行后在 tab_person1 表中添加的数据如图 17.16 所示。在 tab_student 表中添加的数据如图 17.17 所示。在 tab_staffer 表中添加的数据如图 17.18 所示。

id	name	sex	age
1	小明	男	12
2	小红	女	25

图 17.16　tab_person1 表

id	school
1	明日希望小学

图 17.17　tab_student 表

id	company
2	明日科技

图 17.18　tab_staffer 表

17.2.3　每个具体类映射成一张表

Hibernate 对实体继承关系还有另外一种映射策略，就是将每个具体类映射成一张表，每个子类的映射表中都含有继承的父类属性映射的字段，如图 17.19 所示。实体对象的继承关系如图 17.13 所示。

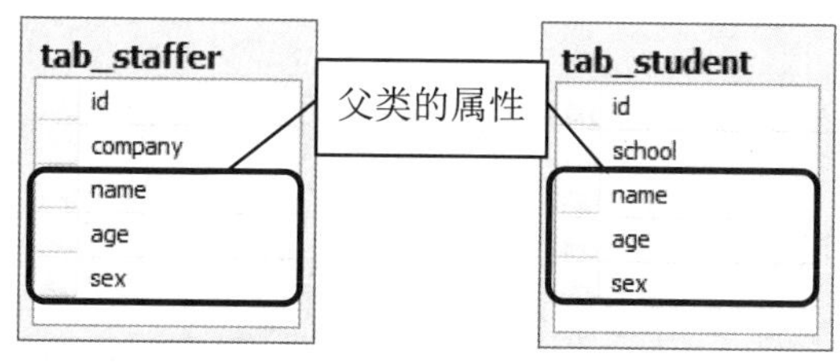

图 17.19　每个具体类映射成一张表

【例 17.9】　将每个具体类 Student 和 Staffer 映射成一张表，并向数据表中添加两个不同实体对象的信息。（**实例位置：资源包\TM\sl\17\9**）

```
<hibernate-mapping package="com.mr.person">                          //继承树的映射配置
    <class name="Person" abstract="true">
        <id name="id">
            <generator class="assigned"/>                            //主键生成策略为手动分配
        </id>
        <property name="name" not-null="true"/>                      //映射自有属性
        <property name="age" type="int"/>
        <property name="sex" type="string"/>
        <union-subclass name="Student" table="tab_student2">         //映射子类 Student
            <property name="school"/>
        </union-subclass>
        <union-subclass name="Staffer" table="tab_staffer2">         //映射子类 Staffer
            <property name="company"/>
        </union-subclass>
    </class>
</hibernate-mapping>
```

注意

在使用每个具体类映射成为一张表的策略时也有一个局限性，就是需要父类中的属性名必须与子类映射的数据表中的字段名称相同。

创建类 AddPerson，在 main()方法中利用 Session 的 save()方法分别保存学生实体对象和职员实体对象。由于在映射文件中设定了手动生成主键的策略，所以在执行 Session 的 save()方法之前需要通过实体对象的 Setter()方法指定实体对象的唯一性标识。例如，设定学生实体对象的 ID 属性，关键代码如下：

```
Student student = new Student();                    //声明学生的实体对象
student.setId(1);                                   //设定学生的 ID 属性值
```

当程序运行后，Hibernate 向表 tab_student2 和表 tab_staffer2 中添加的数据分别如图 17.20 和图 17.21 所示。

id	school	name	sex	age
1	明日希望小学	小明	男	12

图 17.20　向 tab_student2 表中添加的数据

id	company	name	sex	age
2	明日科技	小红	女	25

图 17.21　向 tab_staffer2 表中添加的数据

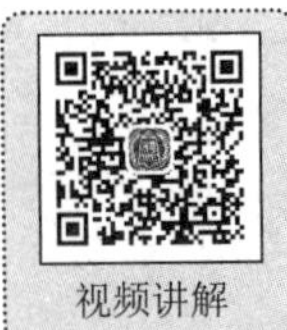

17.3　Hibernate 查询语言

HQL（Hibernate Query Language）查询语言是完全面向对象的查询语言，它提供了更加面向对象的封装，它可以理解如多态、继承和关联的概念。HQL 看上去与 SQL 语句相似，但它却提供了更加强大的查询功能。它是 Hibernate 官方推荐的查询模式。

17.3.1　了解 HQL 语言

HQL 语句与 SQL 语句是相似的，其基本的使用习惯也与 SQL 相同。由于 HQL 是面向对象的查询语言，所以它需要从目标对象中查询信息并返回匹配单个实体对象或多个实体对象的集合，而 SQL 语句是从数据库表中查找指定信息，返回的是单条信息或多条信息的集合。

注意

HQL 语句是区分大小写的，虽然 SQL 语句并不区分大小写。因为 HQL 是面向对象的查询语句，它的查询目标是实体对象，也就是 Java 类，Java 类是区分大小写的，例如 com.mr.Test 与 com.mr.TeSt 表示的是两个不同的类，所以 HQL 也是区分大小写的。

HQL 的基本语法如下：

```
select "对象.属性名"
from "对象"
where "过滤条件"
group by "对象.属性名"   having "分组条件"
order by "对象.属性名"
```

【例 17.10】　在实际应用中的 HQL 语句。

```
select * from Employee emp where emp.flag='1'
```

该语句等价于：

```
from Employee emp where emp.flag='1'
```

该 HQL 语句是过滤从数据库信息返回的实体对象的集合，其过滤的条件为对象属性 flag 为 1 的实体对象。其中 Employee 为实体对象。Hibernate 在 3.0 版本以后可以使用 HQL 执行 update 和 delete 的

操作，但是并不推荐使用这种方式。

17.3.2　实体对象查询

在 HQL 语句中，可以通过 from 子句对实体对象进行直接查询。

【例 17.11】　通过 from 子句查询实体。

```
from Person
```

在大多数情况下，最好为查询的实体对象指定一个别名，方便在查询语句的其他地方引用实体对象。别名的命名方法如下：

```
from Person per
```

技巧

别名的首字母最好是小写，这是 HQL 语句的规范写法，与 Java 中变量的命名规则是一致的，避免与语句中的实体对象混淆。

上面的 HQL 语句将查询数据库中实体对象 Person 所对应的所有数据，并以封装好的 Person 对象的集合形式返回。但是上面的语句中有个局限性，它会查询实体对象 Person 映射的所有数据库字段，相当于 SQL 语句中的“Select *”，那么 HQL 是如何获取指定的字段信息呢？在 HQL 中需要通过动态实例化查询来实现这个功能。

【例 17.12】　通过 from 子句查询指定字段数据。

```
select Person(id,name) from Person per
```

这种查询方式，通过 new 关键字对实体对象动态实例化，将指定的实体对象属性进行重新封装，既不失去数据的封装性，又可提高查询的效率。

注意

在上面的语句中最好不要使用以下语句进行查询，例如：

```
select per.id,per.name from Person per
```

因为此语句返回的并不是原有的对象实体状态，而是一个 Object 类型的数组，它破坏了数据原有的封装性。

【例 17.13】　查询 Employee 对象中的所有信息，并将查询的信息显示在页面中。（**实例位置：资源包\TM\sl\17\10**）

创建 Servlet，并在 Servlet 中通过 HQL 语句查询 Employee 对象的所有信息。关键代码如下：

```
List emplist = new ArrayList();                                  //实例化 List 信息集合
Session session = null;                                          //实例化 Session 对象
try {
    session = HibernateUtil.getSession();                        //获得 Session 对象
```

```
        String hql = "from Employee emp";                          //查询 HQL 语句
        Query q = session.createQuery(hql);                        //执行查询操作
         emplist = q.list();                                        //将返回的对象转化为 List 集合
} catch(HibernateException e) {
        e.printStackTrace();
} finally {
        HibernateUtil.closeSession();                               //关闭 Session
}
```

当查询结果返回页面后，利用 JSTL 显示查询的列表信息。程序运行后的效果如图 17.22 所示。

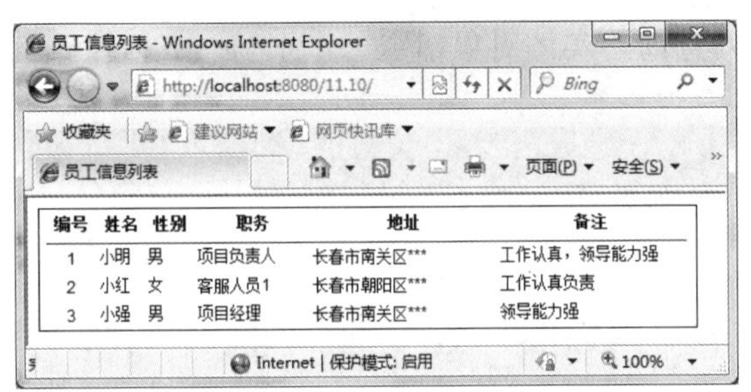

编号	姓名	性别	职务	地址	备注
1	小明	男	项目负责人	长春市南关区***	工作认真，领导能力强
2	小红	女	客服人员1	长春市朝阳区***	工作认真负责
3	小强	男	项目经理	长春市南关区***	领导能力强

图 17.22　查询 Employee 对象所有信息页面输出效果

17.3.3　条件查询

条件查询在实际应用中比较广泛，通常使用条件查询过滤数据库返回的查询数据，因为一个表中的所有数据并不一定对用户都是有意义的。在应用系统中，需要为用户显示具有价值的信息，所以条件查询在数据查询中占有非常重要的地位，后面讲解的大部分的高级查询也都是基于条件查询的。

HQL 的条件查询与 SQL 语句一样都是通过 where 子句实现的。

【例 17.14】　在例 17.13 中，查询性别都为“男”的员工，HQL 语句可以按照如下定义：

```
from Employee emp where emp.sex="男"
```

修改例 17.13 中的 HQL 语句，页面的输出效果如图 17.23 所示。

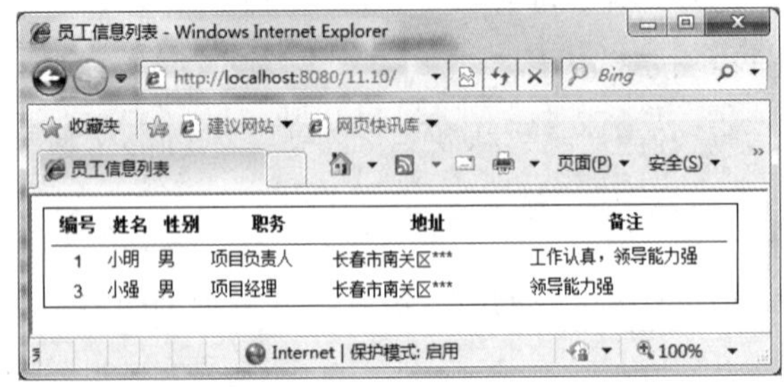

编号	姓名	性别	职务	地址	备注
1	小明	男	项目负责人	长春市南关区***	工作认真，领导能力强
3	小强	男	项目经理	长春市南关区***	领导能力强

图 17.23　查询性别为“男”的员工信息页面输出效果

17.3.4　HQL 参数绑定机制

参数绑定机制可以使查询语句和参数具体值相互独立，不但可以提高程序的开发效率，还可以有

效地防止 SQL 的注入攻击。在 JDBC 中的 PreparedStatement 对象就是通过动态赋值的形式对 SQL 语句的参数进行绑定。在 HQL 中同样提供了动态赋值的功能，分别有两种不同的实现方法。

☑ 利用顺序占位符“?”替代具体参数

在 HQL 语句中可以通过顺序占位符“?”替代具体的参数值，利用 Query 对象的 setParameter()方法对其进行赋值，这种操作方式与 JDBC 中的 PreparedStatement 对象的参数绑定方式相似。

【例 17.15】 在例 17.13 中查询性别为“男”的员工信息。代码如下：

```
session = HibernateUtil.getSession();                           //获得 Session 对象
String hql = "from Employee emp where emp.sex=?";               //查询 HQL 语句
Query q = session.createQuery(hql);                             //执行查询操作
q.setParameter(0, "男");                                        //为占位符赋值
emplist = q.list();
```

☑ 利用引用占位符“:parameter”替代具体参数

HQL 语句除了支持顺序占位符“?”以外，还支持引用占位符“:parameter”，引用占位符是“:”号与自定义参数名的组合。

【例 17.16】 在例 17.13 中查询性别为“男”的员工信息。代码如下：

```
session = HibernateUtil.getSession();                           //获得 Session 对象
String hql = "from Employee emp where emp.sex=:sex";            //查询 HQL 语句
Query q = session.createQuery(hql);                             //执行查询操作
q.setParameter("sex", "男");                                    //为引用占位符赋值
emplist = q.list();
```

17.3.5 排序查询

在 SQL 中通过 order by 子句和 asc、desc 关键字实现查询结果集的排序操作，asc 是正序排列，desc 是降序排列。HQL 查询语言同样提供了此功能，用法与 SQL 语句类似，只是排序的条件参数换成了实体对象的属性。

【例 17.17】 员工信息按照年龄的倒序排列。代码如下：

```
from Employee emp order by emp.age desc
```

员工信息按照 ID 的正序排列。代码如下：

```
from Employee emp order by emp.id asc
```

17.3.6 聚合函数的应用

在 HQL 查询语言中，支持 SQL 中常用的聚合函数，如 sum、avg、count、max、min 等，其使用方法与 SQL 中基本相同。

【例 17.18】 利用 HQL 语句计算所有员工的平均年龄。

```
select avg(emp.age) from Employee emp
```

【例 17.19】 利用 HQL 语句查询所有员工中年龄最小的员工信息。

```
select min(emp.age) from Employee emp
```

17.3.7 分组方法

在 HQL 查询语言中，使用 group by 子句进行分组操作，其使用习惯与 SQL 语句相同。在 HQL 中同样可以在 group by 子句中使用 having 语句，但前提是需要底层数据库的支持，例如 MySQL 数据库就不支持 having 语句。

【例 17.20】 分组统计男女员工的人数。（**实例位置：资源包\TM\sl\17\11**）

创建类 GroupBy，在 main()方法中利用 HQL 语句统计男女员工的人数。关键代码如下：

```
Session session = null;                                                    //实例化 Session 对象
try {
    session = HibernateUtil.getSession();                                  //获得 Session 对象
  String hql = "select emp.sex,count(*) from Employee emp group by emp.sex";  //条件查询 HQL 语句
    Query q = session.createQuery(hql);                                    //执行查询操作
    List emplist = q.list();
    Iterator it = emplist.iterator();                                 //使用迭代器输出返回的对象数组
  while(it.hasNext()) {
        Object[] results = (Object[])it.next();
            System.out.print("员工性别: " + results[0] + "————");
            System.out.println("人数: " + results[1]);
    }
} catch(HibernateException e) {
    e.printStackTrace();
} finally {
    HibernateUtil.closeSession();                                          //关闭 Session
}
```

程序运行后，在控制台输出的信息如图 17.24 所示。

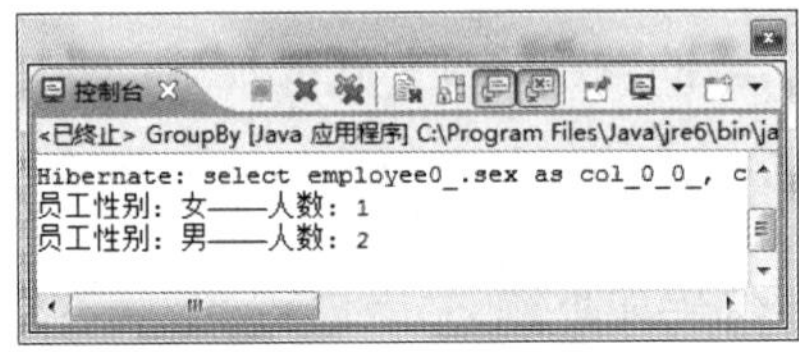

图 17.24 分组统计男女员工的人数

17.3.8 联合查询

联合查询是进行数据库多表操作时必不可少的操作之一，例如在 SQL 中熟知的连接查询方式：内连接查询（inner join）、左连接查询（left outer join）、右连接查询（right outer join）和全连接查询（full join）。在 HQL 查询语句中也支持联合查询的方式。

例如，公民信息表与身份证表是一对一的映射关系，就可以通过 HQL 的左连接方式获取关联的

信息。

【例 17.21】　通过 HQL 的左连接查询获取公民信息和其关联的身份证信息。（**实例位置：资源包\TM\sl\17\12**）

创建 Servlet，并在 Servlet 中利用左连接查询获取公民信息和其关联的身份证信息。关键代码如下：

```
Session session = null;                                          //实例化 Session 对象
List<Object[]> list = new ArrayList<Object[]>();
try {
    session = HibernateInitialize.getSession();                  //获得 Session 对象
    session.beginTransaction();                                  //开启事物
    String hql = "select peo.id,peo.name,peo.age,peo.sex,c.idcard_code from People peo left join peo.idcard c";
    Query q = session.createQuery(hql);                          //执行查询操作
    list = q.list();
    session.getTransaction().commit();                           //提交事务
} catch(HibernateException e) {
    e.printStackTrace();
    session.getTransaction().rollback();                         //出错将回滚事务
} finally {
    HibernateInitialize.closeSession();                          //关闭 Session
}
```

程序运行后在页面输出的信息如图 17.25 所示。

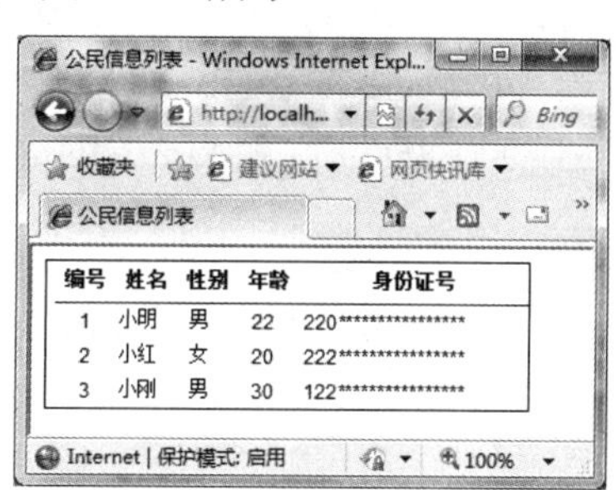

图 17.25　通过连接查询获取的公民及身份证信息

17.3.9　子查询

子查询也是应用比较广泛的查询方式之一，在 HQL 中也支持这种方式，但前提条件是底层数据库支持子查询。HQL 中的子查询必须被圆括号()包起来，例如：

```
from Employee emp where emp.age>(select avg(age) from Employee)
```

上面的 HQL 语句是查询大于员工平均年龄的员工信息。

【例 17.22】　利用子查询获取 ID 值最小的员工信息，并将结果显示在控制台。（**实例位置：资源包\TM\sl\17\13**）

创建类 QueryMinID，在 main()方法中的关键代码如下：

```
Session session = null;                                          //实例化 Session 对象
try {
```

```
    session = HibernateUtil.getSession();                                   //获得 Session 对象
    String hql = "from Employee emp where emp.id= (select min(id) from Employee)";   //条件查询 HQL 语句
    Query q = session.createQuery(hql);                                      //执行查询操作
    List<Employee> list = q.list();
  for(Employee emp : list) {                                                 //输出 ID 值最小的员工信息
            System.out.println("ID 值最小的员工为： " + emp.getName());
            System.out.println("其 ID 值为： " + emp.getId());
    }
} catch(HibernateException e) {
    e.printStackTrace();
} finally {
    HibernateUtil.closeSession();                                            //关闭 Session
}
```

说明

在 Java 5.0 语法中，提供了更为精简的 for/in 循环，这种方式是对 for 循环的增强。使用过程中只需要通过“for(String s : arr){}”的方式即可遍历数组或集合中的每一个元素，从而提高编码的效率。

程序运行后在控制台输出的信息如图 17.26 所示。

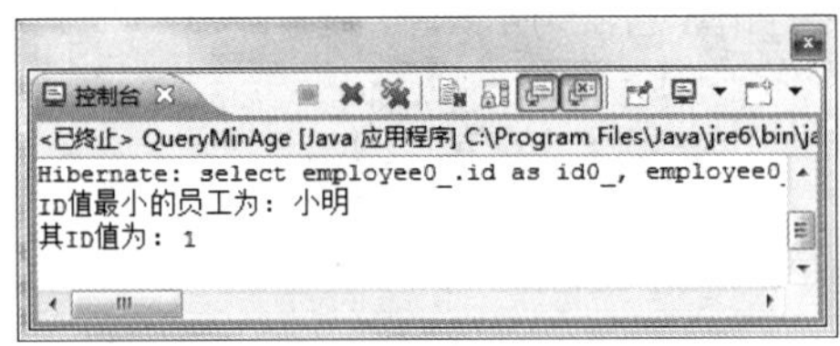

图 17.26　利用子查询获取 ID 值最小的员工信息

17.4　小　　结

本章主要对 Hibernate 的高级应用做了详细的介绍，其中实体关联关系的映射在 Hibernate 中是最难配置正确的，掌握好 Hibernate 的关联关系的配置是本章的重点。另外，还介绍了 Hibernate 的另外一种数据查询方式——HQL 语言，可以把它理解成面向对象的 SQL 语句。与 SQL 不同的是，HQL 语言的查询目标是实体对象而不是数据表，其使用方式与传统的 SQL 语句基本相同。

17.5　实践与练习

1. 双向多对一映射，实现商品的添加与查询。（**答案位置：资源包\TM\sl\17\14**）
2. 员工信息的模糊查询。（**答案位置：资源包\TM\sl\17\15**）

第18章

Spring 核心之 IoC

（视频讲解：46 分钟）

在 J2EE 开发平台中，Spring 是一种优秀的轻量级企业应用解决方案。Spring 倡导一切从实际出发，它的核心技术就是 IoC（控制反转）和 AOP（面向切面编程）技术。本章将介绍 Spring 的 IoC 技术。

通过阅读本章，您可以：

- **掌握控制反转的基本概念**
- **掌握 Spring 中依赖注入的两种方式**
- **掌握 Spring 中 bean 的配置**
- **掌握 Spring 的自动装配的配置**
- **掌握 Spring 中两种关键的 bean 的作用域**
- **了解 Spring 中 bean 的生命周期**
- **掌握 Spring 对 bean 的特殊处理**

视频讲解

18.1　Spring 概述

Spring 是一个开源框架，由 Rod Johnson 创建，从 2003 年年初正式启动。它能够降低开发企业应用程序的复杂性，可以使用 Spring 替代 EJB 开发企业级应用，而不用担心工作量太大、开发进度难以控制和复杂的测试过程等问题。Spring 简化了企业应用的开发、降低了开发成本、能够整合各种流行框架。它以 IoC（控制反转）和 AOP（面向切面编程）两种先进的技术为基础，完美地简化了企业级开发的复杂度。

18.1.1　初识 Spring

Spring 框架主要由七大模块组成，它们提供了企业级开发需要的所有功能，而且每个模块都可以单独使用，也可以和其他模块组合使用，灵活且方便的部署可以使开发的程序更加简洁灵活。图 18.1 所示是 Spring 的 7 个模块的部署。

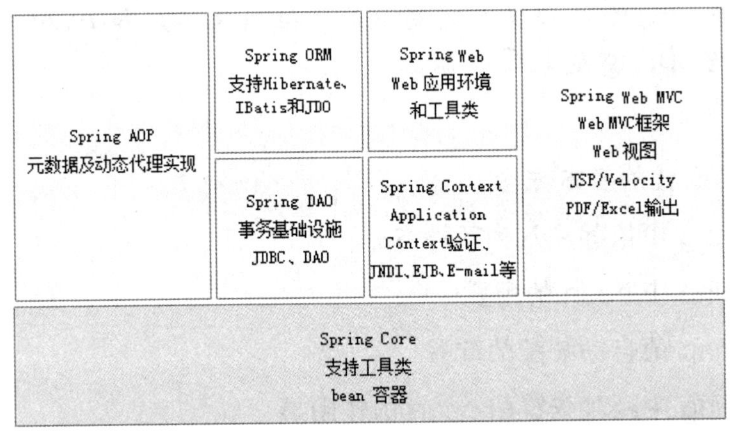

图 18.1　Spring 的七大模块

☑　核心模块

Spring Core 模块是 Spring 的核心容器，它实现了 IoC 模式、提供了 Spring 框架的基础功能。在模块中包含最重要的 BeanFactory 类是 Spring 的核心类，负责对 JavaBean 的配置与管理。它采用 Factory 模式实现了 IoC 容器即依赖注入。

☑　Context 模块

Spring Context 模块继承 BeanFactory（或者说 Spring 核心）类，并且添加了事件处理、国际化、资源装载、透明装载以及数据校验等功能。它还提供了框架式的 bean 的访问方式和很多企业级的功能，如 JNDI 访问、支持 EJB、远程调用、集成模板框架、E-mail 和定时任务调度等。

☑　AOP 模块

Spring 集成了所有 AOP 功能。通过事务管理可以使任意 Spring 管理的对象 AOP 化。Spring 提供了用标准 Java 语言编写的 AOP 框架，它的大部分内容都是根据 AOP 联盟的 API 开发的。它使应用程

序抛开 EJB 的复杂性，但拥有传统 EJB 的关键功能。

☑　DAO 模块

DAO 模块提供了 JDBC 的抽象层，简化了数据库厂商的异常错误（不再从 SQLException 继承大批代码），大幅度减少了代码的编写，并且提供了对声明式事务和编程式事务的支持。

☑　O/R 映射模块

Spring ORM 模块提供了对现有 ORM 框架的支持，各种流行的 ORM 框架已经做得非常成熟，并且拥有大规模的市场（如 Hibernate）。Spring 没有必要开发新的 ORM 工具，但是它对 Hibernate 提供了完美的整合功能，同时也支持其他 ORM 工具。

☑　Web 模块

Spring Web 模块建立在 Spring Context 基础之上，它提供了 Servlet 监听器的 Context 和 Web 应用的上下文。对现有的 Web 框架如 JSF、Tapestry、Struts 等提供了集成。

☑　MVC 模块

Spring Web MVC 模块建立在 Spring 核心功能之上，这使它能拥有 Spring 框架的所有特性，能够适应多种多视图、模板技术、国际化和验证服务，实现控制逻辑和业务逻辑清晰地分离。

18.1.2　Spring 的获取

在开始使用 Spring 之前，必须先获取 Spring 工具包。可以在 Spring 的官方网站下载 Spring 工具包，官方网址为 https://spring.io/。在该网站可以免费获取 Hibernate 的帮助文档和 jar 包，书中的所有实例使用的 Spring 的 jar 包版本为 spring-framework-5.0.9。

然后将 spring.jar 包和 dist 目录下的所有的 jar 包导入项目中，随后就可以进行 Spring 的项目开发。同时也可以利用 MyEclipse 向项目中添加 Hibernate 模块，以这种方式导入的 jar 包都是 MyEclipse 自身所带有的固定版本的 jar 包，并不能保证与本书使用 jar 包的版本一致性。

注意

不同版本之间的 jar 包可能会存在不同的区别，所以读者尽量保证使用的 jar 包与本书的 jar 包版本一致，本书使用的 Spring 版本为 spring-framework-5.0.9。

18.1.3　简单配置 Spring

获得并打开 Spring 的发布包之后，其 dist 目录中包含 Spring 的 8 个 jar 文件，它们分别负责 Spring 不同的模块，具体介绍如表 18.1 所示。

表 18.1　Spring 的 jar 包相关功能说明

jar 包名称	说　明
spring-core-5.0.9.RELEASE.jar	Spring 的核心模块，包含 IoC 容器
spring-aop-5.0.9.RELEASE.jar	Spring 的 AOP 模块
spring-context-5.0.9.RELEASE.jar	Spring 的上下文，包含 ApplicationContext 容器

续表

jar 包名称	说　明
spring-jdbc-5.0.9.RELEASE.jar	Spring 的 DAO 模块，包含对 DAO 与 JDBC 的支持
spring-orm-5.0.9.RELEASE.jar	Spring 的 ORM 模块，支持 Hibernate、JDO 等 ORM 工具
spring-web-5.0.9.RELEASE.jar	Sping 的 Web 模块，包含 Web application context
spring-webmvc-5.0.9.RELEASE.jar	Spring 的 MVC 框架模块

如表 18.1 所示，除 spring.jar 文件以外，每个 jar 文件都对应一个 Spring 模块。可以根据需要引入单独的模块，也可以直接使用 spring.jar 文件应用整个 Spring 框架。在学习过程中建议选择整个 Spring 框架。

另外，Spring 内置了日志组件 log4j.jar，所以在正式使用 Spring 之前需要对 log4j 进行简单的配置，在项目的 src 根目录下创建 log4j.properties 属性文件。具体代码如下：

```
#输出级别，输出错误信息，输出源为标准输出源 stdout
log4j.rootLogger=WARN,stdout
#将 stdout 输出到控制台中
log4j.appender.stdout=org.apache.log4j.ConsoleAppender
#日志输出的布局类
log4j.appender.stdout.layout=org.apache.log4j.PatternLayout
#指定日志输出内容的格式
log4j.appender.stdout.layout.ConversionPattern=%d %p [%c] -%m %n
```

Spring 配置结构如图 18.2 所示。

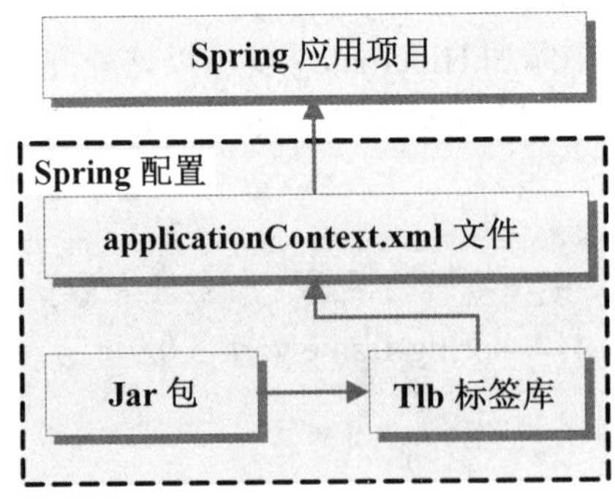

图 18.2　Spring 配置结构

18.1.4　使用 BeanFactory 管理 bean

对于 Factory 模式，读者肯定很熟悉，BeanFactory 采用了 Java 经典的工厂模式，通过从 XML 配置文件或属性文件（.properties）中读取 JavaBean 的定义，来实现 JavaBean 的创建、配置和管理。BeanFactory 有很多实现类，其中 XmlBeanFactory 可以通过流行的 XML 文件格式读取配置信息来装载 JavaBean。BeanFactory 在 Spring 中的作用如图 18.3 所示。

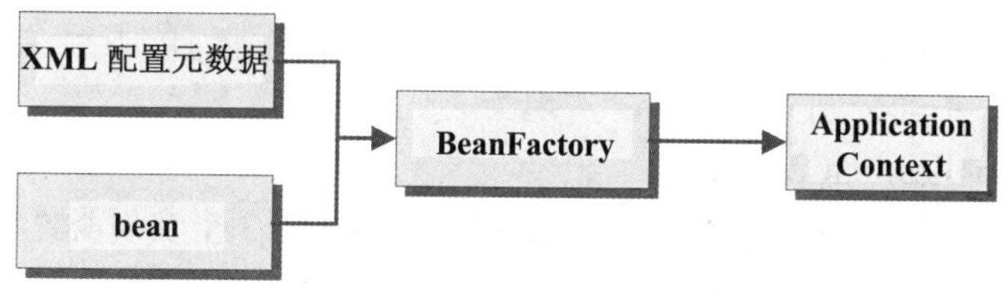

图 18.3　BeanFactory 在 Spring 中的作用

【例 18.1】　以装载 bean 为例。代码如下：

```
Resource resource = new ClassPathResource("applicationContext.xml");          //装载配置文件
BeanFactory factory = new XmlBeanFactory(resource);
Test    test = (Test) factory.getBean("test");                                  //获取 bean
```

ClassPathResource 读取 XML 文件并传参数给 XmlBeanFactory，applicationContext.xml 文件中的代码如下：

```
<?xml version="1.0" encoding="UTF-8"?>
<!DOCTYPE beans PUBLIC "-//SPRING//DTD BEAN//EN" "http://www.springframework.org/dtd/spring-beans.dtd">
<beans>
    <bean id="test" class="com.mr.test.Test"/>
</beans>
```

在<beans>标签中通过<bean>标签定义 JavaBean 的名称和类型，在程序代码中利用 BeanFactory 的 getBean()方法获取 JavaBean 的实例并且向上转为需要的接口类型，这样在容器中就开始了这个 JavaBean 的生命周期。

说明

BeanFactory 在调用 getBean()方法之前不会实例化任何对象，只有在需要创建 JavaBean 的实例对象时，才会为其分配资源空间。这使它更适合于物理资源受限制的应用程序，尤其是内存限制的环境。

Spring 中 bean 的生命周期包括实例化 JavaBean、初始化 JavaBean、使用 JavaBean 和销毁 JavaBean 4 个阶段。

18.1.5　ApllicationContext 的应用

BeanFactory 实现了 IoC 控制，所以它可以称为“IoC 容器”，而 ApplicationContext 扩展了 BeanFactory 容器并添加了对 I18N（国际化）、生命周期事件的发布监听等更加强大的功能，使之成为 Spring 中强大的企业级 IoC 容器。在这个容器中提供了对其他框架和 EJB 的集成、远程调用、WebService、任务调度和 JNDI 等企业服务。在 Spring 应用中大多采用 ApplicationContext 容器来开发企业级的程序。

技巧

它不仅提供了 BeanFactory 的所有特性，同时也允许使用更多的声明方式来得到开发人员需要的功能。

ApplicationContext 接口有 3 个实现类，可以实例化其中任何一个类来创建 Spring 的 ApplicationContext 容器。下面分别介绍这 3 个实现类。

☑ ClassPathXmlApplicationContext 类

ClassPathXmlApplicationContext 是 ApplicationContext 接口的 3 个实现类之一，它从当前类路径中检索配置文件并装载它来创建容器的实例。具体语法格式如下：

```
ApplicationContext context=new ClassPathXmlApplicationContext(String configLocation);
```

其中的 configLocation 参数指定了 Spring 配置文件的名称和位置。

☑ FileSystemXmlApplicationContext 类

FileSystemXmlApplicationContext 类也是 ApplicationContext 接口的实现类，它和 ClassPathXmlApplicationContext 类的区别在于读取 Spring 配置文件的方式。它不再从类路径中获取配置文件，而是通过参数指定配置文件的位置，可以获取类路径之外的资源。具体语法格式如下：

```
ApplicationContext context=new FileSystemXmlApplicationContext(String configLocation);
```

☑ WebApplicationContext 类

WebApplicationContext 是 Spring 的 Web 应用容器，有两种方法可以在 Servlet 中使用 WebApplicationContext。第一种方法是在 Servlet 的 web.xml 文件中配置 Spring 的 ContextLoaderListener 监听器；第二种方法同样要修改 web.xml 配置文件，在配置文件中添加一个 Servlet，定义使用 Spring 的 org.springframework.web.context.ContextLoaderServlet 类。

说明

JavaBean 在 ApplicationContext 容器和在 BeanFactory 容器中的生命周期基本相同。如果在 JavaBean 中实现了 ApplicationContextAware 接口，容器会调用 JavaBean 的 setApplicationContext() 方法将容器本身注入 JavaBean 中，使 JavaBean 包含容器的应用。

视频讲解

18.2 依赖注入

Spring 框架中的各个部分都充分使用了依赖注入技术，它使代码中不再有单实例垃圾，也不再有麻烦的属性文件，取而代之的是一致和优雅的程序应用代码。它也是 Spring 中非常重要的核心技术之一。

18.2.1 什么是控制反转与依赖注入

IoC（Inversion of Control），即控制反转。它使程序组件或类之间尽量形成一种松耦合的结构，开发者在使用类的实例之前，需要先创建对象的实例。但是 IoC 将创建实例的任务交给 IoC 容器，这样开发应用代码时只需要直接使用类的实例，这就是 IoC。通常用一个所谓的好莱坞原则（“Don't call me. I will call you.” 请不要给我打电话，我会打给你。）来比喻这种控制反转的关系。Martin Fowler 曾专门写了一篇文章“Inversion of Control Containers and the Dependency Injection pattern”讨论控制反转这个

概念，并提出一个更为准确的概念，叫作依赖注入（Dependency Injection）。

依赖注入有 3 种实现类型，Spring 支持后两种。

☑　接口注入

基于接口将调用与实现分离。这种依赖注入方式必须实现容器所规定的接口，使程序代码和容器的 API 绑定在一起，这不是理想的依赖注入方式。

☑　Setter 注入

基于 JavaBean 的 Setter 方法为属性赋值。在实际开发中得到了最广泛的应用（其中很大一部分得力于 Spring 框架的影响）。

【例 18.2】　Setter 方法为属性赋值。代码如下：

```
public class User {
    private String name;
    public String getName() {
        return name;
    }
    public void setName(String name) {
        this.name = name;
    }
}
```

在上述代码中定义了一个字段属性 name，并且使用了 Getter()方法和 Setter()方法，这两个方法可以为字段属性赋值。

☑　构造器注入

基于构造方法为属性赋值。容器通过调用类的构造方法，将其所需的依赖关系注入其中。

【例 18.3】　构造器注入方式为属性赋值。代码如下：

```
public class User {
    private String name;
    public User(String name){                    //构造器
        this.name=name;                          //为属性赋值
    }
}
```

在上述代码中使用构造方法为属性赋值。这样做的好处是，在实例化类对象的同时就完成了属性的初始化。

18.2.2　bean 的配置

在 Spring 中无论使用哪种容器，都需要从配置文件中读取 JavaBean 的定义信息，再根据定义信息去创建 JavaBean 的实例对象并注入其依赖的属性。由此可见，Spring 中所谓的配置，主要是对 JavaBean 的定义和依赖关系而言，JavaBean 的配置也是针对配置文件进行的。

想要在 Spring IoC 容器中获取一个 bean，首先要在配置文件中的<beans>元素中配置一个子元素<bean>，Spring 的控制反转机制会根据<bean>元素的具体配置来实例化这个 bean 实例。

【例 18.4】　配置一个简单的 JavaBean。代码如下：

```
<bean id="test" class="com.mr.Test"/>
```

其中 id 属性为 bean 的名称，class 属性为对应的类名，这样通过 BeanFactory 容器的 getBean("test")方法就可以获取到该类的实例。

18.2.3　Setter 注入

一个简单的 JavaBean 最明显的规则就是一个私有属性对应 Setter()和 Getter()方法，来实现对属性的封装。既然 JavaBean 有 Setter()方法来设置 bean 的属性，Spring()就会有相应的支持。配置文件中的<property>元素可以为 JavaBean 的 Setter()方法传递参数，即通过 Setter()方法为属性赋值。

【例 18.5】　通过 Spring 的赋值为用户 JavaBean 的属性赋值。（**实例位置：资源包\TM\sl\18\1**）

首先创建用户的 JavaBean，关键代码如下：

```
public class User {
    private String name;                                    //用户姓名
    private Integer age;                                    //年龄
    private String sex;                                     //性别
    ...                                                     //省略的 Setter()和 Getter()方法
}
```

在 Spring 的配置文件 applicationContext.xml 中配置该 JavaBean。关键代码如下：

```
<!--User Bean-->
<bean name="user" class="com.mr.user.User">
    <property name="name">
        <value>小强</value>
    </property>
    <property name="age">
        <value>26</value>
    </property>
    <property name="sex">
        <value>男</value>
    </property>
</bean>
```

说明

如果当 JavaBean 的某个属性是 List 集合类型或数组时，需要使用<list>标签为 List 集合类型或数组的每一个元素赋值。

创建类 Manger，在其 main()方法中的关键代码如下：

```
Resource resource = new ClassPathResource("applicationContext.xml");    //装载配置文件
BeanFactory factory = new XmlBeanFactory(resource);
User user = (User) factory.getBean("user");                            //获取 bean
System.out.println("用户姓名——"+user.getName());                        //输出用户的姓名
```

```
System.out.println("用户年龄——"+user.getAge());                    //输出用户的年龄
System.out.println("用户性别——"+user.getSex());                    //输出用户的性别
```

程序运行后，在控制台输出的信息如图 18.4 所示。

图 18.4　控制台输出的 JavaBean 属性的赋值

18.2.4　构造器注入

在类被实例化时，它的构造方法被调用并且只能调用一次。所以构造器常被用于类的初始化操作。<constructor-arg>是<bean>元素的子元素。通过<constructor-arg>元素的<value>子元素可以为构造方法传参。

【例 18.6】　通过 Spring 的构造器注入为用户 JavaBean 的属性赋值。（**实例位置：资源包\TM\sl\18\2**）

在用户 JavaBean 中创建构造方法，关键代码如下：

```
public class User {
    private String name;                                        //用户姓名
    private Integer age;                                        //年龄
    private String sex;                                         //性别
    //构造方法
    public User(String name,Integer age,String sex){
        this.name=name;
        this.age=age;
        this.sex=sex;
    }
    //输出 JavaBean 的属性值方法
    public void printInfo(){
        System.out.println("用户姓名——"+name);                  //输出用户的姓名
        System.out.println("用户年龄——"+age);                   //输出用户的年龄
        System.out.println("用户性别——"+sex);                   //输出用户的性别
    }
}
```

在 Spring 的配置文件 applicationContext.xml 中通过<constructor-arg>元素为 JavaBean 的属性赋值。关键代码如下：

```
<!--User Bean-->
<bean name="user" class="com.mr.user.User">
    <constructor-arg>
        <value>小强</value>
    </constructor-arg>
```

```
        <constructor-arg>
            <value>26</value>
        </constructor-arg>
        <constructor-arg>
            <value>男</value>
        </constructor-arg>
</bean>
```

注意

容器通过多个<constructor-arg>标签完成了对构造方法的传参，但是如果标签的赋值顺序与构造方法中参数的顺序或参数类型不同，程序会产生异常。可以使用<constructor-arg>元素的 index 属性和 type 属性解决此类问题。

说明

① index 属性：用于指定构造方法的参数索引，指定当前<constructor-arg>标签为构造方法的哪个参数赋值。

② type 属性：可以指定参数类型以确定要为构造方法的哪个参数赋值，当需要赋值的属性在构造方法中没有相同的类型时，可以使用这个参数。

创建类 Manger，在其 main()方法中的关键代码如下：

```
Resource resource = new ClassPathResource("applicationContext.xml");        //装载配置文件
BeanFactory factory = new XmlBeanFactory(resource);
User user = (User) factory.getBean("user");                                 //获取 bean
user.printInfo();                                                           //输出 JavaBean 的属性值
```

程序运行后，在控制台输出的信息如图 18.5 所示。

图 18.5　控制台输出的 JavaBean 属性的赋值

18.2.5　引用其他的 bean

Spring 利用 IoC 将 JavaBean 所需要的属性注入其中，不需要编写程序代码来初始化 JavaBean 的属性，使程序代码整洁、规范化。最主要的是它降低了 JavaBean 之间的耦合度，Spring 开发的项目中的 JavaBean 不需要修改任何代码就可以应用到其他程序中。在 Spring 中可以通过配置文件使用<ref>元素引用其他 JavaBean 的实例对象。

【例 18.7】　将 User 对象注入 Spring 的控制器 Manger 中，并在控制器中执行 User 的 printInfo()方法。（**实例位置：资源包\TM\sl\18\3**）

在控制器 Manger 中注入 User 对象，关键代码如下：

```
public class Manger extends AbstractController {
    private User user;                                          //注入 User 对象
    public User getUser() {
        return user;
    }
    public void setUser(User user) {
        this.user = user;
    }
 protected ModelAndView handleRequestInternal(HttpServletRequest arg0,
            HttpServletResponse arg1) throws Exception {
        user.printInfo();                                       //执行 User 中的信息打印方法
        return null;
    }
}
```

说明

如果在控制器中返回的是一个 ModelAndView 对象，那么该对象需要在 Spring 的配置文件 applicationContext.xml 中进行配置。

在 Spring 的配置文件 applicationContext.xml 中设置 JavaBean 的注入，关键代码如下：

```
<!--注入 JavaBean-->
<bean name="/main.do" class="com.mr.main.Manger">
    <property name="user">
        <ref bean="user"/>
    </property>
</bean>
```

在 web.xml 文件中配置自动加载 applicationContext.xml 文件，在项目启动时，Spring 的配置信息将自动加载到程序中，所以在调用 JavaBean 时不再需要实例化 BeanFactory 对象。

```
<!--设置自动加载配置文件-->
<servlet>
    <servlet-name>dispatcherServlet</servlet-name>
    <servlet-class>org.springframework.web.servlet.DispatcherServlet</servlet-class>
    <init-param>
        <param-name>contextConfigLocation</param-name>
        <param-value>/WEB-INF/applicationContext.xml</param-value>
    </init-param>
    <load-on-startup>1</load-on-startup>
</servlet>
<servlet-mapping>
    <servlet-name>dispatcherServlet</servlet-name>
    <url-pattern>*.do</url-pattern>
</servlet-mapping>
```

程序运行后，在控制台输出的效果如图 18.6 所示。

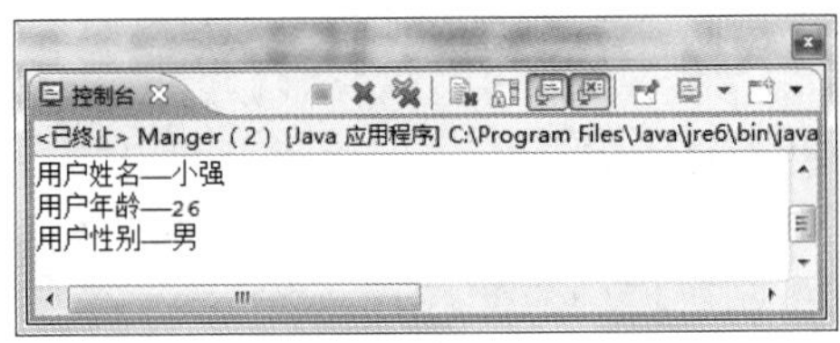

图 18.6　控制台输出的 JavaBean 属性的赋值

18.2.6　匿名内部 JavaBean 的创建

通过前面的介绍，读者应该对如何使用 XML 装配 JavaBean 有了一定的了解。但是编程中经常遇到匿名的内部类，在 Spring 中该如何利用 XML 装配呢？其实非常简单，在需要匿名内部类的地方直接用<bean>标签定义一个内部类即可，如果要使这个内部类匿名，可以不指定<bean>标签的 id 或 name 属性。

【例 18.8】　注入匿名内部类。代码如下：

```
<!--定义学生匿名内部类-->
<bean id="school" class="School">
    <property name="student">
        <bean class="Student"/>
    </property>
</bean>
```

代码中定义了匿名的 Student 类，将这个匿名内部类赋给了 School 类的实例对象。

18.3　自 动 装 配

<bean>元素的 autowire 属性负责自动装配<bean>标签定义 JavaBean 的属性。这样做可以省去很多配置 JavaBean 属性的标签代码，使代码整洁、美观。但是它也有负面影响，使用自动装配之后，无法从配置文件中读懂 JavaBean 需要什么属性。

18.3.1　按 bean 名称装配

<bean>元素的 byname 属性以属性名区分自动装配。在容器中寻找与 JavaBean 的属性名相同的 JavaBean，并将其自动装配到 JavaBean 中。

【例 18.9】　按 bean 名称自动装配 User。（**实例位置：资源包\TM\sl\18\4**）

User 对象中的关键代码如下：

```
public class User {
    private String name;                                    //用户姓名
    private Integer age;                                    //年龄
    private String sex;                                     //性别
```

```
    ...                                                          //省略的 Setter()和 Getter()方法
}
```

定义 bean（PrintInfo），将 User 对象注入 PrintInfo 对象中，并在该 bean 中声明输出 User 对象属性信息的方法。关键代码如下：

```
public class PrintInfo {
    private User user;                                           //注入 User 对象
    public User getUser() {
        return user;
    }
    public void setUser(User user) {
        this.user = user;
    }
    //打印的 User 对象中的属性
    public void PrintUser(){
        System.out.println("PrintInfo 打印的 User 属性");
        System.out.println("----------------------");
        System.out.println("用户姓名--"+user.getName());         //输出用户的姓名
        System.out.println("用户年龄--"+user.getAge());          //输出用户的年龄
        System.out.println("用户性别--"+user.getSex());          //输出用户的性别
    }
}
```

在 Spring 的配置文件 applicationContext.xml 中设置 bean 的自动装配，Spring 将根据 bean 中的属性名称自动将 User 对象注入指定的 bean 中。关键代码如下：

```
<bean autowire="byName" id="printInfo" class="com.mr.user.PrintInfo" />
```

注意

按 bean 名称自动装配类型存在错误装配 JavaBean 的可能，如果配置文件中定义了与需要自动装配的 JavaBean 的名称相同而类型不同的 JavaBean，那么它会错误地注入不同类型的 JavaBean。

创建类 Manger，在其 main()方法中的关键代码如下：

```
Resource resource = new ClassPathResource("applicationContext.xml");     //装载配置文件
BeanFactory factory = new XmlBeanFactory(resource);
PrintInfo printInfo = (PrintInfo) factory.getBean("printInfo");         //获取 bean
printInfo.PrintUser();                                                  //输出 JavaBean 的属性值
```

程序运行后，在控制台输出的效果如图 18.7 所示。

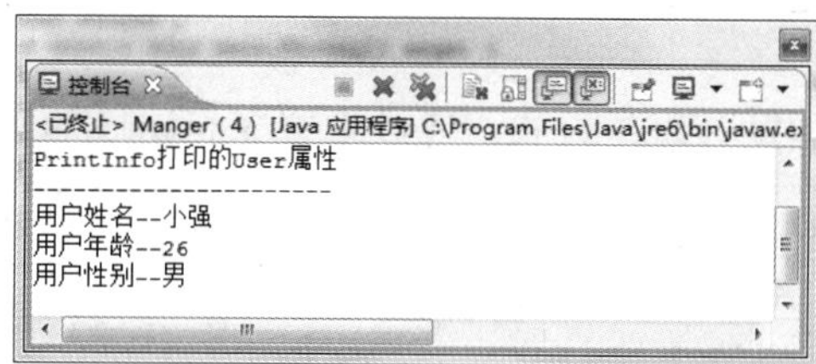

图 18.7　控制台输出的 JavaBean 属性的赋值

18.3.2 按 bean 类型装配

Spring 以 bean 类型区分自动装配，这次容器匹配的不再是 bean 的名称。容器会自动寻找与 JavaBean 的属性类型相同的 JavaBean 的定义，并将其注入需要自动装配的 JavaBean 中。

【例 18.10】 按 Bean 名称自动装配 User。（**实例位置：资源包\TM\sl\18\5**）

将 bean（PrintInfo）中的 User 对象的属性修改为 us。关键代码如下：

```
public class PrintInfo {
    private User us;                                        //注入 User 对象
    public User getUser() {
        return us;
    }
    public void setUser(User user) {
        this.us = user;
    }
    //打印的 User 对象中的属性
    public void PrintUser() {
        ...                                                  //省略的代码
    }
}
```

在 Spring 的配置文件 applicationContext.xml 中设置 bean 的自动装配，Spring 将根据 bean 中的类型自动将 User 对象注入指定的 bean 中。关键代码如下：

```
<bean autowire="byType" id="printInfo" class="com.mr.user.PrintInfo" />
```

项目中其他的类与方法与例 18.9 相同。

注意

自动装配类型也会出现无法自动装配的情况，例如在配置文件中再次添加一个 User 类的实现对象，byType 自动装配类型会因为无法自动识别装配哪一个 JavaBean，而抛出 org.springframework.beans.factory.UnsatisfiedDependencyException 异常。要解决此问题，只能通过混合使用手动装配来指定装配哪个 JavaBean。

程序运行后的效果与例 18.9 的运行结果相同。

18.3.3 自动装配的其他方式

在 Spring 中还有另外 3 种自动装配的方式，通过设置 autowire 的不同属性值来实现。下面分别介绍这 3 种装配类型的用法。

1. no 属性

这是 autowire 采用的默认值，它采用自动装配。必须使用 ref 直接引用其他 bean。这样可以增加代

码的可读性，并且不易出错。

2. constructor 属性

通过构造方法的参数类型自动装配。此类型会使容器自动寻找与 JavaBean 的构造方法的参数类型相同的 bean，并注入需要自动装配的 JavaBean 中。它与 byType 类型存在相同的无法识别自动装配的情况。

3. autodetect 属性

它首先会使用 constructor 方式来自动装配，然后使用 byType 方式，当然它也存在与 byType 和 constructor 相同的异常情况。建议在使用自动装配时把容易出现问题的 JavaBean 使用手动装配注入依赖属性。

理解自动装配的优缺点是非常重要的，可以作为是否在项目应用中使用自动装配的一个参考。

☑ 自动装配的优点

自动装配能显著减少配置的数量。不过，采用 bean 模板也可以达到同样的目的。

自动装配可以使配置与 Java 代码同步更新。例如，如果需要给一个 Java 类增加一个依赖，那么该依赖将被自动实现而不需要修改配置。因此，强烈推荐在开发过程中采用自动装配，而在系统趋于稳定时改为显式装配的方式。

☑ 自动装配的缺点

Spring 会尽量避免在装配不明确时进行猜测，因为装配不明确可能出现难以预料的结果，而且 Spring 所管理的对象之间的关联关系也不再能清晰地进行文档化。

如果采用 byType 方式自动装配，那么容器中类型与自动装配 bean 的属性或者构造函数参数类型一致的 bean 只能有一个。如果配置可能存在多个这样的 bean，那么就要考虑采用显式装配。

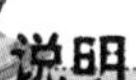

说明

尽管使用 autowire 没有对错之分，但是能在一个项目中保持一定程度的一致性是最好的做法。例如，通常情况下如果没有使用自动装配，那么在程序中就最好不要使用自动装配，否则容易引起开发人员的混淆。

18.4 bean 的作用域

容器最重要的任务是创建并管理 JavaBean 的生命周期。在知道了如何装配 JavaBean 之后，需要了解 bean 在容器中是如何在不同作用域下工作的。

18.4.1 了解 Spring 中的 bean

在 Spring 中，那些组成应用的主体（backbone）及由 Spring IoC 容器所管理的对象被称之为 bean。简单地讲，bean 就是由 Spring 容器初始化、装配及被管理的对象。除此之外，bean 就没有特别之处了

（与程序中其他的类没有什么区别）。例如，一个公司的经理就是 Spring 容器，它负责管理公司内部的事务；而员工就是 Spring 中的 bean，因为他们受公司经理的管辖，不是这家公司的员工的人就不是 bean，因为他们不在这个公司经理的管辖范围之内，所以 bean 只是 Spring 容器初始化、装配及被管理的对象。

说明

Spring 中 bean 的定义和 bean 相互间的依赖关系是通过配置 XML 文件中的元数据来实现的。

Spring IoC 容器管理一个或多个 bean，这些 bean 将通过配置文件中的 bean 定义被创建（在 XML 格式中为<bean/>元素）。所以要了解 Spring 中的 bean，应该重点了解配置文件中的<bean>元素，因为它在 Spring 中使用频率比较高。<bean>元素的属性及说明如表 18.2 所示。

表 18.2　<bean>元素的属性及说明

属 性 名 称	说　　明
id	代表 JavaBean 的实例对象。在 JavaBean 实例化后可以通过 id 来引用其实例对象
name	代表 JavaBean 的实例对象名
class	JavaBean 的类名（包含路径，如 com.test.Example），元素的必选属性
singleton	是否使用单实例
autowire	Spring 的 JavaBean 自动装配功能
init-method	指定 JavaBean 的初始化方法
destroy-method	指定 JavaBean 被回收之前调用的销毁方法
depends-on	用于保证在 depends-on 指定的 JavaBean 被实例化之后，再实例化自身 JavaBean

18.4.2　singleton 的作用域

当 Spring 中一个 bean 的作用域为 singleton 时，那么 Spring IoC 容器中只会存在一个共享的该 bean 实例，并且所有对该 bean 的引用，只要 id 与该 bean 定义相匹配，则只会返回 bean 的单一实例。这就好比一个教室中的饮水机，在教室中的每个学生都可以使用这个饮水机，对于教室这个容器来说，饮水机就是一个作用域为 singleton 的 bean。

作用域为 singleton 的 bean 的生命周期与 Spring IoC 容器是一致的，该 bean 在容器初始化时被创建，然后将被一直保留到容器中，当容器销毁后，bean 也将被销毁。通常情况下，如果不指定 bean 的作用域，默认将被设置成 singleton 作用域。图 18.8 更加直观地体现出 singleton 的 bean 的创建和引用。

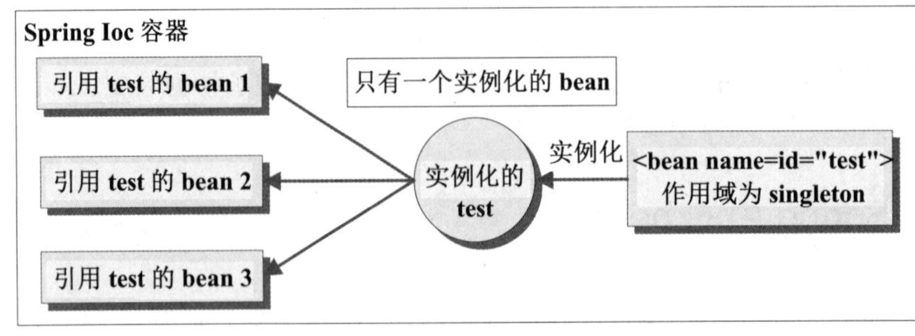

图 18.8　singleton 作用域

Spring 容器的上下文中只有一个 bean 的实例对象，即容器的 getBean()方法或将其注入另一个 bean 中只能返回一个唯一的实例对象。在开发企业级的项目时经常需要 singleton 模式。在设置 bean singleton 作用域时，以下 3 种方式都是可以的：

```
1. <bean id="test" class="com.mr.Test"/>                          //默认即为 singleton 作用域
2. <bean id="test" class="com.mr.Test" singleton="true"/>         //将 singleton 属性设置为 true
3. <bean id="test" class="com.mr.Test" scope="singleton"/>        //利用 scope 属性指定
```

18.4.3　prototype 的作用域

prototype 作用域的 bean 会导致在每次对该 bean 请求（将其注入另一个 bean 中，或者调用容器的 getBean()方法）时都会创建一个新的 bean 实例。但是在 prototype 作用域中当 bean 被容器创建完毕，并且将实例对象返回给请求方之后，容器中就不再拥有当前返回对象的引用，容器将实例对象的生命周期的管理工作交给请求方负责，所以在客户端代码中必须使用 bean 的后置处理器清除 prototype 作用域的 bean，但是后置处理器持有要被清除的 bean 的引用。图 18.9 更加直观地体现出 Prototype 的 bean 的创建和引用。

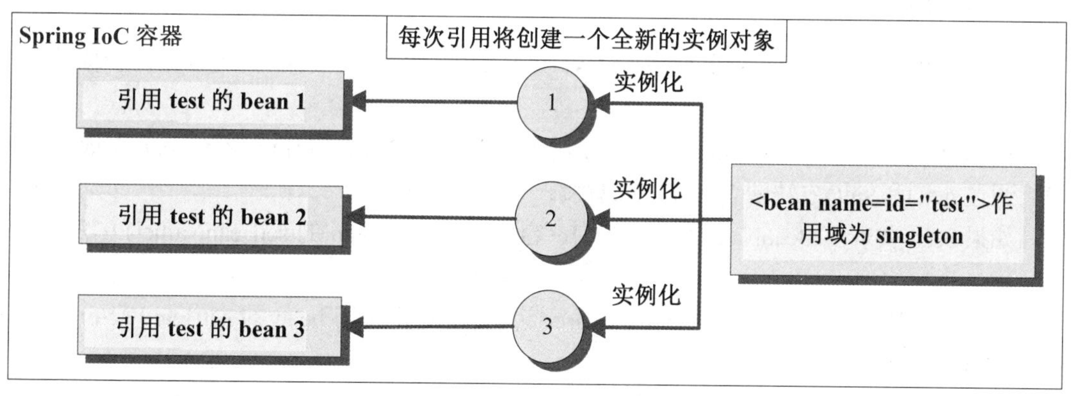

图 18.9　prototype 作用域

技巧

对所有有状态的 bean 应该使用 prototype 作用域，而对无状态的 bean 则应该使用 singleton 作用域。

注意

通常情况下，DAO 不会被配置成 prototype，因为一个典型的 DAO 不会持有任何会话状态，因此应该使用 singleton 作用域。

在每次调用容器的 getBean()方法或将其注入另一个 bean 中时，都会返回一个新的实例对象，这也是平时使用 new 创建对象的默认方式。有两种方式可以设置 bean singleton 作用域，代码如下：

```
<!--1.将 singleton 属性设置为 false-->
<bean id="test" class="com.mr.Test" singleton="false"/>
<!--2.利用 scope 属性指定-->
<bean id="test" class="com.mr.Test" scope="prototype"/>
```

视频讲解

18.5 对 bean 的特殊处理

本节将重点介绍 bean 在 Spring 的 BeanFactory 容器中的生命周期。了解 bean 的生命周期非常重要，它可让用户清楚地知道 bean 在容器中的一切活动，直到它被销毁。

18.5.1 初始化与销毁

BeanFactory 中 bean 的生命周期分为实例化、初始化、使用和销毁 4 个阶段。下面介绍初始化和销毁时对 bean 的特殊处理。

1. bean 的初始化

在 bean 被实例化的过程中，容器会按照 JavaBean 的定义初始化 bean 的所有属性和依赖关系。具体的初始化步骤如下：

（1）在 bean 的定义中，如果<bean>标签使用了 autowire 属性，Spring 会对 bean 完成自动装配。

（2）通过 get()和 set()方法配置 bean 的属性。

（3）如果 bean 实现了 BeanNameAware 接口，容器将会调用 bean 的 setBeanName()方法来传递 bean 的 ID。

（4）同样，如果 bean 实现 BeanFactoryAware 接口，容器将调用 bean 的 setBeanFactory()方法将容器本身注入 JavaBean 中。

（5）如果在容器中注册了 BeanPostProcessor 接口的实现类，将调用这个实现类的 postProcessBeforeInitialization()方法，完成 bean 的预处理方法。

（6）如果 bean 实现了 InitializingBean 接口，容器会调用 JavaBean 的 afterPropertiesSet()方法修改 JavaBean 的属性。

（7）在 XML 中配置 bean 时，如果用 init-method 属性指定了初始化方法，那么容器会执行指定的方法来设置属性。

（8）最后，容器中如果注册了 BeanPostProcessor 的实现类，将调用实现类的 postProcessAfterInitialization()方法完成 bean 的后期处理方法。

2. bean 的销毁

当关闭容器时，容器会销毁所有 bean，如果 bean 定制了特殊的销毁方法，容器会在销毁该 bean 之前调用这个方法完成资源回收等操作。详细说明如下：

（1）在销毁 bean 之前如果 bean 实现了 DisposableBean 接口，那么容器会调用 bean 的 destroy()

方法来完成销毁前的工作。例如，在 JavaBean 销毁之前对其使用的数据库连接的关闭、文件数据流的关闭等。

（2）如果在 bean 的定义信息中指定了 JavaBean 的销毁方法，那么在 bean 被销毁之前会先去执行指定的方法，如果同时实现了步骤（1）的接口，会先去执行步骤（1）的 destroy()方法，即 DisposableBean 接口优先于 bean 的定义。

18.5.2　自定义属性编辑器

属性编辑器来自于 java.beans.PropertyEditor 接口，它支持各种不同类型显示和更新属性值的方式。大多数属性编辑器只需要支持 PropertyEditor 接口中的部分方法。简单的属性编辑器可能只支持 getAsText()和 setAsText()方法。当定制与参数对象类型相对应的属性编辑器时，每个属性编辑器都必须编写 setValue()方法，每个属性编辑器都应该有一个空的构造方法。

PropertyEditor 接口有很多当前项目用不到的方法，如果用 PropertyEditor 接口去定制自己的编辑器，则需要实现接口中定义的所有方法。但是用继承接口的实现类 java.beans.PropertyEditorSupport 去定制属性编辑器，只需重写需要的方法（如 setAsText()）即可。Spring 需要做的只是将现有的属性编辑器注册给指定的类。具体注册属性编辑器的语法格式可参见下面的实例。

【例 18.11】　自定义 MyDateEditor 编辑器将 String 类型转换为 Date 类型。（**实例位置：资源包\TM\sl\18\6**）

建立 UserInfo 类来存储用户信息，除 3 个基本类型的姓名、年龄和性别属性之外，还有 java.util.Date 类型的出生日期属性。关键代码如下：

```
public class UserInfo {
    private String name;                                    //姓名
    private char sex;                                       //性别
    private int age;                                        //年龄
    private Date date;                                      //出生日期
    ...                                                     //省略的 Setter()和 Getter()方法
    public void printInfo() {

System.out.println("姓名：" + name + "\n 性别：" + sex + "\n 年龄：" + age
                + "\n 出生日期：" + new SimpleDateFormat("yyyy-MM-dd HH:mm:ss").format(date));
    }
}
```

编写 Date 类型的属性编辑器 MyDateEditor 类，继承 PropertyEditorSupport 类编写属性编辑器只需要重写需要的方法。本实例定制的属性编辑器重写了 setAsText()方法根据 String 类型的参数创建 Date 类型的对象。程序代码如下：

```
public class MyDateEditor extends PropertyEditorSupport {

    private String formate;

    //设置日期格式方法
```

```
    public void setAsText(String text) throws IllegalArgumentException {
        SimpleDateFormat sdf = new SimpleDateFormat("yyyy-MM-dd");
        try {
            Date date = sdf.parse(text);
            setValue(date);                                    //设置日期格式
        } catch(ParseException e) {
            //TODO Auto-generated catch block
            e.printStackTrace();
        }

    }

    public void setFormate(String formate) {
        this.formate = formate;
    }
}
```

编写 Spring 的 JavaBean 配置文件 applicationContext.xml，其中定义了用户信息的 UserInfo 类。最主要的是注册自定义的属性编辑器 MyDateEditor 类，这样在给 UserInfo 类注入 Date 类型的出生日期属性时，可以直接输入日期字符串而不用再实例化 Date 对象。程序代码如下：

```
<!--Spring 配置文件-->
<beans>
    <bean id="user1" class="com.mr.UserInfo">
        ...<!--Spring 省略的配置信息-->
        <property name="date">
            <value>1985/2/8</value>
        </property>
    </bean>
  <bean id="customEditorConfigurer"
    class="org.springframework.beans.factory.config.CustomEditorConfigurer">
        <property name="customEditors">
            <map>

                <entry key="java.util.Date" value="com.mr.MyDateEditor"/>
            </map>
        </property>
    </bean>
</beans>
```

编写 PrintUserInfo 类获得用户信息的实例并调用其 printInfo()方法输出用户信息，其中的出生日期就是利用定制的属性编辑器 MyDateEditor 类注入的属性。其 main()方法中的程序代码如下：

```
ApplicationContext context = new ClassPathXmlApplicationContext("applicationContext.xml");//装载配置文件
UserInfo ui = (UserInfo) context.getBean("user1");                                    //获取 bean
ui.printInfo();                                                                        //执行 bean 的打印方法
```

运行 PrintUserInfo 类，程序将输出获得的用户信息，结果如图 18.10 所示。

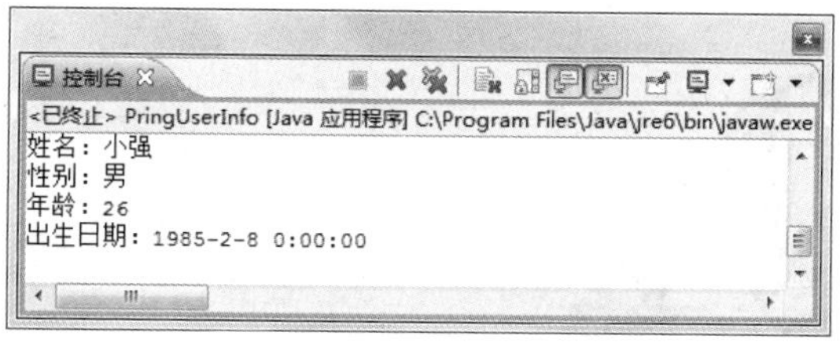

图 18.10　定制属性编辑器运行结果

Spring 中有很多内置的属性编辑器可以满足大部分需求，并且部分编辑器已经自动注册到容器中，程序可以直接使用这些编辑器，就像它们根本不存在一样。Spring 的属性编辑器包含在 org.springframework.beans.propertyeditors 包中，如表 18.3 所示。

表 18.3　Spring 内置的属性编辑器说明

属 性 名 称	说　　明	属 性 名 称	说　　明
ByteArrayPropertyEditor	字节数组编辑器	CustomDateEditor	Date 类型编辑器
CharacterEditor	字符类型编辑器	CustomNumberEditor	数值类型编辑器
CharArrayPropertyEditor	字符数组编辑器	FileEditor	文件类型编辑器
ClassEditor	Class 类型编辑器	InputStreamEditor	输入流类型编辑器
CustomBooleanEditor	Boolean 类型编辑器	LocaleEditor	地域信息编辑器
CustomCollectionEditor	Collection 集合类型编辑器	PropertiesEditor	属性类型编辑器

18.6　小　　结

本章主要对 Spring 核心技术 IoC 和 Spring 中的 bean 的基础知识进行了详细讲解。核心技术 IoC 是 Spring 框架的基础，认识 IoC 技术将颠覆开发人员的传统思维，深刻体会 Spring 中的奇思妙想；了解 Spring 中的 bean 将为读者理解 IoC 技术打下坚实的基础。

18.7　实践与练习

1．应用 Spring 框架实现用户登录验证。（**答案位置：资源包\TM\sl\18\7**）
2．应用 Spring 框架实现登录页面国际化。（**答案位置：资源包\TM\sl\18\8**）

第19章

Spring 核心之 AOP

（视频讲解：37 分钟）

AOP（Aspect Oriented Program，面向切面编程）是现在比较热门的话题。AOP 的历史可以追溯到 1990 年，当时面向对象编程（OOP）已经趋于成熟，并应用于软件开发。但是来自 PARC 研究中心的研究人员发现，在使用面向对象编程的过程中会产生局限性，他们对这种局限性做了深入的分析后，提出了一种新的编程思想，这种编程思想就是今天的 AOP。

通过阅读本章，您可以：

- 了解 AOP 的概念
- 了解 Spring AOP 中的切入点
- 了解 Spring 中的 Aspect Advisor
- 掌握 Spring 中的持久化操作
- 使用 JdbcTemplate 操作数据库
- 掌握 Spring 与 Hibernate 的整合技术

19.1　AOP 概述

Spring AOP 是继 Spring IoC 之后的 Spring 框架的又一大特性，它也是 Spring 框架的核心内容。AOP 是一种思想，所有符合 AOP 思想的技术，都可以看作 AOP 的实现。AOP 是建立在 Java 的代理机制之上，Spring 框架已经基本实现了 AOP 思想。在众多的 AOP 实现技术当中，Spring AOP 做得最好，也是最为成熟的。

Spring AOP 会实现 AOP 联盟（Alliance）制定的接口规范。Spring AOP 的接口都实现了 AOP 联盟定制标准化接口，这就意味着 Spring AOP 已经走向了标准化，它将得到更快的发展。

说明

AOP 联盟由许多团体组成，这些团体致力于各个 Java AOP 子项目的开发，它们与 Spring 有相同的信念: AOP 使开发复杂的企业级应用变得更简单，脉络更清晰。同时它们也在很保守地为 AOP 制定标准化的统一接口，使得不同的 AOP 技术之间相互兼容。

19.1.1　了解 AOP

Spring AOP 的实现是基于 Java 的代理机制，从 JDK 1.3 开始就支持代理功能，但是性能成为一个很大问题，为了解决 JDK 代理性能问题，出现了 CGLIB 代理机制。它可以生成字节码，所以它的性能会高于 JDK 代理。Spring 支持这两种代理方式。但是，随着 JVM（Java 虚拟机）性能的不断提高，这两种代理性能的差距会越来越小。

在学习 Spring AOP 之前，首先对它的一些术语进行了解，它们是构成 Spring AOP 的基本组成部分。下面将介绍 Spring AOP 术语。

☑　切面（Aspect）

切面是对象操作过程中的截面，如图 19.1 所示。

由于平行四边形拦截了程序流程，Spring 形象地把它叫作切面，所谓“面向切面编程”正是指的这个。本书以后提到的“切面”是形象地指这个“平行四边形”。

实际上“切面”是一段程序代码，这段代码将被“植入”到程序流程中。

☑　连接点（Join Point）

对象操作过程中的某个阶段点，如图 19.2 所示。

在程序流程上的任意一点，都可以是连接点。

它实际上是对象的一个操作，例如，对象调用某个方法、读写对象的实例或者某个方法抛出了异常等。

☑　切入点（Point cut）

切入点是连接点的集合，如图 19.3 所示。

切面与程序流程的“交叉点”便是程序的切入点。确切地说，它是“切面注入”到程序中的位置。换句话说，“切面”是通过切入点被“注入”的。在程序中可以有很多个切入点。

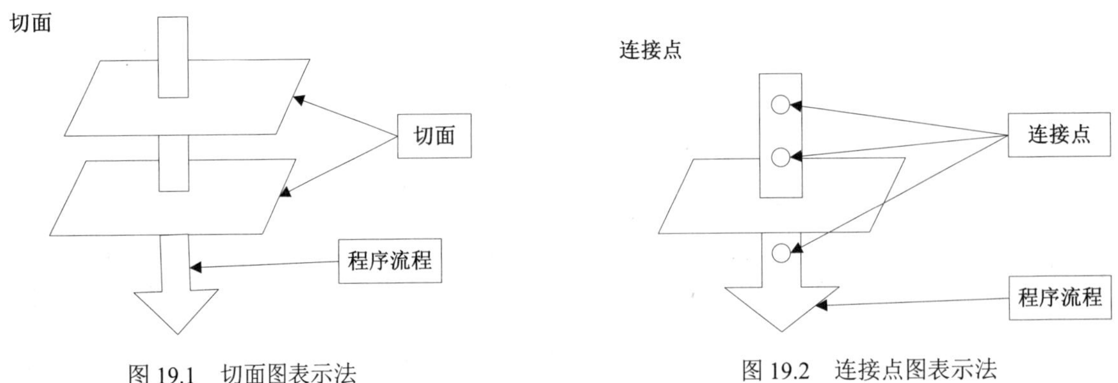

图 19.1　切面图表示法　　　　图 19.2　连接点图表示法

☑　通知（Advice）

通知是某个切入点被横切后，所采取的处理逻辑。也就是说，在“切入点”处拦截程序后，通过通知来执行切面，如图 19.4 所示。

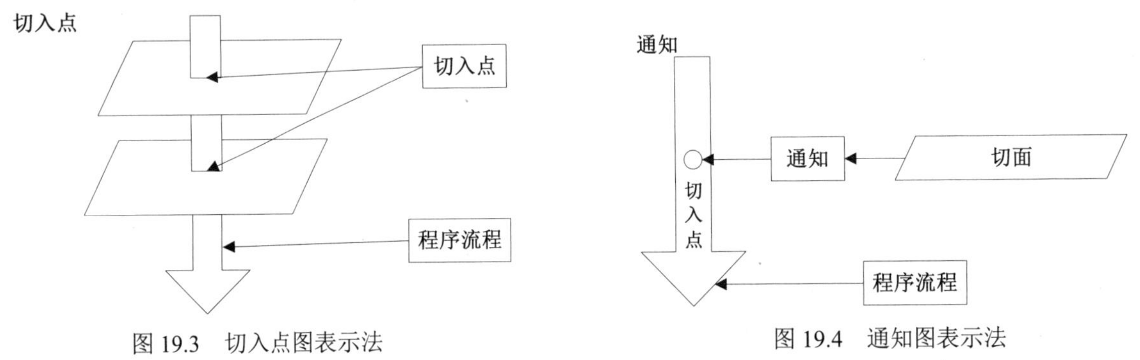

图 19.3　切入点图表示法　　　　图 19.4　通知图表示法

☑　目标对象（Target）

所有被通知的对象（也可以理解为被代理的对象）都是目标对象。目标对象被 AOP 所关注，它的属性的改变会被关注，它行为的调用也会被关注，它的方法传参的变化仍然会被关注。AOP 会注意目标对象的变动，随时准备向目标对象“注入切面”。

☑　织入（Weaving）

织入是将切面功能应用到目标对象的过程。由代理工厂创建一个代理对象，这个代理可以为目标对象执行切面功能。

说明

AOP 的织入方式有 3 种：编译时期（Compile time）织入、类加载时期（Classload time）织入和执行期（Runtime）织入。Spring AOP 一般多见于执行期（Runtime）织入。

☑　引入（Introduction）

对一个已编译完类（class），在运行时期，动态地向这个类中加载属性和方法。

19.1.2　AOP 的简单实现

现在以一个简单的 Spring AOP 实例来巩固前面所学的基本术语，加深对概念的理解，为进一步的学习做铺垫。下面将讲解 Spring AOP 简单实例的实现过程，从而来了解 AOP 编程的特点。

【例 19.1】　利用 Spring AOP 使日志输出与方法分离，让在调用目标方法之前执行日志输出。（**实例位置：资源包\TM\sl\19\1**）

说明

对方法做日志输出是常见的基本功能。传统的做法是把输出语句写在方法体的内部，在调用该方法时，用输出语句输出信息来记录方法的执行。AOP 可以分离与业务无关的代码。日志输出与方法都做些什么是无关的，它的主要目的是记录方法被执行过。现在将利用 Spring AOP 使日志输出与方法分离，并在调用目标方法之前执行日志输出。

首先创建类 Target，它是被代理的目标对象，其中有一个 execute()方法，它可以专注于自己的职能，现在使用 AOP 对 execute()方法做日志输出。在执行 execute()方法前，做日志输出。目标对象的代码如下：

```
public class Target {
    //程序执行的方法
    public void execute(String name){
        System.out.println("程序开始执行：" + name);              //输出信息
    }
}
```

通知可以拦截目标对象的 execute()方法，并执行日志输出。创建通知的代码如下：

```
public class LoggerExecute implements MethodInterceptor {
    public Object invoke(MethodInvocation invocation) throws Throwable {
        before();                                                   //执行前置通知
      invocation.proceed();
        return null;
    }
    //前置通知
  private void before() {
        System.out.println("程序开始执行！");
    }
}
```

若想使用 AOP 的功能必须创建代理。可以用代码创建代理，代码如下：

```
public class Manger {
    //创建代理
    public static void main(String[] args) {
        Target target = new Target();                           //创建目标对象
        ProxyFactory di=new ProxyFactory();
        di.addAdvice(new LoggerExecute());
        di.setTarget(target);
        Target proxy=(Target)di.getProxy();
        proxy.execute(" AOP 的简单实现");                      //代理执行 execute()方法
    }
}
```

程序运行后，在控制台输出的效果如图 19.5 所示。

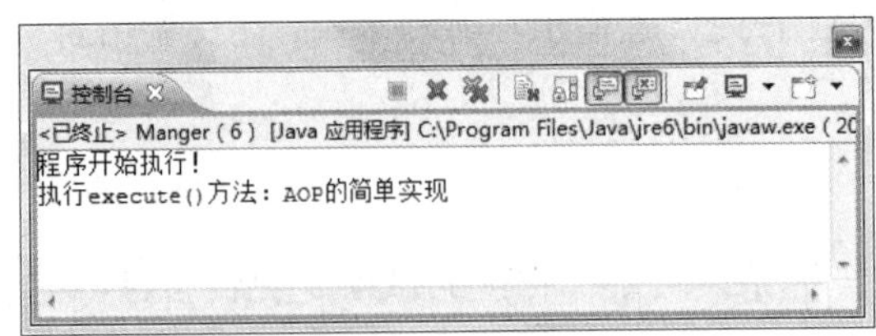

图 19.5　控制台输出的前置通知信息

19.2　Spring 的切入点

Spring 的切入点（Point cut）是 Spring AOP 比较重要的概念，它表示注入切面的位置。根据切入点织入的位置不同，Spring 提供了 3 种类型的切入点：静态切入点、动态切入点和其他切入点。下面分别进行讲解。

19.2.1　静态切入点与动态切入点

静态切入点与动态切入点需要在程序中进行选择使用。

☑　静态切入点

静态往往意味着不变，例如一个对象的方法签名是固定不变的，无论在程序的任何位置调用，方法名都不会改变。静态切入点可以为对象的方法签名。例如，在某个对象调用了 execute()方法时，该方法就可以是静态切入点。静态切入点需要在配置文件时指定，关键配置如下：

```
<bean id="pointcutAdvisor"
      class="org.springframework.aop.support.RegexpMethodPointcutAdvisor">
      <property name="advice">
            <ref bean="MyAdvisor" />                    //指定通知
      </property>
      <property name="patterns">
            <list>
              <value>.*getConn*.</value>                //指定所有以 getConn 开头的方法名都是切入点
                 <value>.*closeConn*.</value>
            </list>
      </property>
</bean>
```

说明

正则表达式是由数学家 Stephen Kleene 于 1956 年提出来的。利用它可以匹配一些指定的表达式，而不是列出每一个表达式的具体写法。

☑　动态切入点

动态切入点是相对于静态切入点的。

静态切入点只能应用在相对不变的位置，而动态切入点应用在相对变化的位置。例如方法的参数上，由于在程序运行过程中传递的参数是变化的，所以切入点也随之变化，它会根据不同的参数来织入不同的切面。由于每次织入都要重新计算切入点的位置，而且结果不能缓存，所以动态切入点比静态切入点的性能要低得多，但是它能够随着程序中参数的变化而织入不同的切面，所以它比静态切入点要灵活很多。

在程序中静态切入点和动态切入点可以选择使用，当程序对性能要求很高而且相对注入不是很复杂时，可以选用静态切入点；当程序对性能要求不是很高而且注入也比较复杂时，可以使用动态切入点。

19.2.2 深入静态切入点

前面已经说过，静态切入点在某个方法名上是织入切面的，所以在织入程序代码前，要进行方法名的匹配。判断一下当前正在调用的方法是不是已经定义的静态切入点，如果该方法已经被定义为静态切入点，说明方法匹配成功，织入切面；如果该方法没有被定义为静态切入点，则匹配失败，不织入切面。这个匹配过程是 Spring 自动进行的，不需要人为编程的干预。

实际上 Spring 是使用 boolean matches(Method,Class)方法来匹配切入点的，利用 method.getName()方法反射取得正在运行的方法的名称。在 boolean matches(Method,Class)方法中，Method 是 java.lang.reflect.Method 类型，Class 是目标对象的类型。该方法在 AOP 创建代理时被调用，并返回结果，true 表示将切面织入，false 则不织入。

【例 19.2】 下面介绍静态切入点的匹配过程。代码如下：

```
//深入静态切入点
<bean id=" pointcutAdvisor "
      class="org.springframework.aop.support.RegexpMethodPointcutAdvisor">
      <property name="patterns">
            <list>
                  <value>.*execute.*</value>                    //指定切入点
            </list>
      </property>
</bean>
```

以下是 matches()方法匹配成功后的代码：

```
public bollean matches(Method method,Class targetClass){
         return(method.getName().equals("execute"));          //匹配切入点成功
}
```

19.2.3 深入切入点底层

掌握 Spring 切入点底层将有助于更加深刻地理解切入点。下面简单讲解 Spring 切入点底层机制。

Pointcut 接口是切入点的定义接口，用它来规定可切入的连接点的属性。通过对该接口的扩展可以处理其他类型的连接点，如域等（但是这样做很罕见）。切入点接口定义的代码如下：

```
public interface Pointcut {
    ClassFilter getClassFilter();
    MethodMatcher getMethodMatcher();
}
```

使用 ClassFilter 接口来匹配目标类。代码如下：

```
public interface ClassFilter {
    boolean matches(Class class);
}
```

可以看到，在 ClassFilter 接口中定义了 matches()方法，意思是与目标类相匹配。其中 class 代表被检测的 Class 实例，该实例是应用切入点的目标对象，如果返回 true，则表示目标对象可以被应用切入点；如果返回 false，则表示目标对象不可以应用切入点。

【例 19.3】 使用 MethodMatcher 接口来匹配目标类的方法或方法的参数。

```
public interface MethodMatcher {
    boolean matches(Method m,Class targetClass);
    boolean isRuntime();
    boolean matches(Method m,Class targetClass,Object[] args);
}
```

Spring 支持两种切入点，即静态和动态。究竟执行静态切入点还是动态切入点，取决于 isRuntime()方法的返回值。在匹配切入点之前，Spring 会调用 isRuntime()，如果返回 false，则执行静态切入点；如果返回 true，则执行动态切入点。

19.2.4 Spring 中其他切入点

Spring 提供了丰富的切入点，可供用户选择使用，目的是使切面灵活地注入程序中的位置。例如使用流程切入点，可以根据当前调用堆栈中的类和方法来实施切入。下面列出了 Spring 常见的切入点，如表 19.1 所示。

表 19.1 Spring 常见的切入点

切入点实现类	说　明
org.springframework.aop.support.JdkRegexpMethodPointcut	JDK 正则表达式方法切入点
org.springframework.aop.support.NameMatchMethodPointcut	名称匹配器方法切入点
org.springframework.aop.support.StaticMethodMatcherPointcut	静态方法匹配器切入点
org.springframework.aop.support.ControlFlowPointcut	流程切入点
org.springframework.aop.support.DynamicMethodMatcherPointcut	动态方法匹配器切入点

视频讲解

19.3 Aspect 对 AOP 的支持

Aspect 也就是 Spring 中所说的切面，它是对象操作过程中的截面，在 AOP 中它是一个非常重要的概念。

19.3.1　了解 Aspect

Aspect 是对系统中的对象操作过程中截面逻辑进行模块化封装的 AOP 概念实体。在通常情况下，Aspect 可以包含多个切入点和通知。

说明

AspectJ 是 Spring 框架 2.0 版本之后增加的新特性，Spring 使用了 AspectJ 提供的一个库来做切入点（Pointcut）解析和匹配的工作。但是 AOP 在运行时仍旧是纯粹的 Spring AOP，它并不依赖于 AspectJ 的编译器或者织入器，在底层中使用的仍然是 Spring 2.0 之前的实现体系。使用 AspectJ 需要在应用程序的 classpath 中引入两个 AspectJ 库：aspectjweaver.jar 和 aspectjrt.jar，这两个 jar 包可以在 Spring 依赖库的 lib/aspectj 目录下找到。

【例 19.4】　以 AspectJ 形式定义的 Aspect。

```
aspect AjStyleAspect
{
    //切入点定义
    pointcut query()：call(public * get*(...));
    pointcut delete()：execution(public void delete(...));
    ...
    //通知
    before():query(){...}
    after returnint:delete(){...}
    ...
}
```

在 Spring 的 2.0 版本之后，可以通过使用@AspectJ 的注解并结合 POJO 的方式来实现 Aspect。

19.3.2　Spring 中的 Aspect

最初在 Spring 中没有完全明确的 Aspect 概念，只是在 Spring 中的 Aspect 的实现和特性有所特殊而已。而 Advisor 就是 Spring 中的 Aspect。

Advisor 是切入点的配置器，它能将 Advice（通知）注入程序中切入点的位置，可以直接编程实现 Advisor，也可以通过 XML 来配置切入点（Pointcut）和 Advisor。由于 Spring 的切入点有多样性，而 Advisor 是为各种各样的切入点而设计的配置器，因此相应地 Advisor 也有很多。

在 Spring 的 Advisor 的实现体系中由两个分支家族构成，即 PointcutAdvisor 家族和 IntroductionAdvisor 家族，说是家族是因为每个分支下都含有多个类和接口，如图 19.6 所示。

接下来将介绍两个在 Spring 中常用的 Advisor，它们都是 PointcutAdvisor 家族中的子民，分别是 DefaultPointcutAdvisor 和 NameMatchMethodPointcutAdvisor。

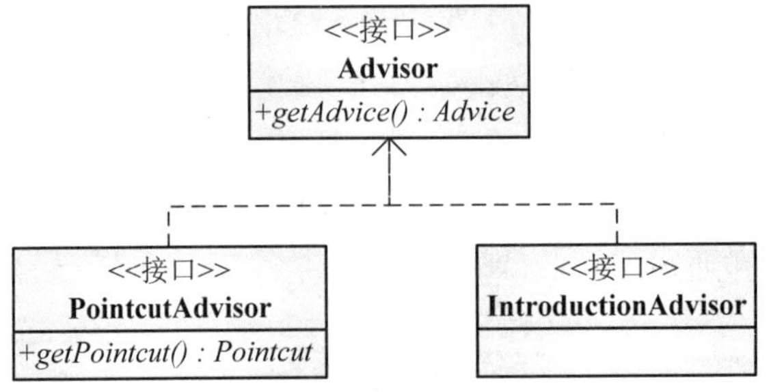

图 19.6　Advisor 的体系结构

19.3.3　DefaultPointcutAdvisor 切入点配置器

DefaultPointcutAdvisor 位于 org.springframework.aop.support.DefaultPointcutAdvisor 包下，是默认切入点通知者。它可以把一个通知配给一个切入点。使用之前，首先要创建一个切入点和通知。

【例 19.5】　DefaultPointcutAdvisor 切入点配置器。

首先创建一个通知，这个通知可以是自定义的。关键代码如下：

```
public TestAdvice implements MethodInterceptor {
    public Object invoke(MethodInvocation mi) throws Throwable {
        Object Val=mi.proceed();
        return Val;
    }
}
```

创建自定义切入点，Spring 提供了很多类型的切入点，可以选择继承其中任意切入点，然后重写 matches()方法和 getClassFilter()方法，实现自己定义的切入点。关键代码如下：

```
public class TestStaticPointcut extends StaticMethodMatcherPointcut {
    public boolean matches(Method method Class targetClass){
        return("targetMethod".equals(method.getName()));
    }
    public ClassFilter getClassFilter() {
        return new ClassFilter() {
            public boolean matches(Class clazz) {
                return(clazz==targetClass.class);
            }
        };
    }
}
```

分别创建一个通知和切入点的实例，关键代码如下：

```
Pointcut pointcut=new TestStaticPointcut();                    //创建一个切入点
Advice advice=new TestAdvice();                                //创建一个通知
```

如果使用 Spring AOP 的切面注入功能，需要创建 AOP 代理。通过 Spring 的代理工厂来实现。

```
Target target =new Target();                                  //创建一个目标对象的实例
ProxyFactory proxy= new ProxyFactory();
proxy.setTarget(target);                                      //target 为目标对象
//前面已经对 advisor 做了配置，现在需要将 advisor 设置在代理工厂里
proxy.setAdivsor(advisor);
Target proxy = (Target) proxy.getProxy();
Proxy...//此处省略的是代理调用目标对象的方法，目的是实施拦截注入通知
```

19.3.4　NameMatchMethodPointcutAdvisor 切入点配置器

该配置器位于 org.springframework.aop.support.NameMatchMethodPointcutAdvisor 包下，是方法名切入点通知者，使用它可以更加简洁地将方法名设定为切入点。关键代码如下：

```
NameMatchMethodPointcutAdvisor advice=new NameMatchMethodPointcutAdvisor(new TestAdvice());
advice.addMethodName("targetMethod1name");
advice.addMethodName("targetMethod2name");
advice.addMethodName("targetMethod3name");
advice.addMethodName("targetMethod3name");
...//可以继续添加方法的名称
...//省略创建代理，可以参考 19.3.3 小节创建 AOP 代理
```

当程序调用 targetMethod1()方法时，会被执行通知（TestAdvice）。

19.4　Spring 持久化

视频讲解

在 Spring 中关于数据持久化的服务主要是对数据访问对象（DAO）和数据库 JDBC 的支持，其中数据访问对象（DAO）是实际开发过程中应用比较广泛的技术。

19.4.1　DAO 模式介绍

DAO 代表数据访问对象（Data Access Object），它描述了一个应用中 DAO 的角色，DAO 的存在提供了读写数据库中数据的一种方法，把这个功能通过接口提供对外服务，程序的其他模块通过这些接口来访问数据库。这样会有很多好处，首先，由于服务对象不再和特定的接口实现绑定在一起，使得它们易于测试，因为它提供的是一种服务，在不需要连接数据库的条件下就可以进行单元测试，极大地提高了开发效率。其次，通过使用与持久化技术无关的方法访问数据库，在应用程序的设计和使用上都有很大的灵活性，对于整个系统，无论是在性能上还是应用上也是一个巨大的飞跃。

说明

DAO 的主要目的就是将持久性相关的问题与一般的业务规则和工作流隔离开来，它为定义业务层可以访问的持久性操作引入了一个接口，并且隐藏了实现的具体细节，该接口的功能将依赖于采用的持久性技术而改变，但是 DAO 接口可以基本上保持不变。

DAO 属于 O/R Mapping 技术的一种。在 O/R Mapping 技术发布之前，开发者需要直接借助于 JDBC 和 SQL 来完成与数据库的相互通信，在 O/R Mapping 技术出现之后，开发者能够使用 DAO 或其他不同的 DAO 框架来实现与 RDBMS（关系数据库管理系统）的交互。借助于 O/R Mapping 技术，开发者能够将对象属性映射到数据表的字段、将对象映射到 RDBMS 中、Mapping 技术能够为应用自动创建高效的 SQL 语句等。除此之外，O/R Mapping 技术还提供了延迟加载、缓存等高级特征，而 DAO 是 O/R Mapping 技术的一种实现，因此，使用 DAO 能够大量节省程序开发时间，减少代码量和开发的成本。

19.4.2 Spring 的 DAO 理念

Spring 提供了一套抽象的 DAO 类，供开发者扩展，这有利于以统一的方式操作各种 DAO 技术，如 JDO、JDBC 等，这些抽象 DAO 类提供了设置数据源及相关辅助信息的方法，而其中的一些方法同具体 DAO 技术相关。目前，Spring DAO 抽象提供了以下几种类。

☑ JdbcDaoSupport：JDBC DAO 抽象类，开发者需要为它设置数据源（DataSource），通过子类，开发者能够获得 JdbcTemplate 来访问数据库。

☑ HibernateDaoSupport：Hibernate DAO 抽象类。开发者需要为它配置 Hibernate SessionFactory。通过其子类，开发者能够获得 Hibernate 实现。

☑ JdoDaoSupport：Spring 为 JDO 提供的 DAO 抽象类，开发者需要为它配置 PersistenceManagerFactory，通过其子类开发者能够获得 JdoTemplate。

在使用 Spring 的 DAO 框架进行数据库存取时，无须接触使用特定的数据库技术，通过一个数据存取接口来操作即可。下面通过一个简单的实例来讲解如何实现 Spring 中的 DAO 操作。

【例 19.6】 在 Spring 中利用 DAO 模式向 tb_user 表中添加数据。（**实例位置：资源包\TM\sl\19\2**）

该实例中 DAO 模式实现的示意图如图 19.7 所示。

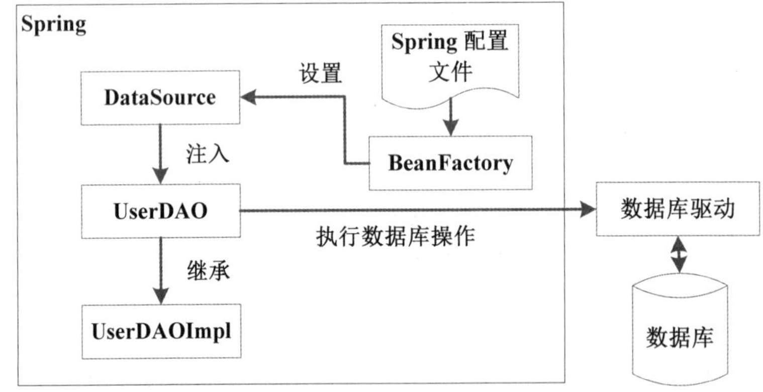

图 19.7　例 19.6 实现的 DAO 模式示意图

定义一个实体类对象 User，然后在类中定义对应数据表字段的属性。关键代码如下：

```
public class User {
    private Integer id;                                    //唯一性标识
    private String name;                                   //姓名
    private Integer age;                                   //年龄
```

```
    private String sex;                                         //性别
    ...                                                         //省略的 Setter()和 Getter()方法
}
```

创建接口 UserDAOImpl，并定义用来执行数据添加的 inserUser()方法，其中 inserUser()方法中使用的参数是 User 实体对象。代码如下：

```
public interface UserDAOImpl {
    public void inserUser(User user);                           //添加用户信息的方法
}
```

编写实现这个 DAO 接口的 UserDAO 类，并在该类中实现接口中定义的方法。首先定义一个用于操作数据库的数据源对象 DataSource，通过它创建一个数据库连接对象建立与数据库的连接，这个数据源对象在 Spring 中提供了 javax.sql.DataSource 接口的实现，只需在 Spring 的配置文件中进行相关的配置即可，稍后会讲到关于 Spring 的配置文件。这个类中实现了接口的抽象方法 insertUser()方法，通过这个方法访问数据库，关键代码如下：

```
public class UserDAO implements UserDAOImpl {
    private DataSource dataSource;                              //注入 DataSource
    public DataSource getDataSource() {
        return dataSource;
    }
    public void setDataSource(DataSource dataSource) {
        this.dataSource = dataSource;
    }
    //向数据表 tb_user 中添加数据
    public void inserUser(User user) {
        String name = user.getName();                           //获取姓名
        Integer age = user.getAge();                            //获取年龄
        String sex = user.getSex();                             //获取性别
        Connection conn = null;                                 //定义 Connection
        Statement stmt = null;                                  //定义 Statement
         try {
            conn = dataSource.getConnection();                  //获取数据库连接
            stmt = conn.createStatement();
            stmt.execute("INSERT INTO tb_user(name,age,sex) "
                    + "VALUES('"+name+"','" + age + "','" + sex + "')");    //添加数据的 SQL 语句
        } catch(SQLException e) {
            e.printStackTrace();
        }
        ...                                                     //省略的代码
}
```

编写 Spring 的配置文件 applicationContext.xml，在这个配置文件中首先定义一个 JavaBean 名称为 DataSource 的数据源，它是 Spring 中的 DriverManagerDataSource 类的实例。然后再配置前面编写完的 userDAO 类，并且注入它的 DataSource 属性值。具体的配置代码如下：

```
<!--配置数据源-->
<bean id="dataSource" class="org.springframework.jdbc.datasource.DriverManagerDataSource">
```

```
        <property name="driverClassName">
            <value>com.mysql.jdbc.Driver</value>
        </property>
        <property name="url">
            <value>jdbc:mysql://localhost:3306/db_database13</value>
        </property>
        <property name="username">
            <value>root</value>
        </property>
        <property name="password">
            <value>111</value>
        </property>
</bean>
<!--为 UserDAO 注入数据源-->
<bean id="userDAO" class="com.mr.dao.UserDAO">
        <property name="dataSource">
            <ref local="dataSource"/>
        </property>
</bean>
```

创建类 Manger，在其 main()方法中的关键代码如下：

```
Resource resource = new ClassPathResource("applicationContext.xml");        //装载配置文件
BeanFactory factory = new XmlBeanFactory(resource);
User user = new User();                                                      //实例化 User 对象
user.setName("张三");                                                        //设置姓名
user.setAge(new Integer(30));                                                //设置年龄
user.setSex("男");                                                           //设置性别
UserDAO userDAO = (UserDAO) factory.getBean("userDAO");                      //获取 UserDAO
userDAO.inserUser(user);                                                     //执行添加方法
System.out.println("数据添加成功!!!");
```

运行程序后，数据表 tb_user 添加的数据如图 19.8 所示。

id	name	age	sex
1	张三	30	男

图 19.8　在 tb_user 表中添加的信息

19.4.3　事务应用的管理

Spring 中的事务是基于 AOP 实现的，而 Spring 的 AOP 是以方法为单位的，所以 Spring 的事务属性就是对事务应用到方法上的策略描述。这些属性分为传播行为、隔离级别、只读和超时属性。

说明

事务管理在应用程序中起着至关重要的作用，它是一系列任务组成的工作单元，在这个工作单元中，所有的任务必须同时执行。它们只有两种可能的执行结果，要么所有任务全部成功执行，要么全部执行失败。

事务的管理通常分为两种方式，即编程式事务管理和声明式事务管理，在 Spring 中这两种事务管理方式都非常优秀。

☑　编程式事务管理

在 Spring 中主要有两种编程式事务的实现方法，分别使用 PlatformTransactionManager 接口的事务管理器或 TransactionTemplate 实现。虽然两者各有优缺点，但是推荐使用 TransactionTemplate 实现方式，因为它符合 Spring 的模板模式。

说明

TransactionTemplate 模板和 Spring 的其他模板一样，它封装了资源的打开和关闭等常用的重复代码，在编写程序时只需完成需要的业务代码即可。

【例 19.7】　利用 TransactionTemplate 实现 Spring 编程式事务管理。（**实例位置：资源包\TM\sl\19\3**）

首先需要在 Spring 的配置文件中声明事务管理器和 TransactionTemplate，关键代码如下：

```
<!--定义 TransactionTemplate 模板-->
<bean id="transactionTemplate" class="org.springframework.transaction.support.TransactionTemplate">
    <property name="transactionManager">
        <ref bean="transactionManager"/>
    </property>
    <property name="propagationBehaviorName">
        <value>PROPAGATION_REQUIRED</value>
    </property>
</bean>
<!--定义事务管理器-->
<bean id="transactionManager"
    class="org.springframework.jdbc.datasource.DataSourceTransactionManager">
    <property name="dataSource">
        <ref bean="dataSource" />
    </property>
</bean>
```

创建类 TransactionExample，定义数据添加的方法，在方法中执行两次数据库添加的操作，并用事务对操作进行保护。关键代码如下：

```
public class TransactionExample {
    DataSource dataSource;                                      //注入数据源
    PlatformTransactionManager transactionManager;              //注入事务管理器
    TransactionTemplate transactionTemplate;                    //注入 TransactionTemplate 模板
    ...                                                         //省略的 Setter()和 Getter()方法
    public void transactionOperation() {
        transactionTemplate.execute(new TransactionCallback() {
            public Object doInTransaction(TransactionStatus status) {
                Connection conn = DataSourceUtils.getConnection(dataSource);  //获得数据库连接
                try {
                    Statement stmt = conn.createStatement();
                    //执行两次添加方法
                    stmt.execute("insert into tb_user(name,age,sex) values('小强','26','男')");
                    stmt.execute("insert into tb_user(name,age,sex) values('小红','22','女')");
```

```
                    System.out.println("操作执行成功！");
                } catch(Exception e) {
                    transactionManager.rollback(status);                //事务回滚
                    System.out.println("操作执行失败，事务回滚！");
                    System.out.println("原因："+e.getMessage());
                }
                return null;
            }
        });
    }
}
```

创建类 Manger，在其 main()方法中的代码如下：

```
Resource resource = new ClassPathResource("applicationContext.xml"); //装载配置文件
BeanFactory factory = new XmlBeanFactory(resource);
//获取 TransactionExample
TransactionExample transactionExample = (TransactionExample) factory.getBean("transactionExample");
transactionExample.transactionOperation();                              //执行添加方法
```

为了测试事务是否配置正确，在 transactionOperation()方法中执行两次添加操作的语句之间添加两句代码，制造人为的异常。也就是说，当第一条操作语句执行成功后，第二条语句因为程序的异常无法执行成功，这种情况下如果事务成功回滚说明事务配置成功，添加的代码如下：

```
int a=0;                                                                //制造异常测试事务是否配置成功
a=9/a;
```

程序执行后控制台输出的信息如图 19.9 所示。数据库中表 tb_user 中的数据如图 19.10 所示。

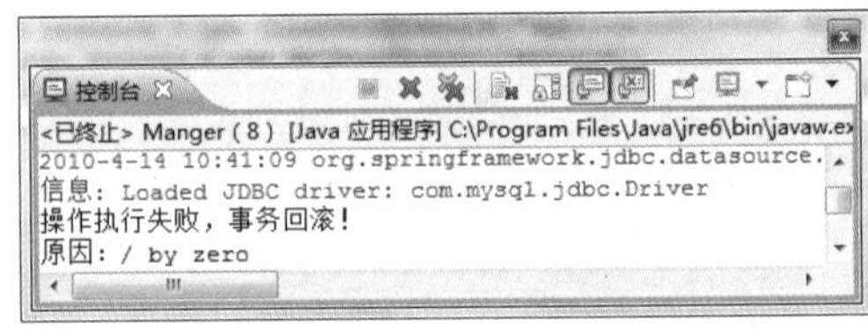

图 19.9　程序发生异常控制台输出的信息

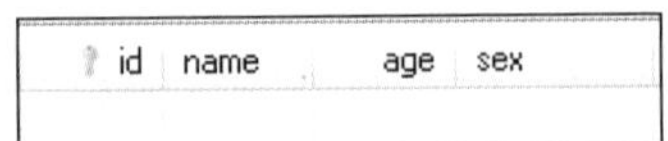

图 19.10　异常发生后 tb_user 表中无任何信息

☑　声明式事务管理

Spring 的声明式事务不涉及组建依赖关系，它通过 AOP 实现事务管理，Spring 本身就是一个容器，相对 EJB 容器而言，Spring 显得更为轻便小巧。在使用 Spring 的声明式事务时无须编写任何代码，便可通过实现基于容器的事务管理。Spring 提供了一些可供选择的辅助类，这些辅助类简化了传统的数据库操作流程，在一定程度上节省了工作量，提高了编码效率，所以推荐使用声明式事务。

在 Spring 中常用 TransactionProxyFactoryBean 完成声明式事务管理。

说明

使用 TransactionProxyFactoryBean 需要注入它所依赖的事务管理器，设置代理的目标对象、代理对象的生成方式和事务属性。代理对象是在目标对象上生成的包含事务和 AOP 切面的新的对象，它可以赋给目标的引用来替代目标对象，以支持事务或 AOP 提供的切面功能。

【例 19.8】 利用 TransactionProxyFactoryBean 实现 Spring 声明式事务管理。（**实例位置：资源包\TM\sl\19\4**）

首先在配置文件中定义数据源 DataSource 和事务管理器，这个事务管理器被注入 TransactionProxyFactoryBean 中，设置代理对象和事务属性。这里的目标对象是以内部类的方式定义的。配置文件中的关键代码如下：

```
<!--定义 TransactionProxy-->
<bean id="transactionProxy"
      class="org.springframework.transaction.interceptor.TransactionProxyFactoryBean">
      <property name="transactionManager">
            <ref local="transactionManager" />
      </property>
      <property name="target">
            <bean id="addDAO" class="com.mr.dao.AddDAO">
                        <property name="dataSource">
                              <ref local="dataSource" />
                        </property>
            </bean>
      </property>
      <property name="proxyTargetClass" value="true" />
      <property name="transactionAttributes">
            <props>
                        <prop key="add*">PROPAGATION_REQUIRED</prop>
            </props>
      </property>
</bean>
```

其次编写操作数据库的 AddDAO 类，该类中的 addUser()方法是关键，在该方法中执行了两次数据的插入操作，其在配置 TransactionProxyFactoryBean 时被定义为事务性方法，并指定了事务属性，所以方法中的所有数据库操作都被当作一个事务处理。类中的代码如下：

```
public class AddDAO extends JdbcDaoSupport {
        public void addUser(User user) {                                      //添加用户的方法
          String sql="insert into tb_user (name,age,sex) values('" +
                        user.getName() + "','" + user.getAge()+ "','" + user.getSex()+ "')"; //执行添加方法的 SQL 语句
          getJdbcTemplate().execute(sql);                                     //执行两次添加方法
          getJdbcTemplate().execute(sql);
    }
}
```

创建类 Manger，在其 main()方法中的代码如下：

```
Resource resource = new ClassPathResource("applicationContext.xml");        //装载配置文件
BeanFactory factory = new XmlBeanFactory(resource);
AddDAO addDAO = (AddDAO)factory.getBean("transactionProxy");               //获取 AddDAO
User user = new User();                                                     //实例化 User 实体对象
user.setName("张三");                                                       //设置姓名
```

```
user.setAge(30);                                        //设置年龄
user.setSex("男");                                      //设置性别
addDAO.addUser(user);                                   //执行数据库添加方法
```

19.4.4 应用 JdbcTemplate 操作数据库

JdbcTemplate 类是 Spring 的核心类之一，可以在 org.springframework.jdbc.core 包中找到它。JdbcTemplate 类在内部已经处理完了数据库资源的建立和释放，并可以避免一些常见的错误，例如关闭连接、抛出异常等。因此，使用 JdbcTemplate 类简化了编写 JDBC 时所使用的基础代码。

JdbcTemplate 类可以直接通过数据源的引用实例化，然后在服务中使用，也可以通过依赖注入的方式在 ApplicationContext 中产生并作为 JavaBean 的引用给服务使用。

说明

JdbcTemplate 类运行了核心的 JDBC 工作流程，例如应用程序要创建和执行 Statement 对象，只需在代码中提供 SQL 语句。另外，该类可以执行 SQL 中的查询、更新或者调用存储过程等操作，同时生成结果集的迭代数据。它还可以捕捉 JDBC 的异常，并将它们转换成 org.springframework.dao 包中定义的通用的异常体系。

JdbcTemplate 类中提供了接口来方便访问和处理数据库中的数据，这些方法提供了基本的选项，用于执行查询和更新数据库操作。对于数据查询和更新的方法中，JdbcTemplate 类提供了很多重载的方法，提高了程序的灵活性。表 19.2 列出了 JdbcTemplate 方法中常用的数据查询方法。

表 19.2 JdbcTemplate 中数据查询的常用方法

方 法 名 称	说 明
int QueryForInt(String sql)	返回查询的数量，通常是聚合函数数值
int QueryForInt(String sql,Object[] args)	
long QueryForLong(String sql)	返回查询的信息数量
long QueryForLong(String sql,Object[] args)	
Object queryforObject(string sql,Class requiredType)	返回满足条件的查询对象
List queryForList(String sql,Object[] args)	

说明

表 19.2 中方法的参数说明如下。

☑ sql：查询条件的语句。

☑ requiredType：返回对象的类型。

☑ args：查询语句的条件参数。

【例 19.9】 利用 JdbcTemplate 向数据表 tb_user 添加用户信息。（**实例位置：资源包\TM\sl\19\5**）

在配置文件 applicationContext.xml 中，配置 JdbcTemplate 和数据源。关键代码如下：

```
<!--配置 jdbcTemplate-->
<bean id="JdbcTemplate" class="org.springframework.jdbc.core.JdbcTemplate">
```

```
    <property name="dataSource">
        <ref local="dataSource"/>
    </property>
</bean>
```

创建类 AddUser，获取 JdbcTemplate 对象，并利用它的 update()方法执行数据库的添加操作，其 main()方法中的关键代码如下：

```
DriverManagerDataSource ds = null;
JdbcTemplate jtl = null;
Resource resource = new ClassPathResource("applicationContext.xml");        //获取配置文件
BeanFactory factory = new XmlBeanFactory(resource);
jtl =(JdbcTemplate)factory.getBean("jdbcTemplate");                        //获取 JdbcTemplate
String sql = "insert into tb_user(name,age,sex) values('小明','23','男')";   //SQL 语句
jtl.update(sql);                                                            //执行添加操作
```

程序运行后，在 tb_user 表中添加的信息如图 19.11 所示。

id	name	age	sex
10	小明	23	男

图 19.11　在 tb_user 表中添加的信息

JdbcTemplate 类进行数据写入主要是通过 update()方法，它实现了很多方法的重载特征，在实例中使用了 JdbcTemplate 类写入数据的常用方法 update(String)。

19.4.5　与 Hibernate 整合

Spring 整合了对 Hibernate 的设定，并且整合步骤非常简单，Spring 中提供了 HibenateTemplate 类和 HibernateDaoSupport 类以及相应的子类，使用户在结合 Hibernate 使用时可以简化程序编写的资源，与 JDBC 相类似，完全可以像使用模型一样简洁方便，同时还提供使用 Hiberante 时的编程式的事务管理与声明式的事务管理。

众所周知，Hibernate 的连接、事务管理等是由建立 SessionFactory 类开始的，SessionFactory 在应用程序中通常只存在一个实例，因而 SessionFactory 底层的 DataSource 可以使用 Spring 的 IoC 注入，之后再注入 SessionFactory 到依赖的对象中。

注意

在应用的整个生命周期中，只要保存一个 SessionFactory 实例即可。

在 Spring 中配置的 SessionFactory 对象是通过实例化 LocalSessionFactoryBean 类来完成的。为了让 SessionFactory 可以获取到连接的后台数据库的信息，需要配置一个数据源 dataSource，配置方法如下：

```
<!--配置数据源-->
<bean id="dataSource"
    class="org.springframework.jdbc.datasource.DriverManagerDataSource">
```

```
    <property name="driverClassName">
        <value>com.mysql.jdbc.Driver</value>
    </property>
    <property name="url">
        <value>jdbc:mysql://localhost:3306/db_database13
        </value>
    </property>
    <property name="username">
        <value>root</value>
    </property>
    <property name="password">
        <value>111</value>
    </property>
</bean>
```

通过一个 LocalSessionFactoryBean 配置 Hibernate，Hibernate 本身有很多属性，通过这些属性可以控制它的行为，其中最重要的一个就是 mappingResources 属性，通过设置该属性中的 value 值，来指定 Hibernate 所使用的映射文件。代码如下：

```
//定义 Hibernate 的 sessionFactory
<bean id="sessionFactory" class="org.springframework.orm.hibernate3.LocalSessionFactoryBean">
    <property name="dataSource">
    <ref bean="dataSource" />
    </property>
    <property name="hibernateProperties">
    <props>
    <prop key="dialect">org.hibernate.dialect.SQLServerDialect</prop> //数据库连接方法
    <prop key="hibernate.show_sql">true</prop>                         //在控制台输出 SQL 语句
    <prop key="hibernate.format_sql">true</prop>                       //格式化控制台输出的 SQL 语句
    </props>
    </property>
    <property name=" mappingResources ">                               //Hibernate 映射文件
    <list>
    <value>com/mr/User.hbm.xml</value>
    </list>
    </property>
</bean>
```

配置完成之后，就可以使用 Spring 所提供的很多支持 Hibernate 的类。例如，通过 HibenateTemplate 类和 HibernateDaoSupport 的子类，完全可以实现 Hibernate 的大部分功能，这对于实际项目的编写带来了很大的方便。

【例 19.10】 整合 Spring 与 Hibernate 向 tb_user 表中添加信息。（**实例位置：资源包\TM\sl\19\6**）

该实例主要演示了在 Spring 中如何使用 Hibernate 框架完成数据持久化，它继承了 Spring 的 HibernateDaoSupport 类来创建操作数据的 UserDaoSupport 类，在该类中编写完成数据库操作的方法。

首先建立 Spring 的配置文件 applicationContext.xml，该配置文件用于完成数据源 datasource 和

LocalSessionFactoryBean 的配置，其配置方法如上面的讲解所示。

编写一个进行数据库操作的 DAO 类文件 UserDaoSupport，该类继承 Spring 框架中的 HibernateDaoSupport 类，定义一个添加方法，其参数为 JavaBean 的实体类对象 User。然后通过 getHibernateTemplate()方法获得 Hibernate 的模板类，通过这个类执行数据添加操作，代码如下：

```
public class UserDAO extends HibernateDaoSupport {
    //保存用户的方法
    public void insert(User user){
        this.getHibernateTemplate().save(user);
    }
}
```

说明

HibernateTemplate 会确保当前 Hibernate 的 Session 对象的正确打开和关闭，并直接参与到事务管理中去。Template 实例不仅是线程安全的，同时它也是可重用的。

将该类配置到 Spring 的配置文件中，同时为它的 SessionFactory 属性注入数据源 DataSource。具体设置如下：

```
<!--注入 SessionFactory-->
<bean id="userDAO" class="com.mr.dao.UserDAO">
    <property name="sessionFactory">
    <ref local="sessionFactory" />
    </property>
</bean>
```

创建类 AddUser，在其中调用添加用户的方法，其 main()方法中的关键代码如下：

```
public static void main(String[] args) {
    Resource resource = new ClassPathResource("applicationContext.xml"); //获取配置文件
    BeanFactory factory = new XmlBeanFactory(resource);
    UserDAO userDAO = (UserDAO)factory.getBean("userDAO");              //获取 UserDAO
    User user = new User();                                              //实例化 User 对象
    user.setName("Spring 与 Hibernate 整合");                            //设置姓名
    user.setAge(20);                                                     //设置年龄
    user.setSex("男");                                                   //设置性别
    userDAO.insert(user);                                                //执行用户添加的方法
    System.out.println("添加成功！");
}
```

程序运行后，在 tb_user 表中添加的信息如图 19.12 所示。

id	name	age	sex
12	Spring与Hibernate整合	20	男

图 19.12　在 tb_user 表中添加的信息

19.5 小　　结

本章主要介绍了 Spring 中的另一个核心技术——AOP，它提出了另一种编程思想面向切面编程。除了详细地介绍 AOP 概念以外，还介绍了 Spring 的切入点、经典的 DAO 模式、Spring 中的事务管理等内容，Spring 为 Jdbc 以及 Hibernate 的整合方面的内容。

19.6 实践与练习

1．Spring AOP 实现用户的注册。（**答案位置：资源包\TM\sl\19\7**）
2．Spring 与 Hibernate 整合批量添加数据。（**答案位置：资源包\TM\sl\19\8**）

第20章

SSM 框架整合开发

（视频讲解：57 分钟）

SSM 框架（即 Spring、SpringMVC 和 MyBatis 框架）是当前开发 Java Web 应用最主流的框架集合，本章将对如何使用 SSM 框架整合开发项目进行详细讲解。

通过阅读本章，您可以：

- 了解 SSM 框架
- 熟悉为什么要使用框架
- 掌握 SSM 框架的搭建
- 掌握 SSM 框架在实际开发中的应用

视频讲解

20.1 什么是 SSM 框架

什么是框架：框架就是一些类和接口的集合，通过调用这些类和接口来完成一系列功能的实现。

什么是 SSM：首先要说市面上存在的框架有很多种，我们在这里讲的 SSM 也是这些框架其中的 3 个，分别为 Spring、SpringMVC、MyBatis，这 3 个框架是目前市面上最火、搭配使用率最高的三大框架，下面分别对每个框架进行介绍。

20.1.1 MyBatis 简介

MyBatis 是一款优秀的持久层框架，它支持定制化 SQL、存储过程以及高级映射。MyBatis 避免了几乎所有的 JDBC 代码和手动设置参数以及获取结果集。MyBatis 可以使用简单的 XML 或注解来配置和映射原生信息，将接口和 Java 的 POJOs（Plain Old Java Objects，普通的 Java 对象）映射成数据库中的记录。

20.1.2 认识 SpringMVC

SpringMVC：视图层框架——用于后台 java 程序和前台 jsp 页面进行连接（功能类似于 servlet）。

SpringMVC 特点如下：

☑ Spring MVC 拥有强大的灵活性、非入侵性和可配置性。

☑ Spring MVC 提供了一个前端控制器 DispatcherServlet，开发者无须额外开发控制器对象。

☑ Spring MVC 分工明确，包含控制器、验证器、命令对象、模型对象、处理程序映射视图解析器等，每一个功能实现由一个专门的对象负责完成。

☑ Spring MVC 可以自动绑定用户输入，并正确地转换数据类型。例如，Spring MVC 能自动解析字符串，并将其设置为模型的 int 或 float 类型的属性。

☑ Spring MVC 使用一个名称/值的 Map 对象实现更加灵活的模型数据传输。

☑ Spring MVC 内置了常见的校验器，可以校验用户输入，如果校验不通过，则重定向回输入表单。输入校验是可选的，并且支持编程方式及声明方式。

☑ Spring MVC 支持国际化，支持根据用户区域显示多国语言，并且国际化的配置非常简单。

☑ Spring MVC 支持多种视图技术，最常见的有 JSP 技术以及其他技术，包括 Velocity 和 FreeMarker。

☑ Spring 提供了一个简单而强大的 JSP 标签库，支持数据绑定功能，使得编写 JSP 页面更加容易。

20.1.3 Spring 框架概述

Spring 是一个开源框架，它是于 2003 年兴起的一个轻量级的 Java 开发框架，由 Rod Johnson 在其著作 *Expert One-On-One J2EE Development and Design* 中阐述的部分理念和原型衍生而来。它是为了解决企业应用开发的复杂性而创建的。框架的主要优势之一就是其分层架构，分层架构允许使用者选择

使用哪一个组件，同时为 J2EE 应用程序开发提供集成的框架。Spring 使用基本的 JavaBean 来完成以前只可能由 EJB 完成的事情。然而，Spring 的用途不仅限于服务器端的开发。从简单性、可测试性和松耦合的角度而言，任何 Java 应用都可以从 Spring 中受益。Spring 的核心是控制反转（IoC）和面向切面（AOP）。

简单来说，Spring 是一个分层的 JavaSE/EE full-stack（一站式）轻量级开源框架。

Spring 框架特点如下：

☑ 方便解耦，简化开发

通过 Spring 提供的 IoC 容器，可以将对象之间的依赖关系交由 Spring 进行控制，避免硬编码所造成的过度程序耦合。有了 Spring，用户不必再为单实例模式类、属性文件解析等这些很底层的需求编写代码，可以更专注于上层的应用。

☑ AOP 编程的支持

通过 Spring 提供的 AOP 功能，方便进行面向切面的编程，许多不容易用传统 OOP 实现的功能可以通过 AOP 轻松应付。

☑ 声明式事务的支持

在 Spring 中，我们可以从单调烦闷的事务管理代码中解脱出来，通过声明式方式灵活地进行事务的管理，提高开发效率和质量。

☑ 方便程序的测试

可以用非容器依赖的编程方式进行几乎所有的测试工作，在 Spring 里，测试不再是昂贵的操作，而是随手可做的事情。例如，Spring 对 Junit4 支持，可以通过注解方便的测试 Spring 程序。

☑ 方便集成各种优秀框架

Spring 不排斥各种优秀的开源框架，相反，Spring 可以降低各种框架的使用难度，Spring 提供了对各种优秀框架（如 Struts、Hibernate、Hessian、Quartz 等）的直接支持。

☑ 降低 Java EE API 的使用难度

Spring 对很多难用的 Java EE API（如 JDBC、JavaMail、远程调用等）提供了一个薄薄的封装层，通过 Spring 的简易封装，这些 Java EE API 的使用难度大为降低。

☑ Java 源码是经典学习范例

Spring 的源码设计精妙、结构清晰、匠心独运，处处体现着大师对 Java 设计模式灵活运用以及对 Java 技术的高深造诣。Spring 框架源码无疑是 Java 技术的最佳实践范例。如果想在短时间内迅速提高自己的 Java 技术水平和应用开发水平，学习和研究 Spring 源码将会使读者收到意想不到的效果。Spring 常用注解如表 20.1 所示。

表 20.1　Spring 常用注解

注　　解	说　　明
@Component	告诉 Spring，该类是一个实体类
@Repository	告诉 Spring，该类是一个持久层类
@Service	告诉 Spring，该类是一个业务层类
@Autowired	需要由 Spring 自动创建对象

☑ 原则上 Spring 是不会区分每一层的类上用的注解是否正规，意思就是如果实体类上用 @Repository 或@Service 也是可以的，程序不会报错，只是不是很正规。

☑ 用了@Autowired 这个注解以后，不需要自己去创建对象，这项工作交给 Spring 来完成，例如，如果想在 service 层调用 dao 里面的方法，不需要去写 new 那句话，直接用注解的方式来完成，下面的项目中会有具体实例。

SSM 框架简单运行示例图如图 20.1 所示。

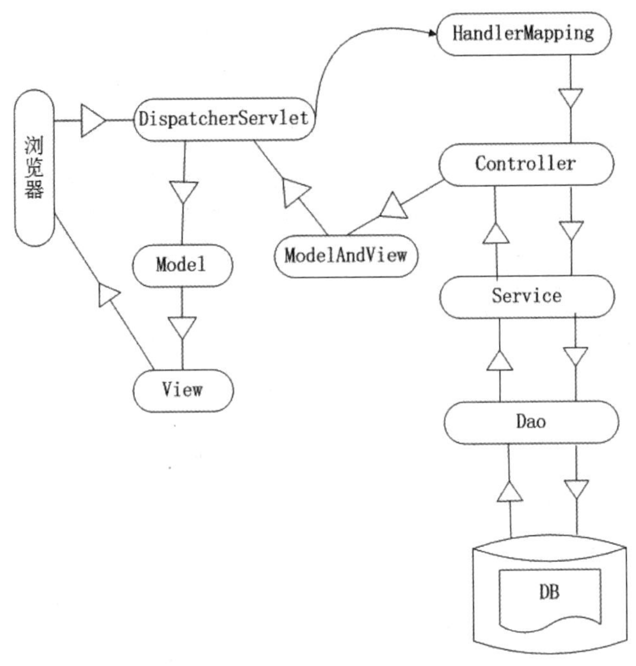

图 20.1　SSM 框架简单运行示例图

20.2　为什么使用框架

例如，在 servlet 里面接收前台传过来的值需要写很多个 request.getParameter()，而且在需要给实体类进行赋值时同样也需要写很多个 set***()，现在应用了框架，这些重复而且枯燥的操作完全不用自己去完成了，只需要通过相应框架里面封装好的方法就直接可以完成，在使用这三大框架以后，对于每个普通的增删改查的方法，一个方法代码基本不会超过 5 行，有些甚至用一行代码就可以完成想要的功能。

20.3　如何使用 SSM 三大框架

20.3.1　搭建框架环境

搭建 SSM 框架的步骤如下：

（1）准备好三大框架所需要的 jar 包，一共是 20 个 jar 包，还有一个是连接 mysql 数据库的包，所以一共是 21 个 jar 包，如图 20.2 所示。

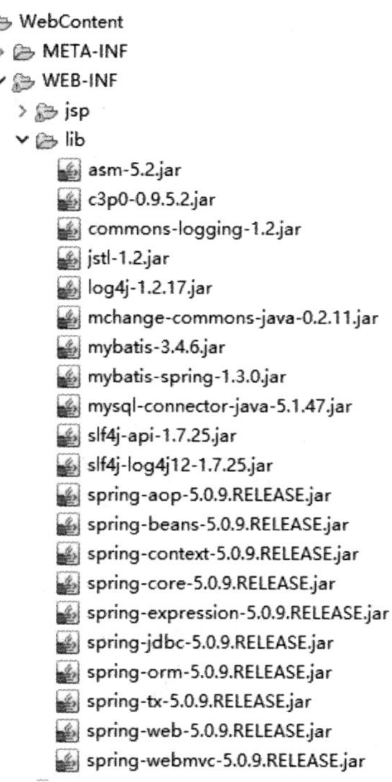

图 20.2　SSM 框架需要的 jar 包

（2）在 IDE 中创建一个 web project，并把刚才所准备的 21 个 jar 包粘贴到 lib 文件夹中，如图 20.3 所示。

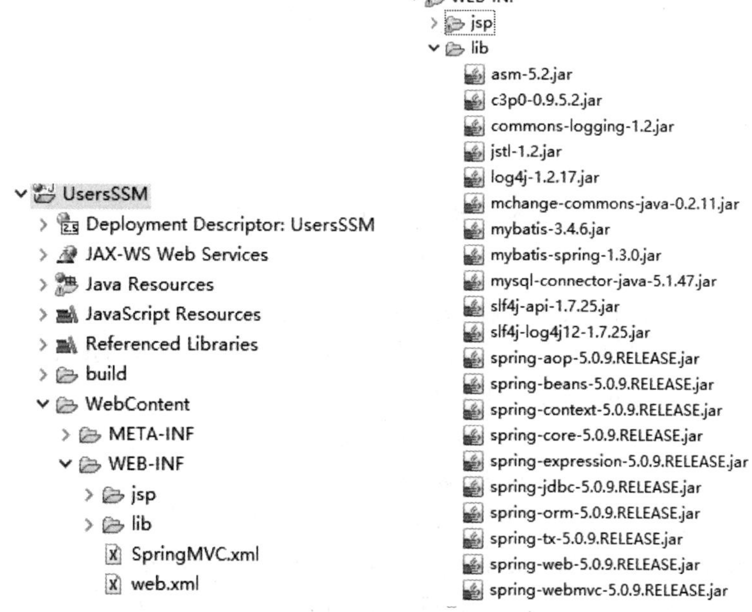

图 20.3　将 jar 包粘贴到项目的 lib 文件夹中

（3）在 src 文件夹下创建一个 spring 框架的配置文件，并命名为 application.xml，如图 20.4 所示。

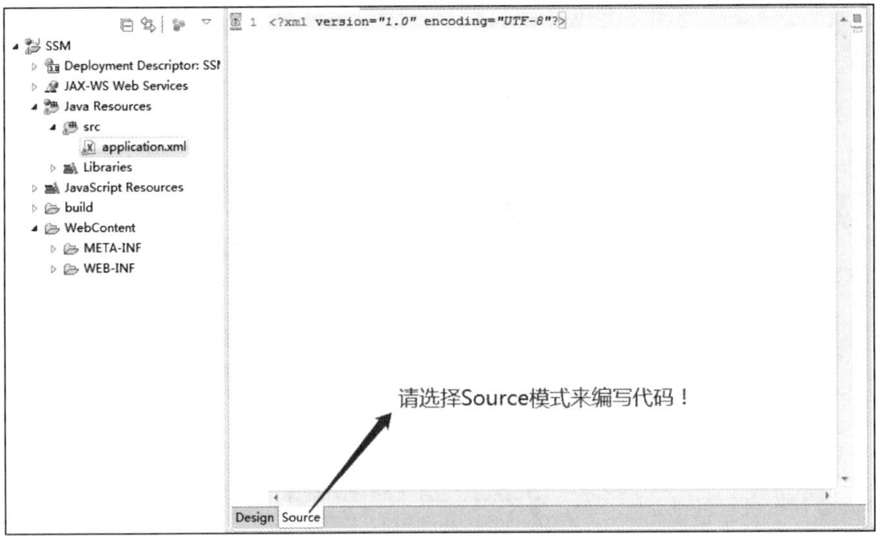

图 20.4　创建 application.xml 文件

（4）在 application.xml 配置文件中第二行也就是<?xml version="1.0" encoding="UTF-8"?>这句话的下面写一对<beans></beans>标签，并在开始的<beans>标签里要写上声明头如图 20.5 所示。

```
application.xml
1  <?xml version="1.0" encoding="UTF-8"?>
2  <beans xmlns="http://www.springframework.org/schema/beans"
3         xmlns:xsi="http://www.w3.org/2001/XMLSchema-instance"
4         xmlns:context="http://www.springframework.org/schema/context"
5         xsi:schemaLocation="http://www.springframework.org/schema/beans
6         http://www.springframework.org/schema/beans/spring-beans-4.0.xsd
7         http://www.springframework.org/schema/context
8         http://www.springframework.org/schema/context/spring-context-4.0.xsd">
9
10 </beans>
```

图 20.5　application.xml 文件中的代码

代码说明：

☑　xmlns="http://www.springframework.org/schema/beans"

声明 xml 文件默认的命名空间，表示未使用其他命名空间的所有标签的默认命名空间。

☑　xmlns:xsi="http://www.w3.org/2001/XMLSchema-instance"

声明 XMLSchema 实例，声明后就可以使用 schemaLocation 属性。

☑　xmlns:context="http://www.springframework.org/schema/context"

引入 context 标签，用于下面连接数据库以及使用 spring 注解功能应用。

☑　xsi:schemaLocation="http://www.springframework.org/schema/beans
http://www.springframework.org/schema/beans/spring-beans-4.0.xsd
http://www.springframework.org/schema/context
http://www.springframework.org/schema/context/spring-context-4.0.xsd">

指定 Schema 的位置这个属性必须结合命名空间使用。这个属性有两个值，第一个值表示需要使用的命名空间，第二个值表示供命名空间使用的 XMLSchema 的位置。

上面配置的命名空间指定了 xsd 规范文件，这样读者在进行下面具体配置时就可以根据这些 xsd 规范文件给出相应的提示，比如每个标签是怎么写的，都有些什么属性是可以智能提示的，在启动服务时也会根据 xsd 规范对配置进行校验。

（5）开始配置 spirng 配置文件里面的内容，无先后顺序，先配置哪个都可以，这里先配置 c3p0 连接数据库，首先要在 src 根目录下创建一个连接数据库的配置文件名为 db.properties，如图 20.6 所示。

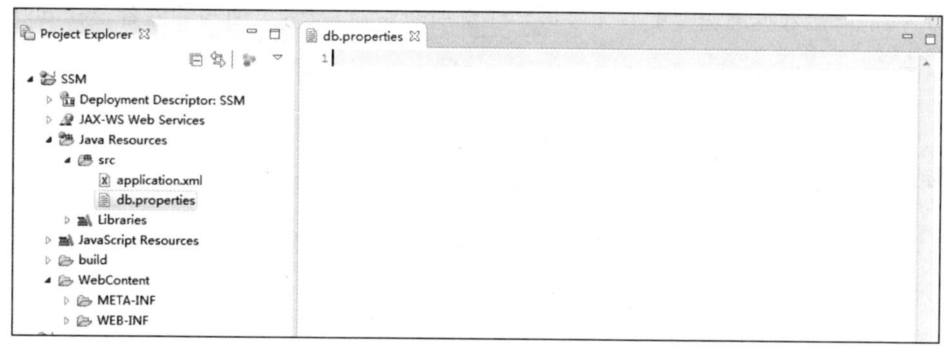

图 20.6　创建 db.properties 文件

在配置文件中配置以下信息：

☑　登录数据库账号。

☑　登录数据库密码。

☑　数据库连接驱动。

☑　数据库链接地址。

具体配置代码如图 20.7 所示。

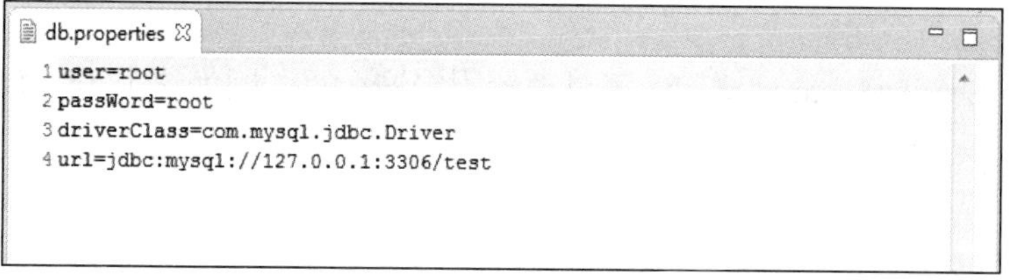

```
user=root
passWord=root
driverClass=com.mysql.jdbc.Driver
url=jdbc:mysql://127.0.0.1:3306/test
```

图 20.7　配置数据库信息

（6）连接数据库文件我们已经准备好，下面就继续回到 spring 配置文件中开始配置 c3p0 连接池，在<beans>头标签和</beans>结束标签的中间来配置相关信息，如图 20.8 所示。

```
<!-- c3p0连接池 -->
<context:property-placeholder location="classpath:db.properties"/>

<bean id="dataSource" class="com.mchange.v2.c3p0.ComboPooledDataSource">
      <property name="user" value="${user}"/>
      <property name="driverClass" value="${driverClass}"/>
      <property name="password" value="${passWord}"/>
      <property name="jdbcUrl" value="${url}"/>
</bean>
```

图 20.8　配置 c3p0 连接池

代码说明：

☑ <context:property-placeholder location="：这里面写的是读者自己创建的数据库连接文件的名字"/>

☑ <bean id="dataSource" class="com.mchange.v2.c3p0.ComboPooledDataSource">

<property name="user" value="${user}"/>

<property name="driverClass" value="${driverClass}"/>

<property name="password" value="${passWord}"/>

<property name="jdbcUrl" value="${url}"/>

</bean>：指定连接数据库需要的各个字段，注意所有带${}符号里面写的内容是在 db.properties 文件中起的名字。

注意

所有带${}符号里面写的内容是读者在 db.properties 文件中起的名字。

（7）配置 SqlSessionFactory，用于加载 MyBatis 框架，持久层的方法可以通过映射直接找到相应的 Mapper 文件里面的 SQL 语句，具体配置如图 20.9 所示。

```
<!-- 配置SqlSessionFactory -->
<bean id="sqlSessionFactory" class="org.mybatis.spring.SqlSessionFactoryBean">
    <property name="dataSource" ref="dataSource"/>
    <property name="mapperLocations">
        <list>
            <value>classpath:com/mr/mapper/*-Mapper.xml</value>
        </list>
    </property>
    <property name="typeAliasesPackage" value="com.mr.entity"/>
</bean>
```

图 20.9　配置 SqlSessionFactory

代码说明：

☑ <bean>标签里两个属性。
  - id="SqlSessionFactory"语句，可以理解固定这么写，因为这个 id 值需要和接下来要写的 java 代码里的一个属性相对应。
  - class="org.mybatis.spring.SqlSessionFactoryBean"固定写法，因为这是加载 MyBatis 框架下的类，也就是说 class 属性里面写的值是这个类的全路径名称。

☑ 第一个<property/>标签里两个属性。
  - name="dataSource"固定对象名。
  - ref="dataSource"中的 ref 是引用的作用，此句代表只想有一个 id 为"dataSource"的源（在 Spring 配置文件中第一个配置的<bean>）。

☑ 第二个<property></property>。
  - mapperLocations 属性使用一个资源位置的 list。这个属性可以用来指定 MyBatis 的 XML 映射器文件的位置。它的值可以包含 Ant 样式加载的一个目录中所有文件，或者从基路径下递归搜索所有路径。
  - 会加载所指定的路径下所有 MyBatis 的 SQL 映射文件。

☑ 第三个<property/>配置实体类的包路径，其作用在于，以后在写入 Mapper 文件中时，如果参

数或者返回值是实体类对象，那么可以直接写实体类映射名字，不需要写全类名。

注意

通过以上配置，就能成功地把 Spring 和 MyBatis 框架整合到一起，下面先来编写持久层和业务逻辑层，先看一下 MyBatis 到底是怎么用的，这些都完成以后最后完成控制层和视图层。

20.3.2　创建实体类

首先，对照数据库的表创建一个实体类，内容如图 20.10 所示。

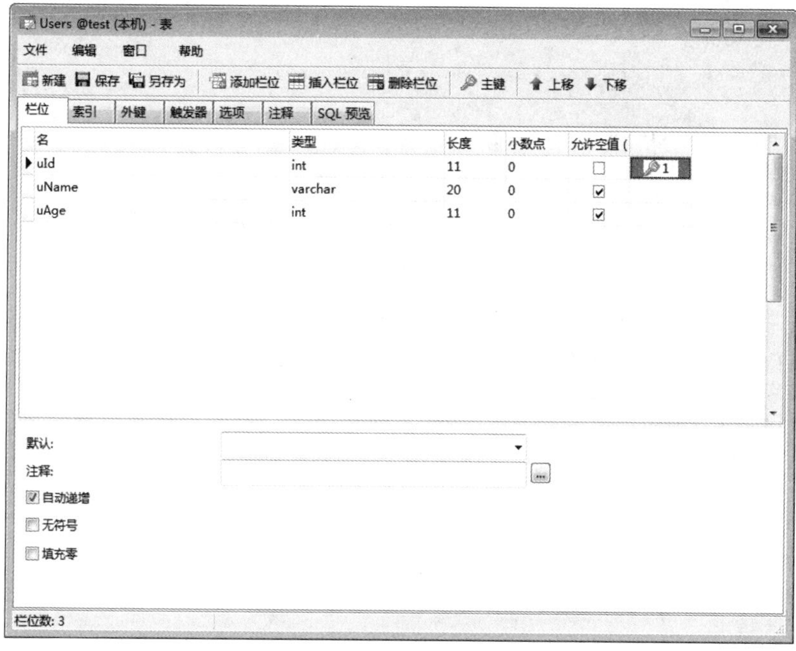

图 20.10　实例数据表结构

根据这张表我们创建一个 java 实体类，并在里面声明私有属性和对应的公有方法。

```
package com.mr.entity;

import org.apache.ibatis.type.Alias;
import org.springframework.stereotype.Component;

@Alias("usersBean")
@Component
public class UsersBean {

	private int uId;
	private String uName;
	private int uAge;
	private String uAddress;
```

```
    private String uTel;
    public int getuId() {
        return uId;
    }
    public void setuId(int uId) {
        this.uId = uId;
    }
    public String getuName() {
        return uName;
    }
    public void setuName(String uName) {
        this.uName = uName;
    }
    public int getuAge() {
        return uAge;
    }
    public void setuAge(int uAge) {
        this.uAge = uAge;
    }
    public String getuAddress() {
        return uAddress;
    }
    public void setuAddress(String uAddress) {
        this.uAddress = uAddress;
    }
    public String getuTel() {
        return uTel;
    }
    public void setuTel(String uTel) {
        this.uTel = uTel;
    }
}
```

Users 类上方写的注解就是对该类的映射，而且@Alias 这个注解需要导入包，以后在 Mapper 文件中可以直接调用这个名字无须写类名及完整类名，因为在 Spring 的配置文件中已经完成相关配置。

20.3.3　编写持久层

开始写持久层之前，要知道需要用到 MyBatis 的哪些对象或接口才能完成要完成的操作。

☑　SqlSessionFactory

每个基于 MyBatis 的应用都是以一个 SqlSessionFactory 的实例为中心的。SqlSessionFactory 的实例可以通过 SqlSessionFactoryBuilder 获得。而 SqlSessionFactoryBuilder 则可以从 XML 配置文件或一个预先定制的 Configuration 的实例构建出 SqlSessionFactory 的实例。

☑　从 SqlSessionFactory 中获得 SqlSession

既然有了 SqlSessionFactory，就可以从中获得 SqlSession 的实例。SqlSession 完全包含了面向数据库执行 SQL 命令所需的所有方法。读者可以通过 SqlSession 实例来直接执行已映射的 SQL 语句。

☑　映射实例，让程序具体到哪个 Mapper 文件中执行 SQL 代码

以上这 3 点是每个 daoImpl 方法里都需要写的，根据面向对象的特点先把重复代码提取出来封装到一个类下，这样以后就不用写每个方法都创建这 3 个对象，因此，先创建一个 BaseDaoImpl 类用于封装这 3 个对象。

```
package com.mr.dao.impl;

import java.io.IOException;
import java.io.Reader;

import org.apache.ibatis.io.Resources;
import org.apache.ibatis.session.SqlSession;
import org.apache.ibatis.session.SqlSessionFactory;
import org.apache.ibatis.session.SqlSessionFactoryBuilder;
import org.springframework.beans.factory.annotation.Autowired;
import org.springframework.stereotype.Repository;

@Repository
public class BaseDaoImpl<T> {
    //1.声明 SqlSessionFactory
    @Autowired
    private SqlSessionFactory sqlSessionFactory;
    //2.声明 SqlSession
    protected SqlSession sqlSession;
    //3.声明 mapper 属性
    private Class<T> mapper;

    //4.为 mapper 创建 get  set
    public T getMapper() {
        return sqlSessionFactory.openSession().getMapper(mapper);
    }
    public void setMapper(Class<T> mapper) {
        this.mapper = mapper;
    }
}
```

说明

BaseDaoImpl 类里面的注解先不考虑在接下来书中有讲解。

现在开始完成持久层代码：

首先要创建 UsersDao 接口以及 UsersDaoImpl 实现类，因为 DaoImpl 类里面要写具体的 CRUD 方法，必然会用到提到的上述 3 个对象，现在这 3 个对象都封装到一个叫 BaseDaoImpl 的类中，所以在创建 UsersDaoImpl 类时，不但要实现 UsersDao 接口，还要继承 BaseDaoImpl 类并重写本类的构造方法，在构造方法中调用父类的构造方法，这样程序就可以获得 Mapper 对象。

```
package com.mr.dao.impl;

import java.util.List;
```

```
import org.springframework.stereotype.Repository;
import com.mr.dao.UserDao;
import com.mr.entity.UsersBean;

@Repository
public class UserDaoImpl extends BaseDaoImpl<UserDao> implements UserDao {
	//构造函数调用父类的构造方法
	public UserDaoImpl() {
		super();

		this.setMapper(UserDao.class);
	}
	//查询所有用户
	@Override
	public List<UsersBean> getAllUser() {
		//TODO Auto-generated method stub

	}
	//根据用户 ID 查询用户信息
	public List<UsersBean> getUserById(int id){

	}
	//修改用户信息
	public void updUser(UsersBean usersBean) {

	}
	//删除用户
	@Override
	public void delUser(int uId) {
		//TODO Auto-generated method stub

	}
}
```

通过调用父类里面的构造方法和 setMapper()方法可以将接口类型传过去，这样程序就可以通过该类型找到对应的映射文件了。

20.3.4 编写业务层

MyBatis 框架的 3 个对象封装完毕，接下来开始准备写功能代码。先来完成 getAllUser()方法，此方法写起来很简单，这是一个查询所有方法并且返回一个 List 的集合。

```
//查询所有用户
	@Override
	public List<UsersBean> getAllUser() {
		//TODO Auto-generated method stub
		return this.getMapper().getAllUser();
	}
```

上面代码中，通过调用父类的 getMapper()方法可以直接让程序找到对应的映射文件，至于后面的.getAllUser()的作用是用于到 Mapper 文件中找到具体的 SQL 语句，接下来要写 Mapper 文件并在该映射文件中完成一条 SQL 语句。

首先创建一个 XML 文件并命名为*****-Mapper.xml，*号部分的内容是读者可以自主修改的名字，建议要和实体类同名，由于书中实体类叫 Users，那么先为文件命名为 Users-Mapper.xml，如图 20.11 所示。

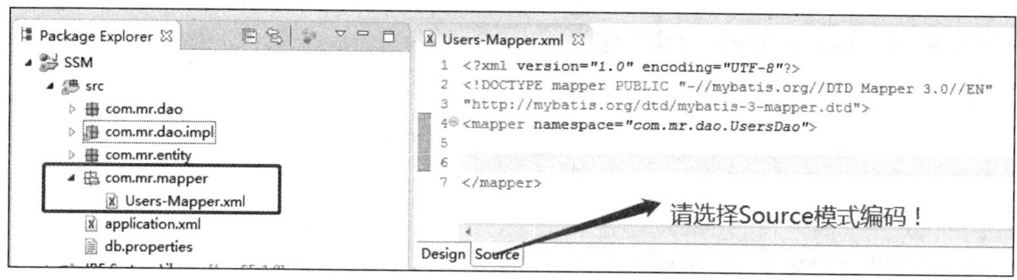

图 20.11　SQL 映射文件---Users-Mapper.xml

创建完 Mapper 文件以后首先要写一对标签<mapper></mapper>，mapper 标签中 namespace 属性的值是要设定该 Mapper 文件要和哪个接口对应，这里需要写全路径，因为所做的是查询操作，所以要在这一对 mapper 标签的中间编写查询标签<select>，代码如下：

```
<?xml version="1.0" encoding="UTF-8"?>
<!DOCTYPE mapper PUBLIC "-//mybatis.org//DTD Mapper 3.0//EN"
"http://mybatis.org/dtd/mybatis-3-mapper.dtd">
<mapper namespace="com.mr.dao.UserDao">
    <select id="getAllUser" resultType="usersBean">
        select * from users
    </select>
</mapper>
```

☑ select 标签中 id 属性的值是查询方法里 getMapper().后面接口的名字，如图 20.12 所示。

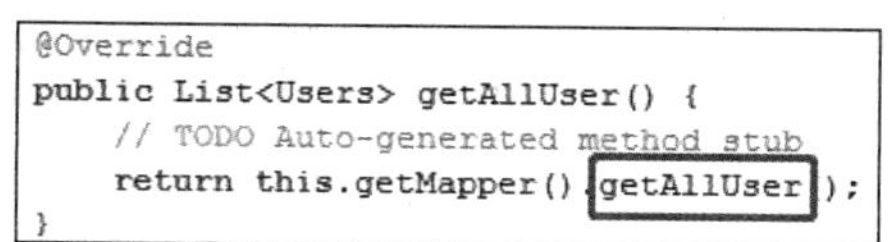

图 20.12　mapper 映射文件 Id 对应名字

☑ resultType 属性是查询结果返回值类型是什么，因为在方法中设定返回值 Users 类型的 List，所以在这个属性里，直接把返回值类型设定成实体类类型。

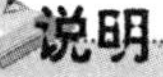
说明

如果是新增操作<insert>标签、修改<update>标签、删除<delete>标签，属性和用法都一样。

截至目前持久层、实体类都已经完成了，接下来实现业务层，先创建业务层接口 service，再创建业务层的实现类 serviceImpl，并在实现类上面写上注解@service("userService")，在业务层的注解括号里参数部分要特别声明一个名字，这个名字在后面 Controller 类里创建 Service 对象时需要根据这个名字来匹配，如图 20.13 所示。

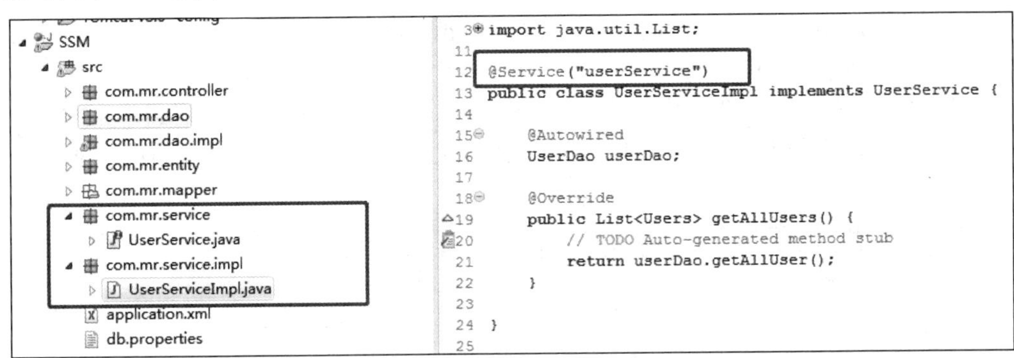

图 20.13　Service 层

先通过 Spring 注解的方式把 Dao 层类注入进来，用到@Autowired，代码如下：

```
package com.mr.service.impl;

import java.util.List;

import org.springframework.beans.factory.annotation.Autowired;
import org.springframework.stereotype.Service;

import com.mr.dao.UserDao;
import com.mr.entity.UsersBean;

@Service("userService")
public class UserServiceImpl {

    @Autowired
    UserDao userDao;

    public List<UsersBean> getAllUser(){
        return userDao.getAllUser();
    }
}
```

通过这个注解，就成功地把创建 UserDao 对象的任务移交给了 Spring，这时即可直接通过 userDao 的方式访问到该类里面的成员变量。

业务层是把 Dao 层方法获取到并返回给下一层，即 Controller 控制层。

20.3.5　创建控制层

继续在项目中创建一个类，作为控制层 Controller，这里要跟之前讲的 Servlet 有所区别，Servlet 虽然也是控制层，但是属于入侵性的（需要几层 HttpServlet），而 SpringMVC 则不用，只需创建一个最普通的 Class 即可，只是需要用注解在声明类代码时标注上这是一个控制层，如图 20.14 所示。

简单的一个注解就解决了，有了这个注解这个类就不是普通的类了，它现在是一个控制器。

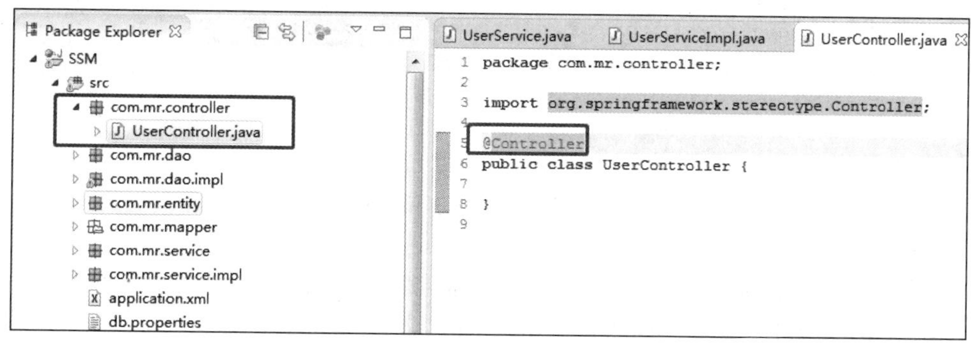

图 20.14　Controller 层

20.3.6　配置 SpringMVC

要想用 SpringMVC 来完成工作，首先需要创建它自己的配置文件，在项目结构中的 WebContent\WEB-INF 文件夹下创建一个 xml，名字叫作 SpringMVC.xml，如图 20.15 所示。

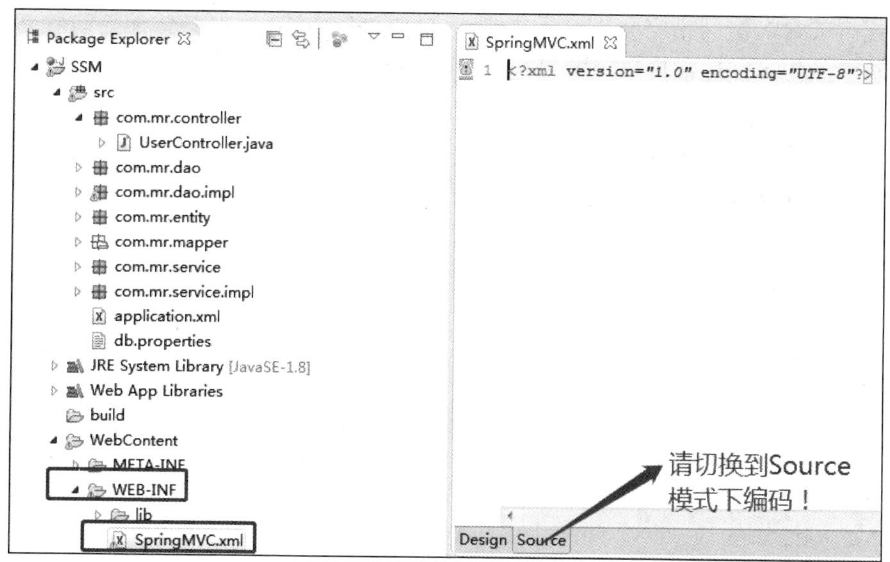

图 20.15　SpringMVC 配置文件

既然是配置文件，那么开头也要和 Spring 配置文件一样需要声明头部分。

```
<?xml version="1.0" encoding="UTF-8"?>
<beans    xmlns="http://www.springframework.org/schema/beans"
          xmlns:xsi="http://www.w3.org/2001/XMLSchema-instance"
          xmlns:context="http://www.springframework.org/schema/context"
          xmlns:mvc="http://www.springframework.org/schema/mvc"
          xsi:schemaLocation="http://www.springframework.org/schema/beans
          http://www.springframework.org/schema/beans/spring-beans-4.0.xsd
          http://www.springframework.org/schema/context
http://www.springframework.org/schema/context/spring-context-4.0.xsd
          http://www.springframework.org/schema/mvc
```

```
        http://www.springframework.org/schema/mvc/spring-mvc-4.0.xsd">
</bean>
```

代码说明：

☑ xmlns="http://www.springframework.org/schema/beans"

xmlns:xsi="http://www.w3.org/2001/XMLSchema-instance"

以上两个是每个 Spring 配置文件必须要有的，也就是 Spring 的根本。

声明 xml 文件默认的命名空间，表示未使用其他命名空间的所有标签的默认命名空间。

声明 XML Schema 实例，声明后就可以使用 schemaLocation 属性。

☑ xmlns:mvc="http://www.springframework.org/schema/mvc"

这个就是 spring 配置文件里需要使用到 mvc 的标签，声明前缀为 mvc 的命名空间，后面的 URL 用于标示命名空间的地址不会被解析器用于查找信息。其唯一的作用是赋予命名空间一个唯一的名称。当命名空间被定义在元素的开始标签中时，所有带有相同前缀的子元素都会与同一个命名空间相关联。还有其他标签，如 context（针对组件标签）。

☑ xsi:schemaLaction 部分

是为上面配置的命名空间指定 xsd 规范文件，这样读者在进行下面具体配置时就会根据这些 xsd 规范文件给出相应的提示，比如说每个标签是怎么写的，都有些什么属性是可以智能提示的，以防配置中出错而不太容易排查，在启动服务时也会根据 xsd 规范对配置进行校验。但是这里需要为上面 xmlns 里面配置的 mvc、aop、tx 等都配置上 xsd 规范文件。

以上是 SpringMVC 配置文件头部分，接下来开始编写文件体。Spring 配置文件都需要配置什么？

☑ 视图解析器

```
<!--配置视图解析器-->
    <bean class="org.springframework.web.servlet.view.InternalResourceViewResolver">
        <property name="prefix" value="/WEB-INF/jsp/" />
        <property name="suffix" value=".jsp"/>
    </bean>
```

☑ 配置静态资源加载

```
<!--配置静态资源加载-->
    <mvc:resources location="/WEB-INF/jsp" mapping="/jsp/**"/>
    <mvc:resources location="/WEB-INF/js" mapping="/js/**"/>
    <mvc:resources location="/WEB-INF/css" mapping="/css/**"/>
    <mvc:resources location="/WEB-INF/img" mapping="/img/**"/>
```

☑ 扫描控制器

```
<!--扫描控制器-->
    <context:component-scan base-package="com.mr.controller"/>
```

☑ 配置指定控制器

```
<!--配置指定的控制器-->
    <bean id="userController" class="com.mr.controller.UserController"/>
```

☑ 自动扫描组建

```
<!--自动扫描组件-->
    <mvc:annotation-driven />
    <mvc:default-servlet-handler/>
```

以上这 5 点是一个 SpringMVC 文件最基本的配置，它们之间没有顺序之分，先配置什么都可以，接下来按照上面的步骤分别介绍每个配置。

☑ 视图解析器：就是把 JSP 页面的路径分开，提高 JSP 页面加载，直接访问页面名称不用写扩展名，就可以实现等同效果。

☑ 配置静态资源加载：首先要介绍为什么需要使用静态资源加载，这里要先介绍 WEB-INF 文件夹，因为以后把一些资源，如 img、css、js、jsp 等文件都要放在 WEB-INF 文件夹下，而这个文件夹有一个特性是 Java 的 WEB 应用安全目录。所谓的安全目录就是通过客户端是访问不到这个文件夹里面的资源的，需要通过服务端来访问，所以如果想访问 WEB-INF 下的资源必须要在配置文件中配置静态资源加载否则访问不到。

☑ 扫描控制器：告诉 SpringMVC 去扫描哪个包下的控制器。

☑ 指定控制器：一个包下可以由很多个控制器，应用到哪个控制器就需要把这个控制器具体配置出来。

☑ 自动扫描组建：

- <mvc:annotation-driven>会自动注册 RequestMappingHandlerMapping 与 RequestMapping HandlerAdapter 两个 Bean，这是 Spring MVC 为@Controller 分发请求所必需的，另外，它还支持数据绑定、@NumberFormatannotation、@DateTimeFormat、@Valid、读写 XML（JAXB）和读写 JSON（默认 Jackson）等功能。
- <mvc:default-servlet-handler/>后，会在 Spring MVC 上下文中定义一个 org.springframework.web.servlet.resource.DefaultServletHttpRequestHandler，它会像一个检查员，对进入 DispatcherServlet 的 URL 进行筛查。如果发现是静态资源的请求，就将该请求转由 Web 应用服务器默认的 Servlet 处理；如果不是静态资源的请求，才由 DispatcherServlet 继续处理。

20.3.7　实现控制层

现在 SpringMVC 的配置文件也已经完成，接下来继续完成 Conntroller 里面的内容，在前面介绍了 Conntroller 控制层替代了原来的 Servlet，也就是说 Conntroller 的作用是接收前台 JSP 页面的请求，并返回相应结果。

在正式写 Controller 层方法之前，先介绍一个类，叫作 ModelAndView，从类名上可以看出 Model 模型的意思，View 视图的意思，那么该类的作用就是，业务处理器调用模型层处理完用户请求后，把结果数据存储在该类的 model 属性中，把要返回的视图信息存储在该类的 view 属性中，然后让该 ModelAndView 返回 Spring MVC 框架。框架通过调用配置文件中定义的视图解析器，对该对象进行解析，最后把结果数据显示在指定的页面上。

控制层的实现步骤如下：

（1）因为需要调用 Service 层的方法，所以先注入一个对象，代码如下：

```
@Controller()
@RequestMapping("userController")
public class UserController {

    @Autowired
    UserService userService;

}
```

（2）接下来开始编写控制层的方法，写之前要思考明白，这个方法的作用是，调用方法然后进入数据库取得想要查询的数据并且返回到 JSP 页面。也就是说有两个功能：一个是到数据库中提取数据，这部分工作 Dao 中的方法已经帮助完成了，只要调用一下 Dao 中的查询方法就可以；第二个步骤就是接受 Dao 方法的返回值，并且存起来传递到 JSP 页面，这就用到了上面介绍的 ModelAndView，具体代码如下：

```
package com.mr.controller;

import java.lang.ProcessBuilder.Redirect;
import java.util.List;

import org.apache.ibatis.annotations.Param;
import org.springframework.beans.factory.annotation.Autowired;
import org.springframework.stereotype.Controller;
import org.springframework.web.bind.annotation.RequestMapping;
import org.springframework.web.servlet.ModelAndView;

import com.mr.entity.UsersBean;
import com.mr.service.UserService;

@Controller
public class UserController {

    @Autowired
    UserService userService;

    @RequestMapping("/getAllUser")
    public ModelAndView getAllUser() {
        //创建一个 List 集合用于接收 Service 层方法的返回值
        List<UsersBean> listUser = userService.getAllUser();
        //创建一个 ModelAndView 对象，括号里面的参数是指定要跳转到哪个 JSP 页面
        ModelAndView mav = new ModelAndView("getAll");
        //通过 addObject()方法，我们把要存的值存了进去
        mav.addObject("listUser", listUser);
        //最后把 ModelAndView 对象返回出去
```

```
            return mav;
      }

}
```

至此 Controller 功能方法就写完了，但是现在还有一个问题，就是该方法如何被访问到，原来写 Servlet 时，是通过 Web.xml 配置才能找到具体的 Servlet，现在使用 SpringMVC，每个类都需要配置相应的映射，现在我们只需要一个@RequestMapping 注解就可以解决，代码如下：

```
@Controller
@RequestMapping("userController")
public class UserController {

      @Autowired
      UserService userService;

      @RequestMapping("/getAllUser")
      public ModelAndView getAllUser() {
            //创建一个 List 集合用于接收 Service 层方法的返回值
            List<UsersBean> listUser = userService.getAllUser();
            //创建一个 ModelAndView 对象，括号里面的参数是指定要跳转到哪个 JSP 页面
            ModelAndView mav = new ModelAndView("getAll");
            //通过 addObject()方法，我们把要存的值存了进去
            mav.addObject("listUser", listUser);
            //最后把 ModelAndView 对象返回出去
            return mav;
      }

}
```

代码说明：@RequestMapping()这个注解是设定该控制器的请求路径，无论以后是从 JSP 页面发出的请求还是从其他控制器发出的请求，都来写这个路径（UserController/getAllUser）。

20.3.8　JSP 页面展示

所有 Java 功能代码已完成，接下来要在 JSP 页面做显示，创建两个 JSP 页面：index 页面主页面做跳转用，getAll 页面显示查询结果的页面，如图 20.16 所示。

页面创建完毕，首先要把页面的字符集更改成 UTF-8，在 index 页面写一个跳转按钮，能成功跳转到 Controller 里面，代码如下：

```
<script type="text/javascript">
      function toGetAll(){
            location.href="userController/getAllUser";
      }
</script>
```

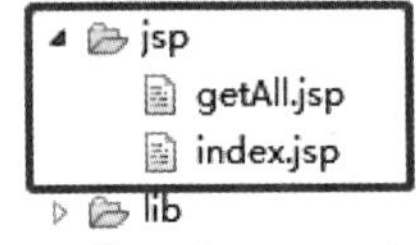

图 20.16　JSP 页面

要想完成跳转还需要进行一个配置，之前介绍 Spring 框架是管理框架，在 Spring 里加载了 MyBatis 框架，但是到目前为止还没有对 Spring 框架进行加载，所以还需要最后一个配置文件 web.xml，用于加载 Spring 框架以及一些其他操作，首先在 WEB-INF 下创建一个空白的 XML，命名为 web.xml，当然读者也可以从以前项目中复制一份，然后把里面原来项目中的东西都删除，只留下一对<web-app></web-app>标签，以及<web-app>头标签的声明部分。

```
<?xml version="1.0" encoding="UTF-8"?>
<web-app version="2.5"
    xmlns="http://java.sun.com/xml/ns/javaee"
    xmlns:xsi="http://www.w3.org/2001/XMLSchema-instance"
    xsi:schemaLocation="http://java.sun.com/xml/ns/javaee
    http://java.sun.com/xml/ns/javaee/web-app_2_5.xsd">
</web-app>
```

web.xml 文件里面必须要配置以下内容。

☑　web.xml 文件编辑器现实的名字和欢迎页面

```
<display-name>SSM</display-name>
  <welcome-file-list>
    <welcome-file>/WEB-INF/jsp/index.jsp</welcome-file>
  </welcome-file-list>
```

注意

display-name 标签里面写的是项目名字区分大小写。

☑　配置鉴定程序

```
<!--配置监听程序-->
<listener>
    <listener-class>
        org.springframework.web.context.ContextLoaderListener
    </listener-class>
</listener>
```

☑　加载 Spring 配置文件

```
<!--初始化 Spring 配置文件-->
    <context-param>
        <param-name>contextConfigLocation</param-name>
        <param-value>classpath:application.xml</param-value>
    </context-param>
```

☑　配置控制器

```
<!--配置控制器-->
    <servlet>
        <servlet-name>SpringMVC</servlet-name>
        <servlet-class>
            org.springframework.web.servlet.DispatcherServlet
        </servlet-class>
        <!--初始化控制器-->
        <init-param>
            <param-name>contextConfigLocation</param-name>
            <param-value>/WEB-INF/SpringMVC.xml</param-value>
        </init-param>
    </servlet>
```

☑　控制器映射

```
<!--控制器映射-->
    <servlet-mapping>
    <servlet-name>SpringMVC</servlet-name>
    <url-pattern>/</url-pattern>
    </servlet-mapping>
```

注意

映射的 servlet-name 标签写的名字一定要和配置控制器里的 servlet-name 名字一样区分大小写。

☑　配置编码过滤器

```
<filter>
        <filter-name>characterEncodingFilter</filter-name>
        <filter-class>org.springframework.web.filter.CharacterEncodingFilter</filter-class>
        <init-param>
            <param-name>encoding</param-name>
```

```
            <param-value>UTF-8</param-value>
        </init-param>
        <init-param>
            <param-name>forceEncoding</param-name>
            <param-value>true</param-value>
        </init-param>
    </filter>
    <filter-mapping>
        <filter-name>characterEncodingFilter</filter-name>
        <url-pattern>/*</url-pattern>
    </filter-mapping>
```

配置完以上内容后，现在剩下功能的最后一步，就是在最后的 getAll.jsp 中把查询到的数据显示出来，取值方式很简单，我们直接用 EL 表达式就可以直接取到 ModelAndView 对象里面的值，因为查询出来是一个列表，不确定列表中有多少数据，所以要动态循环取值，现在 JSP 页面头引入标签库，代码如下：

```
<%@ taglib prefix="c" uri="http://java.sun.com/jsp/jstl/core" %>
```

接下来循环 List，代码如下：

```
<%@ page language="java" contentType="text/html; charset=UTF-8" pageEncoding="UTF-8"%>
<%@ taglib prefix="c" uri="http://java.sun.com/jsp/jstl/core" %>
<!DOCTYPE html PUBLIC "-//W3C//DTD HTML 4.01 Transitional//EN" "http://www.w3.org/TR/html4/loose.dtd">
<html>
<head>
<meta http-equiv="Content-Type" content="text/html; charset=UTF-8">
<title>Insert title here</title>
</head>
<body>

<table>
    <tr>
        <td>
            序号
        </td>
        <td>
            姓名
        </td>
        <td>
            年龄
        </td>
        <td>
            操作
        </td>
    </tr>
    <c:forEach items="${listUser}" var ="list">
        <tr>
            <td>
                ${list.uId}
            </td>
```

```
                    <td>
                            ${list.uName}
                    </td>
                    <td>
                            ${list.uAge}
                    </td>
                    <td>
                            <input type="button" value="修改" onclick="toUpd(${list.uId})"/>
                    </td>
            </tr>
        </c:forEach>
</table>
</body>
</html>
<script>
    function toUpd(id){

            location.href="getUserById?uId="+id;
    }
</script>
```

代码说明：forEach 标签下的 items 属性写要取的值对应的 Key 名字，后面的 var 属性可以理解成是临时起的变量名字，用来调用对象里的属性，这时浏览器页面即可正常显示数据，运行结果如图 20.17 所示。

图 20.17　查询所有用户运行结果

从结果可以看出，所写的代码是没有问题的，结果能正常显示出来，以上这些步骤就是搭建一个基本的 SSM 框架的环境以及最基础的查询功能，下面的例子就是当要写动态 sql 时需要传参数应该如何处理。

20.4　一个完整的 SSM 应用

以修改功能为例，先整理一下思路，要修改数据需要分两步来完成：

☑　系统会根据选择要修改的数据，先在一个页面把完整信息都展现出来。

☑　会在展示页面修改具体数据，然后一并提交到后台，把所有数据更新。

说明

这里要理顺思路，虽然只是要修改想修改的数据，但是程序判断起来太烦琐，所以直接都修改，即在执行 SQL 语句时，是把表里除了主键以外的所有列都更新。

下面具体来看修改功能如何实现，因为三层架构的基本思路是：Controller 调用 service，而 service 调用 dao 层，所以代码先从 dao 层开始编写，首先在 dao 中创建一个接口。

```
//根据用户 ID 查询改用户所有信息
    public List<UsersBean> getUserById(int id);
```

并在 daoImpl 实现类里面写实现方法。

```
//根据用户 ID 查询用户信息
    public List<UsersBean> getUserById(int id){
        return this.getMapper().getUserById(id);
    }
```

在 Mapper 文件中写具体的 SQL 语句。

```
<select id="getUserById" resultType="usersBean" parameterType="int">
        select * from users where uId = #{id}
    </select>
```

代码说明：这里的 SQL 标签，新认识一个属性 parameterType，这个属性就是要定义参数是什么类型，在接口中定义一个 int 类型的参数 id，所以这个属性里也写 int。

Dao 和 Mapper 文件完成以后，继续 service 层的编写，同样先在 Service 层写接口。

```
//根据用户 ID 查询改用户所有信息
    public List<UsersBean> getUserById(int uId);
```

然后在 ServiceImpl 下写实现类。

```
@Override
    public List<UsersBean> getUserById(int uId) {
        //TODO Auto-generated method stub
        return userDao.getUserById(uId);
    }
```

Controller 里面的方法跟之前的稍有不同，这里需要接收一个前台传过来的参数。

```
@RequestMapping("/getUserById")
    public ModelAndView getUserById(@Param("uId")Integer uId) {
        ModelAndView mav = new ModelAndView("toUpd");
        List<UsersBean> list = userService.getUserById(uId);
        mav.addObject("list", list);
        return mav;
    }
```

代码说明：接收前台传过来的参数用@Param()注解来获取，注解里面的参数是前台传参数时用到名字（即问号后面的名字），在注解参数外面直接声明变量，这里要注意，如果传过来的是基本数据类型，那么直接声明该类型的封装类类型，并且声明变量的名字要和注解参数里的名字一样才能自动赋值。

现在的这种写法就相当于原来的“Integer uId = request.getParameter("uId");”。

最后一步，完成 JSP 页面的编写。

```
<%@ page language="java" contentType="text/html; charset=UTF-8" pageEncoding="UTF-8"%>
<%@ taglib prefix="c" uri="http://java.sun.com/jsp/jstl/core" %>
<!DOCTYPE html PUBLIC "-//W3C//DTD HTML 4.01 Transitional//EN" "http://www.w3.org/TR/html4/loose.dtd">
<html>
<head>
<meta http-equiv="Content-Type" content="text/html; charset=UTF-8">
<title>Insert title here</title>
</head>
<body>

<table>
    <tr>
        <td>
            序号
        </td>
        <td>
            姓名
        </td>
        <td>
            年龄
        </td>
        <td>
            操作
        </td>
    </tr>
    <c:forEach items="${listUser}" var ="list">
        <tr>
            <td>
                ${list.uId}
            </td>
            <td>
                ${list.uName}
            </td>
            <td>
                ${list.uAge}
            </td>
            <td>
                <input type="button" value="修改" onclick="toUpd(${list.uId})"/>
            </td>
        </tr>
    </c:forEach>
</table>
</body>
</html>
<script>
    function toUpd(id){

        location.href="getUserById?uId="+id;
```

```
    }
</script>
```

设想一下：要在页面每一条信息后面都加上“修改”按钮，读者想修改哪条就单击哪条后面的“修改”按钮，跳转到修改页面直接把原信息显示在页面上。

```
<%@ page language="java" contentType="text/html; charset=utf-8"
    pageEncoding="utf-8"%>
<%@ taglib prefix="c" uri="http://java.sun.com/jsp/jstl/core" %>
<!DOCTYPE html PUBLIC "-//W3C//DTD HTML 4.01 Transitional//EN" "http://www.w3.org/TR/html4/loose.dtd">
<html>
<head>
<meta http-equiv="Content-Type" content="text/html; charset=utf-8">
<title>Insert title here</title>
</head>
<body>

    <form action="http://localhost:8080/SSM/userController/updUser" method="post">
        <c:forEach items="${list}" var="list">
        <table>
            <tr>
                <Td>
                    序号：<input type="text" name="uId" value="${list.uId}" disabled="disabled"/>
                        <input type="hidden" name="uId" value="${list.uId}"/>
                </Td>
            </tr>
            <tr>
                <td>
                    姓名：<input type="text" name="uName" value="${list.uName}"/>

                </td>
            </tr>
            <tr>
                <Td>
                    年龄：<input type="text" name="uAge" value="${list.uAge}"/>
                </Td>
            </tr>
            <tr>
                <td>
                    <input type="submit" value="提交"/>
                </td>
            </tr>
        </table>
        </c:forEach>
    </form>
</body>
</html>
```

页面效果如图 20.18 所示。

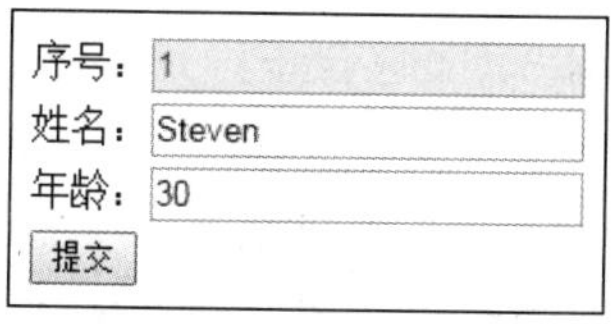

序号：1
姓名：Steven
年龄：30
提交

图 20.18　获取修改信息页面

接下来开始完成真正的修改功能，这里要说明一下，如果对数据库表里的数据做改变（增、删、改）操作，需要在 Spring 的配置文件，也就是 application.xml 文件中配置事务。

```
<!--事务配置-->
    <bean id="transactionManager" class="org.springframework.jdbc.datasource.DataSourceTransactionManager">
        <property name="dataSource" ref="dataSource"/>
    </bean>
```

这里面所有都是固定写法，唯独 ref 属性是指向数据源的名字，所以数据源起什么名字，这里就需要写什么。

要想完成修改操作，同样先从 dao 和 mapper 文件开始着手。

```
//修改方法
    public void updUser(UsersBean usersBean);
```

☑ 完成 daoImpl 实现类。

```
//修改用户信息
    public void updUser(UsersBean usersBean) {
        this.getMapper().updUser(usersBean);
    }
```

☑ 完成 Service 接口。

```
//修改方法
    public void updUser(UsersBean usersBean);
```

☑ 完成 ServiceImpl 实现类。

```
@Override
    public void updUser(UsersBean usersBean) {
        //TODO Auto-generated method stub
        userDao.updUser(usersBean);
    }
```

☑ 完成 Controller。

```
@RequestMapping("/updUser")
    public String toUpd(UsersBean usersBean){
        userService.updUser(usersBean);
        return "forward:getAllUser";

    }
```

代码说明：前台提交是整个的表单，里面包含正好是实体类所有属性，所以在参数上直接写上实体类对象即可，而且不用写接收参数的注解，SpringMVC 会自动把接收到的值赋给实体类里面的属性，直接拿来用就可以了，这里需要说明的是，按照业务逻辑，修改完一条信息后，应该在列表页面看到修改的效果，所以需要跳到查询所有数据的方法中重新执行查询方法，这样就可以显示出最新数据了。

在 SpringMVC 里转发和重定向跟以前不同，直接在字符串里写“forward:”或者“redirect:”，冒号后面跟要跳转的 URL 就可以。

接下来完成最后一步 JSP 页面：

```
<%@ page language="java" contentType="text/html; charset=utf-8"
    pageEncoding="utf-8"%>
<%@ taglib prefix="c" uri="http://java.sun.com/jsp/jstl/core" %>
<!DOCTYPE html PUBLIC "-//W3C//DTD HTML 4.01 Transitional//EN" "http://www.w3.org/TR/html4/loose.dtd">
<html>
<head>
<meta http-equiv="Content-Type" content="text/html; charset=utf-8">
<title>Insert title here</title>
</head>
<body>

    <form action="http://localhost:8080/SSM/userController/updUser" method="post">
        <c:forEach items="${list}" var="list">
        <table>
            <tr>
                <Td>
                    序号：<input type="text" name="uId" value="${list.uId}" disabled="disabled"/>
                        <input type="hidden" name="uId" value="${list.uId}"/>
                </Td>
            </tr>
            <tr>
                <td>
                    姓名：<input type="text" name="uName" value="${list.uName}"/>

                </td>
            </tr>
            <tr>
                <Td>
                    年龄：<input type="text" name="uAge" value="${list.uAge}"/>
                </Td>
            </tr>
            <tr>
                <td>
                    <input type="submit" value="提交"/>
                </td>
            </tr>
        </table>
        </c:forEach>
```

```
        </form>
</body>
</html>
```

代码说明：上述代码中框起来的代码是在原来 toUpd.jsp 页面基础上新增上去的，这里用一个隐藏域来重新存 uId，需要做一下说明，上面已经有一个 input 在放 uId 了，为什么还要写一个隐藏域？这是因为第一个 input 最后有一个属性，表示该 HTML 元素不可编辑，不可用，标注上这样的属性，在后台 SpringMVC 是不能自动把值赋给实体类对象的，所以这里重新写了一个 hidden。

修改效果如图 20.19 和图 20.20 所示。

序号	姓名	年龄	操作
1	Steven	30	修改

图 20.19　修改前信息

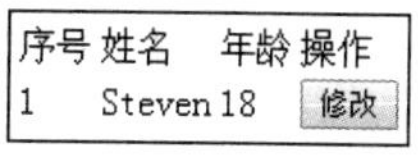

序号	姓名	年龄	操作
1	Steven	18	修改

图 20.20　修改后的信息

20.5　小　　结

本章使用 SSM 框架编写了查询功能以及修改功能，并在修改功能上新接触到 MyBatis 框架怎么传值，以及 SpringMVC 怎么接收前台值等，新增和删除方法与修改的代码类似，希望各位读者能根据本章的代码自己尝试把删除和新增的功能完成，书中所讲解的都是 SSM 框架最基础的，还有很多强大功能不在这里做讲解，读者完成入门学习以后可以查阅相关深入学习的资料。

第5篇

项目实战

本篇开发了一个完整的网站——九宫格记忆网，运用软件工程的设计思想，让读者熟悉如何进行Web项目的实践开发。书中按照“需求分析→系统设计→数据库设计→公共模块设计→主界面设计→用户模块设计→显示九宫格日记列表模块设计→写九宫格日记模块设计”的过程进行介绍，带领读者一步步亲身体验项目开发的全过程。

第21章

九宫格记忆网

（视频讲解：1小时23分钟）

最近网络中又出现了一种全新的日记方式——九宫格日记。九宫格日记由9个方方正正的格子组成，9个格子9个主题，用户只需要在每个格式中填写或选择相应的内容，就能完成一篇日记，整个过程不过几分钟。九宫格日记因其便捷、省时等优点在网上迅速流行开来，备受学生、年轻上班族的青睐。目前很多公司白领也在写九宫格日记。本章将以九宫格日记网为例，介绍如何应用 Java Web+Ajax+jQuery+MySQL 实现九宫格日记网。

通过阅读本章，您可以：

- 了解如何应用 DIV+CSS 进行网站布局
- 掌握如何实现 Ajax 重构
- 掌握图片的展开和收缩的方法
- 掌握如何进行图片的左转和右转
- 掌握如何根据指定内容生成 PNG 图片
- 掌握生成图片缩略图的技术
- 掌握如何弹出灰色半透明背景的无边框窗口

21.1　开发背景

随着工作和生活节奏的不断加快，属于自己的私人时间越来越少，日记这种传统的倾诉方式也逐渐被人们淡忘，取而代之的是各种各样的网络日志。最近网络中又出现了一种全新的日记方式——九宫格日记，它由 9 个方方正正的格子组成，让用户可以像做填空题那样对号入座，填写相应的内容，从而完成一篇日记，整个过程不过几分钟，非常适合在快节奏的生活中，留下自己的心灵足迹。

21.2　需求分析

通过实际调查，要求九宫格日记网具有以下功能：

☑ 为了更好地体现九宫格日记的特点，需要以图片的形式保存每篇日记，并且日记的内容写在九宫格中。
☑ 为了便于浏览，默认情况下，只显示日记的缩略图。
☑ 对于每篇日记需要提供查看原图、左转和右转功能。
☑ 需要提供分页浏览日记列表功能。
☑ 写日记时，需要提供预览功能。
☑ 在保存日记时，需要生成日记图片和对应的缩略图。

21.3　系统设计

21.3.1　系统目标

根据需求分析的描述及与用户的沟通，现制定网站实现目标如下：

☑ 界面友好、美观。
☑ 日记内容灵活多变，既可以做选择题，也可以做填空题。
☑ 采用 Ajax 实现无刷新数据验证。
☑ 网站运行稳定可靠。
☑ 具有多浏览器兼容性，既要保证在 Google Chrome 上正常运行，又要保证在 IE 浏览器上正常运行。

21.3.2　功能结构

九宫格记忆网的功能结构如图 21.1 所示。

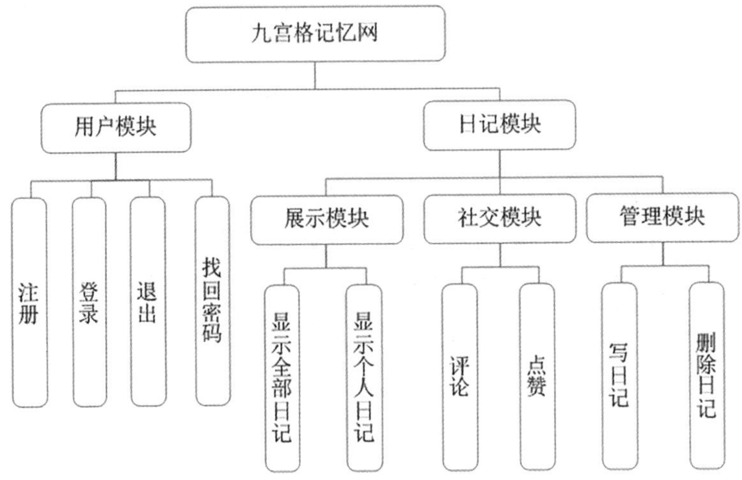

图 21.1　九宫格记忆网的功能结构图

21.3.3　系统流程图

九宫格记忆网的系统流程如图 21.2 所示。

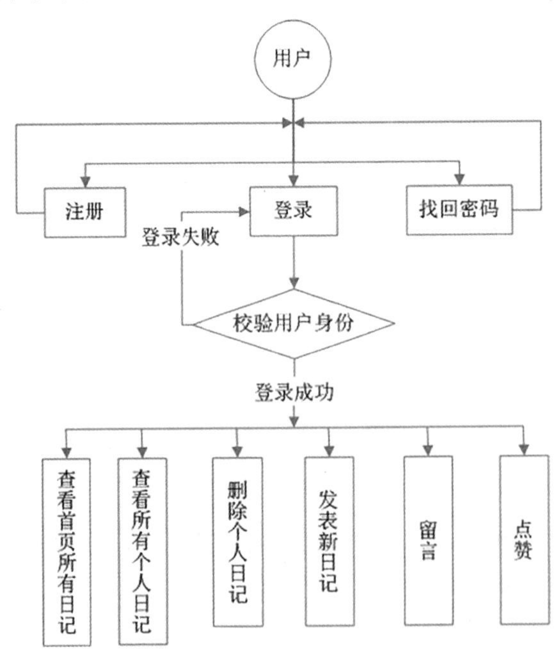

图 21.2　九宫格记忆网的系统流程图

21.3.4　开发环境

本系统的软件开发及运行环境具体如下。

☑　操作系统：Windows 7。

- ☑ JDK 环境：Java SE Development Kit(JDK) version 8。
- ☑ 开发工具：Eclipse for Java EE 4.7（Oxygen）。
- ☑ Web 服务器：Tomcat 9.0。
- ☑ 数据库：MySQL 5.7 数据库。
- ☑ 浏览器：推荐 Google Chrome 浏览器。
- ☑ 分辨率：最佳效果为 1440 像素×900 像素。

21.3.5　系统预览

九宫格记忆网中有多个页面，下面列出网站中几个典型页面的预览，其他页面可以通过运行资源包中本系统的源程序进行查看。

分页显示九宫格日记列表如图 21.3 所示，该页面用于分页显示日记列表，包括展开和收缩日记图片、显示日记原图、对日记图片进行左转和右转等功能。当用户登录后，还可以查看和删除自己的日记。

图 21.3　分页显示九宫格日记列表页面

写九宫格日记页面如图 21.4 所示，该页面用于填写日记信息，允许用户选择并预览自己喜欢的模板，以及选择预览日记内容等。

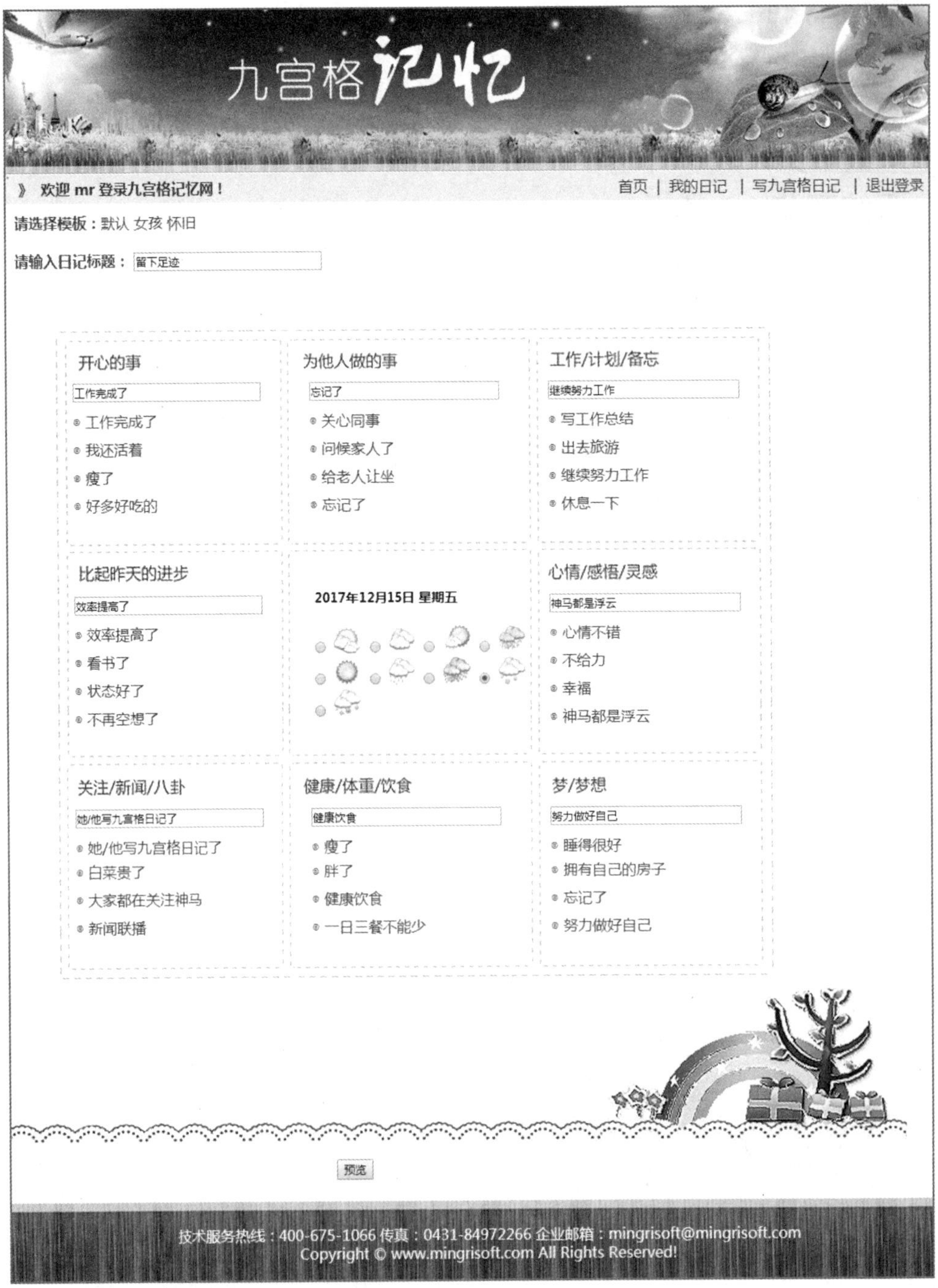

图 21.4　写九宫格日记页面

预览九宫格日记页面如图 21.5 所示，该页面主要用于预览日记图片，如果用户满意，可以单击“保存”超链接保存日记图片，否则可以单击“再改改”超链接返回填写九宫格日记页面进行修改。

图 21.5　预览九宫格日记页面

用户注册页面如图 21.6 所示，该页面用于实现用户注册。在该页面中，输入用户名后，将光标移出该文本框，系统将自动检测输入的用户名是否合法（包括用户名长度及是否被注册），如果不合法，将给出错误提示，同样，输入其他信息时，系统也将实时检测输入的信息是否合法。

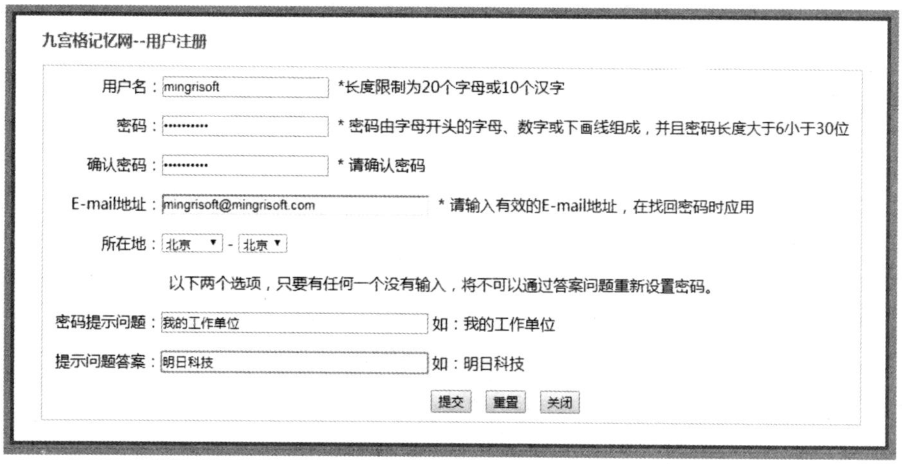

九宫格记忆网--用户注册

用户名：mingrisoft　*长度限制为20个字母或10个汉字

密码：••••••••••　* 密码由字母开头的字母、数字或下画线组成，并且密码长度大于6小于30位

确认密码：••••••••••　* 请确认密码

E-mail地址：mingrisoft@mingrisoft.com　* 请输入有效的E-mail地址，在找回密码时应用

所在地：北京 - 北京

以下两个选项，只要有任何一个没有输入，将不可以通过答案问题重新设置密码。

密码提示问题：我的工作单位　如：我的工作单位

提示问题答案：明日科技　如：明日科技

提交　重置　关闭

图 21.6　用户注册页面

21.3.6　文件夹组织结构

在进行九宫格记忆网开发之前，要对系统整体文件夹组织架构进行规划。对系统中使用的文件进

行合理的分类，分别放置于不同的文件夹下。通过对文件夹组织架构的规划，可以确保系统文件目录明确、条理清晰，同样也便于系统的更新和维护。本项目的文件夹组织架构规划如图 21.7 所示。

图 21.7 九宫格记忆网的文件夹组织结构

21.4 数据库设计

21.4.1 数据库设计

结合实际情况及对功能的分析，规划九宫格记忆网的数据库，定义数据库名称为 db_9griddiary，数据库主要包含 4 张数据表，如图 21.8 所示。

图 21.8 九宫格记忆网的数据库

21.4.2 数据表设计

九宫格记忆网的数据库中包括两张数据表，如表 21.1 和表 21.2 所示。

1. tb_user（用户信息表）

用户信息表主要用于存储用户的注册信息。该数据表的结构如表 21.1 所示。

表 21.1　tb_user 表

字段名称	数据类型	字段大小	是否主键	说　明
id	INT	11	主键	自动编号 ID
username	VARCHAR	50		用户名
pwd	VARCHAR	50		密码
email	VARCHAR	100		E-mail
question	VARCHAR	45		密码提示问题
answer	VARCHAR	45		提示问题答案
city	VARCHAR	30		所在地

2. tb_diary（日记表）

日记表主要用于存储日记的相关信息。该数据表的结构如表 21.2 所示。

表 21.2　tb_diary 表

字段名称	数据类型	字段大小	是否主键	说　明
id	INT	11	主键	自动编号 ID
title	VARCHAR	60		标题
address	VARCHAR	50		日记保存的地址
writeTime	TIMESTAMP			写日记时间
userid	INT	11		用户 ID

说明

在设计数据表 tb_diary 时，还需要为字段 writeTime 设置默认值，这里为 CURRENT_TIMESTAMP，也就是当前时间。

3. tb_comments（评论记录表）

评论记录表主要用于存储评论记录的相关信息。该数据表的结构如表 21.3 所示。

表 21.3　tb_comments 表

字段名称	数据类型	字段大小	是否主键	说　明
id	INT	11	主键	自动编号 ID
diary_id	INT	11		日记 ID
from_user_id	INT	11		评论用户 ID
content	VARCHAR	100000		评论内容
create_time	TIMESTAMP			评论时间
valid	VARCHAR			是否有效

4. tb_likes（点赞记录表）

点赞记录表主要用于存储日记与点赞用户之间的关系。该数据表的结构如表 21.4 所示。

表 21.4 tb_likes 表

字段名称	数据类型	字段大小	是否主键	说　明
id	INT	11	主键	自动编号 ID
diary_id	INT	11		日记 ID
from_user_id	INT	11		点赞用户 ID

视频讲解

21.5 公共模块设计

在开发过程中，经常会用到一些公共模块，如数据库连接及操作的类、保存分页代码的 JavaBean、解决中文乱码的过滤器及实体类等。因此，在开发系统前首先需要设计这些公共模块。下面将具体介绍九宫格记忆网所需要的公共模块的设计过程。

21.5.1 编写数据库连接及操作的类

数据库连接及操作类通常包括连接数据库的方法 getConnection()、执行查询语句的方法 executeQuery()、执行更新操作的方法 executeUpdate()、关闭数据库连接的方法 close()。下面将详细介绍如何编写九宫格记忆网的数据库连接及操作的类 ConnDB。

（1）指定类 ConnDB 保存的包，并导入所需的类包，本例将其保存到 com.wgh.tools 包中，代码如下：

```
package com.wgh.tools;                          //将该类保存到 com.wgh.tools 包中
import java.io.InputStream;                     //导入 java.io.InputStream 类
import java.sql.*;                              //导入 java.sql 包中的所有类
import java.util.Properties;                    //导入 java.util.Properties 类
```

注意

包语句以关键字 package 后面紧跟一个包名称，然后以分号“;”结束；包语句必须出现在 import 语句之前；一个.Java 文件只能有一个包语句。

（2）定义 ConnDB 类，并定义该类中所需的全局变量及构造方法，代码如下：

```
public class ConnDB {
    public Connection conn = null;                                   //声明 Connection 对象的实例
    public Statement stmt = null;                                    //声明 Statement 对象的实例
    public ResultSet rs = null;                                      //声明 ResultSet 对象的实例
    private static String propFileName = "connDB.properties";        //指定资源文件保存的位置
    private static Properties prop = new Properties();               //创建并实例化 Properties 对象的实例
    private static String dbClassName = "com.mysql.jdbc.Driver";     //定义保存数据库驱动的变量
```

```
    private static String dbUrl = "jdbc:mysql://127.0.0.1:3306/db_9griddiary?user=root&password=
root&useUnicode=true";

    public ConnDB() {                                          //构造方法
        try {                                                  //捕捉异常
            //将 Properties 文件读取到 InputStream 对象中
            InputStream in = getClass().getResourceAsStream(propFileName);
            prop.load(in);                                     //通过输入流对象加载 Properties 文件
            dbClassName = prop.getProperty("DB_CLASS_NAME"); //获取数据库驱动
            //获取连接的 URL
            dbUrl = prop.getProperty("DB_URL", dbUrl);
        } catch(Exception e) {
            e.printStackTrace();                               //输出异常信息
        }
    }
}
```

（3）为了方便程序移植，这里将数据库连接所需信息保存到 properties 文件中，并将该文件保存在 com.wgh.tools 包中。connDB.properties 文件的内容如下：

```
DB_CLASS_NAME=com.mysql.jdbc.Driver
DB_URL=jdbc:mysql://127.0.0.1:3306/db_9griddiary?user=root&password=root&useUnicode=true
```

说明

properties 文件为本地资源文本文件，以“消息/消息文本”的格式存放数据。使用 Properties 对象时，首先需要创建并实例化该对象，代码如下：

```
private static Properties prop = new Properties();
```

再通过文件输入流对象加载 Properties 文件，代码如下：

```
prop.load(new FileInputStream(propFileName));
```

最后通过 Properties 对象的 getProperty()方法读取 properties 文件中的数据。

（4）创建连接数据库的方法 getConnection()，该方法返回 Connection 对象的一个实例。getConnection()方法的代码如下：

```
    /**
     * 功能：获取连接的语句
     *
     * @return
     */
    public static Connection getConnection() {
        Connection conn = null;
        try {                                            //连接数据库时可能发生异常因此需要捕捉该异常
❶           Class.forName(dbClassName).newInstance(); //装载数据库驱动
❷           conn = DriverManager.getConnection(dbUrl); //建立与数据库 URL 中定义的数据库的连接
        } catch(Exception ee) {
            ee.printStackTrace();                        //输出异常信息
```

```
        }
        if(conn == null) {
            System.err.println("警告: DbConnectionManager.getConnection() 获得数据库链接失败.\r\n 链接类型:"
                    + dbClassName + "\r\n 链接位置:" + dbUrl);      //在控制台上输出提示信息
        }
        return conn;                                                //返回数据库连接对象
    }
```

说明

❶ 该句代码用于利用 Class 类中的静态方法 forName()，加载要使用的 Driver。使用该语句可以将传入的 Driver 类名称的字符串当作一个 Class 对象，通过 newInstance()方法可以建立此 Class 对象的一个新实例。

❷ DriverManager 用于管理 JDBC 驱动程序的接口，通过其 getConnection()方法来获取 Connection 对象的引用。Connection 对象的常用方法如下。

☑ Statement createStatement()：创建一个 Statement 对象，用于执行 SQL 语句。

☑ close()：关闭数据库的连接，在使用完连接后必须关闭，否则连接会保持一段比较长的时间，直到超时。

☑ PreparedStatement prepareStatement(String sql)：使用指定的 SQL 语句创建了一个预处理语句，sql 参数中往往包含一个或多个“?”占位符。

☑ CallableStatement prepareCall(String sql)：创建一个 CallableStatement 用于执行存储过程，sql 参数是调用的存储过程，中间至少包含一个“?”占位符。

（5）创建执行查询语句的方法 executeQuery()，返回值为 ResultSet 结果集。executeQuery()方法的代码如下：

```
    /*
     * 功能：执行查询语句
     */
    public ResultSet executeQuery(String sql) {
        try {                                                       //捕捉异常
            conn = getConnection();   //调用 getConnection()方法构造 Connection 对象的一个实例 conn
❶           stmt = conn.createStatement(ResultSet.TYPE_SCROLL_INSENSITIVE,
❷                   ResultSet.CONCUR_READ_ONLY);
❸           rs = stmt.executeQuery(sql);
        } catch(SQLException ex) {
            System.err.println(ex.getMessage());                    //输出异常信息
        }
        return rs;                                                  //返回结果集对象
    }
```

说明

❶ ResultSet.TYPE_SCROLL_INSENSITIVE 常量允许记录指针向前或向后移动，且当 ResultSet 对象变动记录指针时，会影响记录指针的位置。

❷ ResultSet.CONCUR_READ_ONLY 常量可以解释为 ResultSet 对象仅能读取，不能修改，在对数据库的查询操作中使用。

❸ stmt 为 Statement 对象的一个实例，通过其 executeQuery(String sql)方法可以返回一个 ResultSet 对象。

（6）创建执行更新操作的方法 executeUpdate()，返回值为 int 型的整数，代表更新的行数。

executeQuery()方法的代码如下：

```
/*
 * 功能：执行更新操作
 */
public int executeUpdate(String sql) {
    int result = 0;                                    //定义保存返回值的变量
    try {                                              //捕捉异常
        conn = getConnection();  //调用 getConnection()方法构造 Connection 对象的一个实例 conn
        stmt = conn.createStatement(ResultSet.TYPE_SCROLL_INSENSITIVE,
                ResultSet.CONCUR_READ_ONLY);
        result = stmt.executeUpdate(sql);              //执行更新操作
    } catch(SQLException ex) {
        result = 0;                                    //将保存返回值的变量赋值为 0
    }
    return result;                                     //返回保存返回值的变量
}
```

（7）创建关闭数据库连接的方法 close()。close()方法的代码如下：

```
/*
 * 功能：关闭数据库的连接
 */
public void close() {
    try {                                              //捕捉异常
        if(rs != null) {                               //当 ResultSet 对象的实例 rs 不为空时
            rs.close();                                //关闭 ResultSet 对象
        }
        if(stmt != null) {                             //当 Statement 对象的实例 stmt 不为空时
            stmt.close();                              //关闭 Statement 对象
        }
        if(conn != null) {                             //当 Connection 对象的实例 conn 不为空时
            conn.close();                              //关闭 Connection 对象
        }
    } catch(Exception e) {
        e.printStackTrace(System.err);                 //输出异常信息
    }
}
```

21.5.2　编写保存分页代码的 JavaBean

由于在九宫格记忆网中，需要对日记列表进行分页显示，所以需要编写一个保存分页代码的 JavaBean。保存分页代码的 JavaBean 的具体编写步骤如下：

（1）编写用于保存分页代码的 JavaBean，名称为 MyPagination，保存在 com.wgh.tools 包中，并定义一个全局变量 list 和 3 个局部变量，关键代码如下：

```
package com.wgh.tools;
import java.util.ArrayList;                              //导入 java.util.ArrayList 类
```

```
import java.util.List;                                    //导入 java.util.List 类
import com.wgh.model.Diary;                               //导入 com.wgh.model.Diary 类
public class MyPagination {
    public List<Diary> list=null;
    private int recordCount=0;                            //保存记录总数的变量
    private int pagesize=0;                               //保存每页显示的记录数的变量
    private int maxPage=0;                                //保存最大页数的变量
}
```

（2）在 JavaBean“MyPagination”中添加一个用于初始化分页信息的方法 getInitPage()，该方法包括 3 个参数，分别是用于保存查询结果的 List 对象 list、用于指定当前页面的 int 型变量 Page 和用于指定每页显示的记录数的 int 型变量 pagesize。该方法的返回值为保存要显示记录的 List 对象。具体代码如下：

```
public List<Diary> getInitPage(List<Diary> list,int Page,int pagesize){
        List<Diary> newList=new ArrayList<Diary>();
        this.list=list;
        recordCount=list.size();                          //获取 list 集合的元素个数
        this.pagesize=pagesize;
        this.maxPage=getMaxPage();                        //获取最大页数
        try{                                              //捕获异常信息
        for(int i=(Page-1)*pagesize;i<=Page*pagesize-1;i++){
            try{
                if(i>=recordCount){break;}                //跳出循环
            }catch(Exception e){}
                newList.add((Diary)list.get(i));
        }
        }catch(Exception e){
            e.printStackTrace();                          //输出异常信息
        }
        return newList;
    }
```

（3）在 JavaBean“MyPagination”中添加一个用于获取指定页数据的方法 getAppointPage()，该方法只包括一个用于指定当前页数的 int 型变量 Page。该方法的返回值为保存要显示记录的 List 对象。具体代码如下：

```
//获取指定页的数据
public List<Diary> getAppointPage(int Page){
    List<Diary> newList=new ArrayList<Diary>();
    try{
        //通过 for 循环获取当前页的数据
        for(int i=(Page-1)*pagesize;i<=Page*pagesize-1;i++){
            try{
                if(i>=recordCount){break;}                //跳出循环
            }catch(Exception e){}
                newList.add((Diary)list.get(i));
        }
```

```
        }catch(Exception e){
            e.printStackTrace();                    //输出异常信息
        }
        return newList;
}
```

（4）在 JavaBean“MyPagination”中添加一个用于获取最大记录数的方法 getMaxPage()，该方法无参数，其返回值为最大记录数。具体代码如下：

```
public int getMaxPage(){
    int maxPage=(recordCount%pagesize==0)?(recordCount/pagesize):(recordCount/pagesize+1);
    return maxPage;
}
```

（5）在 JavaBean“MyPagination”中添加一个用于获取总记录数的方法 getRecordSize()，该方法无参数，其返回值为总记录数。具体代码如下：

```
public int getRecordSize(){
    return recordCount;
}
```

（6）在 JavaBean“MyPagination”中添加一个用于获取当前页数的方法 getPage()，该方法只有一个用于指定从页面中获取的页数的参数，其返回值为处理后的页数。具体代码如下：

```
public int getPage(String str){
    if(str==null){                                  //当页数等于 null 时，让其等于 0
        str="0";
    }
    int Page=Integer.parseInt(str);
    if(Page<1){                                     //当页数小于 1 时，让其等于 1
        Page=1;
    }else{
        if(((Page-1)*pagesize+1)>recordCount){      //当页数大于最大页数时，让其等于最大页数
            Page=maxPage;
        }
    }
    return Page;
}
```

（7）在 JavaBean“MyPagination”中添加一个用于输出记录导航的方法 printCtrl()，该方法包括 3 个参数，分别为 int 型的 Page（当前页数）、String 类型的 url（URL 地址）和 String 类型的 para（要传递的参数），其返回值为输出记录导航的字符串。具体代码如下：

```
public String printCtrl(int Page,String url,String para){
    String strHtml="<table width='100%'  border='0' cellspacing='0' cellpadding='0'><tr> <td height='24' align=
'right'>当前页数：【"+Page+"/"+maxPage+"】 ";
    try{
    if(Page>1){
```

```
            strHtml=strHtml+"<a href='"+url+"&Page=1"+para+"'>第一页</a>　";
            strHtml=strHtml+"<a href='"+url+"&Page="+(Page-1)+para+"'>上一页</a>";
        }
        if(Page<maxPage){
            strHtml=strHtml+"<a  href='"+url+"&Page="+(Page+1)+para+"'>下一页</a>    <a  href='"+url+"&Page=
"+maxPage+para+"'>最后一页 </a>";
        }
        strHtml=strHtml+"</td> </tr>    </table>";
        }catch(Exception e){
            e.printStackTrace();
        }
        return strHtml;
}
```

21.5.3 配置解决中文乱码的过滤器

在程序开发时，通常有两种方法解决程序中经常出现的中文乱码问题：一种是通过编码字符串处理类，对需要的内容进行转码；另一种是配置过滤器。其中，第二种方法比较方便，只需要在开发程序时配置正确即可。下面将介绍本系统中配置解决中文乱码的过滤器的具体步骤。

（1）编写 CharacterEncodingFilter 类，让它实现 Filter 接口，成为一个 Servlet 过滤器，在实现 doFilter() 接口方法时，根据配置文件中设置的编码格式参数分别设置请求对象的编码格式和响应对象的内容类型参数。

```
public class CharacterEncodingFilter implements Filter {
    protected String encoding = null;                                    //定义编码格式变量
    protected FilterConfig filterConfig = null;                          //定义过滤器配置对象
    public void init(FilterConfig filterConfig) throws ServletException {
        this.filterConfig = filterConfig;                                //初始化过滤器配置对象
        this.encoding = filterConfig.getInitParameter("encoding");      //获取配置文件中指定的编码格式
    }
    //过滤器的接口方法，用于执行过滤业务
    public void doFilter(ServletRequest request, ServletResponse response,
            FilterChain chain) throws IOException, ServletException {
        if(encoding != null) {
            request.setCharacterEncoding(encoding);                      //设置请求的编码
            //设置响应对象的内容类型（包括编码格式）
            response.setContentType("text/html; charset=" + encoding);
        }
        chain.doFilter(request, response);                               //传递给下一个过滤器
    }
    public void destroy() {
        this.encoding = null;
        this.filterConfig = null;
    }
}
```

（2）在 web.xml 文件中配置过滤器，并设置编码格式参数和过滤器的 URL 映射信息。关键代码

如下：

```
<filter>
  <filter-name>CharacterEncodingFilter</filter-name>                <!--指定过滤器类文件-->
  <filter-class>com.wgh.filter.CharacterEncodingFilter</filter-class>
  <init-param>
    <param-name>encoding</param-name>
    <param-value>UTF-8</param-value>                                <!--指定编码为 UTF-8 编码-->
  </init-param>
</filter>
<filter-mapping>
  <filter-name>CharacterEncodingFilter</filter-name>
  <url-pattern>/*</url-pattern>
  <!--设置过滤器对应的请求方式-->
  <dispatcher>REQUEST</dispatcher>
  <dispatcher>FORWARD</dispatcher>
</filter-mapping>
```

21.5.4　编写实体类

实体类就是由属性及属性所对应的 getter 和 setter 方法组成的类。实体类通常与数据表相关联。在九宫格记忆网中，共涉及两张数据表，分别是用户信息表和日记表。通过这两张数据表可以得到用户信息和日记信息，根据这些信息可以得出用户实体类和日记实体类。由于实体类的编写方法基本类似，所以这里将以日记实体类为例进行介绍。

编写 Diary 类，在该类添加 id、title、address、writeTime、userid 和 username 属性，并为这些属性添加对应的 getter 和 setter 方法，关键代码如下：

```
import java.util.Date;

public class Diary {
	private int id = 0;                          //日记 ID 号
	private String title = "";                   //日记标题
	private String address = "";                 //日记图片地址
	private Date writeTime = null;               //写日记的时间
	private int userid = 0;                      //用户 ID
	private String username = "";                //用户名

	public int getId() {                         //id 属性对应的 getter 方法
		return id;
	}

	public void setId(int id) {                  //id 属性对应的 setter 方法
		this.id = id;
	}
	…//此处省略了其他属性对应的 getter 和 setter 方法
}
```

视频讲解

21.6 主界面设计

21.6.1 主界面概述

当用户访问九宫格记忆网时，首先进入的是网站的主界面。九宫格记忆网的主界面主要包括以下 4 部分内容。

☑ Banner 信息栏：主要用于显示网站的 Logo。

☑ 导航栏：主要用于显示网站的导航信息及欢迎信息。其中导航条目将根据是否登录而显示不同的内容。

☑ 主显示区：主要用于分页显示九宫格日记列表。

☑ 版权信息栏：主要用于显示版权信息。

下面看一下本项目中设计的主界面，如图 21.9 所示。

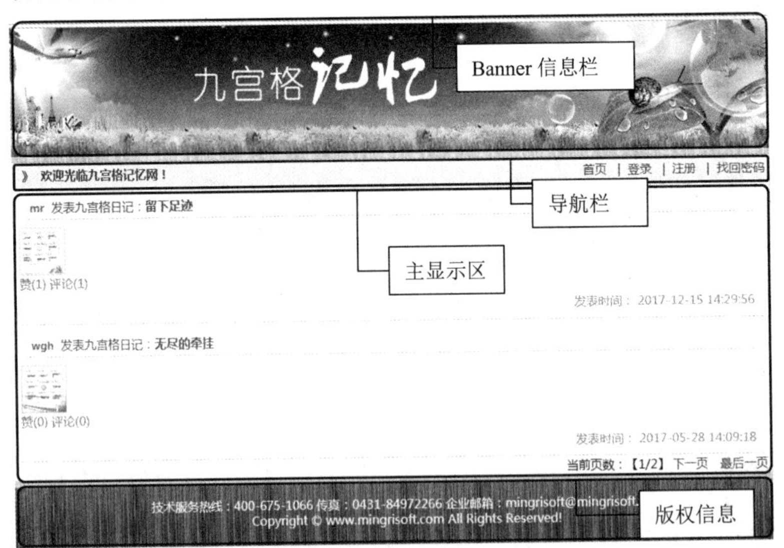

图 21.9 九宫格记忆网的主界面

21.6.2 主界面技术分析

九宫格记忆网采用 DIV+CSS 布局。在采用 DIV+CSS 布局的网站中，一个首要问题就是如何让页面内容居中。下面将介绍具体的实现方法。

（1）在页面<body>标记的下方添加一个<div>标记（使用该<div>标记将页面内容括起来），并设置其 id 属性，这里将其设置为 box，关键代码如下：

```
<div id="box">
    <!--页面内容-->
</div>
```

（2）设置 CSS 样式。这里通过在链接的外部样式表文件中进行设置。

```
body{
    margin:0px;                         /*设置外边距*/
    padding:0px;                        /*设置内边距*/
    font-size: 9pt;                     /*设置字体大小*/
}
#box{
    margin:0 auto auto auto;            /*设置外边距*/
    width:800px;                        /*设置页面宽度*/
    clear:both;                         /*设置两侧均不可以有浮动内容*/
    background-color: #FFFFFF;          /*设置背景颜色*/
}
```

注意

在 JSP 页面中，一定要包含以下代码，否则页面内容将不居中。

```
<!DOCTYPE html PUBLIC "-//W3C//DTD HTML 4.01 Transitional//EN" "http://www.w3.org/TR/html4/loose.dtd">
```

21.6.3　主界面的实现过程

在九宫格记忆网主界面中，Banner 信息栏、导航栏和版权信息并不是仅存在于主界面中，其他功能模块的子界面中也需要包括这些部分。因此，可以将这几个部分分别保存在单独的文件中，这样，在需要放置相应功能时只需包含这些文件即可。

在 JSP 页面中包含文件有两种方法：一种是应用<%@ include %>指令实现；另一种是应用<jsp:include>动作元素实现。

<%@ include %>指令用来在 JSP 页面中包含另一个文件。包含的过程是静态的，即在指定文件属性值时，只能是一个包含相对路径的文件名，而不能是一个变量，也不可以在所指定的文件后面添加任何参数。其语法格式如下：

```
<%@ include file="fileName"%>
```

<jsp:include>动作元素可以指定加载一个静态或动态的文件，但运行结果不同。如果指定为静态文件，那么这种指定仅仅是把指定的文件内容加到 JSP 文件中去，则这个文件不被编译。如果是动态文件，那么这个文件将会被编译器执行。由于在页面中包含查询模块时，只需要将文件内容添加到指定的 JSP 文件中即可，所以此处可以使用加载静态文件的方法包含文件。应用<jsp:include>动作元素加载静态文件的语法格式如下：

```
<jsp:include page="{relativeURL | <%=expression%>}" flush="true"/>
```

使用<%@ include %>指令和<jsp:include>动作元素包含文件的区别是：使用<%@ include %>指令包含的页面，是在编译阶段将该页面的代码插入主页面的代码，最终包含页面与被包含页面生成了一个文件。因此，如果被包含页面的内容有改动，须重新编译该文件。而使用<jsp:include>动作元素包含的页面可以是动态改变的，它是在 JSP 文件运行过程中被确定的，程序执行的是两个不同的页面，即在主页面中声明的变量，在被包含的页面中是不可见的。由此可见，当被包含的 JSP 页面中包含动态代码时，为了不和主页面中的代码相冲突，需要使用<jsp:include>动作元素包含文件。应用<jsp:include>动作元素包含查询页面的代码如下：

```
<jsp:include page="search.jsp"  flush="true"/>
```

考虑到本系统中需要包含的多个文件之间相对比较独立，并且不需要进行参数传递，属于静态包含，因此采用<%@ include %>指令实现。

应用<%@ include %>指令包含文件的方法进行主界面布局的代码如下：

```
<%@ page language="java" contentType="text/html; charset=UTF-8" pageEncoding="UTF-8"%>
<!DOCTYPE html PUBLIC "-//W3C//DTD HTML 4.01 Transitional//EN" "http://www.w3.org/TR/html4/loose.dtd">
<html>
<head>
<meta http-equiv="Content-Type" content="text/html; charset=UTF-8">
<title>显示九宫格日记列表</title>
</head>
<body  bgcolor="#F0F0F0">
    <div id="box">
        <%@ include file="top.jsp" %>
        <%@ include file="register.jsp" %>
        <!--显示九宫格日记列表的代码-->
        <%@ include file="bottom.jsp" %>
    </div>
</body>
</html>
```

视频讲解

21.7 显示九宫格日记列表模块设计

显示九宫格日记列表模块使用到的数据表：tb_user、tb_diary。

21.7.1 显示九宫格日记列表概述

用户访问网站时，首先进入的是网站的主界面，在主界面的主显示区中，将以分页的形式显示九宫格日记列表。显示九宫格日记列表主要用于分页显示全部九宫格日记、分页显示我的日记、展开和收缩日记图片、显示日记原图、对日记图片进行左转和右转以及删除我的日记等。其中，分页显示我的日记和删除我的日记功能，只有在用户登录后才可以使用。

21.7.2 显示九宫格日记列表技术分析

在显示九宫格日记列表时，默认情况下显示的是日记图片的缩略图，如图 21.10 所示。单击该缩略图，可以展开该缩略图，如图 21.11 所示，单击日记图片或“收缩”超链接，可以将该图片再次显示为

如图 21.10 所示的缩略图。

图 21.10　日记图片的缩略图

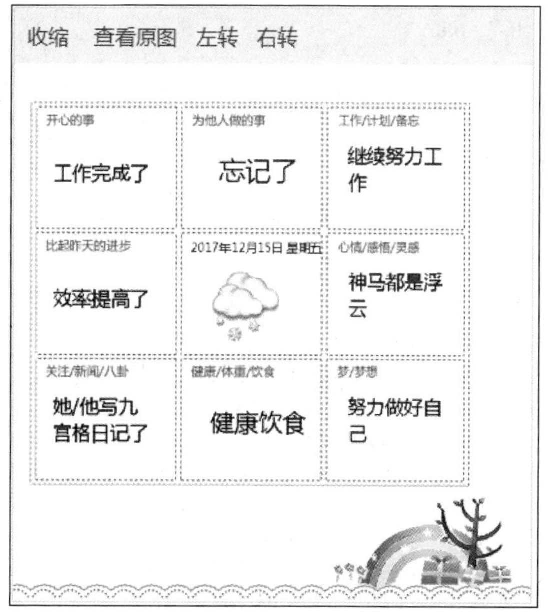

图 21.11　展开日记图片

在实现展开和收缩图片时，主要应用 JavaScript 对图片的宽度、高度、图片来源等属性进行设置。下面将对这些属性进行详细介绍。

1．设置图片的宽度

通过 document 对象的 getElementById()方法获取图片对象后，可以通过设置其 width 属性来设置图片的宽度，具体的语法如下：

```
imgObject.width=value;
```

其中 imgObject 为图片对象，可以通过 document 对象的 getElementById()方法获取；value 为宽度值，单位为像素或百分比。

2．设置图片的高度

通过 document 对象的 getElementById()方法获取图片对象后，可以通过设置其 height 属性来设置图片的高度，具体的语法如下：

```
imgObject.height=value;
```

其中 imgObject 为图片对象，可以通过 document 对象的 getElementById()方法获取；value 为高度值，单位为像素或百分比。

3．设置图片的来源

通过 document 对象的 getElementById()方法获取图片对象后，可以通过设置其 src 属性来设置图片的来源，具体的语法如下：

```
imgObject.src=path;
```

其中 imgObject 为图片对象，可以通过 document 对象的 getElementById()方法获取；path 为图片的来源 URL，可以使用相对路径，也可以使用 HTTP 绝对路径。

由于在九宫格记忆网中，需要展开和收缩的图片不止一个，所以这里需要编写一个自定义的 JavaScript 函数 zoom()来完成图片的展开和收缩。zoom()函数的具体代码如下：

```
<script language="javascript">
//展开或收缩图片的方法
function zoom(id,url){
	document.getElementById("diary"+id).style.display = "";		//显示图片
	if(flag[id]){								//用于展开图片
		document.getElementById("diary"+id).src="images/diary/"+url+".png";	//设置要显示的图片
		document.getElementById("control"+id).style.display="";		//显示控制工具栏
		document.getElementById("diaryImg"+id).style.width=401;		//设置日记图片的宽度
		document.getElementById("diaryImg"+id).style.height=436;	//设置日记图片的高度
		document.getElementById("diary"+id).width=400;			//设置图片的宽度
		document.getElementById("diary"+id).height=400;			//设置图片的高度
		flag[id]=false;
	}else{									//用于收缩图片
		document.getElementById("diary"+id).src="images/diary/"+url+"scale.jpg";	//设置图片显示为缩略图
		document.getElementById("control"+id).style.display="none";	//设置控制工具栏不显示
		document.getElementById("diaryImg"+id).style.width=60;		//设置日记图片的宽度
		document.getElementById("diaryImg"+id).style.height=60;		//设置日记图片的高度
		document.getElementById("diary"+id).width=60;			//设置图片的宽度
		document.getElementById("diary"+id).height=60;			//设置图片的高度
		flag[id]=true;
		document.getElementById("canvas"+id).style.display="none";	//设置面板不显示
	}
}
var i=0;								//标记变量，用于记录当前页共几条日记
</script>
```

为了分别控制每张图片的展开和收缩状态，还需要设置一个记录每张图片状态的标记数组，并在页面载入后，通过 while 循环将每个数组元素的值都设置为 true，具体代码如下：

```
<script type="text/javascript">
var flag=new Array(i);							//定义一个标记数组
window.onload = function(){
	while(i>0){
		flag[i]=true;						//初始化一维数组的各个元素
		i--;
	}
}
</script>
```

在图片的上方添加“收缩”超链接，并在其 onClick 事件中调用 zoom()方法，关键代码如下：

```
<a href="#" onClick="zoom('${id.count}','${diaryList.address}')">收缩</a>
```

同时，还需要在图片和面板的 onClick 事件中调用 zoom()方法，关键代码如下：

```
<img id="diary${id.count}" src="images/diary/${diaryList.address}scale.jpg"
                    style="cursor: url(images/ico01.ico);"
onClick="zoom('${id.count}','${diaryList.address}')">
<canvas id="canvas${id.count}" style="display:none;"
onClick="zoom('${id.count}','${diaryList.address}')"> </canvas>
```

说明

上面代码中的面板主要在对图片进行左转和右转时使用。

21.7.3　查看日记原图

将图片展开后，可以通过单击“查看原图”超链接，查看日记的原图，如图 21.12 所示。

图 21.12　查看原图

在实现查看日记原图时，首先需要获取请求的 URL 地址，然后在页面中添加一个“查看原图”超链接，并将该 URL 地址和图片相对路径组合成 HTTP 绝对路径作为超链接的地址，具体代码如下：

```
<%String url=request.getRequestURL().toString();
url=url.substring(0,url.lastIndexOf("/"));%>
<a href="<%=url %>/images/diary/${diaryList.address}.png" target="_blank">查看原图</a>
```

21.7.4 对日记图片进行左转和右转

在九宫格记忆网中，还提供了对展开的日记图片进行左转和右转功能。例如，展开标题为“心情不错”的日记图片，如图 21.13 所示，单击“左转”超链接，将显示如图 21.14 所示的效果。

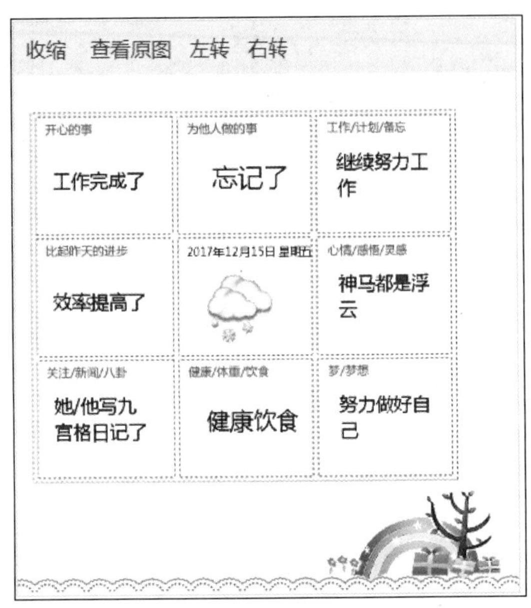

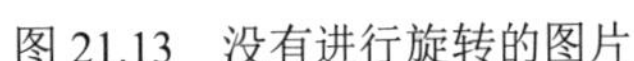
图 21.13 没有进行旋转的图片

图 21.14 向左转一次的效果

在实现对图片进行左转和右转时，这里应用了 Google 公司提供的 excanvas 插件。应用 excanvas 插件对图片进行左转和右转的具体步骤如下：

（1）将 excanvas 插件中的 excanvas-modified.js 文件复制到项目的 JS 文件夹中。

（2）在需要对图片进行左转和右转的页面中应用以下代码包含该 JS 文件，本项目中为 listAllDiary.jsp 文件。

```
<script type="text/javascript" src="JS/excanvas-modified.js"></script>
```

（3）编写 JavaScript 代码，应用 excanvas 插件对图片进行左转和右转，由于在本网站中，需要进行旋转的图片有多个，所以这里需要通过循环编写多个旋转方法，方法名由字符串“rotate+ID 号”组成。具体代码如下：

```
<script type="text/javascript">
i++;                                                    //标记变量，用于记录当前页共几条日记
function rotate${id.count}(){
        var param${id.count} = {
                right: document.getElementById("rotRight${id.count}"),
                left: document.getElementById("rotLeft${id.count}"),
                reDefault: document.getElementById("reDefault${id.count}"),
                img: document.getElementById("diary${id.count}"),
                cv: document.getElementById("canvas${id.count}"),
```

```
        rot: 0
    };
    var rotate = function(canvas,img,rot){
        var w = 400;                                                    //设置图片的宽度
        var h = 400;                                                    //设置图片的高度
        //角度转为弧度
        if(!rot){
            rot = 0;
        }
        var rotation = Math.PI * rot / 180;
        var c = Math.round(Math.cos(rotation) * 1000) / 1000;
        var s = Math.round(Math.sin(rotation) * 1000) / 1000;
        //旋转后 canvas 面板的大小
        canvas.height = Math.abs(c*h) + Math.abs(s*w);
        canvas.width = Math.abs(c*w) + Math.abs(s*h);
        //绘图开始
        var context = canvas.getContext("2d");
        context.save();
        //改变中心点
        if (rotation <= Math.PI/2) {                                    //旋转角度小于等于 90° 时
            context.translate(s*h,0);
        } else if (rotation <= Math.PI) {                               //旋转角度小于等于 180° 时
            context.translate(canvas.width,-c*h);
        } else if (rotation <= 1.5*Math.PI) {                           //旋转角度小于等于 270° 时
            context.translate(-c*w,canvas.height);
        } else {
            rot=0;
            context.translate(0,-s*w);
        }
        //旋转 90°
        context.rotate(rotation);
        //绘制
        context.drawImage(img, 0, 0, w, h);
        context.restore();
        img.style.display = "none";                                     //设置图片不显示
    }
    var fun = {
        right: function(){                                              //向右转的方法
            param${id.count}.rot += 90;
            rotate(param${id.count}.cv, param${id.count}.img, param${id.count}.rot);
            if(param${id.count}.rot === 270){
                param${id.count}.rot = -90;
            }else if(param${id.count}.rot > 270){
                param${id.count}.rot = -90;
                fun.right();                                            //调用向右转的方法
            }
        },

        reDefault: function(){                                          //恢复默认的方法
```

```
                    param${id.count}.rot = 0;
                    rotate(param${id.count}.cv, param${id.count}.img, param${id.count}.rot);
            },

            left: function(){                                          //向左转的方法
                    param${id.count}.rot -= 90;
                    if(param${id.count}.rot <= -90){
                            param${id.count}.rot = 270;
                    }
                    rotate(param${id.count}.cv, param${id.count}.img, param${id.count}.rot);//旋转指定角度
            }
        };
        param${id.count}.right.onclick = function(){                   //向右转
                param${id.count}.cv.style.display="";                  //显示画图面板
                fun.right();
                return false;
        };
        param${id.count}.left.onclick = function(){                    //向左转
                param${id.count}.cv.style.display="";                  //显示画图面板
                fun.left();
                return false;
        };
        param${id.count}.reDefault.onclick = function(){               //恢复默认
                fun.reDefault();                                       //恢复默认
                return false;
        };
}
</script>
```

（4）在页面中图片的上方添加“左转”“右转”“恢复默认”超链接。其中，“恢复默认”超链接设置为不显示，该超链接是为了在收缩图片时，将旋转恢复为默认而设置的，关键代码如下：

```
<a id="rotLeft${id.count}" href="#" >左转</a>
<a id="rotRight${id.count}" href="#">右转</a>
<a id="reDefault${id.count}" href="#" style="display:none">恢复默认</a>
```

（5）在页面中插入显示日记图片的<img>标记和面板标记<canvas>，关键代码如下：

```
<img id="diary${id.count}" src="images/diary/${diaryList.address}scale.jpg"
                    style="cursor: url(images/ico01.ico);">
<canvas id="canvas${id.count}" style="display:none;"></canvas>
```

（6）在页面的底部，还需要实现当页面载入完成后，通过 while 循环执行旋转图片的方法，具体代码如下：

```
<script type="text/javascript">
window.onload = function(){
      while(i>0){
            eval("rotate"+i)();                                    //执行旋转图片的方法
            i--;
```

```
    }
}
</script>
```

21.7.5　显示全部九宫格日记的实现过程

用户访问九宫格记忆网时，进入的页面就是显示全部九宫格日记页面。在该页面将分页显示最新的 50 条九宫格日记，具体的实现过程如下：

（1）编写处理日记信息的 Servlet“DiaryServlet”，在该类中，首先需要在构造方法中实例化 DiaryDao 类（该类用于实现与数据库的交互），然后编写 doGet()和 doPost()方法，在这两个方法中根据 request 的 getParameter()方法获取的 action 参数值执行相应方法，由于这两个方法中的代码相同，所以只需在第一个方法 doPost()中写相应代码，在另一个方法 doGet()中调用 doPost()方法即可。

```
public class DiaryServlet extends HttpServlet {
    MyPagination pagination = null;                            //数据分页类的对象
    DiaryDao dao = null;                                       //日记相关的数据库操作类的对象
    public DiaryServlet() {
        super();
        dao = new DiaryDao();                                  //实例化日记相关的数据库操作类的对象
    }
    protected void doPost(HttpServletRequest request,
            HttpServletResponse response) throws ServletException, IOException {
        String action = request.getParameter("action");
        if("preview".equals(action)) {
            preview(request, response);                        //预览九宫格日记
        } else if("save".equals(action)) {
            save(request, response);                           //保存九宫格日记
        } else if("listAllDiary".equals(action)) {
            listAllDiary(request, response);                   //查询全部九宫格日记
        } else if("listMyDiary".equals(action)) {
            listMyDiary(request, response);                    //查询我的日记
        } else if("delDiary".equals(action)) {
            delDiary(request, response);                       //删除我的日记
        }
    }
    protected void doGet(HttpServletRequest request,
            HttpServletResponse response) throws ServletException, IOException {
        doPost(request, response);                             //执行 doPost()方法
    }
}
```

（2）在处理日记信息的 Servlet“DiaryServlet”中，编写 action 参数 listAllDiary 对应的方法 listAllDiary()。在该方法中，首先获取当前页码，并判断是否为页面初次运行，如果是初次运行，则调用 Dao 类中的 queryDiary()方法获取日记内容，并初始化分页信息，否则获取当前页面，并获取指定页数据，最后保存当前页的日记信息等，并重定向页面。listAllDiary()方法的具体代码如下：

```
public void listAllDiary(HttpServletRequest request,
        HttpServletResponse response) throws ServletException, IOException {
    String strPage = (String) request.getParameter("Page");            //获取当前页码
    int Page = 1;
    List<Diary> list = null;
    if(strPage == null) {                                              //当页面初次运行
        String sql = "select d.*,u.username from tb_diary d inner join tb_user u on u.id=d.userid order by
d.writeTime DESC limit 50";
        pagination = new MyPagination();
        list = dao.queryDiary(sql);                                    //获取日记内容
        int pagesize = 4;                                              //指定每页显示的记录数
        list = pagination.getInitPage(list, Page, pagesize);          //初始化分页信息
        request.getSession().setAttribute("pagination", pagination);
    } else {
        pagination = (MyPagination) request.getSession().getAttribute(
                "pagination");
        Page = pagination.getPage(strPage);                           //获取当前页码
        list = pagination.getAppointPage(Page);                       //获取指定页数据
    }
    request.setAttribute("diaryList", list);                          //保存当前页的日记信息
    request.setAttribute("Page", Page);                               //保存的当前页码
    request.setAttribute("url", "listAllDiary");                      //保存当前页面的 URL
    request.getRequestDispatcher("listAllDiary.jsp").forward(request,response);//重定向页面
  }
}
```

（3）在对日记进行操作的 DiaryDao 类中，编写用于查询日记信息的方法 queryDiary()，在该方法中，首先执行查询语句，然后应用 while 循环将获取的日记信息保存到 List 集合中，最后返回该 List 集合，具体代码如下：

```
public List<Diary> queryDiary(String sql) {
    ResultSet rs = conn.executeQuery(sql);                            //执行查询语句
    List<Diary> list = new ArrayList<Diary>();
    try {                                                             //捕获异常
        while(rs.next()) {
            Diary diary = new Diary();
            diary.setId(rs.getInt(1));                                //获取并设置 ID
            diary.setTitle(rs.getString(2));                          //获取并设置日记标题
            diary.setAddress(rs.getString(3));                        //获取并设置图片地址
            Date date;
            try {
                date = DateFormat.getDateTimeInstance().parse(rs.getString(4));
                diary.setWriteTime(date);                             //设置写日记的时间
            } catch(ParseException e) {
                e.printStackTrace();                                  //输出异常信息到控制台
            }
            diary.setUserid(rs.getInt(5));                            //获取并设置用户 ID
            diary.setUsername(rs.getString(6));                       //获取并设置用户名
            list.add(diary);                                          //将日记信息保存到 list 集合中
```

```
        }
    } catch(SQLException e) {
        e.printStackTrace();                                        //输出异常信息
    } finally {
        conn.close();                                               //关闭数据库连接
    }
    return list;
}
```

（4）编写 listAllDiary.jsp 文件，用于分页显示全部九宫日记，具体的实现过程如下：

引用 JSTL 的核心标签库和格式与国际化标签库，并应用<jsp:useBean>指令引入保存分页代码的 JavaBean“MyPagination”，具体代码如下：

```
<%@ taglib uri="http://java.sun.com/jsp/jstl/core" prefix="c"%>
<%@ taglib uri="http://java.sun.com/jsp/jstl/fmt" prefix="fmt"%>
<jsp:useBean id="pagination" class="com.wgh.tools.MyPagination" scope="session"/>
```

应用 JSTL 的<c:if>标签判断是否存在日记列表，如果存在，则应用 JSTL 的<c:forEach>标签循环显示指定条数的日记信息。具体代码如下：

```
<c:if test="${!empty requestScope.diaryList}">
<c:forEach items="${requestScope.diaryList}" var="diaryList" varStatus="id">
    <div style="border-bottom-color:#CBCBCB;padding:5px;border-bottom-style:dashed;border-bottom-width:
1px;margin: 10px 20px;color:#0F6548">
    <font color="#CE6A1F" style="font-weight: bold;font-size:14px;">${diaryList.username}</font>  发
表九宫格日记：<b>${diaryList.title}</b></div>
    <div style="margin:10px 10px 0px 10px;background-color:#FFFFFF; border-bottom-color:#CBCBCB;border-
bottom-style:dashed;border-bottom-width: 1px;">
        <div id="diaryImg${id.count}" style="border:1px #dddddd solid;width:60px;background-color:#EEEEEE;">
            <div id="control${id.count}" style="display:none;padding: 10px;">
                <%String url=request.getRequestURL().toString();
                url=url.substring(0,url.lastIndexOf("/"));%>
                <a href="#" onClick="zoom('${id.count}','${diaryList.address}')">收缩</a>  
                <a href="<%=url %>/images/diary/${diaryList.address}.png" target="_blank">查看原图</a>
                  <a id="rotLeft${id.count}" href="#" >左转</a>
                  <a id="rotRight${id.count}" href="#">右转</a>
                <a id="reDefault${id.count}" href="#" style="display:none">恢复默认</a>
            </div>
            <img id="diary${id.count}" src="images/diary/${diaryList.address}scale.jpg"
                style="cursor: url(images/ico01.ico);"
                onClick="zoom('${id.count}','${diaryList.address}')">
        <canvas id="canvas${id.count}" style="display:none;" onClick="zoom('${id.count}','${diaryList.address}')">
        </canvas>
        </div>
        <div style="padding:10px;background-color:#FFFFFF;text-align:right;color:#999999;">
            发表时间：<fmt:formatDate value="${diaryList.writeTime}" type="both" pattern="yyyy-MM-dd
HH:mm:ss"/>
            <c:if test="${sessionScope.userName==diaryList.username}">
            <a
```

```
href="DiaryServlet?action=delDiary&id=${diaryList.id}&url=${requestScope.url}&imgName=${diaryList.address}">
[删除]</a>
                    </c:if>
                </div>
            </div>
</c:forEach>
</c:if>
```

应用 JSTL 的<c:if>标签判断是否存在日记列表，如果不存在，则显示提示信息“暂无九宫格日记！”。具体代码如下：

```
<c:if test="${empty requestScope.diaryList}">
暂无九宫格日记！
</c:if>
```

在页面的底部添加分页控制导航栏，具体代码如下：

```
<div style="background-color: #FFFFFF;">
<%=pagination.printCtrl(Integer.parseInt(request.getAttribute("Page").toString()),"DiaryServlet?action="+request.
getAttribute("url"),"")%>
</div>
```

21.7.6 我的日记的实现过程

用户注册并成功登录到九宫格记忆网后，就可以查看自己的日记。例如，用户 mr 登录后，单击导航栏中的“我的日记”超链接，将显示如图 21.15 所示的运行结果。

图 21.15 我的日记的运行结果

由于我的日记功能和显示全部九宫格日记功能的实现方法类似，所不同的是查询日记内容的 SQL

语句不同，所以在本网站中，将操作数据库所用的 Dao 类及显示日记列表的 JSP 页面使用同一个。下面给出在处理日记信息的 Servlet“DiaryServlet”中，查询我的日记功能所需要的 action 参数 listMyDiary 对应的方法的具体内容。

在该方法中，首先获取当前页码，并判断是否为页面初次运行，如果是初次运行，则调用 Dao 类中的 queryDiary()方法获取日记内容（此时需要应用内联接查询对应的日记信息），并初始化分页信息，否则获取当前页面，并获取指定页数据，最后保存当前页的日记信息等，并重定向页面。listMyDiary()方法的具体代码如下：

```
private void listMyDiary(HttpServletRequest request,
        HttpServletResponse response) throws ServletException, IOException {
    HttpSession session = request.getSession();
    String strPage = (String) request.getParameter("Page");                  //获取当前页码
    int Page = 1;
    List<Diary> list = null;
    if(strPage == null) {
        int userid = Integer.parseInt(session.getAttribute("uid")
                .toString());                                                 //获取用户 ID 号
        String sql = "select d.*,u.username from tb_diary d inner join tb_user u on u.id=d.userid  "+
"where d.userid="+ userid + " order by d.writeTime DESC";                      //应用内联接查询日记信息
        pagination = new MyPagination();
        list = dao.queryDiary(sql);                                           //获取日记内容
        int pagesize = 4;                                                     //指定每页显示的记录数
        list = pagination.getInitPage(list, Page, pagesize);                  //初始化分页信息
        request.getSession().setAttribute("pagination", pagination);          //保存分页信息
    } else {
        pagination = (MyPagination) request.getSession().getAttribute(
                "pagination");                                                //获取分页信息
        Page = pagination.getPage(strPage);
        list = pagination.getAppointPage(Page);                               //获取指定页数据
    }
    request.setAttribute("diaryList", list);                                  //保存当前页的日记信息
    request.setAttribute("Page", Page);                                       //保存的当前页码
    request.setAttribute("url", "listMyDiary");                               //保存当前页的 URL 地址
    //重定向页面到 listAllDiary.jsp
    request.getRequestDispatcher("listAllDiary.jsp").forward(request,response);
}
```

21.8　写九宫格日记模块设计

视频讲解

写九宫格日记模块使用到的数据表：tb_user、tb_diary。

21.8.1　写九宫格日记概述

用户注册并成功登录到九宫格记忆网后，就可以写九宫格日记了。写九宫格日记主要由填写日记

信息、预览生成的日记图片和保存日记图片 3 部分组成。写九宫格日记的基本流程如图 21.16 所示。

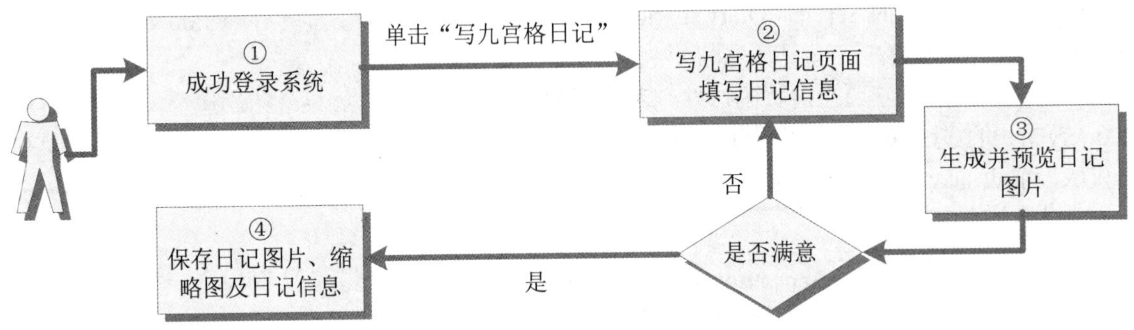

图 21.16　写九宫格日记的基本流程

21.8.2　写九宫格日记技术分析

在实现写九宫格日记时，主要是需要通过 DIV+CSS 布局出一个如图 21.17 所示的九宫格。

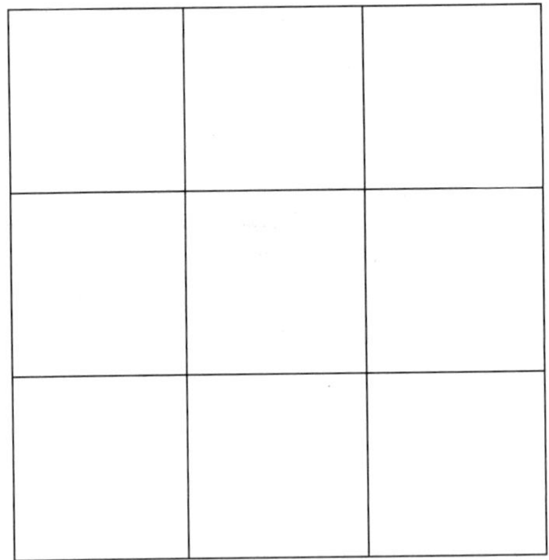

图 21.17　通过 DIV+CSS 实现一个九宫格

要实现这一功能需要在<div>标记中添加一个包含 9 个列表项的无序列表，作为布局显示日记内容的九宫格。关键代码如下：

```
<ul id="gridLayout">
    <li></li>
    <li></li>
    <li></li>
    <li></li>
    <li></li>
    <li></li>
    <li></li>
    <li></li>
    <li></li>
</ul>
```

接下来需要编写 CSS 代码，控制上面的无序列表的显示样式，让其每行显示 3 个列表项，具体代码如下：

```
#gridLayout {                          /*设置写日记的九宫格的<ul>标记的样式*/
    float: left;                       /*设置浮动方式*/
    list-style: none;                  /*不显示项目符号*/
    width: 100%;                       /*设置宽度为 100%*/
    margin: 0px;                       /*设置外边距*/
    padding: 0px;                      /*设置内边距*/
    display: inline;                   /*设置显示方式*/
}
#gridLayout li {                       /*设置写日记的九宫格的<li>标记的样式*/
    width: 33%;                        /*设置宽度*/
    float: left;                       /*设置浮动方式*/
    height: 198px;                     /*设置高度*/
    padding: 0px;                      /*设置内边距*/
    margin: 0px;                       /*设置外边距*/
    display: inline;                   /*设置显示方式*/
}
```

说明

通过 CSS 控制的无序列表的显示样式如图 21.17 所示的九宫格时，图中的边框线在网站运行时是没有的，这是为了让读者看到效果而后画上去的。

21.8.3　填写日记信息的实现过程

用户成功登录到九宫格记忆网后，单击导航栏中的“写九宫格日记”超链接，将进入填写日记信息的页面，在该页面中，用户可选择日记模板，单击某个模板标题时，将在下方给出预览效果，选择好要使用的模板后（这里选择“默认”模板），就可以输入日记标题（这里为“留下足迹”），接下来就是通过在九宫格中填空来实现日记的编写了，一切都填写好后（见图 21.18），就可以单击“预览”按钮，预览完成效果。

（1）编写填写九宫格日记的文件 writeDiary.jsp，在该文件中添加一个用于收集日记信息的表单，具体代码如下：

```
<form name="form1" method="post" action="DiaryServlet?action=preview">
</form>
```

（2）在上面的表单中，首先添加一个用于设置模板的<div>标记，并在该<div>标记中添加 3 个用于设置模板的超链接和一个隐藏域，用于记录所选择的模板，然后再添加一个用于填写日记标题的<div>标记，并在该<div>标记中添加一个文本框，用于填写日记标题，具体代码如下：

```
<div style="margin:10px;"><span class="title">请选择模板：</span><a href="#" onClick="setTemplate('默认')">默认</a> <a href="#" onClick="setTemplate('女孩')">女孩</a> <a href="#" onClick="setTemplate('怀旧')">怀旧</a>
    <input id="template" name="template" type="hidden" value="默认">
</div>
```

```
<div style="padding:10px;" class="title">请输入日记标题： <input name="title" type="text" size="30" maxlength=
"30" value="请在此输入标题" onFocus="this.select()"></div>
```

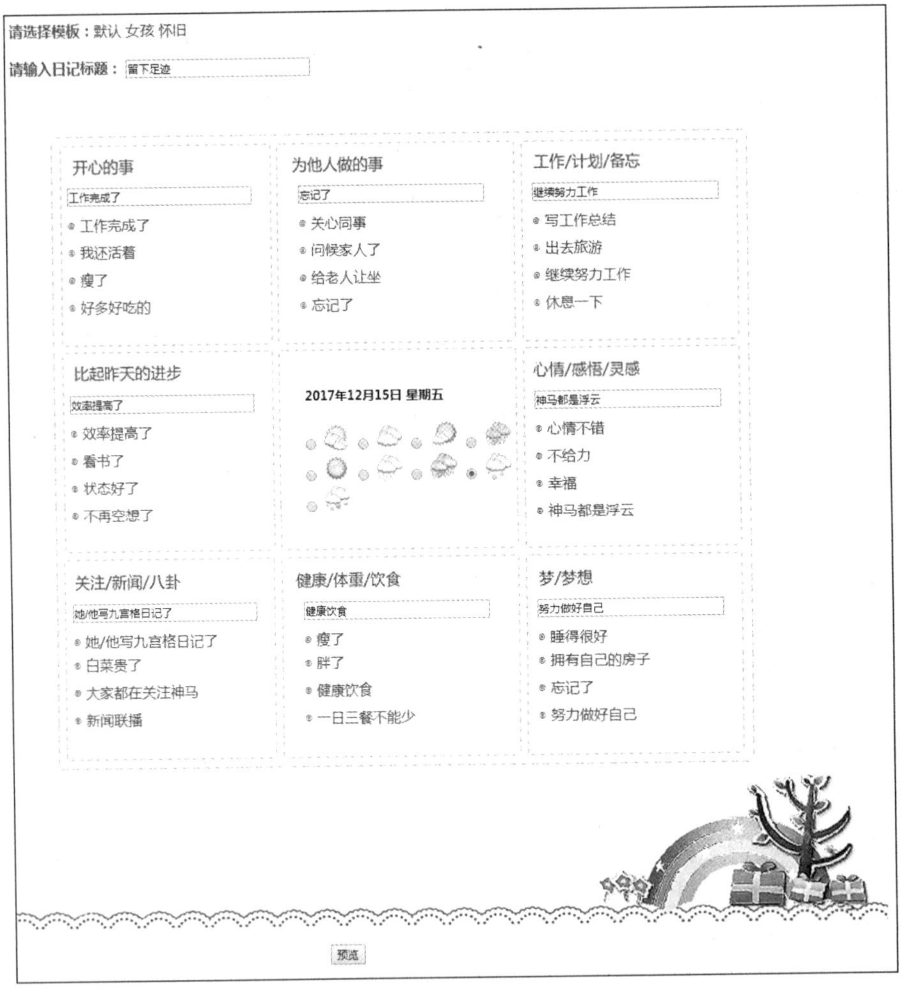

图 21.18　填写九宫格日记页面

（3）编写用于预览所选择模板的 JavaScript 自定义函数 setTemplate()，在该函数中引用的 writeDiary_bg 元素将在步骤（4）中进行添加。setTemplate()函数的具体代码如下：

```
function setTemplate(style){
    if(style=="默认"){
        document.getElementById("writeDiary_bg").style.backgroundImage="url(images/diaryBg_00.jpg)";
        document.getElementById("writeDiary_bg").style.width="738px";                //宽度
        document.getElementById("writeDiary_bg").style.height="751px";               //高度
        document.getElementById("writeDiary_bg").style.paddingTop="50px";            //顶边距
        document.getElementById("writeDiary_bg").style.paddingLeft="53px";           //左边距
        document.getElementById("template").value="默认";
    }else if(style=="女孩"){
        document.getElementById("writeDiary_bg").style.backgroundImage="url(images/diaryBg_01.jpg)";
        document.getElementById("writeDiary_bg").style.width="750px";                //宽度
```

```
        document.getElementById("writeDiary_bg").style.height="629px";           //高度
        document.getElementById("writeDiary_bg").style.paddingTop="160px";       //顶边距
        document.getElementById("writeDiary_bg").style.paddingLeft="50px";       //左边距
        document.getElementById("template").value="女孩";
    }else{
        document.getElementById("writeDiary_bg").style.backgroundImage="url(images/diaryBg_02.jpg)";
        document.getElementById("writeDiary_bg").style.width="740px";            //宽度
        document.getElementById("writeDiary_bg").style.height="728px";           //高度
        document.getElementById("writeDiary_bg").style.paddingTop="30px";        //顶边距
        document.getElementById("writeDiary_bg").style.paddingLeft="60px";       //左边距
        document.getElementById("template").value="怀旧";
    }
}
```

（4）添加一个用于设置日记背景的<div>标记，并将标记的 id 属性设置为 writeDiary_bg，关键代码如下：

```
<div id="writeDiary_bg">
    <!--此处省略了设置日记内容的九宫格代码-->
</div>
```

（5）编写 CSS 代码，用于控制日记背景。关键代码如下：

```
#writeDiary_bg{                                           /*设置日记背景的样式*/
width:738px;                                              /*设置宽度*/
height:751px;                                             /*设置高度*/
background-repeat:no-repeat;                              /*设置背景不重复*/
background-image:url(images/diaryBg_00.jpg);              /*设置默认的背景图片*/
padding-top:50px;                                         /*设置顶边距*/
padding-left:53px;                                        /*设置左边距*/
}
```

（6）在 id 为 writeDiary_bg 的<div>标记中添加一个宽度和高度都是 600 像素的<div>标记，用于添加以九宫格方式显示日记内容的无序列表。关键代码如下：

```
<div style="width:600px; height:600px; ">
</div>
```

（7）在步骤（6）中添加的<div>标记中添加一个包含 9 个列表项的无序列表，用于布局显示日记内容的九宫格。关键代码如下：

```
<ul id="gridLayout">
    <li></li>
    <li></li>
    <li></li>
    <li></li>
    <li></li>
    <li></li>
    <li></li>
    <li></li>
```

```
    <li></li>
</ul>
```

（8）编写 CSS 代码，控制上面的无序列表的显示样式，让其每行显示 3 个列表项。具体代码如下：

```
#gridLayout {                          /*设置写日记的九宫格的<ul>标记的样式*/
    float: left;                       /*设置浮动方式*/
    list-style: none;                  /*不显示项目符号*/
    width: 100%;                       /*设置宽度为 100%*/
    margin: 0px;                       /*设置外边距*/
    padding: 0px;                      /*设置内边距*/
    display: inline;                   /*设置显示方式*/
}
#gridLayout li {                       /*设置写日记的九宫格的<li>标记的样式*/
    width: 33%;                        /*设置宽度*/
    float: left;                       /*设置浮动方式*/
    height: 198px;                     /*设置高度*/
    padding: 0px;                      /*设置内边距*/
    margin: 0px;                       /*设置外边距*/
    display: inline;                   /*设置显示方式*/
}
```

（9）在图 21.17 所示的九宫格的每个格子中添加用于填写日记内容的文本框及预置的日记内容。由于在这个九宫格中，除了中间的那个格子外（即第 5 个格子），其他的 8 个格子的实现方法是相同的，所以这里将以第一个格子为例进行介绍。

添加一个用于设置内容的<div>标记，并使用自定义的样式选择器 cssContent。关键代码如下：

```
<style>
.cssContent{                           /*设置内容的样式*/
    float:left;
    padding:40px 0px;                  /*设置上、下内边距均为 40，左、右内边距均为 0*/
    display:inline;                    /*设置显示方式*/
}
</style>
    <div class="cssContent"></div>
```

在上面的<div>标记中，添加一个包含 5 个列表项的无序列表，其中，第一个列表项中添加一个文本框，其他 4 个设置预置内容。关键代码如下：

```
<ul id="opt">
    <li>
    <input name="content" type="text" size="30" maxlength="15" value="请在此输入文字" onFocus="this.
select()">
    </li>
    <li>
    <a href="#" onClick="document.getElementsByName('content')[0].value='工作完成了'">◎ 工作完成了</a>
    </li>
    <li><a href="#" onClick="document.getElementsByName('content')[0].value='我还活着'">◎ 我还活着</a></li>
    <li><a href="#" onClick="document.getElementsByName('content')[0].value='瘦了'">◎ 瘦了</a></li>
    <li>
```

```
        <a href="#" onClick="document.getElementsByName('content')[0].value='好多好吃的'">◎ 好多好吃的</a>
</li>
</ul>
```

说明

在本项目中，共设置了 9 个名称为 content 的文本框，用于以控件数组的方式记录日记内容。这样，当表单被提交后，在服务器中就可以应用 request 对象的 getParameterValues()方法来获取字符串数组形式的日记内容，比较方便。

编写 CSS 代码，用于控制列表项的样式，具体代码如下：

```
#opt{                                   /*设置默认选项相关的<ul>标记的样式*/
    padding:0px 0px 0px 10px;           /*设置上、右、下内边距均为 0，左内边距为 10*/
    margin:0px;                         /*设置外边距*/
}
#opt li{                                /*设置默认选项相关的<li>标记的样式*/
    width:99%;
    padding-top:5px 0px 0px 10px;
    font-size:14px;                     /*设置字体大小为 14 像素*/
    height:25px;                        /*设置高度*/
    clear:both;                         /*左、右两侧不包含浮动内容*/
}
```

（10）实现九宫格的中间的那个格子，也就是第 5 个格子，该格子用于显示当前日期和天气，具体代码如下：

```
<ul id="weather"><li style="height:27px;"> <span id="now" style="font-size: 14px;font-weight:bold;padding- left:5px;">
正在获取日期</span>
    <input name="content" type="hidden" value="weathervalue"><br></br>
    <div class="examples">
    <input name="weather" type="radio" value="1">
    <img src="images/1.png" width="30" height="30">
    <input name="weather" type="radio" value="2">
    <img src="images/2.png" width="30" height="30">
    <input name="weather" type="radio" value="3">
    <img src="images/3.png" width="30" height="30">
    <input name="weather" type="radio" value="4">
    <img src="images/4.png" width="30" height="30">
    <input name="weather" type="radio" value="5" checked="checked">
    <img src="images/5.png" width="30" height="30">
    <input name="weather" type="radio" value="6">
    <img src="images/6.png" width="30" height="30">
    <input name="weather" type="radio" value="7">
    <img src="images/7.png" width="30" height="30">
    <input name="weather" type="radio" value="8">
    <img src="images/8.png" width="30" height="30">
    <input name="weather" type="radio" value="9">
    <img src="images/9.png" width="30" height="30">
    </div>
```

```
</li>
</ul>
```

（11）编写 JavaScript 代码，用于在页面载入后，获取当前日期和星期，显示到 id 为 now 的<span>标记中。具体代码如下：

```
window.onload=function(){
    var date=new Date();           //创建日期对象
    year=date.getFullYear();       //获取当前日期中的年份
    month=date.getMonth();         //获取当前日期中的月份
    day=date.getDate();            //获取当时日期中的日
    week=date.getDay();            //获取当前日期中的星期
    var arr=new Array("星期日","星期一","星期二","星期三","星期四","星期五","星期六");
    document.getElementById("now").innerHTML=year+"年"+(month+1)+"月"+day+"日  "+arr[week];
}
```

（12）在 id 为 writeDiary_bg 的<div>标记后面添加一个<div>标记，并在该标记中添加一个提交按钮，用于显示预览按钮。具体代码如下：

```
<div style="height:30px;padding-left:360px;"><input type="submit" value="预览"></div>
```

21.8.4　预览生成的日记图片的实现过程

用户在填写日记信息页面填写好日记信息后，就可以单击“预览”按钮，预览完成的效果如图 21.19 所示。如果感觉日记内容不是很满意，可以单击“再改改”超链接进行修改，否则可以单击“保存”超链接保存该日记。

图 21.19　预览生成的日记图片

（1）在处理日记信息的 Servlet“DiaryServlet”中，编写 action 参数 preview 对应的方法 preview()。在该方法中，首先获取日记标题、日记模板、天气和日记内容，然后为没有设置内容的项目设置默认值，最后保存相应信息到 session 中，并重定向页面到 preview.jsp。preview()方法的具体代码如下：

```
public void preview(HttpServletRequest request, HttpServletResponse response)
            throws ServletException, IOException {
        String title = request.getParameter("title");                    //获取日记标题
        String template = request.getParameter("template");              //获取日记模板
        String weather = request.getParameter("weather");                //获取天气

        String[] content = request.getParameterValues("content");        //获取日记内容
        for (int i = 0; i < content.length; i++) {                       //为没有设置内容的项目设置默认值
            if (content[i].equals(null) || content[i].equals("") || content[i].equals("请在此输入文字")) {
                content[i] = "没啥可说的";
            }
        }
        HttpSession session = request.getSession(true);                  //获取 HttpSession
        session.setAttribute("template", template);                      //保存选择的模板
        session.setAttribute("weather", weather);                        //保存天气
        session.setAttribute("title", title);                            //保存日记标题
        session.setAttribute("diary", content);                          //保存日记内容
        request.getRequestDispatcher("preview.jsp").forward(request, response); //重定向页面
}
```

（2）编写 preview.jsp 文件，在该文件中，首先显示保存到 session 中的日记标题，然后添加预览日记图片的<img>标记，并将其 id 属性设置为 diaryImg。关键代码如下：

```
<div>
<ul>
<li>标题：${sessionScope.title}</li>
<li><img src="images/loading.gif" name="diaryImg" id="diaryImg"/></li>
<li style="padding-left:240px;">
    <a href="#" onclick="history.back();">再改改</a>   
    <a href="DiaryServlet?action=save">保存</a>
</li>
</ul>
</div>
```

（3）为了让页面载入后，再显示预览图片，还需要编写 JavaScript 代码，设置 id 为 diaryImg 的<img>标记的图片来源，这里指定的是一个 Servlet 映射地址。关键代码如下：

```
<script language="javascript">
window.onload=function(){                                                //当页面载入后
    document.getElementById("diaryImg").src="CreateImg";
}
</script>
```

（4）编写用于生成预览图片的 Servlet，名称为 CreateImg，该类继承 HttpServlet，主要通过 service()方法生成预览图片，具体的实现过程如下：

创建 Servlet“CreateImg”，并编写 service()方法，在该方法中，首先指定生成的响应是图片，以及图片的宽度和高度，然后获取日记模板、天气和图片的完整路径，再根据选择的模板绘制背景图片及相应的日记内容，最后输出生成的日记图片，并保存到 Session 中。具体代码如下：

```
public class CreateImg extends HttpServlet {
    public void service(HttpServletRequest request, HttpServletResponse response) throws ServletException,
IOException {
        //禁止缓存
        response.setHeader("Pragma", "No-cache");
        response.setHeader("Cache-Control", "No-cache");
        response.setDateHeader("Expires", 0);
        response.setContentType("image/jpeg");                          //指定生成的响应是图片
        int width = 600;                                                //图片的宽度
        int height = 600;                                               //图片的高度
        BufferedImage image = new BufferedImage(width, height,BufferedImage.TYPE_INT_RGB);
        Graphics g = image.getGraphics();                               //获取 Graphics 类的对象
        HttpSession session = request.getSession(true);
        String template = session.getAttribute("template").toString();    //获取模板
        String weather = session.getAttribute("weather").toString();      //获取天气
        weather = request.getRealPath("images/" + weather + ".png");  //获取图片的完整路径
        String[] content = (String[]) session.getAttribute("diary");
        File bgImgFile;                                                 //背景图片
        if("默认".equals(template)) {
            bgImgFile = new File(request.getRealPath("images/bg_00.jpg"));
            Image src = ImageIO.read(bgImgFile);                        //构造 Image 对象
            g.drawImage(src, 0, 0, width, height, null);                //绘制背景图片
            outWord(g, content, weather, 0, 0);
        } else if("女孩".equals(template)) {
            bgImgFile = new File(request.getRealPath("images/bg_01.jpg"));
            Image src = ImageIO.read(bgImgFile);                        //构造 Image 对象
            g.drawImage(src, 0, 0, width, height, null);                //绘制背景图片
            outWord(g, content, weather, 25, 110);
        } else {
            bgImgFile = new File(request.getRealPath("images/bg_02.jpg"));
            Image src = ImageIO.read(bgImgFile);                        //构造 Image 对象
            g.drawImage(src, 0, 0, width, height, null);                //绘制背景图片
            outWord(g, content, weather, 30, 5);
        }
        ImageIO.write(image, "PNG", response.getOutputStream());
        session.setAttribute("diaryImg", image);                        //将生成的日记图片保存到 Session 中
    }
}
```

在 service()方法的下面编写 outWord()方法，用于将九宫格日记的内容写到图片上。具体的代码如下：

```
public void outWord(Graphics g, String[] content, String weather, int offsetX, int offsetY) {
    Font mFont = new Font("微软雅黑", Font.PLAIN, 26);                   //通过 Font 构造字体
    g.setFont(mFont);                                                   //设置字体
    g.setColor(new Color(0, 0, 0));                                     //设置颜色为黑色
```

```
	int contentLen = 0;
	int x = 0;                                               //文字的横坐标
	int y = 0;                                               //文字的纵坐标
	for(int i = 0; i < content.length; i++) {
		contentLen = content[i].length();                    //获取内容的长度
		x = 45 + (i % 3) * 170 + offsetX;
		y = 130 + (i / 3) * 140 + offsetY;
```

判断当前内容是否为天气，如果是天气，则先获取当前日记，并输出，然后再绘制天气图片。

```
if(content[i].equals("weathervalue")) {
	File bgImgFile = new File(weather);
	mFont = new Font("微软雅黑", Font.PLAIN, 14);            //通过 Font 构造字体
	g.setFont(mFont);                                        //设置字体
	Date date = new Date();
	String newTime = new SimpleDateFormat("yyyy 年 M 月 d 日  E").format(date);
	g.drawString(newTime, x - 12, y - 60);                   //绘制天气图片
	Image src;                                               //构造 Image 对象
	try {
		src = ImageIO.read(bgImgFile);
		g.drawImage(src, x + 10, y - 40, 80, 80, null);
	} catch(IOException e) {
		e.printStackTrace();
	}
	continue;
}
```

根据文字的个数控制输出文字的大小。

```
		if(contentLen < 5) {
			switch(contentLen % 5) {
			case 1:
				mFont = new Font("微软雅黑", Font.PLAIN, 40);     //通过 Font 构造字体
				g.setFont(mFont);                               //设置字体
				g.drawString(content[i], x + 40, y);
				break;
			case 2:
				mFont = new Font("微软雅黑", Font.PLAIN, 36);     //通过 Font 构造字体
				g.setFont(mFont);                               //设置字体
				g.drawString(content[i], x + 25, y);
				break;
			case 3:
				mFont = new Font("微软雅黑", Font.PLAIN, 30);     //通过 Font 构造字体
				g.setFont(mFont);                               //设置字体
				g.drawString(content[i], x + 20, y);
				break;
			case 4:
				mFont = new Font("微软雅黑", Font.PLAIN, 28);     //通过 Font 构造字体
				g.setFont(mFont);                               //设置字体
				g.drawString(content[i], x + 10, y);
```

```
                }
            } else {
                mFont = new Font("微软雅黑", Font.PLAIN, 22);            //通过 Font 构造字体
                g.setFont(mFont);                                        //设置字体
                if(Math.ceil(contentLen / 5.0) == 1) {
                    g.drawString(content[i], x, y);
                } else if(Math.ceil(contentLen / 5.0) == 2) {
                    //分两行写
                    g.drawString(content[i].substring(0, 5), x, y - 20);
                    g.drawString(content[i].substring(5), x, y + 10);
                } else if(Math.ceil(contentLen / 5.0) == 3) {
                    //分三行写
                    g.drawString(content[i].substring(0, 5), x, y - 30);
                    g.drawString(content[i].substring(5, 10), x, y);
                    g.drawString(content[i].substring(10), x, y + 30);
                }
            }
        }
        g.dispose();
}
```

（5）在 web.xml 文件中，配置用于生成预览图片的 Servlet，关键代码如下：

```
<servlet>
  <description></description>
  <display-name>CreateImg</display-name>
  <servlet-name>CreateImg</servlet-name>
  <servlet-class>com.wgh.servlet.CreateImg</servlet-class>
</servlet>
<servlet-mapping>
  <servlet-name>CreateImg</servlet-name>
  <url-pattern>/CreateImg</url-pattern>
</servlet-mapping>
```

21.8.5 保存日记图片的实现过程

用户在预览生成的日记图片页面中，单击“保存”超链接，将保存该日记到数据库中，并将对应的日记图片和缩略图保存到服务器的指定文件夹中，然后返回到主界面显示该信息，如图 21.20 所示。

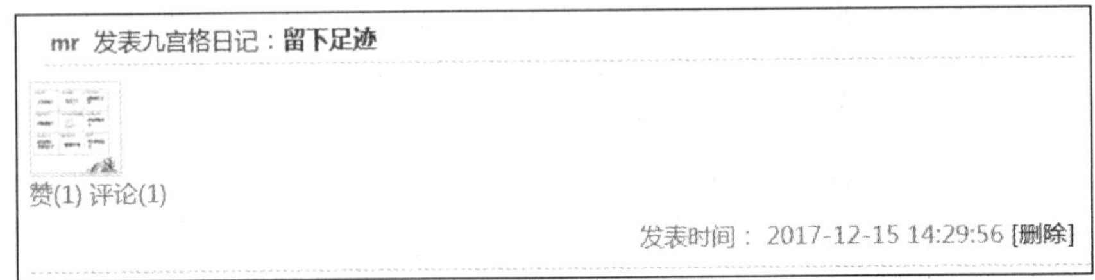

图 21.20 刚刚保存的日记图片

（1）在处理日记信息的 Servlet“DiaryServlet”中，编写 action 参数 save 对应的方法 save()。在该

方法中，首先生成日记图片的 URL 地址和缩略图的 URL 地址，然后生成日记图片，再生成日记图片的缩略图，最后将填写的日记保存到数据库。save()方法的具体代码如下：

```
public void save(HttpServletRequest request, HttpServletResponse response) throws ServletException, IOException{
        HttpSession session = request.getSession(true);
        BufferedImage image = (BufferedImage) session.getAttribute("diaryImg");
        String url = request.getRequestURL().toString();                    //获取请求的 URL 地址
        url = request.getRealPath("/");                                     //获取请求的实际地址
        long date = new Date().getTime();                                   //获取当前时间
        Random r = new Random(date);
        long value = r.nextLong();                                          //生成一个长整型的随机数
        url = url + "images/diary/" + value;                                //生成图片的 URL 地址
        String scaleImgUrl = url + "scale.jpg";                             //生成缩略图的 URL 地址
        url = url + ".png";
        ImageIO.write(image, "PNG", new File(url));
        /***************** 生成图片缩略图 *******************************************/
        File file = new File(url);                                          //获取原文件
        Image src = ImageIO.read(file);
        int old_w = src.getWidth(null);                                     //获取原图片的宽
        int old_h = src.getHeight(null);                                    //获取原图片的高
        int new_w = 0;                                                      //新图片的宽
        int new_h = 0;                                                      //新图片的高
        double temp = 0;                                                    //缩放比例
        /********* 计算缩放比例 ***************/
        double tagSize = 60;
        if(old_w > old_h) {
            temp = old_w / tagSize;
        } else {
            temp = old_h / tagSize;
        }
        /**************************************/
        new_w = (int) Math.round(old_w / temp);                             //计算新图片的宽
        new_h = (int) Math.round(old_h / temp);                             //计算新图片的高
        image = new BufferedImage(new_w, new_h, BufferedImage.TYPE_INT_RGB);
        src = src.getScaledInstance(new_w, new_h, Image.SCALE_SMOOTH);
        image.getGraphics().drawImage(src, 0, 0, new_w, new_h, null);
        ImageIO.write(image, "JPG", new File(scaleImgUrl));                 //保存缩略图文件
        /******************************************************************/
        /**** 将填写的日记保存到数据库中 *****/
        Diary diary = new Diary();
        diary.setAddress(String.valueOf(value));                            //设置图片地址
        diary.setTitle(session.getAttribute("title").toString());           //设置日记标题
        diary.setUserid(Integer.parseInt(session.getAttribute("uid").toString()));   //设置用户 ID
        int rtn = dao.saveDiary(diary);                                     //保存日记
        PrintWriter out = response.getWriter();
        if(rtn > 0) {                                                       //当保存成功时
            out.println("<script>alert('保存成功！');window.location.href='DiaryServlet?action=listAllDiary';
</script>");
        } else {                                                            //当保存失败时
```

```
            out.println("<script>alert('保存日记失败，请稍后重试！');history.back();</script>");
        }
        /************************************/
}
```

（2）在对日记进行操作的 DiaryDao 类中，编写用于保存日记信息的方法 saveDiary()，在该方法中，首先编写执行插入操作的 SQL 语句，然后执行该语句，将日记信息保存到数据库中，再关闭数据库连接，最后返回执行结果。saveDiary()方法的具体代码如下：

```
public int saveDiary(Diary diary) {
    String sql = "INSERT INTO tb_diary(title,address,userid) VALUES('"+ diary.getTitle() + "','" +
     diary.getAddress() + "'," + diary.getUserid() + ")";          //保存数据的 SQL 语句
    int ret = conn.executeUpdate(sql);                               //执行更新语句
    conn.close();                                                    //关闭数据库连接
    return ret;
}
```

21.9 小　　结

本章介绍的九宫格记忆网中，应用到了很多关键的技术，这些技术在开发过程中都是比较常用的技术。例如，采用了 DIV+CSS 布局、用户注册功能是通过 Ajax 实现的、在 Servlet 中生成日记图片技术和生成缩略图技术等，读者也可以把它提炼出来，应用到自己开发的其他网站中，这样可以节省不少开发时间，以提高开发效率。